地质考古学

——地球科学方法在考古学中的应用

〔美〕George（Rip）Rapp　Christopher L. Hill 著

杨石霞　赵克良　李小强　译

科学出版社

北　京

图字：01-2020-6183 号

图书在版编目（CIP）数据

地质考古学：地球科学方法在考古学中的应用/（美）乔治·拉普（George（Rip）Rapp），（美）克里斯托弗·希尔（Christopher L. Hill）著；杨石霞，赵克良，李小强译. —北京：科学出版社，2020. 11

书名原文：Geoarchaeology：The Earth-Science Approach to Archaeological Interpretation

ISBN 978-7-03-066821-9

Ⅰ. ①地… Ⅱ. ①乔… ②克… ③杨… ④赵… ⑤李… Ⅲ. ①地史学－研究 Ⅳ. ①P53

中国版本图书馆 CIP 数据核字（2020）第 221192 号

责任编辑：孟美岑 / 责任校对：张小霞
责任印制：吴兆东 / 封面设计：北京图阅盛世

科学出版社 出版
北京东黄城根北街 16 号
邮政编码：100717
http://www.sciencep.com
北京中石油彩色印刷有限责任公司 印刷
科学出版社发行 各地新华书店经销
*
2020 年 11 月第 一 版 开本：787×1092 1/16
2022 年 6 月第三次印刷 印张：19 1/2
字数：450 000

定价：158.00 元

（如有印装质量问题，我社负责调换）

中文版序 1

考古学和地球科学通常被看作两个独立的学科，在国内很多高校甚至分属文科和理科两个不同的教学体系。但在科研实践中两者却密切关联，有着长久的学科互动历史。在研究对象和概念上，考古学是对“生命史”的研究，尝试系统地解读地球表面生活过的“人类”所经历的动态过程，属于地质生态学，是地球科学研究的重要内容。在研究方法上，地球科学的方法长期以来在多个层面上被应用于考古学研究中，如我们熟悉的地层学、沉积学和年代学等。在多学科交叉日益扩展的情形下，是否能充分了解和认识彼此，决定了能否真正实现研究方法和理念上的创新和交融。《地质考古学——地球科学方法在考古学中的应用》一书，集中介绍了考古学与地球科学的交叉融合，两个学科相互关联的学科史，以及目前地球科学方法在考古学中的应用情况。

尽管我们明确两个学科密切相关，但在科研实践中，来自不同专业背景的科研工作者却存在着思维方式和工作尺度的差别，在合作中往往难以实现融合。在时间尺度上，地球科学家所考虑的时间尺度是 46 亿年，而考古学家在人类活动的时间尺度内开展工作——年、十年、百年、千年、万年，百万年已经是很长很长的时间尺度了。在空间范围上，考古学家的发掘工作在几个或几十个平方米内进行，即使是调查工作也不过几平方千米的调查区，但大多数野外地质问题都包含更大的研究区域。研究范畴和尺度存在的较大差异使两个学科在提出和解决问题上均有区别。地质考古学应该是弥合这些差异，并构建起两者间沟通桥梁的一个分支学科或者说一个交叉学科。

实践“地质考古学”，我们需要进行课题研究、培养从业者。那么我们究竟是让拥有地球科学教育背景的学生学习考古学，还是让拥有考古学教育背景的学生来学习地球科学？本书译者既有考古专业的本科生，也有以地球科学为专业背景的从业者，他们合作完成这项工作本身也是一次彼此间交叉融合的“对话”。在过去几年的工作中，几位合作者已经不同程度地开展了“地质考古学”的合作研究，将第四纪地质学、岩石学与矿物学等研究方法应用于解决考古学问题。

《地质考古学——地球科学方法在考古学中的应用》是一本高度融合地球科学与考古学两个学科的教科书，被牛津大学、耶鲁大学等知名高校列为教科书或重要参考书。目前国内尚缺乏如此全面地概括两个学科交叉应用的教材。本书中文译本的出版将为国内两个学科的学生和从业者了解彼此所探讨的科学问题、研究方法和研究尺度等提供有效的途径。本书介绍了地质考古学的概念，以及地球科学与考古学之间学科交汇的历史。在具体章节中，本书介绍了从传统的地球科学方法，如地层学、沉积学、岩石学与矿物学等，到后来出现的物探、航遥、元素地球化学等地球科学研究方法在解决考古学相关问题中的应用。

本书的第一译者杨石霞在中国科学院古脊椎动物与古人类研究所完整地接受了古人类与旧石器时代考古学的专业训练，随后进入中国科学院地质与地球物理研究所从事博士后研究工作，之后重返古人类与旧石器考古学的研究岗位。先后在两家研究所学习、工作的经历为其承担翻译工作并与具地球科学背景的同事们合作奠定了基础。作为她的博士后研究合作者，我很高兴看到，经过这样的培养，青年人能够去实践并推广学科间的合作和交流。

希望这一译本的出版可以让两个学科的高年级本科生和研究生能够尽早地全面了解彼此，为未来学科交叉融合与科技创新奠定基础。同时，本书的出版也为已经在两个行业中工作并准备寻求跨学科合作或者正在进行跨学科合作的科研人员带来一定的启发。

中国科学院院士
中国科学院地质与地球物理研究所研究员

中文版序 2

We are delighted that this important translation of *Geoarchaeology: The Earth -Science pproach to Archaeological Interpretation* (Yale University Press, 2006) has become a reality. e very much hope it will serve to expand the appreciation of the value of understanding the long-term interactions between humans and environments. We hope this translation will serve as a broad introduction to the scientific concepts, methods, and practice of geoarchaeology. We are also hopeful that it will serve as a model of international cooperation towards the goal of using scientific principles to understand past and present natural processes and patterns of human activity, and applying this knowledge in ways that are relevant and meaningful. Geoarchaeology provides an approach that contributes to our knowledge of coupled long-term uman-environment dynamics and provides an opportunity to apply this knowledge to relevant issues of our own time.

The happy possibility of a Chinese translation of our textbook started in 2018 and was based on the initiative of Dr. Shi-Xia Yang. We were very enthusiastic and supportive of the proposed translation and appreciate the arrangements by Yale University Press, Science Press, and the Chinese Academy of Sciences. We are especially grateful to Dr. Shi-Xia Yang, Dr. Ke-Liang Zhao and Professor Xiao-Qiang Li at the Chinese Academy of Sciences for providing their expertise for this Chinese translation.

Geoarchaeology unites the study of the record of past humans with the natural sciences. Conceptually, it is a means to examine long-term linkages between human populations and other components of the geosphere and biosphere. Geoarchaeology includes the application of earth science methods to archaeology as well as the broader study of long-term patterns of interaction between people and natural systems. Thus, fundamentally geoarchaeology is an ecological science that studies the relationships between humans and the earth.

Historically, earth science methods have been used to examine the archaeological record at a variety of spatial and temporal scales. They have been used to study raw materials of artifacts, sediments, and post-burial changes at sites, landforms and landscape settings, as well as date archaeological contexts. Besides the use of earth science techniques, a major theme in the history of geoarchaeology is the examination of long-term linkages between human populations and other components of the geosphere and biosphere, including questions connected with human origins, biological and behavioral evolution, and human response to (and impact on) environments.

The history of using an earth science approach to examine these important questions begins in the late 1700s and 1800s. It was characterized initially by an interest in human-earth interactions, stratigraphic chronology, and human antiquity. By the 1900s there was a refinement in the use of stratigraphic principles to archaeological sites. There was also an expansion of the use of field and laboratory techniques from the earth sciences in the study of past environments and raw material analyses. Although the application of techniques and geoecological principles became more pervasive throughout the 1900s, a real turning point in the history of geoarchaeology occurred during the 1950s–1970s. By the 1970s the use of this approach was viewed as essential to understanding the connections between humans and the environment, especially in terms of applying an empirical, contextual approach to interpreting the archaeological record. From this view, geoarchaeology is an interdisciplinary science focused on the relationships that connect humans and environmental systems. (Please see, *Hill, C.L., 2018, Geomorphological Survey. The Encyclopedia of Archaeological Sciences. Wiley Blackwell, S.L.L. Varela, eds.*)

In China, geoscience research focused on understanding the fossil and archaeological record has a rich and significant history. Rapp (*Rapp, G., 2014, Johan Gunnar Andersson: Archaeological geologist and pioneer. Earth Sciences History, v. 33, n. 1, pp. 59-66*) provided a review of the contributions of Johan Gunnar Andersson, a Swedish economic geologist who identified and defined the Chinese Neolithic and made pioneering discoveries related to the Pleistocene and Paleolithic of China. Andersson's association with Ding Wenjiang was instrumental in facilitating research in paleontology and archaeological geology during the early part of the 1900s. In 1921, Andersson began excavations at Zhoukoudian. Fossils from Zhoukoudain were initially designated '*Sinanthropus pekinensis* Black and Zdansky' and the genus/species is now called *Homo erectus pekinensis*.

Andersson also began a study at the village of Yangshao (Yang Shao) in 1921 with a geologist from the Geological Survey of China, Yuan Fuli. The discoveries at Yangshao led Andersson to propose and define a Chinese Neolithic. In 1923 Andersson began conducting surveys and excavations beyond Henan Province in Gansu (Kansu) and Qinghai Provinces. He published accounts of these investigations in Chinese journals (*e.g.* in the *Bulletin of the Geological Survey of China*) and in Sweden in the *Bulletin of the Museum of Far Eastern Antiquities*. In 1945, Andersson published the results of studies from the important site of Zhujiazhai (Chu Chia Chai) in Qinghai Province followed in 1947 by *Prehistoric Sites in Honan* (or Henan), documenting the geomorphology and stratigraphy of Neolithic site of Yangshao.

Andersson's career covered the period 1914 to *ca.* 1950. During this period in the United States and Europe a broad wide range of studies of archaeological sediments, landscapes and landforms (geomorphology), paleoclimates, remote sensing techniques, and dendrochronology were undertaken. Storozum et al. *(Storozum MJ, Zhang J, Wang H et al. 2019, Geoarchaeology in China: Historical trends and future prospects. Journal of Archaeological Research, 27:91-129.*) provide a summary of important historical developments in geoarcheological research in China, based on a modification of our broader historical framework.

In 1986, Rapp participated in an international meeting on archaeometallurgy held in Zhengzhou,

Henan Province. Following that conference, he was part of a group that flew from Beijing to Dunhuang where they took a trip by camel to explore the desert. From Dunhuang they flew to Xi'an (the site of the famous terra cotta army) and the nearby Neolithic site of Banpo. In 1994, Rapp was a Visiting Professor of Archaeometry in the Archaeology Department at Peking University, Beijing. Starting in 1990, Rapp undertook two major projects in archaeological geology in China (*Rapp G, Jing Z, 2011, Human-environment Interactions in the Development of Early Chinese Civilization. Geological Society London Special Publications, v. 352(1):125-136*). Both were centered in Henan Province, the first at Shangqiu (with Jing Zhichun), the second at Anyang (with Jing Zhichun and Tang Jigen). He has been to China eighteen times to pursue these investigations. The research has focused on the Shang Dynasty (second millennium BCE) but are also related to earlier (Neolithic) and later (Zhou) periods.

Rapp's geoarchaeological studies in China focused on human-environment interactions, especially the co-evolution of Shang society (c. 1550–1046 BCE) with environmental factors. The Shang society evolved during a period of climatic and geomorphological change. At Shangqiu, Rapp and his colleagues used core drilling to determine Neolithic, Bronze Age, and later landscape evolution, documenting a record of late Holocene sediment deposition from the Yellow River. Using core drilling, the team discovered buried-earth walls outlining an ancient Bronze age city, buried many meters below the surface. The project at Anyang (the location of the Late Shang capital, Yinxu (the Ruins of Yin) located on the banks of the Huanhe River), was started in 1997, with Rapp serving as a principal investigator through 2004. The research team conducted a survey of known Neolithic and Shang archaeological sites to understand the ancient geomorphic environment of the region. Coring led to the discovery of a new site north of the Huan River buried by about 2.5 meters of sediment, designated Huanbei Shang City. The geoarchaeological fieldwork in the Anyang region provides an example of river channel migration; the Shang depended on flood prone rivers that migrated broadly over the North China Plain and possibly relocated one or more capital sites in response to disastrous floods.

Geoarchaeology is a critical source of information for examining human biological and behavioral responses to climate change. This includes biological adaptations to changes in climate as well as the response of ancient societies to climate change. Many questions connected with the ways humans use natural resources and impact the environment can be examined using geoarchaeology. For example, the interplay between environmental change and hominin evolution and adaptation is illustrated by the sedimentary and chronologic record for fossils and artifacts in northern China, within the Nihewan Basin (*Yang SX; Deng CL; Zhu RX, et al, 2020, The Paleolithic in the Nihewan Basin, China: Evolutionary history of an Early to Late Pleistocene record in eastern Asia. Evolutionary Anthropology Issues News and Reviews, 29(3): 125-142*). The discoveries in this region document changing environments and changing patterns in artifacts assemblages during the Pleistocene from about 1.8 million years ago to after 100 000 years ago. Landscapes characterized by forests and lakes during the Early Pleistocene appear to have evolved by the late Pleistocene into grassland and steppe settings and river depositional environments. The archaeological record and use of geological resources also show a patterns of change. During the Early Pleistocene artifacts are made using chert as a raw material, while by the Late Pleistocene archaic humans were using a wider variety of rock types.

The use of an earth science approach to infer long-term environmental change that can be related to human activities is also illustrated by studies at the Taoshan Site, in north-east China (*Yang SX; Zhang YX; Li YQ, et al., 2017, Environmental change and raw material selection strategies at Taoshan: A terminal Late Pleistocene to Holocene site in north-eastern China, Journal of Quaternary Science, 32(1): 553-563*). Here, changes in the use of raw materials (representing human activities and adaptations) appear to correspond to changes in vegetation from the Late Pleistocene (Last Glacial Maximum) to the middle of the Holocene, based on radiocarbon measurements. The Upper Paleolithic artifacts associated with Late Pleistocene are made from a vitric tuff rhyolite while a variety of different types of igneous rocks and agate were used during the Holocene Neolithic.

Geoarchaeology provides a way to examine the long-term impact of humans of landscapes and ecosystems. For example, in northwest China at the Yanqi Oasis, paleobotanical investigations at the Xintala site provide evidence that human activity transformed the environmental setting during the late Holocene (*Zhao KL, Li XQ, Zhou XY et al., 2013, Impact of agriculture on an oasis landscape during the late Holocene: Palynological evidence from the Xintala site in Xinjiang, NW China, Quaternary International, 311:81-86*). Wheat growing agriculture starting around 3900 cal B.P. transformed the landscape, by replacing the original meadow steppe with farmland. Changes in pollen types over time suggest that an increase in soil salinity may have led by about 3600 cal B.P. to the abandonment of farmland. This is an example of how a geoarchaeological approach can provide important information on the influence of human activities on landscapes, in this case late Holocene arid region settings.

Fundamentally, geoarchaeology is an ecological science that studies the connections between humans and the earth. It is an approach to understanding long-term environmental variability and landscape evolution. On this basis, geoarchaeology contributes to the goals of conservation paleoecology. The results of geoarchaeological studies can be applied to our understanding of past human-environment relations to present management and policy decisions. Geoarchaeology can play a useful role in applying scientific principles to document the physical causes and assess ideas about the influence of humans and climate in environmental change. Because it is an interdisciplinary, empirical approach to understanding the past, geoarchaeology can play a pivotal role in shaping management practices and public policy on questions of environmental change resulting from either climate or human activities. From our point of view, geoarchaeology is more than the use of a set of analytical techniques; the wider goal is to address questions about humans and the environment.

One of the important aspects of geoarchaeology is that it is an empirical natural science approach that can be applied regardless of location on Earth. An emphasis on process and product can be viewed as encouraging an international perspective. Thus, the application of geosciences techniques can be applied to any environmental context in any region of the world. Human society and science in general, and the geoarchaeological community in this more specific example, benefit from international cooperation and collaboration. In science this includes both conducting field work and laboratory studies, and sharing the knowledge and outcomes of exploration and discovery. Because geoarchaeology examines the ways natural systems interact with humans, there is great value in the exchange of ideas and techniques that can be used to understand how ecosystems work at various scales of time and space.

We hope this translated edition of our text will provide students with a strong foundation for understanding the principles that underlie the practice of geoarchaeology. Since the publication of the second edition, a tremendous amount of important work has resulted from applying a collaborative, team approach to understanding the record of environmental-human interactions. We hope that this edition will serve as an introduction to the ways earth science concepts and techniques can be used, providing a broad understanding of the approach as it can be applied to interpreting the evidence from the Quaternary. We hope this translation can serve as a starting point for learning about these fundamental concepts and techniques, and provide a way for students to understand and critically assess the results of research reported since the publication of the second edition.

We are grateful to Jean Thompson Black at Yale University Press who was so instrumental in the development of the first two editions of the book. We would like to thank Philip Dyson and Olivia Willis, also at Yale University Press, for their successful efforts in arranging for the publication of this translation through Science Press and the University of Chinese Academy of Sciences. Our foremost gratitude goes to Dr. Shi-Xia Yan, Dr. Ke-Liang Zhao and Prof. Xiao-Qiang Li, at the Chinese Academy of Sciences.

As a discipline that has a central goal of examining the paleoecological record of human-environment interactions, geoarchaeology integrates methods and concepts that apply both temporal and spatial perspectives. We hope this Chinese translation will contribute to the application of geoarchaeology to meaningful and relevant present-day challenges that require an understanding of how humans respond to and impact ecosystem processes and changes in resource availability and landscapes. Knowledge gained from a long-term perspective that values and applies both scientific and humanistic views can lead to a greater understanding of the past, present, and future.

Christopher L. Hill and George (Rip) Rapp

3 May 2020

geoscience techniques can be applied to any environmental context in any region of the world. Human society and science in general, and the geoarchaeological community in this more specific example, benefit from international cooperation and collaboration. In essence this includes both conducting field work and laboratory studies, and sharing the knowledge and outcomes of exploration and discovery. Because geoarchaeology examines the ways natural systems interact with humans, there is great value in the exchange of ideas and techniques that can be used to understand how ecosystems work at various scales of time and space.

We hope this translation of our text will provide students with a strong foundation for understanding the principles that underlie the practice of geoarchaeology. Since the publication of the second edition, a tremendous amount of important work has resulted from applying a collaborative, team approach to understanding the record of environmental human interactions. We hope that this edition will serve as an introduction to the ways earth science concepts and techniques can be used, providing a broad understanding of the approach as it can be applied to interpreting the evidence from the Quaternary. We hope this translation can serve as a starting point for learning about these fundamental concepts and techniques, and provide a way for students to understand and critically assess the results of research reported since the publication of the second edition.

We are grateful to Jean Thomson Black at Yale University Press who was so instrumental in the development of the first two editions of the book. We would like to thank Philip Dyson and Olivia Willis, also at Yale University Press, for their successful efforts in arranging for the publication of this translation through Science Press and the University of Chinese Academy of Sciences. Our personal gratitude goes to Dr. Shi-Xia Yang, Dr. Ke-Liang Zhao and Prof. Xiao-Qiang Li at the Chinese Academy of Sciences.

As a discipline that has a central goal of examining the paleoecological record of human-environmental interactions, geoarchaeology integrates methods and concepts that apply both temporal and spatial perspectives. We hope this Chinese translation will contribute to the application of geoarchaeology to meaningfully address present-day challenges that relate to understanding of how humans respond to and impact ecosystem processes and changes in resource availability and landscapes. Knowledge gained from a long-term perspective that values and applies both scientific and humanistic perspectives can lead to a greater understanding of the past, present, and future.

Christopher L. Hill and George (Rip) Rapp

3 May 2020

目 录

第1章 理论与历史

知识是一个连续体，如同地球表面一样，却有着宇宙般不间断的浩瀚。

——罗拉德·弗里克塞尔（Roald Fryxell）1977

地质考古学对于解读考古材料和人类历史起到关键性作用。事实上，就技术和概念方面来讲，地球科学在阐释考古学材料的过程中一直扮演着关键性的角色。地球科学方法在考古学中的应用存在于这两门学科的历史中：起源于 18 世纪和 19 世纪对于“史前”时代关注的增进和基础理论的发展，发展于 20 世纪自然科学家与考古学家的合作，最终形成现今这两个学科在多个研究方向上的融合。经过长期的合作，出自地球科学的多个概念和方法被用于解读考古学地层的堆积过程、推断考古遗址的环境背景、建立考古学的年代框架以及阐述人工和自然遗存的物理属性。在这里我们简要回顾地质考古学这一分支学科的形成，并了解它如何影响对考古学材料的解读以及它为学科发展所带来的动力。

地质考古学的范畴

“地质考古学”（geoarchaeology）这一概念在 20 世纪 70 年代被频繁地用于指代以地球科学方法解读考古学材料的研究工作。是否将研究归类为其中的一部分或分支，在一定程度上取决于“地质考古学”这个术语是指范围更窄、更集中的一组概念和方法，还是指范围更广、更具包容性的一组概念和方法。关于究竟哪些研究内容适合归入“地质考古学”有许多不同的见解。例如拉斯-科尼格·金斯顿（Lars-Konig Konigsson）对比了“地质考古学”和“考古地质学”（archaeogeology）两个概念。在他看来，“考古地质学”是一个用于解释考古材料堆积过程的完整学科，这一学科在考古学工作中可以扮演“咨询”的角色。相反地，他将“地质考古学”描述为地质学家在不与考古学家合作的情况下，只采用地质材料和方法解读考古学文化[1]。里德·费林（Reid Ferring）所定义的“地质考古学”强调从路易斯·宾福德（Lewis Binford）提出“新考古学”之后考古学视角的转变。在实践中，费林将“地质考古学”视为“解决考古学问题的经验主义方法”或者“新经验主义”[2]。就广义而言，本书所用的地质考古学的概念指所有应用了地球科学概念、技术、方法或者知识来解读考古材料的研究。因此地质考古学可以说是“地质科学传统在考古学中……用于解决人类历史框架内的地球历史”[3]。然而，“地质考古学”在很大程度上都被局限于对沉积物和地貌的解读。正如查尔斯·弗伦奇（Charles French）所评价，狭义的“地质考古学”强调土壤和沉积物的研究，并将其作为探讨地貌变化和人类过去的基础[4]。

对“地质考古学”和“考古地质学”之间的关系也存在诸多的讨论。我们认为“地质考古学”是考古学的一部分，是考古学中应用地球科学方法、概念和知识作为基础的一部分。用“地质（geo-）”来修饰“考古学（archaeology）”合成一个新词。一个很典型的地质考古学的例子便是对考古发掘中的地层堆积的解释：工作框架和科学问题都完全属于考古学范畴即完成对人类历史的解读。相反的，考古地质学是与一个或多个考古学情境相关的地质学研究。在考古学遗存丰富的区域开展关于海岸线的变迁、河口的充填或者三角洲的扩张等这些关于海岸变化的地质研究就符合上面提到的“考古地质学”的范畴。地质学家关注海陆界线在百万年尺度上的变迁。这并不是考古学研究，且并未尝试回答考古学问题。属于这一类型的研究有一个有趣的例子，1934 年赫尔穆特·德·特拉（Helmut de Terra）发表在 *Science* 上的一篇评论性文章中，有这样的句段：“我曾在印度北部工作……发现一件考古学遗物……由于我的忽略，我没能立即将它应用于地层的解释……而后来我知道了，那应该是一件属于勒瓦娄哇（Levalloisian）技术的石器，与中更新世地层有关，因此我可以有另一个有力的证据说明我当时工作的地层属于更新世。”[5] 在这个例子中考古学的信息被用来解答地质学的问题。另外，当原始的地貌被考古学遗址戏剧性地改变时，如古特洛伊城邦、古代迦太基或者北美洲东海岸等，这些都属于考古地质学。这类的例子一般较少见，大多数情况都处于这两种情形之间。地质考古学可以是多种地球科学方法在考古学研究中的应用，包括地层学、沉积学、土壤学、岩石学、地球化学、地球物理学、海洋地质学、地质年代学和气候学等。几乎地球科学所有的分支学科都有概念、理论或者方法可以用于解决考古学问题，这些都属于地质考古学的范畴。

地质考古学从一个广阔的视角出发，将地球科学的各个分支学科和领域应用于考古学问题的解答。一个最重要的准则就是考古学解释是依据地球科学的方法或者理念形成的。因为“地质”修饰了“考古学”，所以地质考古学理应被定义为考古学的一个分支。在这一类考古工作中，归根到底是要研究人类（包括已经灭绝的人科物种）遗留下的物质的、痕迹的“遗物”（遗迹）。我们意识到，这是对考古学相当严格、基本的定义，旨在囊括侧重于推断过去人类行为的研究以及揭示考古记录中的非人类行为遗迹的研究。在我们看来，考古学的主要目标在于评估和了解人类行为，但更长远的目标是了解形成最后的考古记录的全部过程。

地质考古学与其他学科的关系成为被大量讨论的话题。从更广阔的视角来看，地质考古学包括了科技考古、环境考古、第四纪地质和地理学（包括地貌学、自然地理学、地质生态学和生物地理学）、埋藏学和中程理论等多个学科和理论的很多方面。从另一个角度看，地质考古学首先是生态和情境考古学框架的一部分（这里不要与后过程主义考古学中的“情境考古学”相混淆）[6]。在一些情形下，考古学也被划为自然科学或是自然史的次级学科，亦或作为第四纪地质学的一个分支。之所以作为地质学的分支是因为在一些学者看来地质学就是“整个地球的科学”［如阿玛迪厄斯 W. 格拉博（Amadeus W. Graubau）］[7]。弗雷德里克 H. 韦斯特（Frederick H. West）也支持这样的观点，认为“考古学……就是地球科学的一部分”[8]。

沃特斯（Waters）在深思熟虑后提出根据地质学与考古学的不同关系应采用“地质考古学”和“科技考古学”概念。地质考古学包含记录遗址地层、解释遗址沉积过程和重建人类与地貌之间的关系；而科技考古中地质学方法被应用于考古勘探、原料产地分析和测年等方面[9]。

因此，我们可以提出地质考古学代表了考古学的一个方向，并与气候学、水文学、岩石学和生态学结合，在广义上成为地球科学的一个亚类（分支）。事实上，考古遗址被认为是包含了考古学家感兴趣的遗物的地质地点（geologic site）[10]。地质考古学的各个方面也可以从"动力""结构"和"序列"等视角进行考量（当考古学作为历史自然科学之一时）。"动力"以过程为导向，着眼于解决物理的或化学的外力影响；"结构"体现组成和材料的安排；"序列"与时间、来源和发展有关。考古学被认为是关于考古记录的自然科学[11]，尤其在方法和实践上可以归为地球科学的分支[12]。然而，通过考虑"动力""结构"和"序列"，考古记录可以更彻底地被解释和评估。与物理学和其他自然科学不同，地质学（狭义）、古生物学和考古学共享"动力""结构"和"序列"这些侧重点。

考古学中关于行为的部分更贴近人类考古学（anthropological archaeology）——这是在美国和英国具有很强传统的一个领域。从地质考古学的角度看，人类考古学的目标——从考古遗存中解读过去人们的行为——只有通过研究遗物的相关背景和发展模式才能实现。在这些情境下，"考古学文化"这样的术语出现并被用于归纳一些考古遗物，将它们划归为一个类型，然而这些"文化类型"的归纳有时不一定准确。

从20世纪70年代起，因为认识到地球科学在评价史前人类行为中的作用，"地质考古学"和"考古地质学"两个术语就开始用于指明考古学研究中的地球科学方面[13]。在此阶段卡尔·巴策（Karl Butzer）①提倡使用生态的或者更广阔的情境的方法来解读考古学材料，也就是更多地使用地质考古学的方法："考古学若不是人类学则什么也不是……恕我另有观点，考古学在发展的过程中几乎均等地依赖了地质学、生物学和地理学等……总之，深深依赖于自然科学。"[14]

这与莫蒂默·惠勒（Mortimer Wheeler）②在20世纪50年代提出的观点类似，当时他就指出："考古学渐渐依赖多个学科，并形成自然科学的研究方法。时至今日，它依赖于物理学、化学、地质学、生物学、经济学、政治学、社会学、气候学和植物学。"[15]

另外，"地质考古学"更为严格的用法将使它与"动物考古学"（zooarchaeology）可类比。从这一点来看，地质考古学关注于土壤、沉积物和地层（非生物体）。这一观点在布鲁斯·格拉德费尔特（Bruce Gladfelter）和迈克尔·沃特斯（Michael Waters）③的著述中均有描述。格拉德费尔特将地质考古学主要描述为地貌学和沉积岩石学，而沃特斯认为地质考古学包含记录遗址地层、解释遗址地层沉积过程和重建人类与地貌之间的关系[16]。戴维·克雷门（David Cremeen）和约翰·哈特（John Hart）也有类似的观点，他们认为地质考古学家意在解决两个方面的问题：①史前人类为何选择了某一处作为营地（后成为遗址）；②什么事件改变了原来的埋藏和史前考古材料[17]。费克里·哈桑（Fekri Hassan）④将对遗址形成过程的研究视为通过阐明在形成考古学记录的过程中文化因素与自然因素的

---

① 卡尔·巴策（1934—2016），德国出生的美国地理学家、生态学家和考古学家。——译者

② 莫蒂默·惠勒（1890—1976），英国考古学家和军官。在他的职业生涯中，曾担任威尔士国家博物馆和伦敦博物馆馆长，印度考古调查局局长，是伦敦考古研究所的创始人和名誉主任，他的职业还包括写作。——译者

③ 迈克尔·沃特斯（1955—），得克萨斯A&M大学的人类学和地理学教授。他专门研究地质考古学，并将这种方法应用于克洛维斯和后来的古印第安人以及可能的克洛维斯前占领地点的调查。——译者

④ 费克里·哈桑（1943—），地质考古学家。在学习地质学和人类学之后，哈桑于1974年开始在华盛顿州立大学人类学系任教。从1988年到1990年，他担任埃及文化部顾问。现为退休教授。——译者

权重，来解释考古学遗物的"文化"意义。他提出，对形成过程的研究表明考古学家无法保证发掘出的材料一定与文化行为、民族等因素直接相关。对于形成过程的研究提示考古学家在做出文化解释时需要谨慎考虑他们所依赖的考古学材料[18]。更多的地球科学和考古学之间的关联如测年技术、遗物产地分析和遗址定位等在实践中被划归为科技考古的范畴。在我们现在提出的更为宽泛的概念中，当科技考古中测年、溯源和遗址定位等使用了地球科学的方法来解决考古学问题时，它们均被划入地质考古学。

地质考古学概念的流变显示出学科发展的必然过程。我们可以把地质考古学看作史前考古学的一部分，反过来，也可以认为是地质生态学或者古地貌学的一部分，总体而言是第四纪地质学的一部分。这些研究或者分支学科都属于自然史研究大框架的一部分，更准确地说是对晚新生代自然史的研究。把这些研究连接在一起的关键点可能是它们都在尝试系统地观测地球表面过去发生的改变的动态过程。从这个角度讲，考古学与古生物学一样，都是对自然史的研究。考古学与文化人类学不同，过去发生的事情无法直接观察，而是需要通过考古学材料来推断。民族人类学（ethnological anthropology）和普通地质学的研究都允许对动态过程进行观察，将这种方法应用于考古材料可以解读出其结构矩阵，从这个矩阵中最终可以获得史前事件的时序和背景。

考古学和地球科学

考古学与地质学之间的联系可以至少回溯到 18 世纪和 19 世纪[19]，在这期间可以将它们之间的关联划分为三个阶段。

第一阶段主要体现在对史前史的综合研究。传统上看，19 世纪时的主要兴趣在于探寻冰河时期欧洲和北美的远古人类遗存。从 19 世纪 40 年代直到 20 世纪 20 年代，考古学与地质学在研究关于远古人类的证据的过程中被结合起来。除了对于相对年代的兴趣，考古堆积序列也被用于探知考古遗存的形成过程以及评估遗物和已灭绝动物之间的联系。

第二阶段（19 世纪末到 1950 年前后），对古环境和古气候的兴趣扩展了史前考古学和地质科学之间的联系。考古学家与地质学家的合作在地域上主要是在北美（古印第安人）和旧大陆的大部分区域。地层序列和沉积依然被用来研究遗址的形成和年代，但在 20 世纪中叶，合作开始转向应用地质学方法研究考古遗址的古环境背景和地质年代。一个明显的变化是，以往多个方向的学者合作研究然后共著一篇报告，而这一阶段开始各个方向的专家合作研究，但每一方面的专家会单独发表各自方向的论著。这一阶段的地质考古学工作主要分为以下三个方向：其一，区域地貌研究，旨在建立古环境和地质年代序列；其二，实验室内进行的生态研究和遗物原料分析；其三，对个别遗址文化层堆积序列的单独研究。

大约从 20 世纪后半段开始，第三个发展阶段到来了。此时各领域科学家依然关注年代和环境变化，但同时开始重视将史前考古学与地球科学结合。新的关注点都存在同一个理论基础，即考古遗址的"情境"。考古学家和史前史学家都相信这一新的理论可以促使自然科学更好地解答本学科的问题。这一阶段最明显的阶段性特征是关注考古遗物在整个考古记录中的位置和形成过程，即"情境"[20]。

奠基时期：1900年以前

当回顾考古地质学时，约翰·格里福德（John Grifford）和拉普（Rapp）曾描绘，在一定的阶段多学科综合研究的趋势暗流涌动，而非明显可见。[21]这样一个阶段事实上在19世纪40年代已经开始了。这一阶段以对远古人类及地层序列的关注为特征。在旧大陆和北美，自然科学的影响体现在很多受过训练的地质学家认为地层中的遗物理所当然属于远古人类。在介绍考古学的历史时，格林·丹尼尔（Glyn Daniel）①指出“19世纪很多伟大的考古学家都出自地质学家或自然史学家当中”，而19世纪的考古学从本质上具有“地质学的外表”[22]。爱德华·哈里斯（Edward Harris）似乎也同意这种看法，他指出“这一时期的考古学主要受到地质地层学原理的影响”[23]。约翰·弗里尔（John Frere）②1799年所做的关于在英国地层中发现的手斧的报告最早认识到了解遗物“情境”的重要性。弗里尔描述了遗物的位置和地层序列，他将观察到的现象应用于讨论之中，“手斧在地层中埋藏的状况更倾向于说明是被制作者放置的而不是后期经埋藏事件带入的……这可能说明其他的地层则是在后一阶段由洪泛形成的”。[24]在弗里尔的报告中，水平的地层和遗物在地层中埋藏的距离均被描述。他的观察清晰地说明在旧石器时代考古学形成之初就意识到遗物的“埋藏背景（情境）”的重要性。

确定史前人类与灭绝动物共存（冰河世纪人类存在于欧洲就是这样被确定的）的过程提供了很多例子说明地球科学的方法和技术被用于研究人类的过去。导致这个事实被接受的事件发生在19世纪中叶。1837年，鲍彻·德·克雷弗克·德·佩尔特斯（Boucher de Crèvecoeur de Perthes）③开始在法国索姆河谷开展研究工作，后来马塞尔·杰尔姆·里戈洛特（Marcel Jerome Rigollot）继续做这项工作，表明了地质学家与史前考古学家之间的重要相互影响[25]。他们都介绍了含有石器的地层剖面。尽管未被广泛认可，但他们都观察到了灭绝动物与石器在地层中共存。直到1858年在发掘英国布里克瑟姆洞穴（Brixham cave）时，主持者威廉·彭杰利（William Pengelly）④邀请了地质学家查尔斯·莱伊尔（Charles Lyell）（图1.1）参与，地质学观点开始支持考古学承认冰河时期存在人类[26]。

布里克瑟姆洞穴的发掘工作具有说服力是因为灭绝动物的化石（如猛犸象、披毛犀）与石器被发现于未被扰动的、以石笋和石灰岩为基底的同一地层之中。最后要提到的是发

---

①格林·丹尼尔（1914—1986），威尔士科学家和考古学家，曾在剑桥大学任教，专攻欧洲新石器时代。他于1974年被任命为迪士尼考古学教授，并于1958年至1985年期间编辑了古代学术期刊。除了早期在广播和电视上普及考古研究和古代史，他还撰写了《考古学一百五十年》等相关著作。剑桥大学麦克唐纳考古研究所（McDonald Institute for Archaeological Research）的格林·丹尼尔考古遗传学实验室（Glyn Daniel Laboratory for Archaeogenetics）就是为了纪念他而命名的。——译者

②约翰·弗里尔（1740—1807），英国古物学家，是1797年在萨福克（Suffolk）霍克森（Hoxne）发现与大型灭绝动物相关的旧石器时代或旧石器时代工具的先驱。——译者

③鲍彻·德·克雷弗克·德·佩尔特斯（1788—1868），法国考古学家和古物学家，他大约在1830年发现了索姆河谷砾石中的燧石工具。——译者

④威廉·彭杰利（1812—1894），英国地质学家和业余考古学家，他是最早提供证据证明大主教詹姆斯·厄谢尔（James Ussher）根据圣经记载及历法考证计算出的地球圣经年表不正确的人之一。——译者

掘负责人彭杰利与英国地质学家莱伊尔、休·福尔克纳（Hugh Falconer）和约瑟夫·普雷斯特维奇（Joseph Prestwich）等人关系密切。

图 1.1 查尔斯·莱伊尔

如果有"地质考古学之父"，那么莱伊尔当之无愧。莱伊尔以他的著作《地质学原理》（*Principles of Geology*）和"均变论"①而闻名于世。他的《远古人类的地质学证据》（*Geological Evidence of the Antiquity of Man*）既是第一本地质考古的著作，也做了最早的定义："提出考古学的问题，然后用地质学的知识和原理来解答。"莱伊尔与达尔文（Darwin）和乔治·居维叶（Georges Cuvier）一同影响了19世纪伟大的人类与自然历史认知变革。在他的著作里，莱伊尔仔细地记录了在均变的地层中发现的所有已知的史前人类和他们的遗物（画像由明尼苏达大学 Elaine Nissen 绘制）

福尔克纳在1858年旅行至法国索姆河河谷时观察了鲍彻·德·克雷弗克·德·佩尔特斯所研究的遗址。1859年，普雷斯特维奇和埃文斯（Evans）一起先后来到了法国阿布维尔（Abbeville）和圣阿舍利遗址（Saint Acheul）。在圣阿舍利，他们观察到石器与灭绝动物化石被埋藏于同一层位，这使得他们认为人类曾与这些灭绝动物共存。莱伊尔也在1859年7月去阿布维尔观察了之前的发现，他总结道："石器无疑与猛犸象处于同一个时代。"[27]莱伊尔的结论源自于他在阿布维尔和布里克瑟姆洞穴的观察。莱伊尔在1859年的英国科学进步联合会（British Association for the Advancement of Science）上发表了他的认识，同时普雷斯特维奇的观察在次年发表于《伦敦皇家学会学报》（*Proceedings of the Royal Society of London*）[28]。这些认识的正式发表标志着学界奠基人已经有足够的证据证明石制品确实与灭绝的动物共存于一个时期，也就承认了在冰河时期有人类活动。

回顾整个过程，以上所使用的方法在今天看来属于地质考古学的范畴，而这种思想植根于19世纪中叶莱伊尔和约翰·卢伯克（John Lubbock）的工作。他们的工作都通过将考古遗物还原到其"埋藏背景"（情境）为认识欧洲早期人类活动提供了详尽的证据。莱伊尔的《远古人类的地质学证据》奠定了地质学在考古学和古人类研究中的地位[29]。克劳丁·科恩（Claudine Cohen）曾对莱伊尔的这一著作对于史前考古学和古人类学的贡献做了很好的综述[30]。"地质考古学家"标签已用在约翰·卢伯克、威廉·丹金斯（William Dankins）、奥古斯塔斯·皮特·里弗斯（Augustus Pitt Rivers）、

① 均变论（Uniformitarianism，又称齐一论）由查尔斯·莱伊尔在《地质学原理》一书提出，其理论是以英国人詹姆斯·赫顿（James Hutton）在1785年和1789年所提出的渐变论所衍伸而来。其思想和渐变论大致相同，且提出了地质时间的概念，也否定了达尔文的天择说。其中精髓的一句话就是："现在是通往过去的一把钥匙"（The present is the key to the past），表示一切过去所发生的地质作用都和现在正在进行的作用方式相同，所以研究现在正在进行的地质作用，就可以明了过去的地球历史。这样的思想后来已经有所修正。与其相反的学说是由亚伯拉罕·沃纳（Abraham Werner）所提出的灾变论。——译者

约翰·埃文斯（John Evans）等人身上，但与莱伊尔、普雷斯特维奇、彭格里（Pengally）、福尔克纳的方法不同[31]。在1865年出版的专著《史前时代》（*Pre-historic Times*）中，卢伯克将石器时代划分为旧石器时代和新石器时代，将考古遗物分别划入旧石器时代和新石器时代。之后爱德华·拉特（Edward Lartet）和加布里埃尔·德·莫尔蒂耶（Gabriel de Mortillet）①受地质学概念和方法的影响，又将旧石器时代进一步划分为早期、中期和晚期三个阶段。几年后，詹姆斯·盖基（James Geikie）在一篇综述中特别介绍了旧石器时代堆积的气候和地质年代[32]。

丹尼尔注意到了地质学思想对于考古学历史性的影响，他写道："古物研究早于自然科学发端，在地质学之前没有真正意义的考古学（只能称为古物研究）。"丹尼尔将考古学比作地质学的孩子，并写道"考古学始于地质学"。他认为，地质学最初"定义了史前考古学并设定了它的科学问题"。对于一些早期的史前考古学家来说，"旧石器时代考古……是地质学的问题""史前考古学家……应该把自己看作是自然科学家"。地质学方法被列为示例来自德·莫尔蒂耶的态度——"完全是地质学的延伸"。丹尼尔再次加强了这一论断——"莫尔蒂耶的体系及其所带有的地质学背景……是史前史的正统"[33]。

19世纪后半段，在经典的考古工作中可见其他考古学家也开始关注年代和地层。1860年朱塞佩·菲奥雷利（Giuseppe Fiorelli）开始了对庞贝（Pompeii）的发掘并关注地层的重要性。1873年亚历山大·孔兹（Alexander Conze）在发掘萨莫色雷斯（Samothrace）时同样注重地层关系，1875年欧内斯特·柯歇斯（Ernest Curtius）在发掘奥林匹亚（Olympia）遗址时也特别关注对地层的控制。1871年海因里希·施里曼（Heinrich Schliemann）②在希沙利克（特洛伊）第一次发掘了多层的遗址。1882年，在威廉·德普费尔德（Wilhelm Dörpfeld ）的努力下，在特洛伊遗址建立起了依地层发掘的方法。英国的奥古斯塔斯·皮特·里弗斯在19世纪末期的发掘也强调观察地层的重要性。弗林德斯·皮特里（Flinders Petrie）在埃及和巴勒斯坦的工作同样帮助奠定了现代考古学发掘方法的基础。1866年欧洲考古学家召开了他们的第一次国际学术会议，就科学方法在人类历史研究中的应用展开讨论。

有人曾认为，可能由于欧洲较早地采用了地层发掘方法，地质学的基本原理在欧洲比在美国得以更广泛地被接受。然而，早在19世纪40年代，美国考古学家伊弗雷姆 G. 斯奎尔（Ephraim G. Squier）和埃德温 H. 戴维斯（Edwin H. Davis）就开始运用地质学原理[34]。他们应用地层学方法来鉴别密西西比河河谷的封土堆属于人类遗存还是自然过程。他们在研究北美史前考古材料的过程中重视遗物的地质学背景，这种方法和理念应用几乎和欧洲在同一时期。根据布鲁斯·特里杰（Bruce Trigger）所说，"所有在欧洲被广泛应用的考古学方法在美洲都被接受并使用"[35]。从19世纪70年代后，贝丘遗址在美国东南被杰弗里斯·怀曼（Jeffries Wyman）、史蒂文·沃克（Steven Walker）和克拉伦斯 B. 莫尔（Clarence B. Morre）等人发现和研究，在阿拉斯加被威廉 H. 多尔（William H. Dall）研究。在19世纪80年代，赛勒斯·托马斯（Cyrus Thomas）继续斯奎尔和戴维斯原来的工作，使用地层学方法研究贝丘[36]。

19世纪40年代，北美开始大规模的采矿活动，提供了这些资源被史前人类利用的证

① 加布里埃尔·德·莫尔蒂耶（1821—1898），法国考古学家，达尔文主义者。——译者

② 海因里希·施里曼（1822—1890），德国商人和业余考古爱好者。出于一个童年的梦想，他毅然放弃了商业生涯，投身于考古事业，使得荷马史诗中长期被认为是文艺虚构的国度——特洛伊、迈锡尼和梯林斯重现天日。——译者

据。在密歇根北部的基威诺（Keweenaw）半岛，显而易见那些地表即可见的丰产铜矿不是当时的开矿人最早开发的。旧的矿坑远早于欧洲人到来。在旧的矿坑里可以找到已经被使用得严重磨损的石斧。除了大量被磨损的石斧外，还有一些新的或者说未使用的被发现。这些发现在19世纪50年代早期被专业地描述，同时地质学家也开始关注并探索如何应用地质学来解释这些现象产生的情境[37]。

一个在北美应用地质学方法的典型例子是莱伊尔对密西西比人类遗存与灭绝动物共存的观察和评述。莱伊尔1846年在该区域进行了野外调查，他认为人类遗存和灭绝动物共存是再堆积或者后期地层混乱。此次在描述考古遗物时注重其埋藏过程，这对于地质学在19世纪“美洲旧石器考古学”中的应用是很好的例子。北美旧石器考古学的争论焦点落在了自然过程是否会影响考古材料的出土情况，而对这一争论的明晰依赖于对地层背景的研究[38]。在对美洲旧石器时代人类遗存的研究中，应用到的地质学知识并不比考古学知识少。

图1.2 约翰·韦斯利·鲍威尔

鲍威尔（1834—1902），地质学家，倡导建立美国地质调查局和美国民族学局。民族学在19世纪，常与“人类学”通用，主要指对外来文明的研究。鲍威尔对美洲土著及其文化的敏感，促成了他早期的考古学和民族学工作。1961年由纽约多佛出版社（Dover Publisher）出版的《科罗拉多河及其峡谷》（*The Exploration of the Colorado River and Its Canyons*）收录了很多鲍威尔在调查中绘制的图。1961年多佛的版本是对1895年弗拉德与文森特出版社（Flood and Vincent Publisher）出版的《科罗拉多峡谷》（*Canyons of the Colorado*）原封不动的再版。D. 沃斯特（2001）曾撰写了非常精彩的鲍威尔的传记①（Elaine Nissen 根据《科罗拉多河及其峡谷》中的肖像绘制）

19世纪末的20多年里，关于美洲早期人类研究的工作主要由美国地质调查局（United States Geological Survey）和美国民族学局（Bureau of American Ethnology）承担。这两个部门都是在地质学家、地理学家和民族学家约翰·韦斯利·鲍威尔（John Wesley Powell）（图1.2）努力倡导下在1879年成立的。在鲍威尔的理念中，民族学局应长期致力于美国的民族学和人类学调查[39]。地质学家在民族学局建立初期所起到的重要作用不应被低估。1902年，在鲍威尔离开后，地质学家威廉·亨利·霍姆斯（William Henry Holmes）接替他成为新任民族学局局长直到1910年。霍姆斯带领民族局进入一个新的阶段，开创了体质人类学研究和文化资源的保护工作。霍姆斯本人是美洲旧石器考古学精力充沛的践行者，他参与了很多矿坑和矿脉遗址的发掘工作[40]。19世纪80年代美国地质调查局的一项主要目标就是明晰北美冰期堆积的地层关系，而这一问题是关于早期人类的争论的关键。欧洲地质学家已经认识到冰期与间冰期堆积的层序堆积，美洲地质学家也开始在中西部和落基山脉区域内进行填图和地质调查。

在19世纪最后10年中，对于潜在的旧石器时代遗物的可靠地质地层背景的研究变得尤为重要。霍姆斯曾写道：“在美国推进旧石器考古应该放弃寻找其他可能的对遗物的年

① 传记书名为 *A River Running West: The Life of John Wesley Powell*。——译者

代的探索……有地质学的武装……古物研究与地质学有着密切的关系。”[41] 尽管在具体评估和分析地层背景的过程中有一定的区别，但似乎学者们形成了一致观点。鲍威尔曾写道：“早期人类最初到达这片大陆的证据一定有地质学的记录。”[42] 根据第四纪沉积，查尔斯 C. 阿博特（Charles C. Abbott）曾说：“他不是一个缺乏系统研究这些堆积的能力的考古学家。”[43] 亨利 W. 海恩斯（Henry W. Haynes）回应阿博特道：“一件遗物是否属于旧石器时代，最终会是一个属于地质学的问题。”[44] 罗林 D. 索尔兹伯里（Rollin D. Salisbury）也有同样的表述：“‘这是旧石器时代的工具吗？’这是一个地质学的问题而不是一个考古学的问题。”[45]

到 1892 年，乔治·弗雷德里克·赖特（George Frederick Wright）倡导美国旧石器时代应该部分基于对既定的遗物的地质学背景的审视[46]。对赖特观点的批评也一直存在，主要的争论是地质学在考古学中的位置。应用地质学方法来支持冰期时北美存在人类活动的论点的例子是霍姆斯 1983 年在 *Journal of Geology* 和 *American Geologists* 上发表的文章。这些文章旨在关注与明尼苏达州和俄亥俄州潜在的旧石器时代遗址有关的地质学背景。它们代表了一种“转变”：从关注遗物外形到关注地质学的应用[47]。

另一位对于 19 世纪末应用地质学方法解决冰期人类遗存争论有突出贡献的是来自明尼苏达州的牛顿·霍勒斯·温切尔（Newton Horace Winchell）（图 1.3）。在从事明尼苏达州冰期地质学研究的过程中，温切尔开始对美洲土著部落的本土文化遗物感兴趣。这一兴趣完全体现在他 1911 年出版的《明尼苏达州的土著居民》（*The Aborigines of Minnesota*）中。另外他在 1902 年 12 月 20 日在美国地质学会的主题报告中总结了许多北美早期人类活动遗存的地质背景。

图 1.3　牛顿·霍勒斯·温切尔

1872 年牛顿·霍勒斯·温切尔成为明尼苏达州州立地质与自然史调查局的首位地质学家和领导者。温切尔最突出的学术贡献是他估算了明尼苏达州最后的冰盖退缩时间。估算结果部分基于他对圣安东尼瀑布（St. Anthony Falls）衰退率的评估，他认为是 8000 年。在完成了这一报告之后，他大部分的时间用来从事考古工作。从 1906 年到 1914 年（他去世），他一直供职于明尼苏达州历史学会，并领导考古部门（Elaine Nissen 根据明尼苏达州大学档案材料绘制）

合作阶段：1900～1950 年

随着研究者开始更有计划和更系统的发掘工作并开展更专业的培训，两个学科之间的互动进入了以地层学为主导的合作阶段。相较于之前的一个世纪，考古发掘方面也得到发展。发掘过程中，地质学方面的专家更多地与考古学工作者合作，合作的方向不再局限在地层和年代问题，而是扩展到关注古环境和气候方面的数据获取。合作范围也扩展到了遗物原材料的分析和遥感等领域。

此阶段的多学科合作主要可以划分为三个类型。第一种类型，地质学家（主要是从事更新世地质研究的地质学家和从事脊椎动物研究的古生物学家）与考古学家在同一个地区内合作开展工作。这些地质学家的主要目标在于通过与考古学家合作建立起区域内的古环境和年代框架，同时理论框架也可用于确定遗址的年代。地貌、地层和古生物学标志对于年代学研究具有重要的作用，到了本阶段的末期，绝对年代的测定也开始发展（如放射性测年技术的发展）。第二种类型是对地质学样品和遗物样品进行实验分析的专家与提供样品的专家之间的合作。第三种类型是个人间的合作，一些被称为“地质考古学家”的学者加入到考古工作中，从某种意义上说，他们是对遗址文化遗物沉积背景进行解释的考古学家。

在旧大陆①，这一时期的合作在20世纪初就正式形成了。1900～1950年被视为更新世多学科合作的发展阶段。具有代表性的例子是古生物学家阿米·布埃（Ami Boué）②主持的对摩纳哥的格里马尔迪（Grimaldi）洞穴和Consérvatoire洞穴的发掘。在发掘工作中自然科学家直接参与发掘工作，可以看到地质考古学视角在考古解释中直接应用。从新石器时代直到铁器时代的考古遗址的发掘，发掘过程中筛选和对地层的垂直和水平控制均被应用。来自陶瓷、古脊椎动物学、体质人类学、植物学、金属材料研究、地貌学、古环境学等方面的专家均参与到发掘工作中。拉斐尔·庞佩利（Raphael Pumpelly）将他所谓的地质推理规则应用到考古学中[48]。

在20世纪，年代学与环境、气候变化及其通过考古学遗物体现出的与人类行为适应的关联，均为考古学首要关注的问题。伦纳特·冯·波斯特（Lennart von Post）③发展了将花粉分析用于阐释冰期后气候变化的方法。1914年后，安德鲁 E. 道格拉斯（Andrew E. Douglass）发展了利用树木年轮进行年代推定的方法，然而早在1811年德威特·克林顿（DeWitt Clinton）就利用树轮来推断纽约市一些建筑工程的年代[49]。在旧大陆，1905年杰勒德 J. 德·吉尔（Gerard J. de Geer）在瑞典开展了对纹泥的研究，随后芬兰的马蒂·索拉莫（Matti Sauramo）也开展了同样的研究。在北美，第四纪地质学家厄恩斯特·安特弗斯（Ernst Antevs）是第一个做纹泥研究的（详见第5章）。

在1920～1940年间，欧洲的地质科学家参与了多项史前考古调查工作。第一阶段的地质考古工作是对遗址沉积物的研究，如地质考古学家朱莉·斯坦（Julie Stein）和威廉·法兰德（William Farrand）所描述。这些早期代表性的工作包括考古学家多萝西 A. E. 加罗德（Dorothy A. E. Garrod）和古生物学家多萝西 M. A. 贝特（Dorothy M. A. Bate）在1929～1934年间在黎凡特南部地区开展的遗址堆积的研究。斯坦和法兰德将其归为“考古地质学”[50]。在旧大陆，多学科相互影响的实例是弗雷德里克 E. 佐伊纳（Frederick E. Zeuner）④将史前考古用于地质年代和气候分析，他的方法继承了莱伊尔等人早期的工作[51]。佐伊纳是努力尝试在自然科学和人类史前史研究交叉领域进行探索的代表。格林·丹尼尔（Glyn Daniel）和科伦·伦福儒（Colin Renfrew）将佐伊纳所著的《年代测定》（*Dating the Past*）评论为“第一批专门介绍考古科学的书籍之一……方法上很大程度上属于地质学，一如上个世纪初以来所遵从的”[52]。

---

① 这里主要指欧洲。——译者

② 阿米·布埃（1794—1881），法国血统的地质学家。他出生在汉堡，并在那里及日内瓦和巴黎接受了早期教育。——译者

③ 伦纳特·冯·波斯特（1884—1951），瑞典博物学家和地质学家。他是第一个发表花粉定量分析的人，并被认为是孢粉学的奠基人之一。1929～1950年间他在斯德哥尔摩大学任教授。——译者

④ 弗雷德里克 E. 佐伊纳，德国古生物学家和地质考古学家。他在米兰科维奇周期的基础上提出了欧洲气候和史前文化事件相关性和定年的详细方案。——译者

在欧洲，20 世纪上半叶对史前史的研究视角开始扩展。雅克·德·摩根（Jacques de Morgan）曾表达过史前史研究不局限于对古物的考究，而是“以地质学、动物学、植物学、气候学和民族学为基础的综合研究”的观点[53]。德·特拉（De Terra）也认可地质学和考古学是“相接界的两个学科”，有一个“两个学科界线之间的区域”，并且“这两个历史学科的方法的结合将有助于讲述古老人类的历史”[54]。

遥感技术在 20 世纪早期借助航拍进入到考古学领域[55]。1906 年对巨石阵的航拍揭露出很多在地表观察无法获得的信息。在中东地区，航拍被用于记录一个灌溉系统的轮廓。在 20 世纪 20 年代，航拍技术主要在英国使用，然而，在北美，查尔斯·林德伯格（Charles Lindbergh）也在西南部运用了航拍。1948 年使用了导电率的理查德·阿特金森（Richard Atkinson），是将电阻率仪用于对地下的深坑和壕沟等结构进行探测的先驱[56]。

将自然科学用于分析考古材料（包括土壤、花粉、金属、石头和植物等）的研究也不断增加。例如，赫伯特 H. 托马斯（Herbert H. Thomas）将岩石学应用于巨石阵的研究，戴维 M. S. 沃森（David M. S. Watson）对斯卡拉布雷遗址（Skara Brae）动物化石的研究，以及丹麦科学家对史前谷物的研究。

20 世纪早期，对旧石器时代的研究和调查在世界很多地方均展开。约翰 G. 安特生（Johan G. Andersson）（图 1.4），瑞典国家地质调查所所长，应中国北洋政府的邀请来华担任农商部矿政顾问。在中国的数十年间，安特生奠定了中国古生物学与考古学的基础。而其最为人熟知的工作是最早发现并发掘了周口店遗址（北京猿人遗址）[57]。

对遗址地层的精细研究仍在继续。其中重要的一个例子是莫蒂默·惠勒在 20 世纪 20 年代使用剖面图记录考古地层的方法，这被认为是考古学方法发展的一个重要节点[58]。这一方法具体记录在惠勒 1954 年出版的《从地学而来的考古学》(*Archaeology from the Earth*）一书中。欧洲自然科学视角在考古学中的发展始于 19 世纪，而在北美，地层学从 20 世纪开始在考古发掘中被重视。受到欧洲地质学方法在史前考古中应用的影响，

图 1.4　约翰 G. 安特生

安特生（1874—1960），瑞典地质学家，发现并发掘了著名的周口店猿人遗址。1921 年，他发现了仰韶文化，确定了中国最早发现的“新石器时代遗址”，结束了“中国无石器时代”的历史。安特生是中国史前考古的先驱之一（Elaine Nissen 根据斯德哥尔摩东方博物馆的材料绘制）

曼纽尔·加米欧（Manuel Gamio）①和内尔斯 C. 纳尔逊（Nels C. Nelson）将地层学原理应用于美国的考古学遗址中[59]。受到纳尔逊的影响，艾尔弗雷德 V. 基德（Afred V. Kidder）在新墨西哥州著名的 Pecos 遗址的发掘中应用了地层学方法[60]。

1911 年，加米欧在对墨西哥城的 Atzcapotzalco 遗址的发掘中开始使用地层学方法。发掘了一系列探沟，揭露出三组陶器并明确了它们之间的地层关系（图 1.5）。加米欧可以明确指出这些遗物之间的相对序列，并将不同类型的陶器命名为不同的“文化”。最底层的含陶器堆积被定名为 De Montana 文化；其上为特奥蒂瓦坎（Teotihuacan）②类型的陶器。

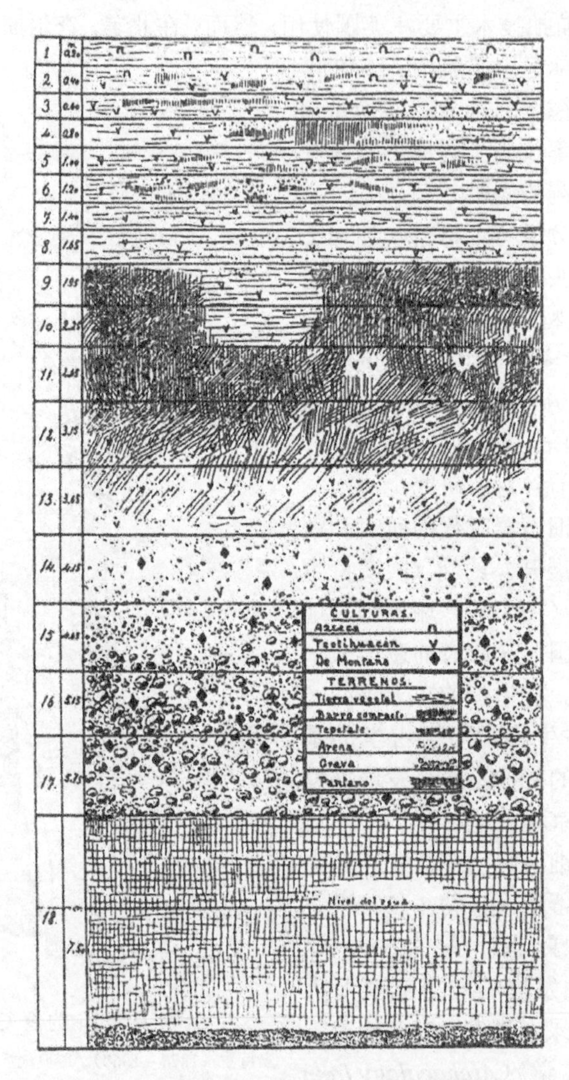

图 1.5 曼纽尔·加米欧绘制的地层剖面图

来自墨西哥峡谷地区的一个考古遗址剖面。加米欧描述了三种不同文化的器物在剖面中的位置。欧洲对地质学方法的使用影响了 20 世纪早期美国考古学对地层学原理的应用（据 Gamio，1913）

① 曼纽尔·加米欧，墨西哥人类学家、考古学家、社会学家。拉丁美洲文学界土著主义运动的领导者之一。他为墨西哥人类学的发展做出了杰出的贡献。——译者

② 特奥蒂瓦坎（Teotihuacan）是一个曾经存在于今日墨西哥境内的古印第安文明，大致上起始于公元前 200 年，并且在 750 年时灭亡。——译者

最上层即最年轻的一层所含的陶器被命名为阿兹特克（Azteca或Aztec）①[61]。

纳尔逊于1911年开始在新墨西哥州的Galisteo盆地开展田野工作。1913年纳尔逊访问了西班牙，在那里他参观了雨果·奥伯迈尔（Hugo Obermaier）②和亨利·布雷尔（Henri Breuil）③在Castillo洞穴的发掘工作，发掘工作中使用了按地层发掘的方法。到1914年，他开始在Pueblo San Cristobal遗址的发掘中应用地层学方法。发掘逐层进行（每层1英尺④），每层出土的遗物单独存放。这种理念的使用被描述为“第一次精确地展示了考古材料的时序性”[62]。即便不是真的第一次使用这样的理念，纳尔逊在Pueblo San Cristobal遗址的发掘工作也确实表明将地层学方法应用于考古学中的这一发展在20世纪初便开始了[63]。

基德在新墨西哥Pecos Pueblo贝冢遗址的发掘中也使用了地层学的方法来对考古材料相对年代进行评定（图1.6）。基德的发掘工作开始于1915年。在遗址的一些部位的发掘中，遗物被从不同类型的沉积物中发掘出土，而不是按照任意的层位发掘。这种发掘使得他能够记录Pecos Pueblo遗址中各种类型陶器的相对地层位置。他最终可以实现对各个地层中的这些陶器类型进行排序。

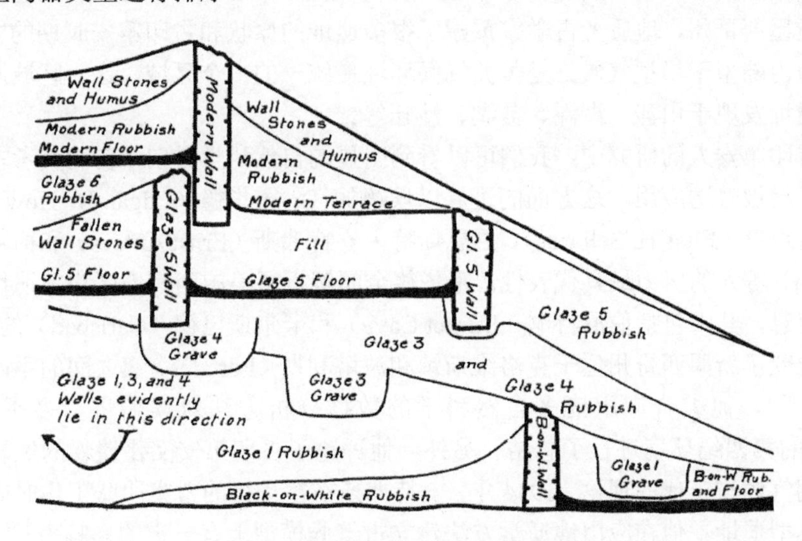

图1.6　艾尔弗雷德·基德的剖面图

基德绘制的新墨西哥Pecos遗址的剖面图。剖面中的名称依据美国西南部的器物来确定。不同层位由不同类型的陶器来确定。地层的空间关系用来确定不同器物类型的时间关系。这一剖面图展示了20世纪上半叶地层学原理在考古学中的应用（据Kidder，1924）

20世纪早期，关于新大陆在冰期时期是否存在人类遗存的争论仍然留存在考古学-地质学领域。若意在确定更新世人类遗存的存在，必须依托可信的地层学证据。具体体现这

① 阿兹特克，又译阿兹台克、阿兹提克，是存在于14世纪至16世纪的墨西哥古文明，主要分布在墨西哥中部和南部，因阿兹特克人而得名。——译者

② 雨果·奥伯迈尔（1877—1946），一位杰出的史前人类学家，曾在欧洲的各个学习中心任教。他尤其与冰河时期人类在欧洲的传播以及与西班牙北部洞穴艺术有关的研究工作息息相关，并且拒绝将他的科学置于20世纪30年代德国的民族主义和种族主义利益支配之下。——译者

③ 亨利·布雷尔（1877—1961），法国天主教神父，也是耶稣会的成员，考古学家，人类学家，民族学家和地质学家。——译者

④ 1英尺＝0.3048 m。——译者

一时期美国考古学家与地质学家互动的一个例子，是1917年在《地质学学刊》（*Journal of Geology*）发表的关于在佛罗里达维罗（Vero）发现的灭绝动物与人类遗存的系列论文。关于其他更新世遗址中是否含有人类遗存的讨论涉及更多埋藏背景和伴生物等信息。罗林 T. 钱伯林（Rollin T. Chamberlin）和乔治 G. 麦柯迪（George G. MacCurdy）都认为动物化石是在二次堆积的过程中进入地层的，但钱伯林始终相信有证据证明灭绝动物化石与人类遗存有关系。相反，体质人类学家阿列什·赫尔德利奇卡（Aleš Hrdlička）确信在维罗的发现不能证明更新世人类遗存的存在，因为堆积背景的问题。

1927年在新墨西哥福尔松（Folsom）的发现表明人类早在灭绝的北美野牛还存活的时代就已进入北美大陆。北美野牛和在福尔松发现的史前遗物，可以通过碳-14测年来确定年代，结果显示是更新世末期（距今约10 500年）。福尔松的发现被接受的主要原因是文化遗存与灭绝动物化石直接共存，并未显示任何二次堆积的痕迹。美国考古学家对地质学再次感兴趣体现在福尔松的发现和研究中[64]。

20世纪20年代，大量关于古印第安人的地质考古学工作在美国南部的平原展开[65]。这一地区包括克洛维斯（Clovis）、福尔松和拉博克湖（Lubbock Lake）周边的遗址。在田纳西州和新墨西哥州，地质考古学家重建了很多遗址的原状和古印第安时期的古环境。北美大平原为内陆型干旱型气候，是美洲气候环境最统一的一个区域。这一区域原位埋藏的晚更新世遗址发现于山洼、湖滩、盐湖、沙丘等。

在对古印第安人的研究中，我们可以看到明显的自然科学导向，在北美考古学中地质学的视角已经被普遍应用。这方面的进展以埃德加 B. 霍华德（Edgar B. Howard）、伊莱亚斯 H. 塞拉兹（Elias H. Sellards）、厄恩斯特·安特弗斯（Ernst Antevs）和柯克·布赖恩（Kirk Bryan）等人的努力最具代表性。霍华德全面解析了美国西南地区史前遗址的地质学和考古学信息，其中包括伯尼特洞（Burnet Cave）和卡尔斯巴德（Carlsbad）的发掘工作。同时他也研究了新墨西哥州位于克洛维斯镇和波塔利斯（Portales）镇之间的第四纪季节性湖泊沉积[66]。他综合应用诸多自然科学的数据分析方法对埃斯塔卡多平原（Llano Estacado）的第四纪环境进行了总结。另外，他评论了古印第安文化遗物的类型并综述了更新世末期气候与年代的理论。1934年，安特弗斯在霍华德的考察团队工作时研究了克洛维斯文化典型遗址。他在应用地质学方法建立古气候模型上有一定的影响力[67]。

继在佛罗里达维罗的研究工作之后，塞拉兹依然继续从事美洲更新世人类遗存的相关研究（图 1.7）。万斯·霍利迪（Vance Holliday）①将塞拉兹领导的团队视为第一个区域内多学科合作展开对古印第安人及其生活环境展开研究的团队[68]。在1925～1950年间，布赖恩主导了在北美开展的地质学和考古学结合的工作。万斯·海恩斯（Vance Haynes）将这个阶段命名为“安特弗斯-布赖恩时代”（Antevs-Bryan years），以此来表明安特弗斯和布赖恩对于古印第安遗址的年代研究所产生的影响[69]。安特弗斯和布赖恩开启了朱莉·斯坦和威廉·法兰德等人所称的对考古堆积研究的第二阶段：重视地层年代和遗址古环境。

---

①万斯·霍利迪目前是图森亚利桑那大学人类学学院和地球科学系的教授以及地理系的兼职教授。他的专业研究兴趣包括地质考古学、古印第安考古学、土壤地貌学以及第四纪景观演化和古环境，目前重点研究区为美国西南部和墨西哥西北部。——译者

20世纪20年代，布赖恩研究了新墨西哥州查科峡谷（Chaco Canyon）环境变化的证据。随后他开始积极投入古印第安遗址的地质背景研究。在得克萨斯州西部第四纪地层的研究中广泛应用了古印第安遗址的出现。布赖恩的主要工作是将古气候年代序列应用于古印第安遗址的研究，这些研究成果也被用于描述晚更新世遗址的古环境背景。古环境背景的描述主要依赖于气候过程对堆积过程的影响。安特弗斯和布赖恩所做的关于明尼苏达州西部存在于冰期堆积中的人类遗存的研究也展现出他们对于考古学材料堆积过程的重视。

图1.7　伊莱亚斯 H. 塞拉兹

当伊莱亚斯·塞拉兹是佛罗里达州地质学家时，他最为有名的主张可能是在佛罗里达维罗和墨尔本（Melbourne）的更新世沉积物中人类遗骸与已经灭绝的脊椎动物的遗骸共存。尽管塞拉兹可能错了，但是广为人知的争论引发了对脊椎动物群落的细致研究，这些研究使用了比美国考古学更为复杂的挖掘技术（Elaine Nissen根据一张来自得克萨斯州经济地质局档案馆的照片绘制）

布赖恩对地质学在考古学中的应用的影响可以在他的学生在欧美的工作中得以体现。谢尔登·贾德森（Sheldon Judson）在布赖恩的指导下展开了对San Jon遗址和新墨西哥东北Plainview文化遗物的地质学研究。史前学家弗雷德·温多夫（Fred Wendorf）和地质学家克劳德·奥尔布里顿（Claude Albritton）、考古学家亚历克斯·克里格（Alex Krieger）等人在英格兰中部地区合作开展的工作被视为当时科学家合作研究的典范。约翰·米勒（John Miller）和温多夫将布赖恩对沉积年代序列的研究扩展到新墨西哥的特苏基峡谷（Tesuque Valley）。布赖恩也开启了对法国东南部La Colombiére地区的岩厦的研究，之后由哈勒姆 L. 莫维斯（Hallam L. Movius）和贾德森共同完善。1947年，布赖恩的学生赫伯特 E. 赖特（Herbert E. Wright）研究了黎巴嫩Kasar Akil旧石器遗址的地质学背景。因此，有理由说布赖恩和他的学生在20世纪上半叶通过一种明确的古地貌方法，实现了更新世研究与考古学研究的融合[70]。

20世纪上半叶美国考古学与地质学之间的互动被记录在为庆祝费城自然科学学院成立125周年出版的《早期人类》（*Early Man*）文集中[71]。书中包含了赫尔德利奇卡评论关于塞拉兹在维罗发现的更新世人类化石的论文，地貌学家莫里斯 M. 莱顿（Morris M. Leighton）介绍考古地层风化的论文，古植物学家保罗·西尔斯（Paul Sears）应用花粉为考古地层定年的论文，安特弗斯关于“早期人类”和气候的论文，以及布赖恩关于福尔松文化堆积的地质学讨论。这本文集显示，多个自然科学方法在20世纪早期已经被应用于史前研究中。

融合阶段：1950年之后

从19世纪到20世纪初，地球科学的方法在考古学中的应用主要集中于对年代问题的关注。威拉德·弗兰克·利比（Willard Frank Libby）[①]在20世纪40年代发明的放射性碳测年方法毫无疑问是自然科学在考古学研究中至关重要的贡献。这一方法在20世纪50年代后开始被更广泛地使用。20世纪50年代和60年代，其他来自地质年代学领域的新方法在考古学中的应用更为广泛，如化学年代测定方法中的钾氩法就被应用于拆穿皮尔当骗局和测定东非发现的人类化石的年代。20世纪80年代和90年代，对放射性碳测年方法的改进和对新测年方法（如释光、氩-氩等）的引进持续发展，直到21世纪。

另一个合作的领域在产地分析。这项研究由H. H. 托马斯（H. H. Thomas）最早在巨石阵开展（见第7章和第8章）。其他旧大陆原料产地分析的例子主要有弗雷德里克 R. 马特森（Frederick R. Matson）对陶器陶土来源的研究，爱德华·桑迈斯特（Edward Sangmeister）和H. 奥托（H. Otto）对青铜器原料的研究以及科伦·伦福儒和J. R. 卡恩（J. R. Cann）对黑曜岩产地的研究。美国原料分析的例子包括戴维·威廉斯（David Willliams）对陶器岩相学的研究和他与罗伯特 E. 海泽（Robert E. Heizer）对墨西哥奥尔梅克文明纪念石的岩石的研究。

20世纪上半叶，地球科学和考古学之间的互动除了表现在方法上，也出现了在理论上融合的趋势。考古学经历了一个变迁的时期，体现在考古学理论的发展和更新以及考古学家意识到古人类学研究对考古堆积的地质学背景的依赖。综合所有这些变化，最重要的就是对地学视角的重视。从合作进入融合阶段的一个重要标志就是朱莉·斯坦和威廉·法兰德对考古学堆积的研究形成“地质考古学”概念[72]。

几个重要方面的发展都表明在20世纪后半叶地质考古学的研究视角已经深入到考古学工作中。首先是向前推进的动力和随之而来的直接实践，最终形成了地质考古学的理论框架。其次是方法上的兴趣点的结合，并将这些兴趣点整合并应用到野外和实验室工作中。

理论框架的形成过程可以划分为两个阶段：初始阶段（20世纪40年代和50年代），地质学家在考古学工作中日益突出的作用被认可；第二阶段（20世纪60年代到21世纪初），地质学家的作用被正式确认。第一阶段在莫维斯、罗伯特 J. 布雷德伍德（Robert J. Braidwood）、H. E. 赖特、特洛伊 L. 佩威（Troy L. Pewe）以及伊恩 W. 康沃尔（Ian W. Cornwall）等人的著述中均有体现。联系这些，考古学和地质学之间的互动合作最终在20世纪50年代形成。这一点可以在莫维斯旧大陆旧石器考古的论述中得到体现，他强调史前考古与自然科学结合。莫维斯强调，考古学的一大目标就是检视人类对自然环境的适应，这可以通过以自然科学的方法研究地层序列和第四纪的气候环境事件来实现。他强调环境重建的重要性，说“史前考古学无法脱离其自然科学背景，不可否认自然科学是尽可能解决其重建和解释人类过去活动的基本问题的关键”[73]。1954年佩威发表于《美国古物》（*American Antiquity*）的一篇文章强调了地

---

① 威拉德·弗兰克·利比（1908—1980），美国化学家，1960年诺贝尔化学奖得主。利比于20世纪40年代在芝加哥大学发明了放射性碳定年法，该方法对考古学的影响十分深远。利比毕业于美国加州大学伯克利分校，先后任教于加州大学伯克利分校、芝加哥大学以及加州大学洛杉矶分校，曾参与美国曼哈顿计划。——译者

质学方法对考古遗址测年的重要作用[74]。当提到树木年轮和放射性测年的价值时，他强调地质和生物指标体现环境变化，并给出一系列的实例证实地质学视角对考古学解释的价值。

在沃尔特 W. 泰勒（Walter W. Taylor）所编辑的一本书中，布雷德伍德展望一个新的领域——“更新世生态”或“第四纪地理”，包含了考古学及环境学相关的学科。在同一本书中，H. E. 赖特强调地质学家对考古学研究最有效的贡献在于对物理的和气候环境的阐释。他认识到这一方法对于研究和分析整个考古遗址的重要性，并指出更新世地质学家最感兴趣的是考古遗址的气候环境和年代。贾德森也同样认识到更新世地质学家和考古学家合作的重要价值[75]。

康沃尔的《写给考古学家的土壤学》（*Soils for the Archaeologists*）一书表明沉积学和土壤学研究能给考古学分析带来潜在贡献。巴策将康沃尔的工作描述为第一个系统的地质考古学工作[76]。爱德华·皮多克（Edward Pyddoke）在《写给考古学家的地层学》（*Stratification for the Archaeologists*）一书中写道：“考古学家的任务不仅在于解释和理解人类的行为和遗物，也要注重解释考古地层的成因和本质”[77]。康沃尔、皮多克、惠勒和佐伊纳等人的著作表明，在旧大陆，地质考古学的视角在20世纪60年代开始影响考古学研究。

由莫维斯、布雷德伍德和康沃尔等人提出的概念性框架为巴策的观点奠定了基础。巴策将他在考古学中运用的自然科学方法称为“更新世地理学”，并将其解释为“应用于理解史前生态背景的环境重建”[78]。由此可见，除了地层和年代外，巴策格外强调了环境重建。小万斯·海恩斯（C. Vance Haynes，Jr.）就地质学在更新世古生态和考古中所扮演的角色展开了讨论（图1.8），他强调地质地层学、多学科合作的重要性以及地质学家在古生态解释中的重要作用。海恩斯的学术生涯可以作为地质考古学研究的例证[79]。

图1.8　小万斯·海恩斯

小万斯·海恩斯是美国少数的全职地质考古学家之一，他在亚利桑那大学承担着地质学和考古学/人类学的双重工作。他对解决美国西南和埃及地区一系列重要的地质考古学问题做出了贡献（Elaine Niseen 根据照片绘制）

从20世纪60年代开始，史前学家、考古学家和人类学家专注于建立通过考古学材料解释史前人类行为的理论和方法。例如，人类学家路易斯·宾福德强调考古遗址的堆积背景和历史各不相同[80]。考古学家意识到所有的埋藏过程都会潜在地影响对考古学记录的最后解释。史前学家格林·艾萨克（Glynn Isaac）的研究聚焦于用埋藏过程解释肯尼亚Olorgasailie阿舍利文化的出现[81]。罗伯特·阿克（Robert Acher）注意到考古学记录被扰乱和过去的行为、遗物的产生和堆积之间的不连续性，以及后续过程对考古学记录的影响[82]。

在希腊，20世纪60年代威廉 A. 麦克唐纳（William A. McDonald）在他对麦西尼亚州的大范围调查中邀请地球科学家参与，最早参与的是布赖恩（Bryan）的学生H. E. 赖特，他是一位地质学家和古生物学家，之后拉普（Rapp）完成了地理学方面的工作。最终的研究报告题为《一个重建青铜时代环境的案例》(*Reconstructing a Bronze Age Environment*)[83]。沿着尼罗河谷，温多夫（布赖恩的另一个学生）组织了一个多学科科学家组成的研究队伍，对埃及南部和苏丹北部展开旧石器时代考古调查[84]。其他将自然科学家融入考古工作中的例子有理查德·麦克尼什（Richard MacNeish）在中美洲的工作，以及布雷德伍德和罗伯特 M. 亚当（Robert M. Adam）在中东开展的工作。过程考古学理论的发展也许和将考古学看作自然历史科学的趋势有关。愈渐清晰的是，考古学材料可能不能直接用于解读人类行为，但是可以通过这些材料了解它们形成的过程。过程考古学形成之初受到莱斯利 A. 怀特（Leslie A. White）和朱利安 H. 斯图尔德（Julian H. Steward）的（文化）生态学导向和泰勒对美国考古学的重新评估的影响。约瑟夫·考德威尔（Joseph Caldwell）1959年的著述中增强了对生态和空间关系的重视，但是最终是宾福德的观点将考古学理论导向过程主义的方向[85]。

之后的理论争论中宾福德和迈克尔 B. 希弗（Michael B. Shiffer）①都主张关注考古记录形成中的自然过程以及自然科学对于评估这一过程的重要性[86]。带着对考古学材料做出准确解释的目标，宾福德提出，“考古学必须面对它所采用的数据的本质……之后才可以考虑如何应用自然科学的方法”。另外他还说，“考古遗物多出自地质堆积……考古材料(包括各类遗物)均是由堆积事件形成，掺入自然因素，无法用于代表相关的人类行为”[87]。

基于考古材料可能来自自然堆积或是人类活动因素的假设，希弗区分了“考古学情境”和“系统情境”，提出了一个以搬运理论为基础的区分埋藏过程的模型。无论被视为过程理论（中程理论）还是环境考古的一部分，埋藏过程的研究已经成为史前考古学的重要部分。在宾福德的影响下，马克·拉布（Mark Raab）和艾伯特 C. 古德伊尔（Albert C. Goodyear）认为过程的原理实际上已经成为考古学中程理论的代名词[88]。

哈桑再次强调了史前考古学与地质学之间的强有力的关联。他强调使用沉积学分析方法来重建遗址的形成过程是“与当代考古学理论导向直接关联”的贡献[89]。哈桑认为，了解人类的过去既包括对遗物埋藏背景的评估也包括对其行为内涵的解释。第四纪地质学家、史前学家和考古学家尝试为地质考古学发展一个理论基础，并把其与巴策的情境和生态考古学相联系[90]。在戴维 L. 克拉克（David L. Clarke）思想的影响下，费德勒（Fedele）也使用人类生态系统与外界古地貌系统之间的关系发展出地质考古学的方法[91]。这些生态学尝试与在地球科学和考古学中应用系统论的方法相平行。

这样一种生态学视角也在罗尔德·弗里克塞尔（Roald Fryxell）所表达的环境和多学科观点中可见一斑[92]。弗里克塞尔注意到人类学是一个借鉴多个领域的数据和理论的综合学科，他提出，布赖恩、安特弗斯、克拉克和博兹（Bordes）等人的研究工作清晰地说明了“考古学本身以外的维度的价值”，并强调人类学的训练需要理解环境学阐释和多学

① 迈克尔 B. 希弗（1947—），美国考古学家，也是行为考古学的创始人和杰出代表之一。希弗最早的想法，在其1976年出版的《行为考古学》和许多期刊文章中提出，主要关注考古记录的形成过程。——译者

科技术方法的价值。弗里克塞尔提到考古学家至少需要能够“认识、描述和记录地层”。

在 20 世纪 80 年代和 90 年代，自然科学视角在考古学中的重要性被固定下来[93]。在这一章中，我们回顾了学科方法和理念发展的连续历史。考古学的材料（数据）是多样的人类行为和自然地质过程共同作用的结果。区分这些过程现在被认为是解读史前证据的首要任务。通过记录和评估古环境背景，重建形成考古记录所涉及的过程时，可以更全面地了解考古事件。

交接

除了早前提到的 C. 万斯·海恩斯，在新的世纪里（21 世纪），随着老一代“岗位值守者”的退休，北美考古学界迎来了“交接时代”。除了海恩斯，其他四个建立地质考古学概念的重要地质考古学家（考古的地质学家）也相继退休。他们（图 1.9）是卡尔·巴策、威廉·法兰德、J.C. 克拉夫特（J. C. Kraft）和拉普①。值得注意的是，他们都在地球科学系受过地质学训练（地质学或地貌学）。现在对地质考古学发展做出贡献的许多学者都有类似的教育背景，如特耶德（杰里）·范·安德尔［Tjeerd （Jerry） Van Andel］、诺姆·赫茨（Norm Herz）、亨利·施瓦茨（Henry Schwarz）、C. 里德·费林（C. Reid Ferring）、理查德 L. 海（Richard L. Hay）、威廉·迪金森（William Dickinson）、卡尔·冯德拉（Carl Vondra）、拉里·阿根博德（Larry Agenbroad）、弗洛伊德·麦科伊（Floyd McCoy）、杰克·多纳休（Jack Donahue）、布鲁斯·格拉德费尔特、威廉·约翰逊（William Johnson）和盖尔·阿什利（Gail Ashley）②等。当然，新一代代表性的地质考古学家的教育背景也更加丰富了。有一些毕业于人类学专业［如迈克尔·沃特斯和佩森·希茨（Payson Sheets）］，还有一些依然是地质学专业毕业［如保罗·戈德堡（Paul Goldberg）、罗布·斯滕伯格（Rob Sternberg）和阿特·贝蒂斯（Art Bettis）］或者地貌学专业毕业［如万斯·霍利迪和罗尔夫·曼德尔（Rolfe Mandel）］，甚至有一些来自其他学科（如朱莉·斯坦）。

图 1.9　卡尔·巴策（a）、威廉·法兰德（b）、约翰·克拉夫特（c）、乔治·拉普（d）

---

① 即本书作者。——译者

② 盖尔·阿什利（1941—），美国沉积学家。她以对 Olduvai 峡谷沉积物的详细研究而闻名。多年来，她参加过多个学科的项目，如气象学、海洋学、古人类学和考古学。她还在沉积学和地质学领域担任过许多重要职位，其中包括美国地质学会主席，是第二位担任这一职位的女性。——译者

当早年毕业于地质学和地貌学系的地质考古学家（如拉普 、多纳休、阿什利等）纷纷退休或临近退休，地质考古学学科也进入到了一个转变的时期。新一代的代表性地质考古学家大都来自人类学或考古学系（如沃特斯、斯坦、戈德堡等）。而更年轻一代的地质考古学家依然大多数来自人类学或考古学系［如克里斯托弗·希尔（Christopher Hill）、荆志淳、加里·哈克贝利（Gary Huckleberry）和安德烈亚·弗里曼（Andrea Freeman）等］，同时地质学与地貌学系依然走出了一些地质考古学家［如詹姆斯·哈雷尔（James Harrell）、杰米·伍德沃德（Jamie Woodward）和迈克尔·威尔逊（Michael Wilson）等］，或者由地球科学系与人类学系共同培养［如埃文·加里森（Ervan Garrison）、加里·郎宁（Garry Running）和克雷格·费贝尔（Craig Feibel）等］。

我们简要回顾地质考古学早期的四位受教于地质学系成员（图 1.9）的学术生涯，这对于了解该领域的发展演变具有启发性：

卡尔·巴策在加拿大蒙特利尔麦吉尔大学先后获得数学学士和气象学与地貌学硕士学位，之后他在德国波恩大学获得地貌与古代史博士学位。他先后在威斯康星大学、芝加哥大学和苏黎世联邦理工学院工作，最终在得克萨斯大学获得教授职位。在 20 世纪 50 年代和 70 年代，他在埃及、努比亚、西班牙、东非以及南非从事野外工作。80 年代，他继续着在南非和西班牙的工作，同时开始在墨西哥开展工作。他的主要著述包括《环境与考古：更新世地理学的生态学方法》（*Enviroment and Archaeology：An Ecologic Approach to Pleistocene Geography*）（1964）和《考古学作为人类生态学：情境方法的方法和理论》（*Archaeology as Human Ecology：Method and Theory for Contextual Approach*）（1982）。1974 年，他发表了一篇题为《两个泛阿舍利遗址的地质考古解析》（Geo-Archaeological Interpretation of Two Acheulian Pan Sites）的论文，1975 年《美国古物》（*American Antiquity*）在题为《史前史的“生态”方法：我们真的在尝试吗？》（The “Ecological” Approach to Prehistory：Are We Really Trying？）的文章中刊登了他的观点。他培养的学生包括布鲁斯·格拉德费尔特、约瑟夫·舒尔登莱因（Joseph Schuldenrein）、阿琳·米勒·罗森（Arlene Miller Rosen）和查尔斯·弗雷德里克（Charles Frederick）。巴策是地质考古学的先驱，他强调情境研究，将考古学研究与文化生态学、地貌学和环境历史相结合。

威廉（比尔）·法兰德［William（Bill）Farrand］在俄亥俄州立大学攻读硕士学位期间参与了格陵兰岛的冰川研究。他在密歇根大学攻读博士学位论文的选题是苏必利尔湖盆地的冰川历史，他选择这个题目是受到考古学家詹姆斯·格里芬（James Griffin）和艾伯特·斯波尔丁（Albert Spaulding）的影响[94]。而哥伦比亚大学的史前学家拉尔夫·索雷基（Ralph Solecki）则想要说服他在土耳其和叙利亚开展研究工作。之后，他在 1964～1965 年加入了莫维斯在法国南部 Abri Pataud 遗址的工作。1965 年他回到密歇根大学后，于 20 世纪 60 年代和 70 年代与阿瑟·杰利内克（Arthur Jelinek）一同合作发掘了 Tabun 洞穴。70 年代，他还加入了希腊 Franchthi 洞穴的研究项目。在密歇根大学期间他培养了一些地质考古学家，其中包括戈德堡。威廉·法兰德的主要贡献在于沉积学、第四纪地质学以及遗址年代学等方面。

约翰·克拉夫特在宾夕法尼亚州立大学和明尼苏达大学获得地质学学士到博士的学位。在短暂地供职于土壤公司之后，他有很长一段时间都在特拉华大学任地质系主任。最初他主要的研究工作是对美国东海岸海岸线变迁的研究。1970 年他加入了拉普在希腊的工作，之后的三十多年里一直致力于在希腊和土耳其研究海岸线变化对考古遗址的影响。研究工作涉及特洛伊、Ephesus 和古皮洛斯（Pylos）等，并且对著名的温泉关战役的隐蔽地形做了分析。三十余篇关于全新世以来海岸线变化的研究论文奠定了他的学术贡献。克拉夫特是一个完美研究者的代表，他在各个方向上都有所了解和贡献（从沉积学到地球化学再到古生物学和钻探技术）。

乔治（瑞普）· 拉普［George（Rip）Rapp］在明尼苏达大学获得了地质学与矿物的学士学位，在宾夕法尼亚州立大学获得了地球化学博士学位。在矿物学领域工作了十年后，他加入了由明尼苏达大学考古学家威廉 A. 麦克唐纳组织的明尼苏达州-麦西尼亚州①多学科考古调查与发掘队在希腊西南部的工作，并担任副领队。从 1967 年开始，他广泛地关注地质考古学调查，包括海岸线变迁、铜器矿料来源、植硅体研究以及考古发掘方法。与 J. C. 克拉夫特不同，拉普更广泛地在各个需要的领域开展工作。他是美国地质学会考古地质分部的主要创立人，创建了明尼苏达大学科技考古实验室。与麦克唐纳一同创立了明尼苏达大学古物学与多学科考古研究项目。在 20 世纪 70 年代，随着这一领域的发展，正是这样的项目培养了最早的地质考古学的博士研究生［如朱莉 · 斯坦和 J. A. 吉福德（J. A. Gifford）］。

在 20 世纪 70 年代中期之前，在美国还没有直接培养地质考古学博士的研究生项目，因此地球科学专业代为培养了很多人才。到了 21 世纪，北美的地质考古学家就直接由人类学系或考古学系培养[95]。

在 21 世纪初，地质考古学学科正式成熟确立。在学术界，地质考古学的方法的价值也受到了充分的认可。各相关院系或研究所都有一些使用地质考古学方法的科研人员。他们用地球科学的技术和方法来获取信息，更全面地解读过去人类的行为，或者使用多学科融合的地球科学视角来解读人类与地球生态系统的耦合关系。在考古学研究中，对于人类与环境关系的研究得到更多的认可，越来越多人意识到社会科学与自然科学的联合方法使得研究工作受益[96]。

地球科学方法与考古学的融合体现在一些技术工具在考古学研究中的使用。除了用沉积学和地层学原理来鉴定遗址的基本性质，地球化学、地球物理的技术方法也被应用于考古遗址的发掘和研究。

作为总结，似乎回归到一些基本的问题更合适：什么是地质考古学？它如何服务于考古学？

从一定角度上看，考古学是地球科学的一个分支，它包含了过程、结构和序列。从另一个角度看，考古学是平行于地质学的独立的自然科学。考古学作为一门独立学科，它主要的任务就是研究过去人类的行为。然而过去人类的行为无法直接从考古学材料中观察到。尤其在史前考古学领域，根本不存在可以直接解读观察的材料，所有的行为与过程的信息均需要通过对材料的推断分析获得。如克拉克所说，考古学是这样一个学科——“从间接的不完美的样品中通过理论和实践来获取无法直接观察到的人类行为的信息”[97]。在某种程度上，考古学与地质历史和古生物学很接近，它们都在寻求理

① 希腊伯罗奔尼撒大区的一个州。——译者

解地球生命史。

考古学、地质历史和古生物学被这样一个事实联系——它们都需要通过类比与推断来重建一个动态的过去。它们通过观察现在的动态和过去遗留下的有形模式建立起一个以经验为基础的对过去的理解①。也许最实际的方法是依靠一种组合，这种组合可以在查尔斯·莱伊尔倡导的均变原则所建立的框架内应用归纳法、证伪法和多重可行假设。地质考古学通过经验和观察提高知识基础，从而为解读已经固结的人类过去提供方法和概念基础。这些量化的考古学证据为考古学解释奠定了基础。它为猜想和假设提供了基础，这些猜想和假设可以通过对过去的产物的深入研究以及现在人类与地球的关系进行验证。

如果地质考古学的作用是利用地球科学的技术、概念、知识基础来解决考古学问题，那么我们必须了解考古学所需要解决的问题。本书接下来的章节中将介绍来自地球科学的不同的方法和知识被用于根据考古数据推断过去的状况。主要包括遗址的位置和特点，考古堆积与自然堆积的区别，材料完整性和环境背景，遗物和遗址的年龄，以及考古遗物的物源分析。

本章中对地球科学与考古学之间互动关系的历史和理论发展的回溯提示我们思考"考古记录"意味着什么[98]。考古记录可以被定义为非随机的由人类行为或自然因素导致的样品。任何依托考古数据或材料做出的研究都需要明确考古记录的优劣。但是构成考古记录的这些样品的本质又是什么？考古记录只是保存下来的当时人类动态系统活动的一小部分。一些特定的条件更有利于完整地保存当时的信息。哪些遗物被保存？什么因素影响了保存状况？什么因素在埋藏后起到了改变的作用？

像庞贝遗址这样将当时的"文化"完全保存的特例是少见的，大部分遗物的堆积依然可能有一定的"文化"因素。当我们描述包含了可能由人类文化行为形成的文化遗物的堆积时，我们可能会毫不犹豫地使用这些考古材料，因为考古学的最终目标是推断考古遗物记录的人类行为信号。

地质学与考古学的关系可以从普通地质学和地史学的整合视角来考虑。从普通地质学的角度出发，考古学问题可以强调自然地质过程对考古堆积的影响，形成对过程和结构的重视。从地史学的角度出发，是系统地研究过去事件的序列，许多考古学问题可以与地层的连续结合，与古生物学、地层学及古环境学研究相联系。地质考古学最好被认为是将整个地球科学应用于考古材料来推断过去的过程和事件。在20世纪30年代末，弗雷德里克J. 诺思（Frederick J. North）就注意到考古学与地质学在某些方面的重叠。他引用了约翰·奥布里（John Aubrey）1695年的文章，约翰·奥布里提出，人们的职业甚至性格都有可能由他们所生活的地方的土壤决定。奥布里甚至结合地质条件来解释巫术和宗教的分布。诺思总结，"考古学家在做什么？地质学是不是考古学家应该具备的必要课程？我建议考古学家要有充足的地质学知识……使得他们可以理解地层……使得他们能够分辨自然堆积和人类堆积的石头……去欣赏遗址的地质属性……能够熟识早期人类最常使用的岩石"[99]。

① 即将今论古。——译者

第2章　沉积物、土壤及其环境解释

史前考古学与过去的自然和气候条件紧密相关，以至于需要地质学家和考古学家之间最紧密的合作。

——E. W. 加德纳（E. W. Gardner）1934

地表的沉积物和土壤中保存了人类过去和古老世界的有形物质遗存。埋藏着这些遗存的沉积物可以提供年代、地形和遗址环境等信息。大多数考古材料都出自沉积物或土壤中。就过程而言，遗物可以被看作形成考古记录的一个小分子。沉积过程不是物理（机械）过程就是化学过程。物理沉积过程包括在河滨泛滥平原上埋藏人类遗存的细粒沙质和泥土质碎屑沉积。这些遗址中的遗物也可能经历侵蚀、搬运和再堆积过程而进入到现有的沉积物中。湖盆中的石灰泥以及一些其他化学沉积可以覆盖和保护恰巧在湖滨活动的人类留下的遗存或者活动面。其他的自然过程和人类活动都可以在堆积物形成后对其加以改变，如人类活动可能增加土壤中磷等化学元素的含量。

本章综述了一些包含有人类遗物或者其他考古因素的堆积的形成原理、过程和特征[1]。从地质考古学的角度看，形成考古沉积的遗物是一种特别的地质堆积物，属于生物地层堆积。因为这些地层中包含了过去生命留下的痕迹和遗物，或者包含有人类活动形成的岩石、动物和植物堆积。既然是一种特别的地质地层堆积，那么应用于地质地层的原理同样可以用于理解考古堆积。利用这样一些原理和概念可以更好地评估和解读环境背景和自然过程对考古堆积形成的影响。沉积物和土壤也为描述遗物提供了基本的框架。这一章将介绍如何溯源、分类和描述这些包含了人类遗物和遗迹的沉积物和土壤。

沉积物

了解形成堆积的过程可以帮助我们深入地解读形成考古堆积的事件[2]。形成堆积的主要过程包括基岩的风化、沉积物的搬运和沉积期后改变（其中包括土壤形成过程带来的改变）（图 2.1）。以上三个过程也是影响考古材料的基本过程。陶器、石器和其他可以被风化的考古材料有时甚至会被彻底破坏掉。遗物也可以被搬运和再堆积[3]。那些在它们最后一次被人类使用或者影响的地点找到的考古遗物被称为原位堆积遗物。相反，被从最初的位置搬运的我们称之为二次堆积遗物。大多数考古材料受到沉积期后过程的影响，如成壤过程、生物扰动和成岩过程等（见第3章）。

解读考古发现周边沉积物和土壤的形成过程对于了解当时人类生活的地形地貌、生态环境和重建潜在的影响考古堆积的事件都具有重要的作用。

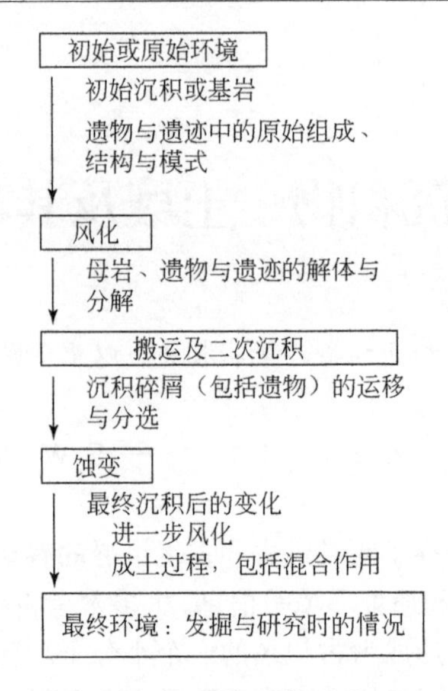

图 2.1　沉积层的形成

初始环境包括未蚀变基岩（火成岩、沉积岩或变质岩）或人类行为形成的原始遗物模式。在风化阶段，基岩与人工材料开始分解成较小的颗粒，有时它们也会被破坏。在风化阶段后，遗物的或其他的碎屑被搬运或沉积在次生环境中。在最终的沉积事件之后，人类发掘并研究之前，材料会发生更多的风化或蚀变

风化

沉积物是由之前存在的岩石或者沉积物风化而形成的。基岩的风化可以分为物理风化（也称为机械风化）和化学风化（亦称为分解）。岩石和遗物的瓦解是经由多种方式形成的：冻融作用、节理发育、生物因素/水/低温等造成的磨损、风蚀，这些过程均可以造成风化。洞穴或者岩厦中岩石的瓦解会直接覆盖地面上存在的人类活动遗迹和遗物。例如，由地下水溶解钙质形成的溶洞可能之后会因洞顶的崩塌而被填充。机械瓦解和化学分解也可以损坏遗物。例如埃及西部沙漠地区 Bir Sahara 埋藏的阿舍利手斧和其他旧石器时代早期文化遗物均因风化而发生改变[4]。风的侵蚀使遗物中含有的砂质结构受到了破坏。风蚀作用选择性地风化了较小的遗物，仅仅将较大的遗物（如手斧等）留在距今约 40 万年的泉眼或者池塘周边的沉积物中。

化学风化过程可以用于遗物的定年（见第 5 章）。风化过程也产生了人类用于制作陶瓷器的高岭土（见第 7 章）。原地风化改变岩石和堆积物而产生土壤是风化的另一种情形。在稳定的暴露面形成的土壤也是人类活动和遗物堆积的重要场所。当被后期的沉积物覆盖时，早期形成的土壤便成为保留史前人类潜在活动面的重要位置。

搬运

考古和地质产物在风化后都面临着水、风和冰等的侵蚀和搬运。这些被侵蚀和搬运的物质最终在不同的沉积环境下沉积[5]。一个具体的遗物或地质风化物会不会被侵蚀、搬运和堆积，取决于它自身的尺寸和搬运力的大小。较小和较轻的更容易被搬运。搬运力的大小影响到原埋藏中哪些遗物将被搬运。较高的搬运能量更可能搬运较大或较重遗物。

物质可以经由许多种方式被搬运离开原生位置。雨水可以带来地表冲刷，或者流入小溪，或者通过地表径流在湖滨和海边汇入。强风可以搬运沙和更细粒的物质形成沙丘或黄

土堆积。火山喷发导致灰烬的搬运和堆积，如更新世末期格拉西尔峰（Glacier Peak）①火山灰和中全新世早期北美的梅扎马（Mazama）火山灰（图 2.2）。更新世阶段北非的火山灰层对于人类遗址和化石的定年起到了决定性的作用（详见第 5 章）。冰川缓慢地搬运各类尺寸沉积物以及其中包含的考古遗物。

图 2.2　凝灰岩

凝灰岩（火山灰）是有用的年代地层，是特别好的时间标记。在北美西部，含有遗物的沉积层顶部和底部都发现了更新世末以及全新世的喀斯喀特山脉（Cascade Range）火山喷发凝灰岩。格拉西尔峰火山喷发凝灰岩测年结果约为距今 11 250 年，而梅扎马凝灰岩的时代为全新世中期，大约为距今 6800 年（Christopher Hill 摄）

重力流也可以引起位移和再堆积，包括滑塌（slumping），如在加利福尼亚 Yerma 附近的 Calio Hill 遗址就埋藏在洪积扇中[6]。这是一个很有争议的遗址，一些学者主张其包含了 20 万年前的美洲人类活动记录（详见第 5 章）。在这个遗址中，地质搬运过程似乎造成了岩石的自然破裂，这些破裂的岩石与冲积扇中包含的更新世石制品类似。持怀疑观点者认为，这些类似人工制造的石片和碎屑是搬运过程中因碰撞自然形成的，而非真正的人工制品。

这一类的地质活动也可以将人类遗址整个埋藏，如发生在华盛顿太平洋岸边的 Ozette 遗址的情形[7]。那里经历了一个高降水量的阶段，地层含水量过高，最终导致了滑塌。滑塌倾泻而下的泥石流覆盖了史前遗址和历史时期的居址。发生在 1750 年的一次泥石流覆盖了整个村庄。生物过程，如人类或其他大型动物造成的地面踩踏，也会造成沉积的改变并带来遗物的位移。在一个遗址的研究中，发现埋藏在砂层中的不同大小的遗物都因踩踏发生了不同程度的位移[8]。较大的遗物被向上翻动，而较小的被踩入地层深处。植物根系和穴居动物的扰动也是常见的生物过程。在肯塔基州格林河（Green River）边的贝丘遗址中，朱莉·斯坦的研究发现，蚯蚓的扰动几乎模糊了考古学文化层和自然层之间的界线[9]。在这个区域生活的人们在距今 5149～4340 年堆积了大量的贝壳，形成了 2 m 多高的贝丘遗址。而蚯蚓的活动使得这些贝丘堆积与其下的自然堆积和其上的堆肥堆积的界线模糊，

① 格拉西尔峰是位于美国西北部华盛顿州的一座火山，也是华盛顿州的第四高峰。格拉西尔峰形成于更新世时期，是华盛顿州最活跃的火山之一，发生过多次大规模喷发。——译者

难以明确其间的界线。

沉积期后变化

在沉积形成后，无论自然堆积层还是考古文化层都可能发生多种变化。这些改变叠加在原有堆积的组成和结构之上，反映了沉积期后或是文化期后的环境和气候变化。偶尔也会发生新的风化。在这新一轮的循环中，风化形成新的土壤以及次生变化与堆积产物。尽管次生变化破坏了原生关系，但是遗物上的诸如钙质结壳之类的次生堆积能提供遗物年龄的下限，并提供环境变化条件的证据。

成岩作用和石化作用等沉积期后变化包括沉积物质的胶结和重结晶过程。碳酸钙、氧化铁和硅质等的形成起到胶结作用，水溶液中的这些胶结物质渗透并固结沉积物。这种固结作用能延缓后期风化，并有利于考古遗址的保存。这类硬化作用也延缓了遗物的发掘和复原，有些沉积期后堆积有助于考古解释。例如沉积物包含的遗物能形成次生碳酸钙结壳，遗物的钙质结壳可以用于测年（如 U 系测年方法，见第 5 章）。由于钙质结壳形成于含有遗物的沉积物堆积后，其年龄能提供遗物年龄的下限。

考古意义

考古堆积这一术语被用于辨识直接由过去的人类活动形成的沉积物。考古堆积是遗物，或者保持原生关系的考古遗迹。考古堆积包含木炭、烧过的火塘，或者未经历沉积期后扰动的沉积充填物。

有时候判断遗物什么时候脱离原生情境是困难的。烧过的地面，埋在内的填充物，以及火塘都是考古堆积。然而，二次堆积的陶片或石器碎片等组合不能被认为是考古堆积。如果能判断遗物是直接由人类活动再沉积的，例如粪堆或人为填埋物，那么可以称为考古堆积。倒塌墙壁的落石或因其他地质过程被剥蚀、搬运和再沉积的物质，某种程度上被认为是地质沉积碎屑。这些碎屑可能脱离原初的史前行为情境，其中关于人类活动的重要信息已丢失。尽管遗物本身对于深入理解过去人类活动还保留着一定的价值，但很多情境组合已被改造，这些改造经常是生物或地质对前期人类活动的行为模式的再造。

沉积物可能包含经历过沉积期后过程强烈改造已失去原本的人类活动模式的遗物。从考古学角度，这是对一组遗物应用行为解释的难题，从再沉积的上下关系中由单独或混合的遗物判断过去人类行为的可能性是很有限的。布鲁斯・格拉德费尔特借由地质碎屑（geologic clasts）或碎屑颗粒，创造了遗物碎屑（articlasts）这个术语来描述被扰动的文化遗物，易于对比和讨论[10]。遗物碎屑是人类曾经使用，在沉积物中发现的，被搬离其原生人类活动背景的物体。

沉积产物的分类

沉积物和沉积岩主要由三部分组成。第一部分是碎屑，它们是由母岩碎屑经物理过程堆积形成的，石器、陶器和骨骼等能像沉积碎屑一样沉积；第二部分是化学沉积，化学和生物沉积是由碳酸盐岩、蒸发岩和有机沉积组成的，磷质岩沉积是动物排泄物的副产品，也是化学沉积；最后一部分是有机质，包括采用动植物作为原料的人造产品。

沉积物的分类提供了一种考古学家从结构模式上描述地层及其特征的方法，在这种格式中，信息可以被其他考古学家和地球科学家分享和使用。这些分类提供了推断史前记录的过去环境条件和过程的有利基础。下面介绍沉积岩分类。

碎屑沉积

碎屑沉积是包含来源于先成母岩的碎屑或颗粒的沉积物，大部分遗物（包括石质、铁质和陶器）都是沉积堆积的一部分，都是沉积碎屑。矿物组分和颗粒粒度是地质上对碎屑进行分类的基本要素。结构这一术语被用于描述沉积物或土壤中碎屑的粒度，有几种标准用于区分粒度。英格拉姆-温特沃思（Ingram-Wentworth）标准可用于对比土壤和遗物的分类，被广泛使用（图 2.3）[11]。根据这个标准，碎屑物质分为三个基本粒度类型，由大颗粒组成的沉积物称为砾、砾石、中砾和巨砾，小些的肉眼可见的颗粒称为砂，很细的肉眼

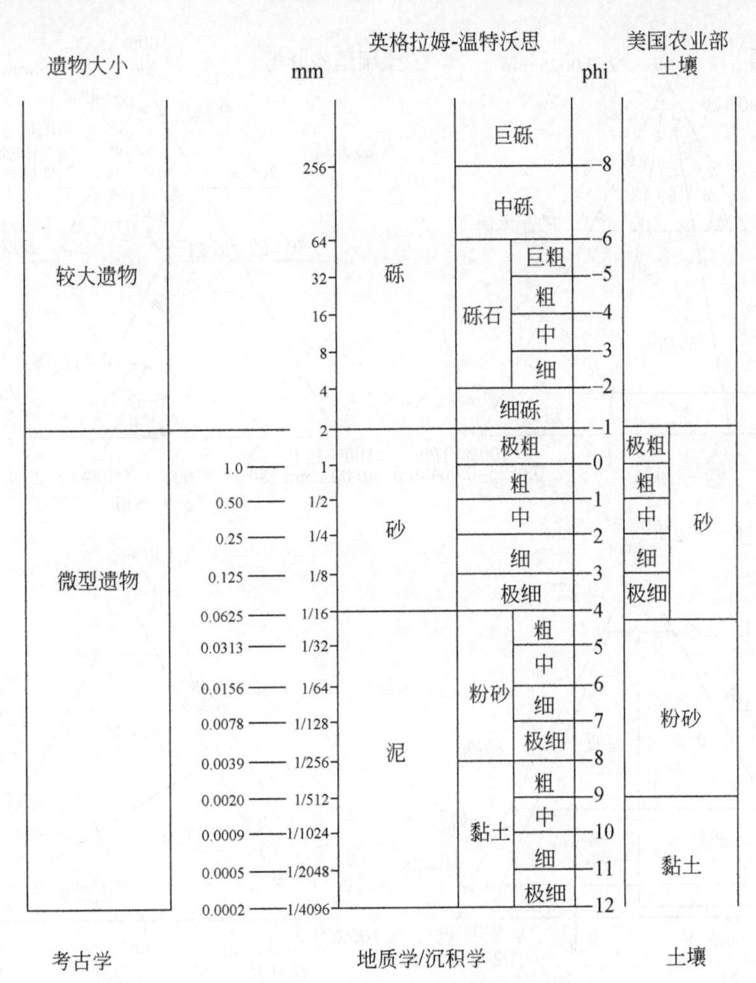

图 2.3　遗物与颗粒的粒度分类

以 2 mm 为界，遗物可分为两类。较大的遗物相当于砾级沉积物。微型遗物相当于砂级或更细级别的沉积物或土壤。舍伍德（Sherwood）（2001）认为微型遗物的粒级在 6.25 mm 到 0.625 mm 之间。因为考古学家用 6.25 mm 作为遗物筛选的节点，所以这符合现实，尺寸小于 6.25 mm 的物体可作为微型遗物

不可见、需借助显微镜的归为泥，同样根据粒度，将泥进一步分为粉砂和黏土。用来描述包含各种粒度的沉积物或不同比例矿物组分的术语很多。沉积物和沉积岩的结构与组分分类可由三角图或其他类似图解表达（图 2.4）。还有其他根据硬结程度对沉积物分类的术语。

土壤学家用同样的粒度分类方法，不过他们区分砂和粉砂以及黏土的界限与沉积学上的分类界限不一致。沉积学把砂与粉砂的界限放在粒径 0.0625 mm，而土壤学放在粒径 0.05 mm；沉积学把黏土与粉砂的界限放在粒径 0.004 mm，而土壤学放在粒径 0.002 mm。还有其他术语用于表述这些粒度类型的相对含量。如果考古学家遇到不清楚使用哪种粒度分类系统的地层描述，一般有线索可寻。壤土这一术语一般用于土壤分类但不被地质学家用于分类沉积物粒度（尽管在一些欧洲分类中使用）。同样地，泥这一术语被用于沉积学而不见于土壤学分类中（见图 2.4）。

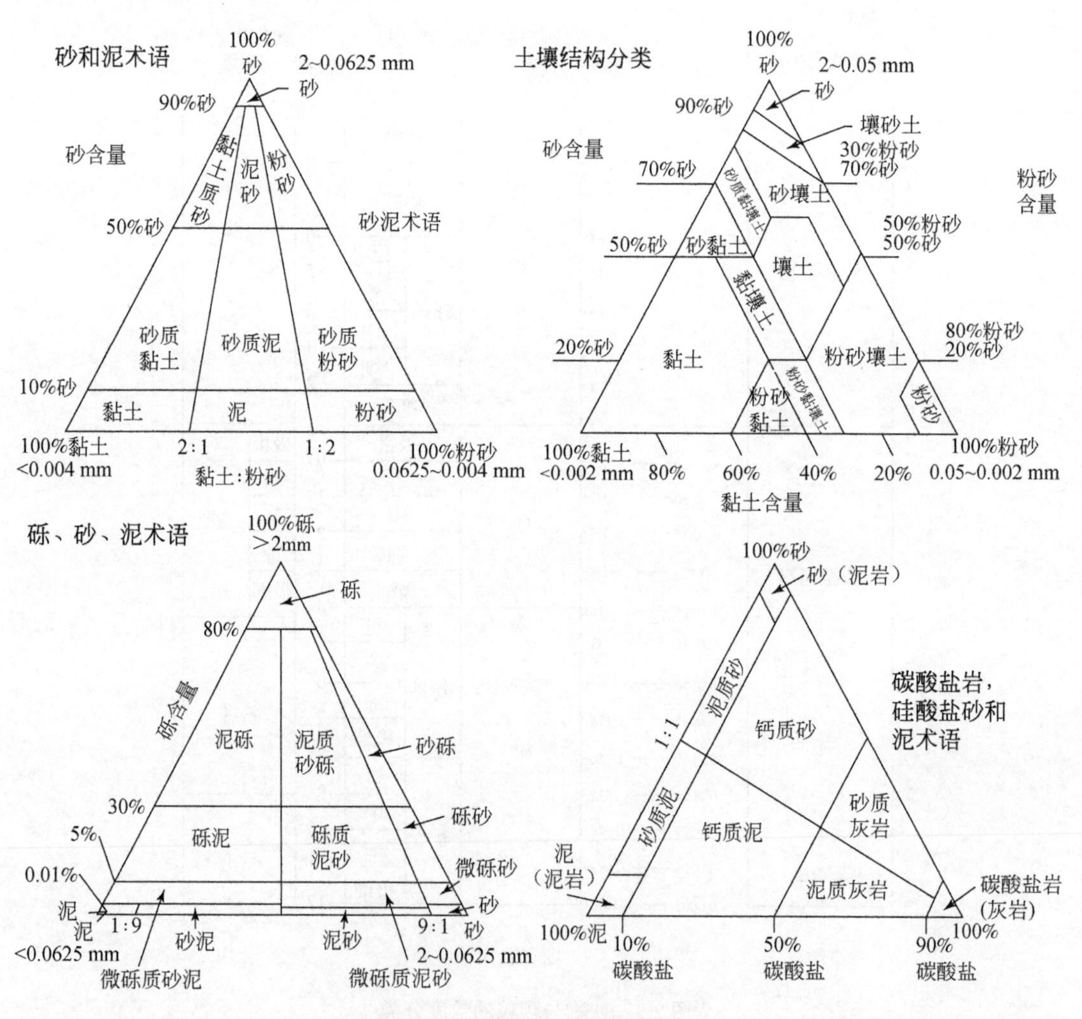

图 2.4　沉积物与土壤的结构术语

沉积结构的分类基于砂与泥（区分粉砂与黏土粒级）的相对含量。当出现大于砂级的物质时，术语将基于砾、砂与泥（合并粉砂与黏土粒级）的含量。土壤的结构分类基于不同的命名方式，使用术语“壤土”命名包含砂、粉砂与泥混合物的土壤。另一种分类的替代方法是基于硅质砂和泥的相对含量，以及碳酸盐沉积物的相对含量

砾

至少有达到砾级的颗粒（>2 mm，比砂粒大）显示高能水动力搬运或黏性介质搬运，高能水动力条件与更充分的混合与机械磨蚀相关。砾级颗粒可以以岩屑堆、泥石流、落石的形式在河流中或沿盆地岸线和冰川搬运、沉积。大部分人类使用的物体，哪怕已经破碎，都可能以砾石、中砾、巨砾大小的碎片的形式存在。砾级类型的沉积物分类很重要，因为其中可能包含一些地质成因的“产品”——“地质产物”（geofact）①[12]。地质产物是由地质过程塑造的，而非人为制作。在粗粒碎屑沉积中发现的真正的遗物可能脱离原始环境，经历搬运和再沉积过程。这类遗物碎屑可能是粗粒沉积中孤立的碎片，或者在粒度分选遗物组合中呈现为一套大小近乎一致的遗物。关于地质产物，影响沉积碎屑外观的不同过程导致区分地质产物与人为打制的石器变得困难。这些自然破碎的岩石在考古上发挥了重要的作用，特别是在建立旧大陆早期石器时代和北美晚冰期遗址的判断标准的过程中。关键问题是物质组合是否代表了人类打制的石器。在欧洲和非洲，有很多形似人造，而实际上由机械剥蚀形成的标本被考古学家选择性地收藏。

遗物（人工制品）与地质产物的区分不是一个容易解决的问题。俄罗斯雅库茨克（Yakutsk）以南的Diring Yurikh旧石器时代早期遗址出土的4000多件石器的属性受到质疑，被认为可能是自然地质过程形成的地质产物。地质考古学家研究过这些石制品，做了岩性鉴定，指出这些存疑的石制品经过风蚀和打磨[13]。这些“假石器”从地质背景来看为风蚀滞留砾石。风蚀是低能地质过程，不足以破坏石英岩砾石②。

埃文·皮科克（Evan Peacock）为区分遗物与地质产物进行了实验[14]，在英格兰发现的潜在的旧石器时代（克拉克当文化，Clactonian）石制品先是经历海浪作用，随后受冻融过程影响，看起来像是海滩砾石沉积。砾石被海浪磨蚀并因温度变化裂开形成薄刃，显示出打击痕迹，使其像是人工加工产物。将这批材料与两个已知遗址的石器材料进行对比，发现这批材料中有一部分可能属于人工制品。

考古学家从19世纪晚期就开始关心是地质产物还是人工制品的问题，有些发现的属性一直备受争议，有几条重要的标准被用来区分遗物和地质产物。这些重要标准包括评估如果没有人类的搬运，这些物体是否可以存在于被发现的地方（即是否有地质过程能将这些遗物搬运至此）；另一个标准是是否有其他地质或生物过程可以在石头上形成类似打制所形成的石片。有些燧石的碎片因被动物踩踏或受热会产生随机的“修理”痕迹。如果这些物体是被家养牲畜踩踏或因人类行为受热和冻结，尽管不是故意为之，也可以将它们看作与人类活动有关的遗物。从这个意义上来说，如果能断定古代森林大火是由人类行为造成的，那么灰烬层就可以作为考古遗迹。例如，评估1.2万年前新大陆人类活动的证据是困难的。在南美巴西 Pedra Furada 遗址，自然剥蚀过程形成的物体可能被认为是前克洛维斯文化遗物，Pedra Furada 出土物测年结果为48 000～14 300年前，但是它们是人工制品还是在非人类过程中产生的碎片备受争议[15]。这些物体都是石英岩砾石，其物源是遗址上方100多米处的石英岩块体，石片可能是石英岩块体掉落到遗址碎裂形成的断块和碎片。

① geofact 相对于 artifact（遗物），往往指非人工成因的而易被误认为与人工制品有关的自然产物。最典型的就是产生于自然崩塌、物理风化过程中的“假石器”。——译者

② 因此岩性鉴定很重要。——译者

砂

砂质沉积包含粒径 0.0625～2.0 mm 的碎屑，或者 0.05～2.0 mm 的土壤（见图 2.4）。尽管像“砂”这样的结构术语指粒级，且与矿物组分无关，但多数情况下，砂的大部分组分是石英颗粒。除了像珠子和种子之类很细小的物体，很少有小于 2 mm 的物体被人类使用，但是较大遗物由于制造、使用、修理和破碎也能达到这个粒级。这类遗物被称为细粒遗物。从沉积物中识别出细粒遗物可能会发现之前未识别出的遗物沉积带。沉积物中出土细粒遗物，仅这一点就强烈指示诸如表明清扫或石制品修理一类特别的人类活动，或者地质与生物过程造成的粒度分选。细粒遗物可用于识别潜在的人类活动面，特别是当细粒遗物与动物化石等一起出土时可提供支撑证据。这种情况下，要注意任何可能形成相同粒级地质产物的过程。沉积碎屑的机械磨蚀可形成细粒地质产物，甚至拥有类似于打制石制品的打击泡。

多种人类活动能导致细粒遗物的沉积，其中一种人类活动便是石制品打制[16]。可以造成无数的细小碎屑，有时候超过 99%的尺寸小于 1 mm。即使大的石片已被带走，这些混入沉积物的残留石质碎屑仍然能提供过去人类活动的痕迹。细粒遗物能提供较大的遗物无法提供的过去人类活动的证据。在希腊的 Nichoria 青铜时代遗址，使用了发掘出土的小于 2 mm 细粒材料来重建文化，影响了对遗址的考古解释[17]。尽管考古学家没有发掘到确凿的冶炼证据，但通过遗址沉积物中的熔渣细粒碎屑证实了冶炼的存在。遗址中发掘出的小型动物的骨骼和牙齿、种子等植物残留，燧石、黑曜岩以及飞溅的铜屑等，从技术角度提供了人类活动更完整的记录。

除了细粒遗物，其他因素也使得砂级沉积物在考古解释方面很重要。它们被用于诸如（河流）冲积环境、湖泊或海洋滨岸环境、洞穴或岩厦中的风尘堆积等沉积环境的解释。在冲积环境中，砂级沉积意味着相对高能的洪泛或河道沉积。

地质考古学家需要解释的一个重要问题是遗物是原始沉积的一部分，还是后期由于人类扰动或其他混杂过程形成的。如果有证据表明土壤发育或其他过去人类活动面的证据，则在砂质沉积顶部或上部发现的遗物可能处于其原始情境。相反地，如果砂质沉积包含有与砂级沉积物不匹配的较大物体，并有与搬运有关的定向排列的遗物，表明遗物是原始沉积事件的一部分或经历了沉积期后改造。

另一个关于遗物是组成沉积一部分的相关问题是土壤发育，至少有三种可能：首先，遗物可能与周围的沉积基质一起沉积，即沉积在次生环境；其次，遗物可能在土壤发育前堆积，这种情况下，遗物可能处于原始环境或者被成壤过程搬运；第三种可能是遗物堆积在沉积物内或成壤后。有时候遗物表面的风化壳或其他特征，或遗物的空间排布及分选特征等能帮助我们甄别上述可能性。

在相同粒级的砂中出现一系列粒级统一的遗物不一定能帮助考古学家确定遗物处在原始环境还是次生环境。由砂质基质判断的搬运和沉积能量只能提供可搬运粒级的最小值。如果可行，除了沉积分析外，考古学家应该尝试复原完整“生产技术链”和进行遗物拼合以便更综合地评估遗址形成过程。这些研究能帮助评估遗物分布的模式是过去人类活动的结果还是地质作用介入的重构模式。

砂和砂岩的分类不仅能用于文化层的分析，它们本身也可能成为考古材料。比如埃及建造金字塔的石块，就是砂岩。对考古学家而言，这种分类提供了描述砂级沉积岩或沉积物的标准方法，并能帮助评估一套地层序列的物源。相同的分类系统同时也能用于描述陶瓷或泥砖之类的建筑材料。

泥

主要由粒度小于 0.0625 mm 的碎屑组成的沉积物和岩石是泥和泥岩（见图 2.4），又被称为黏土沉积。泥质可以进一步分为相对大颗粒的粉砂和细粒的黏土，其界限为 0.004 mm。进一步还可以依据矿物组分来划分泥质，如果陆源泥质中含有一定量的碳酸钙（$CaCO_3$），称为泥灰，硬化后则称为泥灰岩。泥灰常常由于生物化学沉积作用沉积在湖泊和沼泽底部，灰泥和粉砂碎屑以及黏土一般沉积在近湖盆中心部位，并能作为环境变化指标。埃及的 Bir Sahara 是一个碳酸盐岩、粉砂岩和泥质岩紧密联系的例子[18]。其地层序列显示了旧石器时代中期遗址相关沉积环境的变化。当盆地处于最高水位时，碳酸盐岩沉积量大，并包含最大量的粉砂岩和泥质岩沉积，这代表了深水沉积物覆盖浅水沉积物的退积层序（图 2.5），盆地边缘的含钙砂岩反映了海侵事件。遗物与进积层序（例如砂质滩和丘沉积在深水泥质上）相关。在 Bir Sahara，包含旧石器中期遗物的砂质层就沉积在湖相沉积之上。这个遗址的人类活动似乎是发生在海侵事件之后。湿润气候期出现的湖面扩张也会淹没位于岸边的史前人类活动遗址。在这种情况下，遗址会被生物灰泥或陆源泥质覆盖。

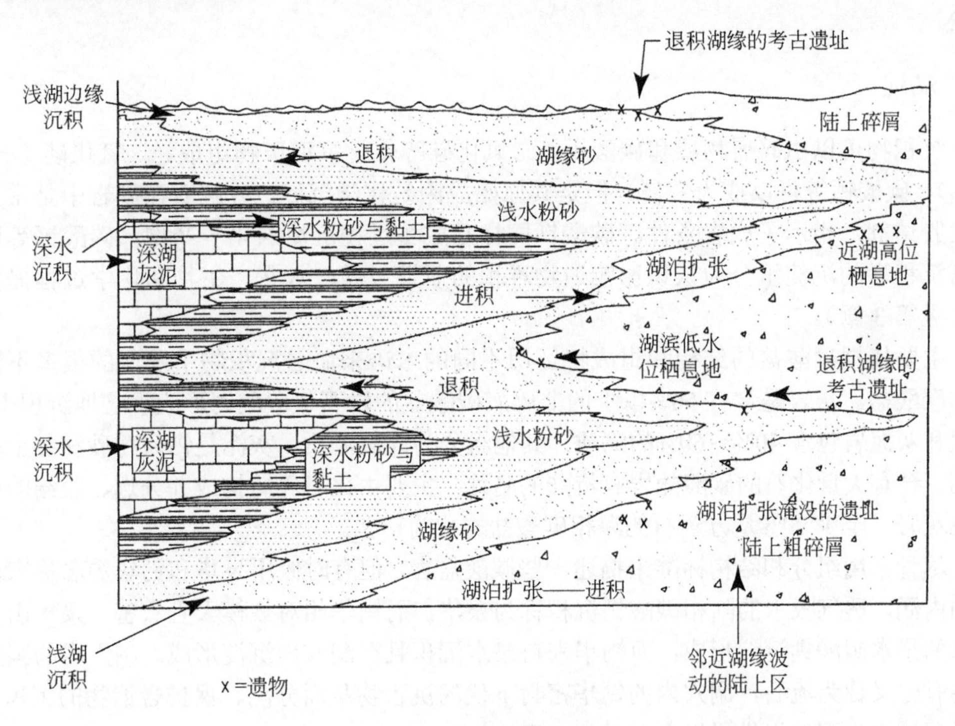

图 2.5　沉积层序与相

沉积层序包含沉积环境在同期空间上（侧向的）和时间上（通常是垂直的）变化的证据。沉积物同时沉积在一系列侧向相邻的环境中。较粗的碎屑可能与湖岸环境有关，而湖泊的深部可能为泥及泥灰沉积。当湖泊的大小发生波动时，特征沉积类型的位置发生改变。位于湖岸线的考古遗址，随着水缘的位置改变而变化。湖泊扩张期，遗址将可能被靠近盆地中心的沉积物所埋藏；湖泊衰退期，遗址可能会被湖缘沙滩沙或沙丘埋藏

取决于具体环境，细粒沉积物可作为低能也可作为高能搬运的指标。细粒碎屑沉积物指示了有水环境中非常低能的沉积条件，是典型的滞水泛滥平原沉积。由风剥蚀并搬运粉砂级碎屑意味着高能条件。细粒分选良好，一般无过渡粒级的碎屑称为黄土。当风成黄土堆积于地貌较为稳定的条件下，出现风化和有机及化学堆积。土壤带处于成壤环境，位于粉砂为主的黄土剖面的顶部，表明气候变化，并可能是潜在的古人类活动面。

泥同样被人类在许多重要方面使用。泥是砖等建筑材料的主要组分，也是陶瓷和雕塑的重要组分。已知的最早陶器（日本绳纹陶器）可追溯到1.2万年前[①]，而在欧洲由砂和泥烧制的雕塑可追溯到2.6万年前[19]。人类的生活面由人造或地质自然形成的泥组成，影响着遗物的空间分布。随着砂质沉积的遗物垂向运移被泥质层阻隔，形成次生遗物堆积区。由于泥质层很难穿越且难以被踩踏混合，许多孤立的活动面叠置起来。另外，硬化的泥质表面上的遗物比在砂质表面上更容易被搬运并重新排列。

化学沉积

第二大类沉积物由因溶液蒸发而沉淀的矿物组成，常见的矿物包括方解石（碳酸钙，$CaCO_3$）。一系列化学沉积能帮助我们评估古环境，氧化铁、氧化锰、硫酸盐、二氧化硅和磷酸盐等许多沉积矿物是人类重要的资源，人类与人类活动同样也对沉积系统有重要化学贡献。

钙质沉淀

沉积物可以由碎屑物质和碳酸钙、二氧化硅等化学沉淀矿物组成。二氧化硅（石英，SiO_2）、碳酸钙等可以成为岩屑，但是其原始成因是化学沉淀。方解石在砂岩中是常见的二次胶结剂，指示了成岩条件。碳酸钙同样是成壤过程沉淀的化学产物。碳酸钙等原始碎屑沉积后的沉淀组分为认识影响遗物堆积的后期气候、水文、生物和化学过程提供线索（见第3章）。

主要依据碳酸盐的结构和组成特征用不同的术语来命名沉积物中发现的很多不同形式的碳酸盐。灰岩是含有50%以上的非碎屑碳酸盐的岩石（碳酸钙形成于盆地沉积中）。灰泥和灰泥岩包含40%～60%的钙质，其他组分为碎屑泥质，灰泥是钙质粉砂和黏土的同义词。含有大量化石的碳酸盐岩有特殊的名称，主要由化石碎屑构成并分选、胶结的称为介壳灰岩，至少90%是方解石的海相碳酸盐岩称为白垩。

尽管常用组分和结构标准来描述一些碳酸盐岩，但有时候用泉华和钙华等名称来表达成因内涵，透气吸水的陆相碳酸钙沉积称为泉华，而钙华相对规模大且致密。泉华由生长植物的泉水碳酸钙沉淀形成，而钙华来自泉水沉积且在洞穴内沉淀形成。洞穴内的碳酸盐沉淀有时又称为流石，洞穴内的钙华密封下伏的沉积物从而分隔、保护含遗物的沉积物，这又反过来为测年提供了机会（见第5章）。

---

① 目前研究将最早的陶器出现时间追溯到距今1.9万年，位于江西万年仙人洞（Xiaohong Wu et al. 2012. Early pottery at 20 000 years ago in Xianrendong Cave, China. Science, 336: 1696-1700）。——译者

非钙质沉淀

非钙质化学沉淀和蒸发岩在考古解释中发挥重要作用。蒸发岩是由水溶液蒸发沉淀形成的，包括方解石（$CaCO_3$）、石膏（含水硫酸钙，$CaSO_4 \cdot 2H_2O$）、硬石膏（无水硫酸钙，$CaSO_4$）和石盐（氯化钠，NaCl）。这些沉积物是人类居住活动相关的环境条件的重要指示。蒸发条件下，矿物从水溶液中按照一定的顺序沉淀，地层剖面中识别出的矿物沉淀序列可以指示盆地内蒸发条件和水化学条件的变化。除了作为过去环境条件的标志外，石盐等蒸发矿物还是过去人类广泛利用的重要资源（见第 7 章）。

其他被人类用作资源的矿物和矿物组合也是有用的环境标志，包括氧化铁、二氧化硅、磷酸盐和氧化锰等。氧化锰的沉积环境靠近泉、自然或人工水井、沼泽和湖泊。沉积岩中的铁主要来自基性火山岩的风化，并以可溶亚铁离子或氧化铁胶体的形式搬运。在淡水条件下铁以褐铁矿的形式沉淀，而咸水条件下铁以赤铁矿的形式沉淀（见第 7 章）。由于磷酸盐来自生物（包括人类），所以是很多研究的主题，其分布和聚集被作为人类居址的标志。

罗伯特 · 艾特（Robert Eidt）提出不同磷酸盐的相对含量可能与过去人类的土地利用有关[20]。易溶磷酸盐与耕种农作物的土地利用有关，特别是混种蔬菜。这些土地包含少量的两种其他类型磷酸盐：紧密络合的铁铝磷酸盐，以及磷灰石和磷酸钙。在森林里，有少量磷灰石和磷酸钙，但有大致等量的易溶铁铝磷酸盐。在废弃的居住地，三种磷酸盐的含量大概一致。从这一角度来看，通过某些化学物质的空间分布可判断过去人类对土地的利用情况。

化学元素可因人类特定的行为在其居住地增加。例如迪考兹（Dincauze）对新英格兰 8000 年前内维尔（Neville）遗址土壤化学的解释[21]。对遗址中过去居址的沉积物的化学分析发现了高含量的水银。这些高水银含量的区域被认为与过去人类处理鱼有关。

有机质

腐烂和降解的植物和动物形成沉积系统中的另一类重要组分。有机物质对土壤形成过程很重要，是过去环境条件的有效指标。因为有机质含碳元素，所以是重要的放射性碳测年材料（见第 5 章）。在某些第四纪泥炭类沉积物中，有机物质含量接近 100%，指示了淡水沼泽条件。含有高比例有机质的沉积物被称为碳质。碳质沉积后，有机质能被动植物利用，经历生物化学腐烂，或被氧化破坏。若有机质未经历大范围改变或破坏，可指示快速沉积环境——埋藏速率高，也指示还原环境——抑制了有机活动。在厌氧的沼泽中，发现了保存特别好的人类残骸、木质物体、皮肤等。

在欧洲，沉积环境导致与人类史前聚居有关的大量有机质保存，最出名的遗址可能是瑞士湖居住址，也有其他的一些例子，如英格兰北部的斯塔卡（Star Carr）①[22]。对于这个中石器时代遗址的研究表明，这是一个距今 1 万年左右的湖滨居住遗址。无

① 斯塔卡是英格兰的中石器时代考古遗址。它位于斯卡伯勒（Scarborough）以南约 8 km 处。它被认为是英国最重要和最丰富的中石器时代遗址。——译者

论瑞士湖居址还是斯塔卡，都是由于水位上升淹没遗址导致有机质得以保存。

在欧洲西北部和佛罗里达的湿润的沼泽地也保存了史前人类残骸[23]，例如丹麦的图伦男子（Tollund Man）①——在丹麦的图伦发现的一具约2000年前被吊死的人的遗骸。该遗骸保存得非常完好，以至于能判断他最后的晚餐吃了什么（大麦粥、亚麻籽、草籽和野果）。这些有机质得以保存有以下原因：首先是尸体所处的水位足够深以避免被觅食动物啃食，又足够缺氧以避免细菌性腐烂；其次沼泽中的水含有足够的单宁酸，保护了尸体的外表；最后水足够凉，降低了腐烂速度。在佛罗里达的Windover遗址，浸水的泥炭保护了几百年前的人类遗骸和有机质，这个遗址曾被用作墓地，尸体直接被抛入池塘，衣服、木质遗物、人类毛发和脑组织在泥炭充满池塘时保存了下来。

欧洲和非洲其他著名的有机质被保存的例子来源于旧石器时代遗址。有些情况下，几十万年前的木质碎片与其他遗物组合一起被保存下来。在非洲赞比亚的Kalambo瀑布遗址，可能早于30万～20万年前的木质碎片与阿舍利晚期遗物一同被发现[24]。测年结果发现英国的克拉克当（Clacton）和德国的Lehringen遗址出土的木矛时代为20万～15万年前。最古老的木质遗物是德国舍宁根（Schöningen）附近遗址中发现的一组40万年前的木矛[25]。缺氧环境能保存花粉和大化石，这提供了另一套环境条件指标（见第6章）。

土壤和埋藏土壤

正如万斯·霍利迪的简单总结："一片土壤……是在一段时间内作用于岩石或沉积物的各种物理、化学和生物作用复杂相互作用的结果。"[26]土壤是生物活动和风化作用的产物，因为它们指示了稳定的景观表面的存在，土壤标志着可能的人类住所的位置和遗物积聚[27]。

沉积层的上部可含有成土物质，这是在已有沉积物中发育的风化剖面。土壤是叠加在沉积物上的沉积期后作用的结果。风化、蚀变和积聚作用在沉积层顶部形成土层（图2.6、图2.7）。土壤形成的五个因素是：①母岩；②有机体（包括人类）；③地形；④气候；⑤时间。虽然母岩影响土壤的发育，特别是通过调节可用的化学成分进行影响，但是相同的土壤类型可以在不同的母岩上形成。例如，在希腊，被称为淋溶土的土壤形成于石灰岩、石灰砾岩、海洋泥灰岩、黏土、砂和淤泥上。

新石器时代，随着耕作和农业的兴起，地球表面被更加集约地利用，因而可用的土壤类型对人类事物（生产/政治/战争）起着至关重要的作用。了解土壤对考古学同样重要。不幸的是，在考古学中，土壤这个词用在两个截然不同的方面。土壤指的是多种地表和近地表沉积物，这种说法是不正确的。更确切地说，土壤是地球表面物质的一部分，它支持植物的生命，并因持续的化学和生物活动和风化而改变。土壤带的下限（深度）

① 图伦男子是一具在自然环境下形成的酸沼木乃伊。通过放射性碳定年法，推断出他生活于公元前4世纪，也就是斯堪的纳维亚的前罗马铁器时代。1950年，他在丹麦锡尔克堡（Silkborg）西方村庄的一处酸沼被发现，目前在当地的锡尔克堡博物馆内展出。由于图伦男子的身体与大部分的器官并没有腐化消失，发现时一度被认为是最近凶杀案的受害者。——译者

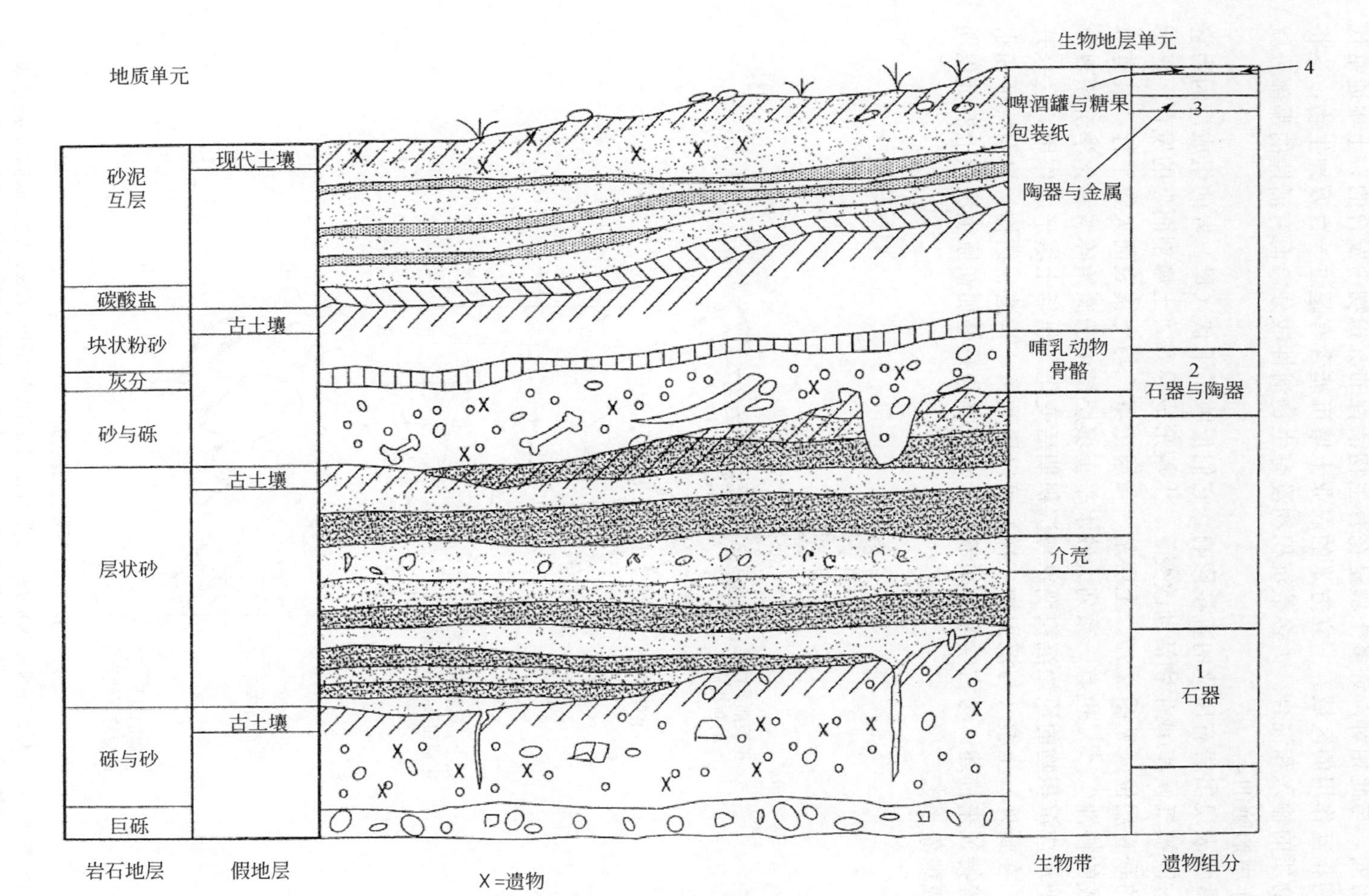

图 2.6　地质和生物地层单元

沉积层可以根据其地质特征或生物衍生成分进行分类。地质单元包括根据其岩石或化学成分和粒度定义的地层或岩石地层单元和假地层单元（基于与土壤形成和原地风化有关的次生、衍生特征的地层）。生物地层单元包括生物带，是根据有机遗存或遗物组合以及指定的遗物成分定义的。同一地层层序可以用多种方式描述，这取决于可观察的地质或生物特征

通常与生物活动的下限有关。把沉积物看作是大部分无生命的（生物死亡后的）存在可能是有用的。与此相对，许多土壤是在有生物活性的沉积物中发育的。土壤通常代表一个生物相互作用的区域。一立方米的农业土壤可能含有超过一百万种生物，这将影响化学物质的输入和混合。大多数沉积物没有生物活性成分，而有活性的那部分就是受成土作用影响的。

土壤常常表现出岩石风化的直接影响。它们反映了下伏（母）岩的组成，因为它已经随着时间被气候和/或生物活动改变了。土壤形成导致“土壤剖面”的发育，显示出一系列的垂直层位（见图 2.7）。土层是“一层土壤，与土壤表面大致平行，具有成土过程造成的特性”[28]。也有一系列大致水平土壤层是由于原始碎屑和化学沉积现象形成的。把形成沉积物的原始沉积现象与沉积期后变化（包括土壤形成作用）区分开势在必行。在野外，土壤（与沉积物一样）可以用颜色、构造、结构、界面特征和水平连续性等特征来描述。考古学家必须着眼于判断哪些是叠加在原生沉积上的沉积期后土壤形成现象[29]。

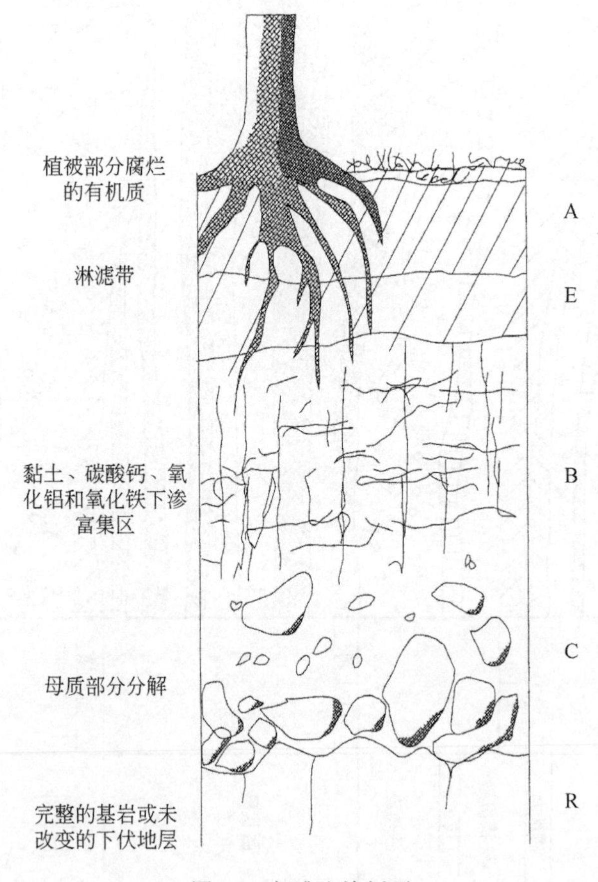

图 2.7　标准土壤剖面

土壤剖面中可看到一些“层位”。未蚀变的母质（R）分解，形成 C 层。随着有机质的作用，形成了 A 层，标志着土壤的上部。在富含有机质的 A 层下是浅色的 E 层。这在针叶林等淋溶环境中很常见。与 E 层相反，以黏土或碳酸盐堆积为特征的范围称为 B 层

土壤剖面

土壤性质在垂直方向和水平方向上都有变化。一般来说，它们在物理、化学和生物属性上的差异更容易沿垂直维度进行局部观察（图 2.7）。因此，土壤剖面是从原始下伏母质到上覆地表相互作用带的垂直序列。地球表层物质向土壤层位垂直分化的原因既有地质因素（母岩成分和分层），又有成土作用因素（生物和气候）。土壤学家已经给出了几个主要地层学标准符号，以大写字母命名，从基岩（R）或未蚀变的母质（C）开始。B 层通常在 R 或 C 层中发育，并被 O、A 或 E 层覆盖。无论是由于原生的侵入岩堆积还是次生构造发育，B 层作为一个矿物带，几乎不显示 R 或 C 层的特征。E 层的特点是组分的流失或积聚，而 A 层颜色往往更深，主要是因为它们的有机物和矿物质含量较高。O 层出现在表面，因为含有大量的有机物，所以颜色非常暗。石化钙积带（K）为胶结良好的碳酸钙主导层。

基于特定组分的原位聚集，B 层可以和其他层一样，有更多特征化的细节。用一套标准化的符号作为后缀来表示土壤中这些成分的差异，这些小写字母描述组分。符号 a 表示高度分解的有机物堆积，铁（铝）的积淀用 s 表示，黏土用 t 表示，可交换钠的堆积用 n 表示，有碳酸钙堆积的 B 层和 C 层用 k（钙）表示，而石膏则用 y 表示，比石膏更易溶解的盐用 z 表示。这些次级符号的组合可用于描述主要“层位”。例如，钠层（主要为含钠的黏土）表示为 Btn。

沉积物中的过去环境记录倾向于沉积活跃区——加积区域。相比之下，土壤包含了地貌景观相对“安静时期”的记录，例如洪水这样快速堆积侵蚀事件之间的时间。这些非加积的间隔期形成了可进行农业等人类活动的相对稳定的表面。在土壤中由人类活动引起的所有主要干扰，如犁耕或挖掘，都会造成土壤层的明显变化。因此，通过研究遗址土壤的形态并将其与遗址周边未受干扰的土壤形态进行比较，有可能重建发生过的人类活动。

在野外，可以通过多个特征识别出土壤表面上的新沉积。一个异常厚的 A 层（在有机表层下形成的矿物层或含有矿物和有机物的表面）可以指示沉积物的加入。重新沉积的其他指标包括与成土作用无关的沉积物，表层中有碳酸盐而在接续的下层中缺失，以及明显的颜色变化。

犁耕是一种特殊的生物扰动，它混合了土壤剖面的上层，使它们无法相互区分。非人为扰动作用可以产生相同的影响。扰动区内的遗物原本可能属于不同的时间段，但由于干扰，它们失去了原有的时代和行为情境。上覆犁耕区和未扰动的下层土壤或沉积物之间往往存在明显的非梯度边界。被就近区域的土壤掩埋的古墓，经常在遗物堆积底部表现出明显的特征变化，这一变化应该可以区分天然堆积和埋葬遗迹。居住址土壤的频繁扰动会阻碍成土层的形成，蚯蚓活动等生物扰动也会产生同样的影响。

在美国东部，超过 75%的分层保存的史前考古遗址位于冲积河谷。在这些地方，对沉积物和土壤发育序列的理解是解释遗址形成过程的关键。冲积阶地上的土壤形成通常与漫滩上的土壤形成大不相同。里德·费林在对冲积土壤形成和地质考古学的讨论中强调了河谷中遗址聚集，指出了定义和对比相关地层单元中土壤的重要性，以及冲积土壤研究在古环境重建中的应用[30]。此外，地层层序中的土壤层数量及其发育程度对于评估冲积区域的考古记录的持续性和完整性是很重要的。根据定义，一个土壤地层单元的界面可以是穿时的，而年代地层单位是同期的。同样重要且值得注意的是在沉积层序中不容触犯的地层叠覆律，不适用于土壤层。

土壤文献中经常遇到两个词汇：干旱的和湿度适中的。干旱意味着一个栖居环境水分供应不足或稀缺，冬季凉爽湿润，夏季温暖干燥，例如地中海东部。相反地，湿度适中意味着一个栖居环境水分适量。

土壤类型

土壤学家已经建立了普遍使用的命名法。在该分类体系中，一些常见的土壤类型在地质考古学中尤其重要。识别现代土壤和重建过去的土壤对于掌握早期农业的性质和程度以及推断过去的环境和气候条件是必不可少的。其中重要的土壤类型有：新成土、变性土、始成土、软土、淋溶土、极育土①、淋淀土、干旱土和有机土。

新成土

没有充分发育或弱出露的现代土壤被称为新成土。这些土壤可能是因为太年轻，或是因为成土层成土速度接近或慢于剥蚀作用，而未充分发育。相反，新沉积的物质沉积速度可能比土壤发育更迅速。新成土几乎没有成土的证据，而且特征上也几乎不含有土壤识别层。它们通常由在轻微蚀变母质或基岩上发育的矿物或有机表层组成。例如，中国黄河大型泛滥沉积了许多淤泥，以至于覆盖了已有的土壤剖面。新成土也常见于高山地区的陡坡上、沙漠里或沙地上。新成土目前约占地球陆地面积的20%。

变性土

变性土通常是暗色黏土土壤或高黏土含量土壤。变性土的收缩和膨胀通常与水分的季节变化相关联。这种收缩和膨胀是由高黏土含量引起的，通常超过35%。黏土主要由蒙脱石等膨胀黏土组成（参见第 7 章对黏土矿物的介绍）。在这些厚的黏性土壤中，在一年中的某些时间内可能会发育大裂缝，在地下形成一个扰动构造，形成丘状-洼地的起伏地形。许多变性土形成于中性到基性玄武质成分的火成岩体上[31]。由于其吸水能力，变性土可以储存地表水。因此，它们的农业用途是种植牧草而非森林。全球范围内，目前大多数变性土位于南、北纬 45°之间。变性土可以在遗物埋藏中起到重要作用，黏土层的膨胀和收缩会引起遗物的垂向位移及混合。

始成土

类似于新成土（但有稍多的成土发育）的原始土壤或未成熟土壤被称为始成土。典型的始成土存在一个 A 层和一个下伏的、弱发育的 B 层。由于矿物的聚集或淋溶，B 层很少有残留构造，且颜色倾向变红。由于抗蚀的母质、大面积沉积的火山灰或其他一些抑制条件的影响，始成土可能不会形成“正常”剖面。始成土形成于地势低洼、起伏不平的地区和山麓地带。在冲积阶地序列中，始成土形成于离河流最近的新成土及离河流较远发育较好的土壤之间。始成土广泛分布于全球各地，多数始成土与其形成环境相平衡。始成土的

① 也称为老成土。——译者

农业用途多样，其植被范围为森林到苔原。

软土

深色、富含腐殖质以及表土层深是软土的特征。它们是当今矮草戈壁和长草草原上著名的草原土壤。在草原植被下形成了许多埋藏较深、颜色较暗的土壤以及相对肥沃的表土。但也存在与低洼硬木林相关的排水不良的软土等例外情况。大多数软土都存在于低洼、起伏或平坦的地区。它们形成于赤道到两极之间广泛温度范围内。此外，它们在多种母岩上形成，但通常发育在黏土、泥灰岩和玄武岩中。在软土中通常广泛存在蚯蚓活动，其造成的混合作用通过改变遗物的空间格局而影响考古遗址。早期农民认识到，在翻耕破坏坚韧草皮后，这些土壤可以用于生产出丰富多样的食物。

淋溶土

具有高黏土含量（Bt）但无富腐殖质表层（无软土表层）的地下层位，被薄的 A 层覆盖，这是淋溶土的特征。淋溶土是碱性森林土壤（有时可能是弱酸性），当底土中有足够的黏土聚集而形成泥质（富黏土）层时，则会形成淋溶土。只有在不利于软土或淋淀土形成的条件下，才会形成淋溶土。它们可以在当今许多气候条件下形成，但最常形成在湿润或半湿润环境中的年轻、稳定地表。这些区域几千年来没有遭受过强烈的侵蚀或土壤扰动。淋溶土通常很年轻，能够保留大部分化学营养成分。因此，它们可以被用来种植农作物，也可用于牧草和林地种植。

极育土

跟淋溶土一样，极育土含有一层泥层，但与淋溶土不同的是，极育土的化学碱含量低。极育土是在硬木或松林下形成的弱碱性土壤。极育土在温暖潮湿的古地形上形成埋藏较深的微红色土壤剖面。极育土具有农业生产潜力，但常由于深度风化而导致养分快速消耗。它们往往形成于地貌的较老部分，如暴露的基岩、高冲积阶地、高原面。极育土的天然植被是针叶林或阔叶林。

淋淀土

淋淀土是铝和有机物的地下聚集层。通常氧化铁和二氧化硅的胶结也广泛存在。它们是过去被称为“灰壤”①的“白土”，与被称为“黑钙土”的“黑土”相对（黑钙土包括许多现在有特定名称的土壤）。淋淀土通常是酸性的、灰白色的砂质土壤。它们对植被变化的反应迅速。因此，它们的形成比大多数其他土壤类型更加迅速[32]。淋淀土可能只需要几百年就可以在富含石英的砂岩区形成。淋淀土天然贫瘠，因此只能为栽培作物提供有限的基质。针叶林是其最常见的植被。

干旱土

顾名思义，干旱土是干旱地区的土壤，占当前地球表面积的 1/3。干旱土每年有超过

① 也称灰土。——译者

3/4 的时间是干旱的。它们的有机物含量较低，主要是由于水分条件的限制，抑制了生物活性。它们的土层通常被充分氧化。碳酸钙层可以在其内部和上部形成。干旱土的表层是浅色的、柔软的，并且通常是囊泡状的。水分的缺失将可生长的天然植物限制在仙人掌、丝兰、蒿草和乱子草等种类中。干旱土主要形成于低洼地区，干旱地区的陡坡易被下蚀至基岩。干旱土可以用于灌溉栽培，但有盐碱化的风险。

有机土

有机土是广泛分布的有机土壤，在有机质产量大于其转化或破坏量的地区形成。当水分几乎持续饱和时，会降低氧化速率，抑制有机质降解。有机土可提供苔藓沼泽、草沼和树沼的发育条件。它们可能会因耕作而枯竭。泥炭有机土在历史上一直被用作燃料。

古土壤与埋藏土壤

古土壤是过去某段时间在地貌景观内形成的土壤（图 2.8）。地层层序中的埋藏土壤是沉积间断的重要标志。古土壤是在波动气候条件下发育的埋藏土壤或表层土壤。古土壤经

图 2.8　古土壤

高地淤泥中的埋藏土壤。将有机质、黏土或碳酸盐高的区域视作埋藏土壤，反映了缓慢沉积和地貌稳定的时间段。在本例中，北美西部黄石河盆地高地的黄土中发育黑色有机区。埋藏土壤的有机质提供了距今约 11 000 年至 9000 年的放射性碳年龄，指示了大约在更新世-全新世之交形成的地貌表面的位置（Hill，2006）

常出现在地质记录中，也常出现在考古环境中。考古学上，它们与地貌稳定的时间和人类栖息的地表相关。埋藏土壤是稳定地貌环境的重要的位置和时间标志，这些环境由生态（有时是人类）营力而非侵蚀或沉积主导。风积黄土或越岸泛滥平原粉砂的快速掩埋保护了地表，并形成古土壤。

对一些科学家来说，埋藏土壤的定义受到埋藏深度的限制。彼得·伯克兰（Peter Birkeland）将古土壤定义为埋藏足够深，因而免遭当前成土过程影响的土壤[33]。美国农业部把 50 cm 或更厚的新物质盖层覆盖的土壤称为埋藏土壤，当盖层层厚至少是古土壤中保存的判别层厚的一半时，则新物质厚度在 30 cm 至 50 cm 之间[34]。没有普遍的标准可以识别古土壤，确切地说，必须确定由过去的成土过程形成的发育层或风化带。除了阐明当地的考古地层外，古土壤的识别还可以实现地层对比和年代测定[35]。

古土壤可以通过化石植物根系痕迹的存在、植硅体的聚集（见第 4 章）、钙质结核、具有渐变界面的生物扰动层（残土层），以及在暗色化石 A 层中有机含量增加等来进行识别。主要元素和微量元素分析为古土壤的鉴定提供了其他线索。持久的湿润风化可以造成 TiO_2、Al_2O_3 和 Fe_2O_3 的富集，同时伴随着 CaO 和 MgO 的流失。此外，覆盖的植被吸收大部分 K_2O 和 P_2O_5。微量元素的分布和再分配中最重要的因素是从母质中释放出何种元素。有效砷含量与有机质密切相关，但在淋滤层中流失。钒和锌都聚集在黏土中。

古土壤中的成土碳酸钙含量通常降低到未埋藏土壤中的一半，这种减少可能与土壤湿度有关。大多数古土壤比未埋藏的土壤湿润（它们通常形成在潜水面以下）。水分有助于从系统中过滤掉碳酸盐和盐。土壤湿度的增加会导致一些黏性土壤（例如，古老的变性土）膨胀。与未埋藏土壤相比，古土壤倾向于更黄的色调和较低的色度（较浅的颜色）。颜色的差异是氧化作用的减弱、潜育作用以及有机化合物结构的变化造成的。饱和水层保存有机碳。

埋藏会产生压实作用，从而导致古土壤构造变粗。这种压缩载荷对考古材料的破坏取决于埋藏深度、考古材料和土壤基质的压缩强度，以及遗物和遗迹与载荷方向的相对方位。应注意的是不同的应变而非应力是遗物断裂的首要因素。因此，当基质或基质-遗物组合中存在压力分量时，损伤隐患最大。

在沉积物刚沉积的地区或新鲜岩石因侵蚀而暴露的地区，植被逐渐演替，首先是草本植物，然后是灌木，最后是树木。这种生物活动在水文地球化学风化的推动下，通过掺入腐烂的有机物质（A 层）以及可溶性化合物和细颗粒的向下迁移及重新分布而形成了土壤剖面。

化石土壤的特征类似于当今的土壤，包括根的痕迹、成岩层和成岩结构。但是，由于时间因素的重要性的增长，原土壤中与当前土壤不同的一些属性可能被改变或消失。此外，不能保证当今的植被和气候模式在原土壤形成时就存在。不同的过去土壤形成环境可能使其特征不同于当今的土壤。上覆的沉积物可能压实古土壤，改变原始厚度并形成裂缝或其他变形结构。最初松散或易碎的土壤可能会由于添加了胶结剂而变得硬结。这可以导致结节或砂砾层的形成。矿物成分的重结晶以及置换或自成矿化作用可能会发生。溶解、脱水和氧化可能会影响古土壤的保存。在某些情况下，有机物可能无法在埋藏的 A 层中存在，但是与下层相比，有时可以通过更高程度的扰动来识别以前的 A 层。

古土壤剖面中的一个淋滤层（E，以前是 Al 或白浆化）将位于 A 层的下方，它可能颜色更浅，更厚重或更坚硬，具体取决于黏土、有机物或倍半氧化物的流失情况。B 层是由积淀物组成的（见图 2.7）。

因为现今土壤的分类参数有一部分无法保存在地质记录中，并且必须了解某些气候条件才能正确分类，所以地球科学家开发出了一种专门用于古土壤分类的体系。该体系侧重于可能保留的特征，并尽量减少对其的说明[36]。暗色有机质（而非煤）的存在揭示了含碳古土壤的存在。有两种类型的古土壤表现出弱分层性：原土壤是相对未成熟的土壤；变性土由于受到侵蚀作用而缺乏分层。在分层良好但环境条件正处于氧化或还原状态的地方，古土壤可称为潜育土。最小的不溶性矿物的积累可以产生叫作钙积土和石膏土的古土壤。钙积土有一个显著的钙（碳酸钙）层，它们包括钙质结砾岩和钙结层。石膏土富含自生硫酸盐。高黏土含量的古土壤可称为泥质土，而有机质和铁含量较高的古土壤则称为灰土。矿物的广泛原位蚀变可能导致氧化土的形成。可以应用于古土壤的一些次要修饰语包括白浆化（存在淋溶层）、泥质（t，存在淀积黏土）、钙质（k，生土碳酸盐）、铁质（存在氧化铁）、潜育的（g，存在还原铁）、石膏质（存在成土硬石膏或 y，石膏）、硅质（q，成土二氧化硅）、变性的（泥裂、擦痕）和玻璃质（存在玻璃碎片或浮石）。

尽管当土壤变成古土壤时自身会发生变化，但当今土壤属性为通过古土壤属性表明过去的环境状况提供了线索。但应该牢记的是，在推断过去环境时考虑这些属性是基于过去存在类似条件的假设。在许多情况下，这显然是不正确的。发育较弱的古土壤（具有新成土或始成土特征）可能是由于生物群处于演替的早期阶段，也可能是由于处于混合林地或草地的早期阶段。古土壤中的软土特征可能表明有开阔的草原条件。具有与淋溶土相似特征的古土壤可能是过去的森林和林地的标志，而与氧化土和极育土相关的特征可能是更潮湿的雨林环境的标志。古土壤中的灰土特征可能指示潮湿气候或高山针叶林环境。沉积期后的不连续特征，如古土壤中的成型土、冻胀或冰楔，可能是泰加林（taiga）①环境的标志。过去的沼泽环境和浸水地区（树沼）的存在可以从碳质古土壤（例如泥炭堆积物）的存在推断出来。

基于物理和化学参数的环境判断

描述和分析考古遗址及其周边地区的沉积物提供了识别沉积过程与环境以及沉积期后变化的方法，对沉积物的沉积环境判断和组分研究可以解释环境。古环境的解释主要基于对比现代环境沉积物的特征与其他沉积或地层的形成环境，这里综述一些与沉积环境相关的沉积物（岩）中的特定沉积特征。

颜色

考古堆积最明显的特征之一是颜色，影响颜色的主要因素是母岩、风化条件、沉积区的物理与化学条件以及沉积期后变化。考古学家很久以来就利用发掘剖面的颜色模式

① 泰加林是一种寒温带针叶林，广泛分布在北半球寒温带大陆，南半球没有。——译者

来区分地层和地层扰动，纵观整个考古史，一直用非精确的颜色模式术语来描述考古沉积及相关的土壤，而不是运用标准化的分类系统。20世纪50年代以来，随着出现越来越多的考古科学训练，芒塞尔（Munsell）[①]颜色系统成为标准。芒塞尔颜色系统调和了色调、色值和色度三个指标。色调是颜色质量，用红、绿、蓝和黄等来描述，是与黑、白（灰度梯度）混合形成相应颜色的色素颜色。色值是颜色的亮度或暗度值，与从白到黑的一系列灰色标本对比来度量，零表示全黑，十表示全白。色度是相同值的灰度限定下的颜色色调饱和度，换言之，色度是一定量的色素与特定灰度混合形成某种颜色，纯灰色的色度为零。

1949年，芒塞尔比色图表被美国土壤调查程序采用，10年后被国际土壤科学学会推荐使用，此后湿土（潜育土）颜色图表也被引入。尽管应用芒塞尔颜色图表和相关命名极大地促进了土壤和沉积物的现场描述，但是描述结果不尽准确。除了使用者观察中的不确定性和地方性错误类标准问题外，土壤和沉积物颜色还受光线质量、湿度和单个颜色的区域尺度等因素影响。土壤颜色最好在阳光下确定。干土或干沉积物的色值通常比湿土或湿沉积物高两个单位，干的和湿的土壤或沉积物的色度不同，但色调一般相同。土壤和考古堆积颜色一般由有机质和氧化铁的含量决定，有机质和氧化铁越浓，土壤颜色越深。另一个常识是红土老于黄土，且表明存在排水。

铁氧化物是沉积物和土壤形成环境的良好标志，因为铁氧化物包含几种显示不同颜色的矿物。同样地，特定的矿物是地球化学环境的产物，无论是自然的还是人为的，原始的还是次生的。需要强调的是红色不是与铁氧化物的含量有关，而是与赤铁矿含量有关。如果铁氧化物被深色（黑色）腐殖质和氧化锰覆盖，典型的铁氧化物颜色可能会消失。

沉积物或土壤中重要的铁氧化物包括针铁矿、赤铁矿、纤铁矿和磁赤铁矿。针铁矿(FeO(OH))是土壤中目前最常见的铁氧化物，当针铁矿是唯一铁氧化物时（这种情况常见），直到被完全破坏前都可以由其10YR到7.5YR的芒塞尔色调识别出来。无论什么气候区带，土壤中的针铁矿十分普遍，常作为胶结物。

赤铁矿（Fe_2O_3）形成于相对低温条件下，呈“血红色”，其芒塞尔色调介于5YR到5R。赤铁矿常与针铁矿共存。成土环境中高温、低水供给、近中性pH值、母岩具高铁含量、生物量快速周转等更有助于赤铁矿（而非针铁矿）形成。

纤铁矿（FeO(OH)）常具有7.5YR的色调，也可能与针铁矿混合，并含有一定量的赤铁矿。尽管纤铁矿相对针铁矿是亚稳定的，纤铁矿依然在土壤中存在，尤其是在每年经历一段时间厌氧环境的黏土质、非钙质土壤中。针铁矿倾向于含高浓度碳酸根离子溶液的钙质环境。

磁赤铁矿（Fe_2O_3）的色调介于2.5YR与5YR之间，是针铁矿和赤铁矿的过渡类型。磁赤铁矿是亚铁磁性的，能从土壤和考古堆积中用手持磁铁吸出。磁铁矿（Fe_3O_4）的氧化导致磁赤铁矿的形成，其他的铁氧化物在有机质存在，氧供应受限的情况下火烧可变为磁赤铁矿。在根系燃烧的情况下这可以发生在一定的深度。

① 芒塞尔颜色系统是色度学里通过明度、色相及色度三个维度来描述颜色的方法。这个颜色描述系统是美国艺术家艾伯特·芒塞尔在1898年创制的，在20世纪30年代被USDA采纳为泥土研究的官方颜色描述系统，至今仍是比较色法的标准。又译作“孟塞尔”。——译者

利用芒塞尔颜色色谱和实验获得有机质含量形成了对土壤剖面 Ap 层的色彩描述的图表[37]。该图表包括 5 个色段，对应于 10～20 g/kg，15～25 g/kg，20～30 g/kg，25～40 g/kg，35～70 g/kg 这 5 个有机质含量区间。约翰 D. 亚历山大（John D. Alexander）意识到对中细土壤来说，超过 95%的情况能准确估算有机质，但对砂质超过 50%的土壤来说，会导致有机质被高估。其他研究显示，如果一定土壤地貌内土壤结构变化不大，芒塞尔值和 Ap 层的有机质范围是可预测的；如果是不同土壤地貌，两者常常关系不大。研究还发现如果一定地带内土壤结构变化大（砂与粉砂和壤土比例），这种关系是不可预测的，类似情况还出现在含有相似土壤结构和母岩物质的不同土壤地带内[38]。深色常预示着沉积物中有机质聚集，但是也可能意味着含有氧化锰或深色岩石或矿物碎屑。包括人类活动等沉积期后变化会加深沉积物颜色。在人类聚居区的沉积物，暗色可能由人类垃圾和火塘木炭造成。

沉积期后条件反映在颜色上，浅灰色、橄榄灰和棕色色彩显示还原（潜育）环境和二价铁化合物。总体上表现为杂色的沉积物和土壤，其色彩源于溶液中锰和铁离子的迁移而形成氧化物和氢氧化物的斑块。它们同时也是潜育土壤或环境的特征。胶体、有机质和铁化合物的渗滤可在沉积物中形成鲜艳的条纹和斑块。杂色斑块还出现在未完全风化的土层内。沼泽和停滞湖水中生物物质厌氧腐烂形成的沉积常颜色很深，但氧化锰在沼泽环境也能形成黑色外表。绿色源于绿色矿物（主要是含水硅酸盐），包括绿帘石、绿泥石和蛇纹石。若没有详细的实验研究，常常很难说颜色是源于原始母岩还是后期混染或地球化学条件变化。

白色或浅灰色可在一系列条件下形成，源区矿物可能会淡化沉积物颜色，主要由石英或方解石组成的砂以浅色为主，特别是当它们未受因水文和地球化学条件波动而导致的氧化铁氧化状态变化影响时。淡色可能表明被流水过滤。良好的排水和通气导致的氧化作用形成了红色和黄色色调，而不呈现还原条件下斑驳的浅灰色、棕色和黄色色调。红色沉积也可能显示人类活动或其他成因的火引起的强烈受热。红色还可以意味着干湿环境条件的更替（例如泛滥平原或湖滨）。红色还与风化带有关，例如那些沉积间断和土壤发育期间形成的红色色调。

胶结作用与固结作用

自然胶结使松散沉积物固结为岩石。胶结程度影响地层发掘和遗物及化石发掘。松散的沉积物会使遗物的轮廓和定位信息难以保持，而胶结好的沉积物是发掘大型遗物和骨架与更碎裂物质的更优选择。在南非的洞穴内发现的南方古猿化石，沉积物如此之固结，以至于发掘人员不得不使用炸药和爆破手段清理基质。不足为奇的是，这将导致一定程度的损失并使得确定发现的某一碎块的来源或位置变得很困难。在这些情况下，包含遗物且胶结程度高的沉积物影响了遗物发掘，并影响解释。

方解石胶结物一般代表原始成岩作用和沉积物的石化。沉积物的胶结和固结作用意味着沉积物一度处于水饱和状态。岩化的材料可能是人类建设使用的自然界的石头，或者由于人类行为固结的泥质砖块等。胶结的沉积物覆盖含遗物的沉积物使得遗物免于风化与剥蚀，从而保持居住遗址的表面完整。

结构

结构表示沉积物颗粒的大小、形状、分选和方位。用于沉积物结构特征的原理也适用于沉积物中的考古遗存，尤其是在遗物作为一种特定的沉积碎屑时。沉积物中颗粒粒度频率分布指示了导致沉积物和遗物堆积的搬运和沉积体系（图 2.9—图 2.11）。颗粒粒度分布提供了沉积环境全面的水动力条件信息。在考古学领域，粒度分布用于区分高能和低能的遗址形成环境非常有用。这样就可以判断遗物组合形成过程中是否存在优先的分选。

沉积物的颗粒粒度分布（又称为粒度测定法）在判断与考古遗址相关的沉积环境中很有用（见第 3 章）。定名为 Duinefontein 2 的南非阿舍利晚期遗址是一个很好的例子[39]。该遗址内铁质染色的红砂被白砂覆盖，含旧石器时代早期遗物的红砂包含两个文化层，遗物时代为距今 27 万年或更早。应用粒度测定分析推断红砂是风成的，其沉积物粒度分布与风成砂的特征一致。这些红色的染色可能是从母岩中溶解出的铁附着在砂表面形成的，这一染色过程可能与高潜水面有关。遗址的沉积环境可能是被半干旱陆地包围的地下水涵养的沼泽地。

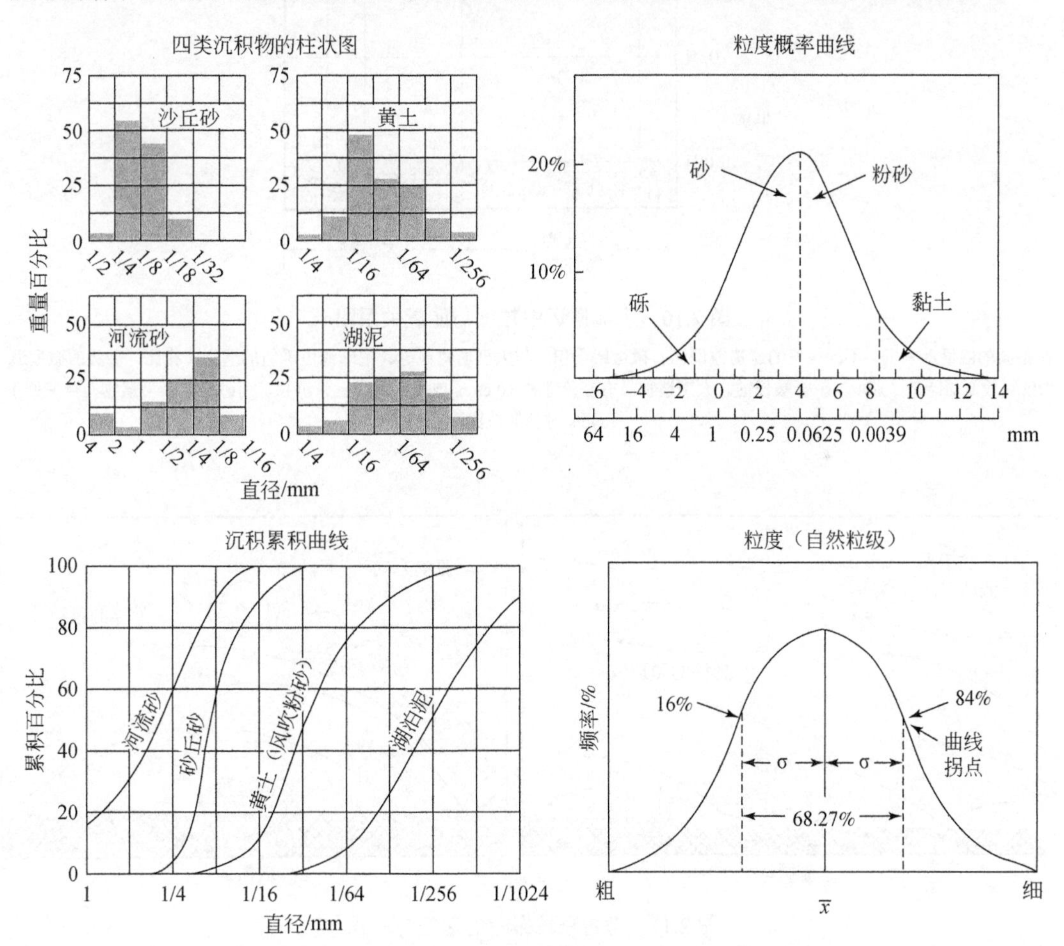

图 2.9　描述沉积物及遗物组成粒度分布的柱状图及累积曲线

柱状图及累积曲线图显示了人工或其他沉积物颗粒粒度分类的相对含量。累积曲线图也可以用来对比沉积物中不同粒级的相对百分比。它们也可以用于对比考古组合中遗物种类的相对频率

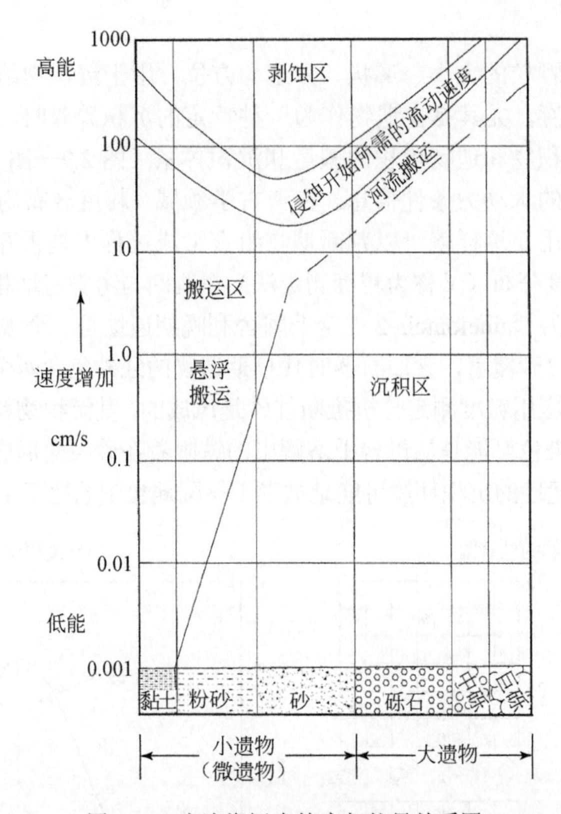

图 2.10　水流搬运中粒度与能量关系图

在不同的能量水平下，不同粒度的遗物被侵蚀、搬运或堆积。与大型遗物（砾、中砾或巨砾级的遗物）相比，砂级的微型遗物仅需较低的能量（速度）就会被侵蚀。大型遗物只有在流速在 10 cm/s 或以下时会发生沉积，而砂级的微型遗物在流速低于 1 cm/s 时仍能被搬运

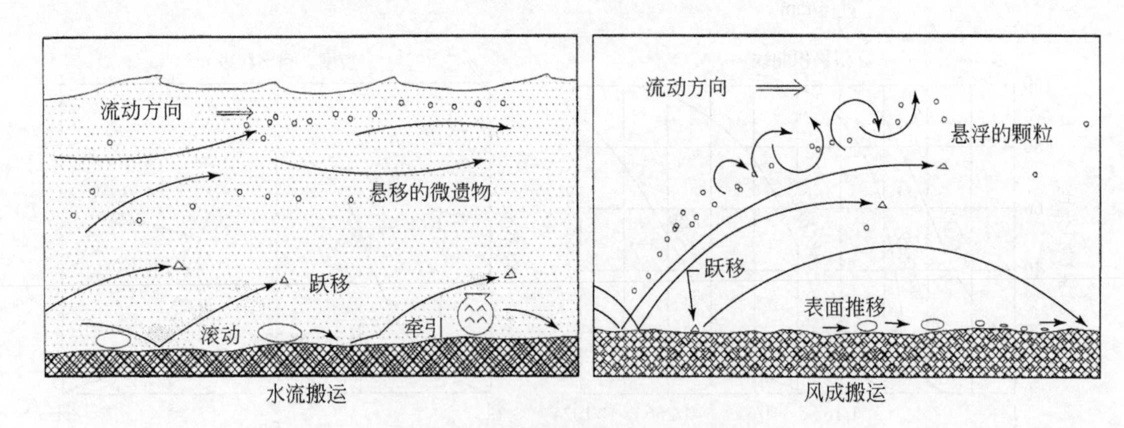

图 2.11　考古颗粒搬运的速度与模式

遗物在水或空气中可通过相同的方式搬运。遗物在水中或通过水流搬运可沿着地表（床沙顶部）滚动。同样地，遗物可通过风力作用并以表面推移的方式进行搬运。在逐渐升高的能量下或是对于相对小型遗物颗粒，跃移或悬移是在水中或空气中的搬运方式

另一个例子是利用粒度测定分析帮助研究早全新世的华盛顿肯纳威克人（Kennewick Man）①的沉积环境[40]。研究了从化石附近和原地地层序列中采集的沉积物，发现该遗址中的两个主要地层单元的颗粒粒度参数没有统计学差异。这说明在该实例中，因为两处沉积均包含结构类似的越岸冲积和再沉积冲积沉积，所以不能想当然地利用颗粒粒度分析法将遗骸置于任一单元。

在某些实例中，利用颗粒粒级的相对含量区分遗址沉积物。例如，在坐落于东地中海沿岸平原的 Tel Michal 遗址，根据三类颗粒粒级分析了沉积物的结构[41]。哈代拉（Hadera）沙丘和 Dor Kurkar 的样品主要由粗砂组成，而拉马特甘（Ramat Gan）和 Nasholim 沉积物有高频的细粒砂。这个遗址附近自然沉积物的上述结构类型差异，可以与遗址和考古堆积中用于建筑的材料进行对比。在青铜器时代中期，Netanya 红砂土和 Tel Aviv 碳酸钙水泥被用于建造水平平台。红砂土或拉马特甘碳酸钙水泥被用于在这些平台上建墙。青铜器时代中期使用的 Tel Aviv 碳酸钙水泥在青铜器时代晚期被哈代拉沉积物代替，波斯时代地层中的泥质砖与内坦亚红砂土结构对应。

结构特征还被用于研究埃及阿斯旺（Aswan）北部尼罗河 Kubbaniya 干谷②谷地含有旧石器时代中晚期遗物的地层相关的沉积环境。在这里，依据颗粒粒度可以区分出两类主要的沉积物：干谷冲洗带、席状砂沉积和沙丘主要是以高比例的粗颗粒为特征，而细粒沉积物主要与冲积（尼罗河）和湖泊沉积有关[42]。

沉积物和遗物堆积的粒度分布主要取决于 5 个条件：①母岩性质和颗粒或遗物的原始粒度；②搬运介质的类型；③搬运中的磨蚀与溶解；④沉积前粒级分选；⑤沉积环境。沉积期后混合和成壤过程改变了沉积物的原始粒级分布。例如遗物中的小型颗粒向下部运移和聚集，而大型遗物向上部运动。不同的数据呈现方式和统计方法被用于判断由沉积物粒级分布反映的这些综合条件。

遗物解释中粒度分布的偏度（对称）和众值的测量非常有用。赞比亚 Kalambo 瀑布阿舍利遗址废片的粒度分布指示有些遗物组合模式可能由河流作用形成。表面上，相对大量出现的未加修理的石片和碎片与某些打制阶段的特征产品，可能表明该套遗物组合代表原地打制剥片。但是碎片的粒度分布主要为 4～8 cm 的单众值粒级，而很少有小于 2 cm 的颗粒。然而在石片打制实验中，这一粒级（小于 2 cm）的颗粒大量出现。粒度分布说明大石片经历了强烈的分选，一个可能的解释是该粒级分布是河流作用的结果[43]。

一般情况下，颗粒粒度数据用柱状图或累积曲线表示，反映粒级的相对丰度，并获取统计量（图 2.9）。这些碎屑（外生的）沉积物统计量的解释被用于推断沉积场所搬运动力的能量（图 2.10）。粗粒级碎屑沉积物的主要沉积场所包括沙漠、海滩、河床、湖泊和海洋的滨岸（见第 3 章），沉积物的细粒级（组成沉积物的细粒颗粒）被用于解释沉积或次生环境，包括搬运和沉积动力（如果泥和黏土矿物是外生的）及沉积期后过程，细粒碎屑砂和泥质颗粒表明低速或零速搬运动力，例如被动悬移。

---

① 肯纳威克人是一具于 1996 年 7 月 28 日出土自美国华盛顿州哥伦比亚河岸肯纳威克城的史前人类化石。据碳同位素分析，其年龄在距今 8500 年左右。是有史以来发现的最完整的人类化石之一，也是现今所知美国年代最久远的人类化石。肯纳威克人的发现引发了相当大的争议。——译者

② 干谷（Wadi）指中东和北非仅在雨后才有水的谷地，又称干河谷。——译者

基于颗粒粒度分布的统计参数被用于帮助判断沉积环境。它们与不同形式或模式的沉积物搬运有关，包括在河床沙上连续接触状态下的表面推移或滚动，滑动或拖移。在跃移情况下颗粒与床沙表面呈间歇接触与悬移状态，而在悬移情况下，颗粒与床沙表面无接触（图 2.11）。空气和水引起的滚动和拖移搬运经常出现在粗粒级的沉积物中，这些搬运方式移动大型遗物和小遗物。跃移一般搬运细砂，而悬移是搬运泥和黏土的方式。在冰川区，各种粒度的颗粒都会在冰的内部和邻近处被搬运，当冰消融时沉积下来。

其他可被用于描述和解释考古地质学有关沉积物的统计方法包括平均粒径、众值[①]和双众值、分选、偏度，以及这些参数的双变量。颗粒的平均粒径与流体速度或环境总体能量有关。流体和沙漠环境中的粗粒平均粒径代表了高能环境，而细粒平均粒径与低能环境相关。颗粒粒度分布中的常见粒级是众值，如果只有唯一众值（单众值），表明沉积物由单一搬运和沉积动力影响，如果粒度频率是双众值表明沉积物来自两个物源。

分选是指根据大小区分颗粒，一般是搬运速度和紊流变化的结果。分选良好的沉积物，颗粒粒径近似，而分选差的沉积物包含大范围变异的颗粒粒径。分选是流水和风输送、搬运沉积物的指标。风成微沉积环境有良好的分选，沙丘一般由分选好的粗粒和细粒的砂组成，它们呈现内部分选，形成交错层理；而黄土沉积正好相反，分选良好呈现块状。由于黄土沉积的分选如此之好，地层学家常常借助剥蚀特征和土壤发育来进一步划分黄土。沙丘一般分选良好，但能量水平波动或沉积物不连续时，沙滩或沙丘的沉积物分选程度会降低。主要由于能量水平波动，泉水、湖泊和沼泽沉积物一般呈现很差到较好的分选。冰川沉积被称为冰碛物，分选差，一般在细粒基质中包含粗粒物质。

对考古学家来说分选情况分析的用处体现在根据特定粒度范围区分不同类型遗物的比例。例如，在石器工具打制阶段，两种产品是石核和石片，石核一般大于大部分的石片和剥落的碎屑，分选极好的遗物组合主体上由石核组成，或主要由小的碎片组成。在这两种情况下，这类分选好的遗物堆积可能指示遗物组合的地质模式。分选一般或较差（大型和小型遗物都有）的遗物组合可能是人类加工行为直接产生的模式。粒度分布对称性的度量，称为偏度，也与沉积粒级的选择性搬运有关，搬运能量的变化可能影响颗粒粒度分布的峰值和偏度。海滩沉积物负偏（包含更多的粗粒颗粒），沙丘和河流沙正偏（包含更多的细粒颗粒）。

除了根据单一颗粒粒度分布的统计参数解释外，两项或更多的属性组合也具有参考价值。粗粒和细粒碎屑的比值关系可用于区分沉积相，峰度（分布曲线的峰态）和偏度表征湖泊与其他环境的沉积物/能量反应。颗粒粒度分布两项统计值的图解可以用来识别环境。例如风成沙丘、湖滩和河流砂等包含砂质碎屑的沉积物，可以由分选和偏度区分。海滩砂有特征的负偏度和良好的分选性，河流砂倾向于正偏度和较好的分选性，而沙丘砂有正偏度且比海滩砂粒度更细。

除了粒度和分选特征，沉积颗粒的微形态也是用于遗物调查的重要属性。沉积颗粒形态可由球度和圆度来描述（图 2.12）。颗粒形态是指示搬运和沉积条件的重点指标，无论沉积颗粒或遗物的边缘是棱角还是有弧度的，或者圆形的，都是其经历搬运量级和强度的指示。穿孔和磨蚀之类的表面特征也意味着搬运的量级与方式。

① 众值是粒度分布曲线峰的顶点所对应的粒度值。——译者

遗物的圆度特征，或其边缘和棱角的曲率值，是随着遗物在流水系统中搬运而变化的。陶片随着流水搬运，其形状发生变化。除了可能被打碎外，遗物也会被沿岸流与溪流磨圆、磨滑。J. 艾伦（J. Allen）利用圆度表示磨损量的量度，用来分析并解释罗马-不列颠文化（Romano-British culture）①的陶片组合。这些遗物组合发现于现今潮间海岸沉积层与亚化石湿地沉积层（sub fossil netland deposits）中。这项研究表明测量圆度的瓦德尔投影技术（Wadell projection technique）对分析陶片变形和搬运是适合的[44]。

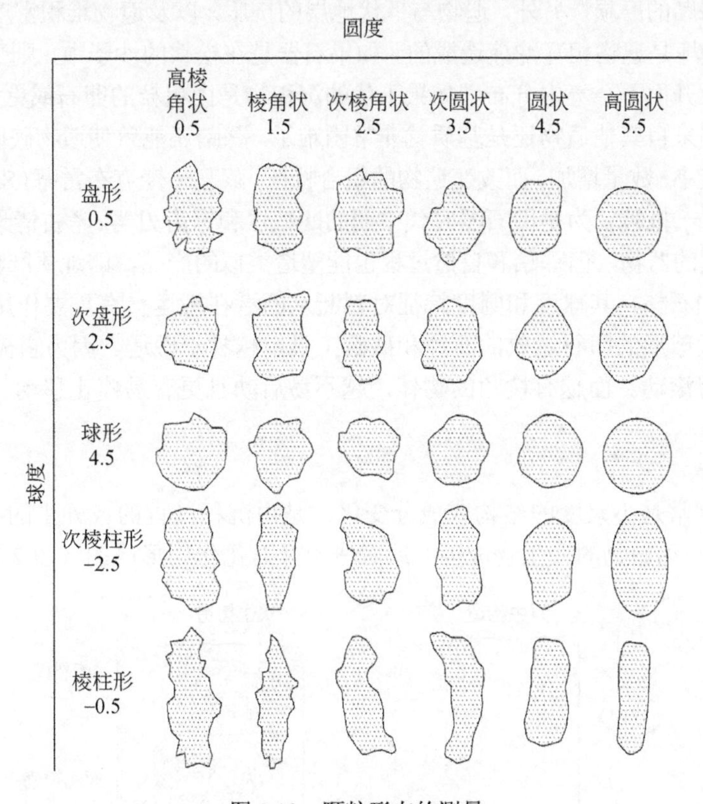

图 2.12 颗粒形态的测量

碎屑颗粒可由圆度和球度来描述。除非应力大到能够导致破裂，否则遗物等颗粒的圆度将随着磨损程度的增加而增加［数字代表平均圆度（rho）②值］

另一项确定遗物被流水搬运的磨蚀特征的方法是遗物脊线宽度的微观测量。新鲜而未磨蚀的遗物有狭窄、锋利的脊线，随着磨蚀，脊线宽度增加并变得越来越平，这是可测量的。磨蚀速率取决于遗物的形状和硬度，以及流体速度和与遗物一起搬运的颗粒类型。在遗物搬运的早期磨蚀阶段，边缘的撞破和撞碎很活跃，还会发生应力开裂。随着进一步搬运，脊线宽度增加。利用测量圆度和磨蚀的方法，揭示与遗物堆积有关的沉积环境成为可能，人们可以评价遗物是否是在其原生环境。迈拉 · 沙克利（Myra Shackley）分析了在河

① 罗马-不列颠文化是在公元 43 年罗马人征服并创立不列颠省后在英国出现的文化。它起源于进口罗马文化与土著英国人的融合，是一种凯尔特人的语言和习俗。它在 5 世纪罗马离开英国后幸存下来，最终在威尔士保留，成为新兴威尔士文化的基础。——译者

② 圆度定义为颗粒图像每个角的平均曲率除以最大内接圆的半径，此值可写作 $rho=\sum((r_i / R)/N)$，式中 r_i 为每个角的半径，N 为角的数目，R 为最大内接圆的半径。——译者

流砾石沉积内发现的旧石器时代早期晚段的石器组合，显微观察显示宏观上看起来未经磨损的遗物，实际上都经历了河流搬运磨圆。由此得出的结论是这套遗物是经历沉积选择性堆积的，而不是人类行为形成的类型组合[45]。

动物踩踏石器遗物，造成遗物表现出边部破坏的磨损形式，与有意的加工修理相像。例如，人类的踩踏能造成非有意的磨损而影响石器，这类磨损给考古学解释带来了影响，例如对典型旧石器组合的分类的判断[46]。如果沉积物相对无法穿透，其上部的粗粒和底部的细粒遗物都会受踩踏的磨损。另外，遗物与下伏地层的挤压，以及遗物堆积密度等也影响磨损程度。大部分损坏是遗物相互冲撞造成的。如果石器是在松软的沙子中，则受损较少，因为它们更容易分散开而不会集中分布。如果下伏的沉积物是由粗粒的卵石或更大的碎屑组成，判断遗物的磨损来自其他遗物还是基质就非常困难了。踩踏还能致使遗物破碎，遗物破碎使得标本的粒度变小，数量增加，而改变遗物的组合特征。萨莉·麦克布雷蒂（Sally McBrearty）和同事们研究了一批被认为是旧石器时代中期的凹缺器和锯齿刃器。考古情景下人类行为可能形成这些类型的器物，但踩踏和自然过程也能塑造类似的产品，即地质产物。

大型石器如石核，其球度和圆度特征对判断水的潜在搬运量有重要作用。遗物越接近球形，例如由近球形的卵石造成的石锤和砍砸工具，越易于搬运。因为它需要的启动速率低，且更易保持滚动。而越有棱角的物体，越不易启动且更容易停止移动[47]。

构造

沉积构造常常是小尺度的结构或成分变化，是由沉积过程的（外生的）、沉积物沉积后的（内生的）、动植物的（生物成因）或者成土及石化作用形成的（图 2.13）。众所周知

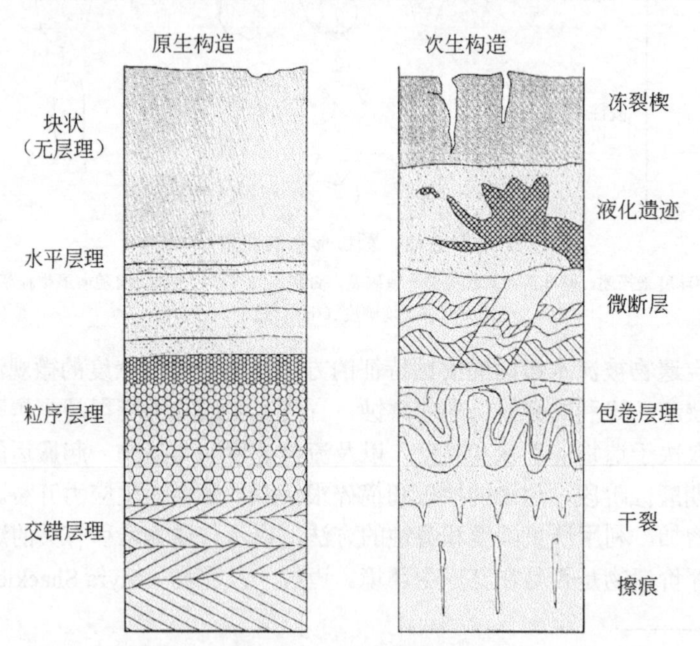

图 2.13　原始或次生构造

原始构造是沉积的直接结果，而次生构造则在沉积物沉积后形成。原始构造为颗粒停止搬运时的条件提供了线索，次生构造可用来推断初始沉积后的时间段内发生的影响沉积的过程或事件

的沉积成层的例子是分层或层理。沉积构造可能由搬运和沉积条件的微小变化形成，这些变化导致颗粒粒度变化。在某些沉积状况中，考古学家会注意到特别细的层，一般薄于 1 cm，这些细层反映了搬运和沉积的微弱变化。纹泥（laminae，也称细层）是最小、最薄的原始碎屑沉积层，厚度变化范围在 1～30 mm。而板层（lamellae）可能是沉积期后构造，可能是在土壤发育的剖面内由黏土粒级的颗粒位移或运动形成的。铁氧化物层能形成小型条带构造，并与沉积期后变化相关。

沉积期后构造包括泥裂、错位和包卷层理。泥裂和其他裂缝是沉积物干化形成的，楔状冻裂也能在冻结和干化的地上形成裂缝，地层内的应力能造成地层裂缝。某些沉积期后变形构造发生在沉积物还处于塑性并饱和水的状态下。地质学家推断这些构造反映了区域构造事件或与上覆沉积物有关的变形。液化作用被认为是地震的标志。沉积物的包体，例如砂墙，是由下伏的液化砂质沉积物向上侵位形成的。当很致密的地层覆盖在欠致密的地层之上时，能形成其他负荷构造；当上覆重沉积的压力挤压下伏沉积时，能形成同生变形构造①；轻沉积物向重沉积物层扩散形成变形层理等变形特征。扭曲沉积物也与泉的沉积相关。

沉积物和土壤内的竖井状或水平隧道形构造是生物成因的。这类构造是由植物根系以及大或小的动物钻洞形成的，出现这类生物构造表明土地稳定且湿度高。

沉积期后过程中，由于颗粒固结起来形成不同类型的簇状土壤结构体而形成成土构造。这些簇状土壤结构体被称为土壤垒结，而由钻孔或犁耕扰动形成的土壤结构体被称为耕后土块（clods）。这类土块属于考古堆积，因为它由人类活动形成。土壤垒结可以分为 4 类：近水平的土壤垒结在平面上排列，称为板状土壤垒结；钠质的 B 层（Btn）有相对平的垂面，这些垂面是吸水与脱水作用发育的；一般发育在泥质 B 层（Bt）的块状构造有相当均一的块体组成的颗粒结块；球形（颗粒状的和碎屑状的）土壤结构与具有有机质和生物扰动的 A 层有关。

组分

沉积组分指的是沉积物或土壤中的碎屑的、化学的和有机的成分，以及包含的化石和遗物。地质学家基于其与现代地质过程的关系，利用物理的和化学的特征来描述与解释沉积层。碎屑（沉积颗粒）与自生组分（碎屑沉积后形成的矿物）的比例可以用来区分不同的沉积环境。

源于外部母岩区的碎屑颗粒是外生的，而内生物质来源于溶液或接近沉积区的物质。图 2.14、图 2.15、图 2.16 阐释了如何运用碎屑和碳酸盐的比例推断变化的沉积条件，来自更新世盆地沉积组分的变化，与北非撒哈拉的旧石器时代中期遗址有关[48]。

溶液中沉淀的矿物种类可用于推断与考古堆积累积有关的沉积环境。主要的成土阶段，以及淡水与咸水湖泊碳酸盐沉积物占主导的是方解石（$CaCO_3$）。在封闭湖盆内经历蒸发浓缩，最先沉淀的矿物是碱土碳酸盐。非成土钙质结砾岩（钙结层）是在地表水毛细上升，以及潜水面近地表时蒸发损失而形成的。成土钙质结砾岩可由向下的迁移（淀积）形成。在早期阶段，钙结层能形成粉末状的或硬结孤立的钙质结核，随

① 例如重荷模和火焰状构造。——译者

着时间迁移，它们可形成广泛的碳酸盐层。这一发育过程的不同阶段被用作时间与气候的判断指标。

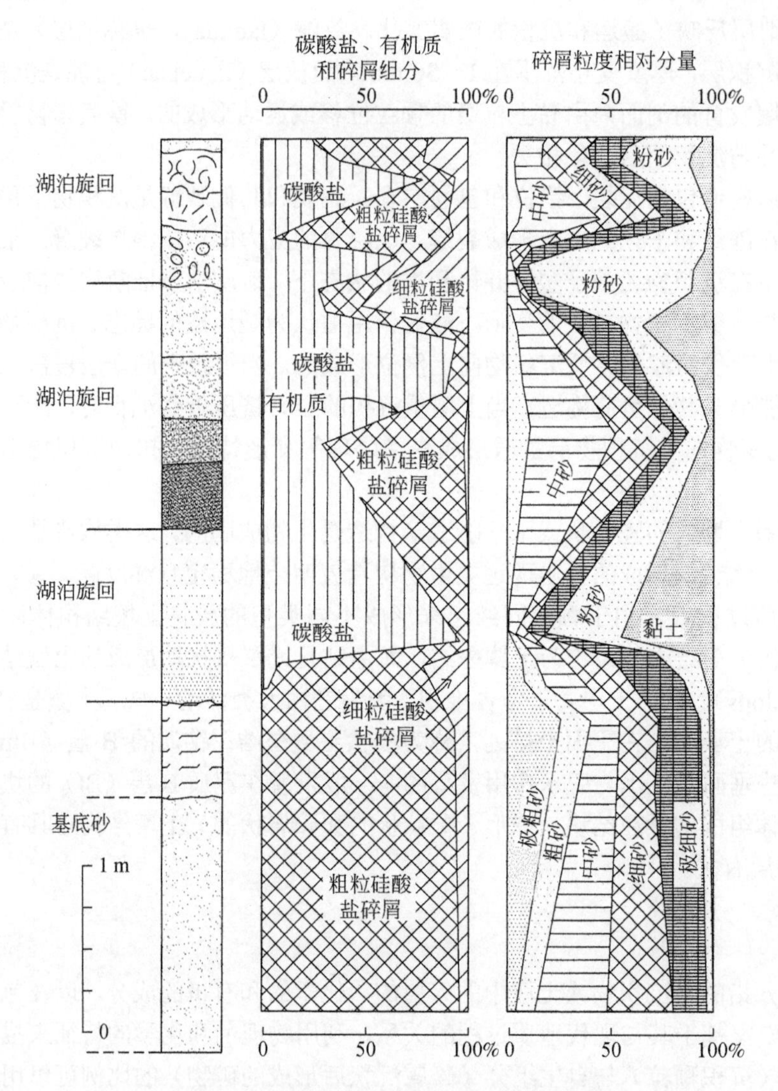

图 2.14　推断过去沉积条件的组分和粒级数据

沉积颗粒粒度变化及组分的变化可以用来推断过去环境条件的变化。本例子中，由碳酸盐到硅质碎屑，以及不同粒级的碎屑颗粒指示了至少三个湖泊旋回。碳酸盐与硅质碎屑含量的高比值，且具有高含量的细粒（粉砂和泥）碎屑，指示了每个湖泊旋回的峰期或湖泊处于最大规模的时间。湖泊变小的时候，沉积更大的砂级颗粒（Hill，1993c）

碳质层内的有机质反映了过去植物和其他生物的存在。主要由有机物组成的泥炭形成于淡水环境，尽管它们也可能在盐沼和微咸水中发育。由暗色、富有机质沉积物组成的腐泥质，在湖盆中多种有机质分解条件下形成。植物和有机质也作为部分碎屑组分进入沉积环境中，这使得利用盆地沉积层序开展古生态和年代学解释复杂化。例如，花粉地层可能代表了区域淡水流域环境条件，而不是局部的遗址特定环境（见第 6 章）。其他情况下，当“死”碳可能被冲入时，放射性碳测试会给出过老的考古记录年代（见第 5 章）。

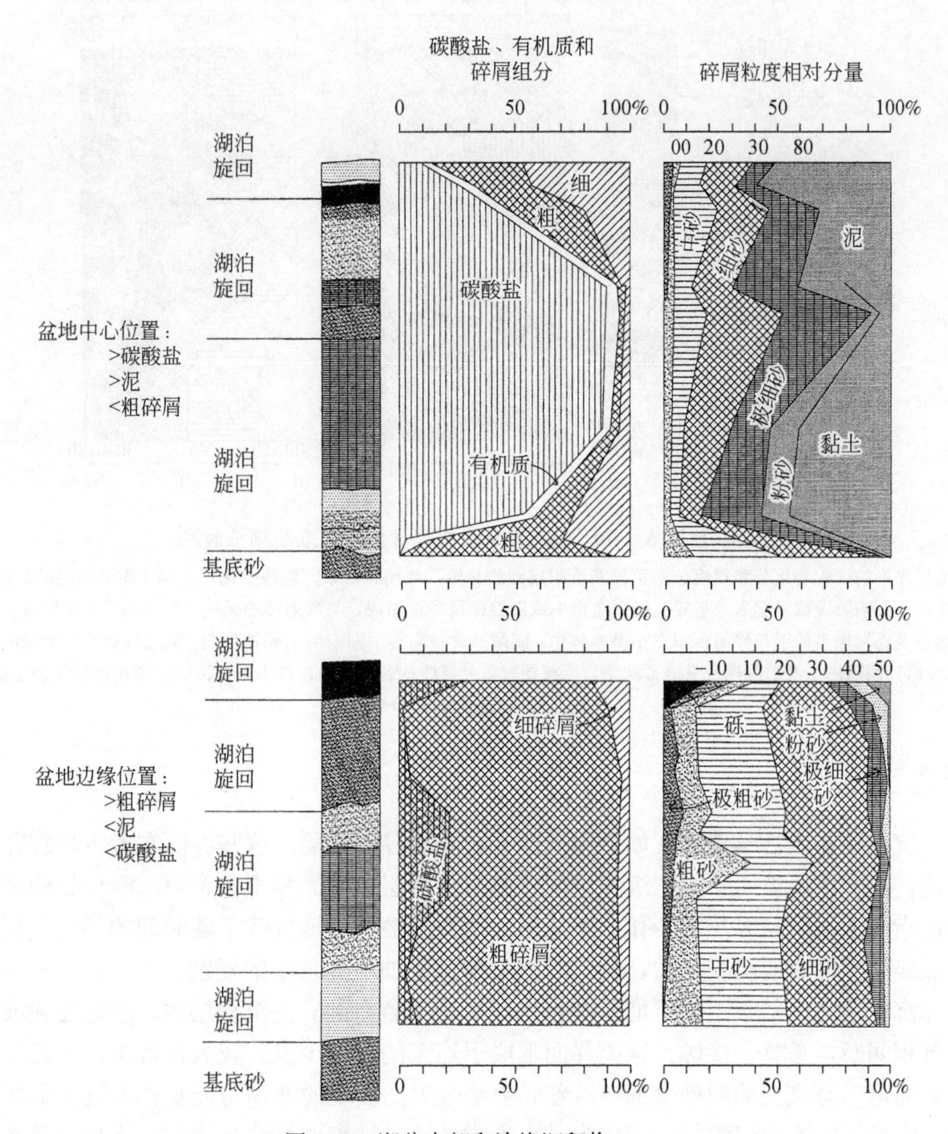

图 2.15　湖盆中部和边缘沉积物

沉积颗粒组分与粒度的变化是由特定时间间隔中不同地区的不同能量水平导致的。下部沉积序列接近湖盆边缘，较粗颗粒占主导。当湖泊规模扩张时，沉积物中碳酸盐和细粒颗粒含量高。上部沉积序列更接近盆地中心，安静低能的环境中沉积物中的碳酸盐含量高。泥质（粉砂及黏土）沉积的三个峰值指示三次湖泊扩张或者三个湖泊旋回的峰期（Hill，1993c）

化石与遗物作为独特的颗粒或包含物，也是沉积体系中的沉积组分，不管它们是在原始还是次生环境中，都能提供沉积环境的信息。遗物和化石埋藏学，以及包含这些遗物和化石的沉积学是考古解释的主要方面（见第 3 章）。化石和遗物都能作为生物地层标志，以及考虑再沉积时的埋藏动力标志。

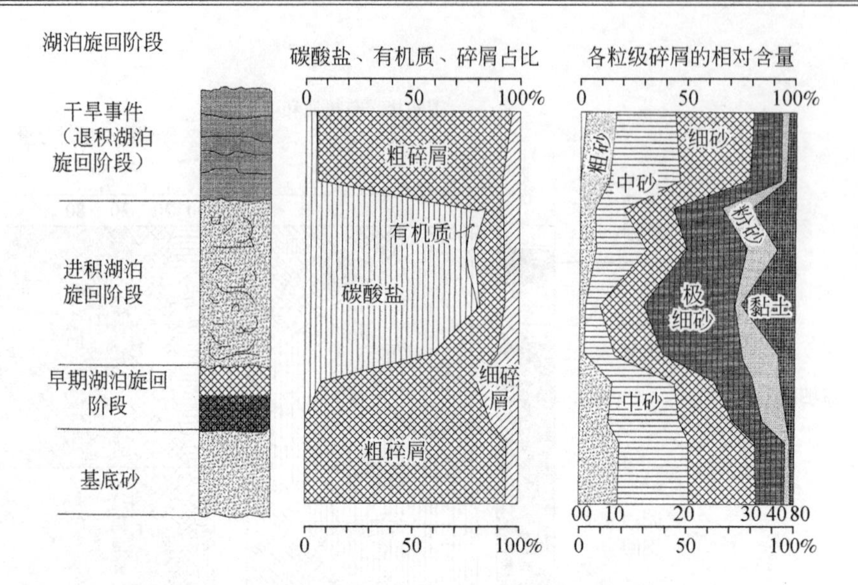

图 2.16　由沉积物组分的相对含量变化推断湖泊旋回

由地层序列的沉积物组分和粒度分布可推断沉积旋回的开始、峰期和结束。这些变化可与单个湖泊旋回的初始、早期、峰期以及萎缩阶段联系起来。基底沉积完全由中或粗粒碎屑颗粒组成，与后期湖泊无关。在湖泊的早期阶段，少量的碳酸盐以及逐渐增多的细粒碎屑沉积在小型水体中。碳酸盐含量高指示湖泊的主要扩张期，黏土沉积的两个峰值预示着在此段时间间隔内，湖泊规模发生两幕波动。粗粒颗粒以及碳酸盐含量下降，标志着湖泊旋回的结束以及湖泊规模缩小（Hill，1993c）

界面

沉积层和考古学遗迹（如墙和地面）之间被界面分隔，这些界面在考古学解释中极具价值。很多术语被用于描述沉积层间接触，包括层内界面和不整合面。沉积物的突变接触可以指示搬运沉积系统的变化，相反地，渐变接触更多地反映了随时间的环境演化。起伏和破碎的界面表明沉积期后、埋藏后的变形，例如层面顶部的侵蚀。

沉积层之间的不连续可能是整合的或者是不整合的。在沉积层内，层理连续或没有明显沉积间断，是整合接触。这类界面形成于连续的，至少没有较大侵蚀事件的沉积层。整合界面可以是突变的或渐变的。沿着此类整合界面发现的遗物可能是作为沉积颗粒再沉积的，或者是在连续沉积的间隙成为过去人类的活动地表并被快速埋藏。不整合界面由侵蚀面或沉积间断（例如一个稳定面或土壤表面）形成，它们代表了下伏、上覆沉积层之间的时间间隔。在这些环境中发现的遗物可能被再沉积混合，或者如果是在原始环境内，可能代表了在稳定面上多次叠置的活动面。

不整合包括不同形式的不连续，它们代表了一段沉积间断。可以根据其属性识别地层层序的不整合。滞后沉积可能指示一个不整合面，它们是一组静置在风蚀面上的遗物。不整合的另一个标志是土壤层或风化壳的出现。在沉积单元间层理倾角的变化也预示一个不整合。地质学家在记录和定义不整合方面通常比考古学家更准确。虽然在考古发掘中识别时间间隔比在大部分地质环境中识别更困难，但必须更多地关注这个问题。时间间隔可能是帮助解释考古记录中依时性模式的线索，界面代表了时间间隔。

当沉积单元间的界面切割层理时，这种接触被称为截断或侵蚀不整合。不整合意味着侵蚀事件，可能是风蚀、流水或海岸过程的结果，这在考古环境中是普遍的。例如，一个不整合可由跟随湖泊退积之后的地表侵蚀形成。遗物和与之相关的这些不同类型的不整合面显示了被侵蚀和再沉积，是遗物未在原始环境的良好标志。

地表的界面特别有助于解释沉积期后过程，如侵蚀、埋藏、变形和混合。平滑的顶部界面显示侵蚀截切，沉积单元的顶部界面可被埋藏、侵蚀或稳定，在稳定的顶层面，可能发生风化或有机质堆积的土壤形成过程。沿着某一沉积层顶界面和某一沉积层底界面发现的遗物，可能源于以下两种情况之一。遗物可以沉积在下部沉积单元的顶界面，可能由于该界面上的人类聚居，或者作为下部沉积单元的一部分被剥蚀出来。在上部沉积单元底部发现的遗物，可能来自下层的再沉积。许多表面和近表面过程能增加、改变或重构沉积组分（见第3章）。

观察描述包含遗物的沉积-土壤序列特征时，推荐使用瓦尔特相律来预测单元。预测单元反映了我们的解释，这些解释能把静止的物理、化学特征和沉积的空间关系转变为过去的动态故事。这一转变，是把史前记录的特征观察和研究人类过去（考古学）、过去的生命（古生物学）以及地球演化（地质学）联系起来综合解释。

微形态

微观形态学是原位土壤和沉积物的微观研究[49]。这门技术包括将30 μm厚的薄片放到载物台上使用偏光显微镜进行分析（见第4章）。微观形态学在提供以下信息中有无可取代的作用，如土壤扰动作用、过滤溶解、腐殖化、淀积作用、淋溶作用、土壤结构、成岩作用、微观遗物分布、微相分析、显微地层学等。微观形态学还涉及三维空间结构的研究。常规的沉积物、土壤分析使其成分分离而破坏其结构。微观形态学方法能发挥关键作用的一个典型例子是对叙利亚东北部 Tell Leilan 地区气温降低的研究——“公元前3千纪末气候急剧变化”[50]。在公元前2200年，干旱和风的循环在火山爆发后显著加强，这造成了 Tell Leilan 地区的废弃、土地荒漠化和阿卡得帝国（Akkadian Empire）①的毁灭。

我们对地中海地区早期史前史的了解主要源于对岩厦和洞穴中沉积物记录的研究。最近，杰米·伍德沃德和保罗·戈德堡尝试去验证这些沉积物作为环境变化记录的有效性[51]。一般认为遗址沉积类型（如活跃的喀斯特环境）对于沉积记录作为气候变化指标的敏感性很重要。特定的微观形态组合特征可以反映气候变化信号。

微观形态学被用来研究人们什么时候开始在北美居住的问题[52]。宾夕法尼亚州的 Meadowcroft 岩厦包含了由放射性碳同位素测年确定的从全新世晚期到晚更新世的地层序列。最古老的放射性碳时代大约是距今 3 万年，而遗物的出现是在全新世开始前。但 Meadowcroft 的某些年龄存在争议，有些新的样品可能被老的样品污染，这解释了为什么遗物与前克洛维斯时代放射性年龄有关。戈德堡和特瑞那·阿尔平（Trina Arpin）使用沉积物薄片来评估遗址形成过程，并提出地下水污染过该遗址。他们的微观形态研究证实了

① 阿卡得帝国是人类历史上第一个帝国，统治区域位于美索不达米亚，早于该地区后来出现的巴比伦和亚述帝国。闪米特语族的一支于公元前3000年前结束游牧生活，定居于被称为苏美尔的美索不达米亚南部，并建立了名为阿卡得的城邦国家。——译者

沉积和沉积期后过程影响了洞穴的地层记录，但其研究并未观察到地下水活动的迹象，认为没有微观形态学证据来否定已发表的年龄数据。

为了在一定程度上评估微观形态学在定义活动区域（这里指特定的生活区域）中的作用，戈德堡和伊恩·惠特布雷德（Ian Whitbread）研究了以色列 Tell Be'er Sheva 贝都因人的帐篷地面[53]。在使用帐篷的群落中，他们采集了灶台、餐具存储柜、睡觉区域，以及距离帐篷 5 m 远的动物围栏（它当时作为帐篷区域使用）的样品。作者用大量的显微照片和二维图片展示微观细节。土壤薄片的微观形态学分析表明活动区域内部和之间存在明显的差异。在地质考古学上，另一个微观形态学的支持者是查尔斯·弗伦奇。对微观形态学和环境演化感兴趣的人，可以参考他近期著作中在大不列颠岛工作的实例[54]。

第3章　初始环境与遗址形成

在圣阿舍利采集的一百多件燧石工具中，只有几件的边缘或多或少存在断裂或磨损，或者是由于被使用……在它们被埋藏之前……或者由于在河床上滚动所致。

——查尔斯·莱伊尔（Charles Lyell）1863

考古记录的形成

同时研究人类活动和形成考古记录的自然过程对于全面解读材料是很有必要的。在地质考古学中，一种最有力的概念化方法是遗物埋藏学。这是一种解释性的观点，它基于研究影响考古记录最终空间结构和构成特征的形成过程而形成。如第2章所述，由于考古材料是从沉积物中发掘出来的，与这些沉积相关的地貌和沉积过程会影响到对其中包含的考古学遗物的解释。原始地貌景观及资源分布严重影响着人类行为。在许多情况下，人类生活在何处、产生何种形式的行为都是由地貌景观背景决定的。这些环境因素也在人类行为模式承载在遗物上并成为考古记录的过程中扮演着重要角色。也就是说，反映在考古记录中的特定活动的特征及空间分布极大地取决于其原始生活环境。这种环境也影响着考古记录的保存情况及可见性。与分布在地球表面的所有遗迹材料一样，考古学遗物或遗物组合中所能传递的人类行为信息受制于原始的记录被改变的情况。风化、搬运、再沉积以及沉积期后变化改变了考古记录中的人类活动遗留下的信息。本章以第2章介绍的沉积及土壤原理为基础，描述沉积系统中直接影响考古记录性质的环境背景及其作用。

采用地质考古学中的遗址成因分析来解读考古学记录是基于遗物埋藏学方法进行的。埋藏学起源于对生物化石的研究，包括了研究对象通过一定的轨迹从一个动态环境中的一部分到停留于静态的物质积累或组合上的过程（图3.1）[1]。从严格的生物学角度来讲，埋藏学涉及生物群落转变为化石过程的研究。将埋藏学方法应用于考古记录是十分实用的。埋藏学理论提供了一个框架，用于评估影响遗物的事件和过程。当遗物从与人类行为相关的动态环境中经过转变成为地质环境的一部分时，这些事件和过程作用于遗物，直至它们最终成为考古记录的一部分。

在第1章中，我们简要地讨论了如何利用各种埋藏学、转变或过程理论方法来解释考古记录的理论框架。这一框架的建立标志着地球科学原理和方法与人类考古学以过程为目标导向的解释之间的结合。对考古记录进行行为解释时应该考虑考古遗物在埋藏过程中的转变事件。这些转变事件影响着最初由人类行为产生的多样的遗物、遗迹组合模式形成现今可观察到的不同类型的考古记录。解读这些变化和模式的根源是地球科学对考古解释的重要贡献。

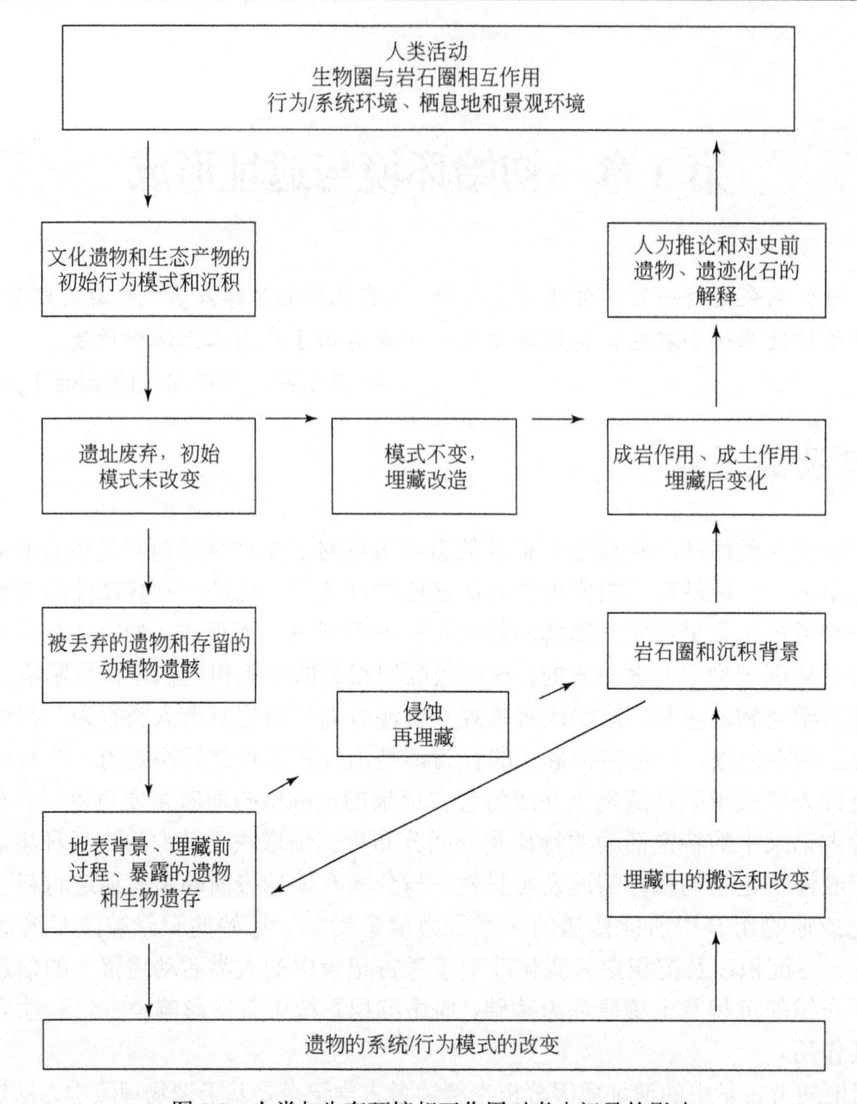

图 3.1　人类与生存环境相互作用对考古记录的影响

考古记录中人类活动的证据是生物圈和岩石圈相互作用的结果。生物圈包括人类行为或系统环境，以及由动植物群落形成的生态栖息地。自然栖息地或景观环境则是岩石圈的一部分，是严格地质、生物和大气作用的结果。文化遗物是人类行为的沉淀。人们离开后，这些人类行为产生的模式[①]将继续暴露在地表或被掩埋。如果未被掩埋，则这些模式保持不变，或者通过表面过程和成土作用进行转换。而被埋藏的遗物则成为沉积环境的一部分。在侵蚀作用的影响下，这些遗物可以成为地表环境的一部分，或者被再次掩埋，致使记录在其中的原始系统或行为模式发生改变。沉积环境中的遗物也可能受到埋藏后变化的影响

遗物的方向或关系可以用来推断与考古材料堆积的有关过程。例如，拉里·托德（Larry Todd）和乔治·弗里森（George Frison）利用猛犸象长骨的方向来解释怀俄明州北部科尔比（Colby）遗址的形成。该遗址包含了与克洛维斯文化遗物共同出土的七头猛犸象的遗骸。长骨的方向以玫瑰花图的形式绘制出来。这些骨头显示出一种非随机的规律：它们的方向大致平行于排水道的方向。对猛犸象长骨非随机定向特性的一个解释是

① 遗物/遗物组合及遗迹/遗迹组合。——译者

河流作用，尽管一些骨骼很可能是由于河流作用重新排列的，一些较大骨骼的积聚却可能不是由这些作用造成的[2]。

遗址形成的不同阶段

大量的术语被用于描述遗物或遗迹从与人类行为的相互作用发展到成为考古记录一部分的轨迹。在最简单的设想中，形成过程可以分为两个阶段。人类活动会产生一系列的（由遗物或遗迹构成的）模式，然后物理（地质和生物）作用会影响这些模式，或者在遗物基础上增加模式。在作为考古记录的一部分被研究之前，遗物可能不止一次经历这两个阶段。事实上，考古研究本身就是回溯"人类活动"的过程（见图 3.1）。

传统意义上，处理人类活动相关组合模式初始阶段是以人类学为导向的考古解释的重点，其目的是推断过去的人类行为。这一阶段称为"系统情境"构建，研究对象被视为人类行为系统的一部分[3]。系统情境包括人们在弃居之前进行的人类行为或改造活动的所有作用。各种行为都可以影响本阶段结束时的遗物模式，包括遗物的再利用和改造、遗物废弃和遗址废弃（人类沉积）以及后期干扰（踩踏、犁耕或挖掘）。这些因素都源于人类的直接行为，极大地影响考古记录的特征。器物组合仅仅反映了与人类行为有关的系统关系，其中不包含地质和生物营力引起的重新排列或重新构建。

除了过去的人类活动外，各种地质和生物作用也会影响考古堆积。自然物理环境作用单独影响遗物的过程称为"考古情境"。在人类行为构建起（由遗物或遗迹构成的）模式且人类放弃居住之后，地质和生物作用可以改变这些原始的记录。这些都是表层地质作用在埋藏过程中或埋藏后所产生的变化。与原始考古沉积物相反，二次沉积物含有通过再沉积或成岩作用所改变的遗物。了解这些埋藏后物理转化作用的影响对于从考古记录中得出推论和意义至关重要。

遗物的大小和分布有特定的地貌控制。一项关于量化后弃（post-discard）作用对澳大利亚土著石制品的影响的研究，证明了坡度、高程、地貌和现代表面过程对它们的影响[4]。结果表明，即使在较小的坡度下，石制品的大小也与坡度的倾斜角有着显著的相关性。在这一例子中，由于表面冲刷引起的遗物移动对其分布的影响不太显著。

考古记录的组成和结构受"形成作用"的影响很大。单个遗物的基本特性，如大小、形状、空间方向和表面特征，都受形成作用的影响。"居住期后"（Postoccupational）因素影响遗物组合中保存遗物的数量和种类。除了影响过去人类行为的遗存是否可以保存外，居住期后作用还会影响遗存的可见性。在所有保存了考古遗存的地方，形成作用都直接影响了遗物的空间分布（垂直和水平分布以及密度）。要想解释考古记录中出现的多样情形，需要同时了解影响史前记录最终特征的人类行为和物理条件。

初始地貌景观和原栖居地

目前考古遗址的分布和可见度主要基于人类居住时存在的初始环境条件。这些条件使特定的功能性活动[1]成为可能，并提供了后来改变或保存人类行为遗存证据的环境。在一个地区发生的许多功能性活动，与地貌景观或栖息地环境以及该地区可用资源有关。某些类型的活动限于背景环境中资源的可用性或分布。特定类型的考古遗存可能与地貌景观模式有关。其中最明显的是空间里特定资源的可用性与周边地区活动的相关性。例如，开采活动与石材和矿产资源相关致使采石场位于原材料产地附近。同样，在动物迁徙路线或水资源附近，可以推测可能有露营地和屠宰场。

了解特定地区人类居住时的地貌景观背景，为确定可能盛行的行为活动提供了重要信息。在许多情况下，遗址功能和使用与其周边环境密切相关。无论是从区域环境条件、遗址周边的地理环境，还是小范围的微环境背景来看，地貌景观环境都直接影响遗址的位置及发生在其中的活动。下面讨论的沉积体系为评估人类使用特定遗址的原因提供了背景。它们还有助于我们了解哪些作用可以使原生遗址（系统性遗物组合）保持不变，或将其埋藏封闭。这些沉积环境中的某些条件有利于保存原生遗址，而其他条件则与次生沉积物组合密切相关。

沉积环境

将现今环境中的沉积物与过去的进行对比可用来推断过去的环境。第2章中描述的颜色、结构、成分、微观形态以及横向和纵向组合等特征有助于识别特定的沉积环境以及与考古遗物及遗迹有关的沉积条件。与过去人类行为相关的主要沉积体系有沙漠、湖泊（和其他聚水盆地）、流水、洞穴和岩厦、冰川和海岸环境。此外，沉积期后变化影响这些体系中的遗物。人类在使用静止和活动资源的同时也参与到了这些系统之中，这些活动的残余物作为考古记录的一部分被保存下来。就其对考古遗址形成的影响而言，这里讨论的沉积环境包括沉积期和沉积期后环境。

对与特定沉积环境相关的考古材料的解释，主要依赖于评估特定沉积环境中普遍存在的破坏和保存作用，以及它们对遗物堆积的影响。在风化和侵蚀作用占主导地位的地区，遗物堆积的空间布局和组成会发生变化。遗物将从原始环境中转移并重新堆积。它们可能会遭受磨损、断裂或破损。由于风化或侵蚀以及再沉积导致的重新组合而造成的破坏，消除了一些或大部分由“系统情境”形成的考古遗存沉积模式，并引入了地质和生物等其他模式。在低能侵蚀和沉积环境存在的地方，与过去人类活动直接相关的结构模式保留的可能性更大，并且存在“行为情境”。然而，即使是低能的埋藏后应力也会显著地重新组合考古记录中的某些成分。例如，在漫滩流水情况下，冲积物可能埋藏较大的陶器和石头碎片，而流水可能会清除较小的遗物和较轻的骨头。每一个地表环境都是由能量流和物质的自我循环控制的。正是这种循环为地质考古学家留下了物理和化学记录来开展研究。

① 如开矿、采石等。——译者

沙漠沉积体系

干旱或半干旱沙漠系统中存在着不同的沉积模式，因为在不同的时间，根据有效水分的水位和来源，会产生不同的沉积过程。沙漠系统与其他系统的区别在于该系统内几乎没有水，这直接影响到沙漠地区的宜居性。有效水分会影响人类居住的地点和时间，并将大部分人类活动限制在局部含有水或其他重要资源的地区。

沙漠地区中人类居住的时间跨度可能与有效水分的短期或长期变化有关。人类对干旱和半干旱环境的居住和使用可以反映短期的有效水分，如季节性降水。有效水分的季节性变化形成了仅在一年中某些时间居住的地点。过去人类曾在现今环境干旱的地方居住，这可能与气候变化导致的有效水分的长期变化有关（见第 6 章）。气候变化改变了地貌景观环境，使其有利于动植物的栖息。过去人类活动也导致了地貌景观发生物理变化，影响了有效水分的含量，造成了干旱或半干旱环境。干旱地区经常缺水会改变沉积作用的重心，但不会改变主要的沉积作用类型。整合到沙漠系统中的各种沉积环境和地貌景观环境反映在风成、河流和化学沉积作用中。这些作用对水分利用率的波动会做出响应，导致沉积物和考古遗物的侵蚀、搬运、沉积和掩埋。

风成侵蚀和沉积是沙漠系统的主要沉积作用，在干旱程度最高的时期尤其如此。在水分增加的时间里，沙漠环境中可能出现河流、湖泊，并有成土作用（图 3.2）。在极度干旱的时期，除了地表水或其他资源（如特定的岩石原料）可用的地区，人们在沙漠沉积体系中的居住地通常是零星的。沙漠环境中的大多数考古遗存都是原始的沉积，与附近地表水或独特的埋藏资源相关。

风的影响

风可以将与人类行为有关的遗存结构埋在沙丘或其他沉积物下，从而保护它。但通常情况下，风成作用会引起考古记录的强烈变化。这是因为在风的作用下物体会受到破坏、磨损以及强烈的侵蚀。在最初包含遗物的沉积物有序存在的地层中，侵蚀可以去除基质背景，该作用导致沉积序列的破坏和考古材料组分的混合。较小的遗物可能会被风摧毁或侵蚀并重新沉积。由于沙丘的动态性，考古遗址的原始环境可能会被严重改变。例如：怀俄明州西南部的美国大平原上，一个福尔松（Folsom）文化①的遗址被埋在一层土壤下，上面覆盖了沙丘[5]。由于埋藏后的侵蚀和风蚀作用，福尔松文化沉积物在垂向上发生移动。最初由风蚀产生的较大颗粒（滞留砾石）组成的沙漠表面可形成保护层，保护含有遗物的下伏沉积物免受更多侵蚀。掩埋后沙丘或沙盘的稳定可能会保留栖居地表面的行为环境。

沙丘是最常见的与干旱环境有关的沉积物。根据沉积物的大小、风的强度和方向以及物质滞留沉积表面的特征，沙丘可能会出现各种各样的形状。沙席（sand sheet）和沙海也出现在干旱环境中。除这些沉积特征外，由风蚀引起的侵蚀特征还可以去除更细的沉积物，留下滞留沉积物，包括遗物。当较细颗粒被带走时，在表面会形成较

① 福尔松是北美洲和中美洲的一个印第安文化，距今约 10 500～8000 年。这一文化的代表性器物是一种石箭头（称为 Folsom points）。科罗拉多自然历史博物馆馆长 Jesse Dade Figgins 于 1927 年首次使用了福尔松这一术语来定义这种文化。——译者

粗颗粒的风蚀-滞后聚集。

水的影响

含有较高有效水分期间，溪流和湖泊可以成为沙漠沉积体系的一部分。干旱和半干旱环境与冲积扇有关，这些环境中冲积扇的相对海拔有很大差异。这些冲积扇由沉积物锥形体组成，其中的沉积物产生于高地并最终到达低海拔地区。有时，它们与其他冲积扇合并形成一个山麓冲积平原或山前冲积平原（图 3.2）。除了河道沉积导致的冲积堆积外，片洪积和泥石流沉积也会形成冲积扇。在干旱和半干旱地区，物质在重力作用下产生的下坡运动对斜坡上冲积扇的发展尤为重要。与冲积扇发育有关的间歇性沉积活动会导致与人类居住址有关的地表埋藏。干旱和半干旱地区的局部降水可能会形成间歇性河流，产生干谷或旱谷。这些过程既可以侵蚀考古遗物，也可以使它们再沉积，或者掩埋和保存它们。遗物沉积物可在暴雨期间发生转移和分类，或者由于山洪暴发而被掩埋。

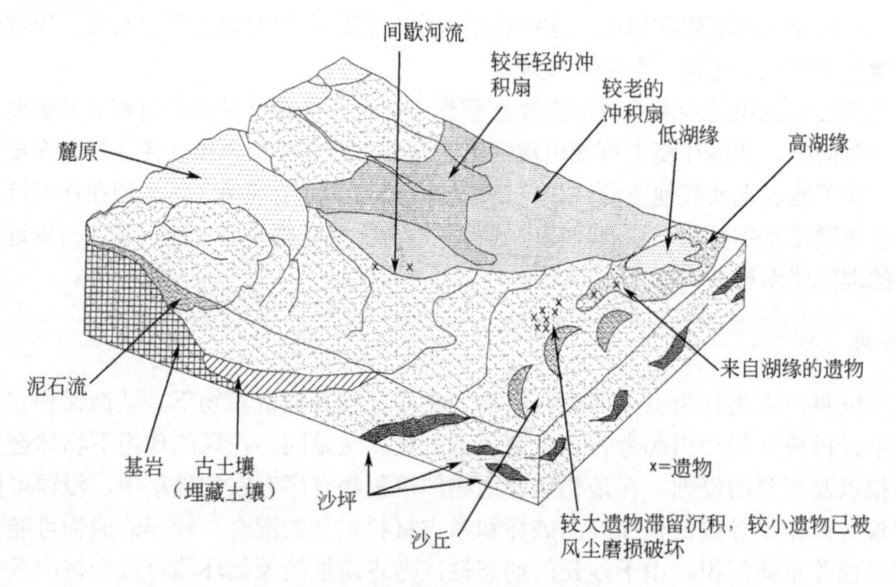

图 3.2　沙漠体系中遗址的形成

在像沙丘这样的风成沉积物中，遗物可能处于二次风蚀滞后带中，受到风的磨蚀，可能较小的遗物已经磨耗消失了。遗物堆积很可能与沙漠湖泊边缘或相关沉积物有关。在这些地貌单元的地形起伏中，人类活动面可能被河流冲积物或者泥石流所掩埋并形成古土壤层。由于侵蚀和再沉积作用的影响，在较年轻的冲积扇中可能包含较古老的遗物

在人类的时间尺度上，沙漠湖泊可以是间歇性的，也可以是永久性的。不管怎样，它们都是干旱环境中人类和其他生物居住的重心。当湖平面高度发生波动时，波浪作用会淹没、保护或冲走人类（居住）活动面。由于局部降水，在干湖盆中会形成间歇性湖泊，而在有区域性地下水补给的地方，可能会形成更多的永久性湖泊。灾难性风暴或地下水渗漏带来的地表径流或汇入溪流可以形成短期沙漠湖泊。由于在这些封闭盆地中水流的流速一般较低，沉积主要是由搬运悬移质（suspended load）[①]形成。在这些有限的水体周边的人类

① 悬移质，又称悬移载荷、悬浮载荷，是指悬浮在河道流水中，随流水向下移动的较细的泥沙及胶质物等，即在搬运介质（流体）中，由于紊流使之远离床面在水中呈悬浮方式被搬运的碎屑物。悬移质通常是黏土、粉砂和细砂。——译者

活动遗存可能被间歇性水流和片流冲刷侵蚀，也可能被再搬运的沉积物掩埋。当沙丘因地下水渗漏而被淹没时，可以形成沙丘间的水塘。这些水塘成为有机质和细粒沉积物沉积的场所。

沙漠体系中遗址的形成

风成作用可能主导着沙漠系统，但气候变化过程对沙漠系统也有重大影响。干旱地区的考古遗迹通常分布在过去存在水资源的地方。这些过去分布着人类居址的地区现在往往已经是沙漠了。沙丘的稳定性可能伴随着湿度的上升，而在半干旱条件下，还可能与植被覆盖率的增加有关。在没有植被的情况下，任何局部降雨都会产生重大的侵蚀和再沉积影响。如果没有植被覆盖，短暂的河流和片流冲刷作用既可以侵蚀和重新沉积遗物遗迹，也可以将其掩埋。当沙漠系统中存在季节性或常年性水体时，波动的水位可能会侵蚀位于高能量边缘的遗迹，或将其搬运后埋在更安静、低能量的沉积体系中。

埃及南部的一个旧石器时代中期遗址提供了沙漠系统以及与其相关的河流遗物侵蚀、搬运和再沉积的例子[6]。这一套遗物组合的历史可以追溯到10万年到20万年前，它位于一条浅的短暂性河道的边缘，这条河道是河流活动搬运和再沉积遗物的理想场所。为了确定是否发生了向下游的水平搬运，绘制出了大小遗物的出现频率和位置。其中大部分较大的遗物，包括石核、修整和未修整的石片，以及较小的遗物，包括剥片和碎片，都密集地集中在上游地区。这表明遗物具有一定的水平完整性。然而，较小和较大遗物的比例分布图表明，较小遗物中有更多已被冲刷并在下游重新沉积。在这种情况下，在河道内流水中较小的遗物被优先搬运到下游。尽管在沙漠环境中不常见且分布较为零星，降水仍是影响遗物堆积的主要因素。植被的缺乏导致高能径流的产生，这反过来又影响了遗物的搬运、分类和重新分布。

Bir Sahara附近的阿舍利遗址提供了另一个与沙漠条件相关的遗址形成环境[7]。在这里，风成作用使沉积物被风蚀，这些沉积物曾经含有距今60万年至50万年的旧石器时代早期的遗物。风吹走了砂质基质，较大的遗物滞留在一个干涸的地下水形成的水塘中。在含有阿舍利手斧的风蚀表面上发现了一些较小的遗物。这些较小的遗物似乎已被风蚀摧毁。对遗址未受风蚀影响的部分进行了发掘。在这些未被风蚀的沉积物中，小型遗物的比例远高于阿舍利类型（手斧）遗物所占的比例，这与地表采集物形成明显对比。在考古学解释方面，未被风蚀的沉积物中存在较高比例的小型遗物，表明当时手斧在该处被使用并重新修理。这也意味着该遗址的遗物可能仍在原始情境中。这一阿舍利遗址似乎曾在地下水补给的水塘扩张阶段被沉积在水塘底部的碳酸盐岩所覆盖。碳酸盐岩保护下伏沉积物免受侵蚀，而在水塘边缘没有保护性碳酸盐岩覆盖的地方，风很容易侵蚀砂质沉积物，使遗物暴露。在附近的Bir Tarfawi盆地发现了其他阿舍利类型遗物，它们实际上是在受到侵蚀的石灰岩残留物中被发现的（图3.3）。

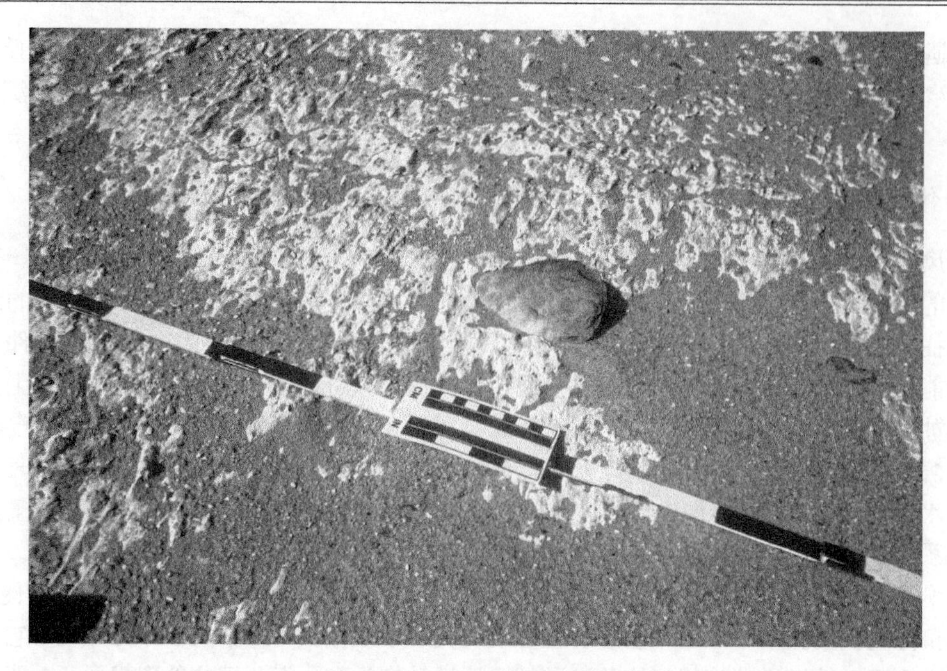

图 3.3　石灰岩中的手斧

遗物位于淡水石灰岩（泥晶[①]）层内。石灰岩的存在表明，在 30 万年前的更新世撒哈拉东部可能存在淡水水塘或湖泊。阿舍利手斧发现于石灰岩层内。随着石灰岩的侵蚀，阿舍利遗物暴露至表面。手斧似乎是在碳酸盐岩沉积物未固结的情况下沉积的，当遗物被再移动时，下伏的石灰岩层中可以保留遗物的印模（Christopher Hill 摄）

冲积沉积体系：流水

流水是地貌发育和人类史前生存环境形成的主要驱动机制[8]。河流或流水沉积的沉积物称为冲积物。河流沉积物是一种特殊类型的冲积物，在河流系统中被搬运和沉积。可以毫不夸张地说，世界上所有主要的河流系统中都有重要的考古遗址。这些环境在吸引人类居住的同时，还经历着沉积过程，这有助于其最初的埋藏和保存，以及随后的侵蚀和暴露。

沉积环境

河流体系的主要沉积环境包括冲积扇、河流和三角洲。冲积扇可在干旱及潮湿环境中形成（图 3.4）。在干旱的环境中，冲积扇通常沿着陡坡出现。在潮湿环境中产生的冲积扇可能形成麓原[②]，通常含有分选更好的沉积物。颗粒粒度的变化趋势是向冲积扇末端变细。在潮湿环境中，冲积扇发展的主要过程与河流密切相关。在潮湿气候条件下，很难区分冲积扇和辫状河沉积，因为它们都具有多河道和河道砂坝的沉积特征。

与河流条件有关的沉积物类型多样，包括高能量时期搬运的砾石到低能量地区悬浮的淤泥。干河床在干旱环境中的重要性已在前面讨论过，它是冲积环境的一个子类别。

---

① 泥晶（micrite），也称灰泥，是异化颗粒同时沉积充填于粒屑间的化学、物理、生物化学沉积作用形成的碳酸盐沉积物，颗粒一般小于 4 μm。——译者

② 即山前侵蚀平原。——译者

河流的类型主要有四种：顺直河、辫状河、网状河和曲流河。顺直河是最不常见的。辫状河形成了由岛屿和沙坝分隔而成的分支及重组的河道网络。基于沉积组分和结构，可以通过辫状河沉积来识别多种微沉积条件。砂坝、河床滞留沉积和河道充填沉积物都具有砾石交错层理的特征。在这些沉积物中发现的粒径比砂粗大的物体可能是人工产碎屑，它们从原本的系统情境中被侵蚀，并与其他非人工碎屑一起被搬运和再沉积。细砂和细颗粒（粉砂和黏土）表示非常低的能量状态，如河漫滩沉积物和积水滩。这些环境中的遗物可能在人类栖居后不久就被掩埋了，而且可能存在于原始环境中。辫状河中的沉积事件包括洪水和流速下降时形成的河道淤积，以及侧向堆积、切割充填带来的砂坝发育。

图 3.4　冲积扇

流水带来的沉积物形成了落基山脉北部的冲积扇，这种地貌特征是加积或“充填”作用的一个例子。该沉积环境背景可能包含被埋藏的考古遗址（Christopher Hill 摄）

在理想的河流体系中，曲流河位于辫状河和三角洲之间。曲流河沉积体系中可能存在大量的微观环境（图 3.5）。在河道内，较粗的滞留沉积物形成于河道较深的底部，而当这些较粗的沉积物沉积在曲流河道的凸岸时，则可堆积形成点砂坝[①]。类似湖岸线的山脊和洼地特征可以出现在更大的点砂洲上。极端的补给事件（如特大洪水）发生后，沉积物以漫滩沉积物的形式沉积在河道外。牛轭湖通常形成于曲流河河道废弃形成新河道的地方。在这些截弯取直的河道中，直接来自河流系统的后期沉积将只有低能的漫滩沉积。牛轭湖的河岸是一个很有可能保存人类史前栖居点的区域。湖泊里的地层层序中可能包含花粉、植硅体和硅藻等古生态学资料（见第 6 章）。曲流河条件通常通过沉积序列内的结构和构造识别。它们往往是粒度向上变细的序列：较粗的颗粒位于序列的较低部位，而较细的颗粒普遍在较高层位[②]。

① 也称边滩。——译者

② 即河流沉积的二元结构。——译者

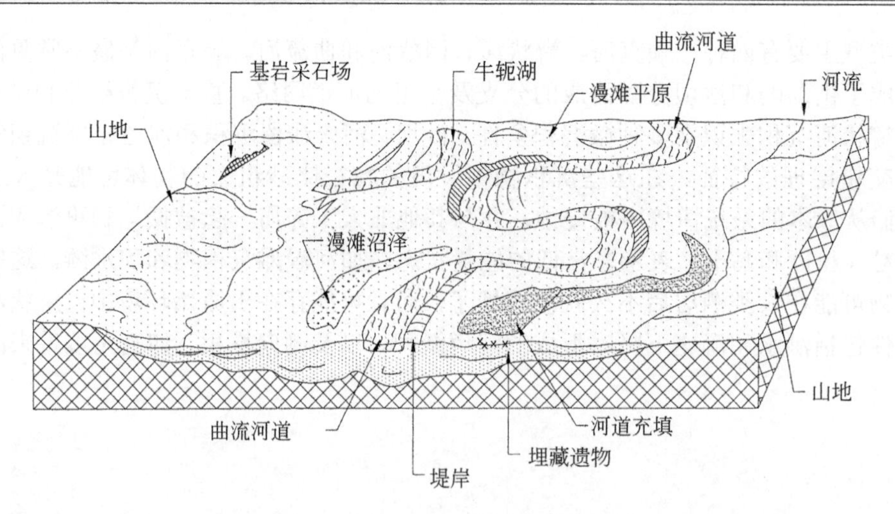

图3.5 曲流河环境

由于周期性洪水和沉积活动，河堤沿着河道两岸形成。河道在夹在高地之间的河漫滩地区来回游荡。在河水泛滥期间，河水从河道中溢出，淹没漫滩，导致遗存被侵蚀和掩埋。旧的、废弃的河道部分形成了牛轭湖和漫滩沼泽，可能与特定的史前人类活动有关

河流阶地是沿着河谷的阶梯式或层架状的地貌景观。它们由沉积和侵蚀共同作用而形成（图 3.6、图 3.7）。自 19 世纪在法国和英国发现史前遗物以来，阶地环境就一直是考古学家关注的焦点（见第 1 章）。阶地系统可以帮助我们推断遗物组合和地貌气候。然而，许多传统的阶地对比技术的结果可能与具体的岩石地层学和年代研究的结果相冲突。如图 3.6

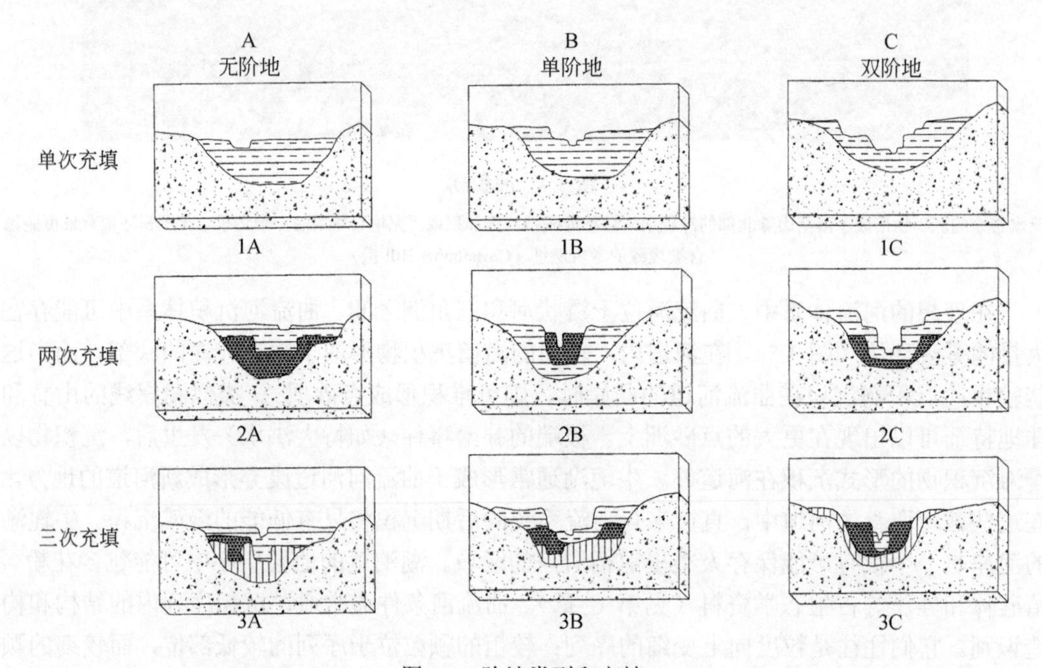

图 3.6 阶地类型和充填

河流阶地序列为解释考古记录提供了重要信息。最高的阶地表面是最古老的，最低的阶地是最年轻的，它们可以作为时间标尺使用，还可用于解释遗物的空间分布模式。较老的遗物不会出现在较年轻的阶地表面，除非它们被重新沉积。年轻的沉积物中也可能埋藏了古老的考古材料。河谷地层的发掘能够帮助人们认识形成阶地序列的地质事件

和图 3.7 所示，许多不同的沉积和侵蚀活动可形成类似的阶地序列。堆积阶地是考古学家长期使用的河流环境地貌之一[9]。它是覆盖河谷两侧的阶梯状平台。在许多情况下，山谷的每一侧都会出现平行、相同高度的平台表面，这些阶地表面的年代看起来相同。当向上游追溯这些阶地表面时，它们的地形通常更高，而在下游它们的海拔更低。在经典的解释中，一组倾斜的表面代表了河流沉积和侵蚀（切入）的时期。河流沉积的时间是“充填”间隔。在这段时间里，河谷填满了沉积物，称为“沉积阶段”。沉积阶段的填充形成的表面后期可以成为阶地的表面。

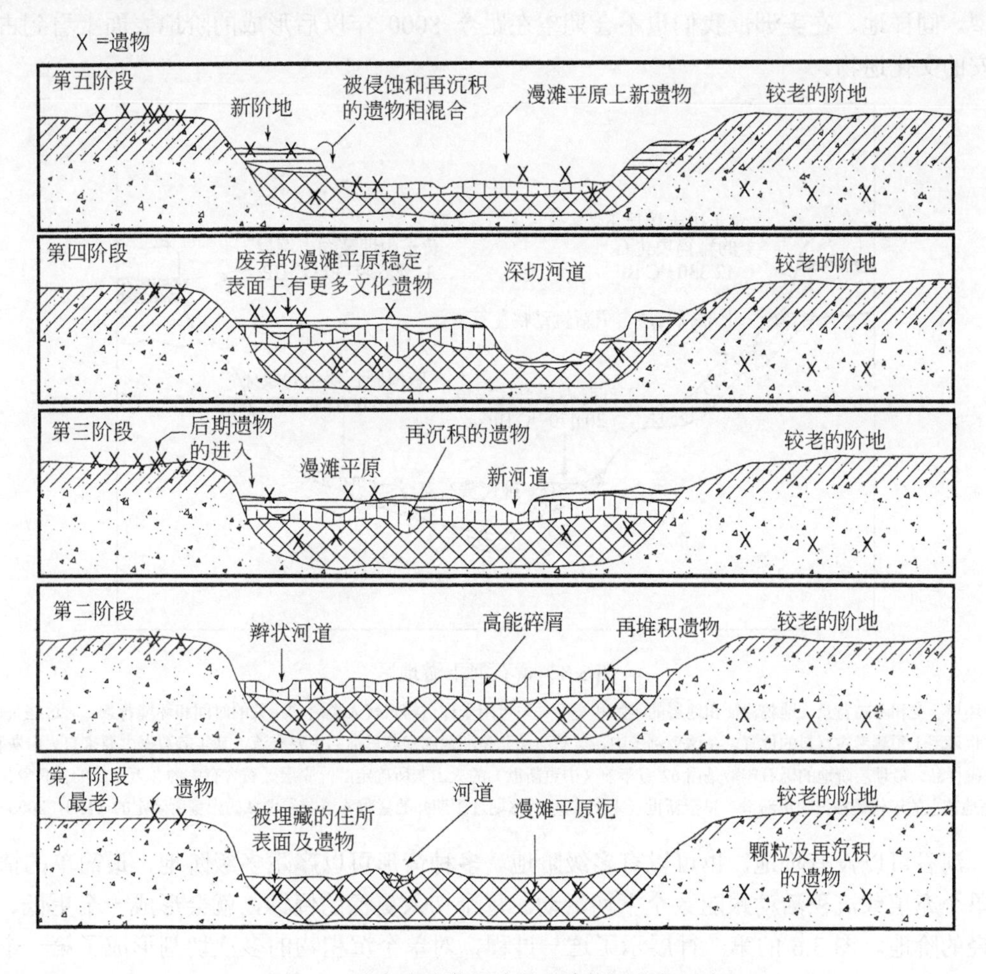

图 3.7　冲积阶地发展阶段和遗物沉积与混合

冲积阶地体系分为五个理想发展阶段。这些阶段对考古材料的完整性和可视性具有重要影响。在初始阶段，人们在高地表面以及高地和河道之间的漫滩地区丢弃遗物，形成于老阶地的砾石中的遗物被重新沉积，漫滩泥的反复沉积掩埋了人类的居住地表面。在第二阶段，高能水平面的波动会导致更粗沉积物的间歇性沉积，增加了遗物的侵蚀和重新沉积。在第三阶段，更多遗物进入到较年轻的河流沉积物以及高地的表面，在那里，遗物以类似于第一阶段沉积的方式混合。在第四阶段，河道切割了所有之前的含遗物沉积物，导致遗物的侵蚀和迁移，并在其下游形成不同年代遗物的混合堆积。在第五阶段，人们在后期河道侵蚀和摆动中形成的新漫滩表面活动留下遗物，并将之前的遗物再埋藏

阶地形成的一种方式是河谷堆积物的侵蚀。在“下切”过程中，侵蚀或切割沉积的填充物会形成新的下表面。考古学家运用了河流切割和填充的概念来确定遗物的年代。尽管

情况并非总是如此，但通常最高的阶地表面是最古老的；相对高度越低，越靠近现在的河道，则越年轻（图 3.8）。因此，只有在特定的阶地表面上发现的遗物组合形式和特征才可作为时间标志物。此外，某些遗物类型的存在与否可以解释为阶地形成动力学的结果，而不是过去人类行为的结果。例如，50 万年前的阿舍利遗物可能在一个较老的阶地表面上被发现，而不是在 3 万年前形成的阶地表面上发现。在这个例子中，3 万年前的地表缺失阿舍利类型遗物不是由人类行为规律造成的，而是因为阿舍利文化时期，这一地形单元尚未形成、出现。通过这种方式运行下去，较低的阶地应该具有在较老的阶地上不存在的遗物类型。同样地，在美洲，我们也不会期望在距今 8000 年以后形成的阶地表面上看到古印第安的文化遗物。

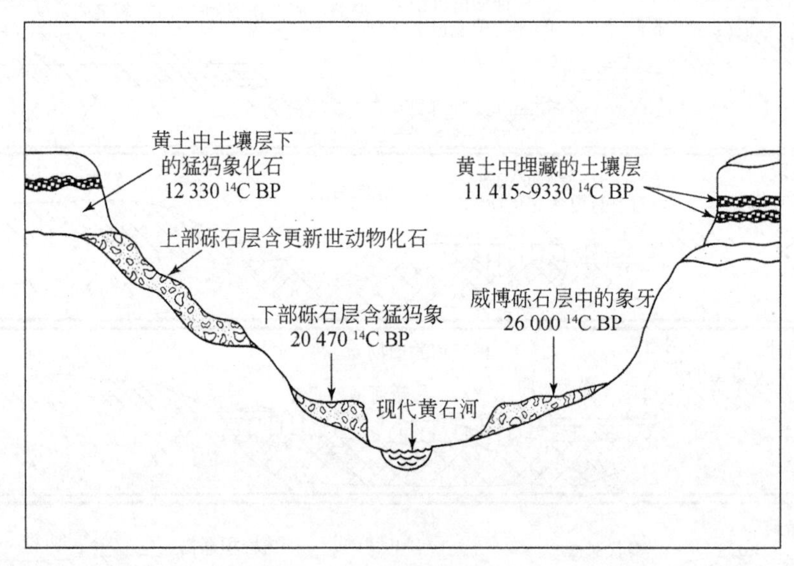

图 3.8　黄石河下游地区

地貌环境演变和考古背景。地貌特征和地层的年龄和空间关系可用于评估与古代人类活动相关的时间和环境背景。对这些关系的理解也可用于预测考古材料的位置。在这个例子中，黄石河是北美洲西部密苏里河的主要支流，其年龄数据主要来自火山灰和放射性碳样品。最顶层阶地的砾石年龄是由 62 万年前（中更新世）的火山灰所确定的，底层砾石含有大约 2 万年前的猛犸象化石，高地黄土的年代是根据晚更新世—早全新世（末次冰期-间冰期过渡期）的猛犸象遗骸和埋藏的土壤所确定的（Hill，2006）

河谷可以没有阶地，也可以有多级阶地。多种情形可以产生多级阶地，最简单的情形是单个充填或沉积活动跟随数个下切活动。每个切入更深的侵蚀，就会形成一个更低、更年轻的阶地。图 3.6 的第一行展示了这一过程，对单个沉积物的多次切割形成了第一个阶地组（1B），然后形成第二个阶地组（1C）。如果在一个冲积的环境中存在不止一次的沉积填充，那么故事就会变得更加复杂，特别是在考古学解释方面。会存在两种复杂的情形。首先，某些较古老的切割-充填事件可能被较年轻的沉积物完全掩埋。当这种情况出现时，考古记录的表面倾向于出现年轻的遗物沉积物。较古老的遗物可能会发生缺失，只有进行发掘才能观察到。第二种复杂的情形与切割和充填的周期以及在没有进行地层研究的情况下可以观察到的阶地数量有关。由于较古老的阶地可以被较年轻的沉积物完全掩埋，因此山谷里可以呈现出根本没有阶地的情形。另外，有时沉积物的年龄、阶地表面与山谷下切的间隔之间存在直接的关系。

图 3.6 显示了一些两个沉积活动可以产生不同数量阶地的方式。如果较早的切割和充

填沉积完全被较年轻的充填活动埋藏，则可能不存在阶地，如 2A 中所示。3A 展示了发生三次冲积充填的相同情形。在这两种情况下，河谷表面没有较古老的考古材料，这可以通过沉积期后过程来解释。在某些情况下，阶地的表面是两个切割和充填间隔的结果，如 2B 所示。在这种情形下，在较高的表面上会发现较古老的遗物，而在较低的阶地上会发现较年轻的遗物（有关三个切割-填充事件的情况，请参阅 3C）。有时阶地可以作为连续切割-充填事件的结果而存在。如 2C 所示，如果存在两个阶段沉积的充填物，在较旧的充填物经历了侵蚀活动之后，可以被较年轻的充填物完全掩埋，其本身已经经历了几个连续的切割间隔而没有充填事件介入。对于三次冲积充填受到各种侵蚀作用的情况，如果没有进行地层挖掘，则只能观察到一个阶地，见 3B。

在河流沉积物中发现了曾生活在东亚的更新世人类的遗存。俄罗斯外贝加尔（Transbaikal）地区的冲积和崩积沉积物包含与楚库河（Chikoi River）谷内两个阶地有关的旧石器时代晚期沉积物[10]。山谷中最高的阶地也是最古老的，它包含由河滩洪水沉积物覆盖的河道填充物组成的沉积单元。河岸沉积物包含旧石器时代晚期人类生活的证据，这些人类在漫滩上建造居所，低能的流水将旧石器时代的考古遗存埋在细砂和淤泥中。一些河流的活动强度足以把木炭从炉边搬运出来，但能量水平还不足以把中砾级的岩石移到很远的地方。根据放射性碳测年结果，这一人类居住、发生流水冲刷和掩埋的循环过程发生在距今 1.8 万年至 1.7 万年。在大约距今 1.3 万年时，楚库河穿过这些沉积物，将这些沉积物留在高阶地。另一个充填周期或沉积周期也已经开始。这一新的充填过程中先出现河道沉积物，之后出现点砂坝（边滩）和漫滩沉积物。在漫滩沉积物中也发现了人类旧石器时代晚期使用遗物的证据。根据放射性碳年代，冲积层的沉积在距今 1 万年左右结束，很快楚库河再次下切这些沉积物，形成一个新的较低的阶地。在这两个晚更新世阶地上堆积了旧石器时代晚期遗物，而覆盖于其上的全新世崩积物中含有新石器和青铜时代的遗物。

与辫状河相似，网状河通常存在于三角洲或沿海地区，它们也包括围绕小块陆地分离和重新连接的河道网络。但与辫状河流不同的是，网状河具有深而窄的河道，具有长期存在的植被茂密的岛屿，并且存在带有沼泽的漫滩平原。它们还倾向于运输悬浮质的细粒沉积。细粒沉积物和植被的存在阻碍了侧向流的迁移，通常会导致垂向沉积。

三角洲形成于沉积物从河流沉积到静水的地区。三角洲是一个冲积亚相，通常与盆地相关的沉积体系相连，特别是湖泊和海岸体系。当在河流中形成的碎屑被搬运至盆地时，较大的颗粒首先发生沉积，而较小的颗粒被携带至接近盆地中心的位置。三角洲通常含有渐变的沉积环境，包括三角洲平原、三角洲前缘和前三角洲。三角洲平原的微相包括河道、堤岸、点坝、决口扇和沼泽。波浪和近岸海流在三角洲前缘区占主导地位。前三角洲沉积物由远离海岸的淤泥和黏土组成。在北美，对三角洲重建研究最为充分的是密西西比河河口地区。在过去的 5500 年里，密西西比三角洲有 7 个可辨别的朵状体[11]。

尼罗河三角洲是几千年来影响人类活动的重要冲积物[12]。在过去 3.5 万年的沉积过程中，存在三种岩相序列，这些沉积相反映了与三角洲相关的不断变化的迁移过程。处在较低序列的地层年龄大约在距今 3.5 万年到 1.2 万年之间，它们由冲积沙组成，与漫滩和干湖泥相互层。在高洪水位期间，淤泥沉积在河道旁边的区域。这组较低沉积物的顶部存在一个不整合面：由粗砂和贝壳组成的上覆单元，这可能是在高能近岸环境中，波浪对旧的更新世冲积层侵蚀和再沉积的产物，这些沉积物反映了大约距今 11 500 年至 8000 年的海侵。上覆全新世沉积包括三角洲冲积平原、三角洲前缘和前三角洲沉积物。

这些沉积物有助于我们了解与该地区人类活动有关的地貌景观背景。从距今 3.5 万年到 1.8 万年，该地区是一个带有辫状河道的冲积平原。随着海平面开始上升（大约 1.5 万年到 8000 年前），高能海岸线向内陆移动，重塑了先前沉积的砂质冲积层，曾经是辫状水道一部分的考古遗址受到侵蚀和再沉积。现代尼罗河三角洲大约在 7500 年前开始形成，其中人类活动存在的证据与前王朝时代有关，可追溯到大约 7000 到 5000 年前。约在距今 2000 年，人类积极地参与到尼罗河三角洲的发育史中。人类的干预保持了河道的分支，而更强烈的灌溉和湿地排水行为则改变了三角洲。20 世纪水坝的修建改变了尼罗河洪水的年度周期，尼罗河洪水将泥沙沉积到三角洲。因此，三角洲沉积物可以作为前湖泊或海平面的标志，因为它们形成于河流与湖泊或海平面的交汇处。许多考古遗址与三角洲及相关的废弃海岸线特征有关。

地貌学家利用排水网络中相关等级的概念对河流的大小进行了分级。这个概念被称为河流次序。根据支流的数量，河流的等级从一级（最小）排列到十级。一级河流没有支流。二级河流由两个一级河流连接而成，依此类推。随着河流等级和大小的增加，排水面积一般也会增加。密西西比河是一条十级河流。

罗尔夫·曼德尔将美国中部大平原的古代遗址位置与河流次序联系起来[13]。他发现，在等级大于或等于四级的大河流中的冲积物，年代一般都跨越全新世，而几乎所有来自小于或等于三级小河流的冲积物年龄都小于 4000 年。大平原中部冲积物的时空分布解释了该地区古遗迹匮乏的原因。在大山谷中，大多数遗迹都被深埋。在小山谷中，全新世早期和中期的侵蚀可能会清除早期和中期的古遗迹。因此，在这些地形内开展考古学调查之前应先进行地貌分析。

冲积环境中的遗址形成过程

侵蚀和沉积作用都发生在河流环境中。这些活动既可能导致考古遗存结构的急剧改变，也可能将人类活动的记录保存下来。在过去，人类在活跃的漫滩平原和河道旁的河岸上生活。尽管与冲积环境相关的地貌景观环境和资源有利于遗物原始堆积，但与这些环境相关的沉积条件可能会导致遗物模式的地质结构化。正如这一章开始引用的莱伊尔的言论所指出的，在河道中与河流相关沉积物里发现的遗物很有可能已被重新沉积，因此许多人类行为痕迹已被修改或销毁。这种情况一般发生在垂向或侧向加积比较常见的沉积环境中，如漫滩或曲流带。我们推测，人类活动可能发生在点砂坝和河岸上的区域，但不包括活跃的河道区域（季节性河流除外）。当遗物作为河岸侵蚀的一部分被移除时，它们可能会在河道及其附近的漫滩中向下游移动。河道旁漫滩上的居住地可能被漫滩沉积物所掩埋。在没有发生侵蚀和沉积的时期，存在可供人类居住的稳定地表。在稳定地表被漫滩越岸沉积物掩埋的情况下，可以形成良好的共生地层。

对肯纳威克人的化石以及发现化石的河岸进行的一系列微形态、粒度、矿物学和化学分析表明，人类化石被侵蚀并搬离哥伦比亚河洪水沉积。地层学和沉积学证据支持了这样一种观点，即尸体是当时就被埋葬的，而不是被快速淹没在漫滩洪水中[14]。此外还需指出理解大型地层单元考古遗址中不同沉积物堆积率的重要性。只有构建出各种沉积序列的精确时间框架，才能解释诸如居所改变、活动区域、遗迹废弃和重新占用、遗迹结构、人口波动等问题。沉积堆积率通常决定了是否可以在遗物组合之间做出明确的区分[15]。

位于落基山脉北部的印第安 Creek 遗址，是山谷漫滩阶地背景发育的包含 28 层（包含遗物的区域）的史前遗址，挖掘出的 8.5 m 冲积层和坡积层，可追溯到距今 1.3 万年[16]。遗址的基底层为晚更新世的粗砾层，这一砾石层之上是一个主要由河流沉积物、崩积层、泥石流和一层距今 11 125 年的火山灰组成的单元。该单元由粗粒层状砂、粉砂质黏土和砾石的薄层序列组成，指示辫状河流环境。赤铁矿、褐铁矿以及氧化锰染色和斑点的存在意味着该地层单元间歇性呈现水饱和。该单元还存在厚达 2 cm 的碳质互层，其中一些含有古印第安遗物，但没有观察到明显的成土层位。在大约距今 8340 年之后，含遗物层呈现冲积扇、辫状河沉积层及有机层的夹层沉积。全新世中期和晚期的地层中含有距今 7200 年至 3000 年的遗物以及距今 6900 年左右的梅扎马火山灰。

河流阶地体系在旧大陆和新大陆的考古学研究中都发挥了重要作用。例如，西北欧的河流阶地被用来研究该地区的中、晚更新世的考古记录[17]。最早确定存在可以制造工具的人类也是在这一地区，如在法国阿布维尔，人类制造工具的证据出现在克罗默尔间冰期（Cromerian）①的沉积中。这些阶地沉积中出现的遗物表明了最年轻的克罗默尔沉积物的最大年龄为约 50 万年。在英国的泰晤士河谷，含有勒瓦娄哇技术特征石制品的河流沉积物处于海洋氧同位素阶段 8 期和 7 期（见第 5 章）。基于同位素 5e 阶段（最后一次间冰期）沉积物中缺乏石制品的情况，推测人类在中更新世晚期和晚更新世早期并未在英国活动。晚更新世人类迁徙扩散的证据发现于河流序列中，这些证据包括了尼安德特（Neanderthals）和莫斯特（Mousterian）类型石制品以及更晚的解剖学意义上的现代人和旧石器时代晚期石制品。这些包含人类活动遗存的沉积物通常埋藏于最后一次冰河期切割活动形成的现代漫滩下方。此外，在西北欧地区具有较好测年结果的阶地序列中发现的旧石器时代遗物为考古地质学提供了一个很好的例子，即可以使用旧石器时代遗物将泰晤士河谷的阶地相关联。

泰晤士河流域的更新世河流沉积物以及相关的旧石器遗物也显示了冲积沉积环境的复杂性[18]。1690 年，在该地区格雷旅馆下面的砾石中发现了第一件手斧。泰晤士河流域旧石器时代遗物沉积环境的研究被用来解释史前人类居住时期的地貌景观，并确定发生地质破坏的程度。大部分遗物都被纳入了由砾石组成的沉积物中，这些砾石沉积是在寒冷气候条件下的辫状河中形成的。一些含有遗物的沉积物似乎是在比较温和的冰川气候条件下形成的，包括在被称为“粉砂复合体”（silt complex）或者“砖土”（brickearth）②的较细沉积物中，以及在沙中发现的遗物。

大多数遗物都处于次生环境中。它们显示出曾经历滚动的物理证据。但是，一些遗物可以重新组合。也存在一些未经分选、破坏的遗物，这可能意味着非常低能量的搬运条件。在遗物埋藏方面，不能确定在较粗碎屑中发现的遗物是否最初就被直接丢弃在其被发现的沉积之中。特别是在寒冷的气候条件下，这些遗物可能已经通过河道迁移、漫滩沉积、风成沉积或坡积沉积而堆积到沉积物中，这些遗物可能经历了多次再沉积循环。在较细沉积物中发现的遗物可能代表实际的居住面，它们可能代表被年轻沉积物掩埋的系统情境模

① 克罗默尔间冰期是北欧梅纳帕冰期后、埃尔斯特冰期前的一个气候温暖期，与阿尔卑斯的恭兹-民德间冰期相当。——译者

② 砖土是一个最初用于描述在英格兰南部发现的表面风吹沉积物的术语。该术语已在英语地区用于描述类似的堆积。——译者

式。然而，各种作用可能导致地质重组。例如，低速水流可能在低角度斜坡上运输大型碎屑（包括遗物）。与河道中砾石碎屑在碰撞时发生的磨损相比，这些物体所受的磨损不是很大。

非洲东北部石器时代遗址的地质背景展示了另一种冲积情形。在 Kubbaniya 干谷，沿着上埃及尼罗河的一条古老支流，一个小型的多层旧石器时代晚期遗址揭示了河流沉积与考古记录保存之间的联系[19]。在沙丘堆积的上层发现了遗址中的石制品、碎骨片和炭屑，测年结果为距今约 1.9 万年。沙丘沉积与漫滩粉砂层形成互层。在附近，更多的漫滩泥沙覆盖在沙丘沉积物上，而它们又被距今约 1.3 万年的湖泊沉积物所覆盖。之后全新世的冲刷沉积物覆盖了湖泊沉积物。一组较年轻的遗物似乎已经从这些上覆的同时代泥沙或湖泊沉积物中被冲走了。与该地层序列有关的沉积动力学是一个典型的例子，说明沙丘侵入到河漫滩，同时沉积了河漫滩上的淤泥。含有旧石器时代晚期遗物的风成沉积物有时被沉积泥沙的漫滩所覆盖。沙丘后来在漫滩平原上形成了一道堤坝，并形成了一个湖泊，同时也沉积了泥灰和硅藻土。

研究考古遗址形成的一种方法是分析遗物的空间布置，以确定遗物的位置是否是人类行为的结果，或者其他作用是否已经改变了原初的行为记录，这对更新世考古遗址的研究特别有价值。例如，迈克尔・佩拉格里亚（Michael Petraglia）和理查德・波茨（Richard Potts）[20]对坦桑尼亚奥杜威（Olduvai）峡谷 I 层和 II 层遗址中的遗物进行了空间分布研究。其中一个遗址是 FLK-22，位于 I 层的中间，距今约 180 万年。其他遗址是从 II 层开始的，距今约 160 万年至 120 万年。玛丽・利基（Mary Leakey）将 FLK-22 遗址描述为“生活面（living floor）”，该遗址位于黏土沉积中，指示湖泊边缘环境，不存在河流沉积或河道迹象。该遗址被火山灰所覆盖。在这种低能量的沉积环境中，存在大量的小型遗物，同时只有少数遗物显示出在搬运过程中遭受磨损而导致边缘磨圆的迹象。这些遗物组合的总体特征表明，它们的位置相对而言没有受到流水的干扰。相比之下，II 层的位置则更多地显示出被水流搬运的迹象。例如，在 FCW 遗址中，遗物发现于黏土上反映了低能沉积环境。这可能导致对遗址做出解释时指向其处于原初的埋藏背景下。然而，遗物被发现聚集在两处，这种空间排列可能是河流搬运的产物。对这些遗物组合的空间分析表明，它们埋藏前在黏土表面被搬运过。II 层的另一个遗址称为 HWKE-4，由砂、砾石和粗砾组成，这表明可能存在一个高能沉积环境，意味着遗物组合是在次生环境下形成的。与奥杜威的其他遗址相比，这一组合包含的小型遗物数量最少，表明发生了水流搬运。

人为造成的地貌景观的变化可以改变冲积体系，并影响社会变化。这一点在中美洲已经得到了证实，那里的农业活动已经影响了环境。阿瑟・乔伊斯（Arthur Joyce）和雷蒙德・米勒（Raymond Mueller）展示了墨西哥瓦哈卡（Oaxaca）里奥贝尔德（Rio Verde）谷地在形成阶段（Formative stage）①晚期（约公元前 400 年至公元前 100 年）时人类栖息是如何引起洪水和冲积的增加，进而导致从曲流河到辫状河模式的变化，以及如何通过扩大谷地低处的农业生产而影响未来的人口[21]。在山谷的上部，耕地和住宅的土地清理加速了径流和侵蚀作用，这些人为引起的冲积体系上游的变化导致了下游的一些变化，下游流

① 形成阶段，美洲考古学中的几个年代表包括形成时期或形成阶段等。它经常被细分，例如分为“早期”，“中期”和“晚期”阶段。形成阶段是 Gordon Willey 和 Philip Phillips 在 1958 年出版的《美国考古学方法与理论》一书中定义的五个阶段中的第三个阶段。——译者

域的洪水和冲积加强，曲流流域变为辫状河道。三种沉积类型指示了冲积条件的变化：粗砂的存在可以推断出高能河道产生的侧向加积；泥粒级的颗粒沉积反映了与中低能河岸沉积有关的垂直加积；通过低能沉积填充牛轭湖，会形成有机黏土沉积。

这些沉积物类型之间的地层和地貌关系使我们能够区分较低河谷的两种全新世晚期冲积模式。较老的河道由曲流河道组成，而较年轻的河道则是辫状河的一部分。曲流河道被废弃，变成了牛轭湖，逐渐被沉积物填满。相关考古发现表明，这条早期河道的废弃时间约为距今 2500～2200 年。较年轻的辫状河道与侧向加积以及河道迁移有关。上游人类活动引起的变化，对下游的农业产生了更大的影响。在曲流期，漫滩面积较小，而带来对农业有利的沉积物的洪水频率较低。在河流形态发生变化之前（形成阶段的早期和中期），只有零星的沉积，尽管从这个时候开始，较低山谷的冲积物可能已经掩埋或毁坏了考古遗址。作为辫状河流的一部分，沉积在漫滩上的细粒碎屑非常适合农业。此外，在废弃的曲流河道中形成的牛轭湖，一年四季吸引着鱼类和鸟类，在这些充填沼泽周围发现了几个遗址。

安德烈亚·弗里曼（Andrea Freeman）对亚利桑那州圣克鲁斯河（Santa Cruz River）的冲积地层进行了研究，用以评估从狩猎采集到农业社会的转变情况。在美国西南部的这一地区，对全新世中晚期河流动力学的研究表明，史前人类选择了圣克鲁斯河漫滩的特定部分来种植植物。全新世中期的高热干旱气候导致河流沉积体量较小。在高热期之后，有一段净沉积期，开始于距今 4500 年左右，一直持续到距今 2000 年左右河道开始下切[22]。在农业时期早期（约距今 3500～2000 年），稳定漫滩的存在为河谷内史前人类种植提供了地貌景观背景。因此，与活跃、高能沉积物沉积相关的地区相比，低能漫滩和洪水静水期沉积环境下人口更为密集。冲积地层在考古遗址保存方面也很重要，例如，在沉积物堆积为主的情况下，遗址更可能被保存。

湖泊和相关盆地环境

湖泊是盆地中的水体。古湖岸线和盆地沉积都是很有可能包含考古遗址的区域。考古意义上的湖泊环境还包括泉水、池塘、草沼、树沼和苔藓沼泽。通常根据水深和与之相关的植被来区分它们。湖泊的深度通常足以阻止植被的生长（水下植物除外）。积水和树木的存在是树沼环境的特征，而草沼包含草，但没有树木。如果没有化石来标定，这两者都很难在史前记录中被识别。泥炭沉积是苔藓沼泽的特征，在地层记录中可能很明显。所有这些环境都包含人类过去使用过的资源，并与考古遗址相关联。在没有化石或其他古生态指标的情况下，仅使用沉积学或土壤学数据很难区分这些类型的水环境。

盆地沉积

湖泊和其他水盆地沉积可分为两大类：碎屑成因（本质上是外生的）和化学成因（内生的和自生的）。有机沉积物可以是这两种的重要组成部分。湖泊中泥沙分布的理想图像对应潜在的水动力水平，其范围从湖滨周围的粗颗粒到砂质灰泥，最后逐渐变为泥或碳酸盐含量高的沉积物（图 3.9）。浅水草沼、树沼和苔藓沼泽的盆地边缘常被预测出现有机（含碳）沉积物。粗粒沉积物倾向于出现在盆地边缘的高能区，而细粒沉积物则堆积在盆地中心附近。

除了碎屑粒径的变化外，在盐湖中，一般的垂直和横向规律可能与化学沉淀物的沉积有关。蒸发序列从碳酸盐（方解石、文石、白云石）的沉积开始，接着是石膏，最后是硬石膏、石盐。像大盐湖（Great Salt Lake）、死海、马加迪湖（Lake Magadi）和乍得湖（Lake Chad）这样的现代常年性盐湖一般只限于目前干燥的气候中。根据季节性和更长期的气候变化，其中一些在规模上波动很大。方解石是淡水湖泊中主要的化学沉积矿物。碳酸盐沉淀不需要由蒸发引起。方解石在水中饱和可能是由光合作用或温度变化引起的。湖泊沉积物也可以由有机体产生，主要是无脊椎动物，如双壳类和腹足类（通常沉积碳酸钙矿物文石）、硅藻（硅质）、核形石（藻类）或介形类。

湖泊中较低的波能和水位的变化可以产生更多粒级混合的沉积物。波浪能促进湖滨的发展，它们再作用于较粗的沉积物，并将较细的沉积物搬离湖岸线，从而影响较大湖泊的滨岸。淡水湖泊和草沼沉积物在湖岸附近较粗且更不均匀，越往中心越细且越均匀。粗粒沉积物的侵蚀、搬运和沉积大多局限于湖泊近岸的浅水区，这也可能是人类居住和遗物沉积的区域。

在浅水盆地或湖泊边缘，植物种类丰富，可能是人类使用过的资源。人类对这些植物的收割，可以作为在水到膝盖深的环境中存在被遗弃遗物的解释。在湖泊较深的地方，生物作用更为罕见：湖盆中心的碎屑沉积通常来自悬浮物，深水区域通常不会包含遗物，除非它们曾位于后来被淹没的盆地边缘的位置。在深水环境中发现的遗物可能是在湖面衰退到较低的水位时沉积在暴露于空气的表面上，但随着湖面的下一次扩张而被掩埋。低洼沼泽或沼泽类环境中存在植物根系结构化石，这些环境中都包含人类使用过的资源。

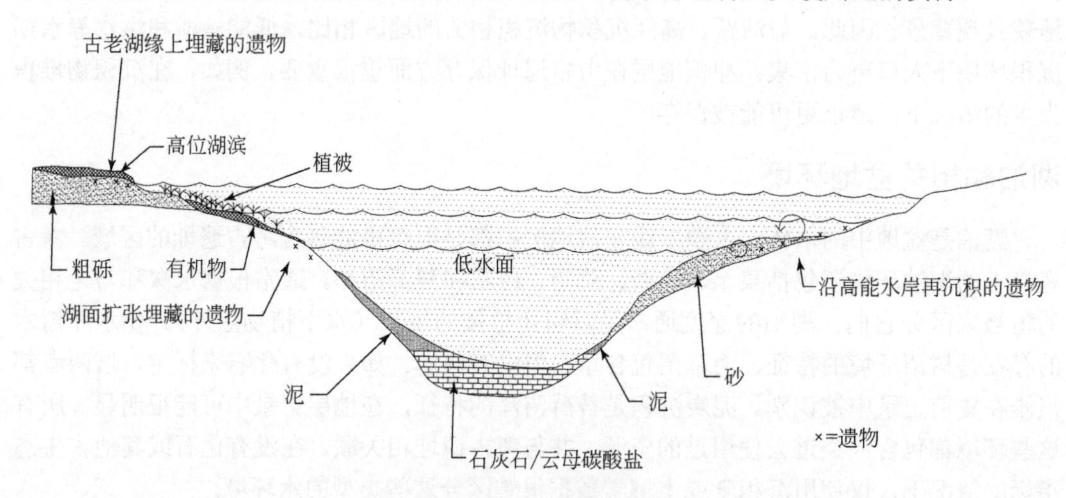

图 3.9 湖盆环境中遗址的形成

在沉积物沉积方面，沿盆地边缘的能量较高，导致沿湖滨沉积较粗的碎屑，如砂。有机物可以沉积在浅水区，那里的能量水平低至足以让植物生长。泥和碳酸盐（灰岩和泥晶灰岩）沉积在靠近盆地中心的位置。当盆地内的水位较低时，人类在此居住，但当水位上升时，该处的住所可能被深水沉积物掩埋。上升的水位也可能导致曾经属于较低湖岸线边缘的遗物遭受侵蚀和再沉积。在相反的情况下，与盆地中的高水位形成的湖泊边缘相关的遗物在湖泊规模萎缩期间不会受到湖岸线侵蚀的影响。这些较高的废弃湖泊边缘的遗物可能会受到其他侵蚀活动的影响，但如果它们的存在可以与人类的存在以及边缘特征的形成联系起来，也能够确定它们的年代

除了可能存在含有原生和次生遗物的由水体扩张和收缩产生的沉积物外，盆地边缘还可能含有与人类活动有关的沉积物和地貌单元。指示以前湖岸线的地貌单元，如湖滨和三

角洲中，可能包含考古遗址。由于湖边地貌形态的位置可以反映盆地内水位的变化，因此可以用来确定相关考古组合的年代，并解释考古遗址的分布和可见性。在湖泊和相关沉积环境（池塘、沼泽、泉水）中发现的沉积条件也存在于其他沉积环境中。根据地下水水位和季节性降水量，在半干旱和干旱的沙漠条件下，可能存在干湖以及更为永久的多年性湖泊。湖泊也可以形成于冲积和冰川环境中。

盆地环境中的遗址形成过程

与湖泊有关的环境有各种微观沉积环境，它们既保护又破坏着考古遗址。与水体边缘洪水相关的低能环境掩埋和保护着遗址。湖岸沿线、河口和泉水通道高能区域的遗物易受侵蚀和再沉积的影响。泉水环境中的遗物特别容易受到再沉积作用的影响，这可能导致来自不同时期的遗物相混合，然而在后来的成岩过程中可能优先保留这些混合成分的组合。在泉水中，遗物的磨损和尺寸分级也很常见。凝灰岩和其他碳酸盐的后期沉积可作为原始环境的密闭层。泉水形成的地质条件将在第 7 章中介绍。

湖岸线特征具有很高的考古价值，但高能环境可能会改变与这些特征相关的系统情境。波动的湖泊边缘可以埋藏或侵蚀遗址。远离高能的泉水通道和海岸线，安静的沉积环境可以保存与人类行为有关的原生情境。湖泊充填形成的苔藓沼泽和树沼可能会保护考古遗址。当湖平面降低时，沿边缘向盆地中心遗址变年轻。与之相反的分布格局和埋藏潜力则与湖侵活动有关。

遗物和骨骼的空间分析已被用于推断考古遗址的形成过程。有时，这些解释几乎没有考虑可能影响遗物组合空间模式的潜在地质或生物作用，而在其他情况下，有些研究有意尝试同时关注人类行为和地质环境过程对考古记录的影响[23]。例如，对非洲东北部埃及撒哈拉的旧石器时代中期遗址的研究表明，原始的行为记录在埋藏前便已经受到盆地环境中的地质作用影响而发生了转变。在一个遗址，遗物组合中包括了超过 5 万件埋藏在砂质沉积物中的石制品，这些沉积物被解释为大约 10 万年前一个浅湖的湖滨和湖岸带沉积。基于尺寸大小，这个组合包含了三类遗物：最大的遗物是石核，而工具是中等大小的，最小的遗物则是碎片。三种遗物的空间分布和其与古湖盆边缘及中部的关系密切相关。空间分布格局表明，较大、较重的遗物与较小、较轻的遗物处于不同的位置。如果遗物是早期人类活动产生的，沿着湖边沉积，然后受到波浪作用影响，那么这些遗物的排列就是可以预期的。空间分布格局指示了一定程度的尺寸分选：较大的遗物没有从它们的原始沉积点移动至很远，而较小的遗物则被侵蚀搬运到盆地中心并重新沉积。

在附近的一个遗址发现一个典型的莫斯特时期石器组合被埋藏于可能距今 12.5 万年的季节性浅湖泊细粒沉积物中。在这个例子中，较小的遗物（碎片）和较大的遗物（石片和石核）分别聚集在遗址不同的区域。对于不同尺寸遗物的空间分布，至少有两种可能的解释。遗物可能代表几乎原封不动的活动表面，其空间分布格局主要表现了当时人类使用旧石器时代中期工具的活动情况，或者遗物的分布可能代表类似于奥杜威 FWC 遗址的情形，由于地质作用产生了两个遗物集中的区域。基于这两种情况，对沉积背景和空间分布的研究得出了一个结论，即旧石器时代中期的考古记录可以反映当时人类行为和地质规律的结合。分析水流的运动而导致遗物重新分布的指标包括：沉积环境、遗物的空间排列、遗物的大小分布和遗物磨损迹象。

洞穴和岩厦沉积体系

洞穴是新、旧大陆考古信息的重要来源。在旧大陆，欧洲洞穴地层学在还原人类历史中起到了重要的作用，亚洲和非洲的类似沉积体系也是如此。美洲一些最古老人类居住遗址就潜在于洞穴或岩厦中，其中一些还包含保存完好的遗物。英国最著名的洞穴遗址是肯特洞穴（Kent's Cavern），另外有其他包含从旧石器时代开始的人类栖居证据的洞穴或洞穴群[24]。欧洲其他著名的洞穴遗址位于法国和西班牙，例如拉斯科（Lascaux）①和阿尔塔米拉（Altamira）②遗址。在澳大利亚，最著名的遗址是魔鬼之穴（Devil's Lair）和Kenniff洞穴。在非洲有许多特别的洞穴遗址，包括南部的斯泰克方丹（Sterkfontein）和Klasies河口洞穴及北部的Haua Fteah洞穴。亚洲西南部重要的考古洞穴遗址包括卡尔迈勒山（Mount Carmel）、Shanidar和Dravidian洞穴。另一个有着悠久考古历史的洞穴位于中国的周口店。在亚洲北部，西伯利亚的Ust-Kanskaya等遗址为与美洲最早的遗址进行对比提供了证据。

洞穴环境对北美考古学研究至关重要。C. 万斯·海恩斯对新墨西哥州桑迪亚石灰岩洞穴（Sandia Cave）③的深入研究是一个经典案例，对亚拉巴马州拉塞尔（Russell）洞穴以及伊利诺伊州和密苏里州的莫多克（Modoc）和格雷厄姆（Graham）洞穴的研究也是如此。干旱地区的洞穴，如犹他州的危险洞穴（Danger Cave）、内华达州的伦纳德岩厦（Leonard Shelter）和石膏洞穴（Gypsum Cave）以及亚利桑那州的文塔纳（Ventana）洞穴，保留了许多有机遗迹。宾夕法尼亚州的梅多克罗夫特岩厦（Meadowcroft Rock Shelter）包含了有关1.6万年前人类栖居的争议性证据[25]。

洞穴中的地层序列是史前学家和考古学家早期关注的焦点。在欧洲尤其如此，欧洲分层的洞穴和岩厦沉积物中人类使用过的遗物与灭绝动物遗骸共存，还提供了随着时间的推移，遗物组合和化石变化与发展的证据[26]。这种现象最常见于石灰岩地区，洞穴和岩厦是考古学研究的重要沉积体系，因为它们有利于遗物的埋藏和保存。它们是年代地层和遗物信息的关键来源（图3.10、图3.11）。虽然可以保存遗物堆积，但这些类型沉积物的埋藏历史十分复杂。与其他沉积环境一样，许多沉积作用涉及填充洞穴和岩厦的堆积物的产生和来源。在洞穴和岩厦中，既有碎屑沉积，也有化学沉积。除了人类或动物栖息所沉积的碎屑外，碎屑物质还包括冲刷、河流沉积、落石和风成沉积形成的碎屑。最常见的化学沉淀物是各种形式的方解石沉积，如流石或石笋。

石灰岩洞穴

在石灰岩洞穴中，当方解石从渗透水中沉淀出来时，形成了具有钟乳石和石笋形态的钙华石或滴水石（见图3.10）。这些沉积物被广泛用于与遗物有关的年代和气候框架的构

① 拉斯科洞窟位于法国多尔多涅省蒙特涅克村的韦泽尔峡谷，其内有著名的石器时代洞穴壁画。1979年，拉斯科洞窟同韦泽尔峡谷内的许多洞穴壁画一起被选为世界遗产。——译者

② 阿尔塔米拉洞位于西班牙北部的坎塔布里亚自治区首府桑坦德市以西30 km的桑蒂利亚纳戴尔马尔小镇。洞内有距今至少1.2万年的旧石器时代晚期的人类原始绘画艺术遗迹。石洞壁画绘有野牛、猛犸等多种动物。该洞穴是第一个被发现的绘有史前人类壁画的洞穴。——译者

③ 桑迪亚洞穴，也称桑迪亚人洞穴（Sandia Man Cave），是新墨西哥州贝纳里洛附近的考古遗址，位于西博拉国家森林内。该遗址于1930年代首次被发现和发掘，展示了人类在9000～11 000年前的使用证据。——译者

建中。洞穴和岩厦发育的主要步骤通过地下水的溶解来进行。地下水主要通过溶解石灰岩基岩中的碳酸盐岩而形成洞穴。如果蒸发使溶液饱和，在溶解、清除和搬运之后，碳酸盐可以重新沉积成石灰华和钙华。

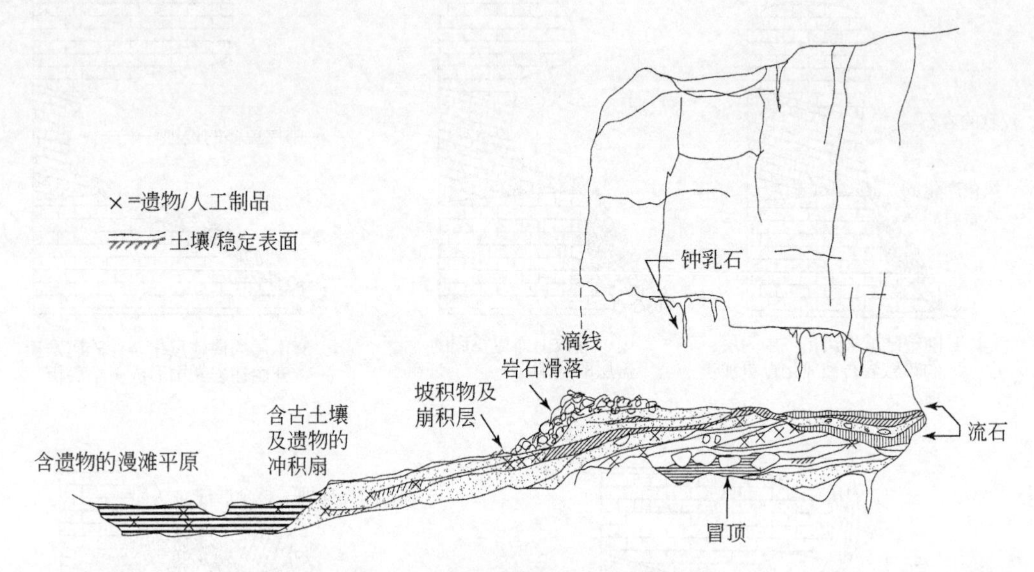

图 3.10　典型石灰岩洞穴的横截面

该石灰岩洞穴位于一个小型河流体系附近，且有包含文化遗物的冲积物和古土壤。在通往洞穴入口的冲积和崩积的陡坡上，有一个由落石和岩屑组成的倒石堆斜坡，它在早期洞穴入口的位置掩埋了一个遗址。洞穴入口附近的一些塌落物也覆盖在持续进入洞穴的沉积物之上。洞穴填充物由几种类型的沉积物组成。大型岩石是基岩断裂并落在洞穴表面的产物。埋藏的土壤和地表出现了遗物，而其他含遗物的沉积物则处于更为混杂的环境中。由碳酸钙沉淀组成的几个流石层封闭了不同的地层，并提供了一种测定地层层序年代的方法

在南非，白云石（$CaMg(CO_3)_2$）形成了一系列洞穴，包括斯泰克方丹、塔翁（Taung）、Swartkrans 和 Kromdraai 洞穴。地表水使基岩中的裂缝变宽，为化石和考古资料的堆积提供了有利的场所。在某些情况下，石灰华在此形成。在这些洞穴中曾找到南方古猿的遗骸。北非的 Haua Fteah 洞穴也由石灰岩组成。在这里，地层主要由塌落和冲入洞穴的沉积物组成。

迄今为止最为壮观的一些考古遗迹发现于欧洲的洞穴遗址的堆积物和洞壁上。法国佩里戈尔（Périgord）地区的岩厦是位于河谷内石灰岩基岩表面的大洞穴（见图 3.11）。水化学溶液和物理、机械风化都影响了这些环境。水的岩溶溶蚀和霜冻风化以及由此产生的岩石碎裂是形成石灰岩洞穴和岩厦的主要原因。倒石堆斜坡构造可能形成于这些洞穴之外。在法国南部的拉科隆比耶尔（La Colombière）遗址中，含有遗物的沉积在石灰岩基岩中发生分层，并与安河（Ain River）的阶地体系相邻。旧石器时代晚期（佩里戈尔文化晚期）的遗物埋藏在砂质的，含有棱角沉积物中，上覆大量的落石沉积。落石沉积在碎屑沉积物和胶结带内发生分层。

西班牙坎塔夫里安（Cantabrian）的埃尔卡斯蒂约洞（El Castillo Cave）中的莫斯特文化和奥瑞纳（Aurignacian）文化遗物沉积也处于喀斯特岩溶环境中（图 3.12）。埃尔卡斯蒂约是卡尔 · 巴策深入进行环境研究的几个洞穴之一，他将考古沉积序列分为 19 个单元。石笋状流石覆盖着石灰岩洞穴的顶部，同时也覆盖着洞穴地表。沉积序列

还包含层间石笋状流石，其间有侵蚀面以及粉砂和黏土。较大的石灰岩碎片也构成了序列的一部分[27]。

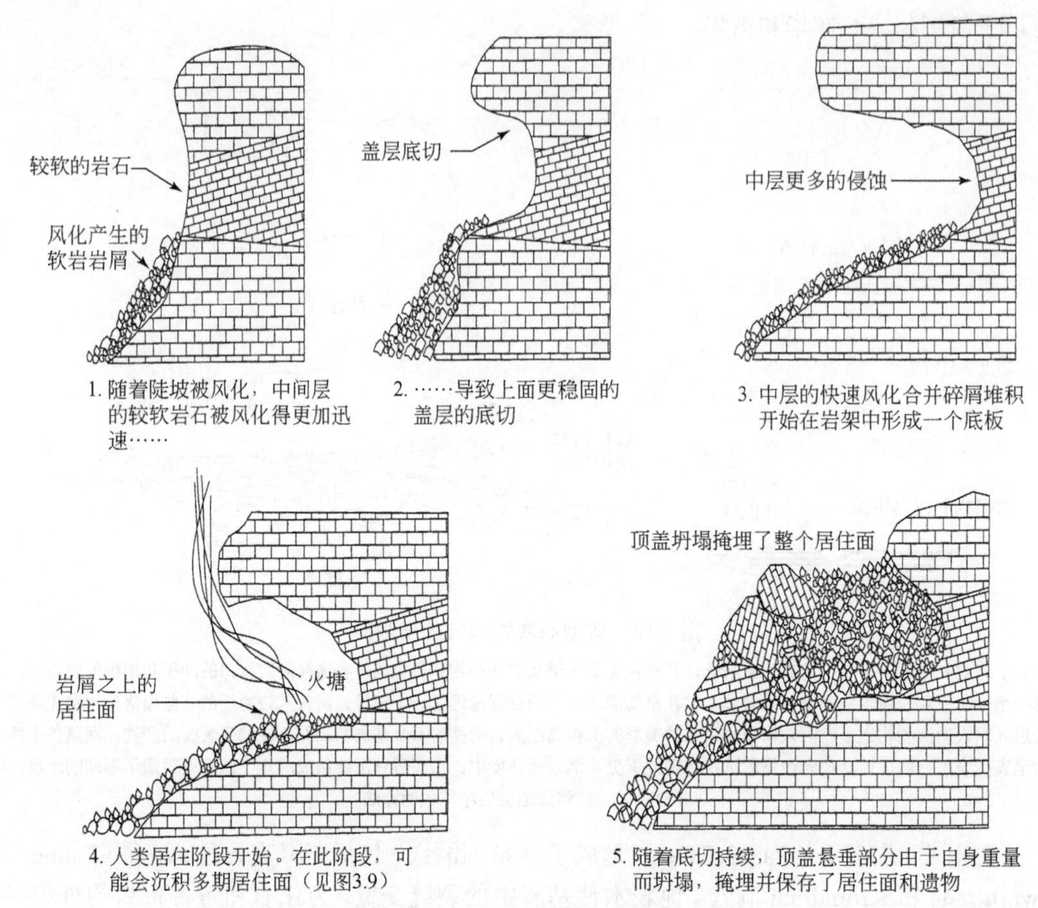

图 3.11　岩厦的演变

石灰石岩厦发育的五个步骤的构想图（复原图）

在英国，肯特洞穴是由石灰石形成的，包含旧石器时代中期和晚期的遗物，表明其大约在距今 10 万年到 1.3 万年期间被人类占领过。威尔士的肯德瑞克（Kendricks）洞穴是一个岩溶洞穴，动物化石和文化遗物出现在其地层中。南威尔士的洞穴里有来自石器时代和青铜时代的考古遗址。瑞士 Drachenloch 的石灰岩洞穴以熊化石而闻名，这些熊的遗骸似乎是按仪式方式排列的。

世界各地都有含有考古遗址的石灰岩洞穴。在伯利兹，岩溶洞穴与玛雅人的居址有关。在危地马拉的佩滕（Petén）和墨西哥南部的尤卡坦半岛（Yucatan），与石灰岩基岩、喀斯特水文环境和岩溶特征相关的洞穴也包含考古材料。在危地马拉高地，G. 布雷迪（J. Brady）和 G. 维尼（G. Veni）发现了“伪喀斯特洞穴”的存在，这些洞穴似乎是玛雅人的仪式活动中心[28]。这些洞穴是从基岩上开凿出来的，并不是岩溶的结果，而是由人类活动产生的。其中最著名的洞穴 La Lagunita 开凿在含火山灰第四纪沉积物中。它位于主金字塔的中央楼梯下，以及金字塔中央广场的下方。La Lagunita 似乎可以追溯到公元 360～400 年的前古典时期-古典时期的过渡期。其他洞穴，如位于 Utalán（奎切玛雅帝国的首都）接触期

(Contact period)[①]遗迹的洞穴，是在平顶山的侧面开凿的。中央祭祀中心下方的洞穴格局使科学家相信它们具有神圣和仪式意义。从冰河时代的洞穴艺术和熊文化崇拜，到全新世晚期玛雅文明等复杂社会性群体仪式来看，洞穴都是具有仪式意义的场所。

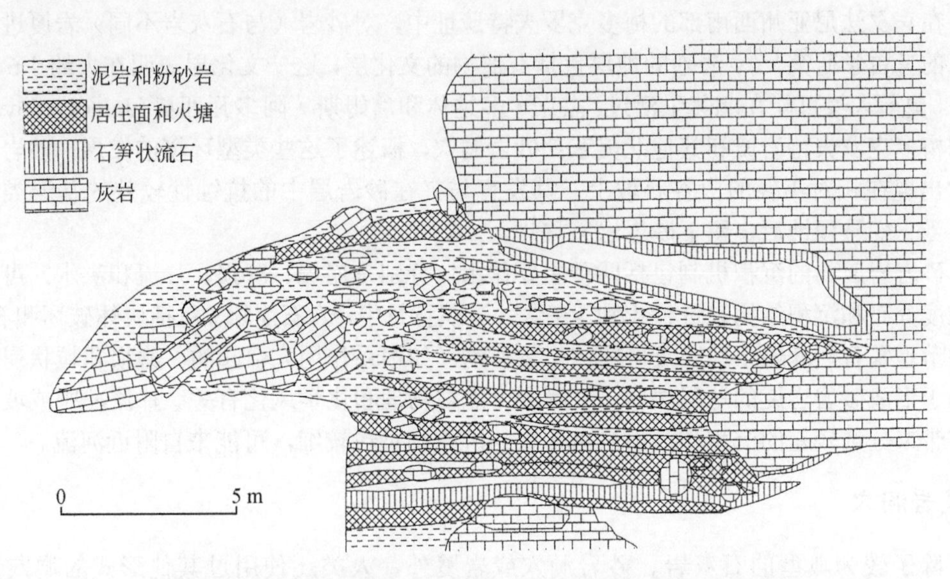

图 3.12　西班牙坎塔夫里安的埃尔卡斯蒂约洞的地层和自然夹层

洞穴形成于石灰岩基岩中。曾经构成洞顶的大块基岩已经坍塌，并进入洞穴的地层序列中。含有文化遗物的沉积物记录了史前人类使用过这一岩厦。史前人类的居住和活动也可以用来解释灰烬层的出现。遗物和灰烬层之间的夹层是主要是由泥（黏土和粉砂）组成的沉积物，以及由碳酸钙沉淀组成的大量石笋状流石（据 Bischoff et al., 1992）

澳大利亚石灰岩基岩中的溶洞遗址有 Hearth 和 Mordor 洞穴等，其中人类居住的证据包括文化遗物和洞穴壁画。位于塔斯马尼亚州西南部的弗雷泽洞穴（Fraser Cave），是一个具有喀斯特岩溶特征的洞穴遗址，洞中发现了考古材料。在中国，一些洞穴中保存着史前人类较长时间居住的记录，为旧石器时代研究提供了长尺度的关键性记录。其他洞穴，如中国北方的龙骨洞[②]，包含了更新世晚期的岩石和洞穴艺术。在中国西南的穿洞（贵州省），洞穴中含有多个含动物化石和文化遗物的地层。

石灰岩洞穴和岩厦中重要的沉积方式包括冻融、溶蚀（见下文）、大块岩体的破裂和坍塌、河流和片流冲刷、风成沉积、碳酸盐沉积和生物堆积。喀斯特石灰岩洞穴分布广泛，大部分沉积物是搬运至洞穴的风化物质或洞穴壁的风化造成的。研究最深入的溶洞沉积序列之一是北京西南周口店地区的北京猿人洞[29]。这是一个巨大的洞穴，由奥陶纪石灰岩形成，由 17 个岩性单元的沉积物充填。可能有两个主要的充填阶段。基底层为河流沉积物，在岩溶作用结束后变为河流沉积。序列的上部由石灰岩、角砾岩、钟乳石和透镜体构成。大多数沉积都是在中更新世形成的，其中包含动物遗存（包括直立人的化石、石制品和灰烬透镜体）。侵蚀层与被冲入洞穴的砂和黏土沉积物形成互层，洞穴基岩周期性坍塌也会进入到洞穴沉积序列，并伴随从富含石灰的水中结晶析出的碳酸盐。洞穴中的堆积物

① 依据中美洲编年史（Mesoamerican chronology），玛雅历史分成前古典期（Preclassic period）、古典期（Classic period）、后古典期（Postclassic period）、接触期（Contact period）与被西班牙征服时期（Spanish conquest）。——译者

② 国内多处史前洞穴命名龙骨洞，此处作者应指邢台龙骨洞。——译者

可能跨越了至少50万年的时间，在大约25万到20万年前结束。

砂岩洞穴和岩厦

在宾夕法尼亚州西南部的梅多克罗夫特遗址中，对砂岩（与石灰岩不同）岩厦进行了深入的考古学研究[30]。清晰的地层包括有遗物的文化层，这一文化层表明在大约1.6万年以前，史前人类可能在北美生活过。杰克·多纳休和詹姆斯·阿多瓦西奥（James Adovasio）根据梅多克罗夫特岩厦和其他北美东部砂岩洞穴，概述了这些类型环境的发展：砂岩岩厦通常出现在相对年轻的山谷斜坡上，其发育与夹在砂岩层中的抗蚀性较差的基岩类型有关，当它们被侵蚀后，留下砂岩岩厦①[31]。

砂岩岩厦内的沉积机制包括四种主要作用，分别是崩塌、磨损、片流和洪水，可以通过粒度分布和沉积结构来进行识别。在这一沉积背景中，岩石崩塌（包括块体破坏和石崩）是由节理发育、冻融条件以及可能的生物活动（如根系作用）引起的。磨损和粒状崩解也有助于形成砂岩岩厦的地层层序，这两者可能与物理和化学风化有关。片流冲刷或坡面冲刷将带来分选较差的沉积物，而洪水带来的沉积物颗粒较细，可能来自附近河流。

火成岩洞穴

除了较为典型的石灰岩、砂岩洞穴或岩厦外，人类还使用过其他形式的洞穴。在冰岛西部，Hallmundarhraun熔岩管道形成的洞穴含有动物化石和文化遗物。夏威夷的洞穴和岩厦是由熔岩管道等火山岩结构形成的，它们当中也有含文化层的地层序列，这表明它们曾被人类使用过。与火山结构相关的洞穴和通道也是墨西哥特奥蒂瓦坎附近考古研究的主题，在北美洲西部爱达荷州的斯内克河（Snake River）平原也进行了类似的研究[32]。

洞穴中的遗址形成

基于基岩或沉积环境类型的差别，会产生不同的沉积、侵蚀和居住活动，因此洞穴和岩厦内的遗存形成过程各不相同[33]。基岩的不均匀侵蚀可在高能区形成洞穴，如沿湖岸线和河谷边缘的洞穴。摩洛哥大西洋沿岸Sidi Abderrahman采石场的洞穴提供了一个沿海地区考古遗址形成的例子。洞穴中的沉积序列包括阿舍利类型（旧石器时代早期）文化遗物和人类化石。在一个海平面很低的时期，阿舍利的遗物被沉积在海滨上。随着海平面持续下降，沙丘沿着裸露的海岸边缘形成，并将遗物掩埋在海岸。随着这些沉积物固结，逐渐形成了砂岩。后来海平面的上升侵蚀了砂岩，形成了含有洞穴的峭壁。这些洞穴中的海滨沉积物表明，在大约30万年前，海平面比现在的海平面高27～30 m。海滨沉积物在侵蚀形成的海滨砂岩洞穴中沉积之后，史前人类在洞穴中生活[34]。

切入直布罗陀海岸悬崖而形成的戈勒姆岩洞（Gorham's Cave）②是另一个直接受海岸作用影响的洞穴。洞穴中的遗物表明，在过去的10万年中，旧石器时代中期和晚期的人类曾

① 又称“岩棚”。——译者

② 戈勒姆岩洞是位于英国海外领土直布罗陀的海蚀洞。它被认为是欧洲最后一个已知尼安德特人的居住区之一。因为此重要性，于2016年被联合国教科文组织列入世界文化遗产，是直布罗陀的唯一一个世界遗产。它位于直布罗陀巨岩的东南面。——译者

居住在洞穴中。在上一次间冰期，由于大型大陆冰川融化而导致的海平面上升，可能侵蚀了洞穴中含有更老的文化遗物的沉积物。洞穴中的沉积物与海岸环境有着明显的联系[35]。

怀俄明州西北部的阿布萨罗卡岭（Absaroka）上的木乃伊洞穴（Mummy Cave）是另一个由高能侵蚀形成的洞穴。这个洞穴是一个凹室，它切入到一个河流外弯曲处的火山岩（凝灰角砾岩）基岩构成的悬崖中。在这个洞穴中发现了30个遗物分布区，覆盖了过去9000年的史前史。该洞穴是沿曲流弯道外侧的河流侵蚀对基岩进行横向切割而形成的。切割形成洞穴后，河流改变了方向。由洞穴外火山基岩再沉积的超过12 m的填充物，在过去的1万年中堆积在洞穴内部[36]。

许多含有考古学材料的洞穴因基岩与地下水之间的相互作用而形成，特别是在石灰岩-喀斯特地貌中。地下水通过对基岩的缓慢渗滤，或沿着基岩界面溶解而侵蚀石灰石。洞穴内的沉积物可依据形成过程分为两类：由洞穴外进入洞穴的沉积物和洞穴内形成并沉积在洞穴内的沉积物。岩厦和洞穴口附近的区域通常比洞穴内部具有更复杂的形成历史。与洞穴外区域相关的沉积活动通常表现在洞穴口周围的沉积物中，而洞穴内的沉积物通常反映洞穴内发生的活动[37]。

洞穴沉积物经常遭受严重的物理和化学改变，这加大了解释它们的考古意义的难度。通过微观形态和沉积物中的磷酸盐矿物分析，确定希腊Theoptra洞穴中的每个沉积单元在被埋藏后都很快获得了其矿物识别特征[38]。较老的沉积物中突出的灰烬层受到严重的成岩蚀变，灰分中大部分相对稳定的硅质组分将分解成无定形二氧化硅。

考古地层学的一个重要方面是研究沉积记录中的缺失。地质学家通过大尺度和相当复杂的岩石成因规律的分析，通常可以评估缺失的部分。这种情形在地质考古学中并不常见。比尔·法兰德详细解析了希腊弗兰克西（Franchthi）洞穴在2.5万年的时间跨度内存在的6个或7个可辨别的缺失，并提出了解决此类问题的框架[39]。不幸的是，一些缺失恰好与重大文化变革的时代相吻合。这类问题需要考古学家和地质考古学家谨慎对待，尤其是考古学家，因为他们的任务是概述一个遗址或区域的历史。

冰川体系

冰川也影响了人类居住的位置。更新世冰川覆盖了大片土地，它们既侵蚀沉积物，也堆积沉积物。大陆冰川和山地冰川的发育和消融，以及这些变化引起的环境变化，影响了一些地区的可居住性。间接的冰川相关环境包括冰前①和冰缘②环境。这些环境中都显示了与史前人类活动有关的特定沉积状态和地貌情况（图 3.13）。在这里，我们重点介绍与史前人类活动相关的冰川环境和其相关联的侵蚀和沉积作用。

冰川推动着积冰侵蚀，冲刷着地球表面，搬运和沉积着沉积物和文化遗物（在某些情形中）。三种主要的冰川类型分别是在山脉中形成的山岳冰川、从山谷中扩散并沿山前流动的山麓冰川以及覆盖大部分大陆的大陆冰川冰原。这些移动的积冰导致了侵蚀和沉积的形成。冰川底部的岩石侵蚀着地球表面，被侵蚀和搬运的碎片沉积下来形成冰碛。未分类、未分层的冰碛可直接由冰川沉积，而冰川融水可产生分层的冰河冲积物。

---

① 冰前（proglacial）指冰川或者冰原前端直接产生的特征区域。——译者

② 冰缘（periglacial）指冰川边缘地区，即曾经冰川覆盖地区的边缘或者不曾被冰川覆盖但受寒冷气候影响的周边地区。——译者

冰碛沿着冰川边缘沉积形成堆石。沿着冰川边缘，融化的水与冰水沉积和辫状河、三角洲沉积物以及冰缘湖泊相关（见图 3.14）。这些沉积环境中存在史前人类活动。可以发现冰碛上覆、下伏或者混入文化遗物沉积。冰川可以破坏、改变或保存人类活动的证据。例如，在北美五大湖区的西南部，存在一个由冰碛、冰缘湖沉积物和非冰川沉积物组成的地层序列。其中一个冰碛覆盖着层积黏土，并与冰缘湖的黏土层及淤泥和砂互层。湖床上有一个包含了图克里克斯（Two Creeks）北部阔叶林遗存（时代约为距今 12 000～10 500 年）的沉积带（图 3.15）。森林层是一个含有机物（包括原木和树桩）的碎屑带。另一套湖泊沉积物覆盖着图克里克斯层。湖泊淹没森林后，又被另一个沉积了其他冰碛的冰川侵蚀。冰碛中含有森林中的物质，并被更多的湖砂和风成沙丘所覆盖。文化遗物可能混合埋藏在图克里克斯森林遗迹中，人类对北美大陆的占领至少从距今 1.1 万年开始。

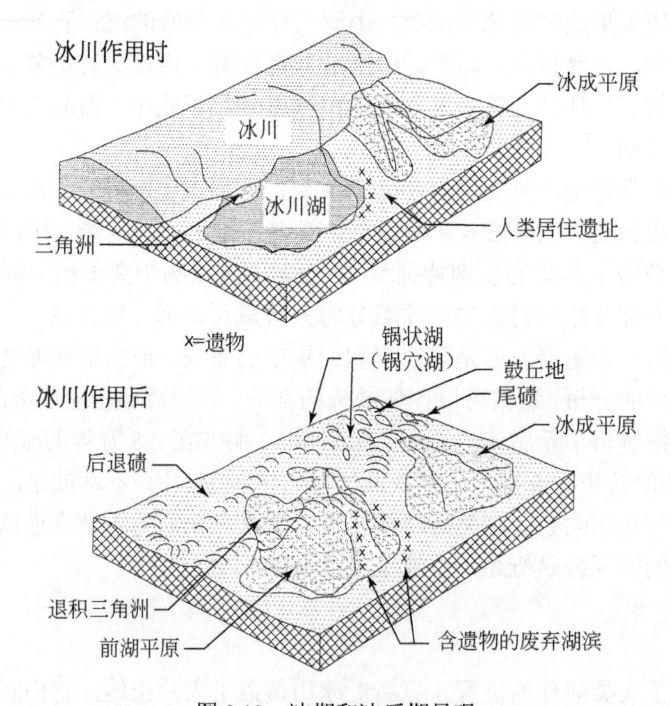

图 3.13　冰期和冰后期景观

上图中，冰川正在前进。被移动冰川所侵蚀和搬运的碎屑中可能含有文化遗物。沿着融化的冰盖边缘，沉积物可以沉积，形成与冰缘湖泊相关的冲刷平原或三角洲沉积物。冰川湖边缘是人类活动的潜在区域。下图中，在冰川作用后，可能会出现几种地貌特征，可用来推断过去存在的冰川活动及其特征。沿着冰川边缘可能会留下大量沉积物，形成尾碛和后退碛。在冰川存在的地区，鲸鱼形状的物体被称为冰堆丘，指示了冰川运动的方向。冰川发生过的地区，还会形成锅穴湖，有助于我们了解冰川的时代和冰后期环境。这帮助我们了解该地区可供人类居住的时期，以及史前人类适应的生态环境的情况。考古材料也可能发现于曾经的冰缘湖泊的湖滨

有强有力的证据表明，在欧洲中更新世和晚更新世有人类居住的遗址，因为既有冰川沉积物覆盖文化层的例子，也有文化遗物混入冰川沉积物的例子。在查尔斯·莱伊尔的《人类的古物》（*Antiquity of Man*）中可以找到最早对埋藏层的描述。含有树桩和猛犸象化石的英格兰克罗默尔林床被冰碛物覆盖[40]。

冰川推进并将冰碛堆积在含有遗物的沉积物上[41]。在英国，有一些含有遗物的沉积物被冰碛覆盖。在 Elveden，覆盖在白垩基岩上的最底层沉积物含一层冰碛（“巨砾黏

土”)。这层冰碛的上表面是被泥灰覆盖的侵蚀表面。泥灰岩上有一系列含有遗物的碎屑沉积，其中包括阿舍利手斧。这些碎屑指示一个古老的湖泊或小河道，这些遗物可能来自水体周边史前人类的活动。包含这些遗物的碎屑岩系的顶部可能代表着湖泊环境，由钙质砂岩组成。上段显示了冻融扰动的迹象，其变形结构类似于莱伊尔在冰期林土层上覆盖的沉积物中记录的变形结构。另一种冰碛覆盖了这一层，并在其上部含有叠加的土壤。在这里，这些遗物似乎没有受到后期冰期条件的影响，也没有受到冰的荷载影响而变形。

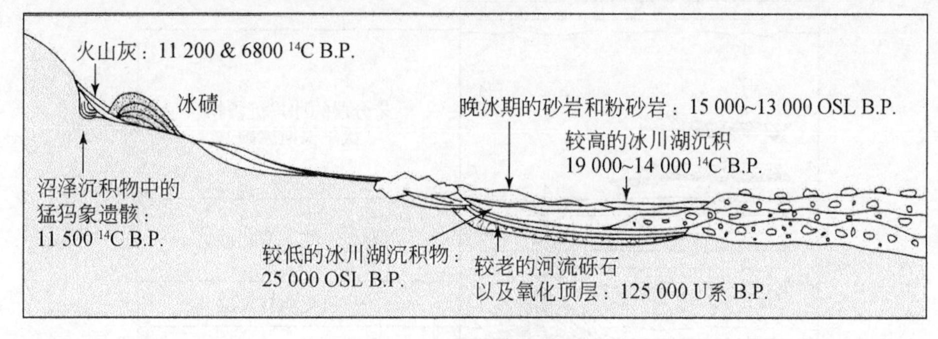

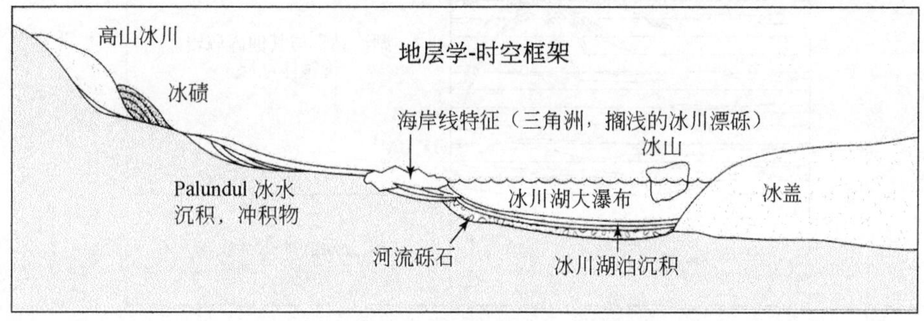

图 3.14　冰堰湖

沉积和地貌特征的地层和年代关系。相对年龄由地貌特征及构成它们的沉积物的空间关系决定。地貌和沉积环境反映了过去各种环境。在上图的情况中，来自北美洲西部落基山脉北部和大平原的河流砾石可通过铀系测年确定其年代，与冰堰湖背景相关的沉积岩由光释光确定其年代，而冰期后的猛犸象化石则使用沼泽沉积物和火山灰的放射性碳定年。这些猛犸象化石与克洛维斯文化遗物有关（Hill，2006）

当冰川覆盖了史前人类曾经居住的景观，并且其中的遗物已经融入冰川沉积物中时，考古解释就变得更加复杂。与图克里克斯的地层序列一样，较老的物质也被纳入较年轻的冰盖中。在这种情况下，早期的遗物会在较年轻的冰川沉积中被发现。英国的 High Lodge 遗址提供了一个例子，说明了如何将冰川沉积物的地质解释应用于解释旧石器时代的遗物堆积[42]。在一百多年的时间里，High Lodge 遗址一直是人们讨论的话题，因为在覆盖在冰碛上的细粒沉积物中发现了旧石器时代中期（莫斯特期）遗物。这些遗物是在含有被认为是古老阿舍利手斧的沉积物之下发现的。在这里，阿舍利时期和之后的旧石器时代中期的遗物都受到了二次干扰，但种类不同。显然，High Lodge 旧石器时代中期的遗物位于受冰盖前进干扰的沉积物中。冰川的前进将大量的沉积物运送到一个较年轻的沉积层顶部，这些沉积物中仍含有遗物。尽管这些遗物是新鲜的，并且其碎片可以相互拼合，但它们处于混杂的环境中，因为它们与封闭它们的基质一起被搬运过。阿舍利手斧组合也处于次生环境。最初，它们是在旧石器时代中期的器物之前，作为旧石器时代早期遗址的一部分沉积下来的。在旧石器时代中期的器物与其周围的基质一起被搬运后，较老的阿舍利器物被纳入冰河冲积物和急流沉积中，并随后埋藏了含旧石器时代中期遗物的沉积物。大量基质的搬运移除了旧石器时代中期的遗物，但保留了它们最初的完整性，而冰川的融化导致了阿舍利材料的二次沉积。

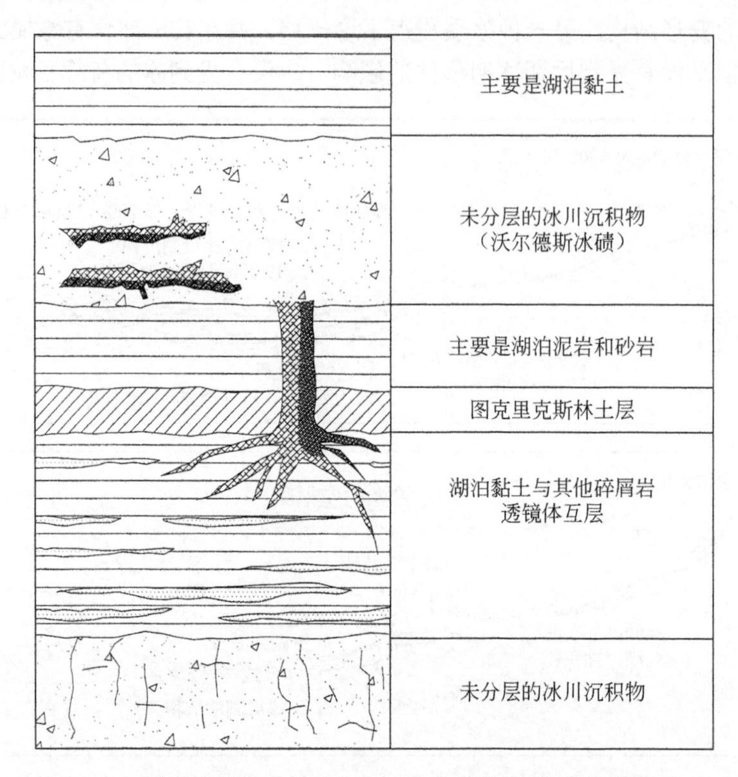

图 3.15　威斯康星州图克里克斯河床内的理想的晚第四纪沉积序列

最底层的沉积层与早期的冰川活动有关。它由一个由主要沉积在湖中的黏土组成的单元所覆盖。这个湖相黏土单元的上部含有生长在图克里克斯森林中植物的根系。这层森林土层覆盖在湖相的黏土单元上，又被年轻湖泊中沉积的砂和泥所掩埋。这些湖泊沉积物上方的冰川沉积物中含有再沉积的植物碎片。在该沉积层中发现的遗物可能与前一个时间段有关。例如图克里克斯森林存在的时候（据 Nilsson，1983）

冰川的融化可以创造一种环境，这是考古解释的关键。冰川边缘或冰川融水形成的湖泊提供了适合史前人类居住的景观环境。沿着盆地边缘的冰缘和流入这些盆地的水系可能存在人类居住遗存的区域。在五大湖西部地区，覆盖着冰川沉积和冲积层的湖泊和水系提供了晚更新世和早全新世人类居住在该地区的证据。在非常寒冷的环境中，沉积后的冻融扰动（见下文）可导致岩石圈或多边形特征的形成。当极端寒冷后的融化和冻融交替循环在地球表面产生收缩裂缝时，就会形成这种现象。

海岸和海洋沉积环境

大型湖泊、海和大洋等大型水体的边缘含有各种具有考古意义的沉积环境。较大水体中沉积的沉积物有海滩、滨后沙丘、沙嘴和沙洲以及河口坝和三角洲。水位的变化要么淹没这些海岸地貌特征，要么使它们“搁浅”，形成废弃的海岸线。在这两种情况下，这些边缘都是过去人类居住的主要环境。目前处于水下的沿海地区通常是过去在海平面较低的时候人类居住的地区。对于某些时间段的考古遗址相对缺失的一个可能的解释是：它们中的大多数现在处于水下。例如，更新世人类群体进入新大陆的一条潜在的迁徙路线是沿北美洲西部的太平洋海岸。沿着这一区域的遗址可以追溯到上一次冰河时期（2 万年前），在上一次冰川消退期间，海平面的上升会淹没这些遗址。

地质和生态环境的重建为了解支撑人类生活的地貌景观和栖息地提供了越来越清晰的景象。在这些重建中，地质学家和考古学家依靠不完整的地层记录和证据，而这些记录和证据往往不足以完成绝对年代表。地球表面几乎没有几个地区出现过长时间、连续不断的沉积；相反，侵蚀是地球表面的常态。在沿海地区，三个地质作用共同推动地貌变化。海平面的变化对海岸带有直接影响。垂向（向上或向下）构造运动抵消或促进了海平面的升降。此外，侵蚀或沉积可能驱动海岸线的海侵或海退。

来自地中海地区的古典作家，包括希罗多德、柏拉图、斯特拉博、帕萨尼乌斯和利维，都注意到了海岸线的变化，但他们没有分析这些变化的背景。今天，我们运用多种地质概念和方法来研究活跃的海岸线的地貌变化。古地貌重建的初始阶段依赖于详细的野外地貌调查，以确定广阔的环境演化格局。可以利用有明确年代或古代文献记录的考古遗迹的垂向位置信息进行辅助。然而，克里斯·克拉夫特（Chris Kraft）、瑞普·拉普（Rip Rapp）和他们的同事在地中海沿岸进行了 30 年的研究表明，有必要对沉积记录进行详细分析，进行密集的岩心钻探，以提供海岸环境序列和相关年表的完整图像。

生活在沿海地区的人类占世界人口很大的比例。在海陆交汇的地方，通常有大量且种类繁多的营养物质，这些营养物质反过来又为各种环境提供了补给，如海湾、河口、海滩、三角洲、沙丘和沼泽，以及邻近的漫滩。再加上风力驱动的波浪所带来的高能量，这就很容易解释环境是不断变化的。图 3.16 显示了以色列海岸 Tel Michal 遗址的地貌演变，这与第 2 章中描述的地中海东部沿海平原为同一组沉积物。

在调查全新世海岸变化时，必须考虑沉积体的形态和侵蚀特征以及在海岸环境中发生的作用所产生的垂向和横向环境序列。这些作用包括局部构造作用、海平面变化、气候变化、洋流和波浪状态。此外，必须考虑灾难性事件的性质和频率，可用沉积物的来源、类型和数量，以及人类活动的性质和强度。环境作用记录了当地沉积物过去的物理变化。沉积物中的微生物及微生物残留记录了诸如盐度、水深甚至污染等环境参数。对它们的研究确定了地质学的基本信念之一——均变论。

地质学家依赖于一个成熟的沉积相概念。“相”是指岩石单元的特征，反映其起源的条件，并将其与相邻单元区分开来。当考虑到海岸沉积的垂向和横向关系时，它们提供了导致海岸变化事件的完整年代地质记录。例如，海侵或海退的历史细节将反映在垂向沉积相中。

约翰尼斯·瓦尔特（Johannes Walther）于 1894 年提出的瓦尔特相律描述了考古序列和严格的地质地层学中可能出现的横向和垂向变化。当不同的沉积相反映不同的环境时，沉积环境随时间的变化将最终导致一种环境沉积在另一种环境之上（图 3.17）。因此，横向相邻的相（代表环境）之间的关系可以与垂向堆积的沉积物联系起来。换言之，对于完整的沉积序列，横向并排出现的地层会堆叠在同一地层柱内。因此，同一时期彼此相邻的沉积物——从海岸线内的内陆开始，然后是近岸和深水环境，随着水体扩张导致的环境变化——将形成滨岸砂被深水淤泥覆盖的垂向序列。这对古地理的解释很重要，因为沉积学记录中保存的垂向变化提供了与这些沉积物相邻环境类型的线索，无论其上的沉积物是否可供研究。当引入时间元素时，瓦尔特相律可以用叠加沉积序列来解释。

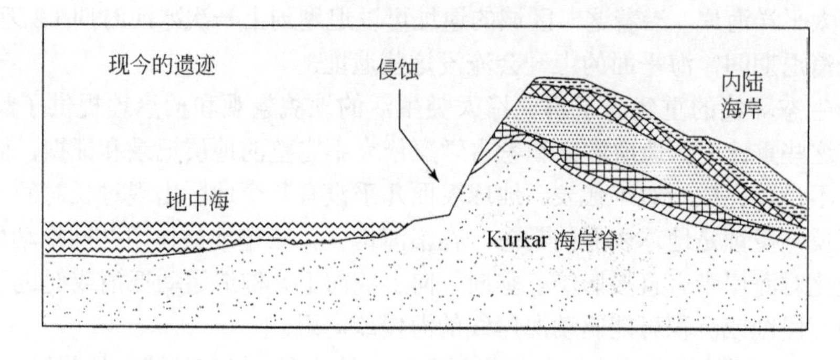

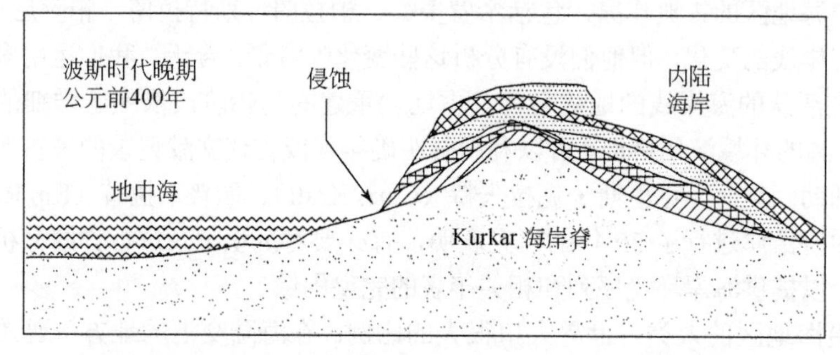

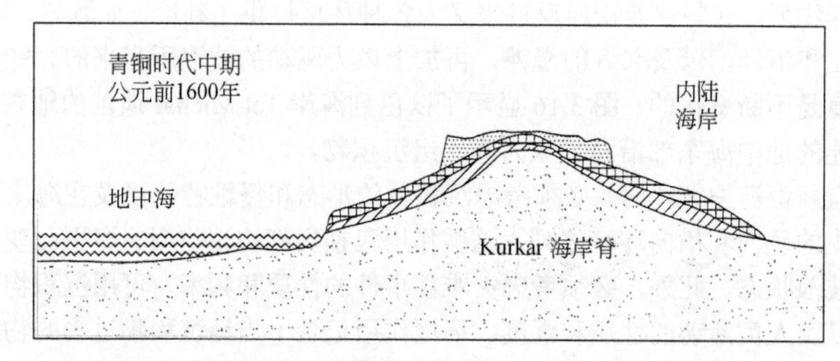

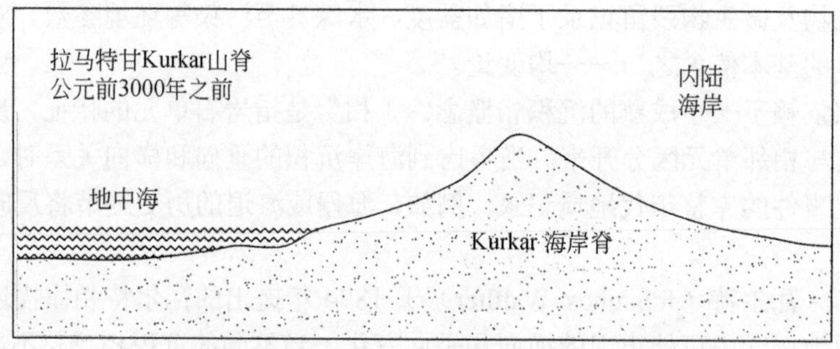

图 3.16　Tel Michal 遗址地貌演变的理想化重建

原始位置是 Kurkar 海岸山脊。到公元前 1600 年，在 Kurkar 山脊上建造了青铜时代中期的建筑。公元前 1600 年至 400 年期间，沿海作用造成了考古沉积物海边部分的侵蚀。人类在此一直居住到波斯时代晚期，规模扩大的同时沿海侵蚀作用也在破坏它。目前的海岸作用已经侵蚀掉了大部分面向海洋的沉积物（据 Gifford et al.，1989）

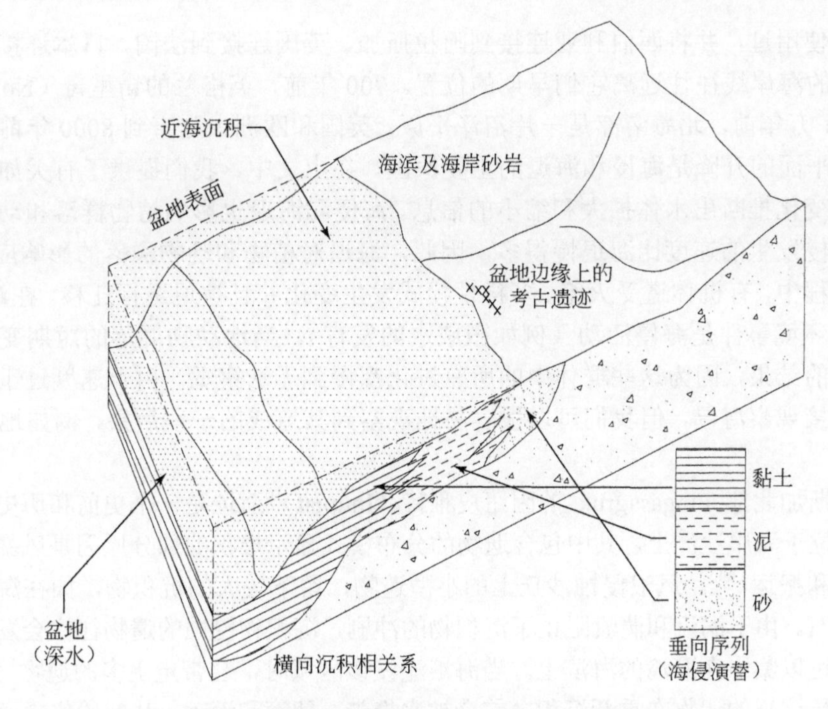

图 3.17 瓦尔特相律中的岩相相关律的三维表示

沉积相与环境的内在联系反映在垂向地层序列中。在这里，横向关系表明沉积相与海滨边缘、近海以及深盆沉积相关联。垂向地层显示了漫滩或海侵后的沉积相

海岸变化研究大量借鉴了瓦尔特相律，这为环境变化的解释提供了一种手段。根据瓦尔特相律，只有在横向相邻的沉积环境中出现的沉积相才能以整合的垂向序列出现。瓦尔特相律为地质学家提供了一个强大的工具；它使他们能够利用三维地层序列，在时间和空间上重建一个古代的（沉积的）环境。

海岸作用和遗迹形成

海岸线作用会侵蚀、重新沉积或掩埋人类活动的遗址。进积序列可以按时间顺序排列位于海岸线特征点旁的遗址（最古老的遗址远离边缘，最年轻的遗址靠近边缘），而海侵活动可能形成侵蚀面并导致遗物重新分布。海岸环境提供了各种各样的沉积环境，可以影响人类的居住和遗物的积累。在与海岸边缘相关的洞穴地层序列以及贝壳沉积物中发现了考古遗物堆。在研究第四纪晚期靠近世界大洋和海洋邻近地区的考古遗址时，海平面的变化最为重要。海岸地质学家们费尽周折也未能成功地绘制出通用的海平面升降曲线。在更新世末期，当巨大的大陆冰川融化时，海平面开始迅速上升。在北半球，如今只剩下格陵兰岛和北极大陆冰层，而在 2 万年前，大冰盖覆盖了加拿大和斯堪的纳维亚的大部分地区。

在最后一个冰川低水位期间，海平面比现在的平均海平面低 100 m 以上。沿着世界各地的许多大陆坡断裂，在海平面以下 120～125 m 处形成了许多波浪切口。在全新世初期，海平面从这些高度迅速上升，直到距今 8000 年到 6500 年到达某个高度（图 3.18），此时上升速度明显下降[43]。这些更高的海平面淹没了“陆桥”，而这些陆桥曾被更新

世的人类使用过，并将西伯利亚连接到阿拉斯加，英国连接到法国，日本连接到亚洲大陆。如今的海岸线往往远离它们早期的位置。700 年前，英格兰的诺里奇（Norwich）是个海港。1 万年前，北海南部是一片沼泽平原。英国和欧洲大陆直到 8000 年前还连接在一起。海平面的升降是海侵和海退的主要原因。在上文中，我们提供了有关如何根据沉积特征的变化推断出水体扩大和缩小的信息。海侵和海退也影响植物群落和动物群落的变化。海侵发生的速度比海退慢得多，因此，海退对植物和动物群落的影响应该更大。在海退过程中，有机体遭受灭绝、多样性模式发生变化并且被迫进行迁移。在浅水区域，主要的古环境事件是海侵活动（例如微咸水的发育）。当地动物群落的短期变化通常是环境扰动的结果，因为这些群体中的所有进化都慢到无法察觉。由于速度过于缓慢，我们不能直接观察海侵，但我们可以很容易地观察到其造成的一些后果，例如地下水位的上升。

阿拉斯加北部 Pingasagruk 的因纽皮雅特（Inupiat）①遗址是一个史前和历史时期的居住地。它位于海岸沙洲上，其中包含遗物的分布模式显示堆积的部分原因是风暴和随后发生的侵蚀和搬运[44]。风浪侵蚀沙丘上的小型遗物，留下较大的沉积物，如在海滩上留下炭屑和卵石。由于涡流和湍流阻止了沉积物的冲刷，沉积物侵蚀的遗物往往会发生二次聚集，它们可以集中在海湾的海滨上。当海浪淹没该区域时，会带走更多的遗物。像骨头、鹿角和象牙这样的遗物在重新沉积之前会被水携带、翻滚和滚动。从初始位置运输的遗物可以在时间上混合以及在空间上移位。

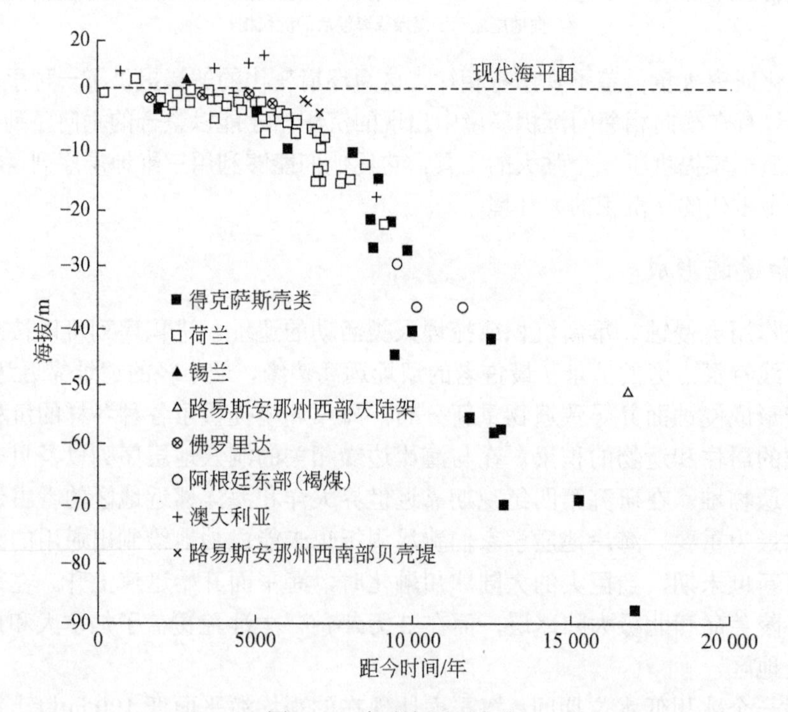

图 3.18　全球海平面变化

利用从较稳定区域采集到的样品的放射性碳定年，描绘了全球海平面上升的曲线（Stanley，1995）

① 因纽皮雅特人指居住于阿拉斯加地区的原住民，是因纽特人的一支。历史上，在欧洲人抵达当地之前，因纽皮雅特人的聚居范围从白令海诺顿湾向东南延伸至今天的美国和加拿大边境地区。——译者

海岸环境

希腊西部的伊庇鲁斯（Epirus）南部地区有重要的考古和历史遗迹，包括尼科波利斯（Nikopolis，罗马皇帝屋大维击败安东尼和克娄巴特拉后夺取的胜利之城）和亚克兴（Actium，著名战役的焦点）。该地区有大量的主要遗址，从旧石器时代到中世纪。文学和历史参考资料至少可以追溯到公元前 8 世纪，荷马和他的同代人认为阿刻戎（Acheron）河谷是通往地下世界的入口。基于岩心的最新研究详细描述了这个考古遗址丰富地区全新世海岸的变化及其对人类的影响[45]。

除了改变遗物组成和空间格局外，海岸地质作用还可能对考古解释的其他方面产生重大影响。例如，厄瓜多尔沿海地区形成阶段（Formative stage）早期的瓦尔迪维亚（Valdivia）和前陶器时期维加斯（Vegas）遗址之间 1500～3000 年的空缺，可能并非如人们曾经认为的那样反映该地区的人口减少，而是与沿海海岸线位置的变化有关。被认为与瓦尔迪维亚时期有关的废弃海岸线包含多种特征，包括隆起的古代海岸线、交错层海滨沉积物和贝壳。与海滨砂和贝壳有关的陶器指示了一处大约距今 5500 年的栖居地，被一处距今 3500 年左右的晚瓦尔迪维亚遗址覆盖。这表明当时的海岸线在现在的内陆。

厄瓜多尔 Real Alto 遗址附近的其他废弃海岸特征表明，在人类居住过程中，它位于海岸线上。这一地质考古信息促使对安第斯史前 Real Alto 遗址进行重新认识。该遗址以前被认为处于内陆地区，农业是其主要的史前经济形式。遗址出现了蛤蜊是因为它们被用于建造路面。现在看来，与瓦尔迪维亚遗物有关的人类拥有多样化的生计模式，包括捕鱼、狩猎和农业。Real Alto 似乎是为了利用沿海资源而建立的，瓦尔迪维亚早期住宅周围有大量蛤壳，这可能是因为居住在沿海红树林沼泽附近的人们在此处理垃圾。Real Alto 遗址可能因为海岸隆起使得它成为内陆地区而被废弃。该地与现今海岸之间的地带包含了后来的瓦尔迪维亚遗址，并且遗址的分布有可能与古地貌有关。考古记录上的缺漏似乎是由于海岸线的重建造成的。一些陆地地区在瓦尔迪维亚时期并不存在，因此不能包含这一时期的遗址。

另一个处于海岸环境变化中的例子，可以在希腊全新世晚期的地形及其与人类移动路线的关系中看到。历史学家们对希腊人（主要是斯巴达人）和波斯人公元前 480 年的温泉关之战的争议主要体现在古代文献和现代地形之间的矛盾。它们在温泉关沿岸“通道”的宽度上存在差异。克拉夫特、拉普和他们的同事开展了一个钻探项目来重建与其相关的古地理。通过对 7 个钻孔取心的重建和分析，可以描绘出温泉关海岸地貌随时间发生的变化。图 3.19 说明了温泉关 Malia-Sperchios 河漫滩的海岸变化。公元前 480 年，在斯巴达军队最有可能对抗波斯大军的地方，最狭窄海岸通道的宽度不到 100 m。

从了解不断变化的景观环境的角度来看，必须认识到当时的土地表面目前被埋藏在 20 m 深的陆源碎屑沉积物和温泉石灰华沉积之下。这些变化凸显了研究人员所遇到的困难，他们只能利用观察到的当前环境来重建高速沉积区的早期景观。如果不通过岩心钻探来确定早期景观特征的位置、海拔和性质，那么地貌重建将仍然只是一个有趣的猜测而已。温泉关的沉积序列和古地理重建也为后来局部战争场所的解释提供了信息：如公元前 279 年的希腊人对战高卢人，公元前 191 年的罗马人对战安提阿古叙利亚人等等[46]。随着更多岩心的获取，更详细的古代海岸地形将被重建。然而，基础的地下地质数据和测年表明

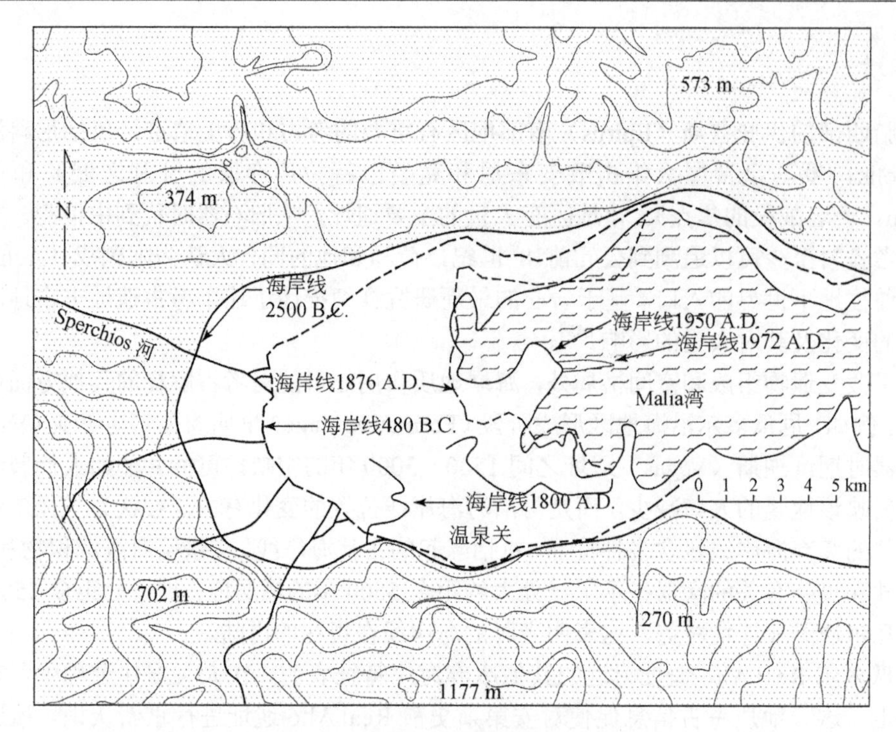

图 3.19 地质考古重建和温泉关之战

希腊温泉关附近的古代和现代海岸线。在古代，温泉关山口或海岸线要窄得多，因为 Malia 湾的海拔更高：海洋和高地地区之间的陆地更少。Sperchios 河流域在公元前 2500 年至公元前 480 年期间发生了巨大的变化。在温泉关周围，在公元前 480 年至 20 世纪期间，河道宽度发生了巨大变化，河道规模扩大了几千米。而温泉关海岸线的较小规模是希腊人守住关口的关键因素（据 Kraft et al.，1987）

主要三角洲体系向西扩展，同时揭示了沿海岸变化的环境序列（图 3.19）。

近年来对沿海变化的调查涉及一些重要的考古遗址。土耳其东部古特洛伊周围地区的详细古地理重建被用来将古地貌与荷马在《伊利亚特》中所描述的遗迹和事件联系起来（图 3.20）[47]。这些研究表明，荷马对地理特征的描述与地质证据有很强的相关性。

通过对钻孔岩心的书面记录和沉积物研究的整合，对土耳其西部以弗所（Ephesus）古罗马港口的景观有了更准确的了解。通过对卡斯特河（Cayster River）下游漫滩沉积序列进行地质测绘可以相对精确地描述海岸线和港口特征[48]。由于扩张的三角洲会经过城市，填充港口设施，因此古老的城市系统不断适应变化的景观。

在意大利南部，公元前 6 世纪希腊人在塞莱河（Sele River）沿岸平原上建立了 Hera Argiva 神殿，这是因为在过去的 2500 年中，海岸线向陆地移动了 250 m。古地理的重建和地层的演替主要基于对 16 条岩心的分析，其中每条岩心长约 25 m[49]。这座著名神殿和波塞冬尼亚城，位于河口以南 5 km 处，是由希腊人在进积高地上建立的。波塞冬尼亚有一个巨大的港口，随着时间的推移，最终被潟湖填充而毁灭。

在希腊麦西尼亚州的 Navarino 湾建造的与内斯特宫（Palace of Nestor）①相关的海港设施，如果不是最早的港口设施，也是其中之一[50]。在海中大约 500 m 处的海盆里，发掘

① 内斯特宫是迈锡尼时代的一个重要中心。它是神话英雄内斯特的宫殿，也是目前保存最好的迈锡尼宫殿。它由两层建筑构成，如今残留的宫墙高 1 m，当年迈锡尼宫殿的建筑群的布局清晰可见。——译者

出一条渠。迈锡尼的工程师们甚至开发了一套系统来防止海盆淤塞。当然，除了港口设施，大多数考古遗迹都无法证明它们是在离海多远的地方建造的。

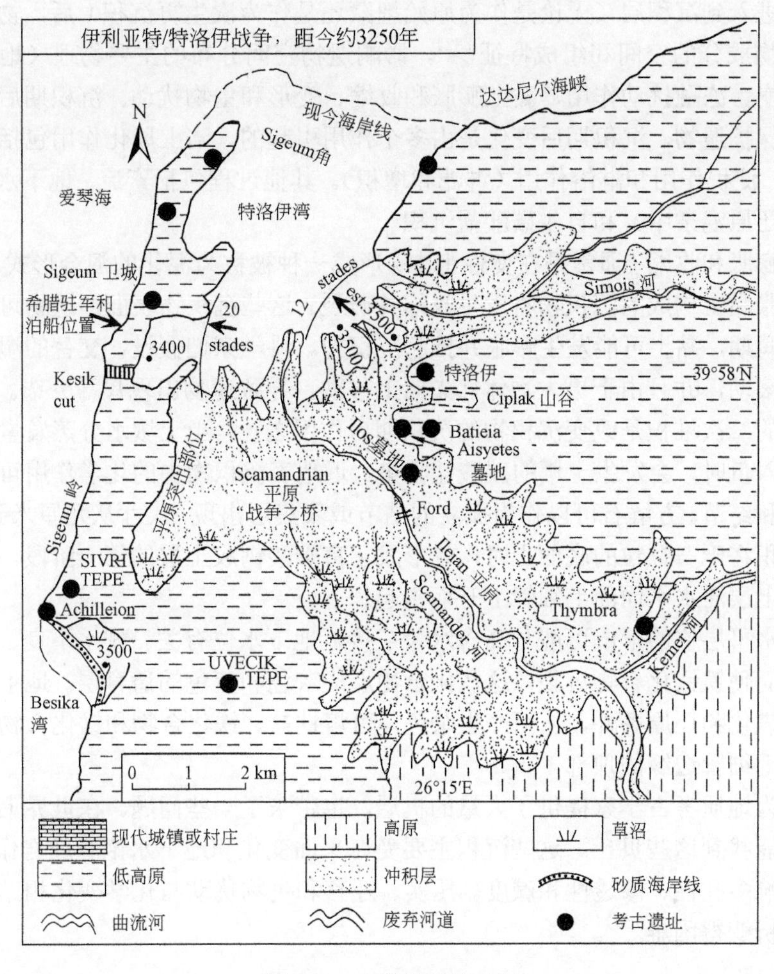

图 3.20　古特洛伊港口区

在荷马时代，靠近特洛伊的爱琴海海岸线要从当前的位置向内陆延伸。这一地区包含了一个不断演变的全新世的广泛沉积记录。长达 10 年的岩心钻探项目揭示了特洛伊陆地环境。这项研究表明荷马在《伊利亚特》中的描述基本上是正确的（据 Kraft et al.，2003）

苏必利尔湖盆地前冰期湖水位变化的时间和序列及其与古印第安遗址的关系，是沿海变化影响居住的可能性和居住环境的一个很好的例子。地质学家、考古学家和地质考古学家已经对这一关系展开了调查[51]。凸起的湖滨阶地和狭长地带上的古印地安遗址被很好地记载下来。史前人类喜欢这些湖岸线居址，因为有生物资源和淡水供应。苏必利尔湖北岸的石料资源也十分丰富。遗址的考古学解释取决于地质研究得出的地貌景观变化和湖泊年代序列。人类居住在该地区的可能性不仅取决于苏必利尔湖的水位，还取决于阿加西兹（Agassiz）冰川湖的范围。阿加西兹湖是北美地区最大的冰堰湖，水面将近 100 万 km^2。湖泊的流量极大地影响了两个湖泊之间土地面积的大小和居住适宜性。阿加西兹湖湖滨和湖滨线为早期人类居民提供了变动的行进路线和居住地貌景观环境。

沉积期后过程

在遗物进入到沉积层（无论是作为原始埋藏还是作为次生再沉积）后，物理和化学作用将改变遗物成分的空间和组成特征[52]。影响遗物空间分布的主要物理（地质和生物）作用包括岩崩、冻融扰动作用、黏土膨胀和收缩、变形和生物扰动。沉积期后的化学条件可以破坏或保护遗物。沉积期后变化是由多个作用引起的。陆上风化作用包括生物化学蚀变、腐殖化、淀积作用和淋溶作用（淋滤和增积）。其他过程包括紊流、地下水位波动（反映在氧化和还原混杂中）和自生碳酸盐沉积。

黏土的膨胀和收缩（通常是在变性土中）形成一种被称为泥化的混合形式。在干燥期，由大量可膨胀黏土构成的沉积物将发生收缩并破裂。这些沉积物表面的遗物可能会掉入裂缝中。在湿润期，黏土可能发生膨胀并推起沉积物。科学家们假设，交替的湿润和干燥循环会使石头滚动，并且由于更大物体优先向上移动，导致遗物出现尺寸分选。

碳酸盐的二次堆积是改变沉积物的沉积期后作用之一，当土壤水分蒸发量大于或大致等于水分渗入量时，会发生土壤的碳酸盐富集。近地表沉积物中的化学作用可通过堆积作用形成结核和结节。方解石可以作为孤立的结节或聚集层出现，尺寸从几厘米到几米不等。当碳酸盐沉积在砾石颗粒的底面上时，就形成了富碳酸钙成土层的第一阶段。碳酸钙的积累也可能因上层滞水水面的毛细管上升而引起。

有几种水平层位的形成可能与高含水量或接近地下水位有关。排水不良、氧含量低形成还原条件而使铁锰化合物沉积，这些化合物形成灰色和蓝色的潜育层。地下水位波动会产生不同的氧化和还原条件，从而产生杂色。可溶性盐、铁化合物和锰化合物可能积聚在地下水位或毛细管边缘的顶部。

贝丘既为地质考古学家提供了大量的机遇，也带来了一些问题。在世界上几乎每一个沿海地区都能找到这些贝丘。这些沉积主要受海平面变化和地下水饱和成岩作用的影响。化学变化影响多孔性、渗透性和碱度。压实、迁移和生物扰动与化学变化相结合，使得地层和考古分析变得困难[53]。

岩崩

受重力的影响，沉积物可以向下移动并混合沉积物中的组分物质。各种大规模的崩坏作用可能会改变考古记录。它们可以分为缓慢的重力运动作用，如蠕变、滑动和沉降，以及快速的重力运动作用，如泥石流、滑坡和落石。

土壤侵蚀是水饱和土壤和沉积物的下坡运动。在冰期条件下，溶蚀造成了考古地层序列的严重变形。在阿拉斯加的登比（Denbigh）遗址，覆盖在居住层上的沉积物的溶解引起文化层的褶皱和断裂，而在阿拉斯加的另一个遗址——Engigstack，这种运动在地层序列中引起了地层反转。土壤蠕变还可以通过引起沉积物的移动而对遗物的空间分布产生重大影响，其中较重和较致密的遗物倾向于向下坡处搬运[54]。如果这些遗物最初位于斜坡底部，则它们也可能被土壤蠕变所掩埋。更快速的大规模下坡运动可以非常迅速地搬运大量沉积物，移动遗物，形成地质产物，并掩埋考古遗址。

冻融扰动作用

由冷冻-融化循环引起的沉积物、土壤和遗物分布模式的扰动称为冻融扰动作用。冻融扰动形成的沉积物可能表现出一些特征。冻结期间地表的变形会导致地层向上弯曲。在冻结过程中，成型土（包括各种多边形构造）的形成会导致物体向外移动到边缘，而大型物体则被推到表面。冻融扰动在冰期环境中尤为重要，但也被视为中纬度地区和山区存在的潜在影响因素。例如，在密苏里州和明尼苏达州之间的北美中西部地区，如今最大霜冻深度在 50～250 cm[55]。

冻胀是一个与冻结和融化活动有关的冻融扰动作用，它可以导致土地和遗物向上移动，还可以通过冻胀推拉将沉积物中的遗物进行重新分布[56]。当地下水结冰时，它会发生膨胀，并推动遗物。当冰融化时，水的表面张力将较细的沉积物聚集在一起，而遗物和较大的沉积颗粒则留在它们被冰膨胀推动到的地方。沉积序列中存在尺寸分类（较大的遗物接近表面）和人工制品的长轴垂向分布可能表明存在冻胀现象。

冷冻诱导（冻融扰动）压力也会导致物体向上和横向移动。这些反过来又会引起沉积物的扭曲和变形，例如在阿拉斯加 Dry Creek 遗址发现的沉积物，在那里，地层序列显示内卷和质量位移等特征，表明受到低温静压力的影响[57]。冰和砂楔是沉积物变形的另一个标志。向上序列变粗的粒径分选，可能是由霜冻作用造成的。这对由不同尺寸的遗物组成的器物组合具有重要意义。冻融扰动作用造成的机械磨损，可以解释旧石器时代堆积物中石片的地质“再修理”痕迹[58]。

另一组冻融扰动特征被称为网纹地面，呈半对称形状，沿地表由冻胀岩石构成。这些特征形状可以是圆形和多边形等，识别它们很重要，因为它们可能被误认为是人类制造或使用的结构。冻胀作用可以通过多种方式改变考古记录。它能改变地层剖面，对生物或岩石的碎片进行大小分类，影响物质的表面分布。沉积物的扭曲可能会掩盖地层边界。它可以向上运输较大的遗物，并可以改变遗物表面的形态。

生物扰动作用

生物扰动可分为两大类：动物引起的改变和植物引起的干扰。人类和其他动物居住后发生的踩踏以及产生的其他变化是动物的扰动形式，改变了考古记录的原始状态。然而，考古遗迹中大多数埋藏后动物群的扰动可能来自小型哺乳动物（主要是啮齿动物）、昆虫和蚯蚓的挖洞（图 3.21）。不同类型的动物对考古沉积物有不同的影响，这取决于它们的洞穴形态。较小物体的垂直运动可能是由地下觅食者如地鼠和某些蚯蚓引起的。穴居动物的混合和搅动会导致原本不同层位的分界消失。草原土拨鼠、狐狸、蚂蚁、白蚁和啮齿动物等地表觅食者也可能通过修建洞穴和巢穴造成干扰。

蚯蚓活动是导致地层混乱的主要原因。蚯蚓会埋下石头和种子，建立泥土洞，产生碳酸钙结核，使沉积物和土壤中的分层模糊化，并将土壤从深处移动到表面[59]。这种生物活动对于那些必须研究地层微观结构的地质考古学家来说是非常重要的。蚂蚁和小型脊椎动物通过挖穴和堆土来混合和分散颗粒，包括遗物。较大的颗粒倾向于向下移动，较小的颗粒倾向于向上移动[60]。遗物埋藏的最大深度将对应于主要生物活动的基底。在美国中西部的黑土和淋溶土中，这个深度通常接近 B 层的最上部。

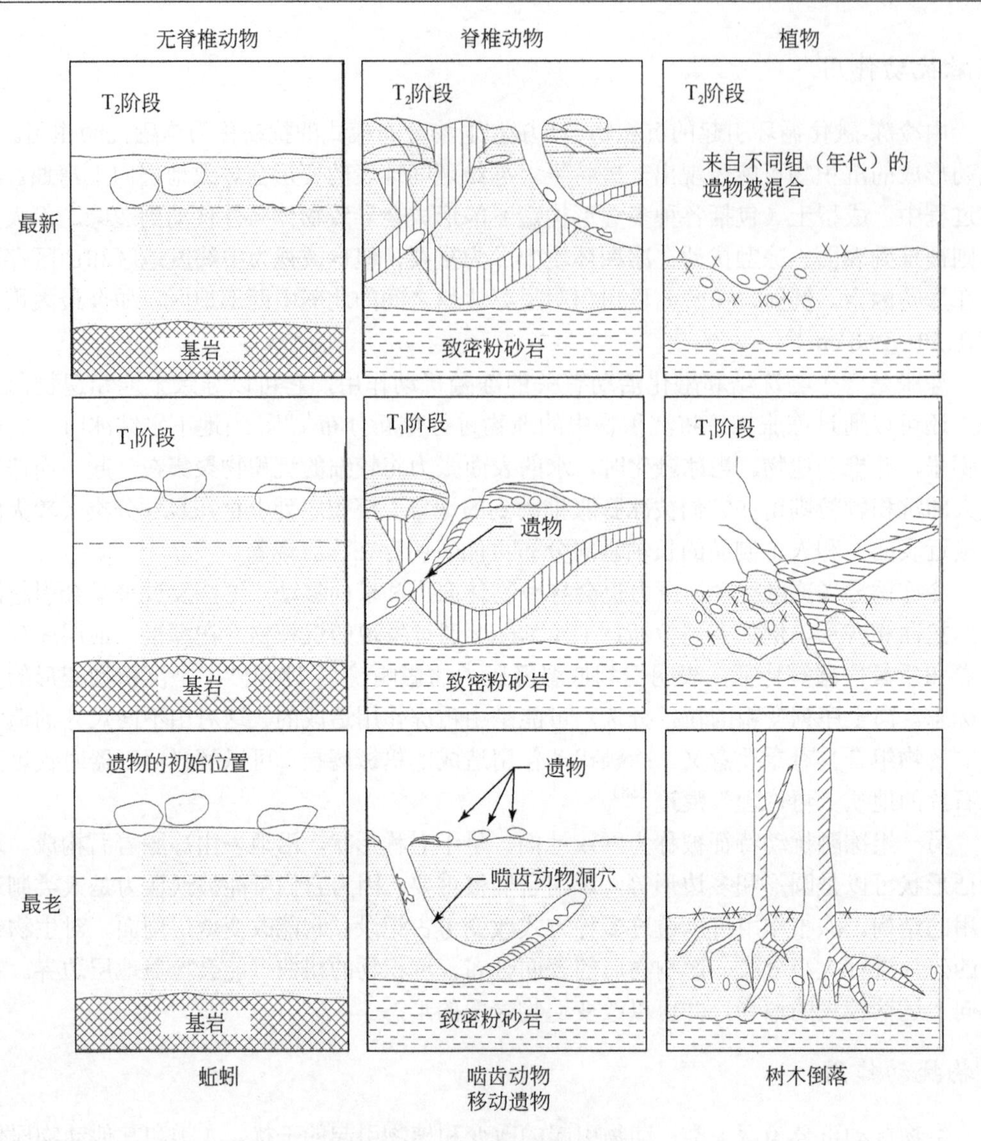

图 3.21 生物扰动的影响

这幅图显示了三种情况下土壤的原始形态在 T_1（第一阶段）之后以及在 T_2（第二阶段）之后所发生的情况

囊地鼠的挖洞行为对考古记录的扰动说明了生物扰动的影响。囊地鼠至少有 4 种方式影响遗物的积累：移动、破坏、影响沉积结构和有机物的富集。当挖掘坑道时，囊地鼠将沉积物挖出并形成土堆。这导致沉积物和遗物发生垂直和水平搬运。由骨头、贝壳或植物残骸组成的易碎遗物在挖洞过程中可能会破碎，被推到地表的材料可能会暴露在风化条件下。地层内部和地层之间的结构和边界被挖洞活动干扰或破坏。囊地鼠从地表收集有机物并将其搬运到地下，同时通过粪便的沉积提供额外的有机物富集。从长期来看，囊地鼠挖洞会影响遗物大小分布，造成地层的破坏和易碎遗物的破坏。偶尔，它们会产生明显的“遗物组合”，而研究者在解释这些组合时没有考虑生物扰动的潜在影响。用于定义特定遗物或“考古文化”的特征物可能是生物作用的结果，例如加利福尼亚州的磨石文化层

（California Milling Stone Horizon）①。

植物对考古相关土壤和沉积物的混合可能是由根的生长和腐烂以及树木的倒落而引起的。根系活动可以通过推动遗物或在沉积基质中留下裂缝来干扰考古遗址。如果一棵树被连根拔起，遗物可能会顺带而起。离散的遗物组件可以发生混合，当附着在根系上的材料被重新沉积时，遗物可能发生大小分选。与成型土一样，由树木倒落形成的地形特征可能被解释为人类活动所致。植物也有助于沉积物的稳定和土壤的发育。

土壤层中的遗物可能作为原始沉积基质的一部分而沉积，或在与地表稳定性、植被生长和土壤发育相关的后期时代中沉积。唐·约翰逊（Don Johnson）认为，生物扰动和相关的生化作用在地质考古研究的许多领域，特别是地形学和地貌学领域被低估了[61]。他主张建立一个作用模型（动态剥蚀），以充分体现生物扰动在所有土壤景观中的作用。

沉积环境提供了原始的地貌景观环境，影响人类住所和环境的使用，以及人们使用后物体会发生的改变。除了影响遗址的功能性活动外，不同的沉积环境还影响遗址的可见性和原始遗址的完整性。许多机制可以通过腐蚀、运输和重新沉积来改变原始的环境。此外，一旦考古材料处于沉积基质中，次生作用也会影响遗址。

在试图确定考古学遗址上可用的行为信息种类时，有几种方法可供探索。两种基本类型的信息可以用来帮助解释考古记录中发现的规律。首先，我们可以考虑与遗物和遗迹直接相关的属性。其次，我们可以考察考古材料的沉积和环境背景。后者是专门的地质考古学，在其中获得的信息可以影响人们如何看待前者。受干扰较小的环境和沉积信息与低能水平有关，因为侵蚀和再沉积的机会很少。在高能环境下，更可能会出现遗迹、遗址的沉积期后变化。与考古遗址形成有关的不同沉积体系表明，考古记录的最终形态是原始的背景环境和沉积期后作用之间的转换过程。

---

① 加利福尼亚磨石文化层是 20 世纪 20 年代被定义的由磨石、磨盘和粗糙的石核等构成的器物组合，通常发现在加利福尼亚南部的早全新世地层。但后来其人工性质和形成原因受到质疑。——译者

第4章　调查方法与空间分析

地质考古学的诠释……必须在考古学范畴之内……使用人类时间尺度来解读人类的过去……尺度是解读过程中重要的因素……历史科学，尤其是在界定……地质考古学时。

——朱莉·斯坦（Julie Stein）1993

地质考古学的视角对于考古遗址的发现和评估很重要。地层中或地表的人类遗存的定位依赖于对地理空间方法的理解和应用。每一个考古学家应该受到基础的地图、地形组合、聚落形态和远程遥感（包括地球物理勘探、航拍和卫星照片）等方面知识的培训。采集和分析钻心数据和地球化学研究结果也可以用于推断、定位和评价人类遗存保存的状况。对于发现和解释考古学材料，应用这些技术并将它们与地理信息系统融合，以及了解尺度的复杂性是非常重要的。

地图

与地质考古学的其他方向一样，分类是地图绘制的核心。要展现在地图中的信息已被分为几个类别。所以，地图绘制人员从已分类的信息着手。分类反映了采集到的数据的关键点，并使地图能够表达超过眼见的自然现实（physical reality）的信息。如果分类没能达到上述要求，那么将会被改变或者弃用。地图往往是可见的变量信息的简化。

考古学家可获得很多类地图。有两类地图对地质考古学非常重要，即地形图和浅层地质图（或称第四纪地质图，最早在1863年由英国地质调查局发行）。基岩地质图（当你询问地质图时，往往会提供给你的）、矿物分布图、水文及地震活动图等在一些研究中也会被使用。第四纪地质图与土壤分布图有明显的区别。前者展示的是地下0.5 m以下的堆积，不包括表土。第四纪地质图的不同颜色代表了堆积的不同来源和不同岩性。土壤学家也绘制不同尺度的类似地图。野外填图方法上与地质和地理的方法一致，但是需要着重强调使用探槽和钻探来进行仔细观察（因为土壤在横向上比地质特征和材料变化更快）。

地形图与其他地图不同，描绘的是地形地势的形状和海拔。大多数地形图以等高线来标示地形的起伏，并通过等高线间距的变化来显示地形起伏程度。由美国地质调查局和其他类似机构绘制的四边形地图，地表上小的凹凸均被忽略掉，因此等高线在地表稍有不平整的地方依然平滑。由于等高线间距太大，考古学家所感兴趣的坟堆（土墩）等将不会出现在地形图中。

除等高线外，地形图还包含了更为丰富的信息。地表水（包括沼泽和泉水）、采矿区（包括正在开采或已废弃）、建筑物、道路及其他文化遗迹和植被类型均在地形图中有标记。重要的地形特征，如悬崖、阶地、沙丘和瀑布等都可以清楚地辨识，这使得重建地貌成为可能。地质学家在进行野外填图工作时，往往以地形图或者航拍图为底图记录他们所观察到的地质特征和数据。然而，地形图上的等高线并不能充分地展现地貌的具体特征。

当比例尺恰当的时候，地质考古学家使用地形图作为底图标注特别的遗迹现象和信息。这样他们便构建起一幅专题地图，例如描绘坡面稳定性。在美国，最大比例尺的地形图为 1∶24 000。在 20 世纪下半叶之前，尤其是在 19 世纪完成的地图，均没有现在的地图准确。然而这些旧的地图可能包含着考古学家感兴趣的有用的信息，包括地貌的改变和历史遗迹。

地形图还记录了进行初步地貌解释的重要景观特征，如溪谷、沟壑和冲刷等侵蚀地貌特征。在等高线描绘出的山丘上，等高线的形状可以展现出因太细小而无法用蓝线标示的水流的方向。抗侵蚀残留地貌特征如台地和侵蚀阶地等也可以从地形图中识别出来。堆积地貌特征，如洪积扇和沙丘等，也在地形图中被清晰地表达。另外，地形图确定的基准点对于发掘和调查中建立垂向控制很重要。

图 4.1 给出了一个可以从地形图中获得有效信息的例证。在美国地质调查局 Delvin Quadrangle 地形图的基础上，辅以航拍图、钻探和碳-14 测年，完整地重建了一个被称为 Hannaford 的伍德兰时代（Woodland Period）[①]遗址的地貌背景和古地理。雷尼河（Rainy River）是明尼苏达州和加拿大之间的边界。这一区域的地层和地貌是受 1.5 万年来明尼苏达州北部地区的地质活动影响所形成的。

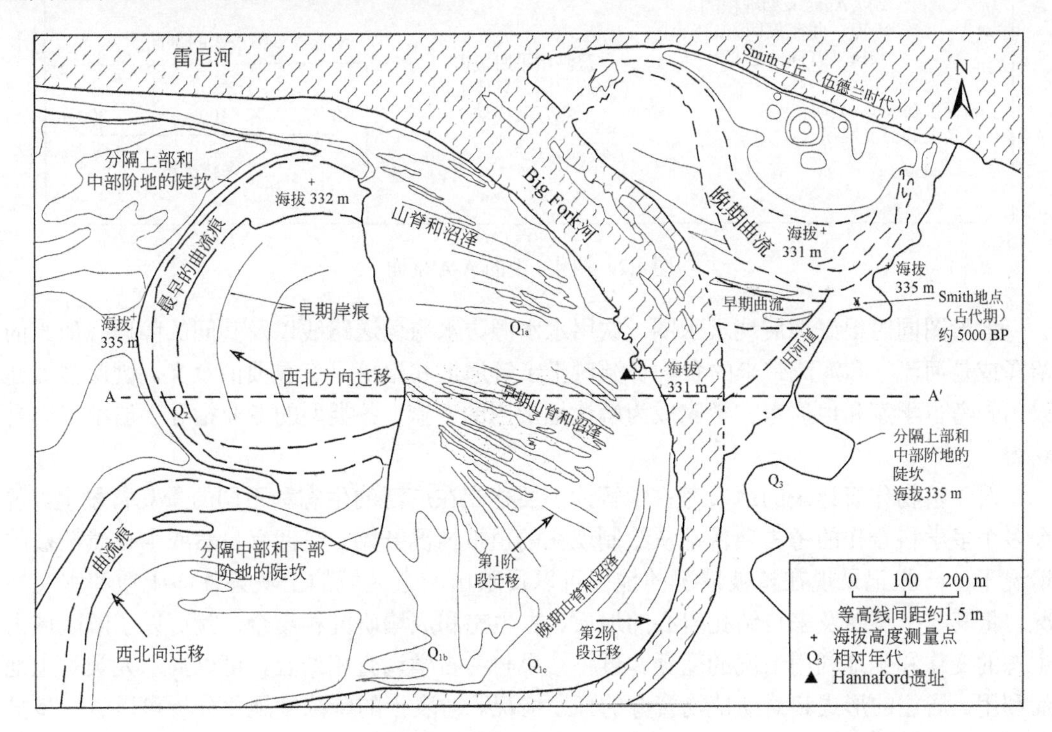

图 4.1 Hannaford 遗址地形图

① 伍德兰时代是一个专门名称，指称美国中东部地区前哥伦布时期的古代印第安人文化在公元前 11 世纪至公元 11 世纪之间的阶段。——译者

图 4.1 呈现了 2500 年前向东流淌的 Big Fork 河周边的地形图，其中山脊和沼泽清晰可见，它们随后被洪水形成的冲积扇覆盖。向西/西南方向蜿蜒的河流痕迹明显早于 Hannaford 遗址所在的山脊和沼泽地面。Hannaford 遗址处于一个点砂坝（边滩）中。对这个遗址的地质考古学地貌解释在图 4.2（图 4.1 中的 A-A′剖面）中。

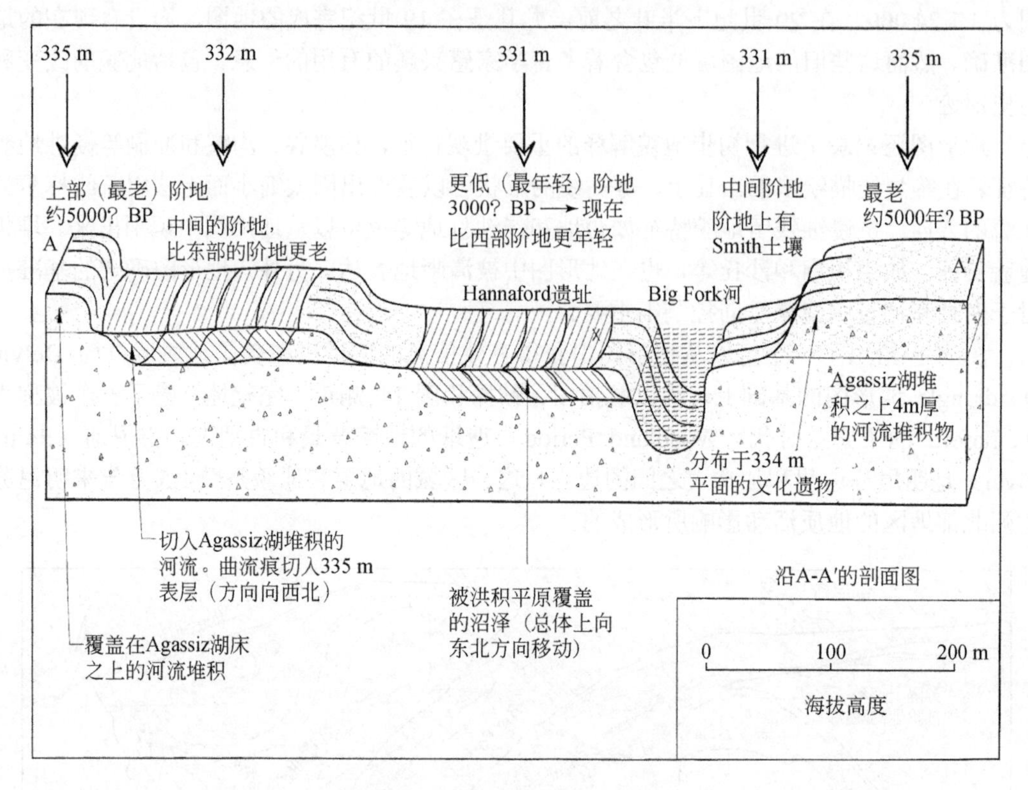

图 4.2 图 4.1 中的 A-A′剖面

地形图同时很好地展现了水圈。饮用水水源、水源运送路线以及其间的障碍（如大的沼泽或是河流）和河流带来的食物资源对于了解遗址和聚落具有重要的意义。因此强烈建议田野考古学家和地质考古学家成为解读地形图的专家。各类型的专业指导手册都很容易获得。[1]

对于植物化石记录的地质考古学解读需要建立在广泛的生态和不同的景观背景上。现今多个多学科合作的考古项目都从绘制现在的植被情况开始。在拥有自然或半自然植被的情况下，一张记录现在植被情况的地图可以反映出一个区域的土壤条件即土质和水文情况。将其与土壤图及来自钻孔岩心的地质、古生态和成壤研究相结合，就可以了解区域内生态的变化和土地利用情况的变迁。再将结果与考古学调查相结合，可以揭示人类对土地的利用、居住的形式和对动植物资源的开发情况。对表土的磷浓度地化分析可以进一步扩展所获得的结果。

地形地势图的绘制中可以包括多种地表的和远程的调查技术，例如打钻、探沟、地球物理和地球化学的调查以及实验室分析。现今的地形，在很多时候是在考古学所关注的人类历史阶段中被改造过的。具有意义的地形特征，如斜坡、植被、土壤、水资源和岩石露头等，可以标注在比例尺合适的地图上供研究使用。地形模式会出现在地貌、土壤和相关植被反复出现的区域。地形评估补充了对遗址的评估，同时将遗址置于其所处的环境背景之中。例如在一个区域内山坡总是和人类遗址相联系，而山坡属于最基本的地形特征，可以通过等高线来测算。必须垂直于等高线测算坡度。等高线图只能显示坡度的平均状况，但这对于考古学工作足够了。

根据局部地形起伏和坡度陡缓程度设计了一套地形分类系统[2]。四种地貌特征被用于地形分类：①坡度指数——坡度小于 8%①的地区所占面积的百分比；②地形起伏度——在一个特定的区域内，最高点海拔高度与最低点海拔高度的差值；③剖面特征——在一定的海拔范围内，海拔上半部和下半部的坡度指数的比值；④地表物质特征。地形类型直接影响大型食草动物的分布和可能存在的农业类型等。专业地图可以提供很好的数据，然而目前在考古学中使用尚少。

景观（landscape）作为一个文化概念越来越多地被人类学家、考古学家、地理学家、历史学家和地质考古学家所关注[3]。其中地理学家最早意识到景观所体现的人与环境之间的互动关系。相反，直到最近，考古学家才关注到建筑特征和聚落布局，而不是聚落之间的空间。20 世纪 70 年代，约翰 · 切瑞（John Cherry）对连续性考古景观概念进行了描述，与聚焦于聚落分布的理念相反[4]。托尼 · 威尔金森（Tony Wilkinson）②在他以坚实的地质考古学为基础的著作中介绍了近东地区考古学景观研究的理论基础[5]。至于人类学的“景观”概念可以参考彼得 · 乌克（Peter Ucko）③和罗伯特 · 莱顿（Robert Layton）的著作[6]。

因为基岩和表层地质图是对三维空间的二维体现，一般在这些图的边缘会配有剖面图。地质图通过对图形进行标注（例如不平行地层的倾斜度），用简明的方式展现了大量的信息。地质图展现了自然资源的情况——金属、建筑石材、一些黏土类型——也可以提供现在、过去运河和大坝选址的信息。

世界上现存“最古老的地质图”是公元前 1150 年埃及的都灵纸莎草地图[7]，介绍了埃及中东部沙漠的地质和地形。这幅古老的地图准确地描绘了沉积物和火成岩，一个金作坊、一个含金的石英脉、干涸的河道和其他一些文化遗迹。

秘鲁北部的 Moche 山谷的地表地质图展示了安第斯山区全新世地貌对于当时人类生活的影响[8]。不同时期的地表地质情况直接与考古遗址和堆积相联系。考古遗址会被辫状河道所切割，所以可以通过对沉积表面进行测年来解读考古遗址的模式。山谷的边缘包含着更老的表面，然而大多数冲积表面均属于全新世晚期。缺失全新世早期的冲积表面和考古遗存可能与全新世增强的侵蚀作用和气候变化带来的高频率的洪泛有关。地表地图提供了一条重要的研究线索：秘鲁沙漠地区复杂灌溉技术的发展与景观变化之间的关系。

---

① 坡度 8%是指水平距离每 100 m，垂直方向上升/下降 8 m，即 arctan0.08=4.6°。——译者

② 托尼 · 威尔金森是英国考古学家和学者，专门从事景观考古和古代近东研究。他于 2005～2006 年担任爱丁堡大学考古学教授，2006～2014 年担任杜伦大学考古学教授。——译者

③ 彼得 · 乌克是一位颇具影响力的英国考古学家。他曾担任伦敦学院考古研究所所长，并且是皇家人类学研究所和古物学会的研究员。考古学中一个有争议的人物，他一生的工作重点是发展中国家和土著社区的考古研究，是后过程主义考古学的主要倡导人。——译者

地质图为编制次级地图提供了依据，如等厚线图（isopach map）[①]——展示岩层厚度；构造等高线图（structure-contour map）[②]——展示构造岩层表面起伏的地形图；滑坡敏感性图（landslide-susceptibility map）——展示潜在的滑坡与基岩、地貌和气候等因素之间的关系。结合附加的数据，次级地图可以构建其他几乎任何物理（如，含水量）、化学（如磷酸盐含量）或者文化特征（如采矿区）差异与地质情况之间的系统关系。

通过地质图和地表观察，地质学家可以预判地表下的地质情况。而考古学家就没有这么幸运了。地质考古学家应该可以最大程度地通过可获得的地质学技术搜集地表下的信息。例如，一个坐落在山脊的遗址由一系列倾斜的砂层、黏土层和卵石层构成，地质考古学家可以以遗址的一部分投射出另一部分指定地层的厚度。水文条件，包括地下水位和泉水，均可以被预判。美国地调局发表了《水文调查地图集》，套印在 7.5 分/1∶24 000[③]的基础地形图上。

土壤地图展示了土壤在地面的分布情况。这里提到的分布情况受地表和近地表过程影响。土壤的年龄不应早于它所形成的地表的年龄。相反，地质图所代表的是一个区域的地壳表面在一定地质时期内的历史。地质图所描述的一个岩石地层单位与该区域当前的地质活动可能有关系，也可能没有关系。在美国，与土壤有关的信息多来自土壤保护局，该部门可提供土壤地图和土壤数据。土壤数据包括对土壤的描述、性质介绍（如渗透性和 pH 值），并解释土地使用限制。土地使用限制图可以被地质考古学家用来重建古环境背景。

特殊类型的地图对于地质考古学研究往往具有重要的意义。图 4.3 就展示了一个很好的例子。美国陆军工程兵团和其他一些政府部门负责水路调查，并且发表与古地貌相关的数据和地图。图 4.3 详细记录了 1765～1961 年密西西比河的蜿蜒曲折。利用打钻的方法，地质考古学家可以回溯一定历史时期的河道变化的历史。

任何一种人类行为都有其尺度：尺度的不同由活动的区域、居住遗址或者遗址集水范围所决定。展示这些活动的地图的比例尺可以从 1∶50 到 1∶2500。地质现象标注于比例尺不同的地图上——1∶25 000 和 1∶50 000——它们并非为考古目的而制。在绘图中，比例尺的概念事实上反映的是分辨率，即小比例尺意味着低分辨率，大比例尺意味着高分辨率。

参看地形、地貌图对于地质考古学家来说是重要的技能。如果地形图中有一个孤立突出的山体，对于这种凸显的特征没有单一的可能性解释。它可能代表孤立的岩石露头，比其周围的岩体更耐侵蚀风化。通常这些岩体为火成岩——例如火山颈（如怀俄明州的魔鬼之塔）。第二种可能性是并非整个岩体耐风化侵蚀，而是覆盖有耐侵蚀的火山岩或者沉积物。第三种可能的解释是这个突出的山体是地表残存的文化迹象，与耐侵蚀的岩石无关。

---

① 等厚线图又称等厚图。根据一个地区的地面露头和深部钻井的地层剖面资料，把一个地层单位的厚度变化用等厚线表现在地图上。等厚线图不仅表示一个地区的水陆分布和沉积条件，还反映了基底在沉积过程中的沉降情况，也就是当时的构造环境特点。——译者

② 构造等高线图是用某一构造面上的等高线表示其地下构造形态的图件。这种图件类似于表示地面起伏的地形图，故其编制原理也类似于地形图。——译者

③ 此处指比例尺为 1∶24 000，经度跨度为 7.5 分。在我国，1∶25 000 比例尺的国家标准分幅地形图的经度跨度是 7.5 分。

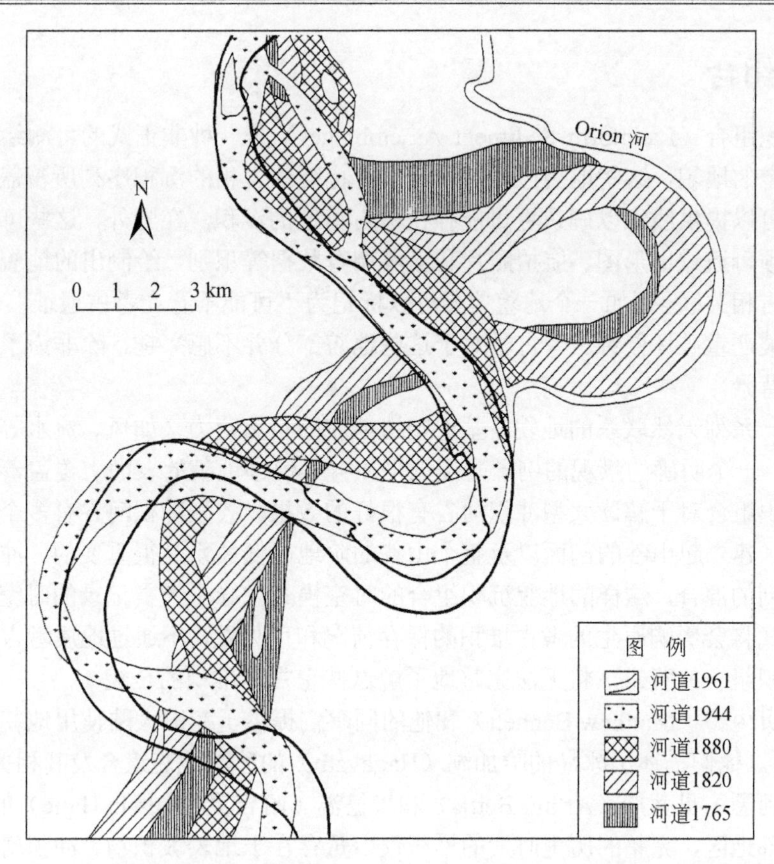

图4.3 1765～1961年密西西比河河道图（根据美国陆军工程兵团提供数据重建）

地形图上有许多表示山丘的线形特征。不对称的山丘一面较陡峭，另一面坡度较缓和，这种情形很可能由耐侵蚀风化的斜向岩层造成。而较对称的，两面均较陡峭的山脊（猪背岭①），通常也是由耐侵蚀风化的岩层构成，但地层倾斜度较大（有的接近垂直）②。很多含有考古遗存的岩厦都是由猪背岭形成的。四周陡峭的平顶山有时也被称为台地，通常由几乎水平的耐侵蚀风化的硬岩掩盖形成。非常平坦的海滨平原往往代表海退露出的陆地。内陆地区很大很平坦的区域，一般为洪积平原或者以前的湖盆底部。

地形图上所展现的河流和溪流可以体现它们本身的特性和来源，同时也展现了基岩和气候的某些方面的信息。更多关于河道类型、河谷类型和海滨地貌等的详细介绍可以在一些优质的地貌书籍中找到。在这里我们简单总结，通过以上的介绍足够说明地质考古学家需要负责分析地形地貌并进行解读。美国中部较大的河谷填充了大量的全新世冲积物。C. 罗素·斯塔福德（C. Russell Stafford）和史蒂文·克雷斯曼（Steven Creasman）记录了洪泛平原软土、始成土和新成土及其与晚全新世的地貌单元间的关系[9]。尽管古土壤较少，考古遗存大量地存在于全新世晚期“地貌沉积组合”（Landform Sediment Assemblages）中。因为大量的河谷的堆积物来自全新世晚期，伍德兰时代遗址经常被埋藏，因此在地表调查中不易发现。

① 猪背岭（hogback ridge 或 hogback）是一种地形，指倾斜排列的岩层被侵蚀后形成的两边山坡极斜的山。——译者

② 在这种情况下，软的岩层被侵蚀后，不仅软的一面坡度大，未被侵蚀而保留的硬岩层的一面坡度也很大。——译者

地貌沉积组合

地貌沉积组合（Landform Sediment Assemblages）是一种非正式的可测绘的单元，它可以识别特定的地貌，这些地貌往往被一组具有特征性岩相的沉积序列所覆盖。绘制地貌沉积组合图可以提供线索以确认更可能存在考古遗址的沉积。在野外，这些可以绘制出的地貌单元必须可通过地形图、航拍照片和土壤调查数据等识别。绘制出的地貌单元必须尽可能地与考古相关联。例如一个地貌单元可以标记为“可能不存在考古遗址”，因为太老、太年轻或者被严重破坏侵蚀。考古学对于这些地貌部分并不感兴趣，除非为了了解区域内的地貌形成背景。

景观是一系列天然联系的地貌。基于塑造地貌的自然营力（如风、流水等）可以区分不同的景观。一个明确的景观的例子是侵蚀平原——侵蚀地貌的表面上覆盖着薄层的冲积物。地貌沉积组合对于解读大型冲积河谷有很好的效果。大型冲积河谷有多个阶地，在这样的情况下，建立起山谷的剖面以及整个山谷的阶地高低关系是很重要的。冲积山谷是地貌和沉积序列的混合。这样的地貌沉积组合的时空模式主导了考古记录的时空关系。侵蚀和堆积的模式将会影响原生的考古堆积的保存情况和可见性。不通过地质考古学的研究来获得地貌沉积组合的背景，将无法完整地了解这些考古学堆积的全貌。

马修 · 贝内特（Matthew Bennett）和他的同事们提供了在旧大陆使用地貌沉积组合的详细案例[10]。他们描述了冰岛的哈加湖（Hagavatn）的冰湖地貌组合及其相关联的沉积。在新大陆，阿瑟 · 贝蒂斯（Arthur Bettis）和埃德温 · 哈吉克（Edwin Hajic）的研究显示，在美国中西部地区，完整的历史时期的堆积仅少量存在于地表坡积物、冲积扇和洪积平原中，但在这些地貌单元里被保存得较好[11]。在这些地貌沉积组合中缺乏全新世早期和中期的沉积是因为受到这一时段内气候变化的影响，缺乏足量的水流和沉积物源。历史时期的堆积保存在主要河谷中，但也出现在晚威斯康星期的阶地上。

聚落形态

理解景观的变化对于地质考古学分析聚落形态至关重要。由于环境条件不同，如风化、侵蚀、耕种、下坡蠕变（downslope creep）、埋藏以及地貌稳定性，景观保存状况在小范围内可以有很大的不同。一个遗址长时间露天暴露将会受到破坏。测定事件和堆积的年代对于景观变化的分析非常重要，这一过程也非常复杂，需要对周边的地貌有全面的解读。人们经常可以从考古学角度测定一个遗址的基底和被遗弃的时代。当景观的改变影响到人类遗址时，地质考古学家需要区别地貌的快速变化（如地震或灾难性洪水）和慢速变化（如一个海港被填充）与人类历史进程的关联。一个这类变化的例子就是一个遗址因被侵蚀而改变。

饮用水或交通线路这类景观特征在相对较短的时间内会产生变化，而这些变化将直接影响居住遗址。例如，希腊温泉关海岸线的变化明显地影响人类居址（见第 3 章）[12]。聚落形态是两个基本形态的混合：聚和散。饮用水源可能是产生“聚集”的最重要的因素。对于地表水和浅层地下水充沛的地方，这个因素就不再重要。但对于沙漠地区或是地下广布白垩、石灰石的地区或者渗水沙地这些缺乏水资源的地区，地表水源是影响人类居址的关键性因素。

其他影响居址的一些景观特征会在优质的地貌图上有所呈现，如可以避免洪水冲积和具有防御优势的区域。主要河流的泛滥平原都倾向于定期泛滥。使用地形图来了解洪泛的原因的困难在于等高线间距太大无法显示关键点的相对高差。在危险时期，居址往往位于利于防卫的陡峭的山顶，当威胁来自海面时，则一般远离可以被过往船只观察到的位置。

居址常沿海岸和大河分布。河流提供水源、运输和食物，也可以作为防卫的因素，同时是可以控制交流的重要交汇点。海岸居址可提供类似的优势。现代地形图很可能误导我们对于景观和早期人类遗址关系的认识。河口的海港很快会被填充成为陆地。在开阔的平坦泛滥平原，河流频繁蜿蜒摆动——例如密西西比河下游在 200 年里摆动了 20 km。

最后，基岩或土壤性质可能会影响聚落形态和考古遗址的位置。在不同的基岩或者土壤类型的周边，会由于对不同类型资源开发的需要而产生不同类型的聚落。在南斯拉夫喀斯特地貌的灰岩周边的遗址将灰岩地面的防洪和可开采堆积于裂隙的深层土壤的优势相结合。

地质学家需要了解旧大陆“史前”地图可提供的数据。最早的地图来源于史前艺术作品。来自安纳托利亚高原（Anatolia）新石器时代遗址——加泰土丘（Çatal Höyük），以及俄罗斯迈科普（Maikop）（约公元前 3000 年）的图画地图是两个引人注目的例子。

古巴比伦和古埃及人都曾制作地图。来自尼普尔（Nippur）[①]的公元前 2 千纪晚期的示意图显示 19 个聚落相互间有运河和道路联通，但是图中未显示它们之间的距离。约翰·哈利（John Harley）和戴维·伍德沃德（David Woodward）提供了完整的历史地图的发展史[13]。他们的著作应该可以为所有在旧大陆从事史前工作的人提供参考。

最后，越是了解一个区域的地质知识，包括构造历史，越可以全面地设计调查和发掘方案。尽管深入的考古学调查已经开展，但在瑞典北部还是少有中石器时代遗址被发现。英格拉·伯格曼（Ingela Bergman）等人使用非均匀冰川均衡隆升和湖泊倾斜模式重建古湖岸线位移[14]。他们的工作最终发现了相当数量的中石器时代遗址。

遥感

遥感这一术语在 20 世纪 60 年代开始被用来描述所有可以远距离测量物体（或者地层）的方法——即不接触而得到结果[15]。计算机数字化和数据分析技术的出现极大地增强了我们进行遥感的能力，因为它们提供了新的模式识别方法。通过地表或近地表物质发出或反射的能量的空间和光谱分布，它们帮助我们获得这些物质的信息。重要的一步是对这些数据的分析：通过分析数据获得信息。

模式识别过程包含两个步骤。首先，通过数据分析确定类别（例如，物体、地层、岩石类型、植被类型）的特征。在远程遥感中，地面实况是在“实地”验证随机感知数据与各层类别的对应关系的过程。其次，通过利用类别特征的数值规则分类所有新数据。

① 尼普尔是目前已知苏美尔的最古老城邦之一，一些历史学家相信这座城市的历史可追溯至公元前 5262 年。尼普尔人特别崇拜苏美尔的神祇恩利尔，他是掌管大气的神明。——译者

遥感系统可以是被动的或是主动的。在被动系统中，传感器从已被外部辐射源（例如太阳）照亮的目标接收能量。主动系统（如雷达）则自己产生辐射。大多数遥感设备使用电磁频谱。电磁能量跨越光谱波长范围为从 10^{-10} μm 到 10^{10} μm（图 4.4）。

有很多勘探技术可以用来探测深埋于地下的考古遗址：如地球物理、地球化学、钻探和卫星远程遥感等。因为每一种方法都有其特长，必须有序和高效地应用它们。地质考古学家需要确定每一步。在通过钻井或挖掘确认之前，地球物理异常图只是一组有序的可能性。

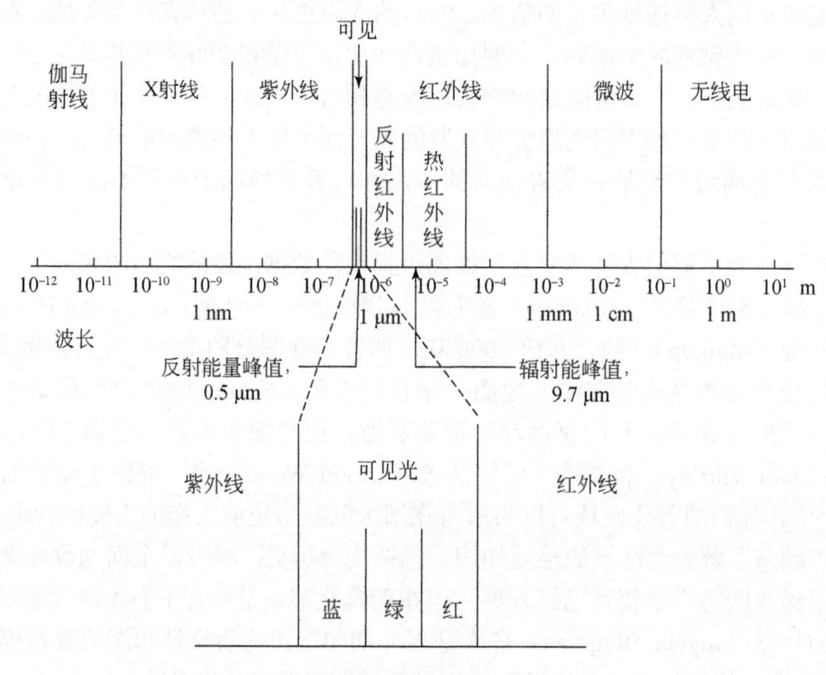

图 4.4　电磁频谱（详细信息：可见光谱）

地球物理探测

因为发掘工作越来越昂贵，科学家开始寻找破坏性最低的获取信息的方法，考古学家越来越倾向于使用像地球物理探测这样的方法。地球物理方法可以绘出改变后的地面的位置、范围和特征 [16]。地表地球物理调查与土壤磁性分析和地化测试结合可以很好地描绘埋藏遗址的人类学情境和特征。加上大量的钻探和沉积物分析，可以勾勒出遗址形成前的地形和景观变化（图 4.5）。

直到 20 世纪 70 年代，磁化率和相关技术仍然不被认为是调查文化遗迹的可行工具。值得注意的例外是在梅登城堡（Maiden Castle）的一项研究。梅登城堡是一座位于英国比克顿附近的铁器时代丘堡。用磁性分析确定了城墙内烧焦的木料是在施工之前还是期间或之后在原位被焚烧的 [17]。土壤和考古学沉积的磁性分析被用于检测土壤形成的多样化的过程，包括过去的风化和气候条件，对比地层、序列和古土壤，以及确定沉积物来源。

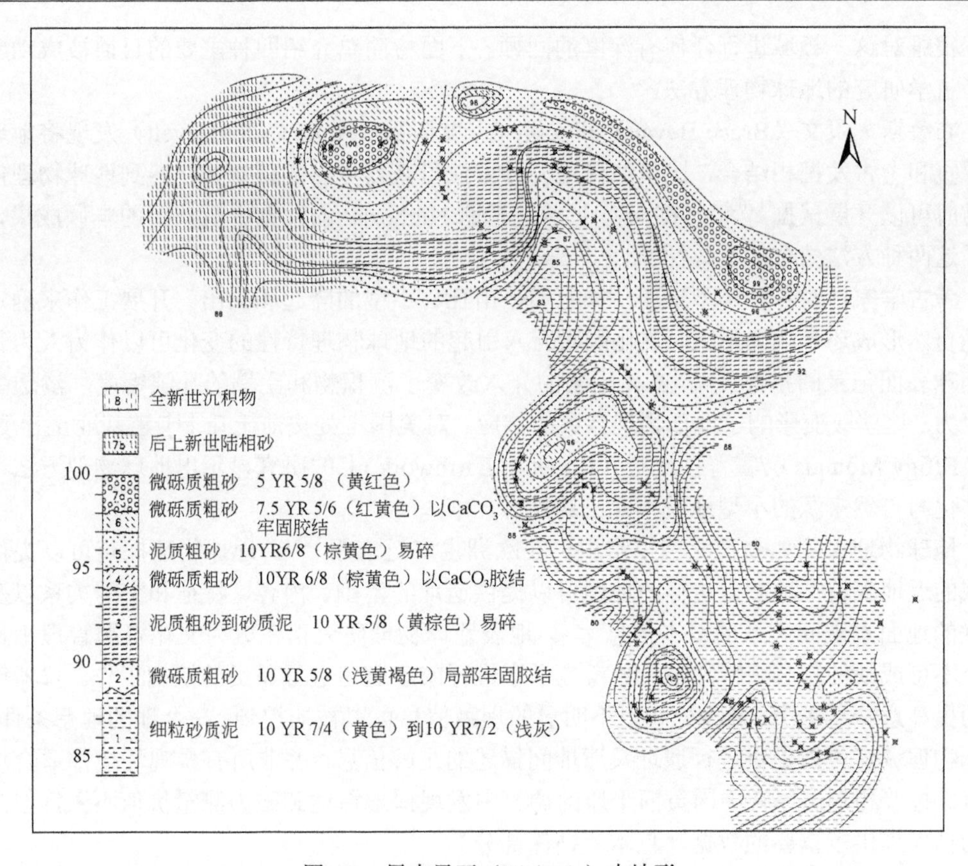

图 4.5　尼古里亚（Nichoria）古地形

即使在地形起伏不大的地区，一个遗址形成前，遗址使用期间及之后的地形与目前的情况都大不相同。因为人类行为的改变和侵蚀、堆积过程不断对其进行改变。图中所举例的遗址位于希腊西南部，其古地形经历了明显的改变

任何一种应用地球物理方法的调查均依赖于地表地质和干扰系统的存在与否。方法的选择需要同时考虑考古学的需求和地质条件的限制。地球物理的调查不仅用来确定遗址范围和特征，而且是评估遗址的重要技术。值得注意的一点是：大多数城市地层具有复杂性，而干扰性材料、建筑结构、电力线路等，对人类活动范围内的地球物理调查造成了威胁。地球物理调查超越其本身的地质学范畴成为一个既宽泛又专业的课题。有关地球物理方法的更全面介绍，请参阅本章节的参考文献[18]。

地表地球物理方法取决于目标特征与周边的对比物理特性，从而使得科学家可以解释地表堆积。当本地的地表以下的地质情况被熟知，地表任何的偏差的反应都被认为是“异常”。异常可能是考古遗迹现象，或者意想不到的地质特征，亦或遗址形成后的扰动。到目前为止，地球物理探测主要用于在发掘前确定离散的考古遗迹，而不是帮助重建地表景观。但也有例外，如对亚马孙土丘建造者以及伊利诺伊州卡霍基亚（Cahokia）土丘①遗址的研究就涉及了地面景观的重建[19]。地球物理方法已经变得如此多样且具有说服力，以

① 公元 1100 年左右，美国伊利诺伊州的卡霍基亚都城居民一度达到了 3 万人。卡霍基亚是北美地区第一座真正意义上的城市，也是 18 世纪末北美东北部人口大爆炸前最大的城市。这座密西西比河流域的文化中心曾经出现过井然有序的社会、繁荣的商业并修建堤坝。其中有的堤坝高 100 英尺（约 30.48 米），在城中居高临下，它很可能曾被掌权者用来作为建造居所的地基。——译者

至于很难对这一领域进行任何有深度的回顾。下面将简单介绍四种主要的目前被成功应用于考古学研究的地球物理方法。

布鲁斯 • 贝文（Bruce Bevan）和安娜 C. 罗斯福（Anna C. Roosevelt）发现将地球物理探查和考古发掘相结合，比单纯使用一种方法可获得更多的信息。在遇到地球物理信号异常时可以开展试掘[20]。1969 年，拉普在希腊 Nichoria①的发掘中所获得的丰硕成果，证明了这两种方法结合的有效性[21]。

考古学家针对各种小型地貌（如土墩、山丘、小型的隆起和凸出）开展工作来确定它们是自然形成还是人为形成。文化因素介入引起的地球物理特性的变化可以作为人为行为在地球表面记录的指标[22]。文化因素的介入改变了沉积物和土壤的孔隙密度、渗透率和内聚力。这些改变影响了地球物理参数的响应。对美国三处史前土丘［卡霍基亚土丘/雕像丘（Effigy Mounds）/霍普顿土丘（Hopeton Earthwork）］的研究显示出地球物理方法在甄别文化与自然来源的小型地貌单元上的能力。

地球物理探测如今在北美很常用，在欧洲也广泛应用[23]。地球物理探查可以提供大区域的近地表特征地图。这样的地图可以提供遗址的范围、内容、特征和空间关系以及相关联的地面景观间关系的基本信息[24]。地表地球物理研究正在成为文化资源管理工作的一个不可或缺的部分，特别是指导考古学家进行或者避免进行昂贵的挖掘工作。仪器敏感度的提高意味着更小、更深处和更不明显的埋藏信息可以被捕捉到。在合理的理想条件下，地球物理调查可以提供进行遗址及遗址间描述的足够信息。并非所有景观环境都适合这些调查。拉普和荆志淳在中国黄河平原的调查中发现探地雷达和磁力测量价值不大，但是系统的钻探提供了重要的数据（见本章钻探部分）。

新的设备、获取和分析技术，以及更准确的解析似乎使得田野考古学未来几十年会得到长足的发展。使用电阻率、磁力分析和探地雷达的多元地球物理研究在墨西哥特奥蒂瓦坎太阳金字塔的东侧开展[25]。这些研究为了探讨金字塔西面主通道的方向而设计。在金字塔之下有一个天然的洞穴，在公元 1 世纪被扩大并利用。文章详细介绍了研究所获得的地下地质特征的形成和条件信息。另一个例子是对位于美国北部平原密苏里河沿岸的北达科他州克拉克堡遗址的电阻率、磁力测定、电磁和探地雷达的调查[26]。

土壤和沉积物的磁力测定和磁学性质

磁力仪可能是应用最广泛的调查设备。然而，取决于地下材料的相对磁化率，如果它们被埋超过一米或更深，则不太可能解析小的或微弱磁化的特征。随着土壤和冲积层深埋，磁异常显示出扩大的趋势。

磁力测定法基于地球磁场的特性，可以在任何地理位置进行测量。地球磁场的强度在 50 000～70 000 伽马（gamma）不等，局地会因为一些磁性材料而有提高。烘烤过的黏土、窑墙以及其他含铁的物质会在被加热到数百摄氏度时获得磁性。在北美将磁学方法应用于考古可以回溯到三四十年前对印第安纳的 Angel 土丘的调查[27]。磁力测量通常用于定位已经通过其他方式识别出的特定的考古遗迹，例如陶片散布的表面。正磁异常往往是铁器、

---

① Nichoria 是麦西尼亚的一个地方，位于麦西尼亚海湾西北角。从青铜器中期到青铜时代晚期，它出口橄榄和松节油。在赫拉迪克时期，它是迈锡尼文明的一部分。——译者

火塘、窑、铁铺、高腐殖质含量的储存坑、被燃烧的东西、砖和历史性建筑的地基等造成的。负磁性异常往往与坟墓、贝丘、水井或者多样的史前遗迹有关。许多异常可能是偶极的。磁性对比是定位埋藏考古遗迹的关键。在塞浦路斯的 Sotira Kaminoudlua 遗址，拉普成功地判断了一个石灰岩的墙壁在铁含量为 5%左右的黏土中的位置，但他无法找到在高石灰土壤中埋藏的建造在石灰岩基岩上的石灰岩墙。

考古勘探中最常用的磁力计使用在流体（通常是煤油，酒精或水）中旋转质子的进动来测量磁场强度。旋转质子产生的磁偶极子在均匀的磁场中排列。在其他场都不出现的情况下，质子按地磁场排列。磁力计首先重新调整质子使其垂直于地磁场，然后允许质子重新平行于地磁场排列。质子以与地区总体磁场成比例的频率进动，从而提供对磁场的测量。

磁场调查无法在基岩为火山岩或者电线广布，亦或现代建筑分布很多的区域进行，因为这些地质和工业的材料具有很强的磁性，会掩盖来自考古学遗址的较弱的信号。金属探测仪可能被用于排除现代铁制品的干扰。磁性调查有一个明显的优势，即不受地面水分含量的影响。

矿物的磁学性质与磁力测量相结合用于探明遗址中沉积物、土壤和遗迹，同时也在打钻和沉积分析中被用来查明考古遗址中的人为造土过程和景观的改变。对于磁学性质贡献最突出的矿物是赤铁矿（alpha-Fe_2O_3）、磁赤铁矿（gamma-Fe_2O_3）和磁铁矿（Fe_3O_4）。很多种人类活动都会改变土壤的磁学性质。例如，赤铁矿在还原环境中被加热时可还原为磁铁矿，这一过程可以发生在火塘中，这一变化最终导致了磁性的增强。遗址外磁学性质研究也可以提供关键信息。例如，湖相沉积的研究可以反映区域土地使用、气候和用火频率。

磁化率是表征物质在外磁场中被磁化程度的物理量。两个因素决定土壤沉积的磁化率：从母岩中继承来的铁氧化物，以及这些氧化物通过与人类活动相关的过程（尤其是焚烧）而增强的程度。磁化率研究通过解读磁强计测量数据提供的信息来帮助完成地球物理调查。磁化率也可以独立作为探测手段。磁化率测试可以检测到景观变化、人为干扰的特征，如农业生产、生物干扰。这些调查不常用于精确定位单个遗址，而往往可以提供更广泛的模式来与其他调查技术相结合。磁化率调查应以 10 m 的采样间隔进行，然后用磁力计或电阻率测量磁场增强的区域。

磁力计在埋藏较浅的历史时期遗址的调查中尤其有效。磁力测量对于了解文化资源管理所保护的遗址的内容很重要。对于史前的北美研究使用磁性探测的共同目标是发现火塘、被燃烧过的石头和陶片。考古学遗迹面积越大，进行磁性探测成功的概率越高。火塘理论上是最容易被探测到的，但若面积太小或者埋藏太深则会被忽略掉。

电阻率

电阻率技术用于考古学研究主要是在 20 世纪 50 年代的英国发展起来的。克里斯托弗·卡尔（Christopher Carr）编著了详细介绍电阻率在考古调查中应用的手册[28]。在电阻率调查中，将一系列金属探针沿着测量导线以一定的间隔插入地面。向外探头施加电压，内探头记录地球中产生的电流。电流穿透地球的深度是探头间距的 1～1.5 倍。电阻率测量适合于土壤或者沉积物的差异涉及不同的保水性或溶解离子浓度的地方，如沟渠和坑。历史时期的建筑遗迹如地基和房屋地板通常会提供很清晰的电阻率对比。电阻率方法曾成功地应用于定位罗马时期的墙体到匈牙利旧石器时代燧石开采区等不同时代的遗迹。

电阻率对于局部或者没有遗址的特定区域不是一个很有效的方法。电阻率调查对于有较强的电差异的封闭土壤沉积物基质，如地基、沟渠以及防御工事，更有帮助。磁学探测与电阻率探测可以相互补充完善。最好先用磁学探测，之后再有选择地使用电阻率探测法对有异常磁性信号的区域进行重点探查。

在电阻率探测中研究人员可以通过控制电极间的距离来实现对探测深度的控制。最有效的方法是利用研究区域的基础资料（如钻探资料）来了解可能产生（电/磁）信号异常的考古遗迹大概的埋藏深度，同时了解未被扰动的地质地层的情况。黏土、粉砂、砂和砾石等表现出强烈的导电率差别，而侵蚀和未被侵蚀的岩石之间也存在较大的差异。当考古学堆积有足够的厚度时，可以将探针间距缩小来避免地下地质结构的干扰。这一点很重要，因为来自地质背景的电磁信号异常往往较考古遗迹的信号更强，甚至可能淹没后者。

埋藏的墙、墓葬以及相关的遗迹限制了电子流动导致电阻率峰值或产生最大值。古代沟渠、坑和类似的后来被填充的遗迹，甚至包含了周边的土壤和堆积物，可能导致电阻率较低或产生最小值，因为填充物较为松散且含水量更高。在大多数地质考古研究中，疏松程度（孔隙）、土壤湿度和离子浓度将会控制地表下的电导率和电阻率。

不平整的地表会给地质考古学家使用探测技术带来严重的困难。在凹陷中，电流密度被限制为上升。相反，在一个土堆上，电流可以扩散，这导致电流密度下降。因为地面的电流很大程度上受含水量的控制，现代农业灌溉的发展使土壤保持一定的含水量，深刻地影响了电阻率的测定。平行于或靠近尖锐边界的电阻率剖面，如平坦的山顶与陡峭的山坡的交界处或存在平行沟槽的地方，将受到“边缘效应”的影响，因为山谷和沟槽为中空开放区，代表了极值。

1938 年，新大陆的第一次电阻率考古学探查在美国弗吉尼亚州的威廉斯堡（Willamsburg）进行[29]。这次探查确实在院落里发现了一个由自然土壤引起的高电阻率区域。但未实现探查的原目标——定位被掩埋的石穹顶。在葡萄牙，电阻率探测成功地发现了旧石器时代的火塘、烧石和石制品[30]。这项由保罗·撒克（Paul Thacker）和布鲁克斯·埃尔伍德（Brooks Ellwood）完成的研究，表明我们需要了解考古遗存周边的岩性地层和地质背景。

电磁电导率

电磁方法在二战之后被引用到考古学研究中，那时有多余的探雷器。之后电磁电导率的发展是为了替代电阻率方法，因为后者对地面和电极系统间良好的接触有较高的要求——这一点是困难的主要来源。电磁电导率方法可以在没有实际电接触的情况下感应地下电流，从而快速穿过探测区域以确定电导率在该区域内的变化。电磁电导率主要的劣势是如果只有一个仪器（具有一定的频率范围），垂直分辨率（在深度维度上）有限。

不同的仪器有不一样的垂直分辨率限制。例如，Geonics EM-31 的有效穿透深度为 6 m，而 EM-38 的穿透深度为 1.5 m。相比较而言，利用电阻率法时可以通过改变电极的配置和间隔来获得所需的穿透。Gonics EM-38 可以测量地形电导率和磁化率。EM-31 可以揭示地层和结构（考古遗迹，如坑道等）。EM-38 所获得的剖面往往比 EM-31 获得的清晰度稍差，同时记录的电导率相对低。土壤水分和温度的变化会影响电导率，在比较各种电磁测量结果时，必须校正与天气有关的测量条件的影响。

探地雷达

磁学和电磁学设备都依赖于可以产生磁学和电导率信号异常的材料[31]。探地雷达记录了近地表沉积物和土壤的介电（非导电）特性的变化，这些特性通常由水分含量的变化引起。探地雷达可用于冰冻或者积雪覆盖遗址的探测。探地雷达探测中，从地表或近地表的天线产生短脉冲的无线电能量，当地面块体的电特性有任何改变时，向下传播的脉冲会被部分反射回来。特性变化通常与单位体积水含量有关，也表明堆积密度的变化。探地雷达测试的方式成功地确定了很多考古遗址的埋藏结构。它的设备比磁力仪、电磁电导率测定设备或者电阻率测试设备耗资更多，但是这种方法的独特能力和高分辨率使其成为地质考古学的重要工具。

随着 20 世纪 70 年代早期在美国开始应用，探地雷达被越来越多地应用于考古学勘探。在遇到埋藏的墙体、地基或者地面时非常有效，会出现尖锐的介电不连续性。金属和砖的集中会形成强烈的雷达信号。雷达的一大优势就是可以提供相当直接的深度信息。另一优势是测试结果较为容易解读。一个缺点是导电土壤会导致雷达回波的强烈衰减。例如在干燥砂质土壤和沉积物中，100 MHz 探地雷达可以穿透 15 m，但在潮湿黏土堆积中深度仅为 1 m。增加频率可提高分辨率，但会降低垂直穿透深度。

优势的一面，一些埋藏于地下的景观特征如河道，包括冲积物厚度，都可以用探地雷达探测。传统上，探地雷达成功地应用于标定坟墓、矿井隧道和其他空隙。可以检测到墙壁或地基的程度取决于它们与相邻背景的对比度。劣势的一面，由于信号衰减，浸水的土壤和沉积物成为探地雷达的麻烦。在富含黏土的地层中，探地雷达的有效穿透性仅有半米。使用较长的脉冲或者降低频率可以一定程度上克服这一问题，但使用这些策略时需要在穿透深度和分辨率之间进行权衡。

类似地，对于较小的遗迹需要提高信号频率。因为随着探测的深度增加，更高的频率被更快地衰减，所以可以检测的物体的尺寸也增加。因此对于频率的选择需要综合考虑需要探测的目标遗迹的尺寸和深度以及埋藏背景的情况。探地雷达对于特定的或已被定位的考古学问题最有效，但不适用于广泛的探测。

成功使用探地雷达需要有利的条件。当条件合适时，探地雷达是一种有效且经济的方法。它可以用于历史建筑和场地。例如，探地雷达曾被用于确定意大利两个教堂地下的早期结构的位置[32]。探地雷达与发展的计算机技术相结合用于美国西南部的遗址和遗迹的三维绘图[33]。探地雷达被成功地应用于遗址调查，定位浅坟墓、绘制历史时期防御工事、定义遗迹轮廓以及提供遗址地层学即时信息方面。随着探地雷达设备的不断降价，它会越来越广泛地应用于地球物理调查。

地形和地球物理调查与钻探相结合用于探讨希腊北部的薛西斯（Xerxes）运河。古代作家记录的运河跨越了 2 km 的地峡。电阻率、探地雷达和地震勘测被用于定位这一被埋藏遗迹。探地雷达检测到连续的管道填充，但没有检测到其原始侧面或底部。地震测量确实提供了运河的决定性证据，并且通过取心得到了更强有力的证据[34]。

地震剖面

地震学（Seismology）一词源于希腊语用于地震研究的词语，这项研究也是建立在地震研究仪器的更新上。地震仪记录了两种反映地下结构的地震波类型。一个平行于传播方向振动，另一个垂直于传播方向振动。勘探中地面的地震扰动是通过有控制的爆炸或用重锤击打钢板撞击地表而产生的。由这些装置产生的地震波在地下地层中反射或折射。当这些反射和折射返回到地表，将会被记录并提供地下地层情形。

尽管地震反射的方法在浅层地质学研究中较为常用，但在考古学遗迹的使用上尚不成功。然而，地震学方法可以用于评估近海岸地区的潜在考古遗址和重建近海沿岸的地貌。例如，墨西哥湾的大陆架上很有可能分布着距今 1.2 万到 1.6 万年的考古遗址，这些区域在海平面上升到今天的高度之前曾暴露在外（见第 3 章）。尽管现今的高分辨率地震剖面方法依然不能确定考古遗址的位置，但是相关的地貌，如河道、海湾和湖泊，可以被轻松识别。近期的研究工作测定这些地貌特征的年代与人类在海湾海岸活动的时期相一致。可以结合钻探方法来确定潜在的人类居址[35]。

高分辨率地震反射技术可以用来测绘埋藏的木制沉船的图像。例如，埋在松散的海洋沉积物中的木材可以很容易地成像[36]。在沉船玛丽玫瑰号（Mary Rose）和无敌号（Invincible）的地震波探查中所显示的遗址的面积大于直接观察到的面积。

海洋地球物理技术可以被更广泛地应用。针对古海港的位置和发展的研究获得了不断增长的关注。因为早全新世时期的海岸线变化太过迅速，这些海港如今随着海平面的上升均被淹没。这些海进研究需要应用海洋地球物理技术。高分辨率地震反射剖面被用于重建希腊西南部冰后期海进过程[37]。晚更新世到全新世的海岸线和海岸环境被重现。海平面从接近-115 m 上升到现在的海平面高度，覆盖了之前的陡坡、海岸、河道和潟湖。现在这些地貌单元均被埋藏在海侵后的海相沉积物下数米。一些地貌特征可以通过参考已知的海平面上升曲线来粗略标定时代。在距今 6000 年以后，稀疏的考古数据可以提供本地海平面上升曲线（见图 3.18，距今 1.8 万年以来海平面上升曲线）。

在一个相关的研究中，底部地震反射剖面被用于确定希腊 Argolid 的 Franchthi 洞穴全新世港湾的位置和性质[38]。Franchthi 洞穴是一个长达 150 m 的石灰岩洞穴，现今其开口处高于现代海岸线约 15 m。在洞穴前面的考古发掘揭露出 10 m 深的人类活动遗迹，时间跨度超过 2 万年——从旧石器时代晚期到中石器时代再到新石器时代。在洞口以下的位置发现了第二个遗址。数个新石器时代遗迹被发掘。海上地震调查显示遗址可能范围更大。这一信息，以及相关地貌的重建，表明海洋地球物理技术在地质考古学中的应用程度可进一步扩展。

磁学分析

土壤和沉积物的磁学性质是由其所含铁磁材料决定的，可以揭示过去人类的活动[39]。磁学技术发展成熟——高灵敏度、快速、经济，从考古学的角度来说相对无损。应用于考古学的磁化率仪已有介绍[40]。所涉及的铁磁材料可以是自生的、生物性的或者是人类行为导致的（如火烧）[41]。其中一个例子是在法国中世纪的一个遗址中，磁赤铁矿是考古沉积物中的主要铁磁性矿物。考古堆积的磁化率通常高于周边。

烘烤实验为解释磁学分析提供了更精确的参考值。N. T. 林福德（N. T. Linford）和 M. G. 坎蒂（M. G. Canti）曾在同类型的土壤材料（如砂、黏土等）上开展燃烧实验来检测燃烧带来的土壤磁性的增长[42]。结果显示土壤中的铁磁矿物在地表燃烧实验中反应敏感，即使在较为适中的温度下，相对深层的样品也会受到影响。因此，短期篝火可以通过产生磁性增强的灰层和下面土壤的热变化来提供足够的热量产生磁性异常。克莱尔·彼得斯（Clare Peters）及其同事利用实验火塘，并使用不同的燃料进行控制或重复燃烧[43]。对得到的灰分样品进行了一系列矿物磁性测量。结果显示不同类型燃料的灰烬可被识别，并帮助解读遗址的形成过程。

航拍

航拍是发现考古学遗址的有价值的工具[44]。系留气球①摄影开始于美国内战之前。20 世纪 30 年代，土木工程师和土壤科学家开始使用遥感技术绘制地图。事实上，采用航拍来确定埋藏的遗迹或在地面无法观察的遗迹是最早的远程技术。不幸的是，考古学家可以获得的大多数航拍照片都不是以考古研究为目的拍摄的，因此在应用于考古研究中时存在局限性。因为摄像机记录了它所看到的一切，所以在航空照片中发现的地球表面特征远比在最大尺度地图上显示的更要完整。航拍在拥有优势的同时也拥有劣势。地图具有选择性而且是明确的，因此更清晰易懂。然而，在许多区域航拍代替了地形图成为地质学和考古野外工作的基本地图。航拍在考古学应用中取得了引人注目的成功。低太阳投射的阴影可以突出显示在地面调查中难以观察到的微弱小径或道路、沟渠和土墩。完整遗迹在无法被地面观察者看到时，可能在航拍中更加壮观。

大多数航片是垂直拍摄的（相机镜头竖直向下，垂直于地表，而不是以倾斜的角度）。对于很多考古遗迹，当太阳和阴影处于最佳角度时拍摄的倾斜照片更具启发性。考古航拍照片可以用来探查，亦可以用于绘图。这两种情形下，对技术和准确性的要求不同。

对于大多数地质学和考古学的研究目标，立体的航拍照片由于可以将地形特征突出显示而受推崇。考古学调查中感兴趣的特征遗迹均有考古学家和地质考古学家熟悉而容易识别的几何形态。然而，地下埋藏的遗迹因地表土壤、植被或者耕作模式的不同而表现出不同的形状。区别航拍照片中的地质、土壤、现代农业、现代文明和考古遗迹特征需要经过训练和经验积累。事实上，尽管航拍是一种重要的勘探技术，但是依然不推荐仅仅依赖航拍照片来完成遗迹分布图。反复地在不同情形下飞行拍摄（例如不同的季节、一天内不同的时间）并与野外调查相结合，对于确定航空照片作为特定区域的勘探工具的效率是非常必要的。

通常在航空摄影中，仅使用黑白或红外敏感胶片，这些胶片均仅利用可见光谱。由于可见光穿透力很小，表面材料（地表情况），特别是土壤或植被，直接导致图像中大部分变化。即使对于长期弃用的遗址，表面的扰动也可能产生长期影响，这些影响可以在纹理变化中观察到（影响保水性——松散堆积的土壤保留更多的水）。新的土壤形成的过程会使这些差异长期地保留下来。其中许多差异并不能体现在考古剖面上，因为剖面通过深度而不是表面图案表现出差异。

土壤颜色是土壤物质组分的光谱反射率的函数。这一反射率主要是土壤湿度、氧化铁含量、有机质、土壤主量矿物和基质的函数。有机质使土壤颜色变深，氧化铁使其变红，

---

① 系留气球是被缆绳拴在地面绞车上并可控制其在大气中飘浮高度的气球。升空高度 2 m 以下，主要应用于大气边界层探测。——译者

而随着粒径的减小反射率会增加。土壤学家发现光谱反射率曲线遵循土壤的标准分类。在黑白航拍照片中，土壤芒塞尔颜色的变化有时会增强。造成最大反差的是土壤湿度的区别，而其主要受粒度和粒度分布的影响。

不同类型的埋藏遗迹可能对植被的生长带来不同的影响（见图 4.6）。一般而言，埋藏结构将增强或阻碍特定植被的生长。作物生长对比的明显程度取决于栽培植物的类型，拥有较深根系的植物受土壤表面含水量的影响较小。植被在埋藏的沟渠上比埋藏的墙壁上更常见。值得注意的是，喷洒农药控制杂草等农业生产行为会使现代人工图案出现在航拍照片上。

一个数据收集偏差的例子是苏格兰的航拍普查[45]。寻找考古遗址的项目显示以植被标记为主要方法的调查最终“收益不足”。针对这项工作的局限性和数据偏差做了分析。任何考古调查都可能因样本区域选择而出现问题是众所周知的，而在航拍普查中亦如此。

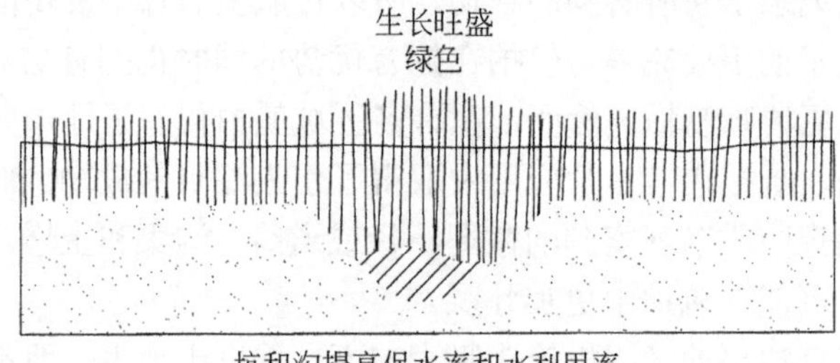

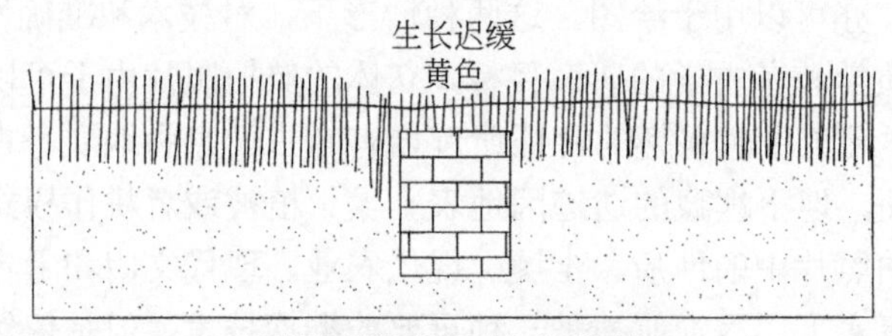

图 4.6　埋藏的遗迹对上覆植被的影响

卫星和机载遥感

现在，航天器和飞行器均可实施成像光谱测定。卫星遥感中最受关注的波长是 0.3～1.5 μm 的光学波长。因为在这些波长范围内，电磁能量可以被固体材料反射或者折射。有效地利用远程遥感数据需要全面的了解空间特征，并了解影响空间特征的因素。陆地卫星（LANDSAT）①数据可以提供考古学中的信息预测模型[46]。地质和生态变量构成了这些模型的基础。

① 陆地卫星计划是运行时间最长的地球观测计划，1972 年 7 月 23 日地球资源卫星（Earth Resources Technology Satellite）发射，后来此卫星被改称为陆地卫星（LANDSAT），最新的陆地卫星是 2013 年 2 月 11 日发射的陆地卫星 8 号（LANDSAT 8）。陆地卫星上所装备的仪器已获得数以百万计的珍贵图像，这些图像被储存在美国和全球各地的接收站中，这一独特资源用于全球变化的相关研究，并应用在农业、制图、林业、区域规划、监控和教育等领域中。——译者

除了空间特征，光谱数据可以揭示地球表面的化学特质。随着每个生长季节的进展，来自卫星的光谱数据现在可以监测全世界的作物生长。来自土壤的光谱反射率曲线没有来自植被的那么复杂。干燥土壤的一个主要反射特征是随着波长的增加反射率一般逐渐增加，特别是在光谱的可见光和近红外部分。含水量、有机质含量、铁元素含量和黏土/粉砂/砂的比例（质地特性）都会影响土壤的光谱反射率。含水量的升高会导致反射率的下降，而有机质的含量呈现相反的影响。

热红外图像描绘了由目标物体发射或反射的热量图案。地球表面物质的热量特征揭示的信息是其他地磁光谱无法反映的。热量对比是含水量（或热容）的间接指标和火山或地热现象辐射热量的直接指标。在使用热红外图像的项目中，必须考虑强烈的太阳引起的昼夜温度通量。水体是地球表面热容最高的物质，所以在日落后的热红外图像中很容易识别。

卫星传感器为地质考古学家提供的最佳分辨率的图像来自 10 m 卫星定位和跟踪。对于特定考古遗址的研究，这个图像过于粗糙，而对研究现在和过去的地貌变化很有参考价值。更高分辨率的，2 m 或者更小值的图像，可以从安装在航空器上的传感器获得。直到20 世纪 80 年代早期，卫星遥感的局限性仍在于无法获取地下信息。

轨道成像雷达现在可以提供干旱地区的地下数据。撒哈拉沙漠东南部的埋藏河谷是最初形成于中第三纪①的山谷系统，其中包含被风沙完全遮挡的嵌入式排水通道。这些地貌特征最初被雷达图像所记录，是更新世和全新世早期的潮湿景观的残余。在填埋这些古河道的冲积层中，阿舍利类型石制品被发现。搭载在宇宙飞船哥伦比亚号上的图像雷达穿透了东撒哈拉极端干燥的沙漠，显示出已被埋藏的未知河谷[47]。被雷达图像识别出来的充满沙子和冲积层的山谷，有些几乎和尼罗河一样宽。干谷叠加在大的河谷中，为早期人类的活动提供了场所。这些古老的水网为当前绿洲的位置提供了地质解释（见图 4.7）。

1978～1979 年，一项针对古典时期精心设计的玛雅运河网络的机载雷达调查在危地马拉稠密的热带雨林开展，这些运河网络显然是在公元前 250 年到公元 900 年之间挖掘的。运河延伸到沼泽丛林的广大地区，被认为是广泛的低地玛雅农业的基础。玛雅人被认为在干旱的高地开掘运河，但这是第一个说明在低地也广布运河系统的证据。与轨道成像雷达相关的技术是侧视机载雷达（SLAR）②图像，可从美国地质调查局获得。侧视机载雷达适用于土地利用、制图和地下水研究。侧视机载雷达系统有一个有源传感器，它自身拥有微波能量来源。它还具有穿透能力，可以在传统航空照片不足的情况下收集图像，例如在巴西的雨林中。侧视机载雷达图像所呈现的是一个地形的斜视影像，放大了微小的地表特征。在西半球，已经收集了超过 2500 万 km^2 的侧视机载雷达图像。

---

① “第三纪”现已被拆分为“古近纪”和“新近纪”。——译者

② 侧视机载雷达（Side-Looking Airborne Radar）是一种飞机或卫星安装的垂直于飞行方向的成像雷达，也可采用斜视模式。SLAR 可以配备标准天线或使用合成孔径的天线。——译者

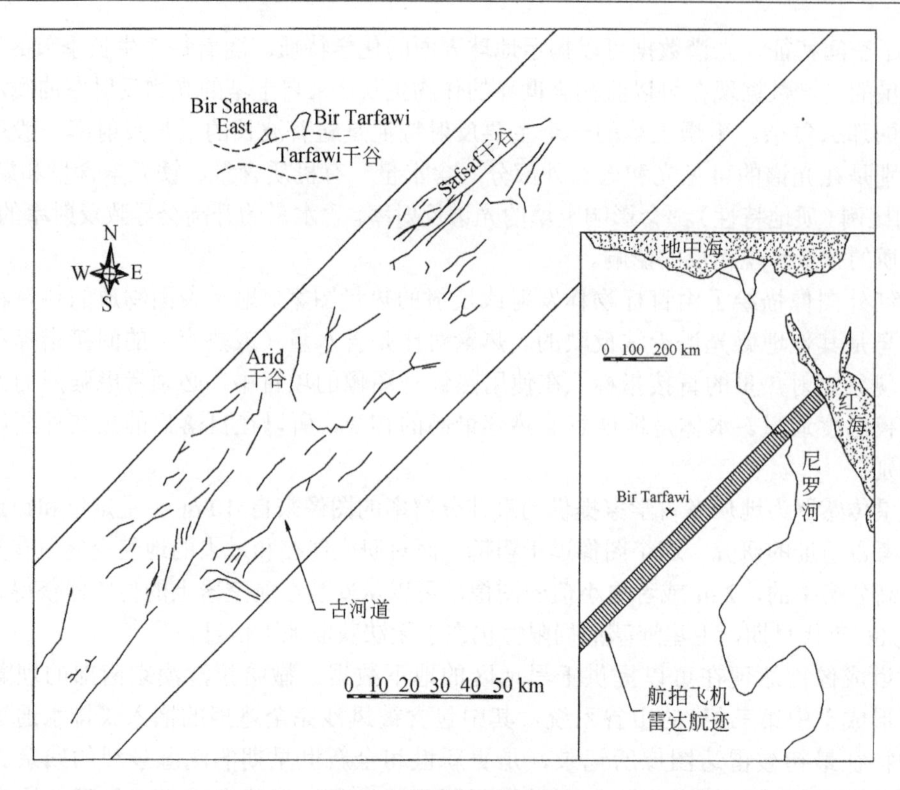

图 4.7　雷达探测的河流图

利用雷达的远程遥感。雷达被用于观察一般调查技术无法识别的地质和考古特征。图中是雷达影像显示的非洲东北部埃及和苏丹的沙漠地区的通道。雷达影像显示了古代河道的位置。这些雷达显示的河道被用于和考古遗址的分布做对比（据 McCauley et al.，1986）

探测术

在结束遥感这个话题之前，我们想要评价一下探测术（Dowsing）①。不幸的是，在普通公众中，甚至在某种程度上在考古学家中，人们都相信探测者能够找到埋藏的考古遗迹。马丁 · 范 · 鲁森（Martijn Van Lusen）通过回溯英国专业考古学家已发表的关于这种"信念"的材料，总结了其本质[48]。考古学家开展野外测试，但忽略了统计偏差，缺乏对有控制测试设计的培训，并且显然对先前的搜索有效性有信心。范 · 鲁森引用 G. 加夫尼（G. Gaffney）和他的同事的认识，"这种技术被考古学家实践很久了"[49]。幸运的是，我们并不知道有地质考古学家曾使用这种方法。

地球化学探测和分析

地球化学探测在考古学中的应用与地球物理探测总体上类似。基于网格系统和钻心中获得的样品，可以建立起人类生物地球化学的三维图像（见图 4.8）。开展更集中的研究工

① 探测术是一种占卜类型，用于尝试在不使用科学仪器的情况下定位地下水，地下金属或矿石、宝石、石油、墓地和许多其他物体和材料的情况。——译者

作可以确定墓穴的轮廓、垃圾区和农田的位置。为了了解人类活动引起的生化影响，必须对附近（遗址以外）剖面进行类似的分析以进行比较[50]。

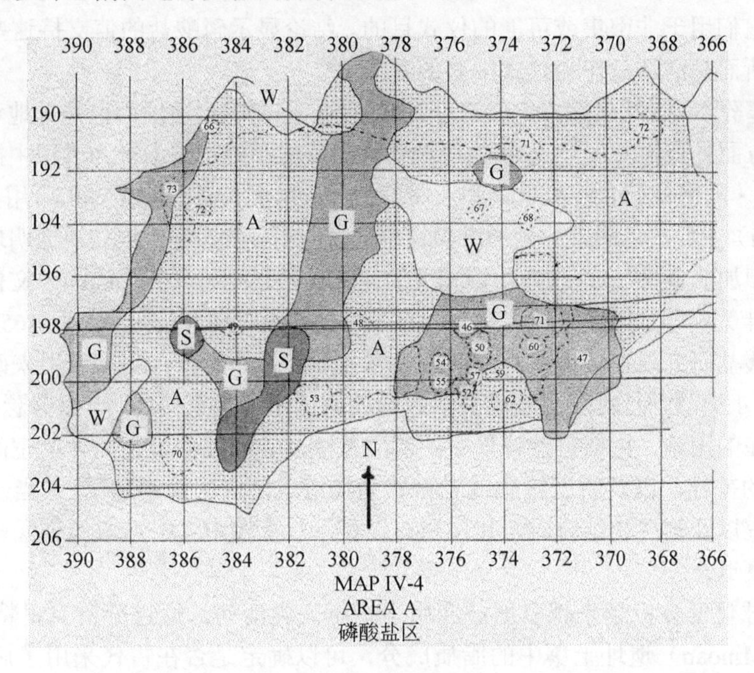

图 4.8 磷酸盐区

北美中西部考古现场生化物质的空间分布和相对强度。该示例描绘了密西西比河沿岸考古遗址中磷酸盐的相对值。磷酸盐值可以反映那些缺乏考古遗物或遗迹地区的人类活动情况（Hill 未发表数据）

陆地生活所需的大多数化学营养素都是由土壤提供的。氮、氧和碳元素来自空气，水来自水圈。人类活动，甚至在非农业社会，都会改变植物营养素的微量和宏量水平。宏量营养素是化学元素氮、磷、钾、钙、镁和硫。因为所有的植物都需要利用这些元素，人类活动铲除植被将降低这些元素在表层土壤和下部堆积中的浓度。人类食物残余和人类及动物的排泄物会给土壤中添加大量的氮、磷和钙元素。燃烧木材增加了土壤中的磷，同时用火会提高土壤的 pH 值。

考古学特别感兴趣的是磷的生物地球化学。单独的分析技术可以区分三种不同的磷酸盐组分：①可简易提取的，主要是铝和铁的磷酸盐，与种植植物（包括作物）有关；②更紧密结合的磷酸盐，通常与人类活动有关；③天然地质磷酸盐[51]。总磷酸盐浓度超过 2000 ppm（百万分率）表示有墓葬。除了解释之外，现场和实验室中磷酸盐测定的分析方法仍在不断改进。理查德·特里（Richard Terry）和他的同事们报道了他们的方法——在简陋的野外（危地马拉）条件下用酸可提取的磷浓度仅比有控制的实验室条件下偏离 7%[52]。在同一个遗址，磷酸盐和痕量金属（trace metal）①浓度被用作古代人类活动的指标[53]。研究发现，磷酸盐、钡和锰含量升高指示有机垃圾处理的区域。汞和铅的浓度指示了工艺生产的领域。将这些分析数据与考古数据进行比较发现结果一致。

在阿肯色州 Caddon Huntsville 遗址（公元 1250～1400 年）的研究中，有一个使用无

① 痕量金属是指含量极少的金属。一般是指水中、气体中的微量金属元素，含量等于或小于 1×10^{-6} ppm。——译者

机磷酸盐进行考古学解释的例子[54]。磷酸盐水平的测定被用来判断土丘 A 的生活面的边际和勾画活动区域。分析磷酸盐强度的空间分布的结果被用来证明沉积物中低水平的无机磷酸盐表明它们用于非密集或可能的仪式目的。结论显示磷酸盐的值支持这些区域不是密集型活动场所而是清洁后作为仪式中心的看法[55]。

与勘定墓葬不同，化学勘探定位遗址是低效的，但在确定遗址内已知场地和遗迹的水平和垂直边界方面是有用的[56]。堆积物的地球化学分析在确定技术行为过程中提供了多重的可能性。马克 · 阿博特（Mark Abbot）和亚历山大 · 沃尔夫（Alexander Wolfe）用里科山（Cerro Rico de Potosi）主要银矿附近的湖泊沉积物有丰富的铅、锑、铋、银和锡证明玻利维亚安第斯山脉的前印加冶金[57]。这些与冶炼相关的元素在蒂瓦纳科（Tiwanaku）文化末期（公元 1000～1200 年）和印加时期都很丰富，一直延续到殖民时期（公元 1400～1650 年）。

土壤磷酸盐研究现在较为广泛地应用于考古学中，作为普查工具或用来确定遗址内的功能分区（图 4.8）。然而，对于土壤磷酸盐数据的解读不总是直接的。J. 克劳瑟（J. Crowther）指出很多存在的困难，包括自然背景中的磷酸盐浓度、磷酸盐留存能力的空间变化、土壤剖面纵向上的差异，以及新近施肥或者畜养动物造成的磷酸盐增加[58]。当磷酸盐研究与土壤磁学研究以及物探相结合时，其作用得以显示。土壤中人类造成的磷酸盐特征仅会因土壤侵蚀而衰退。

有机地球化学分析越来越多地被应用于指示人类活动。通过分析克里特（Crete）岛的米诺斯（Minoan）遗址土壤中的脂质成分，可以确定是否在古代采用了施肥方法[59]。通过分析总有机碳、某些脂类和甾醇成分可以判定是否存在施肥行为。施肥行为曾通过陶片的分散来推断。J. 兰伯特（J. Lambert）开展了一项使用地球化学方法来判定人类活动的调查[60]。P. 贝瑟尔（P. Bethell）和 I. 梅特（I. Máté）总结了磷酸盐研究在考古学中的应用[61]。他们提出目前在利用磷酸盐数据做考古学解释的过程中依然存在“明显理论问题”。

八种化学元素被认为是重要的微量营养素（比宏量营养素需求量低），它们是铁、镁、锌、铜、硼、钼、钴和氯。人类活动改变土壤环境的一种方式就是增加土壤中的痕量金属元素和烃类。这些化学物质可以将一些营养素降低到缺乏的程度，或者将其他营养素增加到毒性点。这些化学活动都会在考古堆积中留下清晰的记录，因为人为来源的微量元素成为了正常生物地球化学过程的一部分。毒性将会被记录在古病理案例中。在铅和砷的加工和使用中可以看到一些案例。在历史时期考古中，煤焚烧、冶铁和有色金属冶炼都会大量增加环境中的痕量元素，如汞、镉等。土壤是污染物的地球化学“汇”，这种污染通常是永久性的，提供人类活动的地质考古记录。

除污染以外，与中毒有关的死亡也会集中在一定的地理区域，因为区域内一些有毒元素通过一定的方式离开基岩进入到土壤和水中。不同地质区域的土壤和植物中痕量金属含量差异很大。一个众所周知的例子是过去 150 年来在怀俄明州和南达科他州部分地区发生的硒中毒事件。而土壤中硒缺乏会导致植物同样缺乏硒，最终影响以植物为食的动物，比如牛。不幸的是，只有少量的有毒或是营养元素可以保留在骨头、牙齿和毛发中，随后在考古研究中可以被解读。随着考古发掘方法的发展，同时进行生物化学和地球化学分析所需要的样品量也在降低，更多的古代地球化学环境的信息和它们对人类社会的影响将被捕捉。

除了营养元素外，地球化学分析同样可以帮助理解遗址地层、沉积和人类活动的影响，这些分析包括有机物分析、碳酸盐分析以及 pH 值的测定。有机物和碳酸盐分析可以帮助确定活动区和垃圾区，并确定遗址的边界。总有机碳和碳可以用简单的烧失法一起测量[62]。将这些数据绘制到地层剖面上，可以帮助理解地层的混合、确定遗迹及其边界、展示随时间发生的变化以及揭开土壤层理和形成过程。

土壤和沉积物的稳定同位素研究也可以提供人类活动的信息。物理的和生物的过程在分馏同位素时与严格的化学过程不同。在人类活动与物理和生物过程相互作用并改变物理和生物过程的地方，地质考古学家将获得一个同位素记录。煤焚烧和铜冶炼给出了硫分馏的例子。硫有 4 个同位素：^{32}S、^{33}S、^{34}S 和 ^{36}S。它们的天然丰度分别约为 95%、0.75%、4.21%和 0.02%。当人类使用在地下深处形成的原材料并通过燃烧或冶炼加工它们时，会改变现有的硫同位素比，尤其是 $^{32}S/^{34}S$ 值，具体结果取决于原料的来源。

土壤和沉积物封装了几乎所有的考古学记录，包括新近令人兴奋的古 DNA。现在人类 DNA 可以从保存条件适宜的骨骼和牙齿中提取。基因分析显示即使在没有大化石发现的情况下，动植物的 DNA 也可以保存很长时间。在西伯利亚的永久冻土样品中发现了 40 万年前到 1 万年前的猛犸象、野牛、马和至少 9 种植物的 DNA 序列[63]。在新西兰的温带洞穴沉积中发现了已经绝灭的生物群，包括两种早于人类的摩亚恐鸟。现在关于古 DNA 主要和非常严重的问题是污染。地质考古学家应该在采样中起一定的作用。赤手进行 DNA 分析处理会污染这些样本。处理 DNA 样本需要一个全新的研究规则。

在地质考古学中没有一种统一的采样策略。采样由所提出的问题决定。对当地土壤、沉积和微观地层的了解对于制定采样策略至关重要。最近在没有宏观残留的地层中发现 DNA 是令人兴奋的事情。对古 DNA 的采样需要特别的考虑。沉积物中的 DNA 很可能被错失。古土壤比快速沉积的洪水沉积物更容易包含古老的 DNA，DNA 采样策略可以部分地采用有机碳采样方法；火山灰是不好的采样条件；高度干扰的沉积物很可能被污染等等。

岩心钻探

岩心钻探在地质考古学中有很多有用的应用。在区域环境重建中，特别是在沿海和河流等环境快速变化的地区，岩心钻探是一项获取数据的重要技术。考古发掘耗时耗资。为了确定遗址的性质、深度和范围，钻心并结合沉积物/土壤的分析和可能的地球物理勘探方法，可以快速、低破坏性且经济高效地达成目的。这种方法在过去考古学研究中应用很少，但现在开始被更频繁地使用[64]。

钻孔、取心和螺旋钻可以提供不同类型的信息。应该区分获得连续（或几乎连续）岩心的方法和只在序列中部分取样的方法。虽然存在一些变形，特别是压实，但取心方法比起螺旋钻可以提供更全面和不受干扰的信息，因为螺旋钻通过阿基米德螺旋推动材料到达地表。在螺旋钻技术中虽然保留了粗略的地层关系，但在取样过程中存在沉积物的混合。岩心钻探使用空心圆柱将相对未被扰动的地下沉积地层带到地表。在取心时，精确的垂直控制有时是困难的，因为沉积物在岩心管内被压实。最糟糕的情形是，顶部沉积物在底部“冻结”并发生“翘曲”（也就是说，取心管就像一根坚实的棒子，可以穿过沉积物而不会带回沉积物）。

在世界大部分地区，地下水位距地面几米以内。在地下水位以下挖沟是不切实际的（需要大量抽水来降低采样区域的地下水位）。地下水位对获取岩心并没有实质性影响，尽管没有特殊的装置很难将分选好的湿砂提取上来。很多种装备可以应用于取心中，从手动取心器到振动器、卡车装载式吉丁斯取心器（Giddings corer）和大型旋转钻机（见图 4.9）。每一样都有自己的用途，取决于问题的性质和可用的资源。随着文化资源管理中环境和地貌部分的增加，使用取心技术来重建地下信息将成为强制性的措施。

图 4.9　钻探设备

荆志淳和他的同事使用钻心技术重建了中国黄河平原的地貌演化及其与考古遗址之间的关联[65]。基于地层学和沉积学，重建了全新世地貌发展的模式（图 4.10）。从晚更新世或早全新世到大约 2000 年前的长期稳定地貌景观为新石器时代和青铜时代的居民提供了有利的生存环境。之后水文状况发生了改变，洪泛区在下一个千年里经历了 2～3 m 的纵向加积。对应 12 世纪初期水文情势的巨大变化，漫滩沉积使洪泛区覆盖了 10 m 厚的新冲积层。这一情况严重影响了历史时期的遗址的保存和后来的发现。

虽然“景观稳定性”这个短语指的是一个非常缓慢变化的时期，它可以形成良好的土壤，但景观仍在不断变化。对于地质考古学家来说，即使他们只研究全新世以来的遗址，也要了解研究区域的晚更新世地貌演化历史。整个第四纪的很多地质过程对相关地貌和沉积的形成都有很大的贡献。

目前流经伦敦市中心的泰晤士河两岸形成了序列性的冲积阶地，很好地对应了更新世气候事件的演替。在英国南部，泰晤士河蜿蜒经过了大片地区[66]。有时深坑和河岸的暴露剖面可以取代钻心。研究砾石坑的卵石岩性和河岸沉积物中的重矿物含量有助于确定泰晤士河前一时期的河道走向。由于泰晤士河水系周边旧石器时代活动很丰富，河流的摆动路线是遗址分布的主要决定因素。

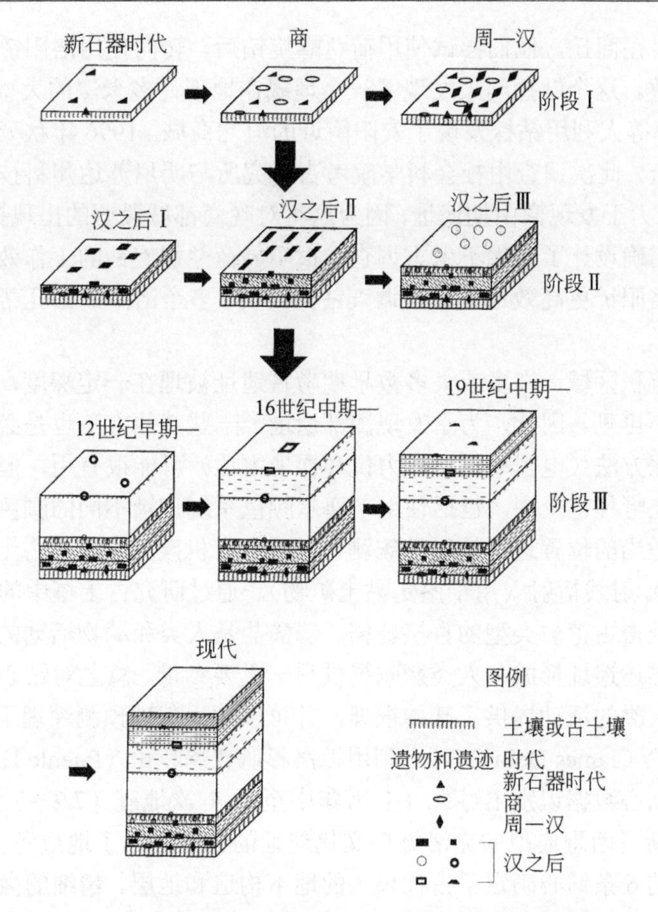

图 4.10　中国黄河平原（华北平原）地区的全新世地貌变化模型

在 20 世纪 30 年代晚期，美国考古学家开始开展系统的考古学调查（绘制遗址的分布图）来丰富发掘数据。到 20 世纪 60 年代，考古学家曾广泛讨论如何实现对大面积区域的密集和全覆盖调查取样（见第 9 章）。勘探调查仅提供有限的局部图片，这些很难提供统计意义。需要进行密集和精心控制的考古调查，以提供遗址性质和分布的清单。

密集的考古学调查仍有两个方面的缺陷：①它通过考古学家在地表走动的调查方式获取二维数据；②仅仅发现某些类型的严格考古信息，而对生态和地貌部分的关注非常有限。更广泛的多学科调查包括了生态和地貌部分。为了克服传统考古学调查缺乏深部埋藏遗址信息的二维模式，拉普和他的同事们发展了依靠钻取岩心获得三维数据的调查方式。广泛的钻心被用来判定地中海东部地区遗址的全新世海岸变化[67]。这些项目提供了海岸线沉积环境序列和相关年代。一些重要的遗址埋藏于现今地面 15 m 以下。一些古代海港距离现在海边 10 km 以上。在地中海东部地区有三种基础的钻探工具被使用：振动取心器、车载旋转钻机和手动取心器。

在 20 世纪 90 年代早期，荆志淳与拉普使用岩心钻探的方式来确定中国商丘地区的新石器时代、青铜时代及其后的地貌景观发展[68]。商丘地区公元前 2 千纪的早商文化层埋在大约 10 m 以下的地层中。钻心的记录对于评估和解释，以及推断考古遗址都很关键。商丘地区坐落在黄河下游的泛滥平原上。它的考古学意义在于它作为朝代史前期的商文化中心的潜在位置。在商丘，他们尝试使用荷兰螺旋钻后，转向使用洛阳铲来增加单位时间内能完成的钻孔数。这个钻探结果发现了一个埋藏在地下许多米深的大型周城。

后来，荆志淳等人利用钻探发现了安阳附近的洹北商城。1996 年秋天开始在安阳地区开展区域考古调查，此次调查由社会科学院考古研究所与明尼苏达州科技考古实验室联合开展。调查工作着力于发现商中期遗址，因为这将对晚商都城殷墟的出现提供重要的信息。在这个项目中，明确设计了地表下考古调查。很明显荷兰螺旋钻的工作效率太低，而熟练的中国技工使用洛阳铲更高效地完成了调查钻探。2000 多个洛阳铲钻孔帮助调查人员找到了洹北商城。

在主要冲积沉积区域，许多或大多数早期考古遗址被埋在一定深度，使得这些遗址在地表考古调查中不可见。因此，为了发现深部遗址，一些其他方法也是必要的。在一些情形中，地表的物探方法（电阻率仪、磁力仪和探地雷达）可能很有用，但是钻探往往更成功。钻心被记录在野外记录中，包括使用芒塞尔颜色系统记录不同的颜色。然后对岩心进行取样，用于在适当的位置进行放射性碳测年并进行有机碳（全新世古土壤的良好指标）和粒度分析以及 X 射线衍射（用于鉴定黏土矿物）。通过研究古土壤中的植物大化石、分析花粉和植硅体获得古植被类型的直接证据。磷酸盐是人类和动物活动的最好指标。环境磁学分析技术为描述遗址形成和人类影响提供另一重要参量。总之对钻心的综合研究为确定植物、动物和人类的活动提供了基本框架，并可以此为基础预测深埋于地下的遗址。

詹姆斯·多兰（James Dolan）等人利用被洛杉矶普恩特山（Puente Hills）隐伏断层折叠的年轻地层的钻心数据识别出过去 1.1 万年中至少 4 次地震（7.2～7.5 级）[69]。C. 万斯·海恩斯利用新墨西哥典型的克洛维斯文化遗址的钻心进行了地质考古学研究[70]。通过排水渠横断面的 6 条钻心确定了古代泉水的地下构造和地层。精细的微观地层绘制使得获得的沉积过程和古气候变迁结果比以往更详尽。

公元 79 年，火山喷发掩埋了庞贝古城等地，使得海岸线向外延伸了约 1 km，在庞贝古城周边钻取的 70 条钻心帮助重建了公元 79 年以前的全新世环境[71]。全新世最大海侵时，海水到达庞贝城以东 2 km，当时庞贝城是沿着海岸线而建的。今天的海岸平原比罗马时代的宽了约 1.5 km。

岩心钻探是地质考古学中最有用的一个方法。相较于耗时耗资的考古发掘，钻探结合实验室分析可以更快地了解遗址的性质、深度和范围等。例如中国使用的洛阳铲就是一个快速、低破坏性同时高效的探测遗址的方法。我们强烈推荐使用钻探的方式发现和评估考古遗址。

水资源定位

人类每天需要 2～3 升水。多汁植物、瓜和一些其他植物可以补充一定水分，但是在人类居址附近必须有饮用水源。这些水源包括河流、湖泊、泉水、渗漏和井。如果一个遗址的饮用水源的来源不明确，那么需要开展地质考古学的研究来确定水源。当可依赖的水资源充沛时，文明兴盛；当水资源匮乏时，文明衰退。

在干旱地区，储水上的失败会带来致命的惩罚。“如果有人因为懒惰而没能保持大坝在适当的状况，并且造成所有的田地都被洪水淹没，那么就应该把他卖掉换钱，补偿由其造成的玉米的毁坏。”［摘自《汉谟拉比法典》，第53部分（公元前1760年）］玛雅文明时期浓密的热带雨林覆盖了尤卡坦地区，同时喀斯特地貌使得地表溪流完全消失。为了确保全年有水，玛雅人建造了深井、水槽和黏土衬里的蓄水池。

在任何一个干旱期缺乏饮用水的社会中，人们都会寻找替代资源。很多时候都是挖掘深井。进行这样挖掘的地方，在之前短时间内往往有充足的地表水。C. 万斯·海恩斯和他的同事们在距今11 500年的克洛维斯文化遗址发现了新大陆最早的水井[72]。这个遗迹是一个圆柱形的深坑，当时试图挖到浅层地下水。其他发现于美国西南沙漠地区的井，可能表明干旱时地下水位较低。在旧大陆，亚科夫·尼尔（Yaacov Nir）在以色列发掘了前陶时期的新石器时代水井，距今约8000年[73]。

关于奥杜威水源的研究显示早期人类在淡水水源附近采集，而在这些区域捡食残肉的机会也更多[74]。这一研究指明地质考古学家需要关注早期的环境。研究表明，黏土地球化学与人工制品的丰度有很好的相关性。地球化学表明湖退后淡水湿地下的湖相黏土随之淋溶。

对维持人口增长的土地和水资源的解释需要考虑区域水文情况的变化。土地利用的大范围改变将会摧毁水循环系统，改变径流量和蒸发量。人工水渠的开凿会深度影响洪水量，甚至会影响地下水。地质考古学家在考虑环境变化时需要将人类对水循环系统的影响考虑在内。

在北美大平原地区，水是冰后期的高温期（距今7500～5000年）文化适应的主要因素。这一时期遗址的位置与地下水资源在统计数值上有显著的相关性，而在这一时期前后均不存在这样的现象[75]。来自半干旱平原的径流水源稀缺，使得人们倾向于使用来自地下含水层的水源。大平原地下有大量这样的可靠水资源。这些含水层的水源经常排入多年生溪流。在更干旱的情况下，当时的人群居住在含水层补给的溪流和泉水附近，而不是靠降水补给的径流和湖泊周边。除了为人类消费供水外，这些可靠的水资源还吸引了当地居民来猎取野生动物。

地理信息系统

在过去几十年内，地质数据的种类、性质和数量得到显著的增长。有必要应用数据库和地理信息系统（GIS）使这些数据成为有用的信息[76]。在不断发展的地质考古数据库和模型中，我们有必要区分描述性特征（经验数据）和过程（概念）。地质考古学数据库是四维的——可以包括形状、关系、分布和随时间改变的空间分布。

传统意义上的地质图传达关于一个区域地质情况的理解。以类似的方式，地形图传达了地貌特征信息。随着GIS和数字化数据库的出现，一系列新的数字分析成为可能。许多来自钻心的数据在传统的地质图中无法直接描述，而在GIS和数据库分析软件的帮助下均可以被存储和应用于区域研究。随着地质数据库分析和GIS的发展，重要的是要意识到地质考古数据的分析和呈现方式快速变化的可能性。地质的、古生物的、生态的、土壤的、水文的、气候的、地理的、地貌的以及考古的数据可以被融合在一个GIS集中[77]。GIS为地质考古学家提供了重要的工具，使得他们可以处理大量的数据信息，提出新的模式，并实现景观分析和数据可视化，这些以前都无法实现。现在通过卫星遥感能获得更合适比例尺的数据，由此可见地理信息系统的未来前景似乎是巨大的[78]。

用于 GIS 分析的软件以栅格或矢量格式处理数据。栅格是指定维度的网格单元格，基于栅格的软件（例如 GRASS）在处理空间数据时特别有用。基于矢量的软件（例如 ARC/INFO）主要用于线性数据，例如排水网络。应用适当的 GIS 应该是任何主要考古项目的首批任务之一。考古学关注的是遗迹以及它们与其他参量（时间、气候、土壤、土地利用）之间的关系。GIS 的功能是展现和处理这些数据集，并逐渐演变为组装和分析各种空间数据。

大多数遥感数据直接输入 GIS。数字图像处理技术是 GIS 的一个组成部分。GIS 中也提供了强大的模式识别技术，但这些技术通常需要事先了解在图像分析中使用的基本元素的知识（基本事实）。遥感数据的一个关键应用是分类：将数据分为不同的类型，如土地利用类型或者植被类型[79]。

对于几乎没有地图的偏远地区，使用卫星图像结合 GPS 和 GIS 可以为考古研究提供强有力的方法。NASA（美国国家航空航天局）的 LANDSAT 图像和 GPS 数据被应用于研究阿拉伯南部中更新世的环境以解读农业的根源[80]。它们可以记录考古遗址的位置、组织和分析野外数据、执行分类和地图生成。NASA 的网站上有一些图片强调了地貌和地质如何影响环境变化。它还有地质学家感兴趣的丰富的地理空间的、地理的、地貌的、气候的和土地利用方面的数据。

研究尺度（比例尺）的复杂性

地质学家和考古学家在不同的时间和空间尺度上工作。考古学家在人类活动的尺度范围内开展工作，以年、十年或者世纪为单位，然而对于地质学家，即使是第四纪地质学家，所考虑的时间尺度依然长达两百万年。从地理范围上讲，考古学家通常都是集中在几平方米内的发掘区或者几平方千米的调查区，而大多数野外地质问题都包含更大的区域。类似的，从地层角度来说，考古学家需要的分辨率比大部分地质学家都高。地质考古学家必须弥合这些差异，并构建起两者间的桥梁。当研究遗物时，考古学家往往用厘米来测量。地化研究中的测量则可以达到原子级。人工制品的化学均匀性或不均匀性对于确定其制造技术至关重要。地质考古学家必须习惯在两种尺度内工作。

考古学家、地质学家、地理学家、生态学家和相关的研究人员使用适合所需分辨率的尺度来解决手头的问题。一个与拉普一起参与区域考古学调查的地貌学家被邀请参与区域内的一个大规模发掘。他谢绝了，因为在一个小的探槽里工作对于他来说是一个不合适的工作尺度。大多数地质考古学家，在长时间的工作中将会接触不同的尺度。完全接受地球科学训练的地质考古学家可能在面对考古问题时，对所要解决问题的“尺度”知之甚少。朱莉·斯坦呼吁从多个方面去注意“尺度”的选择[81]。不同学科在研究尺度上的差异在解释具体问题时可能导致一些麻烦。地质学家使用合适的尺度来研究整个地球。考古学家的尺度在区域调查和研究一个具体的剖面或者发掘中的遗迹现象时是不同的。考古学家在综合旧石器时代晚期的一些石制工具时或许会采用全球的视角，但这种情况在考古学研究中并不普遍。

从事地球历史的任何一个方向研究的学者，如考古学家和历史学家，都必须面对时间和空间的尺度。尺度不仅对于数据采集和分析具有重要意义，对于发表研究成果亦如此。所有地图都应该有比例尺和指北针或者其他全球性的指标。如今，科学考古将考古研究的尺度放到了显微镜甚至亚显微镜的级别。数据采集的尺度未必和最后解释的尺度相一致。在基于微量元素的物源研究中，数据采集的尺度是原子级，而解释可以是大陆尺度的。地质学家最常在数百、数千甚至数百万年的时间尺度上努力。然而，特别是对于第四纪地质学家来说，来自山洪暴发的沉积物、地震破坏和断层、海啸沉积物堆积、火山灰坠落以及相关的现象都发生在分钟到日的尺度上。在朱莉·斯坦和 A. R. 林斯（A. R. Linse）编辑的一本书中介绍了尺度对考古学或地球科学观点影响的许多方面[82]。

地图的比例尺控制着它可以充分代表的功能。很少有地质特征需要以 1∶20 的比例展示，而这恰是通常用来展示考古遗迹的比例尺。绘图的细节、准确性和方法都将随着采用的比例尺而变化。比例尺越小，所涵盖的范围就越大。比例尺、内容和清晰度之间的关系是基本的。对每一个单独的地质考古学问题都需要仔细地考量所采用的尺度（比例尺）来达到最大的清晰度。对于地形图，所要展示的地貌景观决定了比例尺的选择。根据要展示的细节来选择，崎岖或者险峻的地区所需要的比例尺大于没有什么变化的平原。等高线间距也符合同样的规则。航拍图片的比例尺没有地图那么明确。航拍照片上的比例尺因照片上位置的不同而略有不同。

作为历史科学，考古学和地质学必须在时间尺度上解决问题。考古学家典型地擅长解决高分辨率时间尺度上的问题。研究希腊青铜时代晚期陶制品的专家认为他们依据陶器所建立起的时序表可以达到±30 年的精度。对于同一时间段内，碳-14 测年可以达到±90 年的精度。单纯的地质学测年针对这一时段相对精度并不高（见第 5 章）。土壤学家和考古学家使用类似的时间和空间尺度。在大多数情况下，土壤发育和稳定的时间尺度与文化的发展和进化在一定程度上同步。特别是人为土壤，对人类的时间尺度很关键。

第5章 年代测定

对于任何一个考古遗址而言，它的年代是必须要回答的一个基本问题。

——特洛伊·佩威（Troy Pewe）1954

测定考古材料和第四纪地层的年代是地质考古学的首要任务之一。年代学提供了一种时间标尺，将地质学、古生物学和考古学等历史自然科学与关注现代过程的民族志和动物行为学等学科区分开来。理解测定过去年代的方法对任何考古记录的解读都是至关重要的。在精确测年技术发展之前，时间控制依据遗物本身特征揭示的相对年龄，或是依据遗物与环境或气候变化证据之间的相关性。虽然这些相对定年方法仍然是必要的，但精确测年技术的应用极大地影响了我们对史前记录的理解。越来越精确的年代测定在发展和检验对过去人类行为的解释中发挥了非常重要的作用。

在整个史前史研究的过程中，相对定年方法一直发挥着它的作用。大多数绝对定年方法是在 20 世纪下半叶发展起来的。相对定年方法可用于确定与遗物相关的时间顺序或事件序列。相比之下，绝对定年方法提供的年龄估算值可以用标准的时间增量来表示（通常为年）。绝对定年技术基于可以测量的物理、化学性质或过程。尽管下面列出的一些技术可以直接用来测定文化遗物或化石材料的年代，但通常情况下，测定地质考古层位（与具体考古材料共生的沉积物）的年代，就可以为过去的人类活动事件提供间接的年代参考。

在所有可用于考古场景的年代测定方法中，最重要的因素是存在一个可以被记录或测量且随时间变化的量，以及被测定的事件或时段与考古遗物或遗迹有直接关系。地质考古学家必须确定所采用的方法能够把时间信号转化为可靠的年龄，而且这个年龄与考古情境有确定的关系。测年结果常常会被弃用，因为它们无法应用于考古情境关系的解释。尽管当一个年龄与其他独立的年代标准不相符时，应该重新考虑年龄的可靠性，但研究人员最好对不相符的年龄做出可能的解释，除非有其他原因对年龄提出质疑。

在一定情况下，年代测定技术的选择受到测试材料和考古现象年代范围的限制。图 5.1 展示了一些能够通过各种技术手段测定年代的材料，并给出了它们适用的年龄测定范围。这些测定界限是根据样品的特性和技术条件而变化的。考古学中许多（很有可能是大多数）重要的年代测定技术，都是在地球科学的背景下发展起来的。本章介绍了地质考古学家使用的与地球科学相关的主要测年技术。

气候变化与时间

考古学研究主要聚焦于过去大约 300 万年的地质时间，因为已知最古老的遗物可以追溯到大约 260 万～250 万年前①。相比之下，古人类学家感兴趣的是记录早期灵长类动物演化发展的化石，特别是大约 7000 万年以来；而对关注灵长类多样性和最早人科出现的研究人员而言，感兴趣的时间段是大约 2400 万到 200 万年前。到大约 200 万年前，史前记录中出现人属的化石证据。

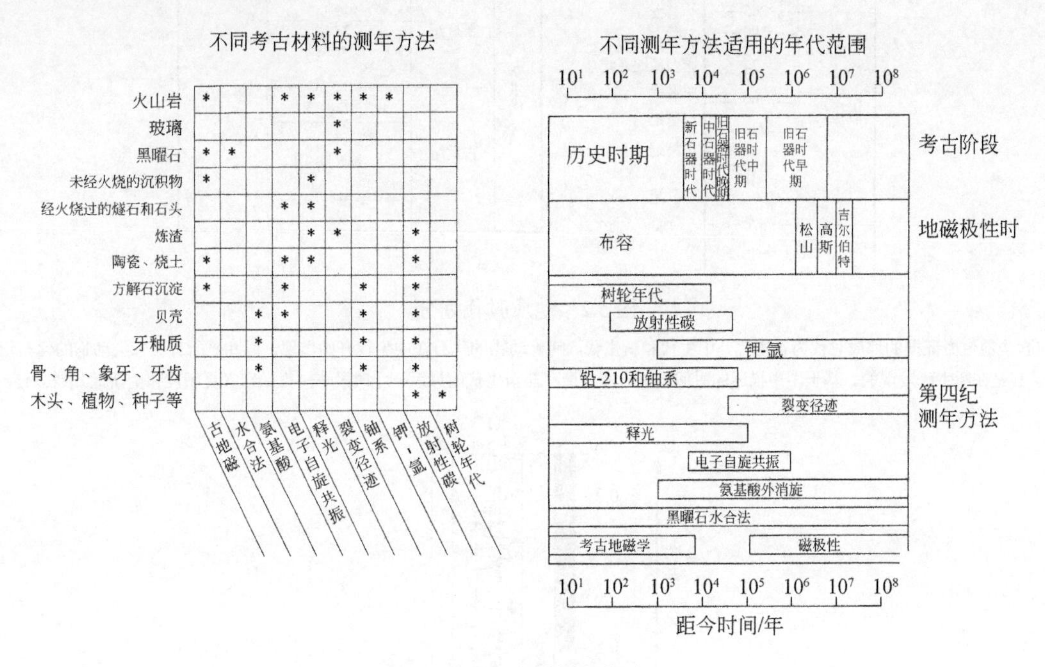

图 5.1 考古材料测年表

测年方法、能够用于测年的材料，以及这些方法的一般测定范围。有机和无机的材料都可以用来测定年代。不同的测年方法用于测定考古记录的具体年代

地质年表分为前寒武纪、古生代、中生代和新生代四个大的时段（图 5.2）。早期灵长类动物的记录发现于中生代的末期（称为白垩纪）及新生代的第一个纪即古近纪或早第三纪（古新世、始新世、渐新世）。化石记录揭示了过去 6500 万年（也就是新生代）灵长类动物的多样性。在中新世晚期、上新世和更新世早期的沉积物中均发现了早期人科的化石记录。新生代时期有两种全球尺度的气候变化模式[1]。第一，自早始新世以来，总体存在着变冷和变干的趋势。全球气候的变化与主要的构造事件有关，如早始新世印度与亚洲大陆连接，早中新世青藏高原加速隆升，以及上新世末期巴拿马海道关闭引起的南北美洲相连接。第二，北半球冰期出现以及冰期-间冰期周期性的气候振荡开始于大约 300 万～250 万年前。海洋氧同位素曲线记录了第二种模式（图 5.3）。剧烈的气候过程变化、人科不同种多样性的出现（包括南猿属和人属在内）、人工制品的最早证据（大约距今 300 万～200 万年），三者似乎同时发生[2]。

① 最新的研究将这一年代提早到了 330 万年前，但其性质仍存在争议（见 Harmand S, Lewis J E, Feibel C S, et al. 3.3-million-year-old stone tools from Lomekwi 3, West Turkana, Kenya. Nature, 2015, 521(7552): 310-315）。——译者

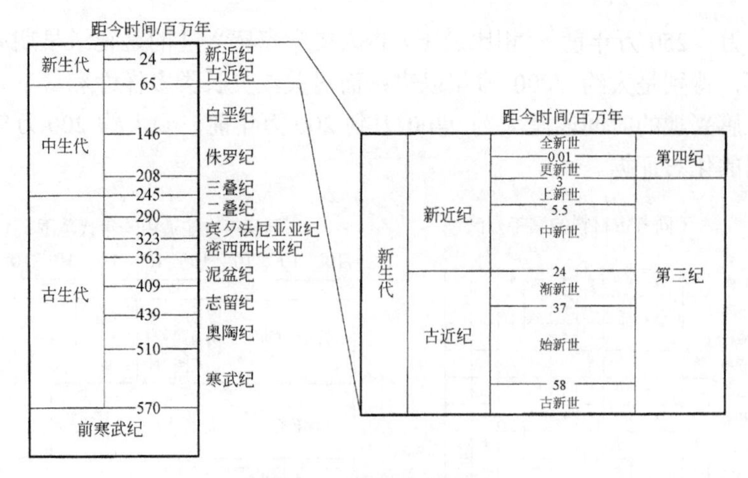

图 5.2 地质时代划分

包含史前生命证据的地质时代为古生代、中生代和新生代。哺乳动物的化石在中生代开始出现，而几乎所有灵长类动物的化石记录都是在新生代发现的。基于图中描述的时间界限，考古遗存与新生代的最后一个时段——第四纪（更新世和全新世）[①]相对应

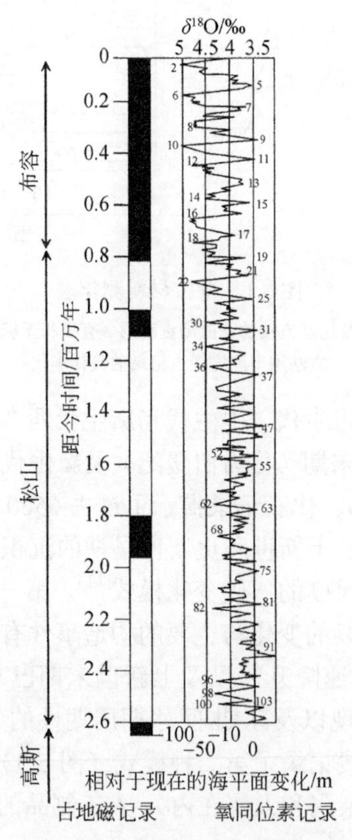

图 5.3 古地磁和氧同位素记录

第四纪全球古地磁记录和海洋氧同位素记录主要阶段对比。图中古地磁和同位素记录延伸到 260 万年前，涵盖已知考古遗物出现的时间范围。海洋稳定同位素记录被认为是海平面相对变化的指示。低海平面与冰期阶段相对应（偶数），高海平面与间冰期阶段相对应（奇数）。松山-高斯古地磁界线年代大约为 260 万年前，而松山-布容界线大约为 80 万年前（据 Lowe，2001）

① 在最新的国际地层表中，密西西比亚纪与宾夕法尼亚亚纪组成石炭纪，“第三纪”已被废弃，新近纪包括中新世和上新世，更新世和全新世属于第四纪。第四纪的下限大约为 260 万年。——译者

考古遗物和定年

自19世纪初叶，人们已经知道某些遗物种类可以用来确定遗物组合或是包含它们地层的相对年代。地质考古学和考古地质学之间差异的一个例子是具有时间指示意义的遗物的使用。考古地质学家可以利用发现于沉积物中的具有单独测年或是时间指示性的遗物来确定气候或是景观形成事件的年代。另一方面，应用具体的地球科学方法或概念测定一个遗物或是遗迹的年代将会被认为是地质考古学专业的范畴。

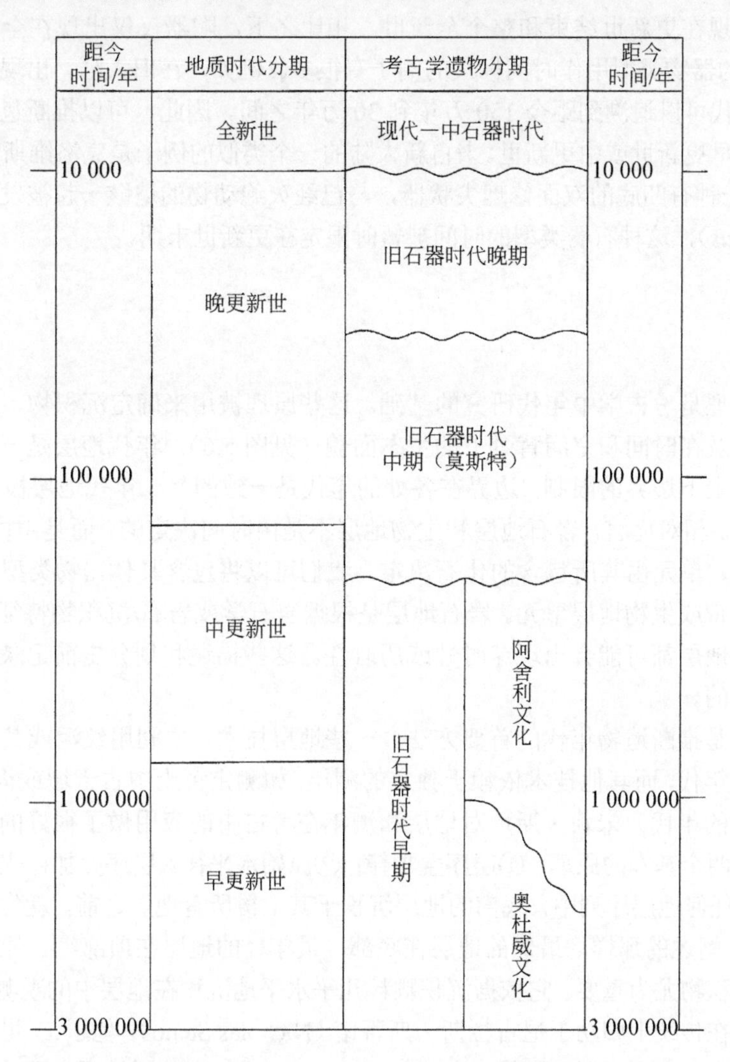

图5.4 过去300万年地质和考古时代分期

过去300万年的地质时代可以分为：早更新世，结束于约80万年前；中更新世，结束于约13.5万年前；晚更新世，结束于约1万年前；全新世，一直持续到现在。最老的考古学遗物来自旧石器时代早期，约250万年前。旧石器时代早期的阿舍利手斧发现于早、中更新世的地层中。旧石器时代中期的遗物发现于中、晚更新世地质单元中。旧石器时代晚期的遗物首先出现在晚更新世的地层中。中石器时代遗物发现于晚更新世和全新世地质环境中

考古学时间标尺的主要时代划分基于遗物的时间指示特征（图 5.4、图 5.5）。最初，从 19 世纪到 20 世纪早期，具有时间指示意义的器物类型被用于研究相对年代。最古老的考古时代被称为石器时代。后来根据陶器和磨制石器等文化因素的出现，又划分出旧石器时代和新石器时代。在旧大陆，现在知道的旧石器时代从大约 260 万年前延续到约 1 万年前，基于出现或缺失特定的器物类型，它又被进一步细分为三个主要的时段。具有时间指示意义的器物也发现于晚更新世和全新世时代的沉积物中。例如，在旧大陆，经典的器物类型相对年代帮助建立起由新石器时代、青铜时代和铁器时代组成的时间序列（图 5.4 展示了旧石器时代到现代考古器物的划分）。在美洲也有一个依据器物类型建立的相对序列。例如，在北美和南美，石器出现在更新世结束和整个全新世，相比之下，陶器仅仅出现在全新世晚期（图 5.5）。将具体的器物类型用作时间标尺的例子有很多。例如，在旧大陆，出现在沉积物中的阿舍利手斧年代可以追溯到距今 150 万年到 30 万年之间。因此，可以推断包含阿舍利手斧的沉积物属于早更新世或中更新世。来自新大陆的一个类似的例子是克洛维斯尖状器（Clovis point），这是一种有凹底的双面修理尖状器，与已经灭绝动物的遗骸一起被发现，比如猛犸象（*Mammuthus*），这种石器类型的时间被暂时限定在更新世末期。

地层学

地层学原理是考古学中年代研究的基础。这些原理被用来确定沉积物、考古遗物和遗迹的关系，以及在时间和空间背景下的生态面貌（见图 5.6）。年代地层是一个地层单元，它的范围受到上下边界的限制，边界在各处的年代是一致的[3]。年代地层被限制在一个特定的时间段内。相对而言，岩石地层和生物地层不是由时间决定的，而是由内容物决定的。在生物地层中，单元由其所包含的化石决定。我们可以将包含具体器物类型的沉积物，作为特定的生物带或生物地层单元。岩石地层是根据岩石学或岩石/沉积物特征来定义的。岩石地层和生物地层都可能会出现穿时性或历时性。这些描述和划分史前记录的不同方法，其作用是相同的。

地层关系是推断遗物年代的首要方法。一些地层技术，如利用纹泥或其他年层，能够直接提供绝对年代，而其他技术依赖于独立的测年，如测定黄土中古土壤或火山灰沉积（火山灰年代学）的年代。朱莉·斯坦对地层和测年在考古中的应用做了很好的综述[4]。

地层学有两个基本的原理：①层序叠加律；②原始水平律。层序叠加律来源于对地层序列的观察：在任何地层序列中，底部的地层沉积于其上覆所有地层之前。就像山姆·博格斯（Sam Boggs）阐述的那样，最老的地层在底部，最年轻的地层在顶部[5]。原始水平律对研究沉积岩和沉积物尤为重要。它依据沉积颗粒几乎水平地沉积在地层中的观测结果。这些原理最早的应用在传统上归功于尼古拉斯·斯蒂诺（Nicholas Steno），他于 17 世纪晚期在欧洲开展了他的研究，而詹姆斯·赫顿（James Hutton）18 世纪在英国的研究反映了他对均变思想的最初应用。18 世纪末和 19 世纪初，英国的威廉·史密斯（William Smith）论证了之前斯蒂诺和赫顿所观察到的层序叠加方法的实用价值。史密斯的工作在发展地层对比方法学方面尤其重要。他利用地层的特征和沉积物中含有的化石遗存来推断不同地层层序的连接关系。正如第 1 章所提到的，莱伊尔在 19 世纪中期发表的著作（《地质学原理》和《古代人类的地质学证据》）揭示了运用地层学和均变原理认识地球历史和人类过去的潜力。

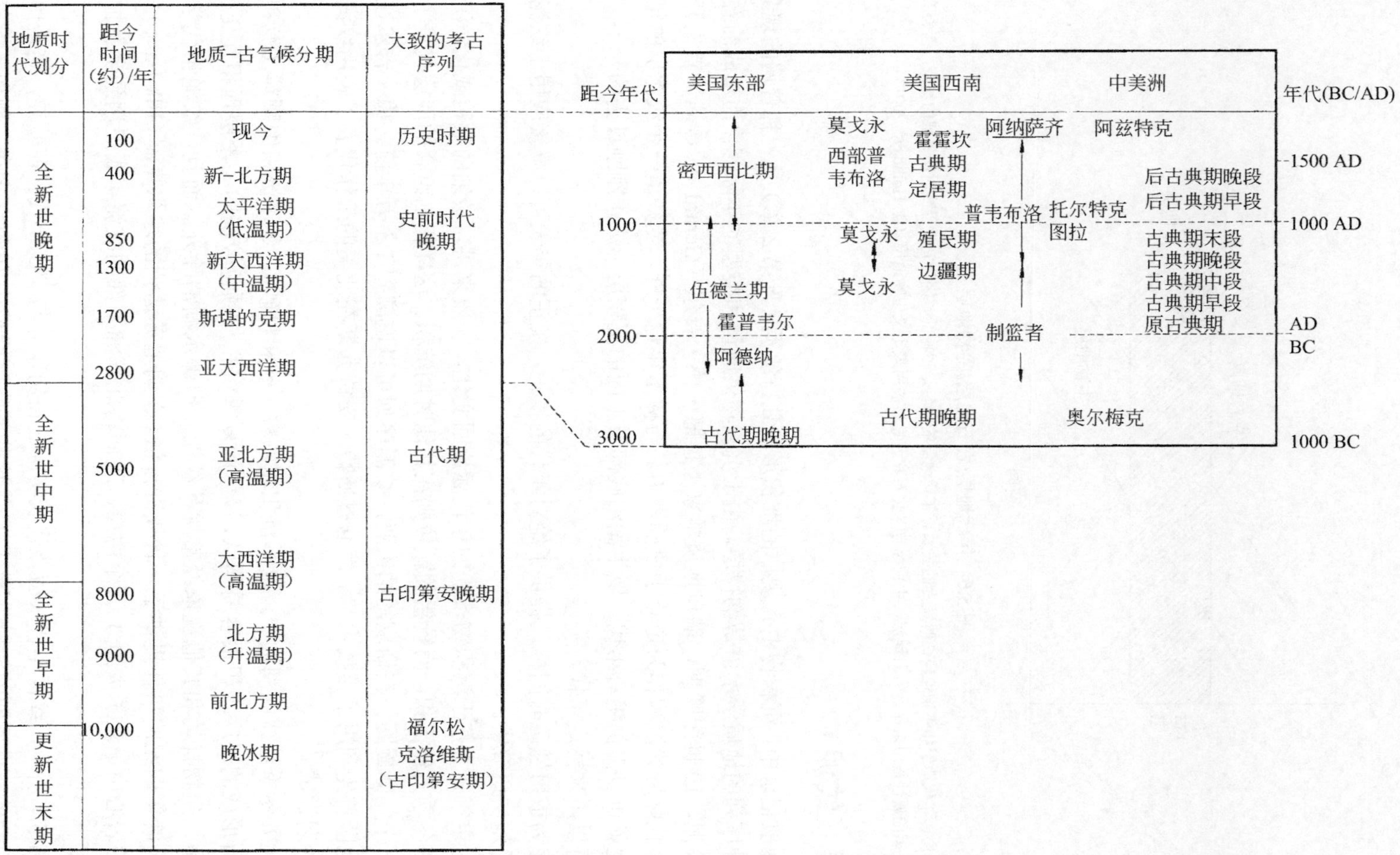

地质时代划分	距今时间（约）/年	地质-古气候分期	大致的考古序列
全新世晚期	100	现今	历史时期
	400	新-北方期	
		太平洋期（低温期）	史前时代晚期
	850		
	1300	新大西洋期（中温期）	
	1700	斯堪的克期	
	2800	亚大西洋期	
全新世中期	5000	亚北方期（高温期）	古代期
		大西洋期（高温期）	
全新世早期	8000		古印第安晚期
	9000	北方期（升温期）	
		前北方期	
更新世末期	10,000	晚冰期	福尔松 克洛维斯（古印第安期）

距今年代 美国东部 美国西南 中美洲 年代(BC/AD)
莫戈永 霍霍坎 阿纳萨齐 阿兹特克
密西西比期 西部普韦布洛 古典期 定居期 1500 AD
后古典期晚段 后古典期早段
1000 普韦布洛 托尔特克 图拉 1000 AD
莫戈永 殖民期 边疆期 莫戈永
古典期末段 古典期晚段 古典期中段 古典期早段 原古典期
伍德兰期 霍普韦尔
2000 制篮者 AD BC
阿德纳
古代期晚期 奥尔梅克
3000 古代期晚期 1000 BC

图 5.5 1万年以来北美洲地质事件划分、古气候事件和考古文化序列之间的关系

更新世晚期以来的地质时代和古气候分期，以及北美洲考古文化序列

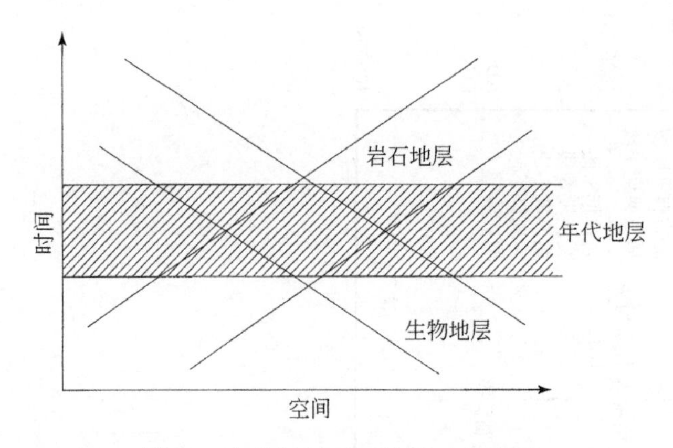

图 5.6 年代地层/岩石地层/生物地层

岩石地层、年代地层和生物地层在时空上的关系。年代地层的命名是独特的，因为它们受到时间界限的约束，而岩石类型的属性被用来命名岩石地层，生物标志（化石和遗物）被用来定义生物地层（据 Holliday，2001）

韵律层（纹泥）

在地质记录中，沉积物中有规律的堆积形成独特纹泥（见第 2 章）是一种普遍的现象。描述这种序列的地质学术语是韵律层。由于沉积物供应量和类型的年际变化而形成的叠层被称为纹泥。19 世纪晚期，瑞典地质学家杰拉德·德·吉尔（Gerard de Geer）首先开拓了利用年代际层状沉积作为定年手段的潜力。与树木年轮一样，当知道一个纹泥层的年代时，纹泥就可以提供绝对年代。现生湖泊底部最上面的沉积层形成于刚刚过去的一年，这实际上可以用来标定年代。

纹泥为放射性碳时间标尺提供了绝对年代的校正，校正的年表可以直接应用于纹泥序列的花粉地层研究中。

纹泥定年技术基于沉积物堆积的年代际旋回变化。一般来讲，较细的颗粒或化学沉淀物可能在冬季月份沉积，而较粗的颗粒则在其他时期沉积。这样粗细组合的两层代表了沉积物的一个年际旋回。在斯堪的纳维亚，纹泥序列可以追溯到 1.3 万年前。德·吉尔在波罗的海地区首先利用了该技术[6]，而厄恩斯特·安特弗斯在北美的工作代表了使用纹泥年代学的早期尝试[7]。

在北方冬季结冰的湖泊中，夏季沉积粗颗粒（砂和粉砂），冬季沉积细颗粒（泥和有机质）。所形成的层序堆积很容易辨认，浅色的夏季沉积与颜色较深的冬季层理相互交替。不幸的是，生物扰动和其他现象经常扰乱纹泥，但深水湖泊除外。而且，纹泥年代学长期以来为晚第四纪的事件提供了一种校准方法。在明尼苏达州的埃尔克湖（Elk Lake）中，5 m 长的岩心中记录了大约 1 万个薄层，进而将北美洲中部的纹泥年表追溯到全新世的开始[8]。

如图 5.7 所示，纹泥年代（应该代表实际的日历年）与 ^{14}C 年代存在差异，这是由碳库效应引起的（见后面的放射性碳部分）。这些差异可能长达 1950 年之久。例如，埃尔克湖的纹泥年代比放射性碳年代更年轻，因为湖泊碳库中存在老碳。并且，纹泥年代可以与花粉地层以及附近花粉记录建立的年代相互对比。在过去的 1.1 万年里，植被类型发生了几次迅速而显著的变化，包括云杉在距今 1.1 万年左右减少，蒿属植物在距今 8560 年前后增加，桦属植物在距今 3390 年前后增加，以及白松在距今 2700 年前后增加。根据区域花粉记录，云杉下降和蒿属植物上升的未校正年龄似乎太老，但如果埃尔克湖区云杉的变化可以被校正到距今 1 万年左右，那么它与纹泥年代是一致的。

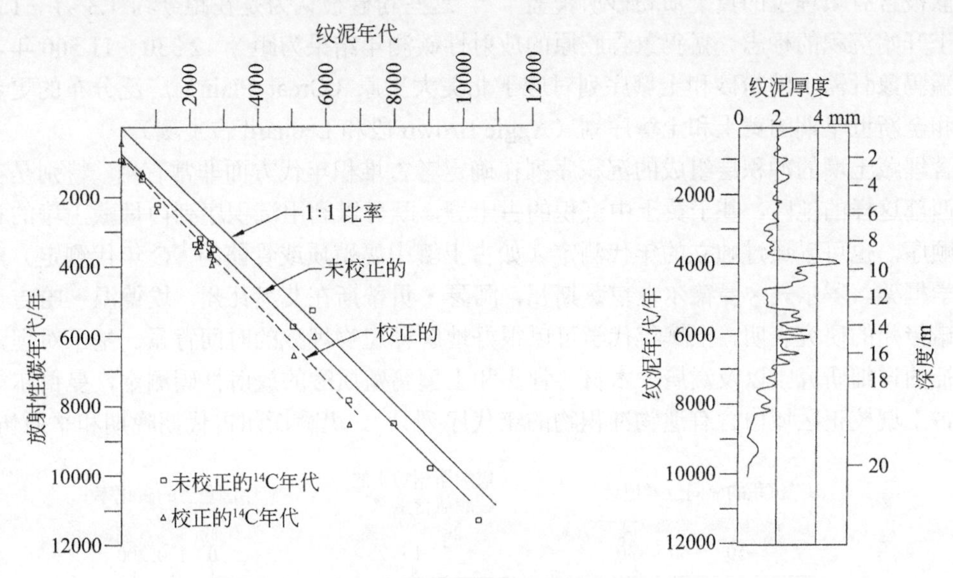

图 5.7 纹泥和放射性碳年代

纹泥年代通常比放射性碳要年轻，因为放射性碳年代测定受到系统内老碳的影响

纹泥沉积也会出现在比较温和的气候条件下。输沙量、生物量累积和化学沉积均随季节而变化。如果生物扰动或水流不对沉积物进行重新作用，则年层将会被保存下来。由此产生的叠层在一些湖泊中是肉眼可见的。在另一些情况下，它们需要借助分析或微观研究，才能被清楚地观察到。在石灰岩地区，浅色的碳酸钙夏季层理与深色的富含腐殖质冬季层理交替存在。当一层沉积物含有丰富的有机材料时，便有可能利用加速器进行放射性碳年代测定。

黄土和冲积物中的古土壤

黄土沉积被稳定期和土壤形成期所打断，从而形成了可以测定年代的地层序列。在北美、欧洲和中国，黄土沉积序列及其内部发育土壤的年代测定取得巨大进展，这对考古学具有重要的价值[9]。在被用作时间标尺之前，这些黄土-古土壤序列需要通过单独的年代对比进行时间标定。图 5.8 显示了北美和中国的黄土序列与海洋氧同位素曲线的对比。这样就可以给黄土序列添加一个时间尺度。其他标准已经被用来验证这种对比的可靠性。例如，中国采用地磁倒转年代、钾-氩（K-Ar）测年法对黄土序列进行了测定，而北美部分序列采用热释光（TL）测年法（将在后文讲述）进行了测定。欧洲的黄土序列是用放射性碳、热释光和稳定同位素技术测定的（见图 5.9）。

威廉 C. 约翰逊（William C. Johnson）和布拉德 • 洛根（Brad Logan）展示了一个很好的利用黄土-古土壤序列定年的例子[10]。堪萨斯河（Kansas River）盆地的皮奥里亚

（Peoria）黄土年代为约 2.3 万年，其上部覆盖布雷迪（Brady）土壤，年代约为距今 1.1 万年。更年轻的比格内尔（Bignell）黄土覆盖在布雷迪土壤之上。皮奥里亚黄土和全新世黄土沉积与美洲平原史前人类出现的时间相一致。在包括鹿溪（Deer Creek）流域在内的蒙大拿东部发现的猛犸象遗骸提供了另一个北美黄土年代测定的实例。在这个地点，猛犸象的遗骸被含有填埋土的黄土质粉砂所覆盖[11]。这些粉砂被认为是在距今约 1.3 万～1.2 万年黄土开始沉积的标志。猛犸象骨胶原的放射性碳测年结果为距今 12 330～11 500 年。覆盖在猛犸象骨骼上的粉砂和土壤序列对应于北美大平原（Great Plain）广泛分布的更新世末期和全新世早期的黄土和土壤序列（Aggie Brown 段和 Leonard 古土壤）。

含埋藏土壤的冲积层组成的沉积序列在确定考古堆积年代方面非常有用，特别是在美国中西部这样的地区。基于黄土中沉积的古土壤，既可以利用沉积序列内埋藏土壤的相对沉积顺序，也可以通过独立的年代测定（如古土壤中腐殖质或骨骼的 ^{14}C 年代测定）建立年代学框架。罗尔夫·曼德尔在堪萨斯州，阿瑟·贝蒂斯在艾奥瓦州，埃德温·哈吉克在伊利诺伊州的研究表明，土壤年代学可以很好地解释遗物埋藏的时间背景。基于对埋藏土壤特征的详细研究，以及炭屑、木材、骨头和土壤腐殖质酸的放射性碳测定，曼德尔能够利用古土壤校正区域内含有遗物冲积物的年代序列[12]。堪萨斯州古代期晚期和平原伍德

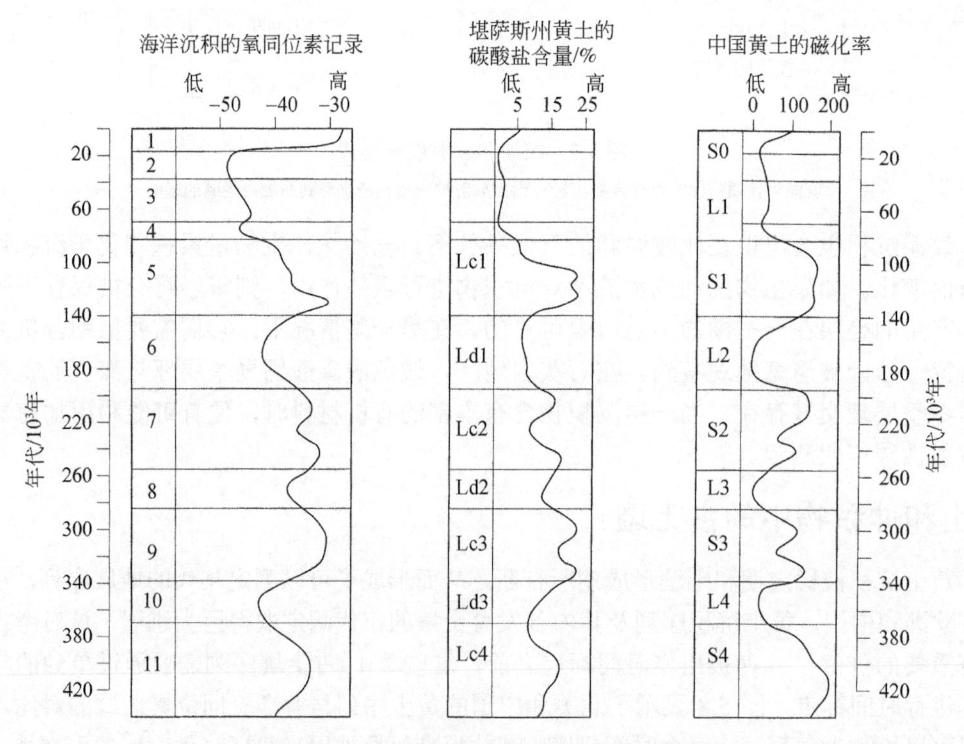

图 5.8 三种分析方法显示了相似的变化趋势

这些地层序列所记录的类似气候变化模式重现了过去 40 万年以来全球主要的变暖和变冷事件，并且能够与人类史前记录进行比对。来自海洋沉积地层的氧同位素记录揭示了与冰期和间冰期相对应的变化。氧同位素阶段 5、7 和 9 的气候条件有点类似于今天我们所处的间冰期阶段。北美中部黄土沉积物中碳酸盐含量相似的变化模式与海洋同位素记录相对应。黄土沉积中碳酸盐高含量时段与间冰期相对应。在中国的风积黄土中，也发现了类似的相关性。其黄土-古土壤序列中沉积物的磁化率高值被认为与间冰期或较暖的气候事件相对应（据 Feng et al.，1994）

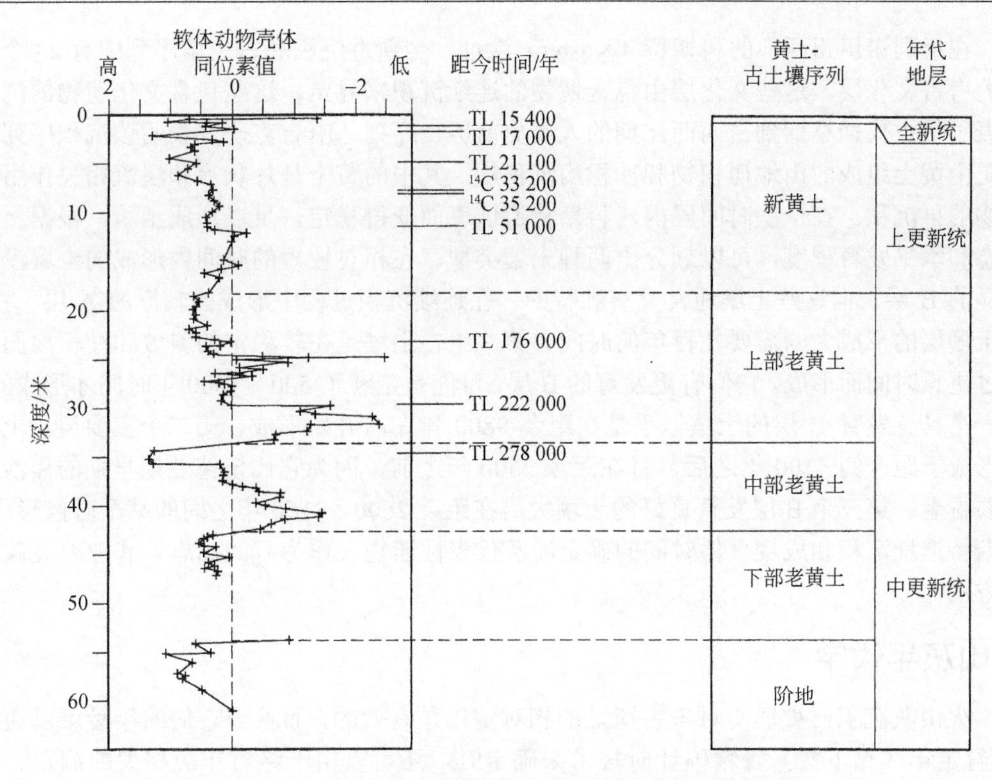

图 5.9　黄土沉积中的热释光定年和微体动物的放射性碳定年

软体动物壳体同位素值随时间变化序列。在这个例子中，同位素信号的年代控制基于热释光（TL）和放射性碳测定方法。中更新世较老黄土的软体动物壳体同位素值比晚更新世新黄土的要低。在该研究中，热释光年代测定方法对确定中更新世地层的存在是关键的，因为放射性碳技术无法测定这个阶段的年代（据 Rosseau 和 Puiseguit，1990）

兰期考古遗址很可能和两层埋藏土壤是同期的，这两层土壤是晚全新世河谷堆积的指示性地层标志。最老的埋藏土壤被称作 Hackberry Creek 古土壤，与古代期晚期遗物共存。土壤形成开始于距今 2800 年，一直持续堆积到距今 2000 年。Hackberry Creek 古土壤被冲积物所埋藏，Buckner Creek 古土壤在这些冲积物中发育，包含有伍德兰期的遗物。Buckner Creek 古土壤在距今大约 1350 年开始发育，至少持续到距今 1000 年。

在中西部地区，全新世冲积层有可能被分隔成三组。每一组都有不同的年龄，因此每一组都有可能与不同的考古时段相对应，并拥有独特的共存土壤序列。距今 10 500 年至 4000 年的沉积物为早—中全新世（EMH）冲积层。它们的特征是呈现氧化色和杂色，表层土壤具有发育良好的水平层，特别是通常形成于软土或淋溶土中的地表下泥质土层或 Bt（参见第 2 章）水平层理。由于含有有机碳，距今 3500 年以后沉积的晚全新世（LH）冲积层普遍比 EMH 冲积层颜色暗，并且表层土壤不发育泥质水平层理。最新的沉积物大多在历史时期形成。它们的颜色比 LH 时期的沉积层浅，下部有明显的层理和氧化特征，并有轻微的成壤蚀变。这三组冲积层具有不同的风化带特征，并且其上发育不同的表层土壤，这种现象在美国整个中西部均有发现。贝蒂斯利用这些独特的特征来确定这些地层中埋藏遗物的年代。古印第安期和古代期遗物与早、中全新世的沉积相对应，而晚全新世沉积层中可能包含古代期晚期和伍德兰期的遗物。

在伊利诺伊州西部的科斯特（Koster）遗址，全新世沉积和古土壤序列中有 23 个不同的考古文化层。这些文化层由包含遗物的连续沉积来界定。这些包含文化遗物的沉积代表了从古代期早期到密西西比期的人类史前历史序列。哈吉克研究表明该沉积序列主要是由黄土组成的山地崩积物和冲积扇沉积物，其中的黄土是片状流和溪流相关作用沉积物的再沉积。在一些时间段内，科斯特遗址表面变得稳定，足以形成土壤。根据土壤形态和水平发育程度，可以划分出两种土壤类型。在相对较短的时间内形成的土壤没有明显的 B 层，但这些土壤通常具有独特的、在连续沉积过程中形成的较厚的 A 层[①]。淀积土壤层的形成大约需要几百年的时间。第二组古土壤是在较稳定的斜坡和冲积扇面上经过更长时间而形成。它们有更发育的 B 层，可能是延续了 500～1500 年时间才形成的。第一个具有发育 B 层的土壤似乎是在距今 9800 年左右开始形成。第二个主要淀积土壤层形成于距今约 4100 年之后，且在距今 2500 年之前，因为它比伍德兰期早期的黑沙陶还要古老。第三个 B 层发育良好的土壤大约在距今 2600～1150 年之间的某个时候形成。科斯特遗址沉积和成壤事件时间的确定涉及代表性遗物（作为时间标志）和放射性碳定年方法。

火山灰年代学

火山灰沉积已被证明对考古遗址的相对定年是有效的，而且当它们的年龄可以通过钾-氩定年（见下文）等精确计时技术来确定时，还可以用于绝对年龄相关的测定。作为有用的年代测定工具，火山灰沉积物必须广泛分布，具有独特的化学特征，且适用于年代序列。

爱琴海锡拉岛（Thera）青铜时代火山喷发年代的测定是应用火山灰年代学方法的一个例子。在青铜时代，锡拉岛属于广泛分布的海洋贸易者的米诺斯文化。在距今 2 千纪中期，该岛的三分之二在一次灾难性的火山喷发中被毁灭。整个岛的中心变成了一个巨大的火山口，朝向大海。该岛南端曾经繁荣的海港被火山灰掩埋。希腊考古学会在考古服务局的资助下，目前正在发掘现称为阿克罗蒂里（Akrotiri）的古镇，该镇位于其中一个残余岛屿之上。这个遗址和它的历史本身具有巨大的意义，但除此之外，它还受到了全世界的关注，因为灾难性的火山喷发和随之而来的破坏可能是柏拉图的亚特兰蒂斯传说灵感的来源。

火山喷发出大量的细颗粒和硫化物，这些物质进入大气环流系统的上层，并伴随雨雪缓慢地降落回地表。其中的硫化物会造成冰芯不同层位酸性的显著增强。格陵兰冰芯的酸性在距今 1644±20 年出现明显的峰值，被解释为锡拉岛火山喷发的记录。阿克罗蒂里出土的遗物与埃及的日历证据相结合，将冰芯记录的锡拉岛火山喷发时间推后了 100 多年。火山喷发年代的争议仍然在继续，但我们认为，格陵兰冰芯记录的火山活动更有可能来自附近的冰岛，而不是地中海东部（这或许可以通过对比化学标记物来检验）。

在北美西部，三个冰后期的火山灰沉积物是更新世末期和全新世早期的有效标志层。格拉西尔峰的 G 层和 B 层以及圣海伦火山（Mount Saint Helens）[②]的 J 层火山灰可以追溯

① 自然土壤剖面自上而下有三个基本的发生层：淋溶层也称表土层（A 层）、淀积层（B 层）和母质层（C 层）。——译者

② 圣海伦火山是一座活火山，位于美国太平洋西北区华盛顿州的斯卡梅尼亚县，西雅图市以南 154 km，波特兰市东北 85 km 处，是喀斯喀特山脉的一部分。山的名称来自英国外交官圣海伦勋爵，他是 18 世纪对此地进行勘测的探险家乔治·温哥华的朋友。圣海伦火山是包含 160 多个活火山的环太平洋火山带的一部分，因火山灰喷发和火山碎屑流而闻名。——译者

到晚更新世。格拉西尔峰火山灰来自距今 11 200 年的华盛顿中北部火山喷发。圣海伦火山的 J 层火山灰来自华盛顿南部，由距今 11 500～10 800 年火山喷发的火山灰层组成。北美西部分布最广泛的全新世火山灰——梅扎马火山灰来自距今约 6845 年喷发的俄勒冈州火山口湖（Crater Lake）火山。虽然也使用了热释光和其他定年技术，但这些火山灰的年龄主要由放射性碳方法测定[13]。

在北美西部，火山灰定年方法已经帮助确定了许多考古情景和地层序列的年代[14]。华盛顿 Wenatechee 遗址的克洛维斯文化层年代是由格拉西尔峰火山的喷发物确定的。在这个遗址中，克洛维斯文化遗物的下方发现了富含浮石的沉积物，这些沉积物源自格拉西尔峰火山碎屑。相邻的地层序列中包含梅扎马火山灰。在蒙大拿州西部的 Indian Creek 遗址发现了格拉西尔峰 G 层火山灰。这些火山灰经放射性碳测定年代为距今约 11 125 年，并位于距今 10 980 年前后的福尔松文化遗物组合之下。Indian Creek 遗址沉积序列中也发现了梅扎马火山灰。由于这两层火山灰沉积物的年代都是已知的，它们一旦被识别出来就可以作为时间标记。有时可以根据厚度或颜色来识别它们，但野外的判断需要矿物或地球化学特征的验证。

动物和植物化石定年

古生物学

生物地层学原理一直被应用于揭示相对年代，尽管如此，在使用遗物作为“指示性化石”的时候，同时性、穿时性和生境差异等问题都需要考虑。对于特定年代时段，最具时间标志价值的生物体遗存应具有两个特征：有广泛的地理分布，并且出现后在很短的时间内灭绝。在北美，与遗物共存的灭绝动物遗骸对确定人类的古代历史起了决定性的作用。尽管早就发现了遗物埋藏于灭绝哺乳动物附近，但它们的共存关系仍然受到质疑。新墨西哥州福尔松附近的一个冲沟里，灭绝的野牛与无可争议的石器共存的事实，使人们一致认为人类已经在北美生活了数千年。当这一现象被发现的时候，已灭绝动物的年龄是基于非绝对定年方法推断的。另外一个例子，欧洲啮齿类动物化石的出现和演化发展已经被用作第四纪地层序列的古生物标志。在非洲，马、猪和大象等物种的化石已经被作为上新世—更新世地层的相对年代标志，这部分地层中含有原始人类和旧石器早期遗物。

除了可以用于重建环境和气候变化外，花粉地层序列也可以用作时间标尺。作为年代指标时，花粉序列必须与已有的确定年代相关联。进而，这个环境-时间框架能够与考古事件相对比。例如，已经基于放射性同位素建立了年代标尺的法国 La Grande Pile 和 Les Echets 泥炭的花粉序列，可作为整个欧洲旧石器时代遗址环境变化对比的基准点。花粉丰度高值出现在气候温和的条件下，与间冰期和间冰段相对应。最早的花粉丰度峰值的出现与约 13 万年前氧同位素 5 阶段（末次间冰期）的开始相对应。沉积序列其余部分乔木花粉含量的变化，能够与该区域具有独立定年的旧石器时代事件相对应。

在一个广阔的区域，花粉地层序列可以记录到植被变化的穿时性①。放射性碳测年应用之前，北欧的花粉带是用纹泥年代学方法来定年的。在考古情景中，一个遗址地层序列中出现的独特花粉带，可以使该遗址与区域内具有放射性碳控制的年代地层相对比。

树轮年代学

在20世纪早期，A. E. 道格拉斯（A. E. Douglass）②发展了树轮定年法[15]。这是基于许多树木每年都会有一圈或一排新的木细胞生长的观察结果。树轮定年的基本要求是存在可明显界定的年轮层，而主要问题是年轮可能由于极端气候条件等情况而缺失。和纹泥一样，树轮定年也被证明是一种非常有用的、独立的、可检验放射性碳年代的方法。尽管在世界上的其他地区，年代序列的开始日期不断向更早的时间延伸，目前两个主要的树轮年代表还是来自北美和欧洲。

在北美、欧洲和近东，树轮年表已经延伸到整个全新世。目前树轮年代学可以校正距今约1万年的放射性碳年代。一旦获得可靠的树轮序列，就可应用于保存了其部分序列的考古遗址。需要注意的是，树轮定年通常提供了考古文化的年龄上限，因为比考古文化更古老的树可能在遗址中被使用或重新利用[16]。

树轮定年为北欧维京时期开始于 8 世纪提供了令人信服的证据[17]。用树轮年代学方法测定了3个维京船葬土堆的年代。定年的树轮是从船墓室的边材结构上取下来的。树轮年代学在本质上并不是地质学，但是可定年的树木经常被发现于沉积物中，同时树轮分析也为古气候学提供了数据。

放射性定年方法

钾-氩和氩-氩定年

钾（K）是许多岩石中的主要元素，它的一种同位素 ^{40}K 会自然衰变为 ^{40}Ar[18]。在云母、钾长石等矿物以及火山玻璃中，这种衰变可用于测定火成岩和变质岩的年代。^{40}K 衰变的半衰期约为12.5亿年。尽管它最适用于距今10万年以上的火成岩，但已发表的这种定年方法测定的最小年龄是距今3.5万年左右。在测定比它更年轻遗物的年龄时，大气中氩（Ar）的浓度会掩盖年龄信号。

含钾的源矿物是在火山作用中产生的。当火山岩与考古现象有直接关系时，可以采用这种定年方法。被捕获的 ^{40}Ar 累积量与剩余 ^{40}K 的数量相对值用于测定火山活动年龄。火成岩中的矿物可以被侵蚀，然后再沉积。沉积物中矿物的 K-Ar 浓度反映的是原始火成岩事件发生的年代，而不是再沉积和沉积地层形成的时间。

K-Ar 定年方法的使用基于以下假设：①矿物中所含的氩完全是由于 ^{40}K 的衰变而产生的；②自矿物形成以来没有氩的流失；③在矿物形成及之后的一些事件中，没有外部氩的

① 是指同样的植被类型在不同地点出现的时间差异。——译者

② 道格拉斯，美国天文学家。他发现了树木年轮和太阳黑子周期之间的相关性，并建立了树木年代学的学科，这是一种通过分析生长环模式来测定木材年代的方法。1894年，当他在洛厄尔天文台工作时开始了在这个领域的研究。——译者

加入。同样，矿物中的钾必须是封闭系统的一部分，除了衰变没有其他变化。后期变质或熔融事件引起的再结晶可能会导致氩的损失。风化和蚀变也会造成钾和氩的丧失，并可能引入新的 ^{40}K。来自较早火山的钾元素侵入会造成测年结果偏老。

钾-氩衰变测年结果在建立上新世和更新世年代序列上功不可没。这种年代学方法对古人类学和旧石器时代考古极其重要。20 世纪初伯纳德·布容（Bernard Brunhes）和松山基范（Montonori Matuyama）的研究使人们发现地球磁场在第四纪曾多次发生极性倒转。根据火山岩的 K-Ar 年代确定了这些极性倒转的时间标尺。

钾-氩定年法在火山活动频繁的东非上新世和更新世地层中的应用尤其成功。已测定的重要考古发现包括坦桑尼亚奥杜威峡谷的地层序列和埃塞俄比亚的南方古猿“露西”（Lucy）。K-Ar 测年法最早的应用案例之一是 J. F. 埃文登（J. F. Evernden）和 G. H. 柯蒂斯（G. H. Curtis）对奥杜威峡谷的凝灰岩（火山灰）地层的年代测定[19]。来自奥杜威峡谷的钾-氩年代数据起初令人感到惊讶：它们比预期要老得多。20 世纪 90 年代早期，$^{40}Ar/^{39}Ar$ 相关技术的应用提供了更准确的年代结果[20]。奥杜威峡谷 I 层（Bed I）包含世界上已知保存最好的原始人类化石，它对应于一个重要的生物和气候变化时段。使用 $^{40}Ar/^{39}Ar$ 分析方法，I 层中间和上部的单颗粒矿物的年代大约是 180 万～175 万年前。I 层下部的年代比之前认为的时间早了大约 10 万年。

J. D. 克拉克（J. D. Clark）和他的同事利用 $^{40}Ar/^{39}Ar$ 方法确定了埃塞俄比亚解剖学意义上的现代人化石和遗物的年代，它们在地层上与凝灰岩和再沉积的火山物质（浮石和黑曜石）共存[21]。这些石制品与阿舍利文化和石器时代中期技术有紧密的联系。这些人工制品和化石发现于鲍里组（Bouri Formation）①的赫托段（Herto Member）中。阿舍利晚期的工具类型发现于赫托段②下部，这层沉积物是由碳酸盐和粉砂质黏土组成的湖相沉积。赫托段下部凝灰岩（由膨润土构成）中长石的 $^{40}Ar/^{39}Ar$ 年龄大约为 25 万年（图 5.10）。研究发现这些层位较低的沉积物向上倾斜进入顶部覆盖着另一层凝灰岩的河流和湖滨砂岩中。赫托段的上部包含有两面器以及勒瓦娄哇石片，且其伴有浮石和黑曜石碎屑的冲积砂中也含有原始人类化石。浮石中的正长石 $^{40}Ar/^{39}Ar$ 年龄为大约 16.3 万年，而透长石年龄大约是 22.6 万年。而从黑曜岩碎屑中得到的年龄是 16 万年。由于受到老的晶体污染，覆盖在赫托段上面的凝灰岩无法用于直接测年。$^{40}Ar/^{39}Ar$ 定年方法证明含有旧石器时代中期（勒瓦娄哇类型）石制品的沉积物中出土的解剖学意义上的现代人化石属于中更新世晚期，这些沉积物在地层上覆盖在阿舍利晚期石制品之上。这个例子表明放射性同位素测年技术能够用于测定含有火山材料的地层中发现的遗物的年代。在这种情况下，该技术提供了旧石器时代早期和中期（以阿舍利到旧石器时代中期的变化为例）之间的年代关系，并帮助确定了非洲东部解剖学意义上现代人化石的年代。

---

① 鲍里组是一系列沉积物，包含了南方古猿、其他人属化石、石制品和大型哺乳动物的化石。它位于东非埃塞俄比亚的中阿瓦什山谷（Middle Awash Valley），是阿法尔大地堑（Afar Depression）的一部分。——译者

② 赫托段位于鲍里半岛（Bouri）西南部，该段厚度为 15～20 m。下层和上层之间的分隔特征是充满了圆卵石的侵蚀表面。在赫托（Herto）村发现了目前最早的现代智人（*Homo sapiens*）化石之一的长者智人（*Homo sapiens idaltu*），化石年代为距今 16 万年左右。——译者

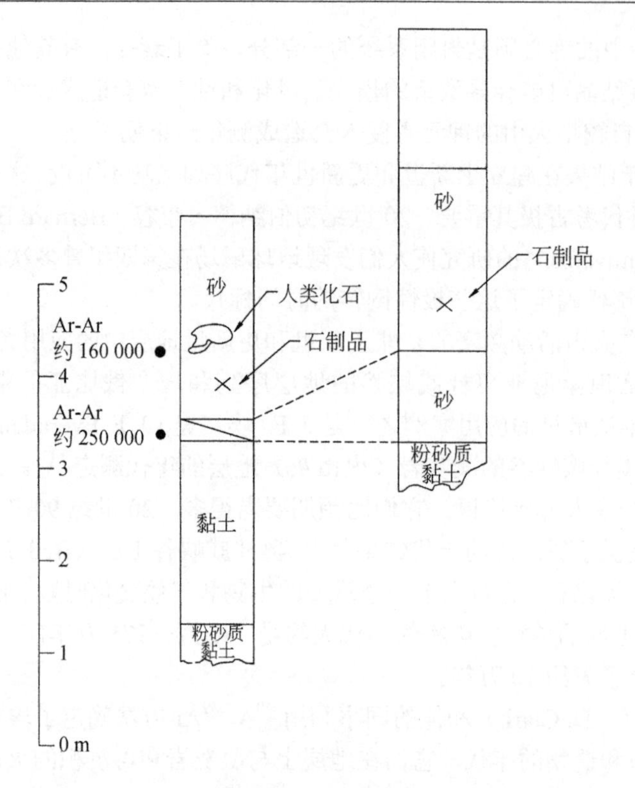

图 5.10　Ar-Ar 定年

Ar-Ar 定年法已被用于研究含有火成岩地层情景的考古发现和更新世人类化石。埃塞俄比亚阿尔法裂谷（Afar Rift）出土化石和石制品的 Ar-Ar 年龄在 16 万到 15.4 万年之间。使用的测年材料包括浮石和黑曜岩中发现的矿物歪长石和透长石。Ar-Ar 定年法已被用于更新的地质考古学事件，如公元 79 年庞贝古城的毁灭以及更古老的情境，如东非的研究工作发现该方法可测定数百万年的年龄（据 Clark et al.，2003）

铀系定年

铀元素（U）具有放射性，并以已知的速率衰变为一系列其他元素[22]。这种以铅为终止的衰变序列称为铀系（U 系）。这种衰变链是几种测定年龄方法的基础。铀的两种同位素，^{235}U 和 ^{238}U，通过不同的元素序列和衰变速率产生不同的铅（Pb）同位素。铀系的年代测定方法就是基于这两种衰变系列实现的。只有满足以下条件才可能进行铀系定年：①在含铀矿物形成时，衰变同位素要么不存在，要么浓度可以测定；②衰变产物的活性必须达到平衡，即衰变产物具有恒定的浓度；③该样品自形成以来未被化学干扰。通常铀系年代测定依赖于它在水中的可溶性，而衰变产物要从含水溶液中沉淀出来[23]。在铀元素的衰变系列中有许多元素的比率已被用于年代测定。同位素 ^{230}Th（钍）属于 ^{238}U 系列，^{231}Pa 位于 ^{235}U 系列中。在一个封闭的系统中，如果初始没有 ^{230}Th 和 ^{231}Pa，也没有铀或衰变产物进入或遗留，那么就可以用 ^{230}Th/^{238}U 或 ^{231}Pa/^{235}U 的值来测定年龄小于 20 万年的材料。^{230}Th/^{238}U 最初用于测定珊瑚的年代，后来用于贝壳和碳酸盐的年代测定。

铀系的年代测定范围在 1000 年到 80 万年之间。相比之下，放射性碳对 4 万年以内的年龄最有效，而钾-氩方法更适合于 75 万年以上的年龄。铀系方法已经被用于测定有机碳酸盐、珊瑚和贝壳（软体动物）的年代，而且测定牙釉质年代的尝试也取得了成功。无机碳酸盐岩，如来自洞穴、泉水和湖泊沉积中的石灰岩、石笋、钙华等，已可用于铀系测年。

铀系方法已被用于测定埋藏或包裹于钙质碳酸盐中的考古材料的年代。它在测定旧石器时代遗址的年代方面具有重要作用。泉水中沉积的钙华是一种有用的年代地层标志。$^{230}Th/^{234}U$ 方法已经被用来测定钙华沉积的年代，其时段在距今 17.1 万年至 14.9 万年之间。

在西班牙的埃尔卡斯蒂约洞（在第 3 章中讨论；见图 3.12），铀系方法被用来测定阿舍利和莫斯特石器的年代[24]。一个巨大的钙板层将洞穴中的遗物组合分为两组。在钙板层下面出现传统上称为阿舍利的石器，在钙板层上面的遗物被定义为莫斯特石器。钙板层上部主要由含多孔状角砾岩的坚硬钙华组成，其底部是滴石或石笋，年代为距今 8.9 万年。直接由 $^{230}Th/^{234}U$ 子体-母体比值计算的年龄偏老，是因为有外来 ^{230}Th 碎屑加入。由于 ^{232}Th 不是 $^{238}U/^{235}U$ 衰变系列的一部分，它可以作为外来碎屑污染程度的一个指标。距今 8.9 万年对应于氧同位素 5b 阶段的冷波动，尽管在一个标准偏差下，钙板的年代也可以对应于阶段 5c 或 5a（图 5.11）。如果这是对钙板年龄的合理测定，则表明阿舍利组合存在于钙板沉积之前，而莫斯特石器沉积于距今约 9 万年之后的某个时段。

^{210}Pb 为历史考古学提供了一种重要的定年技术。这种同位素作为 ^{238}U 衰变系列的放射性同位素之一，天然地出现在湖泊沉积物中。其半衰期为 22.66 年。由于其半衰期短，^{210}Pb 仅用于 19 世纪中期到现在的遗物定年。

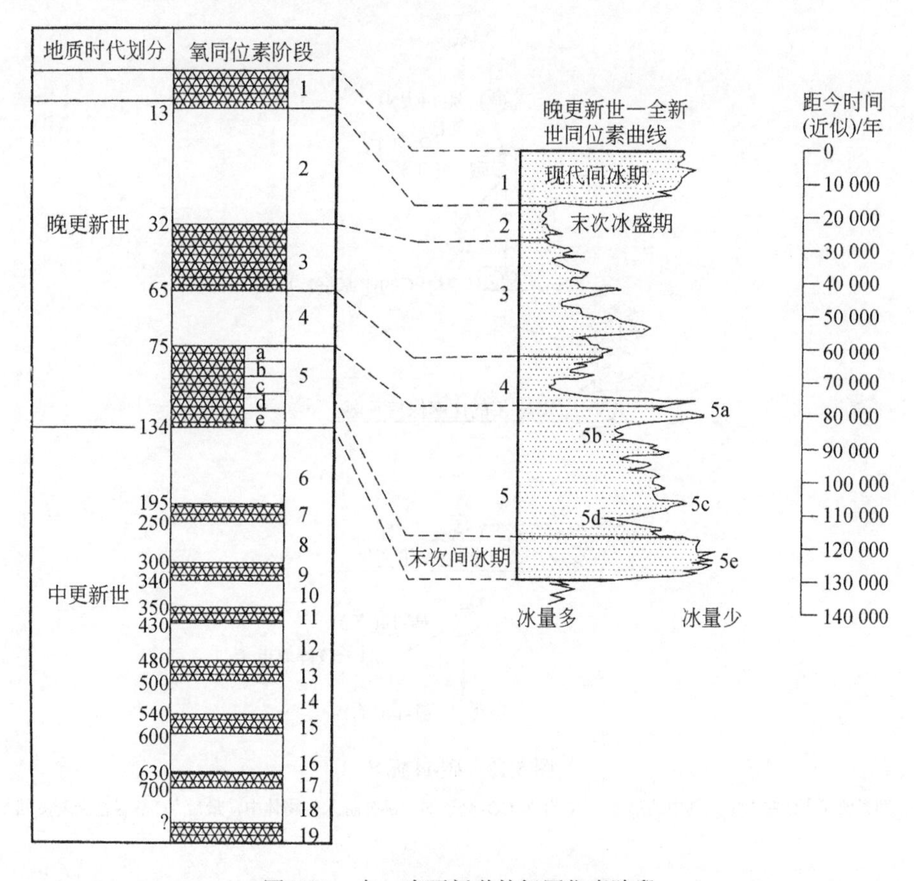

图 5.11 中、晚更新世的氧同位素阶段

末次间冰期（同位素阶段 5e）标志着中更新世的结束和约 13.5 万年前晚更新世的开始。末次冰盛期出现在同位素阶段 2 内，距今约 3.2 万年到 1.3 万年之间。现代间冰期（全新世）以氧同位素阶段 1 的开始为标志

放射性碳定年

碳-14 是碳的一种放射性同位素，最早被威拉得·利比（Willard Libby）①用于测定有机材料的年龄[25]。氮原子在大气上层宇宙射线的轰击下产生 ^{14}C 同位素（图 5.12）。^{14}C 同位素被所有地球化学和生物化学系统所吸收，这些系统与大气二氧化碳的碳同位素是平衡的。^{14}C 的半衰期约为 5730 年。1970 年之前，计算得到的半衰期为 5568±30 年，但更精确的半衰期是 5730±40 年。利用放射性碳测定超过 4 万年的年龄是可能的，但由于污染问题和 ^{14}C 浓度的下降，与更年轻的样品相比，大于 4 万年的放射性碳测定年龄没有那么可靠（图 5.13）。

有两种方法可以得到放射性碳年龄。传统的技术依赖于测量放射性衰变产生的 β 射线，第二种方法使用加速器质谱仪（AMS）来测量样品中剩余的 ^{14}C 原子的数量。AMS 法可直接测定 ^{14}C 与 ^{12}C 或者 ^{13}C 含量的相对浓度。在传统的方法中，1 g 现在的碳每分钟大约有 15 次衰变，但是 2.2 万年前的样品每分钟只有一次。AMS 年代测定法的计数速度更快，可以使用更小的样本量（小于 1 mg）。在理想的情况下，可能将测定年代范围扩大到 6 万年或更长。

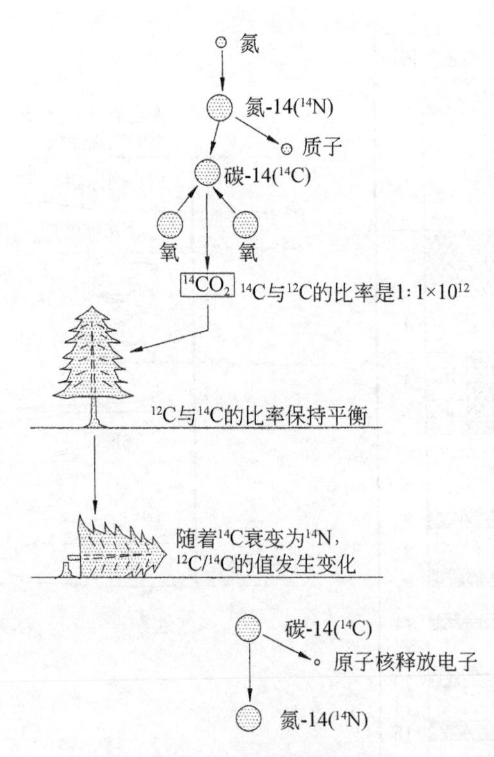

图 5.12　碳-14 循环

这张图说明了 ^{14}C 在上层大气中的形成，^{14}C 作为 CO_2 分子的一部分融入生物体中，最后 ^{14}C 放射性衰变变回 ^{14}N

① 威拉得·利比，美国化学家，1960 年诺贝尔化学奖得主，毕业于美国加州大学伯克利分校，先后任教于加州大学伯克利分校、芝加哥大学以及加州大学洛杉矶分校，曾参与美国曼哈顿计划。利比于 20 世纪 40 年代在芝加哥大学发明了放射性碳定年法，该方法对考古学的影响十分深远。——译者

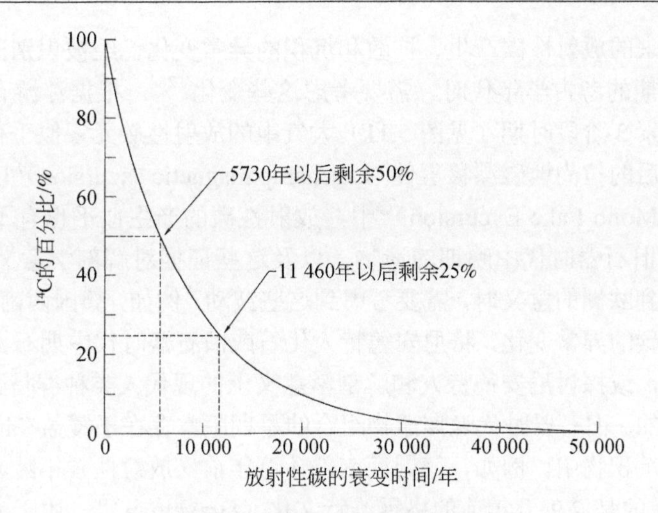

图 5.13　放射性碳的衰变曲线

计时技术和半衰期曲线。在放射性碳测年方法中，年代的计算基于样品中 ^{14}C 的数量和衰变率。总的 ^{14}C 衰减为一半所需要的时间为 5730 年，这就是 ^{14}C 的半衰期。通过测量现存 ^{14}C 与初始 ^{14}C 的相对数量，就可以获得样品的年龄。需要注意的是 3 万年以后，^{14}C 的剩余数量很少

碳循环系统中有几个方面会直接影响放射性碳测量，包括碳库、同位素分馏、地球磁场、太阳黑子活动、化石燃料燃烧和核试验。科学家们假设 ^{14}C 在碳库中均匀分布。碳-14的产量会随宇宙射线强度、磁屏蔽强度和原子爆炸而变化。如果 ^{14}C 的产量在一个特定的时期内很低，那么在那个时期的样品中只能够找到少量的同位素，而且任何测量都会显示出一个比实际年龄更老的结果。

有几种现象会影响 ^{14}C 的产量。因为宇宙射线导致了 ^{14}C 的产生，所以它们强度的任何变化都会改变 ^{14}C 的自然浓度。当磁场较弱时，宇宙射线较多，因此产生的 ^{14}C 会增加，而磁场较强时则相反，更多的宇宙射线粒子会偏离地球大气层。同样地，在地磁反转期间，^{14}C 的产量更高。基于年轮、纹泥和铀系方法的年代标尺已经被用于校正 ^{14}C 测年（见图 5.14）。

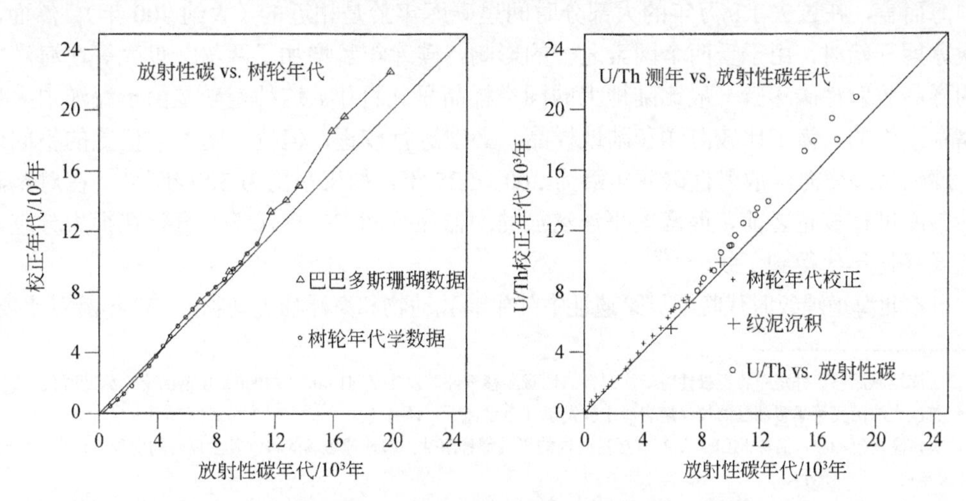

图 5.14　树轮年代学和其他定年方法

树轮定年、纹泥和铀系定年能够帮助获得更可靠的放射性碳年代标尺。在两幅图中，放射性碳测年在 4000～20 000 年之间变得偏年轻。对于 1.2 万年以来的样品，用树轮和纹泥与放射性碳测年做对比。年代更久的样品用铀系法对比

晚更新世以来的放射性碳产生、扩散和沉积的异常变化已经被识别出来。在测定旧石器时代中期和晚期的考古学年代时，需要考虑这些变化[26]。根据浮游有孔虫、纹泥和石笋记录，氧同位素 3 阶段时期（见图 5.11）大气中的放射性碳元素似乎存在波动。此外，在 4 万日历年前后的拉尚地磁漂移事件（Laschamp magnetic excursion）①以及几千年后的莫诺湖地磁漂移（Mono Lake Excursion）②中，放射性碳的产生似乎也有不同的模式。在解释古人类化石和旧石器时代中晚期的遗物，以及这些证据对解剖学意义上的现代人 5 万到 3 万年前迁徙到欧洲的意义时，需要考虑到这些波动。例如，德国西南部多瑙河流域内，由于大气放射性碳的异常变化，将尼安德特人化石或旧石器时代中期石器的放射性碳年代校正为日历年龄，或探讨尼安德特人和解剖学意义上的现代人类种群是否有实际的共存，都可能是不容易的。旧石器时代晚期遗物组合的早期版本存在于覆盖在欧洲旧石器时代中期之上或之后的沉积物中。例如，德国西南部 4 万年前（放射性碳年龄）出现早期奥瑞纳文化③，随后出现的是 2.9 万年前的格雷维特文化（Gravettian）④。由于大气中放射性碳浓度的波动记录，对这些年龄的评估变得复杂。

放射性碳测年的地球化学背景包括碳库效应。有机材料的 ^{14}C 数据能够进行对比的前提条件是，大气 ^{14}C 必须在全球的碳库中迅速混合。据知情况并非如此。一种潜在的影响被称为“硬水效应”（hard water effect），即不含 ^{14}C 的老碳或“死”碳与有机物中的碳混合，从而使样品年龄出现比实际年龄更老的情况。这是受石灰岩基岩影响的地下水饱和区域的一个特殊问题。这个问题是至关重要的，老碳已经融入壳体的碳酸盐中。已知石灰岩地区淡水湖活体样本的放射性碳年代最高可达距今 1600 年。石灰岩释放出的缺乏 ^{14}C 的碳能够改变大气中 ^{14}C 的浓度。同样的道理，现在煤和石油的燃烧稀释了大气 ^{14}C 的浓度，因为来自这些燃料的死碳加入了大气。另一方面，核装置的爆炸也向系统中输入了大量 ^{14}C。

要准确测定样品的放射性碳年龄，必须知道本底的初始 ^{14}C 含量。这个初始值变化很大。利用火山灰层可以识别炭屑与浮游有孔虫的同步沉积[27]。同一岩心之中，反映大气中 ^{14}C 含量的炭屑与反映表层海洋条件的有孔虫的年龄差异就是表层海洋的碳库年龄。对地中海而言，在过去 1.8 万年的大部分时间里碳库年龄是相近的（大约 400 年）。然而，在末次冰期开始时，由于受两个因素之一的影响，碳库年龄增加了两倍。贝壳等在海洋中形成的样品放射性碳年龄一般比陆地上的同类样品早几百年。这种差异是由于海洋中大量的碳储存产生的。为了比较海洋和陆地样品，必须进行校正，但校正随海洋位置的不同而不同。挪威西海岸海洋放射性碳库年龄为 200～525 年，加权平均为 380 年[28]。在对潟湖特有的碳库进行校正之前，西南太平洋汤加的陶器序列和 ^{14}C 年代学一直存在很大分歧。而校正最终使年代得到了统一[29]。

日本北海道绳纹时代晚期贝冢遗址中陆生哺乳动物和海洋哺乳动物的 ^{14}C 年龄对比表明，

---

① 拉尚地磁漂移事件是布容正极性时一次短暂的地磁漂移事件，发生于 41 400（±2000）年前的末次冰期时代。20 世纪 60 年代首次在法国克莱蒙费朗区的拉尚熔岩流中被发现并命名。——译者

② 莫诺湖地磁漂移（简称 MLE）是布容极性时内的极性漂移事件，即地球磁场的极性发生反转的现象。该事件大约发生在 3.4 万年前。——译者

③ 奥瑞纳文化是一种分布在欧洲的旧石器时代文化，距今 3.7 万～3.3 万年。其名称来自典型遗存的发现地，法国上加龙省的奥瑞纳市。——译者

④ 格雷维特文化是欧洲旧石器时代晚期的文化类型，出现在距今约 3.3 万年的奥瑞纳文化之后。在考古学上，它被认为是曾广泛存在的欧洲文化。在距今大约 2.2 万年，也就是接近末次盛冰期时几乎完全消失，但有些文化元素持续到距今 1.7 万年。——译者

两者 ^{14}C 年龄的系统性差异可归因于北太平洋西部海洋的碳库效应（ΔR）[30]。在澳大利亚昆士兰州中部海岸，通过对比贝壳和炭屑的 ^{14}C 年代，确定了当地碳库效应的影响。研究结果表明，早期的ΔR 值需要修正，并且近岸开放海域的ΔR 值与一些河口环境有鲜明的差异[31]。智利北部阿尔蒂普拉诺（Altiplano）古湖泊中的大部分碳库效应已研究清楚[32]，其校正值可能高达负的 2000 年。较小湖泊中的碳相对于大气、水和当地岩石中的碳发生了同位素分馏。湖泊中地表径流与地下水的混合要求我们要谨慎对待沉积物中贝壳的放射性碳测年。

河流搬运的炭屑可能会导致错误的 ^{14}C 年龄。如果放射性碳样品从较老的沉积物中被侵蚀出来再搬运堆积，那么它的年龄可能比沉积物的年龄大得多。了解用于放射性碳年代测定的碳的性质是很重要的。由于土壤中有机质的不断输入，测定的土壤有机质 ^{14}C 年龄往往小于土壤的真实年龄。土壤碳动力学差异会导致相同年龄土壤的 ^{14}C 测年结果相差很大。

地质过程中稳定碳同位素 ^{12}C 和 ^{13}C 的地球化学分馏是放射性碳测年误差的另一个来源。在同位素分馏中，^{14}C 的利用速度比 ^{12}C 慢，这就造成了两种同位素在不同有机材料中的比例不同。图 5.15 显示了同位素分馏的一些典型差异。由于自然分馏而导致的 ^{14}C 富集或消耗是同一样品中 $\delta^{13}C$ 值的两倍。为了消除这个问题，现在将所有的 ^{14}C 值标准化到一个共同的 δ 值。

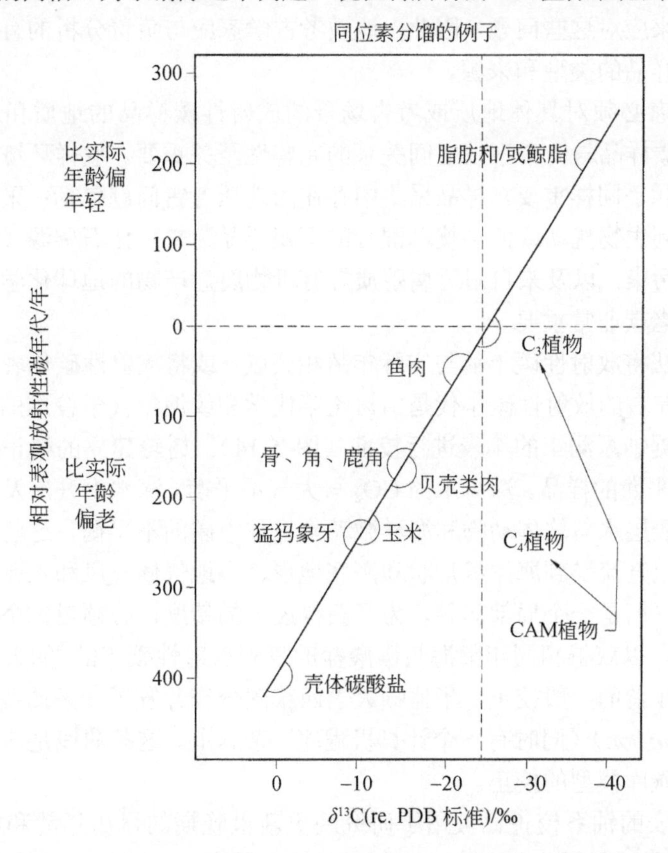

图 5.15　碳同位素分馏引起的不同类型样品表观放射性碳年龄的变化

由于碳同位素分馏，同年代样本中的放射性碳含量不一致。这张图表明，根据用 ^{13}C 的相对含量度量的同位素分馏效应，遗物材料的放射性碳测年可以提供年龄估计值，该估计值要么偏老，要么偏年轻。由于油和脂肪中 ^{13}C 的含量相对较低，这些类型材料的 ^{14}C 测年结果比实际年龄要偏年轻。另一方面，贝壳或猛犸象象牙具有较高的 ^{13}C 含量，而且 ^{14}C 测年比实际年龄要偏老。由于可以测量不同材料的同位素分馏值，因此可以对放射性碳测年进行校正。这为遗物提供了一个更接近真实年龄的估算，并使得从不同的同位素材料得到的放射性碳年龄可以进行对比

对于过去5万年这个时段，放射性碳仍然是主要的精确定年方法。为了克服大气 $^{14}C/^{12}C$ 值在时间上的变化，科学界已经花费了大量努力来改进校正曲线[33]。最近（2003 年）第十八届国际放射性碳大会批准了最新的“官方”校正曲线 INTCAI 04。因为没有达成共识，这条校正曲线没有追溯到距今（公元 1950 年为距今的起点）2.6 万年日历年龄之前①。年龄超过 22 000 年的样品中残留的低浓度 ^{14}C 使校准极为困难。然而，一些技术已经被用于将年代校准范围扩展到大约 5 万年前。

可用于碳-14 测年的考古材料包括木炭、木头、泥炭、贝壳、粪便、骨头、铁器和羊皮纸。虽然利用贝壳和土壤有机质已获得较好的年代学结果，但仍需考虑潜在的问题。陆生蜗牛壳被认为不适合放射性碳测年，因为这些壳的碳源中 ^{14}C 活动并不总是与大气 ^{14}C 平衡。土壤有机组分的放射性碳年龄也可能不太合适，因为可能难以知道土壤碳源的 ^{14}C 活动。此外，土壤中的有机物可能是长期积累的产物，甚至可能是几代成壤作用的产物。对于遗物上的碳酸盐结核以及像钙质层和凝灰岩这样的地质沉积物来说，可能存在着同样未知的 ^{14}C 活动问题。当含有死碳的火山（喷气孔）气体排放物被其周围大约 100 m 范围内的植物吸收时，同样也会出现碳库效应。从事放射性碳测年工作的主要实验室已经研究出了复杂的方法来应对这些问题，因此，地质考古学家应与负责分析的有丰富专业知识的实验室人员讨论样品的类型和来源。

地质考古学家必须对具体地质或考古场景的放射性碳样品的地质和地球化学背景进行评估。放射性碳样品与一个事件之间关系的完整性至关重要。取样环境背景中可能产生的地球化学污染几乎同样重要。样品采集中存在的地质考古问题包括：采集到侵蚀或再沉积的样品，采集到生物扰动或低温扰动混合的沉积样品，来自化石碳源（例如石灰石或煤炭）的地球化学污染，以及来自附近腐殖质等有机物腐烂产物的地球化学污染。确定样品中没有再循环的老碳非常重要。

三种校准方法将放射性碳年龄与实际年龄相关联，或将放射性碳年表与日历年龄相关联。过去 1 万年左右的放射性碳年代是由树轮年代学和纹泥年代学校准的。大约 3 万年的放射性碳年龄根据铀系测年的年表进行校准（图 5.14）。树轮建立的校正曲线仅适用于形成时与大气 CO_2 平衡的样品。深海水的 CO_2 与大气不平衡。深水上升流发生在许多海岸线附近，造成海洋表层水与软体动物和海洋微动物壳体中碳的不平衡，这些动物的碳酸盐来自这些上升流。上升流受到海岸线形状和海底地形、当地气候、风和水流模式的影响。因此，校正这种不平衡是一个局部问题。为了获得最大的精度，必须对每个海岸环境（例如河口）进行评估，以获得相同年龄海贝碳酸盐的表观放射性碳年龄②的大小和变化性。对来源于海洋样品年龄的一般校正，华盛顿大学西雅图分校开发了一条曲线，并发表在《放射性碳》(*Radiocarbon*)（同时有一个计算机程序）杂志上。这条曲线是从树轮信息中推导出来的，但经过碳库模型的校正。

放射性碳年表的铀系校正已被用于研究晚更新世晚期的日历年龄和放射性碳年龄之间的差异，在这个时段无法获得纹泥和树轮校正年表[34]。距今 9000 年以前，^{14}C 年龄总是比实际的日历年龄要小。U-Th 年龄与 ^{14}C 年龄的对比（图 5.14）揭示了这种差异。

---

① 最新的校正曲线 INTCAL20 可追溯至距今 5.5 万年，但校正的不确定性随着年代增加而增大（参见 Reimer P J. Composition and consequences of the IntCal20 radiocarbon calibration curve. Quaternary Research, 2020, 96: 22-27）。——译者

② 是指放射性碳定年方法直接测得的年龄。——译者

图 5.14 还表明，在明尼苏达云彩湖（Lake of the Clouds），纹泥序列与树轮年代之间存在合理的一致性。放射性碳校正曲线的扩展表明，冰消期可追溯到距今 1.8 万年左右，校正年龄为距今 2.2 万～2.1 万年。

其他定年方法

裂变径迹定年

^{238}U 自发裂变产生的阿尔法（α）粒子穿过矿物（包括云母、磷灰石和锆石）和玻璃时留下的损伤痕迹，称为裂变径迹[35]。为了检测这些径迹，研究人员磨光并用溶剂刻蚀一个之前未暴露的样品表面，将径迹的大小扩大，然后通过显微镜对裂变径迹进行计数。样本的年龄由单位面积上的径迹数决定：径迹数越多，样品年龄越老。因为物质足够坚固，可以保留轨迹，裂变径迹定年就是对逝去时间的度量。适用于裂变径迹定年的时间范围是从 20 年到 150 万年。

裂变径迹数据的主要问题是可能存在热退火现象①，这会导致径迹逐渐消失。此外，样品中铀的浓度必须足够高以产生高的径迹密度，而且铀的分布必须足够均匀。可以通过这种方法测定年代的材料包括黑曜石、矿物、考古玻璃和陶瓷[36]。

古地磁和考古地磁定年

古地磁和考古地磁年代测定技术都依赖于地磁极性在空间和时间上变化的现象[37]。古地磁与地质沉积物对应，考古地磁与考古遗物或遗迹对应。年代测定技术的基础是地球磁极的“漂移”（表现为非周期变化）和“翻转”（反向）。

火成岩结晶矿物中的铁的磁偶极子在形成或沉积时方向与地球磁场一致。地球磁场也会影响沉降过程中的磁性颗粒，使它们的方向与磁场平行。这就产生了碎屑剩磁，其方向和强度与沉积时的地球磁场相似。通过建立地球磁场变化的标准年代表，就有可能通过对比岩石的磁场方向与标准记录来确定岩石的年代。图 5.16 展示的是近 1 万年以来地磁场长期变化的标准曲线。

许多考古遗迹中都含有磁性物质。由于地球的磁极随时间移动，在特定时间被磁化的物质可以通过对比已建立的地磁场记录来确定年代（图 5.17）。最根本的困难在于找到那些获得一次磁化后没有被移动的材料，以及那些没有受到不同方向的二次磁化干扰的材料。

考古地磁对解决北美西南部霍霍坎运河的年代测定问题有很大帮助[38]。沉积物中的碎屑剩磁表明，大多数的年代都集中在公元 900～1000 年左右。在拉洛米塔（La Lomita）的一个考古遗址点，碎屑剩磁结果可以与特征陶瓷相对应。考古地磁年代测定显示最古老的运河年代可追溯到公元 910～1025 年。一条较新的运河，可追溯到公元 1000～1100 年，与萨卡顿（Sacaton）时段晚期的遗物相对应，这些遗物大约在定居期向古典期过渡时期被使用。最新的运河包含了 Soho 时段（古典期）的遗物。与 Soho 时段遗迹共生的黏土考古地磁年代在公元 1165 年和 1350 年之间。

① 样品受热后径迹消失。——译者

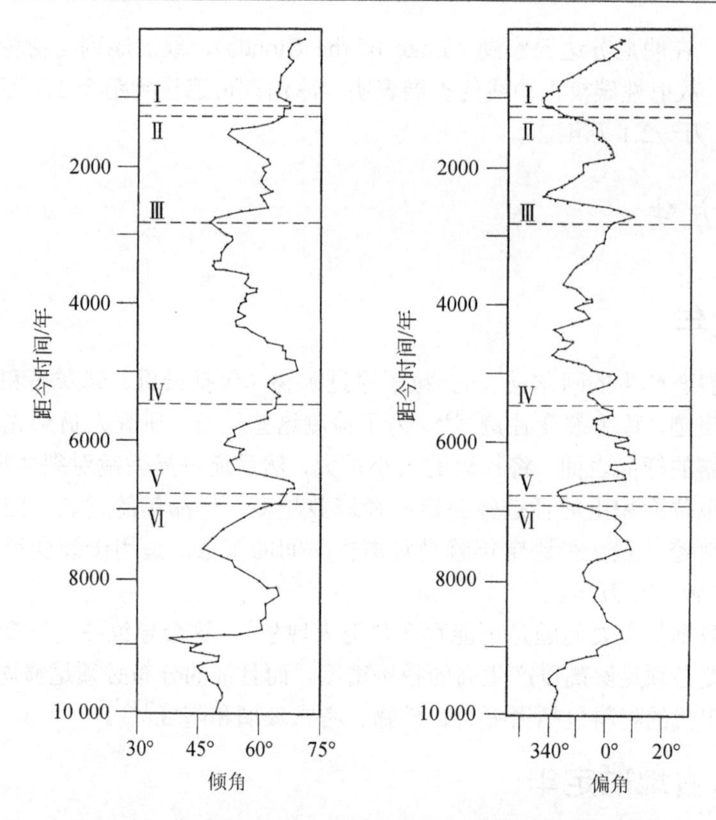

图 5.16 通过大致相反的翻转比较典型的磁倾角和磁偏角

可以用两种变化模式来研究磁场的倾角和偏角。该序列被认为是记录北美西部全新世磁场长期变化的标准曲线。罗马数字表示序列内的火山灰沉积

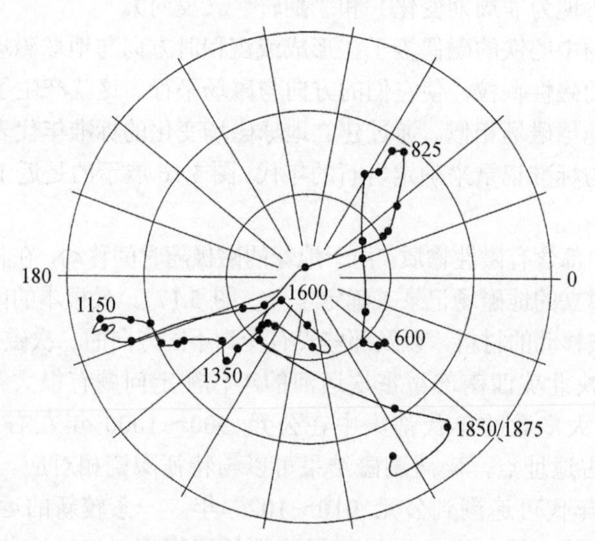

图 5.17 磁极的移动轨迹

公元 600 年以来考古地磁测年及地磁北极的位置变化。磁极的移动可以用来确定考古遗迹的年代，比如与灶台等考古遗迹伴随的烧土。根据考古遗迹确定的磁北极位置与这条曲线上最近的位置相匹配，从而可以估算考古遗物的年龄（据 Eighmy，2000）

另外，在建立磁性变化历史的标准序列中，考古建筑可能会有用处。在一项独特的研究中，土耳其人在 11 世纪晚期建造的建筑物（根据伊斯兰法律，这些建筑物必须朝向麦加）的方位被用来确定它们是否包含地球长期磁场变化的信息。有些清真寺已不再朝向麦加。一些建造者的错误似乎是由于使用磁罗盘而没有校正磁偏角造成的。因此，可以利用这类误差来研究过去的磁场变化[39]。

古地磁分析已被用来研究旧石器时代遗物出现和/或非洲、欧洲和亚洲的古人类化石遗存的年代（图 5.3）[40]。在南非，由两个相邻遗址点组成的 Kromdraai 地点，保存着第一批南方古猿粗壮种（*Paranthropus* (*Australopithecus*) *robustus*）标本和典型化石，以及奥杜威和阿舍利（旧石器时代早期）文化器物。这一化石发现于 1938 年，其形态与东非（坦桑尼亚）奥杜威峡谷 I 层中发现的鲍氏傍人（*Zinjantbropus*）头骨相似，定名为南方古猿鲍氏种（*Australopithecus boisei*）。角砾岩与含有南方古猿粗壮种典型标本的沉积物相似，角砾岩之上的钙板属于古地磁负极性时。覆盖在角砾岩和钙板之上的落石堆沉积与奥杜威事件（奥杜威极性亚时）中一段正极性相对应，该事件发生于 195 万～177 万年前。

在格鲁吉亚共和国德玛尼西（Dmanisi）遗址，匠人/直立人（*Homo ergaster*/*erectus*）化石和奥杜威文化器物发现于玄武岩之上的沉积物中，这套玄武岩的 $^{40}Ar/^{39}Ar$ 测年约为 200 万年。玄武岩及其上覆的沉积层具有正极性，并与奥杜威极性亚时相对应。奥杜威文化器物和古人类化石发现于负极性的沉积物中，与松山负极性时（177 万～107 万年前）相对应。综合玄武岩年龄和上新世—更新世维拉方（Villafranchian）晚期动物群化石，古地磁年代数据最终将出土器物和直立人/匠人头骨的年龄限定为距今约 170 万年。

古地磁方法也被用来估计东北亚人类最早出现的时间。在中国北方泥河湾盆地靠近桑干河的地方，同时发现了旧石器时代石器以及维拉方期哺乳动物化石。古地磁记录由三个正极性带和两个负极性带组成。地磁正极性带的最底部与奥杜威极性亚时相对应。覆盖在其上的沉积物含有石制品，并与松山负极性时相对应。在此之上是两个与贾拉米落正极性亚时（Jaramillo，107 万～99 万年前）和布容正极性时（Brunhes，开始于 78 万年前）对应的正极性事件。这些例子展示了古地磁记录帮助确定旧石器时代早期的石制品和上新-更新世古人类年龄的一些方法。

中国西南部的元谋盆地发育含有古人类化石（直立人）的晚新生代沉积[41]。新揭露出的沉积序列自下而上包括冲积扇、短辫状河、砂辫状河、短砾辫状河和冲积扇系统。这些沉积物的年龄对于认清直立人最早迁移到东南亚的时间是至关重要的。重建的磁性地层年代将含直立人沉积物的年代修正为布容正极性时早期①。

电子自旋共振和释光定年

电子自旋共振（ESR）和释光定年基于矿物中电子的累积：被捕获的电子越多，样品的年龄就越大[42]。矿物中电子阱的不断形成是矿物内部及邻近的放射性元素辐射轰击晶体结构的结果。固体晶体中顺磁性电子阱随时间增加是 ESR 测年技术的基础，这种方法通过直接测量遗物或沉积物中矿物捕获电子的数量来测定年代。晶体的 ESR 信号与顺磁辐射

① 中国科学家采用高分辨率磁性地层学定年的最新结果将元谋人化石出土层位年代确定为距今 1.7 Ma（参见 Zhu R X, Potts R, Pan Y X, et al. Early evidence of the genus Homo in East Asia. Journal of Human Evolution, 2008, 55(6): 1075-1085）。——译者

导致的电子阱数成正比。如果一个恒定或已知的古辐射量可以被假设或测定，则 ESR 信号应与晶体样品的年龄成正比（图 5.18）。

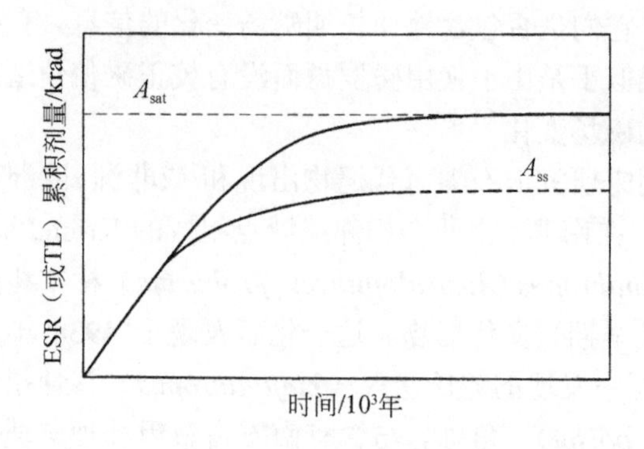

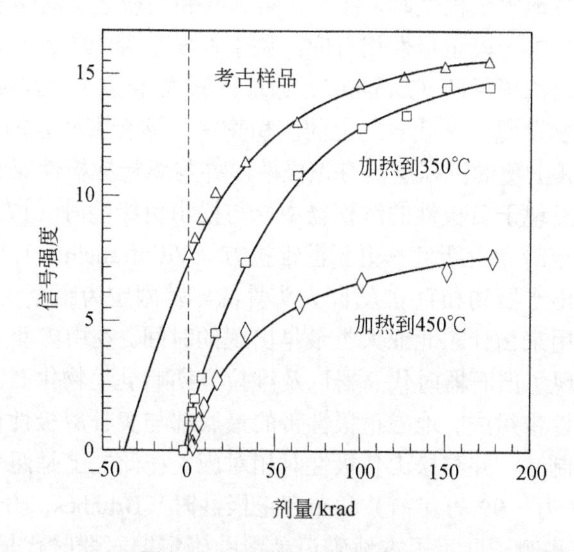

图 5.18　ESR 定年的生长曲线

图中曲线显示 ESR 随时间或剂量的增加而变化。累积剂量或信号强度增加，直到达到一个稳定水平或饱和点

ESR 测年需要确定两个参数：总剂量（TD），也称为累积剂量（AD），以及样本所接受的年辐射剂量率。TD 是样品自形成或最后一次有效加热（将电子从阱中驱逐出来）以来所接受的总辐射剂量。ESR 年龄等于总剂量除以年剂量。将 TD 向后外推至零 ESR 强度的估算值，即对应于样品的形成时间。一般来说，使用附加剂量法确定 TD 并不困难，但需要考虑几个可能的干扰因素。这些因素包括由于研磨、漂白、腐殖酸自由基、压力效应和被捕获电子的热稳定性而产生的变化。ESR 的主要应用领域是第四纪碳酸盐。骨化石、牙和贝壳也可以用 ESR 进行年代测定。在锰含量较高的情况下，ESR 法在泉水沉积形成的钙华中应用较为困难。湖相沉积物中水的地球化学成分变化也使得评估其年剂量和测定湖泊碳酸盐的 ESR 年龄变得困难。

使用 ESR 测定了来自叙利亚 El Kown 考古遗址的钙华样本的年代。然后将年龄与铀系方法测定的年龄进行比较。这个露天遗址最古老钙华沉积的 ESR 年龄为 21.6 万年，而其铀系年龄为 24.5 万年。一些铀系和 ESR 年龄并不能很好地对应，但大部分年代数据落在距今16万～8万年的范围内。一个意外年轻的ESR年龄为1.8万年，但它被铀系年龄结果（大约1.7万～1.5万年）所证实。不连续的测年结果很可能是后期沉积变化所导致的。

在匈牙利的几个地点，人们试图测定泉水沉积钙华的年代。所有地点的外部剂量率不得不靠假设获得，内部剂量率是用U和Th含量和铀系测年计算的。当这些ESR数据与铀系定年数据进行比较时，年龄一般很接近。匈牙利塔塔遗址（Tata）“旧石器时代地层”上下的钙华泉水沉积物的铀系年龄分别为9.8万年和10.1万年，ESR的年龄分别为8.1万年和12.7万年。其他年龄不相匹配。风成石英颗粒和石膏可用于获取ESR信号。研究人员利用ESR方法研究并分析了法国阿拉戈遗址（Arago）的风成和溪流沉积的石英颗粒，以及美国肯塔基州地区猛犸洞（Mammoth Cave）的石膏。

热释光（TL）是晶体受热时发出的光。这种光信号与样本的年龄成正比：它随着样本年龄的增长而增加。电子从晶体结构损坏处的阱中释放出来就产生了光。使用TL技术测定年龄，获得样品的放射性本底是必须的。在实验室中，过去暴露于辐射中所产生的TL可与诱导TL进行比较。这样就可以确定过去的辐射剂量（图5.19）。石英TL测年的上限是25万年左右，长石是50万年左右。需要注意的是，样品暴露在阳光下可以释放被捕获的电子，从而“重置时钟”[43]。

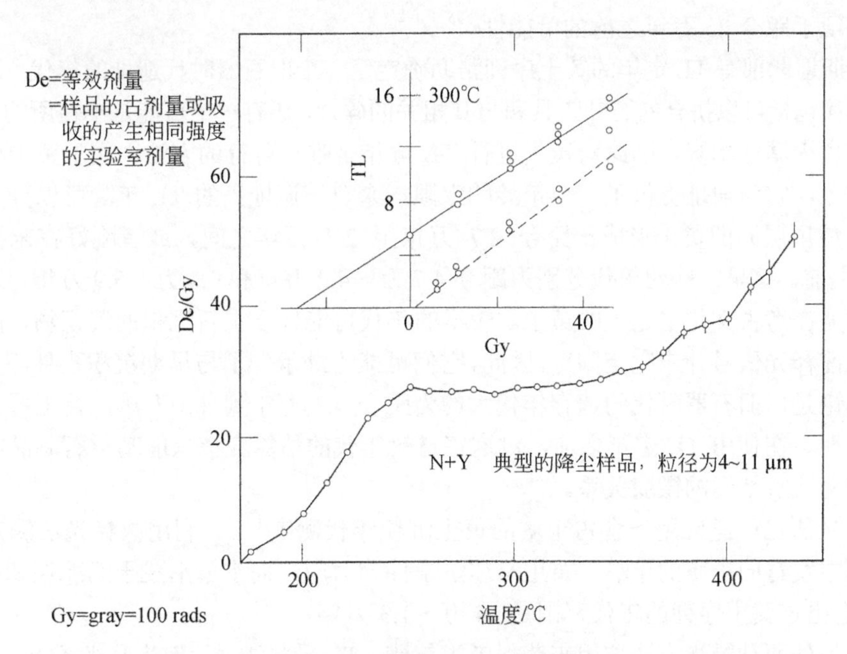

图5.19 热释光测年中的附加剂量技术

利用热激发发光或热发光测定火山灰落的年代。下图显示了等效剂量的稳定状态。表示这个稳定状态的空心圆圈是使用附加剂量技术的结果。上图显示了TL积累曲线。火山灰的测定年龄是7800年

热释光已经被应用于测定陶器、陆地和海洋沉积物、烧石、火成岩、黄土、风成沙、冲积与湖泊堆积、方解石形成和壳体的年代[44]。它对于太年轻而不能使用钾-氩方法的火成岩特别有用。通过对长石的TL测量，确定了大陆火山岩的年代。石器TL测年的可靠性取决于埋藏期间内、外辐射剂量率可以测量的准确性。确定内部剂量率很简单，但

是测量外部剂量率可能非常困难，这取决于封闭样品的沉积物和长期埋藏期间成岩作用的变化。

在以色列重要的旧石器时代早、中期遗址——Tabun 洞穴中，选取了在沉积序列附近发现的燧石制品，通过剂量测定方法进行分析。为了测量洞穴的外部剂量率，46 个剂量计被放置在尽可能靠近燧石制品的位置。为了测量古剂量，先将每个石制品的外层 2 mm 去除，再处理掉碳酸盐，最后对剩余的部分进行分析。根据第二 TL 生长曲线测定了古剂量。内部剂量率计算使用的是可以测定 ^{238}U、^{232}Th 和 ^{40}K 浓度的中子活化分析仪（INAA）。同时还测量了这些石制品周围沉积物的辐射剂量。基于燧石上的 TL 剂量率，为这个遗址建立了一个新的年代标尺。这个年代标尺比之前基于 ESR 方法的建立的年代看起来要老。第 13 至第 2 个层位的年龄确定为距今 33 万～21 万年（与同位素第 9 和第 8 阶段相对应）。下面的层位，第 13～11 层出土了 Acheulo-Yabrudian 类型石制品；而第 9～2 层位包含莫斯特类型石制品，表明在 30 万年前后，可能过渡到旧石器时代中期。第 1 层也包含莫斯特类型石制品，可能沉积于距今 17.1 万年前后（与同位素阶段 7 晚期或 6 早期相对应）。这些 TL 测年的一个重要结果是将莫斯特文化开始的时间追溯至距今大约 27 万～25 万年，这与撒哈拉沙漠已知最早的旧石器时代中期遗址年龄相近。另一个考古结果是，尼安德特人可能在 17 万年前生活在黎凡特地区（氧同位素阶段 6）。燧石的释光年代揭示了古老型现代人出现于距今 25 万年之前的可能性[45]。

巴基斯坦北部有 TL 定年的黄土序列帮助确定了一个旧石器时代遗址的年代。这一遗址的考古遗存包括可以拼合的石叶工具和与其相关的碎片，还有一个可能是小住所的遗迹[46]。该遗址不含火塘或木炭，因此对黄土进行 TL 测年是唯一可行的方法。由于黄土覆盖在文化堆积之上，它为遗址提供了一个年龄的上限。来自该遗址点的 TL 年龄可以分为三组。最年轻（最顶层）的黄土形成于距今 2.7 万年至 2.4 万年之间，或者刚好在末次盛冰期（LGM）之前。更早一些的年代分别为距今 4.7 万～4.2 万年和 6.4 万～5.9 万年，这些年代都来自覆盖在考古文化层之上的黄土。较早的年代可能代表重新沉积的沉积物，而且在重新沉积之前释光信号并未完全归零。因此，它们可能“继承”了与早期沉积事件相关的 TL。得出的结论是，旧石器时代的遗存年代大约为距今 4.5 万年到 4.2 万年，黄土覆盖的年代为末次冰期。在使用 TL 定年之前，对这些材料年代的估算应该只能基于石制品类型学或遗址点与河流阶地间的微弱关系。

热释光法已广泛应用于含古土壤的黄土沉积年代测定[47]。利用热释光法测定了西欧黄土序列中发育的土壤的年龄，黄土与冰阶事件相对应，而土壤形成于间冰期和间冰阶。TL 方法定出该黄土序列的年代范围是 14 万～1.3 万年。

还有另外两种释光方法被用来获得考古年代。TL 受热激发，而光释光（OSL）受可见光激发，红外光释光（IRSL）则受红外光激发。德国 Bruchsal Aue 新石器时代遗址年代的研究工作，是将 IRSL 方法应用于测定与古代人类活动直接相关沉积物年龄的一个案例[48]。暴露在日光下似乎会抹掉以前的 IRSL 信号。即使崩积层中的物质暴露在光照下的时间只有 30 分钟，也会重置它的释光时钟。利用重置后所储存的新释光能量可以测定由于侵蚀而沉积的崩积物的年代。这种侵蚀被认为是由森林砍伐和农业种植等人类活动引起的。Bruchsal Aue 遗址既有新石器时代早期也有新石器时代晚期先民定居的痕迹。Bruchsal Aue 被使用期间，先民在晚冰期黄土中开挖了防御壕沟。后期，当定居点被废弃后，沟道内堆积了崩积物。一些壕沟内保存了伴随有侵蚀间断的周期性崩积填充。从晚冰期的黄土、三个层状的崩积层、壕沟和坑填物（挖掘黄土或其中一个崩积层的沉积物）中收集沉积样品并进行年代分析。黄土的IRSL年代为1.47万年到10.9万年前。坑内充填物和最早的崩积层可追溯到7000～6000年前。地层中较高部位的样品中积累的释光较少，因此这些沉积物的IRSL年龄偏年轻。从Bruchsal Aue遗址的释光年代可以看出，德国的崩积物沉积与从新石器时代开始持续到中世纪的高人口密度和土地集约利用有关。

由于IRSL方法测定的是沉积物最后一次曝光的时间，因此它是确定沉积事件时间的直接方法。它是一个潜在的理解人类与环境相互作用的有价值工具。此外，IRSL基于地壳中常见的长石矿物，而不是稀有成分、木炭或骨头碎片。释光年代测定法解决了土堆等古代土方建筑年代测定中经常出现的模糊性问题[49]。M. A. 史密斯（M. A. Smith）和他的同事们比较了澳大利亚一个岩厦35 000多年来的放射性碳和释光年代结果[50]。这两种技术都产生了自相一致的年表，但是TL的年龄一般比^{14}C的偏老。放射性碳年代得到沉积/古植物证据、石制品类型学和其他考古数据的支持[51]。

光释光（OSL）已被应用于河流阶地、湖泊和洞穴等沉积物的年代学研究[52]。这种定年方法很有潜力，因为它提供了一种独立的方法来确定第四纪环境演变的年代，而这种演变与史前人类的出现有潜在的联系。例如，在欧洲，沿着法国的卢瓦尔河（Loire River）和Arrox河，OSL测年被用来确定一系列阶梯式阶地的年代，这些阶地是由沉积间断和下切产生的。最高的三个阶地（T8～T6）可追溯到约12.5万至9万～4万年前。下一个最近的阶地（T5）的年龄约为2.3万～1.8万年前，与末次盛冰期（LGM）时间大致相同。LGM沉积以下的阶地主要发育于全新世时期。

在北美，OSL和红外光释光（IRSL）也被用来测定冰期大瀑布湖（Lake Great Falls）相关沉积物的年龄，它位于更新世人类在蒙大拿落基山脉（Rocky Mountains）东缘可能迁徙路线的南端[53]。詹姆斯·费瑟斯（James Feathers）和克里斯托弗·希尔开展的研究被用来帮助确定落基山脉附近大平原陆地冰川发育的时间和程度[54]。根据OSL和IRSL定年方法，冰湖沉积出现的时间可能是氧同位素阶段2，将这些沉积物纳入与该地区晚更新世人类出现有关的景观演变模型也成为可能（见图5.11）。在澳大利亚西南部一个叫作“魔鬼巢穴”（Devil's Lair）的洞穴遗址，将OSL年代与ESR、铀系和^{14}C年代相结合，可推断出人类在大约5万年前就迁移到了这个地区。

温度效应定年

氨基酸的外消旋法和差向异构法

氨基酸的地球年代学基于这样一个事实：随着时间的推移，L-氨基酸（左旋）会转化为D-氨基酸（右旋结构）。这种转化称为外消旋化。D/L值从完全的L逐渐变为D与L相等的混合物。早期研究主要集中在使用骨骼（包括人类遗骸）和软体动物壳体上，但其实木头、有机沉积物和鸵鸟蛋壳也可以用于氨基酸外消旋法测年。氨基酸地质年代学应用于骨骼化石的主要问题包括由材料多孔性带来的潜在地球化学污染，以及骨材料中胶原蛋白降解可能引起的复杂化。虽然利用软体动物壳体获得了相对年龄估计值，但非线性动力学反应使 D/L 值转化为绝对年代变得复杂。

氨基酸年代测定的三个主要控制因素是时间、环境温度和湿度。从一种氨基酸形式到另一种氨基酸形式的转化在很大程度上取决于温度。获取温度条件的一种方法是将传感器置入被测物体周围的沉积物中，这为估算过去的温度提供了参考。高湿度条件会促进外消旋化过程，因此，处于极端干燥条件下的样品可能具有较低的 D/L 值。鸵鸟蛋壳氨基酸的异亮氨酸被用来测定含有遗物沉积物的年龄[55]。与软体动物相比，氨基酸在蛋壳的方解石晶体内，所以浸出的可能性较小。当获得有效环境温度和 D/L 值时，就可以将 D/L 值转换为绝对年龄。可以通过与其他定年技术的对比实现该方法年代的校正。

水合物法（黑曜石）

黑曜石是一种流纹火山玻璃，它被广泛用作石器原料，也可用于相对定年[56]。黑曜石由于具有吸水的特性，会形成水合的“表层”。水合层越厚，样品越老。一个基本的假设是，黑曜石水合物在一个给定的速率下形成。黑曜石的水合作用遵循扩散方程 $x^2=kt$，其中 x =水合物厚度，k =水合速率，t =时间。有几个变量影响水合速率，其中包括黑曜石的化学成分、可获得的水分以及与遗物埋藏环境相关的温度。当样品的地质来源已知时，该来源地点的水合常数加上水合期间的温度估算，就可以提供研究样品的水合率。为了获得相对年龄估算值，需要将水合层的厚度与当地的水合速率进行比较（见图 5.20）。只要有理由相信遗物经历了前后一致的热作用历史，就有可能建立它们的相对年代。还可以尝试利用水合速率来建立绝对的年代标尺。

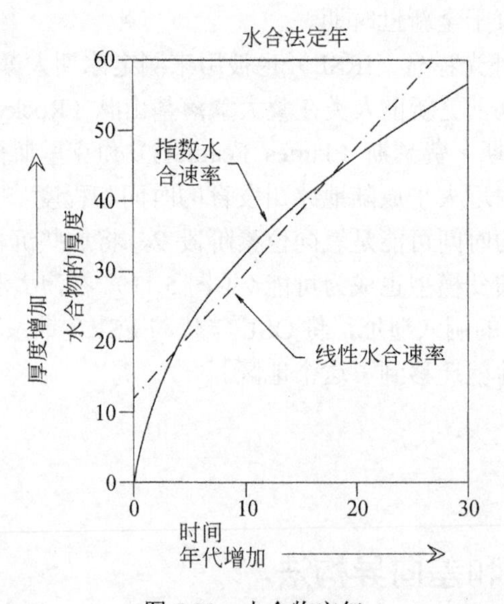

图 5.20　水合物定年

水合定年法的累积年代测定。一些定年技术依赖于特定属性随时间的增加速度。这个图中展示了两种积累速率：线性速率和指数速率。在这两种情况中，水合的厚度或深度都可以与特定的年龄相匹配。水合膜的厚度与样品的年龄有直接关系——水合层厚度的增加与时间增加相关联（据 Pierce 和 Friedman 2000）

当一块黑曜石获得一个新鲜的表面时，如在泥沙搬运过程中断裂或被剥片制作成石制品，它就开始吸水。如果黑曜石新暴露的表面可能与特定的史前事件有关（比如剥片），那么水合层的厚度可以指示该事件发生以来的时间。影响具体地点水合速率的因素很多，包括该地点的小气候、场地的朝向、遗物的埋藏深度以及过去环境条件的变化。这些因素影响遗物的温度和相对湿度历史。森林火、毁坏人类居住点的火灾或仪式活动（如火葬）引起的加热可能通过脱水作用改变水合层的厚度。实验表明将黑曜石加热至430℃，水合层会完全消失，并且表面形貌没有变化。水合物边缘显然也会发生脱落。当这种情况发生时，会有一个新的水合边缘形成，这使得遗物年龄偏年轻。

如果知道遗物组合的年代变化范围，水合物测量可以帮助推断在同一遗物堆积里面出现的混合成分。D. 克拉克（D. Clark）和A. 麦克法迪恩·克拉克（A. McFadyen Clark）使用的样本采集自一个封闭的建筑面上，都是先民在同一占据时期遗留物的一部分[57]。即使在这种情况下，水合物的测量值也不一定能紧密地落在同一范围内。为了调节同时代遗物水合层的自然变化，可以使用平均水合层厚度。通常使用光学显微镜测量水合层的厚度。然而，在不同的水合测量实验室进行的测试表明，测量结果受操作人员变化的影响。为了减少这种情况，一些实验室使用计算机辅助成像技术对水合物边缘进行数字化和测量。

人们已经努力利用遗物水合物边缘的厚度来提供绝对年龄测定。水合物厚度可以通过水合速率的实验结果进行校准。一旦在一个确定的黑曜石来源地点获得随温度而变化的速率常数，它就可以用于来源于这个地点的所有遗物。如果研究地点已经用其他方法确定了年代，应该可以利用水合层厚度来估算与遗址点有关的温度。从这个角度上讲，水合物测量可能是一个有用的古气候指标。

遗物的埋藏深度对水合程度有重要影响。靠近表面的遗物可能受到较大的温度变化，以及随深度而变化的相对湿度的影响。在深处，相对湿度可以达到100%，但在接近地表的地方，相对湿度可能要小得多。已报道的黑曜石定年范围为大于10万年至200年。水合物测量也被用来测定冰碛物的年代。在冰川搬运过程中断裂的岩石具有可以形成水合层的新鲜表面，这使我们能够测定冰碛以及冰进的时间。同样，由黑曜石形成的鹅卵石和大圆石，作为冰水沉积的一部分在搬运过程中断裂，也可以用于测定年代。这有助于我们确定冰川融化的年代。考古学家可以利用冰川融化的年代评估人类在冰川区活动的可能时间和持续占据。

黑曜石水合定年的一个潜在用途是确定考古遗址的形成年代。乔·米克尔斯（Joe Michels）在加利福尼亚州的Mammoth Junction遗址利用水合物测量法检验了贝丘沉积物年代序列的完整性并评估了遗物混合和二次利用的地层意义[58]。在测量了每个沉积单元的黑曜石制品的水合物边缘后，构建了水合物边缘值和沉积单元分布的三维点图。基于相同年代遗物的水合层厚度相同的假设（不考虑它们的深度），相同沉积单元遗物水合物测量值的显著差异被解释为存在混合成分。为了获得沉积单元内遗物的平均年龄，需要计算每个单元水合物边缘的中间值。虽然这些遗物已经被大量混合，但趋势线的范围表明它们符合层序叠加律。

米克尔斯使用实验推导出的特定黑曜石的水合速率，将肯尼亚发现的遗物追溯到距今12万年左右[59]。首先，他通过实验确定了两种不同黑曜石的水合速率。然后，通过比较遗址的黑曜石制品与采石场的成分特征，确定了黑曜石的来源。Prospect Farm遗址的黑曜石人工制品来自4次主要居住时期。最老的遗物与旧石器时代中期相对应，紧接着是旧石器时代晚期较早阶段的器物，最年轻的遗物则属于农牧新石器时代。受石器破碎的影响，许多来自旧石器时代中期的石器的测定年代可能比实际年代年轻一些。表面无破碎的旧石器时代中期石器的测定年代约为距今 12 万～5 万年。根据旧石器时代晚期早段石器的水合速率推测遗物的年代范围为距今 3.3 万～2.2 万年，而旧石器时代晚期晚段石器的水合物年代在距今 1 万年左右。新石器时代的石器可以追溯到大约 3000 年前。在这项研究中，利用水合率计算的 Prospect Farm 遗址年代经过了 ^{14}C 测年的校正。

研究人员利用黑曜石水合法测定了伯利兹的诺莫玛雅遗址 Tecep 阶段墓葬的年代。在一个密封的墓穴中发现了黑曜石石器和一些新鲜的断块[60]。这为测定墓穴年代的提供了可能，并可以检验黑曜石是与该遗迹（指墓葬）的年代相同，还是后期侵入。首先需要确定黑曜石的来源，所有的材料都与危地马拉的危地马拉城附近的 El Chayal 源地相匹配。根据来源和估算的有效水合温度，测定了水合物的年代。估算有效水合温度的不同方法会导致测定年代有 100 年左右的差异。使用热导仪测得的温度值得出的年代大多落在公元 950 年左右，而使用平均温度值得出的年代大约在公元 1050 年前后。包含墓葬的建筑物木材的放射性碳测年结果为公元 700 年左右。因此，黑曜石-水合物测年表明墓葬打破了早期遗迹。

基于化学累积的定年技术

化学分析

基于化学成分的定年可以是相对的，也可以是绝对的。其中的相对定年基于这样一个概念：随着时间的推移，某些化学成分会在一个物质内部（或表面）累积。化学物质的含量越多，物质就越老。被埋藏骨骼的化学成分随时间的变化而变化，因此骨骼的化学分析方法可以用来检测人类遗骸和已灭绝动物化石的可信度。在得克萨斯州米德兰附近发现的人类骨骼遗骸，其化学成分与已灭绝动物群的范围相同，但与晚全新世骨骼的化学成分不同。铀系测年足以证实米德兰的人类遗骸属于更新世晚期，尽管放射性碳和铀系年代并没有严格地相互对应。米德兰的人类遗骸与在该遗址发现的任何已灭绝的脊椎动物一样都属于更新世化石，得出这一结论的根据之一是对化学性质的比较[61]。现代沉积物中，兔骨的氟含量较低，而马骨和人骨的氟含量较高。根据骨骼中元素相对数量进行相关解读时需要多加注意，因为诸多沉积后环境可能导致骨骼具有相同的化学成分。

化学定年法也被用来证实臭名昭著的皮尔当人化石并不是来自一个物种，也不同属于同一个时代。这一“早期人类化石”发现于含有更新世化石的卵石层。化学测试表明皮尔当下颌骨和牙齿的氟含量基本上属于现代，而皮尔当头盖骨的年代属于更新世，那些已经灭绝的动物化石也出现了这样的情况[62]。

测定暴露表面的年代

测定侵蚀或沉积表面的年代，不同于测定这些表面下部的物质或沉积物的年代，是一个在地质考古学中具有重要意义的新兴研究领域。风化层的研究非常有价值。关键的风化速率必须通过其他独立的定年方法来确定。

风化层可用于测定遗物（见前述黑曜石水合物测年）、沉积物和景观表面的年代。所有景观表面都会受到物理和化学作用引起的风化作用。一旦地貌表面稳定下来，土壤的形成和风化就会立即开始。岩石露头表面和露头被侵蚀而产生的碎屑会随着时间的推移表现出表面蚀变的增加。在单一岩石类型广泛分布的地区，表层定年尤其适用。

氧化膜和荒漠漆皮

利用遗物的风化和化学变化来测定它们的年代基于一种原理，即蚀变外壳的厚度可用于估算年代。材料表面上的化学积累称为氧化膜（patina），它是由风化作用产生的。荒漠漆皮（desert varnish）①定年法（阳离子比率定年）提供了另一种直接测定遗物表面年代的方法。阳离子比率测年的基础是，某些元素（阳离子）在风化过程中比其他元素更快地从石质材料中析出。例如，钾（K）和钙（Ca）比钛（Ti）更容易析出。钾和钙与钛的比值提供了相对年龄的指示。K 和 Ca 相对于 Ti 的比值越低，样品的年代越久远。这些石器的绝对年龄有时可以通过基于其他年代测定技术建立的相关性和外延来确定。采用阳离子比率的漆皮定年法，已被应用于美国克洛维斯石制品的研究中[63]。阳离子比率漆皮定年作为证据支持了放射性碳定年的结果，即岩画和石制品的年代早于距今11 500 年。在这个例子中，从放射性碳和阳离子比率定年得到的数据为较古老的遗物提供了年龄限定。

宇宙成因核素

六种宇宙成因核素可用来研究地质最新年代学和地表过程的速率。这些核素分别是：^{3}He、^{10}Be、^{14}C、^{21}Ne、^{26}Al 和 ^{36}Cl。它们的测年范围为 10^2～10^7 年，可用于测定任何经纬度的几乎所有岩性的地表岩石暴露年代。目前，只有 ^{14}C 在考古学上得到了广泛的应用，而 ^{10}Be 和 ^{36}Cl 也有潜在的重要应用。利用宇宙成因核素，能够直接测定冲积物中重要气候变化的年代[64]。

同位素 ^{10}Be 是大气中宇宙射线活动产生的，但在大气中停留两年之后它会作为气溶胶沉淀下来。它比气体 $^{14}CO_2$ 的停留时间短。沉积物中 ^{10}Be 的累积因再迁移作用和不同的沉积方式而变得复杂，并且气候条件对 ^{10}Be 的沉降有很大的影响。然而，^{10}Be 较长的半衰期（150 万年）使得它可以看到比 ^{14}C 更久远的过去。

另一种景观测年方法是基于裸岩表面积累的宇宙成因氯-36（^{36}Cl）。^{36}Cl 的半衰期为10 万年，可用于测定近 200 万年内形成的地貌年代。强烈的化学风化作用会使岩石中的 ^{36}Cl 与大气中的 ^{36}Cl 混合，从而使情况变得复杂，因此需要进行适当的校正。宇宙成因氯-36已被用来测定陨石坑、冰川沉积物和熔岩流的年代[65]。

① 荒漠漆皮是荒漠地区地面砾石和石块外表的棕至棕黑色漆状薄膜。——译者

第6章　古环境重建：景观和人类历史

考古学家应该感谢蚯蚓，因为它们通过埋藏掉在地表的每件不易腐烂的物品，将其保护和保存无限长的时间。

——查尔斯·达尔文（Charles Darwin）1881

环境和景观变化

景观演变、气候波动和人类活动之间的多维度关系是考古学研究的一个重要方面。自然地质环境和生物有机体（包括人类）之间的相互作用，可以从生物地理学或地质生态学视角开展研究。地质考古学的一个基本任务就是根据过去的人类、其他有机体以及自然生境之间的相互作用模式和内部关系来解释史前记录。地质考古的这一领域是研究史前生命和环境景观相互作用的古地质生态学（paleogeoecology）的一个方面。

局地、区域和全球的自然和生物环境变化会在景观环境中反映出来，并且这些变化经常受到气候因素的直接影响。气候变化本身是一个复杂的研究领域。气候变化是全球、区域及局地地质变化影响大气和水循环过程的结果。推测沉积环境、地貌类型和气候过程之间的动态联系是评估人类行为时空模式的有价值手段。在绝大多数情况下，一个遗物堆积物出露的可能性取决于其所在的景观发展过程。地貌环境中沉积物-土壤体系组分包含的生物种类和化学成分可以作为古生态指标（见第2章）。这些成分提供了一种推测并研究过去环境条件及其与气候变化之间关系的手段。正如侵蚀、沉积和景观稳定性的沉积物-土壤记录，以及第四纪沉积物中发现的古生态学指标所反映的那样，人类行为对环境景观的影响正在增加。

古气候的地质和生物记录储存于陆地和海洋沉积，以及冰盖中的各种材料载体中。虽然每一种指标记录仅提供了有限的局地画面，但放到一起，它们就会呈现一个较好的综合性区域记录，甚至在某些情况下，展现的是第四纪气候的全球模式。例如在北美洲，过去1.2万年以来湖泊沉积中的花粉古生态数据使我们能够重建早期人类生存的环境。在部分旧大陆，古生态记录为上新世—更新世的早期人类（南方古猿、早期/古老型人属成员）、晚更新世解剖结构意义上的现代人以及全新世人口变化的环境背景提供了线索。精确的年代控制（见第5章）对于古气候重建非常重要。对于第四纪晚期，特别是在3万年以来的时段，加速器质谱（AMS）测年法能够提供这种精确控制的年代标尺。其他方法，例如钾-氩（K-Ar）、氩-氩（Ar-Ar）、释光和电子自旋共振（ESR）以及铀系，对于测定更早的古气候记录年代以及将它们与过去人类活动的遗物证据联系起来都起到了相应的作用。

推测环境变化

各种物理和生物信息可以用来重建环境和气候变化。例如，我们对于北美洲冰后期生态的理解就是基于地质（地貌学、沉积学）、化学（包括同位素）和古生物学（生物的）等证据的结合。从这些数据类型中我们了解到，尽管北美洲劳伦泰德冰盖（Laurentide Ice Sheet）最后的残留直到距今 7000 年才消失，但全新世早期和中期（距今 10 000～4500 年之间）可能比距今 4500 年以来更温暖（有时把较温暖的时段叫作气候适宜期）。一些早全新世的变暖可能是季节性的而不是全年的。降水量变化也是全新世早期和中期的特征。研究显示，降雨量减少 20%会导致北美大平原“草原半岛”（Prairie Peninsula）向东扩张。北美洲西部在气候适宜期更加干旱。人类对地质生态、气候-生物相互作用所引起变化的响应，反映在考古记录的现象中。这种现象是侵蚀、沉积和土壤形成等地质过程结果的一部分。然而，许多器物类型揭示了过去人类对生态环境变化的行为响应。气候变化促使人类适应动植物资源的改变，这至少可以解释美洲古印第安（Paleo-Indian）—古代（Archaic）—伍德兰（Woodland）考古文化序列中的一些变化（见图 5.5）。

许多标志性的气候变化影响了史前和历史时期人类的定居和农业。在欧洲，一个开始于距今约 4500 年，结束于距今约 2500 年的凉爽时期，造成了山地冰川的扩张。这次寒冷阶段在冰川冰碛沉积的地貌学证据和花粉等生物指标中都可以观察到。虽然在严格的考古学术语中是一个误称，但是这个时期被叫作“铁器时代冷期”（Iron Age cold epoch）[①]。罗马帝国初期气候变得更加温暖，之后伴随着较冷气候出现所谓的欧洲黑暗时代（Dark Age）[②]（公元 500～1000 年）。公元 1000 年之后，一个更温暖的状态使得冰岛和格陵兰岛可以定居，而穿过德国和意大利的阿尔卑斯山变得无冰。

物理和生物数据支持全新世最晚期的气候变化对人口数量有影响。短暂的小冰期（Little Ice Age）就是一个例子，在此期间山地冰川扩张。小冰期开始于约公元 1450 年，直到公元 1890 年前后才结束。有人提出如果不是人类诱发温室效应，小冰期可能已经开启了另一个全球冰期。这个时期有两个主要的冷阶段，时间上大致处于 17 世纪和 19 世纪。虽然有时候小冰期被认为是欧洲地区的现象，但它是全球性的。世界其他地区也经历了降水和温度的变化，这对生物群落产生了影响。

小冰期出现之前，欧洲有过一个温暖期，时间大约在公元 900～1200 年。在这个温暖期，维京人在格陵兰岛定居，也就是到了北美洲。14 世纪早期，欧洲寒冷而潮湿的天气引起了饥荒。山地冰川扩张，毁坏了村庄和农业用地。在这里，我们的目的不是详细地考察自然灾害的后果，而是思考在地质学和考古学的记录中怎样识别和描述这样的灾害。识别重要气候变化的工具包括理解沉积物和土壤中包含的能够反映温度与水文变化的化学和生物指标。第 2 章和第 3 章提供了使用这些工具的基础地质和土壤学知识。

第一次众所周知的欧洲移民和占据北美洲显示了小冰期怎样直接影响人类行为。在小冰期之前温暖的时段，以航海为生的北欧人沿着格陵兰岛和纽芬兰岛的海岸穿行并且定居。但是伴随着小冰期的出现，海冰在北大西洋冰岛周围扩张，建在格陵兰岛上的挪威殖民地被放弃。考古学记录也揭示北欧人口曾在北美洲出现。地质考古学或古地质生态学方

---

① 也称为“铁器时代的气候恶劣期”或“铁器时代的新冰期”，是北大西洋地区异常寒冷的时期，持续时间约为公元前 900 年至公元 300 年，其中在公元前 450 年，古希腊扩张时期出现寒潮。随后是罗马温暖时期（公元前 250 年至公元 400 年）。——译者

② 西欧历史上，从罗马帝国灭亡到文艺复兴开始，一段文化层次下降或者社会崩溃的时期。在 19 世纪，随着对中世纪更多的了解，整个时代都被描述成“黑暗”的说法受到了挑战。——译者

法的应用帮助解释了这一现象。在中世纪，只要欧洲人具备的传统和技术有利于适应新的环境条件，他们就能够在新大陆生存下来。为了能够在小冰期气候所引起的环境变化中生存下来，这些人需要改变他们的行为，包括适应新的环境条件或寻找更适宜的环境[1]。

因此气候对地质和生物的分布格局有重要的影响。像火山爆发等地质事件可以造成短期的气候变冷。除了对局地和区域的环境产生影响以外，火山爆发还能导致全球气候变化。在格陵兰岛、南极洲、山地冰川的冰层中，发现了火山喷发产生的富含酸和硫的粉尘和火山灰。风带来的火山物质的数量变化与气候变化密切相关。格陵兰岛冰芯硫含量的变化表明过去 1400 年中冰川扩张和火山喷发的频率相关。里德 · 布莱森（Reid Bryson）的工作揭示火山喷发与新仙女木事件（距今 10 500 年前后）等主要气候转型和间断事件相关，其间气候恶化，减缓了大陆和高山冰川的退缩[2]。

生态和景观变化

景观演变包括地球表面的物理和生物特征的共同变化。研究中，科研人员必须研究影响沉积物-土壤体系的因素，以及沉积物中的生物证据来分析史前景观的演变，并把这种分析研究置于地质生态背景中。影响人类生存环境空间和时间变化的机制对考古学记录的解读是关键的。除了针对沉积学和土壤学证据的分析手段外，基于沉积物中生物来源成分或化学信号的各种古生态学方法也能应用于景观演变分析（见第 2 章和第 3 章）。利用沉积物或土壤中发现的动植物遗存推断环境状况和解读考古记录，都依据同样的埋藏学和遗址形成原理。动植物埋藏的初始、动力过程以及保存种群可以被各种沉积前后的作用所改变[3]。

古生物学研究的是保存在沉积物中的化石。任何保存在沉积记录中的动植物遗存或痕迹都是化石。广义上讲，作为过去人类行为指示的遗物也属于化石。当地质学发展到 19 世纪初，地质学家使用化石群的演化和灭绝来构建地质年表（见图 5.2）；考古学家曾经用类似的方法根据陶器或石制品的形态建立了年代序列和相关性（见图 5.5）。在任何一段时间内，许多不同的动植物群体生活在不同的环境或者生境中。当前的理论假设认为生物种群而不是生物群落，对第四纪环境变化具有不同的反应。动植物化石生态学方面的研究为地质考古提供了丰富的古环境信息。考古情景中发现的生态遗存变化过程可以反映环境波动和人类适应的演变。这些变化过程可能是人类行为对自然景观作用的结果。反之亦然，环境变化也会导致人类行为策略改变。第四纪史前考古和地质考古学记录说明人和环境之间的相互作用可以通过地质生态学方法得到更好的解读。

在沉积物和考古堆积中可以获得各种古气候和古环境指标[4]，它们可以分成生物的和非生物的两种类型。第 2 章和第 3 章介绍了许多解释非生物的地貌和沉积学指标的方法。除了土壤的生物学功能之外，生物指标有两种类型：植物和动物遗存。作为地质考古学的一部分研究内容，常见化石植物（植物学的）遗存包括花粉、植物大化石、植硅体和硅藻。另外，菌类和苔藓类也被用来推测过去的环境状况。在辅助考古学研究过程中，动物群（动物学的或动物的）化石被分成脊椎动物（包括哺乳类、爬行类、两栖类、鱼类和鸟类）和无脊椎动物（如介形类、软体动物和昆虫）。独特的沉积环境可以提供古生态要素的组合，例如粪化石和林鼠堆积（pack-rat midden）[5]。此外，微量元素组分、动植物化石的同位素比率也被用作环境指标。与地质数据的非生物证据相结合后，这些古环境信息中的生物资源可以解释史前考古记录中的地质生态过程。

对过去生物和其生存环境关系的研究依赖于我们关于现有生态系统的知识。当我们解释过去生态系统的生物学证据时，会涉及多种假设：当前环境能够约束可对比的生物群，这些约束条件怎样（或是否可以）运用到过去的生物群分布，以及所研究的化石组合是否真实反映过去的生命系统。

湖泊的陆地（非海洋）地质生态记录

湖泊记录提供的古生态学信息对理解过去人类行为和气候变化是非常有帮助的。由于特殊的沉积和保存环境，湖泊记录给我们提供了大量陆地（陆相）环境的古气候和相关环境信息。海洋沉积提供了关于全球气候变化的信息，而局部和区域气候变化的信息来自湖泊沉积。富含有机质的沉积物常常沉积在湖泊的边缘（或湿地和沼泽），而花粉和其他古生态指标可以从湖泊深水沉积物中获得。虽然沉积物中也有来自大气沉降的微量化学和颗粒成分，但是这些成分大多来自湖泊流域或者是从附近地表排入湖中的。在全新世湖泊沉积中，进入盆地的微量化学成分提供了人为污染的记录，反映了人类土地利用的变化过程，其中包括农耕和新技术的引进及应用等人类行为。

湖泊水位变化记录来源于各种地貌、沉积和生物地层的数据。这些水位变化是气候波动、局部的地质事件（比如构造活动）或者生物干扰的结果。动物对湖泊水位变化有直接的影响，比如，海狸通过建造水坝使水文状况发生变化。人类对湖泊水位也有直接的影响：他们通过蓄水来提高水位或者转移原本流入盆地的水来降低水位。现代人类行为影响湖泊水位的一个例子是：加利福尼亚莫诺湖（Mono Lake）的支流被引流进行农业灌溉和供应城市用水。

在过去，盆地湖泊水位波动是气候变化的结果。北美洲西部主要的气候变化不仅被记录在指示湖泊水位变化的地貌学证据中，也被树桩的出现所记录。这些树桩，作为植物大化石遗存（见下文）的一种，是气候变化导致的水位上升淹死树木遗留下来的。在许多情况下，可以通过生物或物理和化学指标重建湖岸线变化和水深的变动。从湖泊中获得多种形式古地质生态学数据的一个重要作用是，不同形式的信息可以对古气候研究提供独立的检验。基于残留湖岸线（地貌数据）或化学指标（同位素或盐度）的湖泊水位研究提供了独立的气候信息去检验来自花粉图表（一个生物数据表格）的气候重建结果。这些地貌、化学和生物指标共同为认识过去的地质生态学规律提供了有效手段。

一些非常成功的研究湖泊水位波动及其气候意义的案例来自现今是半干旱或热带地区的封闭湖泊（湖泊没有任何出水口）。在过去，许多经典的研究关注过去集水的封闭盆地，像北美洲西部大盆地的邦纳维尔湖（Bonneville）和拉洪坦湖（Lahanton）。关于外流湖的研究要复杂一些，这些开放盆地对气候变化表现出的响应并不那么剧烈。

沉积间断、矿物变化、微体化石或大化石的分布、有机物分布和整个沉积地层的变化，都能够提供可以重建湖泊水位变化的古生态学证据。因为沉积物成分反映水文和生物湖沼过程，所以沉积学的证据定会得到其他类型信息的支持。例如，风成流通常是湖泊内建立沉积界线的限制因素，因为沉积和水流能量的高低相关。因此，古风向、古风速以及水体的热分层将会影响沉积物的垂直运动，这对于从温和到寒冷气候条件下的湖泊尤其适用。

湖泊水位的变化是研究过去气候的良好指标，例如黎凡特的死海。有时很难判断是哪个方面的气候因素导致了观察到的水位记录，因为降水和蒸发都会使湖泊水位发生变化。单一的古气候因素，例如降水的增加，会造成湖泊水位的上升。温度下降则导致蒸发速率降低，它通过减少水分的输出可能也会使湖泊水位升高。在这些情况中，不得不利用生物或化学的古生态学指标帮助解释地貌学和沉积学证据（例如，湖进-湖退旋回地层或古湖岸线）记录的湖泊水位波动的真正原因。现在，我们人类活动影响了许多湖泊水位的变化。在过去的 1000 年里，死海的水位波动范围已经超过了 50 m。从大约公元前 100 年到公元 40 年，它显示出 70 m 的急剧上升和下降。

地质事件也可以导致湖泊水位的变化。在这些情况中，湖泊水位变化可能不直接归因于气候或者生物条件的改变。地质事件通过影响盆地水系格局过程从而直接造成湖泊水位变化。一些此类事件可以和地质构造及地壳运动联系起来。例如，断层作用可以使湖泊出水口升高，或者地震引发滑坡堵塞排水系统。在东非大裂谷地质构造活跃的区域，断层活动与气候变化一起对湖泊水位波动（与考古遗存相关）产生了重要影响。此外，地震造成的大规模地壳活动和泥石流会造成河道拥堵，形成堰塞湖。

植物（植物学的）指标

微体化石

花粉

植物的花粉和孢子可以保存在土壤和沉积物中。对这些化石的研究被称为孢粉学[6]。除了可信的大化石，花粉可能比其他任何植物遗存对考古研究的贡献都要多。解释化石花粉组合中涉及的许多问题，为研究史前记录的其他方面（包括遗物和考古遗迹）的复杂性提供了更多视角。这些相关的问题包括埋藏学概念的应用，观察到的花粉组合和更高层次解释之间的联系，以及存在“不和谐”或无相似生态模式的可能性。

具有可靠定年的地层花粉图谱为考古遗址点的古气候和古环境重建提供了基础。花粉图谱显示了在沉积物中获得的花粉种类的相对含量变化（图 6.1）。然而，花粉沉积与植被之间的关系并不是直接相关的。花粉记录是复杂的传粉生态学①（特别是风力搬运）和遗址形成过程的结合。湖泊沉积序列中的花粉记录已经被用来推断过去植被景观和古气候背景。其他沉积物中通常不包含花粉，除非它具有独特的物理和化学条件能提供保存花粉的环境。此外，湖泊一些特定的沉积后作用条件比其他沉积环境更适合花粉保存。氧化条件、钙质环境和排水良好的碱性沉积物通常不利于花粉保存。搬运和磨损也会影响花粉组合的最终特征。花粉在酸性的积水环境中可以得到最好的保存。而且，搬运方式和扩散机制也会影响到化石花粉组合的成分。

① 传粉生态学是一门通过了解植物和传粉者之间的相互作用来研究花粉传播情况的学科。——译者

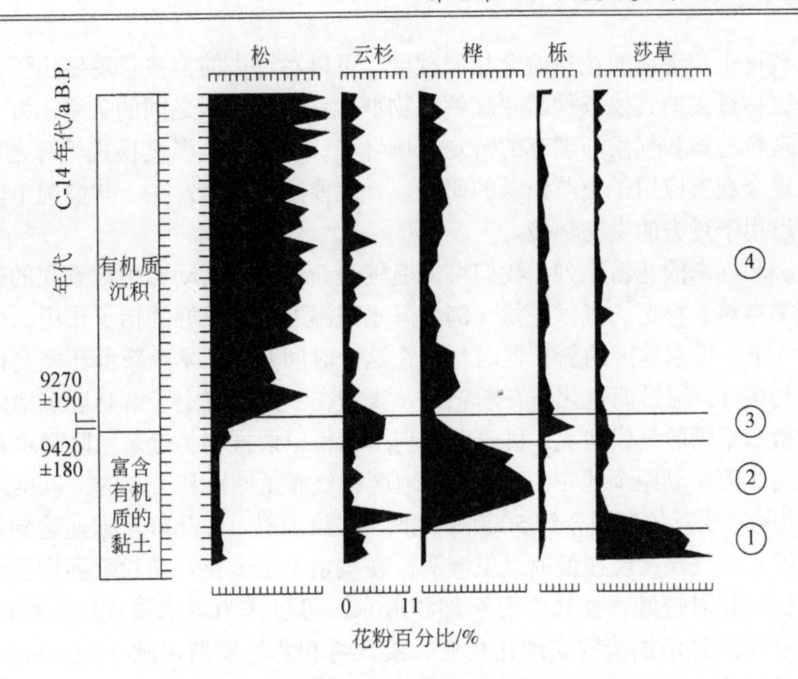

图 6.1 花粉百分比

生物会随时间变化。动植物群的变化可以用于推断古环境变化或是作为特定时段的标志。这个例子展示了过去 1 万年北美洲中部一个沼泽某些花粉类型含量的相对变化。花粉的相对含量反映了植被景观的变化，这个植被景观以莎草科为主，其次是桦、云杉和栎，以及松科。四个花粉带可以作为古环境条件的指示，也可以作为时间的标志（据 Huber 和 Hill，1987）

在环境重建中，花粉分析依赖于一套基本原则。花粉由植物产生，据此可以建立花粉最初释放的相对数量和植被景观之间的关系。不同的植物产生数量不同的花粉，所以每种花粉类型的绝对数量必须与植物的产量结合起来考虑。风媒授粉植物会产生大量的花粉。例如一些种类的松树，开花季节会产生数十亿花粉粒。不开花和虫媒授粉的植物产生的花粉较少，一个开花季节大概产生 10 万个花粉粒。

流水也可以搬运花粉。因此，一个具体的花粉组合可能不代表单一地点的植被环境，而是一个水系或风力搬运范围内的植被类型的结合。另一个影响花粉组合的因素是花粉粒的大小和形状。特定的花粉类型可能被分选并沉淀在盆地的不同部位。在这个意义上，像史前遗物一样，最终的花粉组合受碎屑沉积相关因素影响——因为花粉就是小的生物碎屑（史前遗物也是生物碎屑）。

花粉产量的一部分最终将会沉积并被保存。从初始沉积开始（扩散和堆积之后），氧化和生物活动就会破坏花粉。在缺氧或快速堆积的埋藏环境下，花粉粒更容易保存下来。除了湖泊和沼泽沉积外，花粉还可能保存在土壤、石灰岩、冰川和洞穴沉积中。

基于包括大小、表面纹饰和萌发孔类型等特征的组合，花粉粒可以被鉴定到种的水平。如果样品是从一个具有层次的序列中获得，那么可能观察到花粉类型百分比随时间的变化。这些时间上的变化可以和过去气候环境或者人类作用对景观的影响联系起来。在花粉地层的古环境年表已经建立起来的地方，花粉类型随时间变化的模式已经被用作通用的年代标尺（见图 6.1）。为了将花粉组合作为时间标尺使用，必须从一个地区获得足够的花粉序列，那样的话，来自一个新钻孔的花粉序列就可以和一个已有可靠定年的花粉年表进行比较。有时候为了重建植被和气候的空间变化，也可能调查不同地点同一时代的花粉组合。

通过比较过去和现在的花粉组合相似程度，可以对过去的植被景观做出评估。利用化石花粉组合评估过去的气候条件需要理解植物群落和气候参数之间的关系。为了进行这些比较，必须理解植被和气候与现存的特定土壤环境、降水量、温度模式等等之间的联系。对于任何将现今观察应用于史前记录的研究，一定要注意的是：在一些情况下，没有直接的相似型可以用于过去的生态环境。

利用欧洲和近东的花粉序列，我们可以追溯全新世人类活动对植被景观的影响。有时候特征植被类型对于特定的气候变量（例如降水或温度）有很好的指示作用。全新世大约开始于 1 万年前，近东地区的新石器时代也在这个时间开始。早全新世环境变化为农业发展提供了有利条件。通过研究化石花粉记录，我们在一定程度上了解到近东地区 1 万年前有着和现在截然不同的气候状况。科研人员利用花粉记录推测了近东地区降水和温度的变化。从距今约 2 万年到距今约 1.5 万年，该地区的气候是寒冷和干燥的，以草原植被景观为主[7]。在距今 1.5 万年到距今约 5000 年期间，温度上升，在此阶段末期达到最大值。全新世初期，近东的气候比现在偏凉且更湿润；在美索不达米亚，花粉数据指示温度升高，但是降雨量仍旧相对较低。在地中海东部和近东，可以作为降水量代用指标的橡树花粉含量变化揭示降雨量增加造成安纳托利亚、黎凡特和扎格罗斯山脉（Zagros Mountains）等地区的森林扩张。这种气候变化可能驱动了这一区域植物驯化的发生。更新世到全新世过渡的气候环境变化改变了人类可利用的动植物资源类型。由于更新世的采集策略不再适用于全新世，早期的动植物驯化可能是史前人类提高食物来源可靠性的一个适应性响应。

考古遗址的孢粉学研究可以用来评估遗址使用季节、生计模式以及过去人类行为的其他相关方面。在伊拉克的 Shanidar 洞，孢粉学研究揭示洞中尼安德特人和花埋在一起[8]。除风媒花粉之外，风信子、蜀葵和千里光等植物的花粉伴随松状灌木聚集在一起。花的证据也为当年埋葬发生的时间提供了指示：可能在五月末到七月初。后来对这个沉积情景的研究提出可能是洞穴顶部坍塌掩埋了尼安德特人，是这些埋藏机制而不是人类仪式活动①能够解释这些花粉的出现[9]。还有许多利用花粉重建考古遗址环境条件的例子[10]。在法国特拉阿玛塔（Terra Amata）的阿舍利文化遗址中，研究人员在一个考古遗址的粪化石中找到了花粉，这个遗迹似乎是个季节性的狩猎营地。花粉研究结果表明这个距今 40 万年（中更新世）的遗址可能在春季被早期人类占用。

在北美洲，花粉已经被用来重建整个全新世的植被和气候变化过程。北美洲更新世晚期和全新世初期是古印第安文化活跃的时期。花粉数据显示，距今 12 000～9000 年期间，北美洲中部地区以云杉为主的森林在西部演变为大草原，在东部演变为松林。植被景观的这种变化可以反映在动物种群和人类适应的变化中。一系列花粉地层记录了全新世中期大草原首先东进，然后西退的穿时性特征。明尼苏达州西北艾塔斯卡（Itasca）野牛猎杀地点是一个显示了大草原和森林边界向东移动的考古遗址。这个地点在距今 8000 年左右是一片开阔的松林，而在距今大约 7500 年被大草原所取代[11]。同其他的古生态指标一起，花粉研究已经显著融入北美洲人类史前史和环境变化的综合研究中[12]。植物多样性的变化反映在从古印第安期到古代期的考古学序列上（见图 5.5）。

① 如葬礼。——译者

花粉记录也能够反映人类作用对自然景观的干扰。加拿大安大略省花粉地层中发现的大量玉米（*Zea mays*）花粉，为该区域存在易洛魁人（Iroquois）农业活动提供了证据[13]。克劳福德湖（Crawford Lake）花粉谱中，玉米和马齿苋花粉出现于约 500 年前并持续到约 300 年前。

有一些实例说明花粉研究可以直接帮助解读人工器物[14]。在一项研究中，研究人员研究了一种史前器物的年代范围，这一类器物出现在华盛顿和不列颠哥伦比亚沿海地区的考古遗址中，被认为用来做大型木工。花粉序列显示在距今 9000～2500 年期间，雪松沿着太平洋海岸从华盛顿中部到不列颠哥伦比亚向北迁徙。花粉指示了被认为用来做大型木工器物的出现和雪松树木分布之间的联系。这些研究可表明该区域史前人类进行大型木工活动的行为受到能否获得雪松的制约。

植硅体

植物会产生由二氧化硅或者草酸钙组成的显微结构小体，其形态组合可作为古环境指标。形成于植物细胞内或细胞间的微观的无机物二氧化硅①或草酸钙沉积②叫作植硅体（字面意义，“植物的岩石”）。植硅体可以破译有意义的考古和古环境信息。不幸的是，植硅体研究目前受到的关注非常有限，所以仍需进行大量系统的研究工作。

植物家族中能够产生大量植硅体的是禾草类（包括禾谷类）、莎草、榆树、豆类、南瓜和向日葵。根据细胞起源和形状，禾谷类植硅体可以被分成许多种类。植硅体倾向于通过植物就地腐烂机制沉积，且在许多沉积环境中比花粉更稳定。这使得植硅体可以作为花粉的很好补充[15]。除了用于早期农业研究和作为常用的古植被指标以外，植硅体还可以区分禾草类的 C_3 和 C_4 光合作用途径。通过测定植硅体折射率变化可以确定植物是否燃烧过。燃烧会导致植硅体的折射率升高[16]。

植硅体是按照形状分类的（图 6.2）。早熟禾类植硅体有圆形、矩形、椭圆形、新月形或者长圆形，主要出现在高纬或者高海拔地区生长的 C_3 禾草类植物中。很高比例的早熟禾类植硅体倾向于指示凉爽的温度。画眉草类植硅体是鞍形的，主要出现在 C_4 禾草类植物中。黍类植硅体有哑铃型和十字型，也主要出现在 C_4 禾草类植物中。然而，黍类植硅体比画眉草类植硅体更倾向于出现在较高湿度的地区。因此，来自土壤、古土壤和考古遗址中的禾草类植硅体可以用来重建一个遗址或地区的环境。干热环境下的高蒸发量可以促进植硅体的形成。灌溉农业或者排水不畅地区的耕种可能也会促进植硅体形成，因为这种情况下植物会从过剩的土壤水中获得额外的可溶性二氧化硅。

植硅体出现于多种沉积环境中。美国怀俄明州北部的 Natural Trap 洞穴提供了来自冰期沉积物的植硅体记录。这个洞穴的沉积序列包含了末次间冰期以及更新世-全新世过渡期的环境和气候记录[17]。在距今 11 万年至距今约 1.2 万年的沉积物中，研究人员发现了禾草类植硅体。在最老的沉积中，早熟禾类植硅体占主导地位，并不包含画眉草类植硅体，这种分布意味着该区域当时可能比现在更加凉爽且湿润。在沉积序列的上部出现了更多的黍类和画眉草类植硅体，但是距今大约 1.2 万年的禾草类植硅体组成类型不同于全新世。

---

① 即植硅石。——译者

② 即植钙体。——译者

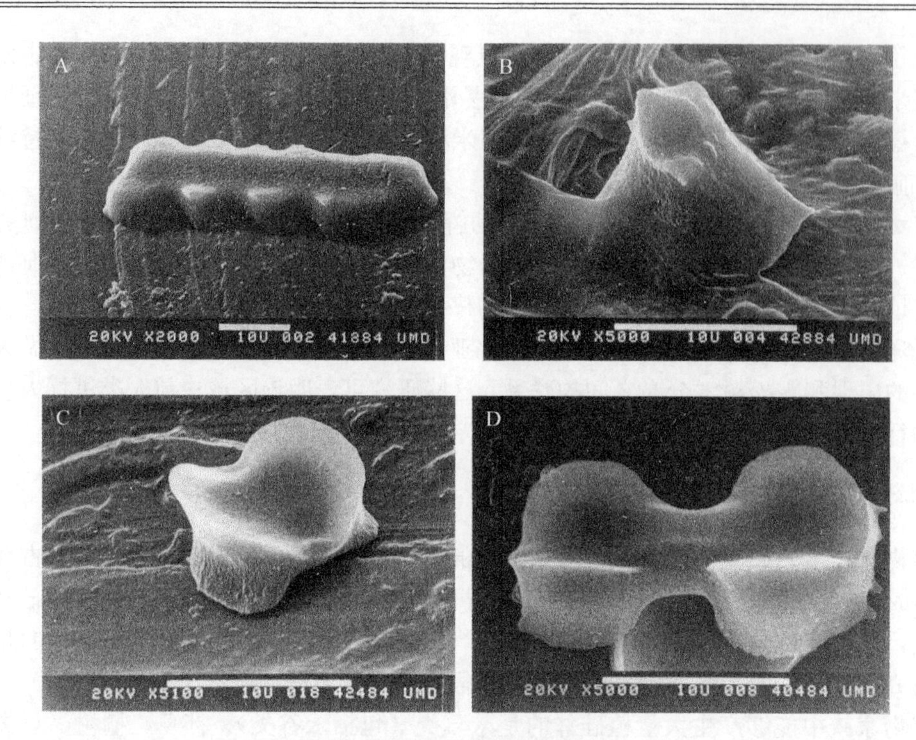

图 6.2 禾草类植硅体类型

（A）齿型（长不规则四边形）是早熟禾类草本植硅体的特征；（B）帽型（短不规则四边形）广泛分布于各个种类，特别是在开花植物中；（C）鞍型常见于画眉草类（Chloridoid）植物，也出现在竹类和一些芦竹类（arundinoids）中；（D）哑铃型最常见于黍类植物，竹类、一些芦竹类和早熟禾类植物也会产生哑铃型植硅体，十字型是哑铃型的一个特殊类型

大约 1.1 万年前，Natural Trap 地区植被从 C_3 禾草类植物转变为 C_4 植物，而相同序列中发现的动物群揭示该区域可能出现了山地针叶林草原植被。

植硅体分析可以帮助解决具体的古人类植物学问题，例如对考古遗址中玉米的鉴定。在考古遗址中，玉米粒和玉米穗轴是常见的大化石；然而，在许多地区玉米的驯化和传播被认为早于大化石证据。玉米比其他禾草类植物产生更大量且更大型的十字型植硅体（十字型的定义是平面观至少有清晰交错的三边，且长度比宽度大于不超过 2 个显微镜单位，或者 9.16 μm 的个体）。除了注意到十字型植硅体的百分比和植硅体的大小以外，哑铃型-十字型的比值研究表明大多数野生禾草类比玉米产生较少和较小的十字型植硅体。植硅体的三维结构基于十字形面的对立面。在其他利用植硅体鉴定玉米的方法中，欧文·罗夫纳（Irwin Rovner）和约翰·拉斯（John Russ）的工作聚焦于使用计算机识别系统对三维组合进行分类[18]。

植硅体分析被用于重建 19 世纪的弗吉尼亚州西部的哈珀斯费里（Harpers Ferry）遗址的历史植被和景观[19]。从遗址史前层位获得的样品中包含可能来自落叶树木的非草本植硅体，也有代表禾草类植物的植硅体。遗址最下面的历史层位，年代大约为公元 1800～1820 年，有很少的植硅体，但是具有较高比例的禾草类植硅体（短细胞黍型、羊茅型和平滑棒型）。这一层灌木和树木植硅体数量减少，而禾草类植硅体明显增加。在约公元 1820 年到公元 1832 年期间的样品中，与禾草类植物相关的羊茅型植硅体增加。来自洪水层的植硅体也和禾草类植物生长相关。黍类和羊茅类植硅体的出现反映了潮湿的环境条件。

植硅体可以提供过去人群食物类型的相关数据。西班牙中世纪的拉奥尔梅达（La Olmeda）遗址年代为7世纪到13世纪，科学家观察了遗址中人类牙齿的表面。牙齿表面附着着一粒植硅体，鉴定表明其来源于黍子。这是一个短细胞或哑铃型的植硅体。这一植硅体是通过扫描电镜发现的，并确定它的结构属于植硅体，之后又使用X光显微系统分析了其成分。其中发现的所有可分类的植硅体均归属于禾本科[20]。

硅藻

硅藻属于藻类，发现于水生环境中，细胞壁由二氧化硅构成[21]。这些生物成因的二氧化硅有机体被叫作硅藻，可以在沉积序列中保存。明显的形态学特征为鉴定不同的硅藻类型提供了有效途径。不同的藻类类型有独特的生境阈值。它们明确的生态位为水体的水文条件提供了有用的信息。很多影响花粉组合的埋藏学机理也影响硅藻。在流域盆地中，水流和风可以很容易地搬运硅藻。干涸的湖床上暴露的淡水硅藻被风力侵蚀和搬运进海水沉积中，提供了近海沉积物中的陆相环境条件记录。从湖泊和海洋沉积中重建的硅藻记录在重建水位波动和海侵-海退序列方面有重要作用。硅藻可以用于重建海平面的变化，因为一些物种对盐度变化非常敏感，所以可以作为海侵海退序列的替代指标。特定的物种和淡水、咸水或海洋条件相对应。因此，硅藻类研究有助于分析与滨海考古遗址相关的古环境背景。

硅藻作为一种古生态指标被应用于拉伯克湖（Lubbock Lake）的考古研究中，这是得克萨斯州西部的一个古印第安文化期遗址[22]。研究人员开展了一项重建该区域水分条件演变历史的研究。一些沉积物样品与含福尔松文化遗物的地层相对应。硅藻的研究结果揭示当时为沼泽环境，而且沼泽中静止或缓慢流动水体的盐度发生过很大的变化。其中一种常见的硅藻类型显示曾经存在流动的泉水。硅藻证据显示了从微咸水到淡水的波动情况；这些情况与降水状况、泉水流量及水位波动等反映的气候变化是一致的。

另一个硅藻类应用于地质考古的例子是亚利桑那州北部蒙特苏马井（Montezuma Well）的研究。蒙特苏马井由坍塌的钙华泉水墩构成，它具有超过1.1万年的硅藻记录[23]。研究人员研究了蒙特苏马井一个经过放射性碳测年的岩心，以评估泉水周边过去的环境条件及其对史前人类居住期的影响。硅藻种类的变化和来自岩心的其他信息似乎显示，距今9000年前和距今 5000 年后，这个地区的气候更湿润。而在这两个时间点之间，环境似乎更干燥。*Chaconnes placentula* var. *lineata* 硅藻贯穿于整个沉积序列，这表明沉水植物一直存在。*Anomoeoneis sphaerophora* 数量的变化显示极度干旱时期出现在距今8700～8400年、距今7800～6900年和距今2000～1000年。硅藻组合的主要变化发生在距今大约5000年之后，似乎显示了物理化学条件的变化。在距今大约4000年后，水位明显升高。

沉积序列中硅藻的种类和史前人类对该区域的占用可能是相关的。*Aulacoseira granulata* 和 *A. islandica* 含量的高值在某种程度上与西纳瓜人（Sinagua）的占据期是一致的。在约公元750年至公元1400年期间（距今约1250～600年），西纳瓜人占据蒙特苏马井附近的普韦布洛（印第安人村庄）、悬崖住所和地穴。这些硅藻在距今1500～1000年期间更加丰富，指示了蒙特苏马井有机质富集。硅藻也被用于研究和人类定居有关的景观变化[24]。

除了作为环境指示体的功能外，硅藻类还有助于追溯制作陶器所用黏土的来源，因此，它在研究贸易交换系统时也是有用的（见第 8 章）。硅藻在湖泊和沼泽中积累，会形成生物硅沉积，也就是硅藻土。硅藻土作为湖泊和沼泽环境的指示体，对人们来说还是生产和生活的原材料。

大化石

在沉积物中发现的肉眼可见的植物（大植物）遗存包括种子、坚果、木炭碎屑以及树干等大的物体。一些沉积环境使得这些材料成为沉积物-土壤记录的一部分。因为植物大化石更大一些，所以和它们相关的埋藏过程通常不像花粉扩散那样复杂。然而，与史前遗物一样，沉积环境和后沉积作用会对其产生一定影响。例如，在埃及南部尼罗河支流的库巴尼亚干谷（Wadi Kubbaniya），研究人员从木炭中发现了驯化植物的种子，而木炭却与旧石器时代晚期遗物共存[25]。木炭可追溯到距今约 1.7 万年，但是驯化种子的年代是全新世时期，可见它们已经侵入到了早期的沉积中。通过对库巴尼亚一系列遗址中其他植物遗存的细心收集，发现了木炭（柽柳）和各种块茎类。经放射性碳年代测定，这些植物遗存属于旧石器时代晚期。

树干等较大的植物遗存可以指示整体主导的环境条件（基于树木类型和它的生境耐受性），也可以指示小尺度的气候波动（基于年轮宽度的变化）[26]。这些不同类型的大植物遗存既可以作为建筑物结构遗迹［例如，美国西南部的普韦布洛（Pueblo）遗址发现的木梁］也可以作为地层中的沉积物（例如在第 2 章中讨论的图克里克斯和克罗默尔森林）。树木遗存也已经被用作气候的替代指标和年代学工具[27]。考古遗址中树木最直接的作用是可以提供气候的证据，因为树轮宽度与降水、温度或两者的组合直接相关。树轮稳定同位素比值变化也提供了气候参数的信号。在美洲的西南部，针叶树已经被应用于追溯到全新世早期（早于距今 8000 年）的树轮年表中。在西欧，橡树年轮的研究已经将树轮年表推到了距今大约 7000～6000 年。

动物指标

无脊椎动物

介形类

介形类是非常小（约 0.2～0.7 mm）的具双壳的甲壳动物。它们是底栖生物，虽然有一些种类可以浮游，但大部分是爬行生活的。介形类在沉积物中出现可以指示过去存在咸水或淡水环境。介形类的化学特征为认识古生态和古气候背景提供了帮助。介形类也被用于推测人类活动引起的水文变化。它们的壳体可以保存在绝大部分水体沉积环境中，包括海洋、湖泊、池塘和溪流。由于第四纪时期没有足够的时间产生系统发育（phylogenetic）的变化，所以淡水介形类物种不能被用作年代地层的标志（同样适用于昆虫）。例外的情况是，介形类表现出独特的频率变化，可以通过单独的方法测定其中介形类的年代。基于不同介形类组合的地层序列已经被运用于重建湖泊的环境条件变化。

和大部分的古生态学方法一样，运用淡水介形类推测古环境背景依赖于过去化石和现在介形类的形态、物理、化学和气候信息的对比。现代介形类所处的生境通常是明确的，所以可以根据沉积物中发现的物种推测过去相应的环境。例如，一些种类主要发现于湖泊中，另一些在池塘中，还有一些在流水中。其他的参数可以从介形类现在存活的生境中测得，包括盐度和水体溶解氧含量。

介形类的钙质壳体可以指示过去的地质水文条件。钙质壳体在具备一定 pH 值条件的水文环境中才能保存下来。pH 值低于 8.3 时，壳体中的碳酸盐将会溶解，因此介形类在许多沼泽和湿地沉积中无法保存，即使它们最初可能存在过。介形类更易于保存在泥灰岩沉积中。介形类通常不生活在含有粗糙碎屑沉积物的强动力环境中。它们可能会被发现于细砂和粗粉砂中，但是在黏土、细粉砂和富含有机质的区域更常见。

介形类壳体的化学组成可以提供确定的环境参数。镁和锶与钙的比值和盐度相关。化学参数控制锶-钙比值，而水化学和温度共同影响镁-钙比值。介形类壳体的锶-钙比值变化只和水体的碳酸盐或硫酸盐波动有关。锶-钙和镁-钙比值都稳定的地方表明水成分和温度没有发生变化，这种现象可能反映了深水环境。

M. 帕拉西奥斯-费斯特（M. Palacios-Fest）使用镁-钙和锶-钙的比值研究了亚利桑那州霍霍坎时代水渠的变化，水化学条件变化受到人类、气候引起的环境变化的影响（图 6.3）[28]。这些介形类样品来自亚利桑那州 Las Acequias 遗址的水渠。大约在公元 1025～1425 年期间，介形类记录的盐度增加可能是人类引起环境变化的结果。介形类也记载了主要的气候波动，包括两次洪水（一次大约在公元 855～910 年，另一次在公元 1350 年）和一次干旱（大约从公元 1365 年至 1425 年）。

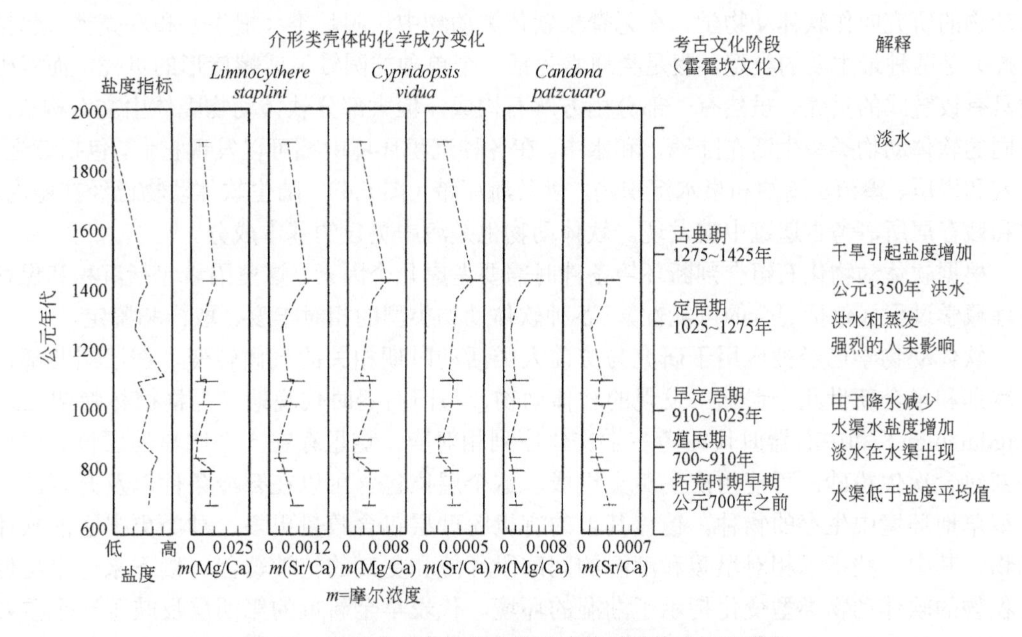

图 6.3　根据介形类化学成分重建的霍霍坎水渠和灌溉

介形类化学成分的地质考古证据被用来推断和霍霍坎水渠和灌溉相关的事件。Ma/Ca 和 Sr/Ca 是介形类壳体两个化学值，分别是 Mg 和 Ca 的含量比值、Sr 和 Ca 的含量比值。元素含量的变化记录在三种类型的介形类中。从公元 600 年到 1800 年，盐度指标出现了从高到低的几次波动。当添加上考古年代时，这些变化可以用来解释从早期拓荒阶段（Early Pioneer）一直到古典期（Classic Period）的史前灌溉情况（据 Palacios-Fest，1994）

基于 Las Acequias 的现生介形种类和它们的生存环境，判断出可以指示水体的四种组合，它们可以指示化学成分上从淡水到富钙，再到以钠、镁和硫酸盐离子（低或中等盐度）为主的水体。在人为干扰环境下，组合 1 出现于缓流水条件，2 对应渗流条件，3 对应缓流、积水条件，4 对应渗流和流水条件。从霍霍坎早期的拓荒阶段（公元 700 年之前）到殖民期（Colonial Period，公元 700～910 年），水渠水变得更淡；而在定居阶段早期（Early Sedentary Period，公元 910～1025 年），它们的盐度变高了。在公元 1350 年之后，介形类中的化学微量元素显示在古典期（公元 1275～1425 年）水的盐度急剧增加，随后的历史时期更多的是淡水。

Las Acequias 霍霍坎灌溉系统提供了一个利用介形类理解史前人地关系的应用案例。较高的水流流量、更多的淡水与洪水可能只与殖民期的气候有关。研究认为阿纳萨齐暖期（Anasazi Warm Period）较高的温度和更干旱的条件是霍霍坎文化所在区域被废弃的原因，介形类指示的霍霍坎文化末期（古典期）盐度的增加支持这个观点。介形虫中的化学微量元素指示的土地盐碱化加剧，可能反映了霍霍坎人灌溉和农业活动造成的景观改变。

枝角类，另一种小型的有双壳的甲壳动物，也可以帮助我们了解人类占据时期的环境条件。在伊朗的 Zeribar 湖更新世末期沉积中采集到的枝角类，显示了人类生计模式由狩猎转变为农业时段的环境条件[29]。

软体动物

软体动物是一种更常见的与第四纪沉积和考古遗址相关的无脊椎动物遗存[30]。对软体动物的研究叫作软体动物学。在无脊椎软体类动物中，腹足类（蜗牛）和双壳类（包括蛤蚌）是两种最主要的类型。腹足类通常包括一个单独的圆锥形或螺旋形的贝壳，而双壳类具有铰链式的贝壳。虽然有一部分由方解石构成，但大部分软体动物壳体由文石构成。不同的软体动物类型生活在陆地上和水中。在各种沉积环境中都可以发现它们，包括黄土、洞穴和岩厦、溪流、湖泊和泉水沉积物，以及海岸带（图 6.4）。陆生软体动物已经在壕沟、井和残存居所等考古遗迹中被发现。软体动物也是海岸贝丘的基本成分。

根据软体动物化石组合判断环境条件时需要考虑几个因素。这些因素包括沉积和保存的埋藏学过程（包括混合的可能性）、各种软体动物类型的相对丰度、取样和鉴定。

软体动物学已经被应用于研究与史前人类活动时期相关的气候转变。在法国北部，晚冰期和早全新世几个遗址中发现的软体动物，与旧石器时代晚期（马格德林晚期 Late Magdalenian）和中石器时代的考古学文化序列相对应。这里存在 5 个明显的层位。序列底部包含次生粉砂，可能由次生黄土组成。这个层位包含可以在寒冷条件以及开阔的矮草型草地环境中生存的物种。覆盖其上的有机粉砂层包含数量更多、种类更丰富的软体动物，其中一些指示相对温暖和潮湿的间冰段环境和更高的植被覆盖。接下来一个层位沉积物的软体动物类型变化指示了潮湿的环境。代表早全新世的第四层反映了一个重要的变化，随着开阔环境的减少，森林种类的软体动物增加。最后一个层位中，开阔地种类软体动物恢复，而森林种类急剧减少。在霍利韦尔峡谷（Holywell Coombe），软体动物种类变化具有和第五层相同的特点，这可能反映了新石器时代和青铜时代早期人类对森林的清除活动。

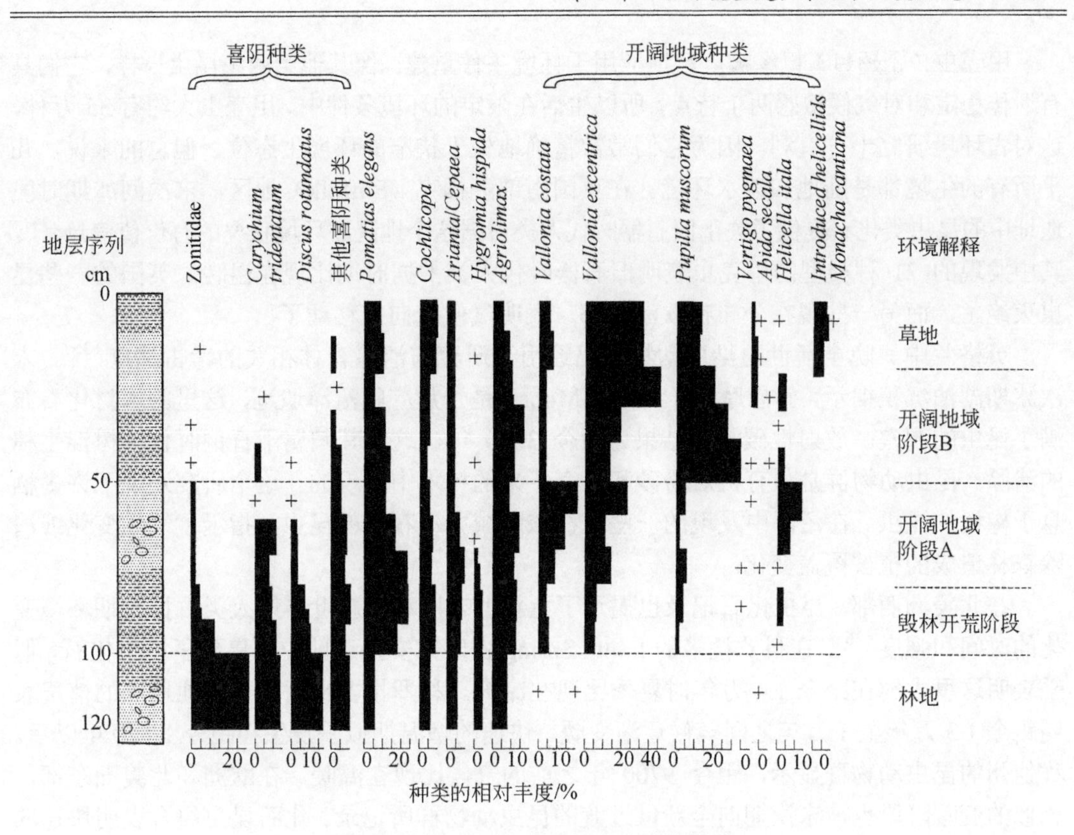

图 6.4　指示环境变化的微体动物图谱

陆生腹足类的不同种类指示特定的环境背景类型。在这个例子中，我们可以看到景观随时间的变化。数量较多的喜阴种类指示森林环境的存在，而数量较多的开阔地种类指示草地环境（据 Evans，1972）

软体动物也被用来重建景观演变。在伦敦西部平克希尔（Pink Hill）考古遗址中，陆生软体动物群的变化帮助重建了史前土地利用的改变[31]。遗址中下部沉积包含了阴凉敏感型软体动物，指示了最初的林地生境，随后在前铁器时代林地被清除。开阔地域阶段 A 和铁器时代农业活动相对应，阶段 B 和罗马-英国时期农业活动相对应。

北美洲新英格兰海岸南部的软体动物研究已经证明晚全新世贝壳类动物资源的利用受到环境和气候变化的影响[32]。虽然人类偏好已经作为史前贝壳类动物资源利用方式的一个解释，但是气候因素也可能起到关键作用。距今 1800～1600 年的伍德兰文化中期阶段，区域气候转凉使水温变冷，导致了软体动物群由喜暖组合向喜冷组合转变。这也造成了人类资源利用的相应变化。

昆虫

昆虫化石也可以用于获得古环境和气候数据[33]。昆虫是一种广泛分布的生物群，它们占到现今已知动植物种类的一半以上。昆虫遗存可以保存在池塘、沼泽、湖泊（靠近湖滨）、河流沉积和林鼠堆积等沉积环境中。在使用昆虫遗存时有两个基本的原则：首先，整个第四纪许多昆虫类型似乎没有变化；其次，昆虫的习性似乎也没有变化。因此，昆虫是指示环境条件的良好指标。它们非常丰富，所以许多昆虫类型（苍蝇、蜜蜂、甲壳虫和蚂蚁）都可以在第四纪沉积物中找到。

甲壳虫（鞘翅目）已经被广泛地应用于环境条件重建。像其他第四纪昆虫一样，它们具有遗传稳定和对气候敏感两个特点，所以生活在限定的环境条件中。甲壳虫大约有35万种，这对古环境研究十分有利，因为它们常常精确地处于狭窄的环境生态位，但总的来说，几乎所有的生境都是陆地和淡水环境。在英国南部萨福克（Suffolk）地区，末次间冰期时段遗址中的昆虫类化石提供了关于旧石器时代人类占据这个地区时环境状况的有价值信息[34]。其中发现的 21 种类型的甲壳虫表明旧石器时代人类占据时期比现在温暖。英国的一些昆虫灭绝了，而另一些现在分布在欧洲南部，表明气候带向南移动了。

英格兰中、晚全新世的昆虫动物群已经用于研究与清除森林相关的考古遗迹[35]。末次冰期湖泊沉积揭示，索恩摩尔（Thorne Moor）是一片广阔沼泽遗迹，这里的木材化石布满了昆虫的洞穴。放射性碳测年结果为距今 3090 年，这将其归属于青铜时代橡树混生林的清除。昆虫动物群是从有机质粉砂和保存下来的树木中发现的。这个研究发现了许多栖息于橡树的昆虫。在沼泽中发现的一些现在该区域并不存在的昆虫，指示了气候变化或清除森林造成的植被覆盖变化。

在北美洲西部，昆虫化石记录也揭示了更新世末期和全新世早期人类占据时期环境变化的时间和强度[36]。在科罗拉多的 Lamp Spring 古印第安人遗址中采集到了昆虫化石，似乎表明这里大约在距今 1.4 万年时夏季比现在凉爽。科罗拉多和蒙大拿其他地点的情况表明距今 1.3 万年至 1 万年之间气候逐渐变暖。快速的增温期似乎发生在距今 1.1 万年以后。犹他州的昆虫动物群显示，距今 9700 年之前的气候比现在温暖。在欧洲和北美洲东部，相似的变暖阶段也被末次期向全新世过渡的昆虫动物群所记录。化石昆虫组合表明快速的气候变化可能影响到包括史前人类群体在内的所有生物群落。

脊椎动物

自然地形地貌和考古遗址沉积中包含多样化的动物遗存，它们可以作为过去环境状况的指示体。虽然使用脊椎动物遗存推断整体古环境情况具有较高的潜力，但是首先必须关注沉积物的埋藏环境。动物遗存的环境重建首先要对比现生物种的地理范围和生境。现生种的形态学属性和背景信息能够提供已灭绝动物的生存环境指标。

哺乳动物化石遗存

当使用脊椎动物遗存推测过去的环境和气候时，有几点需要注意[37]。通常，许多较大型的哺乳动物有宽泛的生境耐受性。部分原因是它们是温血的，但也因为它们的适应性较高。较小型的动物通常对环境重建更有价值，因为它们多具有更明确的生态意义。如果要查明灭绝种类的生境耐受性，依据于多种动物类型而不是仅根据单一物种提供的生态推测更有意义。

可以根据解剖学特征部分判断动物的一些习性，但可能不够准确。例如，猛犸象和乳齿象的牙齿显示出明显的差别，应该和饮食习性相关，进而可以反映它们通常生存的环境。乳齿象具有低冠齿，可能是吃嫩叶的动物；而猛犸象具有高冠齿，可能更倾向于食草。乳齿象可能和林地或森林环境联系更密切，而猛犸象与草原和草地环境联系在一起。但是这两个不同的种类可能不局限于这些环境。这一类的概括有时不能清晰反映生存环境。例如，现在的大象和猛犸象有相似的牙齿，是食草类动物，但是它们既可以生活在稀树草原也可以生活在森林，并食用树木的嫩叶。随着时间的变化，除了人类以外的生物种类似乎已经适应和改变了它们的生境耐受性。

哺乳动物的一些属性可以作为年代学指标，而对于古环境研究的作用较小（见第5章）。在史前记录中，第三纪晚期（上新世）和第四纪哺乳动物的主要特点是通常具有较高的形态多样性。这种多样性通常被认为是适应气候或环境波动的结果。主要的形态变化发生在这个时代的许多哺乳动物群中，包括灵长类、象类、野牛类、鹿类、犀牛类、海狸，特别是较小的啮齿类。形态变化意味着哺乳动物可以作为年代学指标，但是这些相同的变化使得哺乳动物在古生态学推断上的应用变得复杂。

形态变化通常被认为是适应特定的物理和生物生境的结果。哺乳类的形态结构与现生动物是相似的，当研究化石记录时考虑观察现生动物的生境偏好和行为是合理的。对于猛犸象研究，现生的大象种群是理解化石记录的第一相似型。同一种逻辑也可应用于食肉类动物行为的研究。因此，现存猫科的行为与来源于化石的古生态学信息结合起来，共同提供了重建灭绝猫科动物生境和习性的基础，例如猫的半月形刀状牙齿形态。

尽管受到哺乳动物形态随时间变化的限制，但是通过和现生种类的比较可以推测得到基本的环境条件。化石种类如果在生理上与现在的麋鹿、驯鹿、旅鼠、麝牛和极地熊相似，则表明其可能出现于北极的或者北方景观生境中。同样地，羚羊和马类可以指示草原-针叶林景观。然而始终需要注意的是，通过化石结构的形态学方法，可能不能直接观察到主要的行为变化。有时候南方古猿和早期人属化石形态学特征的细微差异，很可能反映的是对各种有关生境的不同适应。因此，当构建一个过去的地质生态学模型时，使用广泛的地质考古学组合方法是必要的。对于原始人类，使用严格的地质学和生物学（包括器物的模式）标准评估整个环境背景构成了古生态学重建的基础。如果我们可以假设化石组合来自于同时代的种群而不是混合埋藏的结果，那么依靠许多化石哺乳动物形态重建可能生境时，将会产生一个关于史前环境的更可信评估。

通常，小型哺乳动物在指示局部地质生态环境方面比大型哺乳动物更加可靠。我们得出这个结论是基于对现生大型和小型哺乳动物的观察。大型哺乳动物栖息于更加多样和广阔的景观中。许多种类有季节性的迁徙路线或者至少有广阔的潜在栖息地。小型哺乳动物，特别是啮齿类，是局部地质生态环境的良好指示体，也是有用的年代学指标。

鸟类化石遗存

因为鸟的生态约束通常非常窄，所以鸟类遗存在生态重建中能够显示出它的作用。尽管有具体的耐受范围，但是使用鸟类遗存仍然存在问题。包括鸟类适应生境变化的潜力和它们较高的移动性，这些问题导致了可以在广阔的地理范围中找到它们。这特别适用于季节性迁徙的鸟类。在考古学环境中，迁徙性鸟的存在可以作为人类季节性居住的指标。一些种类的鸟生存于特定的景观条件，因此我们可以基于鸟类遗存推测过去特殊景观的存在。

有时鸟类化石的分布能提供过去地质生态模式变化的线索。已经有研究指出，北美洲生态模式的变化导致了加利福尼亚秃鹰地理分布范围的减小[38]。在历史时期，加利福尼亚秃鹰主要分布于温暖的气候及生态环境。古生态学证据（包括花粉和植物大化石）的几个序列显示，大约在距今1.1万年，这种鸟类生存范围受到的限制要少得多。来自纽约西部希斯科克遗址（Hiscock）的证据表明，加利福尼亚秃鹰曾经能够生活在有云杉-短叶松树林生长的生态环境中。北方的针叶林植被景观可能和较冷的气候条件相对应。秃鹰能在这种环境中存在，很可能是因为可以获得重要的生物性食物来源，即大型哺乳动物腐肉。晚全新世加利福尼亚秃鹰分布范围的严重缩减可能和更新世-全新世过渡期大型哺乳动物灭绝有关，这使食腐鸟类可获得的食物资源减少。

爬行和两栖动物化石遗存

对过去爬行动物的研究叫作古爬行动物学。与哺乳动物对相比，第三纪晚期和第四纪的爬行动物化石记录中可以观察到较小的形态变化。

爬行动物种群稳定，它们经历了较小的适应性辐射或者物种变化。尽管环境重建需要考虑爬行动物的适应能力，但是它们可以用于解释古环境。形态上相似的爬行动物化石遗存已经在那些明显和现代不同的环境中找到。科学家因此推断爬行动物可能对气候变化引起的生态栖息地改变具有较高的适应能力。气候因素是导致爬行动物组合分布变化的主要原因。爬行动物分布似乎反映温度和湿度的变化模式。

正如已经被证实的生物地层记录的其他方面，埋藏过程对于解释两栖动物和爬行动物化石沉积很重要。在一些实例中，根据其他已有古生态数据，会得出爬行类样本不是来自同一群落的结论。化石组合中包含现在生活在不同生态环境中的动物，这使科学家认为这些化石是混合组合。两栖和爬行动物化石的研究工作已经得出了这样的结论：过去的生态模式与现今不同。一些化石堆积物可能指示了过去不同的、无相似型的地质生态模式，而不是异时的（由不同时期的骨骼组成）。根据其他生态指标已经给出了相似的解释，例如花粉地层和哺乳动物沉积。

因为爬行动物是冷血动物，特别是和大型哺乳动物相比，它们的生态和地理分布范围相当有限。这些生态限制使得爬行动物在地质生态重建方面具有应用的潜力。爬行动物的身体大小变化趋势已经被作为气候或生态相关的指标。较大的身体尺寸可能归因于较高的温度（气候因素），或者种群被捕食的压力较小；而较小的尺寸（侏儒化）和被捕食增加有关。这些生态关联的例子证明化石结构的形态学变化不能总是直接归因于气候因素。例如，现在岛屿上蜥蜴尺寸的减小被解释为全新世人类定居的结果[39]。

鱼类化石遗存

结合相应的搬运和再沉积的埋藏学指标，鱼类遗存可以用来推测水环境的变化。淡水鱼和两个条件相关：水体含氧量充分，例如溪流和大型湖泊；水体含氧贫乏，例如池塘和沼泽，或者水流动力低的河流环境。因为鱼的鳞屑、脊椎和听小骨（耳石）有年生长环，所以可以用它们研究季节性。R. 卡斯蒂尔（R. Casteel）使用鱼的鳞屑推测鱼的生长速率和水温之间的关系，较高的生长速率和较高的温度有关[40]。

鱼类遗存可以帮助提供史前排水渠道连接的信息。在埃及南部，包含旧石器时代中期遗物的沉积物中也含有鱼类遗存。鱼类的存在表明溪流曾经将多个古湖泊连接起来。维姆·范·尼尔（Wim Van Neer）对这些沉积物中鱼类遗存的研究也被用于重建旧石器时代中期遗址的古水文环境[41]。在沉积物中发现各种鱼类是当时水文环境良好的表现，鱼的种类也揭示出当时湖泊大而深，且具有沙质湖底。

其他的生态沉积

林鼠堆积

收藏鼠（林鼠属）是小型哺乳动物，因为它们收集各种材料并带回巢穴中，这些材料在巢穴中堆积成土丘，因此得到这个俗名。在干旱地区，像北美洲西部的大盆地，这些堆积物已经被保存了 4 万多年。在 1964 年，菲利普 · 韦尔斯（Philip Wells）和克莱夫 D. 乔根森（Clive D. Jorgensen）证明了利用林鼠堆积获得古生态信息的潜力[42]。两个特征使它们可以用于研究过去的环境和气候。林鼠堆积含有各种植物和动物种类遗存，包括树枝、树叶、种子、花粉和骨骼。这些材料可以使用放射性碳方法进行定年（见第 5 章）。与含有花粉或大化石的沉积或连续地层的最大不同是，林鼠堆积在时间上通常只代表一个单独的时段。此外，花粉地层可以反映区域植被模式，而林鼠堆积包含的大部分材料都在局地几百英尺①内。因此为了解释区域或年代序列上的变化，就必须分析和测定许多不同的堆积。

泥炭

泥炭沼泽是提供北半球第四纪景观信息的一个主要来源。虽然堆积速率变化范围很大，但是在有利的环境中泥炭通常每 1000～2000 年沉积约 1 m 厚。对于大多数泥炭堆积物，沉积记录由积水环境中腐烂的植物残体所构成。泥炭沉积可追溯至距今 9000 年，它包含连续的植物群落记录以及含有花粉的大气沉积记录。在北美佛罗里达州，广泛分布的泥炭沉积中已经发现了丰富的图腾、面具和雕像。佛罗里达州一个泥炭沼泽保存的距今 8000 年的头骨，具有相对完整无损的大脑。沼泽中获得的软组织遗存为 DNA 研究提供了重要的材料。

这些沼泽是湿地考古中一些最重要的环境。欧洲的沼泽中保存了许多道路、独木舟艇，甚至渔网。沼泽中最著名的发现是保存完好的丹麦铁器时代“图伦男子”。虽然酸性泥沼水体溶解了“泥沼人”的骨骼，但是皮肤、胃及其伴随物被保存下来。

有一些浸水环境保存了埋葬的橡木棺材、北欧海盗船、纺织品和瑞士湖住宅的木质结构。在历史考古中，港口城镇的水滩被保存了下来。浸水木制品的主要问题是，当离开埋藏环境时，它开始变干、裂缝和碎裂。因此它需要特殊的保护措施，例如继续浸泡木材，或者使用蜡和化学品处理。

地球化学指标

沉积物中的稳定同位素成分、土壤结核、土壤有机物质、方解石脉和湖泊碳酸盐等提供了气候环境的证据[43]。大部分的研究集中于氧、碳、氮和氢等稳定同位素。地下水中氧和氢的同位素比值主要取决于它们在降水中的比例。土壤中大部分的有机碳来自高等植物。C_3 代谢途径（最基本的光合作用类型）植物的稳定碳同位素比例不同于 C_4 途径植物。干燥和/或炎热的气候有利于 C_4 植物的生长（图 6.5）。

① 1 英尺=0.3048 米

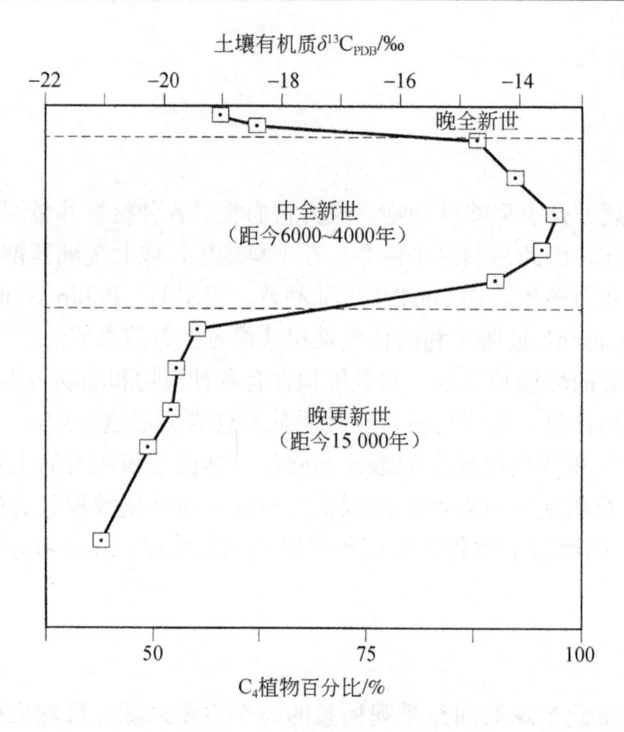

图 6.5 土壤有机质

碳同位素和古环境。土壤有机质中 ^{13}C 同位素的相对含量可以用来重建曾经在古环境中出现的植被类型。^{13}C 的相对含量也可以用来测定 C_4 植物的比例。^{13}C 含量的变化和 C_4 植物的比例可以反映气候的变化和过去人类可利用的资源种类。在这个图中，土壤有机质 ^{13}C 含量变化显示更新世晚期以较低 C_4 植物比例为主要特征，而 C_4 植物的高值反映了中全新世较为温暖的气候条件（据 Nordt，2001）

因为一个化学元素的同位素中具有不同数量的中子，所以它们的原子重量（质量数）不同。特定元素的同位素具有相同的化学性质，但是在某些自然过程中，它们不同的质量数使得它们产生分离或分馏（fractionated）。三种氧同位素中的两种（^{16}O 和 ^{18}O）已经被用于重建过去的环境状况。当水分蒸发，较轻的氧同位素（^{16}O）首先进入到水蒸气中，而较重的氧同位素（^{18}O）在遗留的水中的比例变得较高。蒸发过程中 ^{18}O 倾向于富集在海水中的现象被用于推测全球气候波动。这已经引起了我们对人类体质和行为演化时期环境和气候变化认识的变革。当知道这些气候变化的年代时，它们可以被用来确定考古遗址的年代。海洋沉积、方解石脉和冰芯序列的同位素信号，为考古学记录时段提供了一个连续的全球气候变化记录。同位素信号可以指示海平面的相对变化，以及较冷的全球气候（冰期）和较温暖的全球气候（间冰期）的交替周期性变化。

在冰期，^{16}O 同位素不能立即循环返回到海洋中，而是成为了大冰盖的一部分。在这些较冷的时段，重的氧同位素（^{18}O）在海洋中变得更富集。较冷时段的同位素比值记录在海洋生物的贝壳中。当全球气候变暖时，沉积于冰川中的较轻同位素重返海洋。因此，间冰期时段，^{18}O 在海洋中的比例较低。氧同位素比值的变化已经被用于对比遗物沉积层位和气候年代学。在地中海南岸的 Haua Fteah 遗址，研究人员对比了旧石器考古序列与氧同位素记录并确定了年代。在非洲南部海岸的 Klassies 河口，沙克尔顿（Shackleton）使用氧同位素证据测定了含旧石器时代中期（MSA）遗物的贝丘沉积的年代[44]。贝丘沉积的氧同位素变化和深海同位素记录是相对应的。这种匹配表明含有贝壳的旧石器时代中期 I 期的同位素和海洋记录中的 5e 亚阶段相对应（图 5.11）。这是一个海洋氧同位素组成和现代一样偏轻的时期。更年轻的石器时代中期 II 层位的贝壳同位素看起来和 5c 或 5a 亚阶段相差无几。根据这些对比，以及 5e、5b 和 5c 亚阶段的估测年龄，将贝壳中的氧同位素组成作为 MSA I 期和 MSA II 期层位铀系年代（见第 5 章）的参照是可能的。MSA I 期的遗物和 5e 相对应，其年代可能为距今 13 万～12 万年，而 MSA II 期的遗物和 5a 或 5c 相对应，其年代大约为距今 10.5 万～7.5 万年[45]。

南美洲安第斯山脉的蒂瓦纳科国在公元 1000～1100 年之间瓦解，其原因可以用 ^{18}O 同位素值的变化帮助解释[46]。基于 Queleccaya 冰帽的部分氧同位素记录，可以推测在约公元 1000 年温度开始升高并且至少持续到公元 1400 年（图 6.6）。南美洲的温度上升似乎是全球温暖期的一部分，这个温暖期一直持续到小冰期。较高的 ^{18}O 值和冰川沉积的减少相对应。Queleccaya 地区温度的升高和降水量减少同时发生。这些气候变化似乎深刻地影响了南美洲的人口数量。降水的减少可能破坏了蒂瓦纳科的农业基础并最终导致了他们政治体系的崩溃。

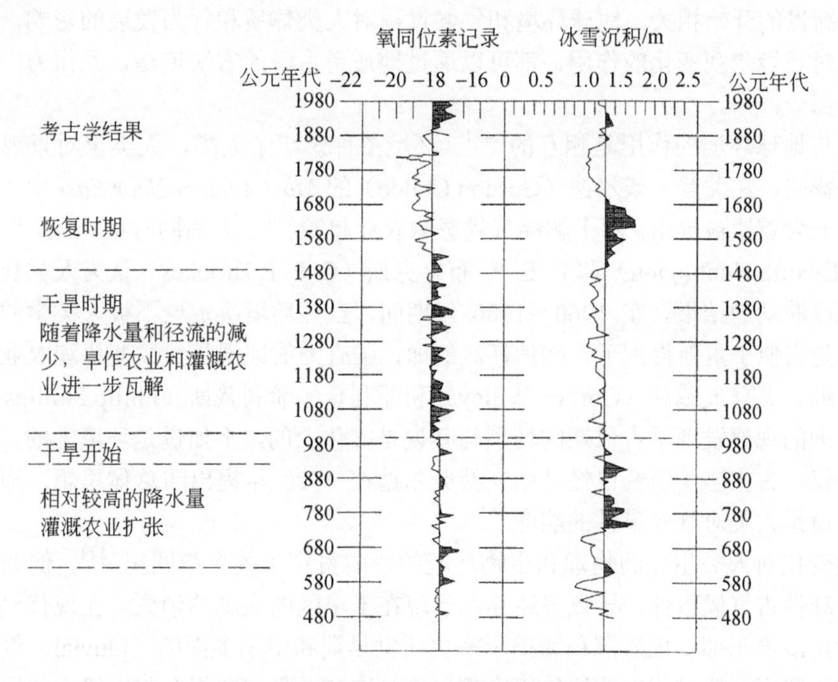

图 6.6　冰芯记录和农业模式的相关性

用于研究安第斯人类史前史的氧同位素记录和冰川沉积的波动。灌溉农业扩张和公元 880 年之前的降水量高值相对应。较低的冰川沉积量指示干旱增加的时段；高于−18 的氧同位素值出现在公元 980 年和 1480 年之间。人类活动对这种变化的响应表现为旱作农业和灌溉农业的崩溃（Ortloff 和 Kolata，1993）

在 180 万年前，早期人类走出非洲并占据东南亚的亚热带区域。115 万年前，早期人类从中国亚热带区域迁移到温带气候区的黄土高原。这可能代表了人类第一次占据非热带环境。黄土-古土壤的稳定同位素比值为重建早期人类所处古环境提供了年代信息[47]。该区域气候特征是冬天寒冷/凉爽、干燥，夏天和秋天温暖/温和、半湿润。证据显示早期人类占据该区域的时间为至少 115 万年以前的温暖阶段和距今 65 万年以来的暖期或冷期阶段。

埃及尼罗河三角洲沉积岩心的锶同位素和岩石学分析揭示，尼罗河盆地的气候和河水流量在距今 4200～4000 年之间发生了很大变化[48]。大范围的干旱和尼罗河流量的减小可能造成了古老王国的瓦解。

从植物和动物遗存中获得的同位素比值也用于研究史前人类的生活和居住系统。碳和氮稳定同位素比值用来指示玉米的出现和史前人口利用陆地和海洋食物资源的比例。根据沉积物或土壤序列的特征和组分推测得到的环境景观变化可以用来开发气候变化模型。这些模型可以用于评估与人类占据相对应的环境背景。

环境变化和考古学解释

人类生存环境和地质生态

使用本章前面描述的古生态学方法，在地层学的记录中可以找到冰期和间冰期周期交替，甚至小尺度的（短期的）环境-气候阶段的证据。自晚上新世以来，全球气候变化反映在冰期和间冰期环境的波动中。人类行为的主要变化可能与末次冰期结束和当前间冰期，即全新世的开始相关。地球环境和气候过程对人类体质和行为发展的影响，以及史前人类行为对环境景观变化的作用，都可以通过地质考古学的方法追踪，并作为广义地质生态学的一部分。

人类与地球环境的作用是相互的[49]。环境条件影响了人类，人类也对景观环境有越来越多的影响。在戈登·柴尔德（Gordon Childe）的 *Most Ancient Near East* 中，“环境决定论”的概念首次被提出，用于解释气候影响农业起源[50]。大约同时期，埃尔斯沃思·亨廷顿（Ellsworth Huntington）和 C. E. P. 布鲁克斯（C. E. P. Brookes）认为人类社会的主要变化是气候波动的结果。在 1960～1980 年期间，虽然环境决定论不被人类学的考古学家支持，但是它似乎重新得到了一些信任。例如，强有力的证据是气候变化和农业起源时间上十分接近。戈登·威利（Gordon Willey）和菲利普·菲利普斯（Philip Phillips）在 1955 年对北美洲的观察发现早古代期的转型与其说是文化上的，不如说是环境上的，这在现在不再有争议。古生态学研究已经开始支持柴尔德在 1920 年提出的总体思想，即近东地区的农业革命是人类对气候事件的响应[51]。

气候变化对人类生存的物理和生物环境的影响贯穿于整个第四纪[52]。例如，大的区域性和全球性古气候事件，导致曾经存在于现在干旱区的大湖泊消失。在现代气候极度干旱的撒哈拉沙漠东部，地层沉积物揭示晚更新世早期和中期多雨的（pluvial）气候条件与阿舍利文化和旧石器时代中期遗物组合相对应。许多由坚硬湖相泥灰岩组成的残留沉积说明早期存在大型的常年水体。一些湖床内的鱼骨表明存在连接湖泊的溪流。目前还没有找到更年轻的旧石器时代晚期遗物。晚更新世晚期一个极端干旱时段使得该地区不适宜居住，或许可以解释文化遗物的缺失。更新世末期和早全新世出现的盐湖沉积中含有新石器时代的遗物，这标志着适合于人类生存环境的恢复。

在距今约 14 000～9000 年，智利北部也有大湖泊存在。这个地区最早的人类占据出现于更新世末期和全新世早期的湖滨地带。安第斯山脉高山湖的出现与距今 8500～5000 年的冰川退缩和广泛出现的干旱相对应。人类占据似乎出现在这个干旱期之前和之后（距今 11 000～8000 年，然后是距今 5500～4000 年）。

黄土沉积提供了可能影响史前人群的气候变化指征。在阿根廷的 Cerro La China 遗址，地层序列中包含三段黄土沉积和几个土壤层位，这些沉积中都含有考古材料。从最底层黄土中获得的古印第安人材料，可以追溯到距今约 10 600 年。在这个黄土沉积之后，一个土壤沉积阶段出现并持续到距今约 5000 年，紧随其后是一段侵蚀期。次生黄土沉积、土壤形成和侵蚀发生在晚全新世，紧接着是短暂的风成沉积阶段。重要的第四纪黄土-古土壤沉积序列也分布于中国、欧洲和北美洲中部，它们为研究这些地区古人类生存有关的地质生态环境提供了线索（见图 5.8 和图 5.9）。

宾夕法尼亚州特拉华（Delaware）峡谷上部的全新世沉积和考古材料似乎也反映了区域的气候变化。这个序列包含古代期和伍德兰期的成分。含有沉积过程中几个主要文化转型证据的沉积物也反映了古环境的变化。在沉积中发现的古代期早期遗物的测定年代为距今约 9000 年。古代期中期的遗物（距今约 6000～5000 年）出现于中全新世，在这个时段，景观稳定性减弱，来源于洪水事件的沉积增加。古代期晚期和伍德兰中晚期的成分也在这个序列中出现。

斯塔卡遗址位于英国约克郡一个古湖［皮克灵（Pickering）冰川湖］向阳的北岸，在距今 10 千纪中期，它曾作为一个季节性营地，为史前居民提供了丰富资源[53]。遗址中使用的几乎所有原材料（燧石、泥土、桦木皮、冰川漂石）都在不超过一个小时步行路程的范围内。大量的马鹿为人类提供了绝大部分的动物蛋白质。地质考古学的沉积物岩心帮助重建了环境序列，并且提供了斯塔卡遗址地区详细的地质生态景观画面。沉积岩心含有木质粗糙碎屑，说明这里以前是一个低位沼泽（fen carr）。芦苇泥炭是芦苇沼泽的沉积。细的碎屑黏土代表一个边缘开阔的水面环境，而钙质黏土是开放水域的标志。

遗址位于一个低冰碛山南坡上的一个浅的冲沟口，该冲沟延伸到皮克灵冰川湖狭窄的外流通道附近。居住区位于开阔水域最靠近湖滨的地方。中石器时代早期，湖边缘的植被似乎发生了巨大的变化。在距今大约 9800 年，开阔水域延伸到湖滨，仅剩下了一个生长有芦苇和莎草的狭窄边缘。到距今 9650 年，就在人类占据之前，芦苇沼泽延伸扩大进入湖泊。在占据阶段内（大约开始于距今 9600 年），芦苇沼泽被泥炭沼泽替代，遗址区域大部分被蕨类植物覆盖。居民放置木板来加固以前被潮湿沼泽覆盖的地面。到距今 9300 年，人类离开这个地点，一个生长有杨柳的沼泽再次覆盖了遗址。其他生物指标也被用于重建斯卡塔遗址过去的环境和可利用的各种资源。花粉分析表明在占据期内，遗址周边被松树和桦树植物覆盖。其他花粉类型表明存在清除森林之后的开阔区域。鹿和麋鹿的叉角被用于建立占据时的营地。这个遗址的多学科古环境研究，将一个古老的景观环境画面清晰地呈现出来。

20 世纪 90 年代中期举行的 NATO 会议的主题是，公元前 3 千纪气候变化对地中海东部文明和近东文明瓦解的影响。埃及古王国、爱琴海的早青铜器时代、特洛伊 II 和印度河流域文明等政体的瓦解都集中在公元前约 2200±100 年[54]。

构造、气候、景观和人类历史

构造地质学是地球科学的主要组成概念之一。许多和考古学记录相关的地质和生物特征可以在板块构造理论下得到更充分的理解。板块构造的基本思想是：地壳各部分的形成、漂移和破坏受地球内部过程的控制。在一些地方，如东非，地球板块发生分裂、扩张，或

"裂陷"。在其他地方，如喜马拉雅山，地壳板块的碰撞导致山脉形成。然而也有一些区域，例如南美洲太平洋沿岸，大洋地壳漂移（或俯冲）到了大陆地壳的下面，从而导致了火山活动和山脉形成。

地质构造的相关影响遍及世界，造山、断层、地震和火山活动等都会对史前记录产生影响。地壳裂陷相关的大地运动或断层可以导致史前人类可利用的湖泊形成，也会使含有早期人类遗骸和遗物的沉积物出露而被发现。与裂陷或俯冲相关的火山活动，导致了化石和含遗物的沉积物与可确定年代的熔岩流和火山灰沉积互层埋藏。山脉的形成极大地改变了旧石器时代的气候系统，对地貌和生物造成了影响。

普遍认为根据史前记录重建的许多长尺度气候变化是地质构造事件的结果。新生代（开始于6500万年前）海洋记录中观察到的气候转凉和第四纪（大约300万年以来）记录的气候波动现象，至少部分能够被地质构造过程引起的地壳运动所解释。几个主要的气候变冷事件可能是大陆地壳裂陷，或地壳（或岩石圈）板块或小板块碰撞的结果。这些构造板块连接的例子之一是巴拿马地峡的形成。这和其他气候模式变化揭示的地质构造事件一起，导致了过去300万年以来冰期和间冰期的出现（图5.4）。冰期和非冰期阶段气候的波动影响了人类演化相关的自然和生物环境以及考古学记录的形成。

气候，被温度和降水直接表达或被植被间接表达，在自然和地貌形态过程中是一个重要的因素。主要的气候变化对陆地地表长期稳定和土壤的形成尤其重要。全新世气候变化的地貌响应被保存在许多地方的沉积序列和地形中。在主要水系的泛滥平原上，洪水对沉积物的侵蚀、搬运以及最终稳定在地形中有关键作用。泛滥平原系统发展成准平衡状态，但气候的变化可能会使其失去稳定性。

美国河流径流和水域的数据揭示了两种具有地貌意义的关键植被界限。在温暖地区的草地，年平均温度大约为10℃，当年均降水低于500 mm时植被会变得稀疏[55]。第二个边界出现在年平均降水大约800～900 mm且年平均温度为10℃的地方；在这些条件下，草原渐变为森林。在未被扰动的森林中，如果年均降水量大于900 mm，几乎没有地表径流。条件良好的草地几乎像覆盖土一样，会有效减少地表径流，但在干旱期它会失去减少流量和侵蚀的作用。

我们对过去降水变化的认识远不如对过去温度变化那样充分。在中纬度地区有一个普遍的趋势，即冷气候阶段降水增加，最近的一次是在小冰期。沉积量的区域响应反映了全新世的气候变化。这种响应随着环境的气候状况而变化。在美国西南干旱区，暖干的气候条件使年沉积量减少，而大陆中部的草原年沉积量增加。有年代测定的古河道可以用于重建全新世的洪水记录。

横向河流的迁移强度随洪水大小的变化而变化。这对人类长期定居的地点有重要影响。密西西比洪水记录显示相对温和的年均温和年平均降水量变化就会引起洪水的大规模调整。河流沉积物的侵蚀、搬运和沉积是一个不定期发生的过程，因为它们依赖于地表径流和高水位流量。洪水的这些特征决定了冲积地貌的稳定和演化，以及人类在这个重要环境中的生存能力。

新仙女木事件恰好发生在全新世之前的一个短暂的冷气候时段。德国Meerfelder Maar湖的纹泥记录了高分辨率的沉积和植被对新仙女木气候变化的响应[56]。因此，纹泥微相变化可以作为环境变化的一个敏感指标。观察到的纹泥变化已经被沉积物的物理和化学分析定量化，根据沉积速率的不同，该沉积物的分辨率在 8～40 年之间。研究揭示新仙女木事件初期的环境变化在 20～50 年内发生。

在安第斯山脉的的喀喀湖（Lake Titicaca）区域，3500 年以来的古湖沼和考古记录揭示农业出现于约公元前 1500 年。随后在公元 1100 年，当地蒂瓦纳科文明瓦解，这一事件和突然的、有深远影响的气候变化同时发生[57]。气候变化时间和幅度的证据来自有 ^{14}C 测年沉积岩心记录的湖泊水平面变化。考古学证据建立了研究区域农业领域活动和后来废弃的时空变化过程。研究证明全新世期间快速的气候变化，对先民产生了重要的水文和生态影响。

利用加勒比海沉积物钛含量作为南美洲东北部水循环的指标，它可能揭示了古典期末期玛雅文明的瓦解。其发生在一个长期的干旱阶段，而且不时发生更强烈的多年期干旱，分别在约公元 810 年，860 年和 910 年[58]。约公元 750～950 年期间，玛雅的人口数量极大地减少。许多人口密集的城市中心被永久放弃。突然而极端的干旱事件无疑导致了古典玛雅文明的灭亡。

气候重建的持续发展得益于两个关键参数有更多更好的测量值：年代测定和各种代用指标（如植被或同位素比值）。然而，需要注意的是两者都具有不确定性因素。代用指标数据通常反映“平均条件”，丢失了短暂但有决定性作用的事件。极端洪水事件等特别的地质学指标易于受到频率突变的影响。容易恢复的气候代用指标可能很难找到。美国高原南部的地层学和沉积学数据显示，在克洛维斯文化期（距今约 1.1 万年），山谷里有四季不断的溪流[59]。几百年后，当先民正在使用福尔松文化期遗物时，环境突然变得更加干燥，出现间歇性干旱期。较早的冲积沉积物被福尔松时期的湖泊沉积和沼泽（palustrine）沉积覆盖。

什么自然事件会造成文化的彻底改变？除了一些非常小的区域，历史上毁灭性的地震也没能造成文化的改变。相似地，其他快速但地理范围分布有限的自然现象，例如洪水、火灾、海啸和火山大灾难通常不能导致人类社会的急剧变化[60]。然而，公元前 1600 年前后，希腊锡拉岛的火山爆发是一个地理范围有限的文化毁灭的例子——这个岛屿必须被放弃。地质考古学家需要在长期的自然事件中寻找文化改变的解释。在本章中，我们没有考虑悠久的战争历史和人类自身引起的相关文化转变。

自然力量和人类影响可以共同造成荒废和文化改变的地方有一种现象——至少是人口下降，或者人群放弃特定区域：灾难性侵蚀的出现。永久定居对足够肥沃土地的需求贯穿于大部分人类历史。森林砍伐会造成肥沃土壤的侵蚀，这在许多地区已经得到证实。今天，无论需要什么，先进的经济贸易都可以引进。而在大部分人类历史中，并不是这种情况。快速侵蚀的证据可以在侵蚀地点以及沉积速率增加的下游地区找到。火活动和高强度的土壤耕作也会造成侵蚀增加。在地中海东部地区和近东，农业活动至少在距今 6000 年已经引起了严重的侵蚀。柏拉图（Plato）和其他作家从代表性的古代遗物中了解到了森林毁坏和侵蚀之间的关系。

在活动断层非常长的地带，地震可以是毁灭性的。巨大的安纳托利亚断层带就是一个例子，它横穿土耳其北部超过 600 km。公元 1688 年，这里发生了 8 级地震，在超过 6 周的时间内出现 200 余次震动，造成了大规模的毁灭。然而，没有证据表明地震造成主体文化的中断。

环境变化是一个相对的概念——与人类价值、技术、人口和规模有关[61]。环境变化的时间尺度控制文化响应。短时间环境变化的效应取决于现象持续的时间、频率、振幅和周期性。意想不到的短期变化可能给人类社会带来压力，需要立即做出反应。长期的环境变化的一个例子是显著的气候变暖或变冷。这种长期变化的地质考古记录常常使自然现象和文化响应的年代难以确定。人们只对感知到的变化做出反应，而渐进的变化大多是事后才感知到的。

气候不仅对人类（例如：穿衣、动植物资源的可获得性）有直接的影响，而且也是地貌、成壤、水文过程中的一个主要影响因素。有人可能会问，这本书里是否有必要使用一个长的章节介绍关于气候的内容。一位资深的考古学家这样说：

> 许多授予人类学研究生学位的大学缺乏对地质考古学潜力和古环境信息重要性的认识。后现代主义范式在今天的研究生课程中似乎最小化了气候波动和变化对史前社会的作用。此外，你能如何解释这样一篇论文呢？它考察了密西西比文化霸权中政治联盟转变的证据，却从未注意到这种转变与小冰期的开始是同时发生的。令人担忧的是，很少有考古学研究发表在像 *Quaternary Research*、*The Holocene*、*Quaternary Science Reviews* 和 *Quaternary International* 这样的期刊上；但更令人担忧的是，在 *American Antiquity* 或者几本优秀的区域性考古学期刊上发表的文章中，很少有从这四个跨学科领域中引用了值得注意的、相关的古环境信息。当前人类学思维当然可以激发考古学家提出新的或更好的问题，然后制定更好的研究设计。但史前社会与特定的生态环境密切相关，这些易于受到气候变化的影响[62]。

除了这些评论，*American Antiquity* 还发表了一篇长文，对气候变化和全新世农业起源进行了概述。这个研究提出更新世晚期冰期气候对农业极为不利——干旱、低 CO_2 浓度，而且在很短时间尺度内变化极大。当气候改善后（伴随全新世气候出现），植物密集型资源的利用也随之增加。作者也认为快速的文化变化是农业起源的基础，但是声明“我们没有任何关于文化内在演化速率在更新世-全新世界线发生重大变化的建议。”[63]

小气候

小气候对生命形式的影响比人们通常认为的要大得多。大气、水、太阳热能、地表、岩石、土壤及其植被之间区域内部的相互作用还没有得到足够的关注。虽然评估定居点的小气候是困难的，但是仍然存在一些普遍的原则，例如：在大山的迎风面天气通常更恶劣一些，在山脊顶处风速被放大和加速；在北温带，太阳能在山的南坡更充足；虽然在大气层高处比较冷，但在地面上，冷空气和霜会在低洼地区下沉。

小气候产生在近地面一层相对薄的空气层中。这里是大气和土壤、水、植被、人造物体相互作用的地方。在这里，大气受到地表的影响：地表白天反射或吸收太阳能，而在晚上将能量辐射回大气中。水保持太阳能辐射能量的时间比固体长，而地表沉积和土壤将其辐射回大气的速度相当快。陆地和水体之间的热交换最明显。山谷产生他们自己的风力系统，因此，最多样的小气候是近海气流遇到崎岖地形的地方。

在地球上一些冬季降雪的地区，大湖效应（lake-effect）①降雪和植被固定飘雪的能力能够导致小气候的巨大差异。有一些农作物，例如柑橘，在生长周期的特定时间对低温很敏感——一次霜冻不仅会毁掉收成而且会毁掉树木。

地质考古学家被要求协助重建古气候。为了做到这一点，他们必须评估影响环境背景的一切因素：从森林砍伐和小气候生境到大时空尺度的气候变化。

人类和环境的相互作用及其对气候的影响

在地表环境中，岩石圈是最稳定的组成部分。尽管存在板块运动相关的长期构造不稳定性模式，以及火山爆发、地震、断层等短期不稳定性因素，但岩石圈的动态变化远不如大气圈和水圈。它们由来自太阳的巨大能量提供动力，不容易被人类干预改变。但是人类活动可以改变局地的气候。例如，从森林到开阔地域的变化改变了当地的热平衡，并在土壤表面产生更大的极端温度。生物圈是最容易被人类活动改变的环境。脱离"荒野"，新石器时代人类创造了定居社会和农业。这一步增加了人类社会的稳定性，但却导致环境出现新的不稳定性。人类对火的广泛使用给植物环境带来了巨大的改变。现在亚热带和中纬度地区的森林只是它们原始状态的一个背影。

人类为了农业目的而砍伐森林，从而影响了地质生态系统。地中海盆地的森林砍伐是一个漫长而复杂的过程。地中海地区的沉积序列似乎反映了全新世时期与人类活动相关的两个侵蚀阶段。第一次侵蚀和堆积期开始于新石器时代晚期/青铜时代早期，最强烈的侵蚀期出现在大约距今 3800 年到距今 3100 年之间。从大约公元 200 年到公元 500 年，由于人们废弃了梯田山坡，第二次侵蚀开始。关于中欧青铜器时代的气候，有一些相互矛盾的证据。原来认为这是全新世大暖期后的一个凉爽期，但是这一时期地下水位较低，显著地指示了一个持续很久的干旱期。（花粉和昆虫作为气候指标是不可靠的，因为森林砍伐等人类活动极大地改变了自然植被景观。）

互层的蒙脱石-高岭石土壤黏土矿物组合可以作为全新世古气候从干燥到湿润的变化指标。在印度北部的印度-恒河平原中部的调查显示，在干旱的环境中土壤中的黑云母被风化为蒙脱石和蛭石，但是在潮湿阶段蒙脱石是不稳定的，会变成蒙脱石-高岭土[64]。潮湿阶段结束之后，蛭石、蒙脱石和蒙脱石-高岭土被保存下来。

中美洲的景观也因为农业的发展而改变。大约 3500～1000 年以前，危地马拉人口的增加和农业用地的扩张，已经和花粉、黏土、有机物、碳酸盐和湖泊中磷酸盐沉积序列联系起来。在墨西哥西部，三次侵蚀时段也和人类农业活动的增加相关。

1995 年的一项研究对北美古代期的景观与人类的相互作用进行了极好的回顾[65]。古代期（全新世中期）是一个景观和气候变化，并伴随着人类社会组织、技术革命和贸易网络急剧转变的阶段。该书中关于人类和地貌-气候景观之间相互作用关系的例子值得参考。到全新世晚期，沿着北美洲西海岸，史前狩猎和种植采集都是通过有意识地用火来实现的。这影响了自然景观。人们通过用火来控制灌丛的生长，促进农作物的生长，增加鹿群数量。根据 18 世纪和 19 世纪的记载，丘马什人（Chumash）通过燃烧来提高特定粮食作物的生

---

① 大湖效应是指冷空气经过湖泊等大面积、未结冰的水面时，从中得到水蒸气和热能，然后在迎风的湖岸形成降水的现象，通常以雪的形式出现。这种现象以美国东北部的五大湖降雪最为典型。——译者

长量。在美国西部大盆地，肖松尼人（Shoshone）和其他的部落用火烧毁自然植被以增加植物产量，增加猎物的食物，驱赶猎物到设有埋伏的地方。在北美洲，当第一批欧洲移民抵达时，加拿大和美国接近一半的地区被森林覆盖。现在这些森林的三分之一已经消失了。

在地质生态系统中，植被和土壤是相互依赖的，如果植被覆盖发生变化，相应土壤的特征也将会改变。人类对景观的改变记录在土壤、古土壤、考古以及相关的地质沉积物中。人类对地球特征的影响与他们适应和作用环境的行为类型直接相关。通常，人地相互作用的对比基于特定的生存策略对原始景观的改造。狩猎采集者和觅食者通常被认为对自然环境的影响相对较小。在某些情况下，事实并非如此。

人类对“自然”景观的早期影响可能起源于他们对火的控制和使用。有证据表明，人类可能于大约 140 万年前在肯尼亚的 Cheswoanja 遗址使用过火。人类对火的使用导致了生物和自然景观的重大改变。另外一个主要的影响来自狩猎。随着气候变化，旧石器时代晚期人类向美洲迁移被认为是更新世末期生物群灭绝的潜在因素。人类狩猎似乎也对新西兰的植被和景观产生了很大影响。狩猎、动物驯化和农业出现对全新世景观产生了重大后果。

除了可以直接观察到的情况外，很难区分环境自然变化和人类行为造成的影响。判断火是自然发生的还是人类有意而为通常是困难的。有时候一些证据可以为其中一种选择提供支持。例如，在澳大利亚的研究发现，人类占据前末次间冰期沉积序列中的炭屑频率，远低于人类占据时全新世沉积序列中的炭屑频率。

在湖泊沉积记录中已经发现，全新世侵蚀和沉积的模式和人类活动造成的景观改造相关。与湖泊相关的生物学、矿物学和化学成分可以用于推断人类活动。在全新世中期的英国，中石器时代和新石器时代的土地利用导致了细粒碎屑物和盐浓度的增加，并伴随森林的减少。欧洲西北部的花粉谱已经用来追踪新石器时代早期土地开垦和耕作开始的过程。在亚洲，泰国中部 Khok Phanom Di（约距今约 6000～3000 年）遗址附近沉积物中的炭屑浓度，可能反映了在中全新世人类第一次占据景观时有意燃烧红树林植被，以及对后来植被的干扰[66]。

在全新世期间，世界上许多地方的自然环境发生的重大变化可能与人类的行为直接相关。农牧业对景观发展有重要的影响，因为他们会干扰影响景观自然的水文、成壤和沉积过程。人类行为对土壤-沉积物系统的影响是多方面的，特别是在影响侵蚀和沉积过程方面。燃烧、清除和放牧引起的植被破坏干扰了自然过程，增加了降水的影响。耕种或动物造成的土壤疏松也会增加地表径流和侵蚀。水文、地下水环境和土壤-水关系（土壤水分）的变化可能会对环境产生重大影响。地下水位升高会导致淋滤增加。季节性缺水最终会造成涝渍区的形成。极端干旱环境下，地下水位急剧下降（如目前美国大平原地下的 Ogallala 蓄水层所发生的情况），可能导致植被破坏和随之发生的对肥沃土壤的侵蚀。灌溉还会导致土壤盐分的浓缩，最终使土壤不适于农业生产。

人类的建造活动对土壤-沉积物系统产生了直接的影响，主要是通过改变排水系统。梯田、水坝和灌溉沟渠被用来增加水分的保持，也会引起沉积物的堆积。道路和小径导致更多的侵蚀，而建筑物汇集径流量，这也会增加侵蚀。墓葬土丘的建造、废墟和贝丘的堆积，以及与矿山相关的矸石堆的形成也改变了景观。

土壤-沉积物记录只显示侵蚀、沉积和稳定性的波动模式已经发生，但是判断是人类活动还是自然过程导致了这些模式出现是不容易的。耕作会引起土壤层的混合，并导致侵蚀增加。山地或山坡地区被侵蚀的沉积物和土壤最终会沉积在坡麓地带、泛滥平原或三角洲。沉积的增加会引起土壤A层厚度的增加，甚至完全掩埋土壤。侵蚀和沉积（加积）时段可能会被稳定期所打断，这些稳定期可以通过土壤A层的化石来识别。

除了环境改变会增加狩猎或提高作物产量，动物种群也会由于狩猎采集人群作用发生改变。同样，很难区分自然变化和人类活动造成的改变。关于这个问题最著名的案例可能是关于气候变化还是人类猎杀导致了更新世末期北美大型哺乳动物灭绝的争论。从地质生态学视角来看，旧石器时代人类（包括古印第安人）和已灭绝的大型更新世动物都受到了更新世-全新世过渡期不断变化的生物格局的影响。从这个意义上，气候变化被认为是变化的原动力。地质生态系统的不同部分以各自独立的方式响应，因此产生了各种互相关联的模式。气候变化导致更新世植物群落的消失，因为单个植物种类对降水、温度和土壤发育的变化做出了响应。大型食草动物被迫改变他们的行为（例如，随着它们最依赖的植物迁徙），或者做出身体上的改变以更好地适应新的生态环境，或者不能适应而灭绝了。那些依靠大型食草动物（食肉动物）或同时依靠植物和动物两者（杂食动物）的动物也必须对这些变化做出反应。从这个意义上说，古印第安人和晚冰期后全新世人类行为模式的区别可以被认为是①基于更新世生态模式的人类行为消失，或者②这些行为发生改变（适应）以适应新的全新世生态环境。

第7章　原料及资源

传统上地质考古学家并未对石料资源做系统的区域性研究，尤其是在古印第安研究中。尽管地质学家常加入到石料资源的研究中，但这些工作不是局限于区域内特定原料资源就是某种特定的方法，有时候这些工作也直接由考古学家完成。

——万斯·霍利迪（Vance Holliday），1997

考古遗址的发掘往往仅能获得一个社会群体物质文化的一小部分。因为由岩石和矿物制成的人工制品及制作过程中产生的碎屑都长久地保留在地表环境中，构成了发掘出土物的主要组成部分。大多数非有机的遗物来源于地质原料。从旧石器时代早期的石器到建筑材料和陶器再到复杂的合金，其原材料都来自岩石和矿物。到前王朝时期末期，埃及的石制容器使用了以下材料：雪花石膏、玄武岩、闪长岩、花岗岩、石膏、石灰石、大理石、片岩、蛇纹石和滑石。到新石器时代，石材在塞浦路斯（Cyprus）和近东被用作建筑材料。在巴勒斯坦 Jericho 附近的 Tell es-Sultan 遗址，在公元前 6000 年，石头被用于建造房屋墙壁。伴随着农业的发展，更多的可被地质考古学研究的新材料出现了，如新的工具、存储器和磨石，另外土壤的地球化学性质也发生了变化。

概念

让我们从一些基本的概念入手[1]。岩石是由一种或多种矿物（部分为玻璃物质、胶体物质、生物遗体）组成的固态集合体（如花岗岩、石灰岩）。矿物是具有一定化学组成的天然化合物，它具有稳定的相界面和结晶习性［石英（SiO_2）、方解石（$CaCO_3$）］。黑曜岩是一种还未结晶的火山玻璃，但是在其他方面其仍为岩石。地质学研究中把岩石分为三种基本类型，本章稍后将介绍基本命名法。而“石头”（stone）这个词有很多种意思，在地质考古学的语境中，主要指的是建筑石料和宝石。

考古学家用“lithic”［来自希腊语“lithos”，表示石头（stone）和岩石（rock）］来指由岩石和矿物制造的材料和人工制品。地质学的命名是扩展对希腊语词根的应用，例如石化作用（lithification，松散沉积物经压实作用和胶结作用形成连贯的固体岩石）、岩性（lithology，描述岩石的性质，如颜色、矿物学特性和粒度），以及岩石圈（lithology，地球的固体部分，与大气和水圈形成对比）。

岩石资源从我们的祖先开始扔石头和打制石器时就被使用。古希腊和古罗马对大量的岩石和矿物有独特的命名。希腊自然科学家泰奥弗拉斯托斯（Theophrastus）①在公元前 4

---

① 公元前 4 世纪的古希腊哲学家和科学家，先后受教于柏拉图和亚里士多德，后来接替亚里士多德，领导“逍遥学派”。——译者

世纪发表的著述 *On Stone* 和普林尼（Pliny）的《博物志》（*Natural History*，公元1世纪）[①]的最后五册都致力于考虑岩石材料。普林尼讨论了近150种岩石和矿物，并说明有很多种类他依然未能谈及。很多常见的岩石和矿物名称都从那个时期沿用下来。来自泰奥弗拉斯托斯的有雪花石膏、玛瑙、紫水晶、蓝铜矿、水晶、青金石、孔雀石和黑曜石等[2]。考古学中涉及的岩石材料种类繁多，在这里，我们将关注地质考古学家最有可能遇到的岩石和矿物。

数千篇关于石器的文章都没有提及岩石学。直到D. 布莱克（D. Black）和露西·威尔逊（Lucy Wilson）开始在他们文章的摘要中提及燧石的来源："Washademoak湖的Belyeas小海湾的基岩是当地人类可以开发的唯一的燧石来源"[3]。这是一个具有吸引力的开端。作者继续用14页的篇幅详细地介绍地质情况，之后才附上了2页考古学介绍。这可能预示着一个好的的趋势。他们在篇尾总结道："Washademoak五彩燧石是与此来源相关的独特燧石类型。"他们没有很快地陷入用颜色直接判断来源的方法，这种方法在此之前已经在北美被考古学家用了数十年。

矿物

共有3000多种矿物。化学及结构组成的不同导致每一种矿物物理性质完全不同，如颜色、硬度、黏结性和断口特征。化学组成是判定特定矿物过去如何被使用过的关键特征——如金属矿物（可以提供金属）。远早于文字记录出现之前，人类就已经认识到了诸如硬度、黏结性和颜色等独特的矿物特性。他们用硬玉做斧子，用各种细粒的石英制成工具和武器。红色的赤铁矿和黑色的氧化锰矿物被用于洞穴绘画和葬礼。颜色鲜明的矿物被做成装饰品。随着技术的发展最终产生了对金属矿物的开发和冶炼技术，生产出铜、铅、银和铁。

矿物的硬度被定义为其抗划伤性。硬度通过刻划实验来衡量。奥地利矿物学家弗里德里克·摩斯（Friedrich Mohs）在1822年提出了相对硬度的标准[②]，按软硬程度排列：①滑石；②石膏；③方解石；④萤石；⑤磷灰石；⑥长石；⑦石英；⑧黄玉；⑨刚玉；⑩金刚石。硬度排列上低一级的矿物都可以被高一级矿物划出痕迹。这个排列不是依据线性的计量进行的，金刚石的绝对硬度比滑石高三个数量级。另外每一种矿物在不同晶体方向情况下硬度不同。硬度是矿物鉴定中重要的识别特性。摩氏硬度应用方便，野外作业时常采用。如指甲硬度约为2.5，铜币为3.5～4，钢刀为5.5，玻璃为6.5。

岩石，作为矿物的集合体，本身没有摩氏硬度，但是一些单一矿物岩石，例如石英岩和大理岩，会表现出其组成矿物的硬度。像花岗岩这类由长石和石英构成的岩石，其摩氏硬度为6～7。然而，花岗岩能成为重要的建筑材料，并不是因为其硬度特性而是由其黏结性和机械强度决定的。花岗岩被用于制作石锤，取决于其黏结性和无断裂倾向而非其硬度。

燧石（chert）和玉髓（chalcedony）

以石英为主要成分的岩石和矿物构成了石器原料的主要来源。石英是沉积条件下和地

① 《博物志》（拉丁语：Naturalis Historia，又译《自然史》）是古罗马学者普林尼在公元77年写成的一部著作，被认为是西方古代百科全书的代表作。全书共37卷，分为2500章节，引用了古希腊327位作者和古罗马146位作者的2000多部著作。——译者

② 即摩氏硬度。——译者

球表面中最稳定的主要矿物。很少有岩石命名像细粒石英类（SiO_2）那样令人困惑，燧石已被用作细粒硅质岩石的通用术语，这些岩石具有化学、生物化学或生物成因。燧石通常是一种非常坚硬的致密材料，在撞击时会出现贝壳状断口（石英的摩氏硬度为 7，而燧石中石英的含量为 75%～99%）。

芭芭拉·利德基（Barbara Luedtke）选择使用“燧石”作为主要由微晶石英组成的所有岩石的总称[4]。在我们使用的方法中这些岩石的区别甚微。例如，我们区分出玉髓是因为其拥有不同的结构（纤维状），这一点在岩石镜下薄片观察中很容易识别。燧石以层状沉积、不连续透镜体和结节的形式出现，通常在白垩、石灰石或白云岩层间形成。燧石是一种微晶石英，由互锁的、通常大致等粒的晶粒组成。燧石可以是各种颜色的岩石，并含有各种杂质，影响其在石器打制过程中的性能。粒度也是影响破裂特征的主要因素。考古学中感兴趣的主要种类是燧石（flint）①、碧玉岩（jasper）②和均密石英岩（novaculite）。燧石（flint）这个术语用于产生于白垩和泥灰岩中的灰黑色燧石结核。这类岩石非常细粒坚硬，通常具有方向性，对于石器打制是十分有价值的。燧石（flint）中的杂质通常小于 1%，主要由海绵骨针和方解石组成。欧洲最好的燧石（flint）产自于白垩层。

碧玉岩是一种广泛存在的红色燧石。这类岩石往往细粒而致密，含有 20%以上的氧化铁。来自东部沙漠的碧玉岩在埃及前王朝时期就被应用于制作珠饰、护身符和圣甲虫。据 A. 比斯瓦斯（A. Biswas）报道，碧玉钻孔在公元前 4 千纪上半叶已经出现。在 4000 多年里，来自内陆沙漠地区的碧玉岩都会被运输到 175 km 以外的加利福尼亚海岸边[5]。均密石英岩是白色的、无层理、粒度均匀的微晶石英。它并不常见，因此当它被发现制成了一件人工制品时就具有了特殊的考古学重要性。

玉髓也是微晶石英，但是使用岩相显微薄片观察时，它表现出成束的辐射纤维。它比燧石更多孔，此外，玉髓比燧石具有更明显的油腻光泽。玉髓没有明显的杂质，因此更白，但是受热后会变红。玉髓的名字来源于“Chalcedon”，这是土耳其马尔马拉海（Marmara）的一个古老海上城市的名字。

在旧大陆，一个重要的燧石开采例子发现于尼罗河谷的 Nazlet Khater 遗址。这是一个旧石器晚期早段的遗址，放射性碳测年结果为距今约 3.3 万年，在遗址中人们用较简单的方法来开采燧石[6]。

在美国，随着对燧石和相关原料研究的发展，许多史前采石场被发现，也提升了对于石灰岩中燧石的地层和地理分布研究[7]。其中最著名的史前采石场是位于田纳西州的 Dover 采石场，这一开采区覆盖了约两公顷的范围。大型的燧石结核被制成锄头、斧子和礼器。用作礼器的剑可以长达 69 cm[8]。位于蒙大拿州密苏里河三叉河附近的 Horseshoe 山的 Late Palins Archaic Schmitt 燧石或赭石矿从距今 5100 年开始提供岩石材料。这些燧石来源于 Madison Limestone 组的含燧石层。在这些采石场也发现了许多用来砸碎基岩的石锤。

---

① Chert 和 flint 在汉语中均译为燧石，但 flint 主要指产于西欧白垩中的硅质结核，其中的隐晶质氧化硅来自海绵针骨的有机蛋白石。本书对于指代“flint”的“燧石”均括注英文名称。——译者

② 碧玉岩是致密坚硬的硅质岩石，主要由玉髓和自生石英组成，常含氧化铁、有机质等混入物，故有各种色彩，常呈红色、棕色、绿色、玫瑰色等，色美者可作宝石。碧玉岩多为隐晶结构，岩石致密坚硬，具贝壳状断口。多分布于地槽区，常与火山岩伴生，呈巨厚层（数百米以上），称碧玉岩建造。——译者

中美洲的古代玛雅人在伯利兹北部开发了一个大型的燧石和玉髓带用来生产石器[9]。燧石以结核的形式存在于石灰岩层中。数个石制品加工点分布于这一区域内。伯利兹的多个遗址中出现了黑色的燧石和玉髓石制品，引起了研究者的兴趣。P. Cackler 和他的同事的分析证明黑色是风化形成的，与石料的地质来源无关。

准宝石

准宝石是一种比钻石和祖母绿等宝石价值低的宝石。它们的摩氏硬度为 7 或小于 7。古代工匠最常利用的准宝石是不同类型的石英。这里我们只列举考古遗址中最重要的石英晶体种类。

紫晶（amethyst）①，可以是蓝色、红色或紫色，可以以大型水晶（15 cm 长）的形式出现。它在希腊时期和罗马时代被用于雕刻图章石。其名字来源于希腊词汇“不醉酒”，紫水晶护身符被认为可以防止中毒。紫水晶也是古代以色列大祭司所佩戴的代表以色列十二个部落的十二颗宝石之一[10]。埃及的紫水晶矿可以追溯到埃及古王国时期。在第一王朝时（公元前 2920～前 2770 年），紫水晶就被用来制作珠饰（手链和项链）、护身符和圣甲虫。罗马人从东部沙漠（埃及）开采紫水晶，在那里它出现在红色花岗岩的晶洞中[11]。

水晶（rock crystal）是大型纯净石英晶体，在古代广泛使用，小到印章，大到花瓶。不同的古代社会（希腊、罗马、中国、日本）对这种纯净的晶体有相同的认知：“永存的冰”。前王国时代，埃及人在阿斯旺北部一个地点开采水晶。古埃及人寻求水晶制作珠子、花瓶，也用在棺木中，以及放进雕像的眼睛里。在 8 世纪，水晶的开发在日本发展到商业化程度。因为石英石可以形成贝壳状裂口，所以在北美被用来制作箭头，一些考古学家将制作这些箭头的石英石也称作水晶。

不同类型的结晶良好的石英，也被用作图章石。珠宝、护身符和其他相关的物件。很多名字都来源于古典时期，其中最重要的几种是玛瑙、光玉髓和肉红玉髓。

玛瑙（agate）是一种多彩的石英，颜色往往无规律或者成条带集中。有时玛瑙含有苔藓或树枝状内含物，给人以景观或植被的观感。玛瑙一词来源于西西里岛的 Achates 河。玛瑙被用于制作箭头、臼、杯子、碗和瓶子。苏美尔人用玛瑙制作祭祀用的斧头。雕刻玛瑙在古罗马备受推崇。一个用玛瑙制作的罗马双耳酒杯可以有大于 550 ml 的容量，外面刻着酒神节的主题。先知穆罕默德使用了也门玛瑙制成的印章。

光玉髓（carnelian）是一种红色的（有时是深血红色的）石英，透明或者半透明。埃及东部的沙漠中有很多光玉髓卵石。在前王国时代就开始被用来制作珠饰、护身符，或者镶嵌在首饰、家具和棺木上[12]。在古典世界，光玉髓被用作封印石。肉红玉髓（sard）类似于光玉髓，但是更偏棕色且不透明。它是泰奥弗拉斯托斯所说的“sardion”，此名来源于安纳托利亚的古吕底亚（Lydia）的首都。

缟玛瑙（onyx）和红缟玛瑙（sardonyx）是隐晶质石英的纹带状块体。缟玛瑙和红缟玛瑙的条纹通常竖直且相对规律。在缟玛瑙中，乳白色条带与黑色条带交替，而在红缟玛瑙中是白色与红色条带交替。

---

① 紫晶在英文里叫作 amethyst，在古希腊语中为“不醉酒”的含义，相传紫水晶中深藏着酒神的内疚和惭愧，因此用紫水晶制成的酒杯饮酒可以保持清醒。——译者

蛋白石（opal，$SiO_2 \cdot H_2O$）是另一种相关的矿物，它呈现多种颜色，从古典时期就开始流行。蛋白石的名字来源于梵语，意思是“珍贵的石头”。将蛋白石用作宝石的历史可以追溯到公元前 5 世纪，当时在斯洛伐克蛋白石就作为宝石被开采。在古印度，蛋白石也被广泛使用，它同时也是罗马人最喜欢的宝石，他们在匈牙利开采。蛋白石和缟玛瑙都在《圣经》的第一卷中被提及。在美洲，蛋白石产自从美国西北部延伸到中美洲再到巴西的分散沉积带中。一些墨西哥蛋白石早在公元 1520 年就被探险者带回欧洲。它也是一种受青睐的制作箭头的原料。蛋白石无法承受长期的风化。它会失水、失去光泽而且易碎。蛋白石暴露在外会变成粉笔白色并碎裂。

考古遗址中常见的非石英类的准宝石有青金石、玉和绿松石。青金石（lapis lazuli）是多种硅质岩混合而成的，所呈现出的色彩可以从深蓝到天蓝，从绿蓝到紫罗兰色。它的硬度为 5～6，取决于其纯度。它至少被使用了 7000 余年。在埃及的前王朝时代，它是受青睐的珠饰、圣甲虫、坠饰、护身符的制作原料。青金石也被用作颜料。它最主要的来源是阿富汗的 Baldachin，马可波罗在 1271 年造访了这一矿藏并做了记述。青金石整块地存在于方解石中。尽管它在古代中国、印度、苏美尔、以色列、埃及、希腊以及罗马都很受欢迎，但其名称（lapis lazuli）只能追溯到中世纪，lapis 是拉丁语石头的意思，lazhward 是波斯语的蓝色。罗马人和以色列人称之为 saphiris。

玉可以是两种矿物之一：硬玉（一种硬度为 6.5～7 的辉石）或软玉（一种硬度为 6～6.5 的闪石）。硬玉更具玻璃光泽，而软玉更具油脂光泽。软玉通常具有更强的黏结力，因为它具有纤维互锁的结构。硬玉的颜色来源于少量的铬，它可以是很浓重的翠绿色。玉也可以偏蓝、偏紫，甚至偏红。中国人从新石器时代开始就广泛地应用玉。他们从缅甸（在那里，玉以大块的蛇纹岩形式出现，可以重达 7 t）和新疆获取软玉[13]。缅甸玉色彩较为丰富。阿兹特克人和玛雅人也广泛地使用玉[14]，但是在北美和南美考古遗址中发现的并不多。

最近使用拉曼光谱确定了危地马拉出现的硬玉[15]。在中美洲，硬玉很早就被使用，因为这一地区有大量的硬玉制品。历史上许多名字被用于“玉”，同时许多种材质都被称为“玉”，因此最早的关于“玉”的记录并不确定。“玉”的英文名字仅可回溯到公元 1727 年，来自西班牙语 piedra de yjada，意为“侧边的石头”——暗指它被认为可以治愈侧痛[16]。

绿松石（turquoise，$CuAl_6(PO_4)_4(OH)_8 \cdot 5H_2O$）是一种蓝色或蓝绿色的铜铝酸盐类矿物，硬度为 5～6。它是一种次生矿物，通常以小型岩脉的形式发现于干旱地区风化的火山岩中。有些绿松石在开采后由于失水颜色会发生改变，绿松石受到美洲西南部史前社会，古埃及人（从新石器时代开始）以及整个古代近东地区的许多其他群体的高度重视。在呼罗珊省（Khorasan，今天的伊朗东部）的 Nishapur 附近发现了著名的波斯矿藏。Turquoise 是法语词汇，意思为土耳其，因为最早到达欧洲的波斯绿松石是通过土耳其运入的。在美国西南部，绿松石矿藏在史前时期就被开采。大量的绿松石在新墨西哥的查科峡谷的遗址被发现[17]。在一些古代的绿松石矿发现了开采使用的石凿、大槌等工具。也有证据证明对基岩采取加热和淬火等方法进行开采。在北美南部（墨西哥），绿松石常被用到。阿兹特克遗址包含许多完全被绿松石覆盖的人类头骨。

长石（feldspars）是地壳中最常见的一组硅酸盐矿物。它们是构成大部分火成岩的主要成分。长石通常暗淡、混浊，且基本不透明，因此它们没有被当作装饰品的“石头”。然而，它们在考古学环境中常被发现并且是火成岩的重要组成部分。最常见的长石是正长石、斜长石和微斜长石。在美洲，人们将这三种长石都作为宝石：墨西哥各部的月光石，亚利桑那州阿帕奇人的太阳石，以及阿兹特克人、玛雅人以及居住在委内瑞拉、巴西、特立尼达、威斯康星和加利福尼亚的其他群体的亚马孙石。

考古学中其他重要矿物

除了具有相当硬度的准宝石之外，许多较软的矿物以类似的方式被广泛使用。雪花石膏（alabaster）是一种细粒、有黏性的矿物石膏，通常呈白色到粉红色。它相当软，摩氏硬度为 2，比指甲还要软。在古埃及时期，雪花石膏作为辅助建筑材料被用来做通道和房间的石膏线，也流行用它制造装有木乃伊内脏的随葬器具。一些被称为雪花石膏的埃及材料实际上是细粒方解石，其硬度为 3。新王朝时期（公元前 1575～前 1078 年），大量的石容器都由雪花石膏制成。它的名字来自希腊词汇 alabastros，希腊人用它制造药膏。它被伊特鲁里亚人（Etruscans）用在花瓶、瓮和装饰品上。

孔雀石（malachite）是深绿色的碳酸铜水合物，化学成分为 $Cu_2(OH)_2CO_3$，硬度为 3.5～4.5。它很可能是有史以来熔炼的第一种矿物（见下面对矿石的讨论），但自从新石器时代以来，它也被用在珠子和其他装饰品上。它形成于铜矿床的氧化部分，特别是存在石灰石的区域。与其他绿色矿物相比，它是深受古埃及人青睐的装饰品原料。孔雀石在公元前 5000 年就在古埃及被用作眼部的装饰。它的名字来源于希腊语 mallow（类似锦葵叶的颜色），暗示它的绿色。

尽管不是严格意义上的矿物，琥珀（amber）从新石器时代开始就被作为珍贵的石头来使用。琥珀是松科松属植物的树脂化石。它没有晶体结构。琥珀质地很脆，敲击时产生贝壳状断口。它非常软，可以用任何一种金属刀具切割。由于易于切割造型，琥珀被广泛地用于装饰品和护身符制作。希腊和罗马的琥珀都被贵族所保留。琥珀发现于许多地方，但在欧洲和近东的主要来源是波罗的海地区，因为波罗的海的盐水有足够的浮力使琥珀漂浮于水面。琥珀发现于俄罗斯中部、意大利伊特鲁里亚、希腊迈锡尼、法老埃及和第 1 千纪早期的美索不达米亚（伊拉克）等地的不同考古遗址。

世界上最古老的琥珀来自美国东部阿巴拉契亚山脉地区。美洲其他琥珀产地还有曼尼托巴、阿拉斯加、大西洋沿岸、墨西哥、厄瓜多尔和哥伦比亚。一个主要原产地是多米尼加共和国，在该国北部、东部和中部的科图伊（Cotuí）附近都有发现。琥珀是哥伦布见到的第一种美洲宝石（当哥伦布到达多米尼加时当地人向他赠送了一条琥珀项链）。在公元 1100 年的墨西哥阿尔班山遗址（Monte Alban）的 7 号墓地发现了琥珀耳坠和珠饰。阿兹特克人控制了琥珀的交易。这个贸易网络经过了恰帕斯（Chiapas），这里是阿兹特克帝国的前哨。门多萨手抄本[①]中提到琥珀是墨西哥某些地区给蒙特苏马

---

① 门多萨手抄本（西班牙语：Códice Mendoza）是阿兹特克手抄本之一，约作于 1541 年前后，共 72 页。此抄本以征服阿兹特克后的首任新西班牙总督安东尼奥·德·门多萨命名。它包含了阿兹特克的历史、历代君主、贡品列表、日常生活与后来被西班牙征服的故事，绘图仿照阿兹特克风格，并加上西班牙文注解。西班牙国王查理五世曾看过其内容。1659 年后，此抄本被收入英国牛津大学的博德利图书馆。——译者

二世①的贡品的一部分。琥珀也常被爱斯基摩人使用[18]。在东南亚，琥珀主要来源于缅甸。在汉代时，缅甸琥珀就被运入中国。

常被误认为“黑琥珀”的黑玉（jet）②其实是一种密实的木化石。地质学家认为黑玉是古代植物成为流木堆积在水底，受到压力挤压，经历漫长的岁月石化形成的。它具有贝壳状断口，但没有像黄铁矿（FeS_2）这样的成分（而这是煤中普遍含有的）。因为它被高度磨光，呈现深沉、纯净的天鹅绒般的黑色，常被用作装饰品。它的摩氏硬度为3～4。英格兰惠特地区的黑玉在前罗马时代就被使用。在北美，高质量的黑玉被发现于科罗拉多州南部和诺瓦斯科舍省的皮克图（Pictou）。

云母（Mica）的名字来自拉丁词汇，意为“闪耀”。它的名字源于它在俄罗斯（莫斯科）作为玻璃的替代品。云母不是矿物，而是一组相关的片状硅酸盐，其中最重要的是白云母（$KAl_2(AlSi_3O_{10})OH_2$）。白云母无色透明，有完美的解理，它可以达到一米宽。因此在古代努比亚（苏丹北部和埃及南部）被用作镜子。整个美洲在史前时期都有使用白云母的证据。它主要开掘于阿巴拉契亚山脉地区和亚拉巴马，并向西被交易到密西西比河。在“土墩建造者”遗存中的一个土墩中就发现了250片云母。在霍普韦尔文化（Hopewellian culture）③祭祀遗址中发现的大片云母明显来自阿巴拉契亚山脉南部地区。北卡罗来纳州西部的云母露头在史前阶段就被大范围开采。L. 弗格森（L. Ferguson）在《阿巴拉契亚南部的史前云母矿》一文中列出了带注解的阿巴拉契亚山脉南部地区的云母产地名单[19]。

石膏（gypsum），即含水硫酸钙，是一种软矿物，有很多用途。它是一种常见的矿物，广泛地分布在沉积岩中，通常在较厚的岩层中。被称为透石膏（selenite）的无色透明亚硒酸盐，可以呈大解理薄片，自罗马时代起就被用作窗户。雪花石膏也是一种石膏。石膏也被广泛用作灰泥（它的名字来自希腊语中的灰泥），它是巴黎泥灰的原料。米诺斯人使用大型石膏块作为建筑石材。

普通食盐的矿物名称是岩盐（NaCl），在人类进化之初就是重要的营养元素。长久以来也被作为防腐剂、交易中介和税收来源。在希罗多德（Herodotus）时期，盐沼位于穿越利比亚沙漠的商队路线上。古印度的盐矿是广阔贸易的中心。奥斯蒂亚港（Ostia）的盐供应了罗马的一些需求。凯撒的一些士兵的军饷便是盐。从全球来看，盐的开采难度不大，而且易于运输。可以通过煮沸卤水或是仅仅是蒸发来获得盐。通过大规模的煮沸卤水来获得盐的方法可以追溯到欧洲的铁器时代。1806年在哥伦比亚河附近的太平洋海岸探险旅行时，刘易斯和克拉克记录了通过煮沸海水获取盐的现象[20]。

岩盐主要可见于欧洲中部和英格兰三叠纪的沉积岩地层中。当海水供应被切断并干涸时，就会形成岩盐沉积。海水的NaCl浓度高于3%。在沿海河口，蒸发量可以使这个值增加到约8%。普林尼确定并描述了三种不同的盐生产原料：蒸发沉积物、卤水和海水。在

① 蒙特苏马二世，另译蒙特祖马二世、蒙特苏马·索科约特辛，古代墨西哥阿兹特克帝国的特诺奇蒂特兰君主。他曾一度称霸中美洲，最后却被西班牙征服者埃尔南·科尔特斯所征服，导致阿兹特克帝国灭亡。——译者

② 中国有黑玉之称的石头，那当然要数江西婺源的龙尾石了。侏罗纪时代的古代植物成为流木堆积在水底，受到压力挤压，经历漫长的岁月化石化之后，成为以有机物为形成起源的宝石，即黑玉。——译者

③ 霍普韦尔文化是北美洲中东部最著名的印第安文化，约公元前200年到公元400年为其全盛时期，主要集中于今俄亥俄州南部，相关文化于密歇根州、威斯康星州、印第安纳州、伊利诺伊州、艾奥瓦州、堪萨斯州、宾夕法尼亚州及纽约州均有发现。其文化沿河流、溪流形成，居民种植玉米、豆类及南瓜，以渔、猎及采集野果为主。——译者

史前时代，欧洲的主要岩盐矿位于阿尔卑斯山东部，如萨尔茨堡（Salzburg）、哈尔施塔特（Hallstatt）和哈莱因（Hallein）的矿山开发都大大超过了满足当地需求的规模，矿工们在深达350 m的山坡盐层中挖掘。

我们可能对玛雅人的盐生产比其他地区了解得更多[21]。玛雅有两个主要产盐区：伯利兹和尤卡坦。地质考古学家感兴趣的是盐业对尤卡坦北部地区经济的影响。这一问题也与玛雅时期相对海平面高度和气候等有关。在海平面相对上升时，淹没了伯利兹和墨西哥的尤卡坦半岛海岸的海水也会淹没盐业生产场。伯利兹北部和南部海岸地质条件的对比对盐的生产的重要性已得到证明。尤卡坦人是最大的盐生产者。在干旱季，盐矿沿海岸线分布。伯利兹海岸线外水下考古发现了1000年前玛雅人利用海水生产盐的地方。生活在热带雨林的人群，由于出汗较多需要补充更多的盐。他们更注重进口和储存食盐。在危地马拉的井中也发现了盐。

岩盐可能沉积在热的卤水温泉中。约从公元1000年开始，人类从东非裂谷系统的卤水和卤水沉积物中挖掘出盐。特别值得注意的是艾伯特湖（Lake Albert）东岸的布尼奥罗（Bunyoro）矿床。在波兰的克拉科夫（Krakow）地区，最早的制盐遗址可以追溯到新石器时代中期。沟渠、罐、炉膛、坑和陶器都与卤水制的盐一起被发现。盐水通过具有黏土衬里的沟渠输送，以防止其渗入沙土，再加入到储罐和加热蒸发用的陶瓷容器。克拉科夫地区有的盐矿被使用了长达1000年之久，地下岩层厚度可以达到400 m。在罗马尼亚，很多高盐度的泉水从新石器时代到中世纪一直提供盐。

日本产盐的条件很差。尽管被盐水包围，但日本的岛屿缺乏平坦的海岸线进行盐的蒸馏，另外光照也不足。因此在过去的1400年，日本依靠浓缩和蒸发的两步方法。将海水中浸泡的海藻晒干，冲洗掉沉淀下来的盐，从而产生更浓的盐水，之后通过在陶罐中加热蒸发掉水分获得盐。

应该被强调的是海水蒸发过程中，除了得到岩盐外还获得了其他盐类。天然盐田蒸发制取的盐类依次为碳酸钙（方解石）、硫酸钙（石膏）、氯化钠（卤化物）、氯化钾镁（钙镁石），其中卤化物含量最高。天然盐水的成分差异很大，其中很多都不适合于盐的生产。

碱（natron）是碳酸钠和碳酸氢钠的天然混合物，在Natrun干河（一个利比亚的凹陷，位于Alexandria和Cairo中间）储量丰富。每一次尼罗河洪水都大大增加了进入干河床及其小湖泊的水量。在干旱季节，蒸发使得湖底部产生沉积，并使其在周边地面上板结。在古埃及，如普林尼所发现，碱以相似于盐的方式生产，只是使用尼罗河的河水而不是海水。埃及人将碱用于木乃伊制作、清洁口腔、玻璃和釉的制作、亚麻漂白，同时也用于烹饪和制药。

金属和矿

在将近70种金属元素中，有8种（金、铜、铅、铁、银、锡、砷和汞）在18世纪以前就在金属状态被识别和应用。只有金和铜在自然界有足够的金属状态可以使它们被直接利用，对早期社会具有重要的意义。在旧大陆，冶金学始于7000多年前近东的铜和金加工。自然铜被直接利用可以追溯到公元前8千纪晚期，发现于土耳其东南部的一个新石器时代遗址。遗址中出现了自然铜制成的珠饰。

新大陆的冶金可能开始于公元前1400～前1100年的南美安第斯山地区[22]。经测年发现秘鲁海岸边的金属制品年代在这个范围内。铜的冶炼和青铜制造在秘鲁海岸出现于公元1000年。向东，在玻利维亚，早期冶金的发展是从湖泊沉积物中推断出来的。金属（铅、锑、铋、银、锡）在沉积序列中集中分布可以推断出过去1300年中三个金属冶炼集中的时段。最早的一个时段与蒂瓦纳科①时期的文化遗物相联系，年代为公元1000～1250年；另一期则与印加文化和早期殖民时代相关，年代为公元1400～1650年；堆积也反映了19世纪末到20世纪初对锡矿的开采。在新大陆，印第安冶金学家发展出高超的冶炼技术，并由巴拿马（Panama）一直传播到墨西哥。安第斯山脉拥有全球最富的金矿、铜矿、锡矿和银矿。不同于旧大陆主要集中于铜矿的冶炼，安第斯的人们在公元前2千纪中期开始主要集中于对金的冶炼。

“矿”(ore)一词源自盎格鲁-撒克逊文字，意思是一块金属。它用于指矿物的聚集体，一种或多种金属可以从其中提取出来。因此，一种经济环境下的某种矿在另一经济环境下可能并不是矿，例如，当进口比开采更便宜时。近年来，有一种趋势是放弃对金属的需求。来自矿床的无价值材料被称为煤矸石。

铜（Cu）和金（Au）是人类最早利用的金属，主要因为它们在自然界中可以单独以单质而不用以化合物的形式存在。古埃及人因黄金拥有永恒的光泽而视其为珍宝，并在附近的区域拥有矿源——努比亚有大量的金矿。尼罗河和红海之间的地区也有拥有丰富的黄金矿床。在古代，黄金主要由于单纯的装饰目的而被开发。安纳托利亚托罗斯（Taurus）山脉的矿床在青铜时代早期被广泛开采，希腊的矿床在整个青铜时代都在被开采。在新大陆，黄金的使用相对晚一些，但在里奥格兰德（Rio Grande）以南，中美洲和南美洲北部达到了很大的数量和艺术高度。事实上，大量黄金物品的故事是西班牙对外征战的背后驱动力。

黄金广泛存在但储量较小。它通常与硅质含量较高的岩石和石英脉共存。黄金具有极高的密度（19.3 g/cm^3，是岩石平均密度的6倍），使它集中在所谓的砂矿中。它的熔点为1063℃，意味着可以被熔化和塑形，同时作为一种惰性金属，它的化学特性意味着它不会被腐蚀而变得难看。

大多数研究者相信黄金的第一次发现是在砂金矿床中，这一术语意味着黄金从基岩中侵蚀出来并重新沉积在冲积沉积物中。欧洲波希米亚高地（Bohemian Massif）地区近900处黄金产地有一半来自砂金矿床，这些黄金产地被开发了3000多年。大多数砂金都是细粉尘状的，但是更大的块体，称为金块，也会被发现。尺寸大小范围从亚微观到豌豆的大小不等。砂金的最常见尺寸是砂级。在希腊传说“金羊毛”中，古代矿工通过将砂石铲入用挖空树干形成的水闸箱中来提取冲积金。绵羊皮的衬里捕获了金颗粒。粗粒金被摇动流走，而细粒的金附着在湿羊毛上。然后将羊毛晾干，这样就可以从羊毛上敲打震荡得到金子。贾森（Jason）和阿尔戈英雄（Argonauts）开始寻找“金羊毛”(Golden Fleece)。

在新大陆，黄金的使用相对晚一些，但在里奥格兰德以南，中美洲和南美洲北部达到了很大的数量和艺术高度。事实上，黄金驱动西班牙对外征战和欧洲早期探险者找寻“黄

① 蒂瓦纳科（西班牙语：Tiahuanaco，英语：Tiwanaku；又为提瓦纳库、蒂华纳科）是一个重要的南美洲文明遗迹，位于今玻利维亚，曾是蒂瓦纳科文化的中心。蒂瓦纳科遗址位于海拔4000 m左右的高原上，位于南美洲玻利维亚与秘鲁的交界处，是由重达几十吨、数百吨的巨石严密砌成的，距离的的喀喀湖将近2 km。——译者

金之国”（El Dorado）①。砂金在古代中国广泛存在，但在晚商之前并未受到关注。它被用于增加青铜器的色彩。到公元23年，汉王室国库存有630万两黄金[23]，如此估算马可波罗在13世纪对中国的财富的计算可能是准确的[24]。世界上产量最高的古老砂金矿床位于南非的威特沃特斯兰德（Witwatersrand）。这一矿床形成于2.5亿年前，在浅水中的河流冲积扇沉积下来。

银（Ag）在自然界存在，但在古代通常以铅矿冶炼过程中的副产品的形式出现。银在公元前3000年在埃及被使用，但是直到第十八王朝使用量都很小。在北美，当地的银在一些土墩遗址中被发现。琥珀金（electrum）②是金和银的合金。最早的琥珀金可能是自然的，然而在希腊和罗马时期人工琥珀金也被使用。

几千年来，白银一直从铅矿中获得。对银/铅矿的开采早在公元前3千纪就在爱琴海和近东地区开展[25]。尽管历史上大多数银都来自锡矿，但是也存在可以单独开采的银矿。其中挪威南部的孔斯堡（Kongsberg）是突出的代表，它被开采了几个世纪。哥伦布到达美洲之后，中美洲和南美洲的一些大型银矿很快被发现。这些银矿一直都是全球主要的银供应地。大多数银是铅、铜和锌开采过程中的副产品。16世纪对美洲里奥格兰德河以南大型银矿的开发从根本上改变了欧洲的货币环境。银也出现在辉银矿（argentite，Ag_2S）中，这一词来源于拉丁语的“银”（argentum）。后期经典时期（公元1300～1521年），在墨西哥西部辉银矿和硫盐矿物被作为银的来源而开采[26]。

经过相当长的一段时期，古代的金属工匠发现了将高温技术应用于含金属岩石的益处。铜矿的冶炼史在旧大陆可以追溯到6000多年前。我们对铜合金冶金起源的了解主要是间接获得的，源于对人工制品、矿渣和矿石的成分和结构的分析和解释。因为考古学研究（特别是在旧大陆）集中于宗庙、坟墓和居住遗址，只有少量的铜石并用时代和青铜时代早期的冶炼和矿石开采遗址被了解。大多数遗址仅提供极少的矿石和相关技术的信息。直到英国化学家、物理学家约翰·道尔顿（1766—1844）对化学元素概念的确定做出突出贡献，化学元素才有了明确的科学概念和技术意义。因此，合金冶金的发展必定是在没有工匠具有任何明确的元素和化合物概念的情况下实现的。古代金属工匠一定很清楚熔化不同矿石的混合物所获的结果，但他们一定对将拥有金属外观和非金属外观的石头一起冶炼得到的结果感到惊讶。

铜可以从孔雀石和蓝铜矿等非金属矿物中分离出来，这一发现的起源可能有多种解释。鲜绿的孔雀石（$Cu_2O_3(OH)_2$）或是鲜蓝的蓝铜矿（$Cu_3(CO_3)_2(OH)_2$）可能在铜石并用时代被工匠用于装饰陶器表面。如果之后在还原环境中烧制陶器，则会形成铜珠。孔雀石和蓝铜矿在400℃以下可以开始分解。似乎早期铜冶炼的温度低于铜的熔点（1083℃）。在地中海东部，可能在公元前2000年左右，古代冶金学家学会了如何冶炼更难以分解的硫化铜矿石，他们转向用更为丰富的铜硫化铁、黄铜矿作为矿石。明显的颜色使得黄铜矿容

① 黄金之国（西班牙语：El Dorado）是一个古老传说，最早始于一个南美仪式，部落族长会在自己的全身涂满金粉，并到山中的圣湖中洗净，而祭司和贵族会将珍贵的黄金和绿宝石投入湖中献给神。印第安人与加勒比海盗关于“黄金国”的传说流传了好几个世纪，吸引无数探险家前来寻宝。——译者

② 琥珀金是一种金和银的天然合金，包含极少量的铜和其他金属。它已经能够人为生产，经常被称为绿金。古希腊人称之为“黄金”或“白金”，而不是“精炼黄金”。它的颜色范围由苍白到亮黄色，根据黄金和银的比例改变。安纳托利亚的琥珀金天然含金量范围是70%到90%，与此相反同一地理区域的古吕底亚钱币的琥珀金含金量为45%至55%。——译者

易被识别，也是最广泛的铜矿石。比氧化铜冶炼更复杂的硫化铜冶炼的发展，推动了古代青铜冶炼的发展。铜沉积物中的硫化物矿石位于氧化铜矿石之下，因此当氧化物矿石耗尽时，古代冶金学家可能被迫进行硫化物冶炼。

北美史前人群并不进行金属的熔炼、熔化、铸造或合金，而是依靠相对丰富的天然铜。在苏必利尔湖地区，5500 年前铜矿石被使用。苏必利尔湖地区的自然铜是目前为止全球开发程度最大的。美国密歇根州基威诺半岛的自然铜广布于在大约 5 km 宽，近 150 km 长的区域内。自然铜露头在苏必利尔湖的卢瓦尔岛（Isle Royale）和米奇皮科滕岛（Michipicoten）也很普遍。史前时期，在密歇根的河流和苏必利尔湖岸一定发现过不同尺寸的自然铜块。然而，从为开采近地表金属铜块而挖的数千个浅坑可以看出，地表上的供应并不总能满足需求[27]。

最大的二次堆积的自然铜矿之一在新墨西哥州圣丽塔区（Santa Rita），在"现代"开采的早期，数百万磅的自然铜在这里被开采。不幸的是美国西南部的自然铜堆积并未像苏必利尔湖地区的一样受到考古学家和地质考古学家的重视。在中美洲地区，后古典时期墨西哥西部的铜矿被开采利用[28]。矿物开采和熔炼包括碳酸铜和硫化铜。铜合金冶炼较晚才出现在撒哈拉沙漠以南的非洲，比铁冶炼的出现早不了多少。

自然铜存在于矿脉中（原生），在河流、湖岸和滞留沉积中以磨圆的块状形式出现，在冰川沉积中呈现块状。只考虑表面变化的影响，在地表地质环境中自然铜几乎是坚不可摧的。大多数自然铜都与镁铁质火山岩共生［例如：在苏必利尔湖地区、阿拉斯加的铜河、西北地区的铜矿河以及诺瓦斯科舍省的科德角（Cap d'Or）］，也在硫化铜沉积物的氧化区中发现（例如：美国西南和冶金起源的近东地区）。

蓝铜矿是一种深蓝的复合羟基碳酸铜，往往与孔雀石相关，但含量较少。蓝铜矿是易熔炼的铜矿，可能早在公元前 7 千纪，它同时作为铜矿和蓝色颜料被开发使用。它在硫化铜沉积物的上部氧化区中形成，并与孔雀石共生。

朱砂（cinnabar）即硫化汞（HgS），是一种血红色的矿物。玛雅人视其为高级的颜料，可能因为它拥有鲜血般的颜色，可以象征鲜血和血祭。大多数朱砂来自玛雅高地。发掘一个 9 世纪晚期或 10 世纪早期的伯利兹玛雅遗址时，发现了一个盛器中有 100 g 赤铁矿、19 g 朱砂和其他东西一起漂浮在 132 g 水银中。伯利兹汞有两个可能的来源，分别是危地马拉的托多斯洛斯桑托斯组和洪都拉斯西部的马塔潘组。这表明汞来自于当地而非贸易[29]。自然汞在地质沉积物中极为罕见，我们并不知道玛雅人开采了液态的汞还是从朱砂中冶炼出了汞。在古代中国，朱砂用于涂染甲骨。古代工匠艺人很难区别不同类型的红色颜料。普林尼对红色矿物颜料的描述相当混乱。

作为一种氧化锡（SnO_2），锡石（cassiterite）是唯一的锡矿石（锡的熔点是 232℃，金属锡在旧大陆偶尔被使用）。由于其密度为 7 g/cm^3，锡石常在砂金矿床中与金共同被发现。锡石以少量的形式广泛分布，但矿石品位的锡石矿很少见。也许旧大陆青铜时代最大的未解之谜就是合金中锡的来源。来自康沃尔（Cornwall）的丰富砂床锡石当然是为不列颠群岛青铜时代冶金而开采的，但我们不知道矿石的交易范围有多广。到罗马时期，整个地中海都在使用伊比利亚（Iberia）和康沃尔的锡石。锡石（cassiterite）这一单词也来自希腊语的"锡"。

不同于金、银和铜，铅（lead）不存在自然形态的单矿物矿石，必须通过冶炼矿石才能获得铅，如硫化铅（方铅矿）、碳酸铅（白铅）和硫酸铅（棱晶）。铅的熔点为 327 ℃，因此容易铸造。铅的冶炼可能像铜冶炼一样早：旧大陆可以早到 6000 年前，在西班牙的 Rio Tinto 地区，对铅的开采可以回溯到公元前 900 年，在希腊的 Lavrion，铅的开采可以早到史前时期晚期。铅锡合金从罗马时代就开始使用了。罗马人将铅用于多种用途：储存桶、水管和铅锡制品。铅也被用作葡萄酒的防腐剂。然后，这种有毒元素进入他们的身体，导致严重的健康问题，并在他们的骨头上留下考古痕迹[30]。氧化铅（PbO）被称为铅黄（黄丹），在古代时期被广泛地作为颜料使用。它也有相当高的毒性。铅矿床氧化带形成天然铅黄。到了罗马时代，红铅也由其他的铅矿如铈矿（碳酸铅）制成。

方铅矿（PbS）是硫化铅。完美的立方解理、高密度和银金属色的特征使其容易被识别。它是一种常见的金属硫化物，通常与银矿物有关。从希腊和罗马时代开始，大部分的铅是获取银时的副产品。罗马人给铅矿起了"方铅矿"这个名字。

在北美，没有史前冶炼金属的考古学证据被发现，但方铅矿灿烂的银光还是吸引了土著居民，并被广泛用于墓葬和装饰。方铅矿在南部的阿巴拉契亚到西部的大湖区都有丰富的地质来源。在 J. 沃索尔（J. Walthall）报道的 232 个遗址中，60%是墓地，在这些遗址中，方铅矿被作为随葬品[31]。

方铅矿在美洲古代期晚期（Late Archaic）①之前的遗址中较为罕见。在古代期和伍德兰时代早期，方铅矿被大量发现于大湖地区和密西西比河谷地带。在伍德兰时代中期，大量方铅矿进入到了区域和远距离的交换网络。分布于伊利诺伊到南阿拉巴契亚之间的 60 余个密西西比遗址都发现有方铅矿。这些遗物往往显示磨圆的表面，而非自然面。

红色的铁氧化物，赤铁矿（Fe_2O_3，硬度为 5～6.5）从希腊语"血红"得名。尽管赤铁矿条痕为红色［条痕（streak）是指矿物在白色无釉瓷板上摩擦时所留下的粉末痕迹］，但其本身可以是黑色的，而镜铁矿（赤铁矿的一种）则拥有金属光泽。赤铁矿广泛分布于不同的岩石中，是储量最大的重要铁矿石。巴比伦废墟中发现了赤铁矿雕刻的圆柱形印章，古埃及人也大量使用赤铁矿。红赭石便是赤铁矿，它在整个历史时期都被作为颜料。古埃及人在阿斯旺地区和西部沙漠的绿洲中获得了大量的赭石。

文献中缺乏对铁矿石沉积开发的记录。氧化铁材料几乎遍布地球表面，早期的铁匠并不会像青铜工匠一样需要解决原料来源的问题。铁占了地壳的 5%，铜仅占 0.005%，而锡的比例更低，约 0.0005%。铁矿石有相当多的成分。铁矿常见的杂质包括二氧化硅、碳酸钙、磷、锰（尤其是赤铁矿）、硫、氧化铝、钛和水。古代铁匠必须使用含有大于约 60% Fe_2O_3 的矿石，因为炉渣本身具有 2∶1 的 Fe/Si 值。最好的铁矿石不一定要是铁含量最高的。好的铁矿石中石灰、氧化镁、氧化铝和二氧化硅含量较低。锰的氧化物的含量并不影响冶炼，因为它会进入炉渣。所有初级炉渣含有至少 50%的铁和锰氧化物。

尽管铁矿石广布于全球各地，由于冶炼的严格要求，包括早期铜、铅、锡和锌提取中使用的方法无法达到的温度，导致相对较晚才出现铁的冶炼。尽管早期冶铁出现在公元前 1200 年，但直到公元前 800 年这一技术才广泛传播。铁是唯一会溶解碳的普通金属。钢是铁和一定量的碳的合金。因为用煤炭作为燃料冶铁，古代冶金者在两千多年里都在无意识

① 在北美考古文化的分类中，北美的古代时期或"中印第安时期"，在北美前哥伦比亚文化阶段的序列中，持续时间为公元前 8000 年至公元前 1000 年。古代期的特点是通过开发坚果、种子和贝类来支持自给自足的经济。由于采用定居农业来定义其结束，因此该阶段在整个美洲可能会有很大差异。——译者

地生产低质量的钢。

大部分赤铁矿都可以被研磨成赭石粉。古印第安时期在美国怀俄明地区，红色赭石被开采利用[32]。尽管赭石见于多个西部的印第安遗址，但很难确定生产地。在北美，整块或研磨成粉状的红色赭石被用于埋藏死者。例如，在蒙大拿州安齐克（Anzick）的克洛维斯时代的墓葬就使用了赭石。在北美东部，沾有赭石的器物与骨骼化石一同被发现于距今约 1.1 万年的遗址中。赤铁矿在史前时代被用来制作吊坠、斧子和带刃工具。石斧是这一地区最常见的工具。从冰川采石场冰碛物和基岩采石场都找到了赤铁矿。红色赭石在旧石器时代就被用于装饰身体。在非洲南海岸的 Blombos 洞穴，10 万～7 万年前就被使用。法国旧石器时代晚期的岩洞壁画的颜料也使用了红色的赭石。在乌克兰的 Mezhirich 洞穴中，赭石被用来装扮一个猛犸象的头骨，根据放射性碳测年结果，对赭石的这一使用发生在距今 14 500～13 000 年。在新石器时代，赭石被用于涂画陶器。

褐铁矿（limonite）是野外地质学术语，用于指具有不确定性的含水铁氧化物。针铁矿（goethite）是一种含水铁氧化物，并且是一种主要的铁矿石。它的名字来源于德国著名诗人歌德。当它为黄色的时候也被叫作黄色赭石。针铁矿是最常见和最普遍的矿物之一，形成了覆盖氧化硫化物沉积物的“铁帽”。当温度达到 275℃时，针铁矿失水成为赤铁矿，同时颜色也由黄色变为红色。因此一些红色的赭石可能是由黄色针铁矿受热形成的。至少在罗马时期人们就认识到了这一因加热发生的变化，这一认识也可能早到史前时期。

针铁矿是近地表沉积物和土壤中常见的从循环地下水中析出的次生或凝结物质。我们对欧洲铁器时代铁矿开采的考古学认识的欠缺，可能是因为褐铁矿和赤铁矿广泛分布，但矿床小而且埋藏浅。这些小型的浅层矿床的开采不会对地貌景观造成持久的影响。在希腊西南部的 Nichoria 发掘中，在青铜时代的背景下发现了棒状的针铁矿。这引起了相当大的轰动，因为有人猜测这些铁钉可能是铁器时代以前的氧化铁钉。但是拉普认为这些棒状（杆状）物有类似于其他已知的针铁矿结核的径向横截面结构，而不像生锈的铁钉所具有的同心或无结构横截面。

磁铁矿（magnetite，Fe_3O_4）是一种磁性氧化铁，铁黑色，具有金属光泽，黑色条痕。天然具有磁性，所以磁铁矿被称为磁石。它在大多数火成岩中少量存在。偶尔会大量聚集成为矿石堆积。

虽然大多数陨石的成分是石质的，但许多陨石是由一种铁镍合金构成的，这种合金几乎是防锈的，而且作为金属很容易被识别。陨铁具有很强的延展性，容易被锻造。通过较高的镍含量（5%～26%）可以将其与熔炼铁区分开来。在旧大陆，金属质的陨石早在铁器时代之前就被人类捡拾且使用，而美洲史前社会也对其极为重视。古代苏美尔文字提到了陨铁，称其为“来自天堂的火”。公元前 3 千纪，陨铁制品出现在埃及和近东[33]。阿兹特克人使用陨铁打制刀具。

黄铁矿（pyrite，FeS）是所有硫化物矿物中最常见和最普遍的。黄铁矿经常以晶体形式出现，因其颜色长期以来被称为“愚人金”，尽管它不像黄铜矿那样金黄。硫化铁可以通过脆性和硬度（摩氏硬度 6～6.5）与金区别开来，而与黄铜矿的区别特点是颜色更浅且硬度更大。它在铜沉积物中普遍存在，并有助于形成大多数硫化物沉积物都有的铁帽。黄铁矿见于很多不同背景的考古学遗址。玛雅人使用它来做镜子，而阿兹特克人用它做镶嵌图案和雕像的眼睛。北极的因纽特人将其作为火石，因为它在撞击时会产生火花。它也被用来制作护身符。

岩石

硅质岩总是被用来制作工具和武器，常见的耐侵蚀的岩石常被用在纪念碑、雕像、墓室和建筑物上。根据形成原因，岩石分为三大类型。主要的岩石类型有：火成岩（由高温熔融的岩浆形成）、沉积岩（由地表风化物、生物有关物质和火山碎屑固结形成）、变质岩（由已形成的岩石经过高温和高压变质形成）。

不同类型的火山岩有数以百计的不同的名字，表7.1中的岩石名称，再加上黑曜岩，应该足够在大部分考古学工作中使用。火成岩的分类主要依据两个特征：二氧化硅的含量和晶体的大小。花岗岩与正长岩的区别在于石英所占的比例，正长岩中石英很少或没有。流纹岩是细粒花岗岩的矿物等效物即与花岗岩成分相同。霏细岩是一种浅色的，没有或有少量斑晶，主要由石英和长石组成的细粒火成岩的总称。玄武岩有时被称为陷阱岩。火成岩被用于石锤、石斧以及敲击乐器等，其用途太广泛了，不能在这里一一讨论。

表7.1　火成岩

	浅色	深色	
	高 SiO_2（硅）	中 SiO_2	低 SiO_2（硅）
粗粒	花岗岩，正长岩	闪长岩	辉长岩
细粒	流纹岩，霏细岩	安山岩	玄武岩

沉积岩同样有数百个不同的名字（见表7.2）[①]。沉积岩以粒度和化学组成来分类。例如，以长石主要碎屑颗粒成分的砂岩称为杂砂岩。砾岩中的砾石或巨砾通常是非常坚硬的燧石和石英；史前社会穿过坚硬的燧石漂砾整齐地切割大块砾岩的能力（例如，在希腊西南部的狮门和迈锡尼）是非凡的。在硬度的另一极端，是硬度较低的页岩，页岩被用于制作珠饰，因为它容易造型和穿孔。

表7.2　主要的沉积岩

页岩	最常见的沉积岩，由黏土和粉砂组成，常显示细的薄层构造，类似层理
砂岩	由硅质、氧化铁或碳酸钙胶结的圆状或棱角状砂级碎屑组成，砂岩主要是石英，可能胶结良好黏结牢，也可能胶结一般而易碎
砾岩	大的磨圆好的砾石、中砾或巨砾级碎屑，嵌在砂级或粉砂级细粒杂基中，并由硅质、氧化铁、碳酸钙或硬化的黏土胶结
灰岩	以方解石形式存在的碳酸钙，由碎屑、生物或化学过程形成。许多含有大量化石，代表古代的介壳滩或生物礁。白垩和钙华也是灰岩

① 国内关于砂岩的分类与命名，常将砂岩按杂基含量分为两大类：净砂岩（或砂屑岩，简称砂岩）及杂砂岩（或称瓦克岩，硬砂岩）。在大多数情况下，石英总是砂岩的重要组成成分，因此，在常用的三角分类图内划分岩石类型的界限，首先划出平行于FR（F为长石+侵入岩，R云母+其他岩屑）线的Q（石英+硅质岩屑）含量为75%及95%的两条线，分出石英砂岩（杂砂岩）、长石砂岩（杂砂岩）–岩屑砂岩（杂砂岩）以及它们之间的过渡类型（石英长石砂岩，石英岩屑砂岩），以便反映出以石英含量为主要标准的分类原则。——译者

表 7.3 变质岩

沉积岩经高温（→）、高压（→）变质的过程
灰岩→大理岩
砂岩→石英岩
页岩→板岩→千枚岩→片岩→片麻岩

在地质学上有很多名称用来描述主要变质岩的矿物和结构上的差异（见表 7.3）。应该指出不是所有的石英岩都是变质形成的。完全由二氧化硅胶结的石英砂岩可以穿过（而不是围绕）晶粒断裂，从而与变质石英岩相似。

地质考古学特别感兴趣的有以下岩石类型。

安山岩（andesite） 一种广泛分布的细粒火山岩，以安第斯山命名，坚硬且有凝聚力。世界各地广泛使用杏仁状安山岩（vesicular andesite）来研磨小麦和玉米等谷物。

玄武岩（basalt） 细粒且通常非常坚硬致密。玄武岩被广泛地用于制作石器、手推石磨，在埃及被用作石雕像材料。埃及最早的石头容器是用玄武岩制成的。玄武岩在埃及分布广泛，从旧王朝时期（公元前 2650～前 2134 年）就作为吉萨（Giza）到塞加拉（Saqqara）的墓地中人行道的材料。这些玄武岩明显来自法尤姆（Fayum）绿洲，现在在当地依然可以看到开采留下的遗迹。在法老时期，玄武岩被用于制作雕像和石棺。

霏细岩（felsite） 对主要由石英和长石组成的所有细粒浅色火山岩的统称。霏细岩可以非常坚硬致密。如同燧石，其破裂时产生锋利的贝壳状裂口，这使其成为有价值的石器打制原料。与霏细岩相同，流纹岩是细粒花岗岩的矿物等效物，因此，石英是一个基本组分。

花岗岩（granite）和闪长岩（diorite） 相当丰富，质地坚韧、无裂缝、美观，并且能够进行高抛光，这些火成岩广泛用于建造大型纪念碑。在埃及的前王朝时代也常被用来制作碗和花瓶，随后被用于制作雕像、方尖碑和石柱等。法老时期的埃及人用来自阿斯旺的花岗岩雕刻了单个大型方尖碑，同时也使用闪长岩制作大型雕像。在埃及地区，从新石器时代开始，闪长岩就被用来制作石斧、调色板和锤头。不是所有的埃及人用于制作雕像的粗粒火成岩都是考古学家所认为的“闪长岩”，它们可能是花岗闪长岩、花岗岩和其他的被误认为是闪长岩的岩石类型。花岗岩和闪长岩在组成、结构、颜色和抗侵蚀性上都有差别。

火山渣（scoria） 在一些金属冶炼较为常见的区域，考古学家会把火山渣误认为是冶炼产生的炉渣。火山渣这个名字适用于呈暗黑色，气孔发育，有时呈玻璃状的玄武岩成分的岩石。熔结煤具有相同的外观，有时也被称为“scoria”。在地中海地区还原环境下窑壁熔融形成的黑色残渣有时也被误认为炉渣。不过后者密度非常低。

黑曜岩（obsidian） 其命名可以追溯到普林尼的工作，他描述了埃塞俄比亚的黑曜岩。黑曜岩是火山玻璃，通常是黑色，但也有其他颜色甚至杂色的。高硅含量的火山岩是极细粒的或是玻璃质的。形成这些岩石的熔融物质非常黏稠，阻碍了晶体的生长，在快速冷却过程中常常形成非结晶岩石。按重量计算，黑曜岩所含的水还不到 1%，因为岩浆在高温下被挤压到地球表面，或侵入到非常浅的深度，无法在溶液中保留太多的水。但是，黑曜岩以后可以通过吸收地下水而变成水合黑曜岩（含近 10%的水）（见第 8 章关于黑曜岩来源的讨论和第 5 章黑曜石水合测年）。作为一种玻璃，黑曜岩破裂时出现贝壳状断口。因为容易制成尖锐的尖状器，所以在史前时期被广泛使用。

黑曜岩在旧石器时代就被使用。在伊拉克 Shanidar 洞距今 3 万年的 C 层就发现了黑曜岩。在地中海东部地区，几乎所有的新石器遗址都发现了黑曜岩。在新大陆，黑曜岩也扮演着重要的角色。在中美洲地区，史前矿工开发了地下高质量的黑曜岩。阿兹特克人深度开发了黑曜岩，将其用于生产箭头、刀子、锯子、剑、镜子和装饰品。在北美洲西部有大量高质量的黑曜岩，如黄石公园的黑曜岩崖，在中美洲火山地区也有丰富的黑曜岩[34]。黑曜岩崖是北美最有名的黑曜岩资源，被使用和交换了 1 万多年。其中有 59 处开采区[35]。

浮石（pumice）和火山灰（ash）　浮石是一种颜色浅淡、多孔的、玻璃质的火山碎屑物，通常由流纹岩组成。它通常是多孔的，可以漂浮，被广泛地用作研磨料。火山碎屑岩是火山岩在爆炸性喷发时形成的颗粒沉积物。当颗粒小于 2 mm 时，就被称为火山灰。考古发掘中的浮石几乎可以追溯到原始火山，并且通常可以追溯到特定的火山爆发（见第 5 章，K-Ar 和 Ar-Ar 测年）。

石英岩（quartzite）　主要由二氧化硅胶结的石英砂岩构成，这种岩石拥有贝壳状断裂，因此与燧石和黑曜岩一样可以用于生产锋利的工具。法老时期的埃及石英岩被用于制作雕像和石棺。在旧石器时代的撒哈拉沙漠，石英岩与努比亚砂岩一同被用于制作石器（阿舍利类型和莫斯特类型）[36]。“希克斯顿硅质砂岩”（Hixton Silicified Sandstone）是威斯康星州西部的一种石英岩，在大湖区被广泛地用来加工石器[37]。

大理岩（marble）　大理岩是古典世界制作雕像和纪念碑的首选材料。在古埃及，它也被用来制作花瓶。大理岩通常发现在没有断裂，大面积延展区域内的厚地层里，并且便于开采。它可以进行高度抛光。它的主要缺点是在酸性的雨水作用下易被侵蚀（不考虑当代的污染，雨水也是酸性的，因为 CO_2 溶解于大气水分中，无休止地为雨水提供碳酸）。大理岩大量分布在安纳托利亚西部、意大利和希腊，在地中海其他区域也被大量使用。

蛇纹岩（serpentinite）　蛇纹岩是一种主要由蛇纹石族中的绿色矿物组成（硬度为 2.5～3.5）的岩石，它作为镁铁质火成岩的蚀变产物广泛存在。在旧大陆很早的时代，蛇纹岩就被用来制作石碗、花瓶和雕像，偶尔也被做成模具。它在北美洲一度很流行，因为较软，易于加工。

硅质页岩/板岩（siliceous shale/slate）　如石英岩一样，这种变质程度较低的岩石可以产生贝壳状裂口。主要由二氧化硅构成，因此其摩氏硬度接近 7。它在北美被广泛使用，尤其是在明尼苏达州北部，被用于生产箭头和其他尖锐工具。

滑石（steatite）　一种细粒的致密岩石，主要由矿物滑石（硬度为 1）组成，但通常也含有其他成分。由于其质地软且致密，从古代起便作为制作装饰品和磨具的材料受到青睐。在美洲中部和北部地区，史前时期滑石被用于制作锅、碗和烟斗。因纽特人和其他一些族群使用滑石制作灯具。在阿巴拉契亚山脉的很多地区都有滑石露头。

烟斗石（catlinite）　一种红色、硅质、硬化的黏土，被称为“烟斗石”是因为至少自公元前 16 世纪以来在北美被广泛用于制造烟斗。烟斗石的名字来源于美洲本土著名画家乔治 · 卡特林（George Catlin）（1796—1872）。尽管最著名的烟斗石开采区在明尼苏达州的西南，但是在威斯康星州、俄亥俄州和亚利桑那州都有分布。烟斗石的贸易很广泛，扩展至加拿大。

贝壳

贝壳在人类历史上被用作食物、染料、装饰品、交换物、护身符、钱币以及祭祀品。

它们被证明是自然地质史中的重要指示物，也是考古学记录中的重要指示物。贝壳主要由碳酸钙构成，含有少量的磷酸钙、碳酸镁和二氧化硅。

贝壳常被用作早期货币或交换物。贝币是一种最广受重视的货币，其中最广泛使用的种类是黄宝螺（*Cypraea moneta*）或称为货贝（money cowrie）。货贝广泛分布于太平洋和印度洋的暖水区，其中大部分产于印度洋的马尔代夫岛。宝螺在许多社会中都作为符号标志和仪式象征，这很可能最终使其成为广为接受的流通货币。宝螺在史前时期也被做成装饰品。宝螺是小型腹足动物，但有许多种，大概有 200 种。它的名字“Cowrie”来自印地语和乌尔都语。不同种的宝螺有不同的大小，从小于 1 cm 到大于 4 cm。大多数作为货币使用的宝螺尺寸在 1.5 cm 左右。单独作为货币或是串成项链，宝螺都是很耐用的。文献记录的最早使用宝螺的例子，来自中国的商朝[38]。

北美的一些土著人民有货币或物物交换制度，其中包括贝壳的交换。不列颠哥伦比亚省的诺特卡人（Nootka）采集 *Antalis pretiosum*，既将其视为食物也为获得它的壳，这些壳可以与周边的部落进行交换。加利福尼亚州北部的尤罗克人（Yurok）和托洛瓦人（Tolowa）使用成串的象牙贝作为钱币。这些贝壳串的价值取决于串的长短和贝壳的尺寸。加利福尼亚海岸中部的波莫人（Pomo）将皮斯莫蛤（*Tivela stultorum*）的壳制成的珠子串在一起作为货币。用贝壳较厚的部分制成的圆柱形的珠子被赋予较高的价值。在美国东北部，硬壳蛤（*Mercenaria mercenaria*）制成的珠饰带子被史前人类用来做礼仪交流。紫色的珠子比白色的价值更高，因为只有少量圆蛤的壳是紫色的。这些东西在荷兰人和英国人开始殖民时仍在使用。荷兰可以用贸易货物“买下”曼哈顿岛，这些货物中可能包括了贝壳珠串。

在北美大西洋沿岸，贝壳被制成贝壳珠串，在殖民时期是美洲原住民的“钱”。海百合的茎被钻孔并作为珠子佩戴。被水流滚磨，含有贝壳化石的冰碛中的石头被用来制作日常物品，比如炉膛和沸腾石、锤子，铁砧和研磨器之类。一些发现在美国东部的箭头的中间夹杂着贝壳化石，表明可能是有意作为装饰。贝壳化石和混凝土，其中一些染有赤铁矿，被发现与埋葬和随葬品有关。

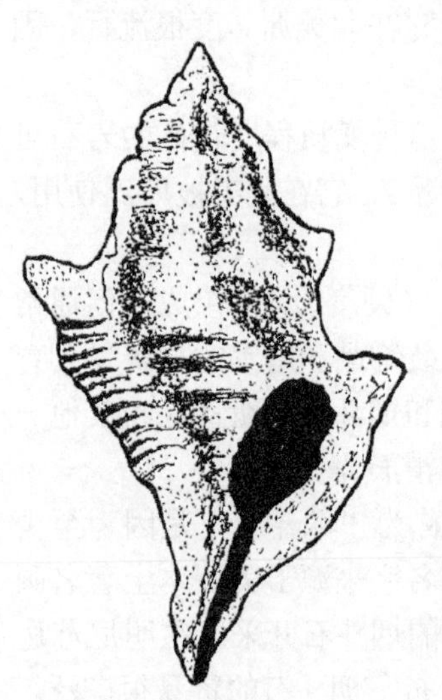

图 7.1　骨螺壳

在地中海东部地区，海洋腹足动物骨螺属（*Murex*）的某些种类的贝壳产生了古代的皇家紫色染料（一种骨螺分泌的物质放入加热的海水中时会变成紫色），特别受到罗马人的喜爱。对骨螺产生的紫色染料的使用可以追溯到公元前 1500 年的黎凡特海岸。在克里特岛附近的 Korephronisi 小岛上发现了与中米诺斯陶器一同出土的骨螺属贝壳，希罗多德也提到克里特岛使用的紫色染料。骨螺可能在土耳其古代南海岸的贮水池中养殖。普林尼对腹足动物和它们的染料进行了很好的描述。骨螺属壳型繁复精美，很容易辨认（图 7.1）。

黏土

考古遗址中的陶瓷器的主要原料是本地富含黏土用于制坯的土壤，以及用于回火的粗糙沉积颗粒。黏土沉积物有两个基本类型：①原生堆积，由花岗岩或页岩等基岩风化形成；②次生堆积，由河流或湖泊搬运形成。次生堆积通常指的是搬运的黏土。在土壤中，黏土矿物构成了现今基岩自然化学风化作用的一部分。黏土矿物是一种低温含水矿物，在地表环境中稳定存在。它们是在土壤中由矿物在高温无水环境中分解形成的。这些矿物在地球表面是不稳定的。在化学风化的过程中产生了植物营养。土壤中钾含量的增长与黏土的形成呈正比[39]。

“黏土”一词有两重含义：既指粒度（小于2 μm），又是一组具有片状结构的硅酸盐矿物的名称。由于其粒度很小且具有片状结构，加水后变得可塑。可塑性使得这一混合物可以被塑形并保持新的形状。黏土原料是否可以制出好的陶器——黏土的主要用途之一——取决于哪种黏土矿物占主导、非黏土矿物的形状和大小、有机物含量、可交换离子和整体物质的粒度分布。好的陶土也含有细粒石英，其在烧制过程中提供耐火骨架。

精确鉴定黏土矿物需要使用X射线衍射法。不同的黏土矿物在地表环境中的稳定性不同。其他片状硅酸盐矿物通常与黏土矿物在沉积物中混合，但这些硅酸盐矿物体现出较差的可塑性。添加细粒有机材料和多种塑性和非塑性的回火料可以提高陶瓷黏土混合物的塑性、强度和烧结性。

黏土是适应性强的材料。对于黏土最早的使用出现在旧石器时代晚期，当时人们在洞穴墙上的湿黏土中绘制。接下来产生了用黏土制作的雕像，再之后黏土成为建筑材料。到新石器时代，旧大陆的很多地区，手工匠发现通过火来硬化黏土可以制作出耐用的容器。陶器制作在北美伍德兰时代是一个相对独立的发明（见图5.5）。

粗陶相对容易制作。很多黏土土壤和沉积物可以通过烘烤形成简单的可以承受适度的热和物理压力的厚壁容器。烘烤黏土形成的物品在旧石器时代晚期出现在欧洲中部地区。北美最早的陶器来自佛罗里达州，测年时代为公元前1700年。第8章我们将详细介绍陶瓷。

以下是主要黏土矿物和它们对于制陶的重要性质。

高岭土（kaolinite），$Al_2Si_2O_5(OH)_4$　高岭土是耐火性最好的黏土矿物，并具有出色的烧结性。不仅具有在高温下的稳定性，它还可以被迅速加热并且具有低收缩率。由于它有限的化学构成，高岭土呈白色。它是制作瓷器的黏土。它的粒度和结构——六边形的薄片状晶体结构——使其具有高的可塑性。高岭土是唯一可以单独完成陶瓷加工的黏土。它通常由火成岩和变质岩中的长石或其他硅酸盐矿物经风化作用形成，但也见于次生堆积中。

埃洛石（halloysite），$Al_2Si_2O_5(OH)_4$　尽管与高岭土成分相近，但埃洛石在晶体结构上呈管状，使得其可加工性下降（例如，它在成型或干燥过程中会开裂）。埃洛石必须缓慢加热以防止在烧制过程中发生开裂。它通常也是由长石转变而来的，并常与高岭土共生。

蒙脱石（montmorillonite/smectite）$(Al, Mg)_8(Si_4O_{10})_4(OH)_8\cdot 2(H_2O)$　蒙脱石化学成分多变。蒙脱石晶体构造层间可以吸收大量的水分。在陶瓷制作中其有较高的可塑性和适度的耐火性，但收缩率较高。它是由火山灰以及其他高镁火成岩和变质岩蚀变而成，也形成土壤黏土。

伊利石（illite），$(OH)K_4Al_4(Si,Al)_8O_{20}$　化学成分多变，通常含有铁和镁。伊利石具有很好的可塑性、多变的收缩率和较低的耐火性。伊利石是页岩和泥岩中主要的黏土矿物。

它们也通常在土壤中形成，由云母和其他黏土矿物和胶体二氧化硅的蚀变形成。伊利石是唯一含有一定量钾的黏土矿物。

其他片状硅酸盐与上面提及的黏土矿物在很多堆积中共存，但是它们都会降低可塑性。添加细粒有机材料和同类型的塑性和非塑性的回火料可以改善塑性、强度和烧结性。黏土资源的性质对于陶瓷烧制起关键性作用。波利尼西亚就是一个很好的例子。在西边的斐济等岛屿，安山岩风化形成大量的土壤。这些风化的岩石形成了高岭土和蒙脱石等黏土矿物，同时含有回火砂，它们可以用来生产很好的陶器。在汤加，黏土是埃洛石，没有合适的回火砂。在塔希提，土壤中不含有适合陶器加工的原材料。因此，早期波利尼西亚人在跨太平洋迁徙的过程中，由于缺乏合适的原料，遗弃了他们的制陶工艺[40]。

为了降低收缩率或提高可加工性，在黏土材料成型前加入羼和料。在附近的河流中，通常可以找到粗的沉积物作为羼和料。贝壳化石也可以作为羼和料，因为碳酸钙与陶土的热膨胀率相同。大理石也是如此（因为由碳酸钙组成）。陶瓷碎片，被称为熟料，也被用于回火。

釉是在烧制前应用于陶瓷的薄层材料，在高温下变成玻璃状涂层。釉料需要低熔点材料。钠和铅是用来降低陶瓷釉中硅酸盐熔点的最常用的元素。铅釉用于餐饮用具时，可以造成铅中毒。可溶性盐或盐水可以是钠的来源。高温釉通常包含有长石、方解石、白云石或木灰。低温釉通常是碱性的（含钠或钾）。

建筑材料

一个社会使用的自然建材主要取决于可以获得的资源。中东的伟大故事源自泥砖建筑的解体，这并非偶然。在方圆数百千米内，既没有可以用于建筑的坚硬岩石露头，也没有树木。安纳托利亚的加泰土丘①遗址，公元前6800年的墙壁甚至内置家具都是由黏土制成的。在更北部的地区，缺乏木材而且泥砖墙易受损坏，石头建筑是必要的。除了木材，几乎所有其他的建材都取决于对矿物和岩石资源的开发。在旧石器时代，人类开始使用石头作为建材，先是帮助支撑帐篷和小屋，改善洞穴或岩厦，之后用于建造住宅。例如肯尼亚Olorgesailie遗址和法国特拉阿玛塔遗址出现的石围圈，可能是旧石器时代早期防风所或者小屋遗迹。德国Bilzingsleben的石围圈遗迹可能是距今35万年的居住遗迹。西班牙Cueva Merín遗址成堆的石块和法国La Ferrassie遗址的灰岩断块可能是旧石器时代中期（莫斯特文化）的建筑遗迹。在旧石器时代晚期，由石块构成的建筑遗迹普遍且有规律。例如，法国勒内洞穴（Grotte du Renne）内的夏特尔贝龙（Châtelperron）文化遗址出现了可能距今3.3万年的小屋遗迹。在近东，石头建成的房屋和城镇可以追溯到距今7000年以前。在缺乏大块石头的地方，泥土和泥砖被使用。

古代埃及、希腊和罗马为推动建筑石材的开采和打磨做出了巨大的贡献。在公元前3000年，古埃及人学会了将较软的古近纪石灰岩修整成矩形石块。在公元前2000年，他们学会了修整更为难修的花岗岩和白云岩。到了埃及第三王朝时期（公元前2649～前2575

① 加泰土丘（土耳其语：Çatalhöyük），音译作卡塔胡由克或恰塔霍裕克，是安纳托利亚南部巨大的新石器时代和红铜时代的人类定居点遗址。该定居点存在于公元前7500年到公元前5700年，它是已知人类最古老的定居点之一，其遗址被完好地保留至今。——译者

年），用石块建成的建筑有了明显的增加。石灰岩是主要的建筑材料，但是较大的花岗岩块被使用在一个位于吉萨和 Abusir 之间未完成的金字塔上。在 Djoser 金字塔的石阶中也使用了花岗岩。到十八王朝（公元前 1550～前 1307 年），大量的石灰岩被更耐久的花岗岩和砂岩所取代。最大的砂岩开采区位于阿斯旺以北 60 km，其上所刻文字从十八王朝一直向下延续到希腊和罗马时期。埃及人开采花岗岩体表层的方法是先点燃纸莎草烘烤表面，再泼冷水，这样做会使花岗岩开裂崩解。如果没有自然裂痕或者接口可以借以开始开采，将会使用白云岩石球敲打出一条沟。将木楔子插入天然裂缝或敲出的沟中，干燥时紧紧插入，然后再将木楔子弄湿。

希腊人和罗马人将石（方石）制建筑发展成一种精美的艺术。在青铜时代晚期，希腊的迈锡尼人通过将有棱角的石块堆砌在一起构建了“Cyclopean”墙。有时泥灰被用于砌筑：埃及人喜欢石膏，希腊人和罗马人使用烧石灰（氧化钙）和黏土。通过将石灰石（碳酸钙）加热到高于 900℃的温度下失去二氧化碳来形成石灰灰泥。这种情况下留下的是氧化钙。氧化钙与水迅速反应形成氢氧化钙。当暴露在空气中，氢氧化钙又吸收二氧化碳，成为稳定的碳酸钙——像水泥一样硬。

希腊人和罗马人还发现，某些火山灰在与熟石灰和水混合时会产生水硬性水泥。希腊人使用来自桑托林（锡拉）的火山凝灰岩，而罗马人在公元前 100 年左右发现，维苏威火山山坡上的 Pozzuoli 村的火山灰就适合这种用途。不是所有的火山灰都有这一性质。罗马人把用火山灰制成的水泥称为火山灰水泥。这些水泥可以在水下依然坚固，早在公元前 144 年，它们就被用来铺设水道。

在 19 世纪早期，波特兰水泥在英国被发明出来［以多塞特郡的波特兰岛（Portland）命名］。波特兰水泥的基本原材料是黏土和石灰。需要一些铁，但这通常是由黏土中的铁矿物质提供的。对石灰岩最严格的要求是，它不能包含超过 5%的碳酸镁。波特兰水泥是水工的，水参与了制造的基本化学反应。1875 年，美国生产的第一批波特兰水泥来自于宾夕法尼亚州的利哈伊（Lehigh）山谷。

建筑石材

大量的不同类型的坚硬岩石（包括石灰岩、砂岩、花岗岩、片麻岩）都是很好的石材。作为石材的必要性质包括：①结构强度（承载能力）；②耐久性（耐风化侵蚀）；③采石和修整的容易程度；④可获得性（运输成本）。

当花岗岩、闪长岩、石英岩和砾岩等非常坚硬的岩石被用作建筑石材时，磨料的使用一定已经很普遍了。阿兹特克人用铜制工具来加工花岗岩，并用石英砂作为磨料。金刚砂是一种灰黑色的磁铁矿和刚玉（硬度仅次于钻石）的混合物，在能找到浮石的地方一定在早期就将它作为磨料。金刚砂在近东和爱琴海一些岛屿很丰富。

结构强度等级中最低的是黏土和泥。然而，它们是古代重要的建筑材料（只经过很少的处理）。作为地质学术语，泥是淤泥和黏土大小颗粒的混合物（见第 2 章）。很多自然泥土也含有一些沙粒大小的颗粒。正如早前提到的，“黏土”有多重含义，但需要牢记的是，大多数黏土颗粒大小的材料都是由黏土矿物组成。

不同结构类型的砂-粉-黏土最佳配比不同。对于夯土墙，混合物中应有约 50%～75%的沙子，以防止塑性成分过度收缩。砂粒和粗颗粒的尺寸并不重要。在夯土墙中，只需要少量的黏土：超过 30%的黏土会导致快速被侵蚀。美国西南部在西班牙殖民前的居民不制造泥砖，而是使用夯土技术筑造三英尺高的分层风干土坯墙。

制造令人满意的风干砖坯需要的原料的岩性在夯土墙原料范围之外。风干砖坯必须具有较高百分比的黏土和起黏合剂作用的稻草。好的晒干砖坯可以用含有 9%～28%黏土的土壤制成。黏土含量太高会导致土坯砖干燥后开裂，含量太低又不够结实导致易粉碎。每一种黏土矿物有不同的黏合性，石灰含量以及有机物含量会影响物理性质。砂-淤泥-黏土的比值并不能解释所有。

适用于风干土坯或晒干泥砖的组合物可以通过混合一系列用于泥砖的材料来实现，主要是黏土和有机黏合剂，如稻草。在埃及和土耳其现今的泥砖制造中，砖块直接从土壤中切出来，而不经过模塑步骤。土壤中可能存在足够的植物材料来代替添加的黏合剂。

烧砖

数千年以来，石头、黏土或者黏土加木材是主要的建筑材料。对于木材的使用的考古学证据往往是从城镇村庄烧毁后留下的大量的灰烬中获得的。伦敦曾在公元 1666 年完全被烧毁，因为它主要由土木结构的建筑组成。之后用英国南部优质的黏土制作的砖重建了城市。烘烤制作黏土砖的工艺可以追溯到公元前 2 千纪的美索不达米亚、印度和埃及。然而，是罗马人通过细致地挑选优质细粒黏土并控制烧成温度烧制出了高质量的砖。从 12 世纪起，砖的烧制技术普遍使用，因为黏土质沉积和风化产物广泛分布。尽管加热到 1200℃所有的黏土矿物都开始重结晶，黏土矿物的矿物组成对于烧砖和对于烧陶一样关键。全球各地的烧制砖所用的原料不尽相同。在美国南部的佐治亚州，砖是用纯高岭土、一些长石、火黏土和膨润土烧制而成的。在英国，红色泥灰岩、三角洲泥浆和侏罗纪时期的伊利石沉积物都被用于烧制砖。纵观旧大陆，被最大量使用的烧砖原料来源于黄河、恒河、湄公河、尼罗河和印度河的洪泛沉积物。然而这些冲积沉积物通常淤泥含量高而黏土含量低，导致烧成的砖薄而多孔隙——最适合单层房屋的建筑。

灰浆

在水泥发明之前，灰浆通常由黏土、石膏和石灰构成。石膏和石灰灰浆都需要在较高温的窑内制成。古希腊和罗马使用石灰，而法老时期的埃及人使用石膏，因为在木材稀缺的地方，石膏灰浆烧制是在较低的温度下完成的，相对节省燃料。黏土灰浆主要与泥砖一同使用。黏土、石灰和石膏都既可作为砖之间固定用的灰浆，又可作为表面涂料。古埃及人将黏土和石膏或黏土和细粒的石灰混合用来涂抹墙壁。

至少从公元前 3 千纪开始，石灰一直就被作为灰浆使用。大多数灰浆的最基本成分便是石灰，石灰可以通过烧灰岩、大理岩、贝壳、珊瑚和骨头制成。灰岩（主要是 $CaCO_3$）是最主要的原料，钙质和云质灰岩都可以使用。石灰的烧制既简单又便宜。在 900℃的窑内烧灰岩，二氧化碳会被驱逐出去，剩下氧化钙。由此产生的产品（氧化钙）传统上被称为“生石灰”或“未熟化石灰”。这些未熟石灰与水和沙子混合，便产生了泥浆或灰泥。

石灰是大多数灰浆中的基本黏合剂。然而并不是总能获得石灰，所以泥有时也会作为黏合剂。一些地区的人们发现泥浆与石灰混合后强度更大。因此如果没有大量的窑烧石灰或者仅能靠贸易获得时，将泥浆与石灰混合是一种方案。一些类型的土壤本身含有氧化钙，因此在研究中要注意区分原有成分和添加的石灰、灰烬、草木等有机成分。

其他材料

在考虑考古遗址中可能出现的地质来源的原料时，也需要注意在形状或是其他方面类似于天然材料但具有不同来源的物体，主要是结核和树枝石①。

结核是坚硬、致密的矿物质分离团块，一般发现于沉积岩中，特别是页岩和砂岩，以及土壤中。它们通过从水溶液中沉淀形成，从核向外生长，并且通常具有与围岩不同的组分。结核表示胶结材料的浓缩，例如氧化铁、方解石、二氧化硅或石膏。大多数结核形状为球形、椭球形、盘状团块等，然而很多也形成了奇怪或奇妙的形状，有时像龟壳、骨头、叶子或其他化石。这些结核也常发生龟裂。图 7.2 就是一种结核的形状。许多结核具有类似于同心壳的内部结构。燧石结核具有相似的形状（图 7.3）。

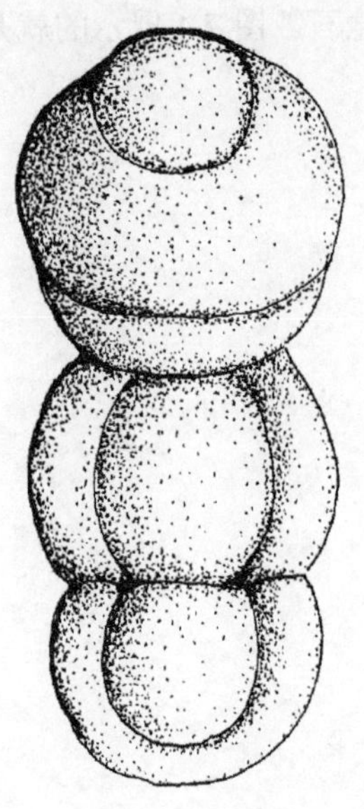

图 7.2 结核

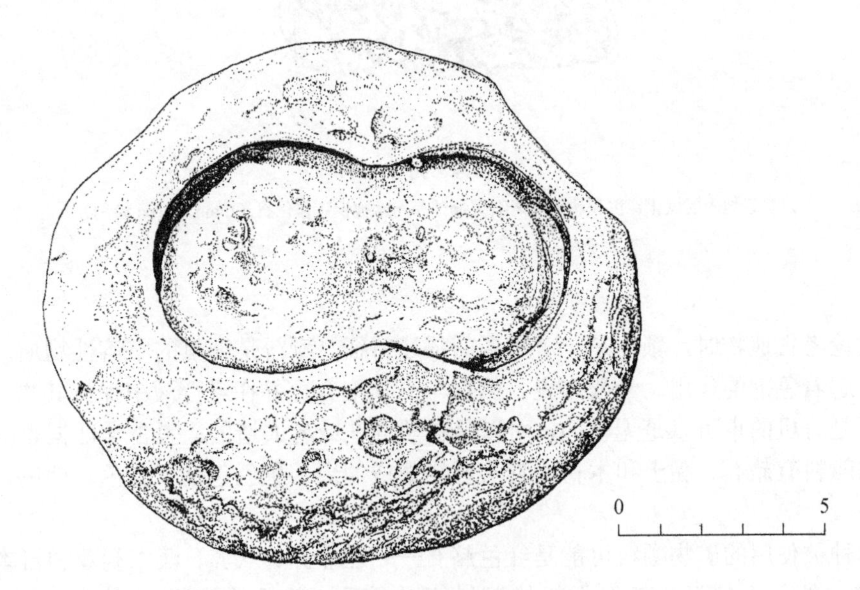

图 7.3 燧石结核

这些结核形成于碳酸盐岩中。当围岩被侵蚀后，结核留在了地表。图中结核采集于埃及卢克索（Luxor）附近的国王谷（拉普采）。图中比例尺单位为厘米

① 树枝石（dendrite）是假化石的一种。一种树枝状的薄膜，很像苔藓和藻类的印痕，但并非植物的遗体或遗迹，而多为锰的氧化物结晶，不是化石。树枝石常见于岩石层面或节理面上，且常沿节理面转折，与化石的保存情况也不相同。——译者

在土壤中，氧化铁固结的结核通常在排水较好的土壤中发现，其形成需要一些水分。但是钙质结核形成于干燥土壤中，尤其是在碱性条件下。结核的大小可以从厘米级直到3 m。结核发现于很多考古遗址的灰坑中，在北美也发现于史前遗址里的随葬品中。

树枝石是近表面的氧化锰沉积物，其沿着岩石中的裂缝以分支模式结晶。它们常被误认为是化石。图 7.4 展示的就是一个常见的树枝石。

图 7.4　树枝石

这些近地表的氧化锰沉积物顺着岩石裂缝结晶，常被误认作化石（Elain Niseen 绘制）

颜料

当讨论考古遗物时，颜色是一个重要的描述特征。颜料是细腻的不溶性物质，悬浮在介质中并起着色剂的作用。一般来说，颜料与介质混合，并在悬浮液中保持其物理性质。颜料可以是有机的也可以是无机的，可以是自然存在或者人造的。考古学证据表明人类最早使用的颜料有赭石、黏土和木材或骨头燃烧形成的炭。颜色包括了红色、棕色、黄色和黑色。

第一种被使用的矿物颜料可能是红色赭石——在非洲、欧洲、澳大利亚和日本都有出现。更完整的关于赭石和赭石颜料的探讨可以参看拉普另外的著作[41]。L. S. B. 利基（L. S. B. Leakey）曾记述他在奥杜威峡谷距今 50 万年的地层中发现了赭石块，但是赭石碎块在旧石器时代晚期更为常见，尤其是在距今 3 万年之后[42]。几乎从一开始，颜料就必定成为重要的交换物，独占颜料矿藏可能有助于群落的经济。随着人类社会组织单位的发展，矿物和获取及利用它们的知识成为复杂的贸易和交换网络的一部分。

对于地质考古学家的考验是如何成功地确认和分辨氧化铁颜料，尤其当仅保留微量的颜料时。许多史前遗物上的氧化铁颜料证据会被风化、不小心的触摸或清洗抹除掉[43]。因此需要小心抓握出土物，并在发掘之前做好保护和分析计划。

氧化铁是应用最广泛的颜料。它们以自然形态出现在全球几乎各个地区。氧化铁颜料所呈现的颜色变化范围从暗黄色到红色、紫色和棕色。在新石器时代，这些颜料被不同地区的人群用于陶器的装饰。氧化锰颜料的使用也可以追溯到史前时代。它们被发现用于早期的洞穴壁画绘制，包括法国的拉斯科洞。被称为棕土的氧化锰是颜料家族中重要的成员。软锰矿及其双晶石，斜方锰矿（MnO_2）是主要的锰氧化物。史前时期这些黑色的矿物就被用于装饰陶器。最终，它们的应用扩展到釉彩和玻璃装饰。

早期的颜料也包括一些黏土矿物。由于化学成分和杂质的不同，黏土有各种各样的色调。黏土被用于绘画、化妆和陶器“滑”釉。黏土被赋予了许多传统和贸易名称，如白色和红色的玄武土、瓷土和管黏土（都是高岭土）。在希腊古典时期，通过加热高岭土获得的粉色颜料风靡一时。

几乎所有的岩石和矿物在磨成粉末时都保留一定原有的颜色（大部分硅酸盐都呈现白色），可以用作颜料。有太多这样的例子，无法一一详细介绍，其中最主要的是赤铁矿（红色赭石）、针铁矿（黄色赭石）、孔雀石、蓝铜矿、亚硒酸盐（石膏）、朱砂、各种炭、方解石、碳酸镁石（一种稀有的白色碳酸钙镁）、菱镁矿（白色碳酸镁 $MgCO_3$）以及锰氧化物和石墨。

玛雅蓝是一种发现在中美洲的玛雅文物中的蓝绿色颜料。它一直到哥伦布殖民时期还在使用。玛雅蓝是矿物质和靛蓝（从各种植物中获得的蓝色染料）的混合物。玛雅蓝受到关注不止因为其与玛雅文明的考古背景相关，还因为其独特的物理性质。玛雅蓝可以在热带雨林那样严酷的环境中留存下来。它可以抵抗碱和除热的浓酸外的酸[44]。这种颜料在其古代他地区并不被知晓。直到 19 世纪，中美洲的壁画中还在使用这种颜料[45]。

磨料

从古代起，许多岩石和矿物就被作为磨料使用，包括金刚砂、浮石、硅藻土、长石、石英矿物、白垩和各种金属氧化物。磨料必须坚硬且有聚合力——不能轻易解体。在全球，某种形式的石英（硬度为 7）无疑是最常见的磨料。它在各个地方都很常见，以石英砂或者碎石英的形式出现。磨料最早的主要用途之一是在埃及金字塔的构造中，石块的表面被摩擦光滑以获得非常好的贴合性。磨石的概念是一种用来塑造物体的粗糙材料。

岩石和矿物的开采

地质学家用“露头”来描述突出地表的岩体。“史前人群使用的岩石和矿物大多采集于露头”似乎是一个安全的假设。当发现了高质量的石料或是金属矿，史前人类便会发展采石和采矿的技术来最大程度加以利用。采矿者往往利用岩石的自然节理。

距今 4500 年前，在塞尔维亚 Rudna Glava 的温查文化（Vinčă）①，人们在 15 m 深的垂

① 温查文化是欧洲早期文明之一，时间大约为公元前 6000 年至公元前 3000 年，主要分布在塞尔维亚、罗马尼亚和保加利亚的多瑙河流域以及马其顿，其足迹在巴尔干半岛、中欧和小亚细亚均有发现。——译者

直矿井中开采铜矿。埃及西奈半岛的铜矿石和矿物开采可追溯到古王国时代。英格兰地下的燧石矿在 5000 多年前的新石器时代被开采，开采深度达到 4 m。在勘探古代矿山时，地质考古学家应该寻找开矿废料的证据。金属矿周围的岩石（废料）被称为围岩或是煤矸石。它们经常被丢弃在采矿遗址，矿工就不必把它运到冶炼或其他金属加工遗址。

在旧大陆，一个令人困惑的问题是缺乏青铜时代冶炼遗留的铜矿渣。铜的冶炼通常产生大量的矿渣——废弃物。

研究人员推测这些矿渣被重新熔炼或粉碎。也可能考古学调查并不充分，还未发现那些矿渣堆。

纵观史前时期，人类可以推断出河流砾石经过从上游向下的滚动依然没有碎裂，因此可以用于石器生产。这些被用来打制石器的河流砾石大部分都是由燧石和石英组成的。

大部分风化形成的碎屑颗粒都被流水从源区搬运走（见第 2 章）。什么粒度、形状和颗粒密度的碎屑将被搬运取决于水的流速。粒度较大和密度较大的颗粒倾向于先沉积并堆积在河道中水流速度较低的低洼点。当水流速度发生急剧变化时，例如，河流从山区流入平原，粒度较大且密度较大的颗粒立即沉积。这些较重的颗粒称为砂矿。人类最早使用的金和锡矿石沉积物无疑属于砂矿。1849 年加利福尼亚淘金潮就是因为内华达山脉上的矿床和砾石的活跃侵蚀形成的砂金矿床。对砂矿床的开采导致过分开掘冲积河谷。

通过采石确保可以得到大块的建筑石材。采石场不容易被侵蚀或代替，即使随后开始更大规模的开采。随着可以用于石灰岩的黄铜和青铜工具的发展，开采用于建筑的大型石块成为可能。开采一块岩石时，先在四周挖沟，把它隔开，然后用浸透水的木楔把它从下面挖出来。在埃及，采石可能是从切出石灰石制造墓葬开始。

位于美国东北部的缅因州的一个中古时代的采石场和制造场中低变质程度的变质岩，表明当地人使用特殊技术通过研磨来将这些岩石的体积减小。它们被做成了长条，用于停放尸体。当这一用途变得不再流行，采石场就被废弃了[46]。在被哥伦布发现之前的美洲大陆，最有必要的石质原料是用于制作箭头的石英材料。这片大陆包含了无数的岩性，其中很多类型的岩石都是制作箭头的出色原料：俄亥俄州和纽约州的燧石、宾夕法尼亚州和新泽西州的碧玉和流纹岩、纽约州的石英岩和明尼苏达州的一种轻微变质的高硅粉砂岩。

发现于新墨西哥 Ceolleta Mesa 地区的一个距今 1.2 万年的居址的文化遗物表明，多种矿物资源被当时的人类开发[47]。大多数资源来自原地或者邻近地区。砂岩用于砌筑砌块和做灰浆，来自冲积土壤制作的土坯用于建筑，玄武岩用来制作工具和碗等，黏土沉积物中的黏土矿物被用来制作陶器，石英岩、燧石、玉髓、黑曜石和沥青石、方解石和钙华、石灰石、赤铁矿和褐铁矿用来做颜料，红宝石和绿松石做饰品，盐可以食用，霏细岩和变质岩用来做工具。他们还开发了长石、石英晶体、孔雀石、蓝铜矿、方铅矿和黄铁矿。

已经有关于与欧洲联系之前在美国生活的人们采矿制作宝石和装饰品的论文发表[48]。虽然矿产品对本土人和欧洲人的生活方式都至关重要，但印第安人主要将煤炭用作装饰品，将石油用作搽剂。有 84 种不同的地质材料被用作宝石和装饰品。同样，研究人员在加利福尼亚标记出了 142 处印第安人开采岩石和矿物的地点[49]。

史前时期北美人群使用石油有很好的考古学证据。沥青在俄亥俄河谷和其他地方被用作胶。在欧洲人到达北美之前，许多化石碳氢化合物沉积物（油页岩、焦油砂、焦油泉）被用作燃料。化石、含化石岩石、石英晶体、方铅矿碎片和薄片云母都被发现作为陪葬品。

水资源

对于地质考古学家，水可能是最重要，但最不了解的化合物。它不但对于维持生命很重要，而且对气候、天气、农业和运输都很重要。居住遗址往往依赖于可饮用水源。

自然水只是水资源的一部分和可饮用水的一部分。悬浮和溶解的物质使水有颜色：丰富的悬浮黏土颗粒产生的浑浊赋予黄色，丰富的浮游植物将产生深绿色，氧化铁是锈红色。树沼和沼泽的深色是悬浮的腐殖质和单宁酸造成的。所有地表水和近地表水都含有浓度高达每立方厘米数十万的细菌。即使是未受污染的水也含有大量的溶解物质和溶解的气体，特别是从大气中吸收的氧气和二氧化碳。大多数自然降水，即使未受酸性污染，也是酸性的，因为它从空气中吸收二氧化碳形成了碳酸。这一现象在考古学中有一定的影响，包括埋藏骨头的分解、纪念碑和金属器物的腐蚀以及洞穴和岩厦的形成（见第 3 章）。

未流失或蒸发的雨水渗入地下，对人类经济产生重要影响。它为土壤的发育提供了化学和生物化学的中介，为土壤中的化学和物理运输以及植物生长的养分提供了媒介。没有被植物利用的水通过毛细管上升回到地表，之后蒸发，然后通过径流回到河流或海洋，或者作为泉水出现，被保留为地下水。土壤饱含地下水的地带的顶部被称为潜水面。由于土地开发的需求对低洼地区的排水，以及大量抽取地下水用于农业和其他用途，当代地下水位比史前或早期历史时期低得多。

地下水的质量对生活用水至关重要。通常，远离城市地区的地下水会没有细菌，因为流经了近地表地层和土壤，进行了自然的过滤。纯水仅溶解 20 ppm[①]的碳酸钙和 28 ppm 的碳酸镁。然而，如上面所提到的，进入到地下水系统的雨水是酸性的。这样的水中溶解了数百 ppm 的钠、钙、镁和铁的矿物质。

是否可以作为可接受的饮用水的标准是盐度。氯化钠浓度低于约 400 ppm 时不会给水带来任何味道，当达到 500 ppm 时，水尝起来有咸味，当到达 4000 ppm 时，水便不可饮用了。地下水的盐度取决于当地岩石的组成成分、取水深度和当地气候。水还通过溶解现象和霜冻作用在化学风化和改变中起主要作用。

地下水的可取性取决于开发起来是否比较经济。近地表岩层的结构、孔隙度和渗透率在很大程度上决定了其可获得性。最重要的是透水层和不透水层如何交替。如果不透水层位于表面，没有水可以进入到地下水系统。如果不透水层在地下一定的深度，它将成为垂直流动的障碍。当透水层和不透水层与地表成一定角度，地下水将会由于重力下行而产生泉水。因为地质条件和气候条件都在相当长一段时间内相对稳定，大多数泉水都连续流动。图 7.5 示意了产生泉水的地质条件。更全面的讨论参见第 9 章。

① $1ppm=10^{-6}$

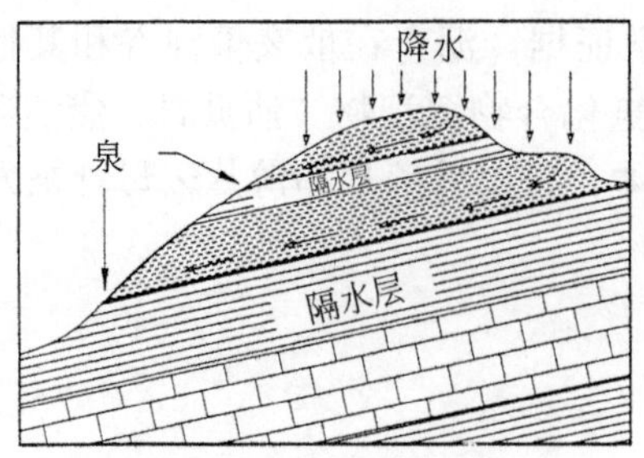

在浸水隔水层之上或之间充满水的含水层，在含水层下缘断裂的地方形成泉水

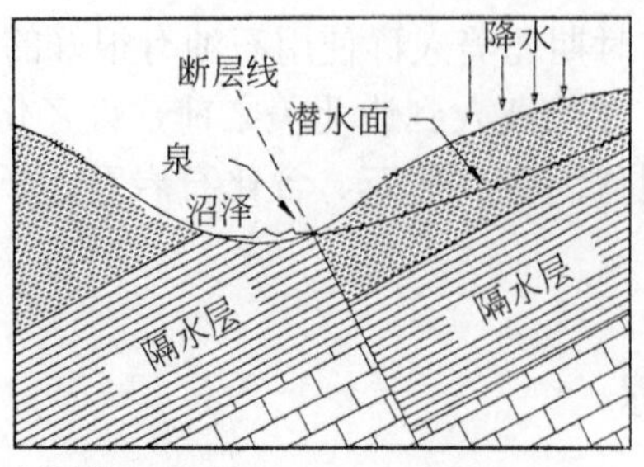

倾斜的隔水层向下断裂，导致隔水层表面破碎使地下蓄水层的水流出形成泉水

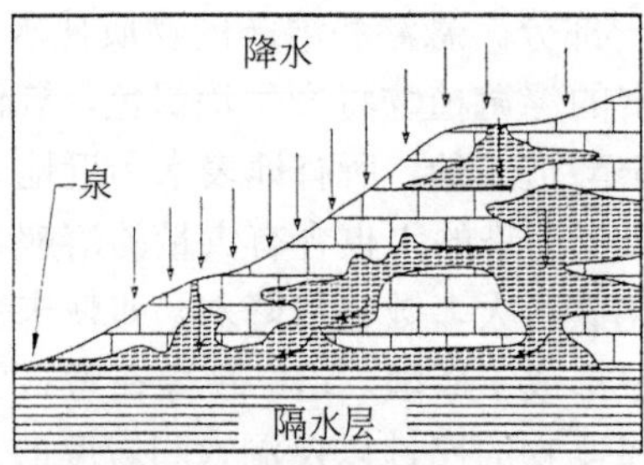

喀斯特地区渗透的地下水被圈闭在隔水层之上并在隔水层出露的位置形成泉水，泉水一般靠近河谷底部

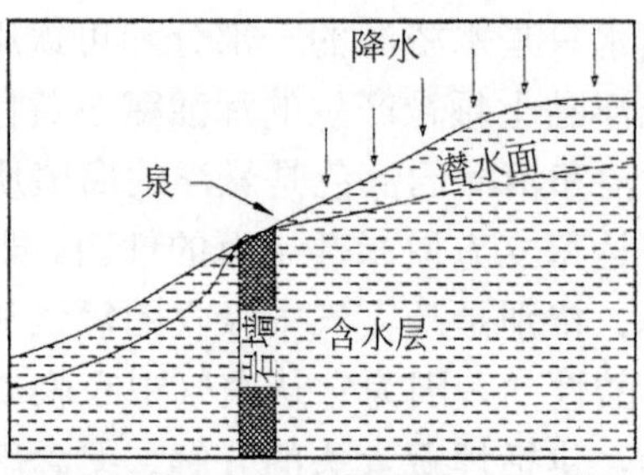

岩浆岩岩墙像水坝一样阻隔地下水运移并在岩墙向山坡的一侧形成泉水，在干旱地区常形成水洼

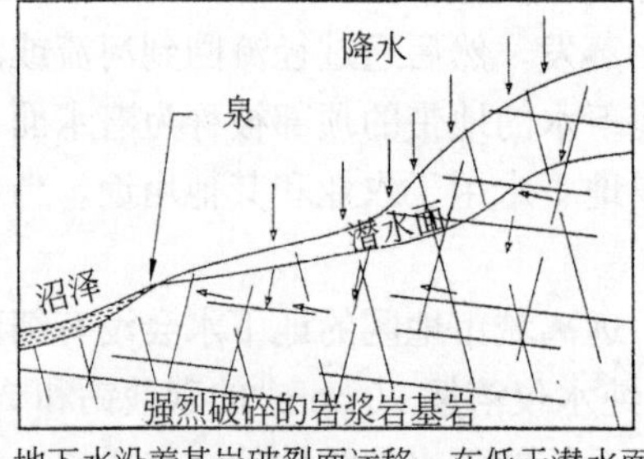

地下水沿着基岩破裂面运移，在低于潜水面的基岩出露的凹陷位置形成泉水

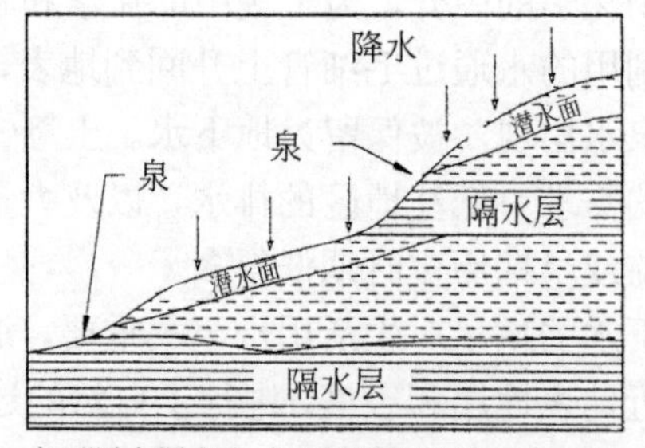

水平隔水层之上或之间圈闭的地下水，在隔水层顶面与坡面交界面涌出形成泉水

图 7.5 可以形成泉水的地质构造

第8章　溯源（产地分析）

经常被考古学专业的学生问道："哪种仪器可以对我的石器材料做最好的分析？"很遗憾没有准确的答案，只能说："视情况而定……"

——M. S. 沙克利（M. S. Shackley）1998

产地是考古学研究中最常见的一个术语，指出土物的精确位置（调查或发掘出土的位置）。没有出土信息的遗物，其研究价值大打折扣。对于地质考古学家，"产地"这一术语有不同的意义。考古学中的产地是器物出土的遗址及具体坐标，而地质考古学中指的是制成这件器物的原料的地理-地质来源，往往是一个具体的地质堆积，如采石场、矿区、地质构造、地质露头或者其他连续且有边界的地质特征。地质考古学的产地分析，并不对在哪里进行器物的生产做研究，而是对所使用原料的产地进行分析。大量的化学的、物理的和生物的参数被用于判断产地。地质学家使用微量元素、同位素、特征矿物或矿物组合、微化石、地球物理特征和很多其他区别性特征来判断地质材料的来源。本章将介绍在考古学中最有用的地质学技术方法。

产地研究的基本假设是有一套可论证的物理的、化学的、生物的或者矿物特征保留于制成成品的器物中。这种假设只能通过经验工作来证明，这需要大量可分析的高精度数据集[1]。

在考古学研究中有重要意义的器物出土位置是不是代表了器物原来所处的位置是个值得思考的问题。而原产地研究可以为重构交换网络和贸易路径提供证据，也能够为研究资源的体量、位置与手工业和工业的阶层、组织方式之间的关系提供可能。

寻找考古遗物的原产地的最早的尝试之一是对英格兰巨石阵的巨石来源的研究（图8.1），这一研究于18世纪中叶开展。巨石阵的早期建设阶段可以追溯到公元前4000～前3000年，但形成石围圈可能是在公元前2100年。早期的研究中观察到有两种不同类型的岩石被使用。围圈主要由大块萨尔森（Sarsens）组成，这是一种本地来源的石英岩，也被用于建造埃夫伯里（Avebury）墓群的围圈。另一种石头是被称为"青石"（blue stone）的辉绿岩。在19世纪，第一次对巨石阵的岩石做了岩石学的描述，到20世纪，H. H. 托马斯（H. H. Thomas）通过岩石学和岩相学的分析确定了外来辉绿岩的来源——威尔士的普雷塞利（Preseli）山丘[2]。在20世纪晚期，X射线荧光方法显示，辉绿岩来自普雷塞利山丘东部的三个位置，而流纹岩来自北部的四个源地[3]。祭坛石来自威尔士西南部。如此多样的来源表明巨石可能来自冰川堆积，而非到原产地去开采。换而言之，这些巨石是被冰川搬运到索尔兹伯里（Salisbury）平原的而非依靠人力完成。

产地分析主要包括三个部分：①对所有可能作为器物材料的产地的地质堆积进行定位和采样；②选择一种分析方法，其指标可以敏感判定所有地质堆积和器物本身；③选择合适的统计和数据分析法评估获得的测试数据并最终确定产地。这三个部分中，只有第一部分是地质学相关的，所以我们需要集中关注[4]。

图 8.1 巨石阵（Elaine Nissen 绘制）

尝试将器物的原材料与一个具体的地质源地相联系需要先解决两个相关问题。第一，必须确定器物未发生化学或者物理变化，从而能对比其与源区材料的组成。第二，所有可能的原产地沉积物必须充分记录于数据库中，以便在完成化学或物理分析后可以进行可靠的匹配。第一个问题有很多方面。根据从原料到成品所必须经过的过程，器物可以分为三种类型。之后还需要考虑在埋藏过程中是否发生了化学变化。只有在整个制作、使用和埋藏过程中都未发生改变的化学性质才能被用于产地分析。石器和陶器中的微量和示踪元素在使用和埋藏过程中一般不会发生变化。

大量的岩石和矿物原料在器物制作中不需要经历任何改变可用于判定其产地的化学性质的化学或物理过程。这些原料包括黑曜岩、燧石、玉、石英岩、蛇纹岩和大理岩，以及自然铜、金和琥珀。第二组原料制作成器的过程更为复杂。这一组中最重要的成员是制作陶器的黏土和回火料。黏土、水和常见的回火材料必须经挑选并按一定的比例混合，之后进行成型、干燥、烧制。成品是一种新的自然界不存在的材料。

第三组原料需要更为复杂和先进的加工过程来形成成品。这一组中最好的例子是复杂的铜矿石。在开采之后，矿石需要使用燃料和熔剂进行熔融。硫化铜矿熔融时产生中间状态的冰铜。在熔融制作铜的过程中，炉内的混合物分为金属和炉渣。因此，当经历过熔融，分为金属和炉渣后，不可能去追踪原铜矿中的示踪元素。纵观冶金史，绝大部分时间里熔融的铜将与铅一同被加工为青铜或者与锌一同被制成黄铜。这一合金熔炼过程，以及加入其他的废弃金属重新熔融都会使原铜矿的示踪元素成分更模糊。熔融过程中的化学反应不会改变铅的同位素构成。而且，铜矿物中含有少量的铅，因此可能可以提供一些已经熔融的金属的矿源信息。

判定地质堆积和器物的化学性质需要仔细地选择遗址和器物，之后做好地质堆积和器物的统计取样，再选择最合适的分析技术，用标准的分析法进行分析，并建立起数据库，最终完成大量数据的评估。如果研究者只是想确定器物的原料不是来源于某一产地而非判断具体的产地，则需要进行的采样、统计和分析量就低很多了。

地质堆积

通过痕量元素（示踪元素）的浓度来判定潜在的产地地质堆积需要先完成两件事情：标定地质堆积的独特性和范围；在地质堆积单位内分散地取十个以上的样品进行分析。在实践中，以上两项都并不容易完成，甚至不可能完成。可能范围看起来是明显的，但是，该对哪些堆积进行采样呢？因为有的原生或者次生的自然铜堆积可以非常大（可达到数千米的范围并有数百米的深度）。另外一些相对较小的，范围可能在 100 m 以内。我们的工作表明对于小型矿床和大型矿床的较小部分，如单个矿山（如密歇根北部的基威诺半岛），不重叠的示踪结果更为常见[5]。更大的堆积或是更大的区域，在进行微量元素示踪研究时结果更加弥散。

在实践中，仅凭借露头不可能判断出矿藏的三维结构。这通常并没有太大的影响，史前矿工并不可能穿透太大的深度（他们往往都只是开掘几米）。然而，还是有必要确定地质堆积的区域范围。采样时应该尽可能地覆盖整个露头延伸的范围，尽可能地完整建立起不同的痕量元素（示踪元素）浓度范围。如果对一个边界明确的古代采石场进行调查，就会出现另一个问题。一个采石场的范围可以很清楚地被界定，但是，不同于金属矿，大多数采石场可以被采样分析的部分都已被开采运走。研究人员也需要确定，当代大规模的采矿或采石是否掩盖了古代的开发痕迹。

随着对一个堆积体中示踪元素（痕量元素）的多样化和产地判断所需的元素数量的增加，采样的数量也会相应地增加。对原生铜的研究显示，假设要用 8 个或者更多痕量元素进行产地判断，即使堆积很小，也需要进行 10 个以上的采样[6]。对陶瓷器进行原料产地的痕量元素分析时，当少于 10 个样本时，会出现严重的数据重合[7]。在判别分析时，先验地假设每个痕量元素在分类方案中具有相同的权重。当采样的数量大于用来做判别分析的元素数量时，使用越多种类的痕量元素，分类的结果就越准确。值得注意的是，尽管有时依赖来自一两种元素的大量数据可以判别来源，如对黑曜岩的产地分析（通常需要少量元素就能确定），但依赖太少量的元素来判别产地会造成一些误读。

一个出色的产地分析的例子是埃及底比斯附近的平原上门农巨像的建筑石材的产地分析。在第十八王朝时期，约公元前 14 世纪，阿蒙霍特普三世在神庙前建立了两尊石像。石像由非常坚硬的铁质石英岩雕成。宏观观察显示，所采用的石英岩有 6 个疑似产地。对痕量元素的中子活化分析显示，石料来源于尼罗河下游 676 km 处的 Gebel el-Ahmar 采石场，而非上游仅仅 200 km 以外更方便运输的阿斯旺采石场，尽管那里的石料可以通过尼罗河顺流而下[8]。

最后，为了全面了解区域内的地质情况和特别地质堆积的位置，既需要参阅技术文献又需要咨询相应的地质调查人员。不同层面的政府组织的地质调查往往都相当有帮助。然而只有少量的地质调查数据被发表，大量的调查报告、填图资料和野外记录均未发表。进行产地研究需要我们去找到这些有价值的知识和数据。

各类材料的产地研究

黑曜岩

在旧大陆新石器时代和新大陆史前时期，黑曜岩都是被广泛地长距离交换的原料。一些非常成功的利用痕量元素进行产地分析的例子都来自于对黑曜岩的分析。黑曜岩并不广泛地分布于全球各地，黑曜岩产地数量有限。了解当地基岩的地质情况可以很快地确定潜在的黑曜岩产地。黑曜岩是在熔岩流中形成的，也可以是爆发式火山喷发中形成的凝灰岩中的块体。黑曜岩流与普通玄武岩流的外观不同。由于具有较高的二氧化硅含量及其导致的熔岩的黏度，黑曜岩流通常是圆顶状的。快速的降温使得黑曜岩往往分布于岩浆流的外侧。在硅质火山岩区域，可能需要大量的实地工作来找到所有潜在的黑曜岩来源，包括已被搬运到河流中的。

几乎所有的黑曜岩都产生于火山弧或链。火山弧从阿拉斯加延伸到俄勒冈，覆盖美洲中部地区，向南继续向南美洲西海岸延伸，穿过东南亚地区的岛链，也存在于加勒比、东非和爱琴海。同样的火山岩发现于从阿尔卑斯延伸到喜马拉雅的山岳带，包括有重要考古堆积的喀尔巴阡山（Carpathians）和安纳托利亚东部和中部。

与大多数其他石制品一样，黑曜岩的化学成分在制作石器的过程中不会发生改变。世界各地主要的黑曜岩产区化学分析的数据庞大，也有大量成功的黑曜岩产地分析案例被发表。中子活化分析（INAA）和 X 射线荧光光谱分析（XRF）均被使用。一些黑曜岩也可以通过锶同位素比值（$^{87}Sr/^{86}Sr$）与铷微量元素浓度的关系分析，通过热释光分析（TL）或是利用磁学性质来进行产地分析。

在黑曜岩流中，锰、钡、钪、铷、镧和锆等元素的浓度变化多达三个数量级，而在单个的黑曜岩流或火山碎屑沉积物中变化小于 50%。必须根据每个区域情况凭经验确定一套精确的鉴别元素。至少在一些区域内，黑曜岩的堆积在主量元素（如钙和镁）比值上而非微量元素的浓度上存在差异。原子吸收（AA）技术可以测定钙和镁。相比 XRF 和 INAA，这一设备考古学家更易接触到。

从 1960 年起，一些研究就开始关注安纳托利亚的黑曜岩产地和可以用于产地分析的微量元素。考古学家利用这些数据重建了早期的贸易和文化交流。然而，这一数据基础可能存在误导性，主要有两个原因：其一，并未对所有潜在的产地都进行采样；其二，由于缺乏对这个地区的地质情况的系统认识，很多区域未能系统采样。有些区域有过去 200 万～400 万年的黑曜岩流覆盖，这么长时间段内形成的黑曜岩所含的微量元素并不相同。

安纳托利亚地区两个主要的黑曜岩堆积区阿哲格尔（Açigol）和切夫特里克（Çiftlik）包括了长达 200 万年时间跨度内形成的十几个黑曜岩流。图 8.2 展示了这一现象。利用 INNA 方法测定了 25 个主量和微量元素，拉普和他的同事判断出八个不同的黑曜岩流形成的黑曜岩，并不是简单地一个来自阿哲格尔另一个来自切夫特里克。阿哲格尔火山口东侧有三个独立的岩流信号，而在火山口西侧只判定出一个——且是安纳托利亚最年轻的黑曜岩。在切夫特里克地区判定出三个不同的来源。第八个黑曜岩流位于阿哲格尔和切夫特里克之间的 Nenezi Dag [9]。

如今使用微量元素来判定黑曜岩来源的方法在全球范围内广泛应用。直到 20 世纪 90 年代，有人仍认为发现于美国西南部史前遗址中的黑曜岩来自亚利桑那州北部的 Government 山产区、亚利桑那州中部的 Picketpost 山，或者新墨西哥州和中美洲。这样缺乏准确性的推断缺乏对于黑曜岩的科技考古研究。如今通过微量元素的研究，这一重要的史前考古学区域的黑曜岩来源逐渐明晰了 [10]。

新研究手段的发展使得对黑曜岩产地的研究已经不光使用微量元素和相关的成分分析。在美国西南部和地中海地区的研究中，背散射电子岩相学已被证明是研究黑曜石种源的一种有价值的技术 [11]。它依赖于区分原始熔化的黑曜石的不同冷却历史。背散射成像、能量色散 X 射线分析和扫描电子显微镜的图像分析相互结合，为那些研究地质和考古材料时不能用岩石学方法，或者使用岩石学方法有困难的材料能提供了一种综合方法。

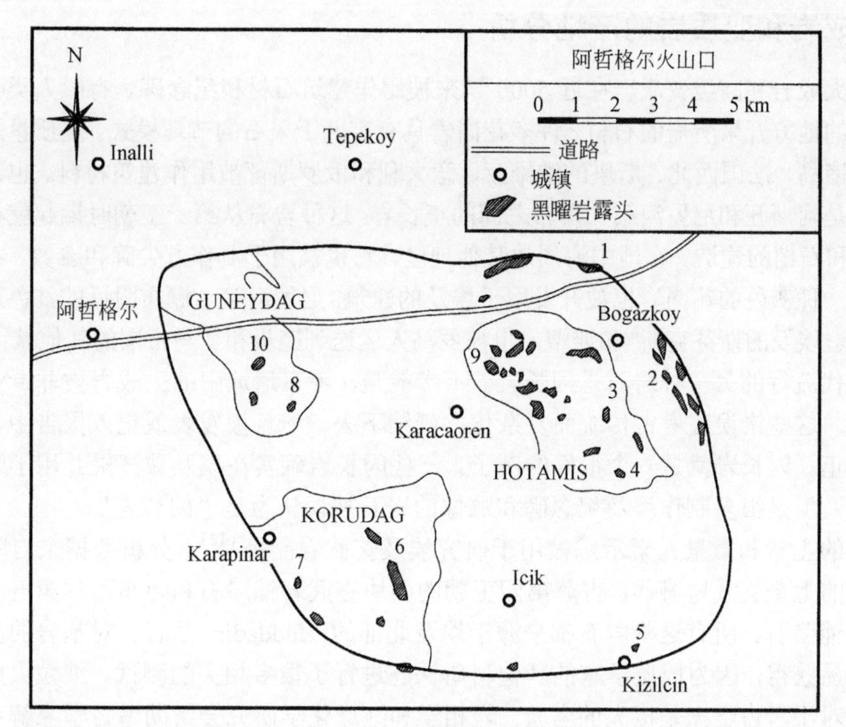

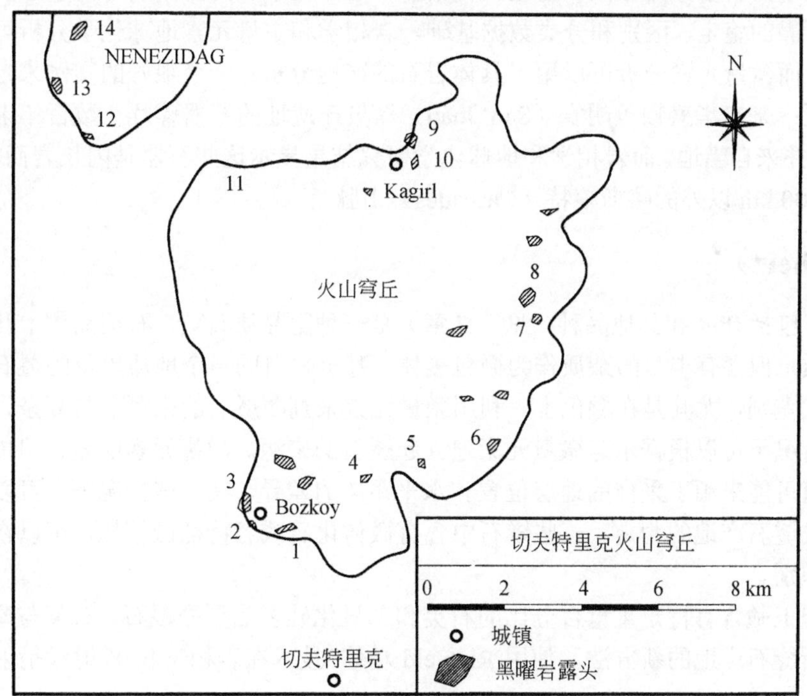

图 8.2　阿哲格尔和切夫特里克

土耳其中部的阿哲格尔和切夫特里克火山区域的火山口边缘、火山穹丘、黑曜岩露头以及拉普的产地分析项目的采集点（以编号表示）

其他火成岩和变质岩的产地分析

粗粒火成岩和高级变质岩在近 5000 年来被用作建筑石材和纪念碑。有时人类会到数百千米以外的地方开采所需的石材。许多花岗岩具有有助于采石的节理模式。高质量的花岗岩在不列颠诸岛、法国西北、斯堪的纳维亚、意大利和俄罗斯都被用作建筑材料。也许最著名的花岗岩是阿斯旺和尼罗河第一瀑布之间的正长岩。这种岩石从第一王朝时期起就被用于墓室、神庙和石棺的建造。在地中海周边其他地区，它也被用于制作方尖碑和雕像。在阿斯旺地区还有一种灰色的花岗岩也被开发用于埃及的建筑。尼罗河第一瀑布附近的红色斑岩被开采用于制造埃及的斯芬克斯①和雕塑，也被罗马人运送到庞贝和罗马帝国的其他城市。

在古代流行的另一种岩石是闪长岩。不幸的是，考古遗址中的火成岩被非专业人士错误地判定。这些错误因考古传统而复杂化并延续下去。一旦被发表或记入报告中，错误就很难被纠正。闪长岩就是一个很好的例子。一些闪长岩确实在埃及被开采并用于雕塑和石碗的制作，但是很多制作埃及纪念碑和雕像的岩石被误认为是“闪长岩”。

全岩的主量和微量元素示踪被用于研究埃及玄武岩制品[12]。分析数据来自阿比多斯第一王朝的七个玄武岩盛器、吉萨第四王朝的两块玄武岩铺路石和阿布西尔第五王朝的两块玄武岩铺路石。所有这些岩石都来源于埃及北部的 Haddadin 基岩。对基岩的全岩分析数据更容易获得，因为地质学家的其他科研课题进行了很多相关的测试。细粒火成岩的鉴定和分类对于考古学家是极大的考验。岩相学和地球化学研究会帮助考古学家解决这些问题，提供可靠的鉴定、区别和分类数据基础。岩相学和主量元素地球化学分析可以用于岩石的分类，而微量元素分析可以用于具体岩石的产地分析。一个很好的实例来自太平洋西北海岸地区：来自华盛顿圣胡安（San Juan）岛贝丘遗址的石器碎片，数百年来都被认为是玄武岩，并来自当地，而岩相学和地球化学研究结果显示这些石器是闪长岩而非玄武岩，并且来自 200 km 以外的喀斯喀特（Cascades）山脉[13]。

燧石（Chert）

燧石（包括 flint 和其他品种，见第 7 章）是一种隐晶质石英，石英晶体中几乎没有微量化学杂质，但含有丰富的杂质作为微包裹体。甚至来自同一个地质单位的燧石都可能看起来有较大差别，尤其是在颜色上。利用微量元素来判断燧石的来源非常复杂，但是在采样充足的情况下可以根据示踪微量元素建立起燧石的来源。微量元素的差别可能很大，但是这些差值可能来源于采样的地层位置和水平距离的差异。在一些情况下，可以在岩相学分析中完成燧石产地的判定。一些燧石中含有微体化石或者特征微结构，可以在岩相显微观察中被识别。

燧石和玉髓含有特定重量百分比的石英和二氧化硅多晶型摩根石。石英与摩根石的比值成为判断燧石产地的新方法。使用 Rietveld 精修②技术在岩相学和 X 射线衍射的基础上

---

① 斯芬克斯最初源于古埃及神话，被描述为长有翅膀的怪物，通常为雄性。当时的传说中有三种斯芬克斯——人面狮身的 Androsphinx，羊头狮身的 Criosphinx（阿曼的圣物），鹰头狮身的 Hieracosphinx。——译者

② Rietveld 精修是 Hugo Rietveld 描述的用于表征结晶材料的技术。中子和 X 射线衍射粉末样品的结果产生以某些位置的反射为特征的图案。这些反射的高度、宽度和位置可用于确定材料结构的许多方面。Rietveld 方法使用最小二乘法来细化理论线轮廓直到它匹配测量的配置文件。冶炼似乎不会改变源材料和铅矿石的同位素比率。——译者

测定了来自美国新英格兰南部考古样品中的摩根石的重量百分比[14]。

奈夫河燧石（flint）是一种高质量的石器材料，它被北美大平原地区的印第安人从史前时期一直使用到历史时期。它被发现于距其地质分布带 1000 km 以外的考古遗址中。在过去，产地判断仅仅依据肉眼可观察到的特征，因此产生了很多误读。当地产生的一种被称为哈德孙湾低地燧石的棕色燧石看起来很像奈夫河燧石（flint）。但是中子活化分析（INAA）显示，两者的化学成分有区别[15]。

在另一个芬兰燧石的分析中，使用了岩石中含有的微体化石和大化石作为一项产地分析指标，这些原料的地质来源为瑞典南部、丹麦和原苏联。具有甄别性的微化石包括有孔虫、苔藓虫、海百合类、棘皮类、介形虫等[16]。这些化石在岩相薄片显微分析中被观察识别。典型的欧洲燧石，在地质来源上都与灰岩相联系，通常是白垩。

现在存在于燧石产地分析中的一大问题是，全球范围内有成百上千的可能的源产地。与其他材料一样，首先需要确定区域中的燧石地质堆积，不要忽略冰川或其他冲积堆积。事实上不是所有的燧石都适合工具制造，因此也减轻了产地分析的负担。像研究其他地质材料一样，当地的博物馆或是学术研究机构可能有收藏的燧石。然而，完全依赖这些收藏也是不明智的，因为做产地分析必须充分考虑所有可能的产地，并进行全面的采样。

大理岩

对地中海和安纳托利亚地区大理岩的产地分析可以至少追溯到泰奥弗拉斯托斯和普林尼时代。19 世纪的地质学家尝试（以失败告终）用岩相学的方法来判断大理岩的产地。20 世纪后半叶，XRF、发射光谱、INAA 和 TL 等均被使用，但仍未获得成功。最终碳、氧同位素比值分析，有时附加锶同位素分析，被证明是有效的方法。

岩石的地质历史，包括沉积源和后期变质过程的不同，造成了大理岩碳、氧同位素的差别。使用同位素研究产地，同一个开采区的同位素必须统一，并且最好是整个地质区域都一致。在原始形成和变质过程中，如果能达到同位素平衡，变质梯度不太陡，大理岩岩体相对纯净厚实，那么在较宽的区域内就能获得均匀的同位素组成。因为只有纯净的大理岩会被选用和开采，通常并不含有杂质和副矿物。

从罗马时期开始，意大利主要的大理岩开采地就位于距离比萨 50 km 的卡拉拉（Carara）。这种大理岩因其纯净度、粒度和颜色而著名，是令人垂涎的观赏和雕像石。卡拉拉大理岩最早在公元前 1 世纪的凯撒大帝时期被开采。凯撒大帝和奥古斯特都用大理石建筑代替旧的砖建筑。另外，古代罗马人也向外输出卡拉拉大理岩。

古典时期的希腊和罗马喜欢用白色大理岩雕刻雕像和制作刻字的纪念碑。因此，在古典世界中随处可见白色大理岩建造的建筑和制成的雕像、石碑。在爱琴海地区大部分大理岩来自土耳其的马尔马拉岛，也有来自卡拉拉和希腊一些地区的。马尔马拉岛的大理岩是古典世界最广泛使用的建筑大理岩。它也被用于制作大型石棺。地中海东部地区（意大利、希腊、土耳其和突尼斯）的主要大理岩采石场的同位素分析结果数据库已建立[17]。这些数据为大部分情况下的大理岩产地分析提供了基础。除了产地分析，这些数据也可以用来检测赝品，同时也可以帮助拼接修复破损断裂的古典时期雕像、石棺和石碑等。

然而，依据同位素分析结果无法明确地区别意大利重要的大理岩产地卡拉拉的三个不同开采地点。一种综合的方法——岩相学、稳定同位素和电子自旋共振谱相结合成功地区分了具体的开采地点[18]。这种综合方法的成功率高达 80%。

黏土

关于陶瓷制作中使用的黏土矿物的类型见第 7 章。尽管黏土矿物也被用来制作瓦、砖和土坯等相关材料，但最重要的考古学问题围绕着制陶黏土的来源。事实上，在产地分析中最大的精力被用于分析陶土的产地。将陶器中的黏土成分证实为当地沉积物，仅在少数情况下取得了成功。部分原因是微量元素在黏土矿中分布不均匀（尤其是与黑曜岩和自然铜矿相比），也可能是因为陶工从非均质黏土矿床中选择黏土。黏土矿物被选择进入陶器制作过程时，将先被剔除杂质，而这将导致黏土中的矿物比例发生变化。有时会把不同的黏土混合以获得更好的产品效果。因为我们无法直接获得史前陶工的制陶工艺知识和实践，所以也无法纠正和评估在制陶过程中发生的化学变化。因此，陶瓷制品的原料产地分析最常用的方法是将未知来源的与一组已知来源的陶瓷制品进行比较。

陶器制作原料的来源研究有两种方式：①微量和痕量元素的分析；②岩相分析。对于安纳托利亚陶器，铯、钍、钪、铪、钽和钴被证明是很好的判别元素。类似的，对于爱琴海附近的区域，铪、锰、铈和钪被证明是有力的判别元素。对陶瓷原料的采样至少有一个优势，有理由假设本地原料被使用（一般不会超过半天的行程距离）。这与铜、黑曜岩，尤其是锡不同——它们最近的来源可能也在数百千米之外。利用岩相分析来确定陶器原料的例子将在岩相分析一节中介绍。

在芬兰，微化石被用于指示 sub-Neolithic 时期陶器的原料来源。芬兰的冰川黏土形成于波罗的海的不同历史阶段，使得硅藻化石植物群对于这一阶段的研究非常重要。黏土中的硅藻与波罗的海不同时期的硅藻化石植物群相联系。硅藻的硅质瓣膜在烧制过程中并不会被破坏。史前人类使用的黏土沉积于波罗的海历史的两个阶段，忽略了发现于离定居点更近处的黏土。在一项研究中，硅藻成分的变化反映了陶器装饰的变化。

羼和料

比黏土颗粒大得多的颗粒可以通过作为原始黏土床中的成分或通过陶匠作为羼和料添加来改变黏土的性质而掺入陶器中。矿物羼和料包括压碎的岩石（许多类型）、贝壳、石英砂和火山灰。对于产地分析，重要的一点是区分这些粗颗粒是黏土中本来含有的还是被陶匠加进去的。解决这一问题对的一个方法就是仔细地描述这些材料：矿物鉴定、颗粒形状、粒度分布以及数量。这样做将会判断出，这些颗粒物来自黏土矿还是附近的河流堆积或者非自然的被压碎的岩石。对羼和料的产地分析，最好结合岩相分析（详见下文）[19]。

羼和料是一个有功能价值的变量[20]。这一点在安娜 · 谢泼德（Anna Shepard）早期的工作中就得到了证实，她使用岩相分析的方法发现了两种不同功能的陶器由于羼和料的加入造成的不同[21]。她的研究表明，烹饪与非烹饪用品含有不同的羼和料。贝壳碎片的性质使其成为一种重要的羼和料。贝壳具有与黏土类似的热膨胀系数，另外壳破裂成板状可以增大单位体积的表面积[22]。这些性质防止了烧制过程中的裂缝扩张。

南太平洋岛屿汤加史前时期出现的火山羼和砂的产地分析带来一个很大的问题。大多数有人居住的汤加岛屿上都缺乏非钙质砂沉积物，这便提示不是有火山岛屿的羼和料被运进来，就是直接从斐济岛屿运入了陶器。尽管羼和料的矿物性质与汤加的火山岩具有可比性，但是汤加缺乏磨圆和分选较好的砂。火山喷发碎屑在地质改造中成为了类似于海滩砂的颗粒物，提供了一种令人满意的羼和料。对岛群上大量古代陶片羼和料的岩相学和成分分析显示，使用当地原材料制作的陶器曾经很普遍[23]。

对陶器和金属材料产地分析最彻底和最具包容性的研究案例之一来自对青铜时代的地中海岛屿塞浦路斯的研究[24]。产地分析被用于重构史前生产过程和交换网络。多种分析手段被用于研究塞浦路斯的金属、陶器和黏土的产地。地球化学、考古学和统计学的数据对于任何一个产地分析研究都具有重要的意义。不同于高度成功的金属产地分析，陶器原料的产地分析被证明相当困难。陶瓷微量元素数据模型可能与器物的功能有关，而与位置无关。这一研究也关注到使用不同的技术获得的数据或者是不同实验室使用同一技术获得的数据所显现出的问题。

琥珀

使用红外光谱确定欧洲琥珀的产地在许多研究中获得了成功。这一技术的可靠性有赖于波罗的海琥珀拥有高度特征性的红外光谱。已知材料的分析测试正确率约为 97.5%。这种方法的局限性在面对高度风化的琥珀时就会显现出来。为了解决这一问题开创了特别的方法——气相色谱法，用来测定琥珀酸的诊断量。

沥青

在古埃及用作防腐剂的沥青长期以来都被认为来自死海地区。埃及本土的沥青位于苏伊士海湾的海岸。对死海、苏伊士海湾和五个木乃伊的沥青做了生物标记物分析。结果显示四个木乃伊都含有来自死海的沥青的生物标记物，而第五个即最老的一个（公元前 900 年）来自苏伊士海湾。这一结果第一次证明了埃及本土的沥青被开发[25]。

软石，其他岩石和准宝石

应用痕量元素示踪分析法，也对许多其他石质材料成功地进行了产地分析[26]。这些岩石和矿物包括：滑石（皂石）、蛇纹石、绿松石，以及来自日本的赞岐岩（一种玻璃质基质中含斜方辉石、石榴子石和中长石的安山岩）[27]。在并非以考古为目的的地质研究中，多种方法被用于地质沉积、组和矿物的溯源。主要例子包括：俄勒冈州海岸的始新世典型组的砂岩同位素物源分析；用磷灰石化学法研究北美奥陶纪膨润岩；使用痕量元素分析将沉积地层中的碎屑石英的物源追踪到花岗岩中的石英。

利用中子活化分析（INAA）方法对弗吉尼亚詹姆斯河（James River）流域公元前 1 千纪的皂石器物进行稀土元素的浓度分析，成功地发现了其源区。弗吉尼亚地区的许多皂石制成的碗的稀土元素分析都指向这一源区。从北卡罗来纳的 5 个居住遗址出土的皂石制品的稀有元素分析也显示其用料来自弗吉尼亚的这一皂石产区。对远在密西西比西北地区的 16 个皂石制品的分析显示，其中 3 个也采用了来自弗吉尼亚的原料。然而，利用稀土元素研究北美东岸大西洋中部地区的滑石的物源时产生了问题。许多中子活化分析和多变量统计表明过渡元素，而不是稀土元素，对这一地区滑石的物源研究有更大的贡献[28]。在对所有潜的物源矿床的样本进行分析之前，应将调查视为首要研究任务[29]。

自然铜

在美国和加拿大的考古学材料中对铜的利用最早出现在距今 5500 年。自然铜早期在大湖区西部盛行是因为丰富的铜资源以块状和矿脉的形式暴露在地表。早期对铜的利用主要是工具加工和装饰品加工，在欧洲人到达美洲之前，印第安人主要将铜用于装饰。北美印第安社会仅有的铜加工技术就是锤炼和退火，所以能生产出的铜的尺寸也决定了它有限的用途。甚至没有一种技术可用于从超大质量的铜矿中获取可用尺寸的铜。著名的纳贡（密歇根）大铜块就是一个很好的例子：重量达 1.5 t。这么大块的铜无法凿刻、锯割、破碎或以其他方式粉碎，因此史前矿工无法使用。

在地中海东部和近东地区，铜从公元前 9 千纪开始被使用。直到公元前 4000 年，这些被使用的铜很可能都是自然铜。在安纳托利亚，最早的自然铜使用可以追溯到新石器时代的 Çayonu 遗址，所使用的铜被认为是来自距 Çayonu 20 km 的 Ergani Maden 的自然铜。然而，大肆的现代开采几乎开掘了所有的铜，没有留下可以分析的证据，限制了使用痕量元素来判断源区。与北美的自然铜产地相比，在这一区域进行的相关研究极少，而这一区域也是铜熔炼发展起来的地区[30]。

自然铜一般出现在以下三种地质背景中：镁铁质熔岩和镁铁质及超镁铁质侵入岩；硫化铜矿床氧化带；与镁铁质火成岩有关的碎屑沉积物。我们定义第一种情况为原生的，第二种为次生的，第三种为沉积的。在北美洲，大量的天然铜矿床出现在苏必利尔湖地区的玄武岩熔岩中。史前北美人在地表或地表附近可获得的大部分自然铜都来自镁铁质火成岩。而在旧大陆情况是相反的，大部分自然铜来自次生堆积，即来自硫化铜矿床的氧化带。由于具有丰富的黄铁矿（FeS_2），这些沉积物中发生强氧化作用，黄铁矿溶解在水中形成硫酸和硫酸铁。相关联的化学反应与原生铜矿大不相同。这些氧化带更接近地表，暴露于露头上。在北美西部的硫化铜矿中，氧化区内天然铜是常见但次要的成分。

自然铜的化学性质体现在痕量元素的浓度上。多种方法可以测定 ppm 至 ppb 级别范围中低含量①的化学元素。目前最常用的是中子活化分析（INAA）。由于痕量元素在沉积物中含量的数量级可能不同，单个块体的痕量元素含量变化率可能超过 100%，因此绝对值不如元素浓度的总体模式重要。

拉普和他的同事自 20 世纪 70 年代开始利用痕量元素方法对北美自然铜进行分析。我们的研究主要发现化学标记特征可以无误地确定来自单个明确矿床的原生铜矿。当矿床地理位置相近或相距较远时，情况都是如此[31]。对于北美自然铜矿产地分析贡献最大的痕量元素包括金（Au）、镧（La）、砷（As）、银（Ag）、铁（Fe）和锑（Sb）。

历史时期的考古研究关注欧洲人第一次与印第安人接触之后是否短时间内出现了用欧洲人所提供的铜制成的铜制品[32]。一项单独的研究采用加速器质谱法区别了北美铜制品中使用自然铜和欧洲人熔炼的铜制成的器物[33]。这项研究也能够迅速区别天然铜和冶炼金属铜。

---

① 1 ppm 和 1 ppb 分别为百万分之一和十亿分之一。——译者

复合铜矿

铜的冶炼可以追溯到 6000 年前对孔雀石（$Cu_2CO_3(OH)_2$），可能也有蓝铜矿（$Cu_3(CO_3)_2(OH)_2$）的冶炼。孔雀石、蓝铜矿和其他氧化铜矿物质存在于硫化铜矿床上部的氧化区。这些氧化物区沉积物不像硫化物区沉积物那样富集铜，分布也较为局限。当上部的氧化铜被早期的矿工和铜匠开采耗尽，需要不断提高炉温来冶炼硫化铜。冶炼技术的发展对青铜时代早期的经济和交换关系有深刻的影响。能够确定一件铜器或者铜合金器物所采用的铜来自自然铜、氧化铜还是硫化铜，对于考古学家了解当时的技术和经济发展程度至关重要。研究表明对器物进行一系列的判别元素（锑、砷、铁、铅、银和硫）分析，在大多数情况下都能帮助确定所使用铜的来源，尽管并不能确定到具体的铜矿堆积位置[34]。

神话影响了有关旧世界铜源的观念，并非所有神话都是古老的。《旧约》的现代注释中提到所罗门王的矿藏，据说位于亚喀巴湾（Aqabah）湾头。来自这一区域的铜矿被认为是所罗门王的主要财富。这一神话被美国考古学家格卢克（Glueck）加入了新的内容，他于 1938～1940 年在亚喀巴湾湾头附近发掘一个人造山（土丘）。尽管在《旧约》中提到的所罗门王的矿藏没有具体的文献可寻，但是格卢克指出在遗址的早期阶段，这个人造山是“所罗门王的矿藏”附近的冶炼厂。但是后来的研究表明，当地（Timna）铜矿开采的早期阶段被埃及人控制——早于所罗门的出生。而之后的开采发生在所罗门去世之后很久。绝对没有证据证明在所罗门时期有开采活动。神话与考古相契合，只能是在有充分证据来支持口头传说和神话的情况下[35]。

锡

对于使用金属的社会而言，锡比人们普遍认可的更为重要。锡是青铜和锡合金中不可或缺的成分，而很多器物由青铜和锡合金制成（青铜由约 90%的铜和 10%的锡组成）。几乎所有被开采的锡都来自一种矿物——锡石（SnO_2）。幸运的是锡石是一种稳定的氧化物，当从矿脉中流出并形成砂矿沉积物后仍保持不变。其稳定性使得容易对它进行产地分析。

地质考古学中最令人困惑的产地分析问题之一就是地中海和近东地区青铜时代的青铜器中锡的来源。为了理解这个问题，让我们首先对比一下铁、铜和锡的丰度。铁在地壳中的含量为接近 5%，铁的氧化物堆积遍布全球。地壳中铜的丰度约为 50 ppm，铜矿床普遍存在。而锡在地壳中仅占 5 ppm，富集到可开发程度的锡仅存在于极少数地区。

在旧大陆，锡青铜起源的地方，最为明确被了解的锡矿分布在康沃尔郡、布列塔尼（Brittany）、伊比利亚、捷克西北部的厄尔士山脉（Erzgebirge）和塔吉克斯坦（图 8.3）。少量的锡也发现于埃及东部的沙漠、托斯卡纳（Tuscany）、撒丁岛（Sardinia）和其他一些地点。目前还没有证据表明在公元 12 世纪以前人类开始开发利用厄尔士山脉地区的锡矿，也没有证据证明安纳托利亚（公元前 4 千纪晚期最早的锡青铜器出现在这里）与康沃尔郡、布列塔尼、伊比利亚之间有联系。

在大多数的历史叙述中，欧洲最大的锡矿位于英格兰的康沃尔郡，在那里锡的成矿与 250 万年前花岗岩的侵入相联系。在罗马时期，更多的锡矿开采在伊比利亚半岛进行，在 15 世纪，厄尔士山的锡矿开采超过了康沃尔郡。伊比利亚半岛的锡矿在许多方面都与康沃尔郡的类似。伊比利亚的锡矿脉延伸范围达 480 km 以上，从西北的加利西亚（Galacia）

到中南部的埃斯特雷马杜拉（Extremadura），几乎整个西北地区都是锡矿，也包括了一些被深度利用的冲积（砂矿）矿床。伊比利亚的锡矿在青铜时代就被开发，但是没有证据证明其交换至地中海东部地区。然而流行的神话传说中，腓尼基人去康沃尔郡交易锡，用于地中海东部和近东的古代文明中。

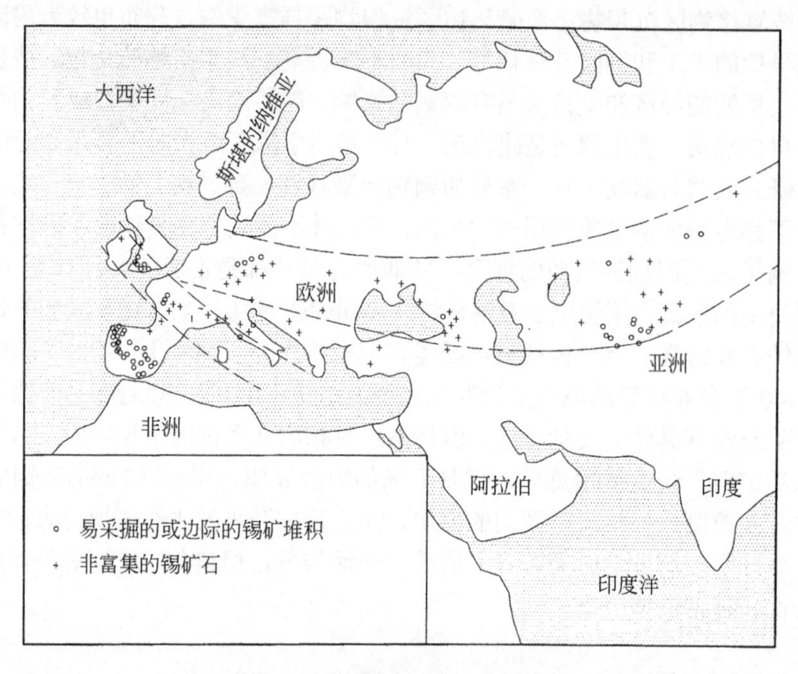

图 8.3　欧洲和亚洲的含锡地带

在近东地区，古文献记载的锡的交易至少可以回溯到公元前 3 千纪中期，这一时期人们从东部（或许是巴基斯坦印度河谷）获得锡。

马来西亚和泰国是近现代最大的锡器生产地，但是尚没有证据证明在公元前 1 千纪以前有东南亚的锡出口至西方。也没有文献记录和考古证据证明来自西部的锡在青铜时代到达过爱琴海和近东地区。关于锡贸易的考古证据是来自安纳托利亚海岸边的一艘沉船，它带给我们公元前 2 千纪后半叶的贸易证据，而这些证据证明锡来源于东方[36]。

埃及东部的沙漠地区有四个锡石矿。尽管通常认为埃及人在很晚的时候才开始制作青铜器，但是在其中的一个锡石矿——Mueilha，根据周边露头上的象形文字可以将其开发至少回溯到第六王朝时期（公元前 2200 年）。在吉萨的一个第五王朝墓中，一个场景显示熔炼金属从可能是熔炼的坩埚中倒出。这显示金属熔炼技术在埃及至少在公元前 3 千纪中期就出现了。

拉普和他的同事们采集和分析了来自康沃尔郡、伊比利亚、埃及和其他一些地区的锡石，结果表明可以采用痕量元素对比来进行锡的产地分析。然而，在青铜冶炼过程中，锡的一些化学成分会发生变化，至今考古学家还不能成功地分析地中海和近东地区青铜时代所用的锡的来源。他们也未能在发掘出土材料中找到锡石[37]。

铅、银和金

谈及铅器，其起源必须追溯到公元前 7 千纪末期出现在土耳其的铅矿冶炼。因为铅的熔点低（327℃），而且方铅矿（PbS）在 800℃以下外观呈金属状，又很容易冶炼，铅的冶炼对于早期金属匠较为容易。在铅冶炼起源的近东地区，方铅矿较为丰富。中国的早期青铜器中，铅已经作为合金元素，可能提供中国金属匠所需的可铸性。铅矿石，尤其是方铅矿和白铅矿（$PbCO_3$），通常含有大量的银，可能是古代银的主要来源。

我们可以对大部分地区的铅器和银器进行原料产地判断，如在地中海地区测试分析地质堆积的铅同位素比值。铅有四种同位素：^{204}Pb、^{206}Pb、^{207}Pb、^{208}Pb。它们都具有相同的化学性质。因此在冶炼过程中，矿石中的铅同位素不会发生改变。也就是说铅矿石和铜矿石在冶炼加工成器物的全过程中铅的同位素保持不变（不同于痕量元素）。铅矿石的铅同位素比率因矿床而异，取决于矿床的地质年龄。这是因为 ^{238}U、^{235}U 和 ^{232}Th 的放射性衰变分别持续产生 ^{206}Pb、^{207}Pb 和 ^{208}Pb。在地质时期，铀和钍的不断衰减导致 ^{206}Pb、^{207}Pb 和 ^{208}Pb 与 ^{204}Pb 的比例变化，因为后者在整个地质时期没有变化。然而有两种地质条件会让这种情形变得复杂。当沉积物中的初始铅同位素比率通过随后的变质事件发生变化时可能会出现严重的问题，因为变质事件可能会引入周围岩石中的铅。第二个问题源于这样一个事实，即地壳较深部分和上地幔顶部中铀和钍的比例不同于上地壳中的岩石。这可能导致特定矿床内的同位素变化，特别是沉积岩中广泛存在的铅锌矿床。由于早期受测试技术的限制，对于丰度较低的 ^{204}Pb 的测试存在困难。科学家们通常使用 ^{207}Pb/^{206}Pb 和 ^{208}Pb/^{206}Pb 的值来投点绘图（图 8.4）。

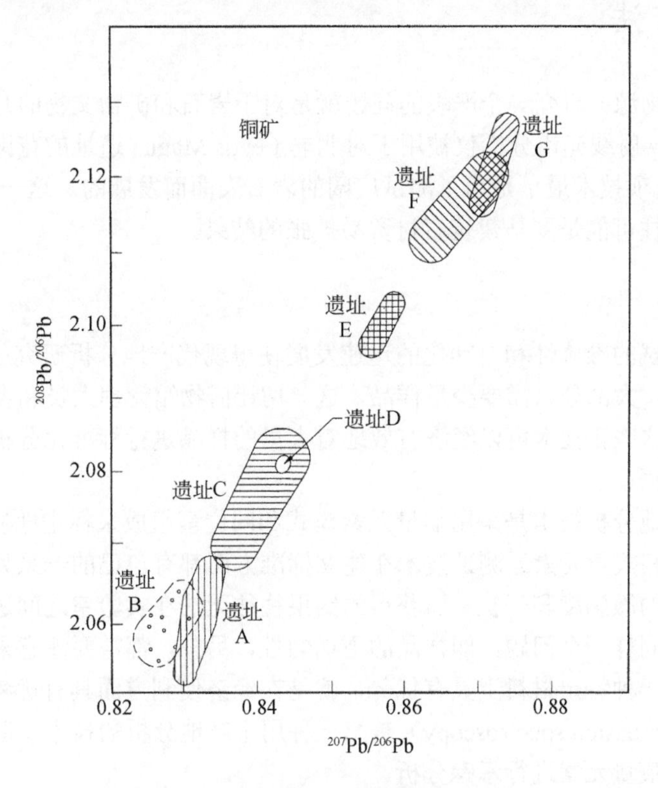

图 8.4　地中海地区铜矿典型铅同位素

遗址 B 中所示为构成该同位素值范围的 10 个样本的实际点位。除了被整个包含于遗址 C 的范围内的遗址 D，当考虑到第三个比率（^{207}Pb/^{206}Pb）时，其他重叠通常会消失

冶炼似乎不会改变原料的同位素比，铅矿石经常显示出不同的同位素组成。密西西比河边 Guebert 遗址中发现有较为简陋的铅冶炼与一个公元 1719～1765 年的村落遗址共存。大约在这个时期的其他几个遗址也含有铅制品、陶瓷、火枪子弹和铅废料。同位素测试确认这里既有本地来源的铅，也有冶炼于欧洲的铅。在欧洲，铅器的成品主要是铅封和枪的子弹。铅同位素分析也被用于确定青铜器时代富含铅的金属制品的矿石来源，非洲罗马时代的铅制品以及新大陆陶瓷中的铅釉中的铅来源[38]。

铅的产地分析显示古代开矿者并不总能发现并优先利用最近的矿石。例如，迦太基的罗马人从西班牙和英国的矿山进口了大量的铅。在北美，印第安人并不冶炼和熔化金属，银白色的金属矿物方铅矿被用作仪式物品。铅同位素分析已经可以成功地分析文物中方铅矿的来源[39]。

自从 20 世纪 70 年代以来，人们试图通过分析痕量元素来确定古代金器的原料来源，但尚无定论。一些研究表明黄金中的主要痕量杂质使其表征和鉴定其来源的过程变得复杂。其他的研究已经能够将这些微量杂质与成矿区域联系起来，但不能确定到特定的矿床。还有一些研究表明一些痕量元素如铟可以用作“判别元素”。在欧洲，锡和铂金会出现在二次堆积的金矿（砂金矿）中，但不会出现在原生堆积的金矿中。目前尚无通用的方法可以对金进行产地分析。

产地分析方法

对于产地（物源）研究一个严峻的问题就是对于岩石和矿物文物的几乎所有的分析都是有损的。手持 γ 射线光谱分析仪被用于对北非 Leptis Magna 遗址的花岗岩石柱进行原地无损分析[40]。这项技术最早是为了测试广阔的岩石表面而发展的。这一研究表明 Libyan 遗址的土耳其石柱可能是罗马建筑石材贸易扩张的结果。

痕量元素分析

痕量元素测试的准确性和自动化的迅速发展使得现代产地分析研究成为可能。一些新的方法是无损的，大部分只需要少量样品，这一切让博物馆管理人员和考古发掘者更容易接受采样工作。这些新技术可以经济有效地对大量的样品进行标准化分析，这样就可以得到可靠的统计数据。

最常见的产地分析技术是采用痕量元素模式和同位素组成来标定地质堆积。每种示踪元素（含同位素和痕量元素）测试技术在建立标准方面都有自己的一系列问题。技术对各种元素具有不同的敏感度和干扰，而获得的结果往往无法在实验室之间进行对比。所有的分析技术都面临同样一个问题，即样品的不均匀性，另外，都需要注意采样后的污染。每一种技术不是在一种特定材料上具有优势，就是在经济便利方面具有优势。例如，光学放射光谱（optical emission spectroscopy）是第一种用于产地分析的技术，但受限于敏感度和精确度，无法对痕量元素进行示踪分析。

现代的分析设备可以对多种元素进行分析，这些技术可以对周期表内大半的元素进行分析测试。它们可以提供一些元素高精度、高准确度的浓度。然而，每一种技术都有其自身的局限性，所以，地质考古学家必须审慎地衡量所要解决的问题，并依此选择相对更有价值的测试手段。地质学家用于多种元素分析的主要方法是原子吸收光谱法（AA）、电感耦合等离子体光谱法（ICP）、X 射线荧光光谱法（XRF）和仪器中子活化分析（INAA）。进行考古学物源研究的研究人员青睐 INAA，无法获取核反应堆的实验室通常使用 XRF。地质考古学家应该对两种技术都熟悉。在 AA 和 ICP 分析中，样品在放入仪器前都需要被粉碎。在面对痕量浓度问题时，这一处理大大增加了准确性。这一节中对分析方法的总结不是为了做到详尽无遗，而仅仅是介绍目前常用的一些方法。

仪器中子活化分析（INAA）

中子活化分析是一种物理方法，在痕量元素浓度（含量）分析上具有较高的精确性和敏感性。很多化学元素可以在 ppm 的数量级上被识别，一些元素则可到识别到 ppb 的数量级。这种方法可以同时对不同的元素进行较为准确的测试。最后，INAA 测试需要的样品量极少（金属 50 mg，硅质材料 200 mg），并且不存在复杂的制样过程（不需要萃取技术辅助）。在该技术中，样品在核反应堆中受到慢（热）中子的辐照。各种组分的原子捕获这些中子，产生不稳定的子元素。这些不稳定同位素发射的伽马射线特征表征了样品中存在的原始元素，通过伽马射线强度测量每个原始元素的浓度。衰变产生的伽马射线光谱在多通道伽马射线光谱仪中测量。

中子活化分析对一些元素可以实现高精度、高准确性的测试，而对另一些则只能获得中等或者很差的测试结果。作为一种技术，INAA 对于每种化学元素都具有不同的敏感性。敏感性也因辐照时间和强度、计数条件和样品组成而有差异。当拥有用于辐照的反应堆，单个样品的 INAA 测试费用就比较低。INAA 技术的一大优势就是不受背景干扰，这与 AA 和 ICP 不同。对于大多数研究人员来说，INAA 主要缺陷在于获得或接近反应堆并不容易。其他缺陷包括在设置计数程序时需要调和，另外需要监控中子通量。中子活化技术是史前考古学家对原料进行产地分析时最常用的方法之一。对交易网络、人口领土和迁徙等问题感兴趣的地质考古学家也会应用这种方法。基本的研究步骤和其他方法一样：所研究文物和潜在的原料来源都需要被分析和比较，以确定它们的组分是否在统计数值上相匹配。

举一个研究实例，INAA 分析被用于北美大平原地区两个史前采石场的研究，两个采石场都包含了 Chadron 组不同类型的玉髓（或者 White River 群硅质岩，可能来自 Chadron 组或 Brule 组）。在对两个石料产地进行了分析以后，对堪萨斯州的克洛维斯文化①考古遗址的石制品进行 INAA 分析。Chadron 组的玉髓明显距离遗址有一定距离，确定疑似的采石场可以为研究与克洛维斯石器生产有关的活动范围提供有效的帮助。两个被测试的采石场分别位于科罗拉多州和南达科他州。元素分析被用于区分这两个石料产地。经过多变量统计，发现克洛维斯石器的原料与来自科罗拉多州的石料最匹配。依据 INAA 分析的结果，堪萨斯的克洛维斯文化遗址的石料很可能来自科罗拉多州的采石场[41]。

INAA 分析也被应用于分析伯利兹的玛雅文化遗址 Colha 石器的原料来源。这个遗址主要在公元前 1000 年到公元 1250 年被使用。主要研究目的是确定遗址中燧石的来源和燧石所制造的石器的交换和分布网络。首先是通过分析发现不同地区的燧石器物的化学组分

① 克洛维斯文化，又名拉诺文化，是北美洲史前的一个古印第安人文化。根据放射性碳定年，其遗迹可以追溯至 1 1500 年前的末次冰期，最特别的是他们拥有特定的工具来猎杀大型哺乳动物。人们相信克洛维斯文化于 1.3 万年前出现，维持了约 200～800 年。他们于新仙女木期的寒冷气候下被多个局部的文化取代。——译者

不相同。通过判别分析，根据地质露头的燧石采样对来自Colha和其他玛雅中心的考古燧石样品进行了分类。Colha的两种燧石被证明来自本地，表明Colha人开发了他们周围的燧石露头。Colha燧石也在其他遗址被发现，这些发现可能帮助我们了解这一区域燧石的交换网络[42]。

X射线荧光光谱法（XRF）

这一技术在20世纪60年代取得了突出成就并从此流行起来。用X射线照射样品激发出的次级X射线的荧光光谱特征。XRF主要的优势如同INAA一样，它是一种不需要样品制备的方法。那么问题就主要取决于样品均匀性和抗溶解性。自动化XRF系统是可能的，它们为许多元素提供了高精度的分析。人们还可以将XRF系统设计得既无损又便于携带，这在处理博物馆文物时是非常理想的。XRF主要的缺陷是元素相互干扰和叠加峰影响，仪器的价值大概是原子吸收光谱仪（AA）的四倍，相较于INAA在ppb数量级上缺乏灵敏度。这些特征使其更多地应用在元素含量可以在较高的ppm级别或者百分比级别被区别的材料，如黑曜岩。

同位素分析/质谱分析

一种元素的不同同位素只是在质量上有差别，因此同位素的比例或丰度是使用质谱仪来判断的。在质谱仪中，样品在离子源中发生电离，然后通过磁场加速。这些不同离子具有不同的质量，质量不同的离子在磁场的作用下到达检测器的时间不同，其结果为质谱图。$^{87}Sr/^{86}Sr$同位素值对于爱尔兰新石器时代的白陶土器物来说是一个很好的判别法。它是对白陶土进行产地分析的最好方法[43]。

世界各地的研究人员研究了著名的生活在新石器—铜时代欧洲的阿尔卑斯冰人。研究人员通过其牙齿和骨头的同位素与土壤和水的同位素的对比，发现他来自距其被发现的地点60 km外的Tyrol山谷[44]。^{18}O的数值证明他来自被发现地的南边而非北边。阿尔卑斯山的这个区域地质情况复杂，使得研究人员可以利用岩石和土壤中的锶和铅同位素，结合他吃的植物的同位素来判断他所生活的地理区域。

加速器质谱法通常被用于考古研究中，因为它可以准确地判别少至1 mg的测年样品中的$^{14}C/^{12}C$比值。这种方法在用于产地分析时，主要通过碳、氧和锶的同位素比率研究大理岩来源，也通过测定铅的稳定同位素来判断铅、银和黄铜的来源。

DNA

对自然和人工材料的产地（产源）分析的新方法层出不穷。最新的一个方法便是利用DNA。对土耳其的罗马遗址和早期拜占庭遗址的发掘，出土了鲶鱼（catfish），而这一物种并不是遗址周边地区的常规物种。对土耳其、叙利亚、以色列和埃及的现生鲶鱼进行线粒体DNA分析。现生标本和出土标本的DNA对比结果显示土耳其萨加拉索斯（Sagalassos）地区的鲶鱼来自下尼罗河地区[45]。

矿物磁性

土壤与沉积物的磁学性质广泛应用于土地利用和气候变化等古环境研究。矿物磁学性质也被用于分析考古遗址中出土的赭石的产地。例如，数个矿物磁学参量被用于确定澳大利亚的几个已知的赭石产地[46]。这些研究显示简单的磁学参数（如磁化率）都能有效帮助区分产地。然而在确定“未知”的赭石来源的时候，需要更多的精确参数。所有的测试都可以是无损的，对较小的样品可行，且具有高敏感度。

磁化率为含有磁性矿物的岩石产地分析提供了快速无损的方法。尽管需要根据物体的大小、表面起伏和曲率进行校正，对 350 多根罗马时期的花岗岩石柱进行了磁化率测试分析，结果显示出清晰的分组，并分别与意大利、土耳其和埃及的采石场相联系。

其他测试方法

扫描电镜（SEM）能谱仪（EDS）被用来测试一些来自意大利伊特鲁里亚①-科林斯②文化的陶器的化学和矿物特征[47]。研究显示其中一个陶器来自本地，而非进口，同时有两个陶器含有完全不同的玄武岩羼和料。这一研究的作者建议测试没有羼和料位置的化学性质来判断产地。

对希腊埃伊纳岛（Aegina）上曾被认为是采用本地各个岛屿原料生产的青铜时代陶器进行了闪石的电子探针分析，结果表明每个岛屿的火山口都有其独特的矿物学特征[48]。作者对埃伊纳岛和附近的 Methana 和 Poros 的潜在源地进行了采样。一些陶瓷来自萨罗尼克湾（Saronic）以外。

岩相学分析法

对光学岩相学的简要介绍旨在概括性地说明偏光显微镜在地质考古学中的价值。大量的书和文章详尽而深入地介绍了这些方法的各个方面[49]。在我们看来，这种显微方法在考古学中的认识和理解程度极低。

大多数的石质或者陶瓷质的器物都由矿物构成（黑曜岩——一种火山玻璃，是一个例外）。因为矿物是晶体，岩相学是基于晶体对称性和晶体化学的。晶体按照几何形态的对称性划分为七个类型：等轴、六方、四方、三方、斜方、单斜、三斜。对于岩相学研究，基本的识别和解释基于矿物的光学对称性和光学参数。等轴矿物在光学上是各向同性的，它们只有一个折射率。六方、四方和三方矿物是单轴的，它们有一个光轴和两个折射率。斜方晶系、单斜晶系和三斜晶系矿物是双轴的，它们有两个光轴和三个折射率。单轴或双轴的晶体被认为是各向异性的（不是各向同性的）。矿物颗粒可以浸入具有已知折射率的油中来进行折射率测量和其他有助于鉴定的光学特性识别。黏土矿物粒度太细，不能使用光学矿物学对其进行研究。

岩石学和岩石学分析最重要的技术是薄片（光学）岩石学。岩石薄片是 30 μm 厚的岩石或陶瓷薄片，可以用于在偏光镜下观察结构和化学变化，也可用于进行矿物鉴定。（关于命名的注释：岩石学研究岩石的起源，岩相学是岩石的描述。美国用法遵循严格的定义，对薄片岩石或陶瓷的描述是岩相学。英国则称之为薄片分析岩石学。）

薄片岩相分析需要一台偏光显微镜（图 8.5）。偏光显微镜是鉴定矿物光学性质最重

① 伊特鲁里亚（Etruria），也译作伊特鲁利亚、埃特鲁里亚、伊楚利亚，是位于现代意大利中部的古代城邦国家。——译者

② 科林斯（Corinth），在新约圣经中又译哥林多或格林多，是希腊的历史名城之一，位于连接欧洲大陆及伯罗奔尼撒半岛的科林斯地峡上，西面是科林斯湾、东面是萨罗尼克湾，距离首都雅典约 78 km。——译者

要的设备，通过它可以便捷地获取信息。偏光显微镜有两个作用：一是将放置在载物台的物体放大，二是提供单偏光、正交偏光和锥光观察。旋转显微镜载物台下方的下偏光镜镜片迫使光在前后（北-南）方向上振动。聚光镜也安装在载物台下。上偏光镜位于载物台之上，对其进行调整可以使光线左右（东西）向振动。下偏光镜固定于载物台之下，但是上偏光镜可以推入或推出。矿物在单偏光、正交偏光和锥光下呈现许多显著的特征。与其他复合显微镜一样，偏光显微镜包含各种其他镜头和装置，可以改变光的传输以进行专门研究。

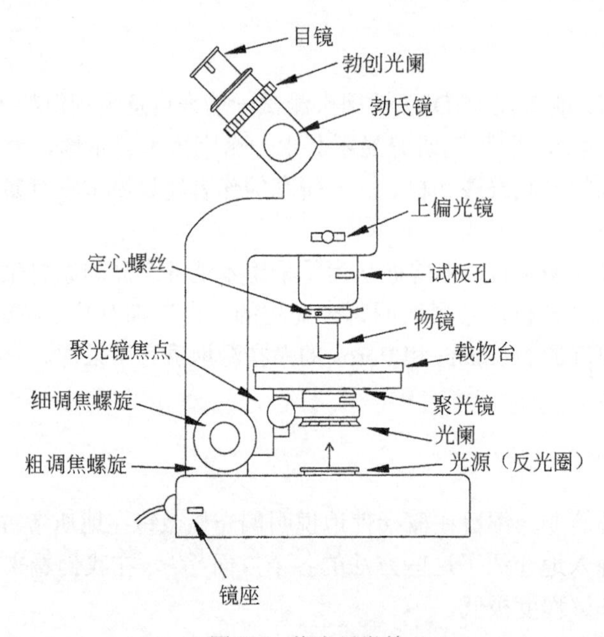

图 8.5 偏光显微镜

通过陶器的薄片可以鉴定其矿物构成和它们的相对含量、关系，以及发生转变的状态；颗粒方向和相关的组构特征；空隙的大小、形状和方向；裂痕；使用后（成岩）再结晶。矿物颗粒具有不同的大小、形状、分选、圆度和球度等特征。所有这些参量都可以提供用来判断产地的信息。大多数薄片的方向平行于器物的垂直方向，但是针对不同的研究目的可以采用不同方向的薄片。

对陶片进行岩石薄片分析是为了解读其加工技术和特征。例如，人们通常可以通过观察包体的类型和分布来确定陶土是如何混合的。长包体的排列方向可以帮助判断陶器是手工制作还是陶车制作。陶片岩相薄片分析的主要缺陷是不能对已烧成的黏土矿物颗粒进行分析。烧成土的极细粒度性质要求通过 X 射线分析研究黏土矿物学，因为 X 射线具有比可见光短得多的波长。另一个缺陷是大多数陶器中的包体只有石英。因此很难通过薄片分析来判断原料产地。

两个将这一分析手段用于陶瓷考古的先驱是安娜 O. 谢泼德（Anna O. Shepard）（研究美洲西南部的史前制陶）和弗雷德里克 R. 马特森（研究近东的陶瓷器）。谢泼德的研究取得的第一个成功是她的工作证明了新墨西哥佩科斯（Pecos）的陶器并不是当地制作的而是来自周边地区[50]。这一发现使得人们注意到岩相学对于研究文化交流的作用。谢泼德的《陶瓷考古学》（*Ceramics for the Archeologist*）和马特森的 *Ceramics and Man* 为该领域此后的研究奠定了基础（图 8.6）。

图 8.6　安娜 O. 谢泼德

谢泼德是陶瓷研究的先驱，她的研究集中在美国西南部和中美洲地区。她在考古学习中选择了陶瓷研究领域，并通过将岩相分析与地化分析相结合持续地在这一领域做出贡献。她在 1936 年加入卡内基研究所，在那里她得以开展岩相和微量化学分析工作。1956 年，她发表了专著《陶瓷考古学》。关于她的工作的系统综述可以参看 *Ceramic Legacy of Anna O. Shepard*（Bishop and Lange，1991）（图片由 Elaine Niseen 参照科罗拉多大学博物馆提供的照片绘制）

越来越多将科技手段应用于产品原料的产地分析使得之前基于艺术历史的判断出现问题。通过岩相分析对伊朗萨非王朝①（公元 1550～1700 年）陶瓷器的产地进行了分析[51]。之所以要开展这一研究，是因为这一世界知名陶瓷的生产遗址的确认缺乏确切的科学证据。对五组研究对象进行了分析，其中一些归属于某些特定的生产遗址。岩相学的研究结果部分支持以往通过艺术史进行的推断，但也有一部分以前的推断是不成立的。岩相学研究帮助建立起各个生产遗址的风格。

有更多的例子可以说明岩相学分析在陶瓷考古中所起的重要作用。第一个例子是对爱琴海的锡拉岛上阿克罗蒂里遗址的青铜时代陶器的研究。因为很难找到完整的器型，所以研究工作基于对陶片的分析。阿克罗蒂里的陶片出自第一和第二破坏层[52]。从当地的粗糙存储器到外来的精美装饰陶器，可以划分出 14 组。矿物组成和组构特征所体现的加工技术指示存在多个“加工厂”，而且每一组器物可能有多样的原料来源。粗糙的组分由广

① 萨非王朝，因为翻译的不同又称萨法维帝国、沙法维帝国、萨菲帝国、波斯第四帝国，中国明朝称之为巴喇西，是从 1501 年至 1736 年统治伊朗的王朝。这个王朝将伊斯兰教什叶派正式定为伊朗国教，统一了伊朗的各个省份，是伊朗从中世纪向现代时期过渡的中间时期。——译者

泛存在的岩屑物质构成，包括离散的碳酸盐微化石、角石英、云母、黑色氧化铁、泥质碎屑、石英岩、滑石、角闪石和长石——一套丰富的组合。陶器的制作材料出现了多种不同来源的原料，包括来自火山碎屑沉积物的黏土、熔岩，来自片岩的云母黏土和硅质沉积物。尽管很多原料的来源还存在疑问，因为缺乏化合物或不能明确黏土的来源，但是岩相分析确定了很多本地的原料，并区分出外来产品。这些研究也表明该地区可能与爱琴海的其他岛屿，例如纳克索斯（Naxos）、锡罗斯（Syros）和克里特岛（Crete）之间存在联系。来自一份制作材料中的微化石指示可能与米洛斯岛（Melos）有关。化学分析进一步验证了岩相分析的结果，特别是通过存在或不存在细粒氧化钙来区分其中一种组构。

另一个例子来自美国密西西比河上游河谷地区。在这里，利用陶片岩相学分析揭示了两个相距 80 km 的史前村落之间的联系[53]。其中一个遗址的 331 件器物中，有 10 件的风格被怀疑来自另一个遗址。薄片岩相分析过程主要分为两个步骤。第一步是记录矿物包体，并列出那些“天然”——或者说原有的——而不是那些被引入的羼和料。第二步是点计数分析（通过计算目标在整个样品中的指定间隔出现的次数来确定样品中该目标的频率），在薄片上使用 1 mm 计数间隔。在每个载玻片中计数 100～350 个非空隙点。岩相学分析按以下方式表示每个薄片：羼和料的类型、粒度大小、数量，及其与自然（原有）成分间的比例。分析数据显示，来自其中一个遗址的 16 件伍德兰时代器物都是本地产源的。它们构成离散的组合，在组成上与覆盖在遗址阶地上的黄土中发育的土壤 B 层有密切的相似性。加入的主要羼和料是赤铁矿，来自本地的砂岩层。岩相学数据还表明，那些此前提出的外来器物，器物的主材和已经烧制过的黏土是从其他地点运来的[54]。

来自所罗门群岛东部的羼和料有各种各样的组成。发现于考古遗址的本地和外来陶瓷器，可以通过陶片薄片分析羼和料来区分。但需要注意的是由生物礁碎屑组成的钙质羼和料并不能用于甄别特定产地[55]。羼和料的岩相学分析为了解一个区域内人群间的接触和相互交换关系提供了依据。

石斧是爱尔兰史前时期遗留下来最丰富的文化遗物。岩相学分析辅以 X 射线荧光分析对 15 916 件爱尔兰石斧进行了分析，结果表明它们都以同一种岩石——白陶土（porcellanite）为主要原料[56]。白陶土的不同来源也可能被进一步确定。岩相学分析也被用于研究来自美国得克萨斯州和俄克拉何马州 14 个遗址的同一类型的陶器，以期解释容器中的沙子具有成分的差异[57]。研究表明，这些容器中的沙子在每个水系内的成分相似，水系之间的成分不同。研究者总结道：我们看到的类型来自本地[58]。

统计和数值分析

多种统计方法被用于产地分析。最常见和最强大的是多元判别分析和使用聚类分析的各种方法，如 K-均值聚类分析。用于产地分析的数学方法，必须能够评估大量的多样的用于不同分组的精确地描述和分配未知数的化学数据。大多数多元判别分析过程中都假设变量（如痕量元素的浓度）遵循多元正态分布。因此需要分析数据分布的特征。另外，必须决定数据是否需要标准化。用于多元分析的计算机软件包［如社会科学统计软件包（SPSS）和统计分析系统（SAS）］中将这些标准都进行了设定。但聚类分析不总是这样的。

使用判别分析还是聚类分析取决于是否有已知的分组。如果已知分组情况，应当选择判别分析，否则需要选择聚类分析。换种说法，判别分析是发现和利用组之间存在的差异，将未知数值进行归入特定的组。聚类分析则在数值分组上有帮助，而不能够帮助我们解决组之间的重叠问题。在大多数地质考古学的研究工作中，第一步是定位并描述潜在产地的化学性质。这意味着分组已经存在，而且它们的化学性质之间存在重叠。在这种前提下判别分析更适用。SPSS^X 判别分析软件包计算线性判别函数和分类函数，并具有完整的逐步过程，提供五种不同的选择标准。

在使用 SPSS^X 判别分析时必须根据对地质堆积的地球化学分析，确定哪些元素具有判别性。在解释判别分析的结果时应当考虑一系列因素。当计算机分析将一个文物与一个地质堆积（产地）相联系时，未必就能确定它们之间的关系。也许还存在其他未被计入数据库的潜在产地。两个产地可能具有类似的痕量元素特征，如此两组都会被认为是可能的产地，但我们需要确定到其中一个。在确认产地时也必须考虑概率/可能性。SPSS^X 软件包将指定一个地质堆积作为产地，该堆积在多维空间（维度数量等于所使用元素的数量）中数据的质心点位于最接近需求证产地的器物的示踪元素浓度所定义点的位置。然而，如果需求证产地的器物的元素在多维空间中的位置不表明它属于这个源，那么这一地质堆积作为产地的概率为零。

需要记住的是数据分析无法提高原始数据的质量。如果采样不全面或测试分析中有错误，没有任何一种统计分析可以更正这些错误。最后，当考古学家面对产地分析的谜题时，需要去思考“究竟是什么被移动或传播？人群、理念、器物本身，还是制作器物的原料？”地质考古学过程解释的只是原料的来源/产地。

第9章 工程建筑、破坏、考古资源的保护

随着人类社会的发展，许多人群生活在火山活动带。地质的、考古的、历史的记录共同提供了丰富多样的关于火山活动自然过程及其对人类和环境影响的资料。为了平衡地理解火山对人类文明的影响，同时关注火山活动带的吸引力和它潜在的威胁显得至关重要。

——D. 格里菲思（D. Griffiths）2000

这一章主要关注人类和自然的相互作用，以及考古学家如何利用地质学的方法和知识来减少相互作用的影响，并保护文化遗存。

岩土工程

从开始挑选合适的岩石生产石器到开采矿石进行合金冶炼，人类不断发展“岩土工程”配合不断复杂化的社会需求。例如，公元前3千纪在美索不达米亚，人们通过发展“岩土工程”来解决当地缺乏建筑石材和土壤承重力差的问题。最终在解决这些问题后，苏美尔人建起了高大的通天塔。他们使用的是晒干的砖，这些砖的材料在大型建筑底部最初一定会向外流变。压实会慢慢增加材料的负载强度。在某个阶段，苏美尔人学会了间断地放置编织的芦苇垫子来吸收一些水平方向的推力。

旧大陆上另一个典型的“岩土工程”发展的例子是埃及金字塔的建造史。第一个石头金字塔是用精心雕琢的坚硬岩石阶梯式建造的，以抵抗水平推力（挤压）。法老斯尼夫鲁（统治时期：公元前2575～前2551年）不得不放弃他建造高140 m、坡度60°的金字塔的计划，因为底部的泥土无法承受这样的重量，他两次减小倾斜角度，最后还不得不增加一个外壳，使结构成为真正的金字塔。Dashur南部石头金字塔的“曲折”外形是成功解决了此前斯尼夫鲁遇到的问题后建成的。在建造曲折金字塔[①]的过程中，倾斜角从54.5°减小到43.5°来确保稳定性，也把金字塔的高度从130 m降低到100 m。到了建造吉萨三大金字塔的时候（公元前2591～前2536年），主要的“岩土工程”问题已经被克服。

对于中美洲的玛雅人（图 5.5）来说，如何克服破坏性的热带雨林气候始终是最大困难。他们也建造了大型的金字塔，但与埃及金字塔不同，玛雅人的金字塔必须要进行大量的修缮和保养，因为气候和“岩土工程”方面的问题。除了意识到不能在沼泽地上进行大规模建筑以外，玛雅人似乎并没有发展“岩土工程”方面的知识，例如了解建筑岩石的性质或者排水的方式。含水量极高且有热带雨林腐殖质的地表具有很高的吸收能力，这一情况使得湿黏土循环过程中膨胀和收缩明显，导致墙体各层间位移和内部抹灰表面开裂。玛

① 曲折金字塔是位于埃及代 Dahshûr 的一座金字塔，为埃及第四王朝法老斯尼夫鲁时期所建造。曲折金字塔在人类建筑历史和埃及金字塔研究中都有着极为重要的意义。——译者

雅人对付这些问题的办法似乎一直都是不断地重建被破坏的建筑。

大多数玛雅文明建立在喀斯特地形上。在喀斯特地区，地表水较少，因此生活在喀斯特地区的玛雅人必须开发洞穴中或者泉眼的水资源。喀斯特土壤通常很薄，很容易耗尽营养。另外，喀斯特土壤容易流失到地下，不仅影响农业生产，还会污染饮用水供应。玛雅人未能解决他们面对的“岩土工程”问题，最终可能导致了文明的衰落。

工程建筑

以往考古学家倾向于关注居址、仪式或是墓葬遗址，但现在考古学家也越来越多地关注到改变地表的建筑。现代建筑也会对考古遗址有很大的影响。因此，抢救性考古工作在许多国家成为了很重要的一项工作。古代的建筑造就了大量的考古遗迹，包括水坝、运河、田地、梯田、道路，以及采石场和矿坑，这些都是考古学景观的一部分。

水坝

地质考古学对古代工程建筑的研究包括了大量水资源管理和水利工程方面的内容。田地灌溉始于6000多年前，洪水控制工程在3000多年前就被建造。在希腊青铜时代的梯林斯（Tiryns）①遗址，一个高于三层楼的水坝被建设来保护城市的低地免受洪水侵袭[1]。

罗马人建造了许多巨大的石灰砂浆砌筑的砌石水坝。古代水坝的建筑地质背景和建筑材料以往都没有受到足够的关注。用来蓄水的水坝也会淤积泥沙，因此寿命有限。泥土的水坝可能被冲毁，往往与淤积的淤泥倒在一起。但是，细致的地质考古学工作可以识别出建坝对侵蚀和沉积过程的影响。石建的水坝应该可以存在几千年。大坝溃坝的各种原因其实大多都是无关紧要的，但由于灾难性的大坝溃坝会对人类产生巨大的影响，地质考古学家应该了解有关古代大坝建设的大量地质证据。大坝的建设会带来对原始地貌的一系列有害影响，包括淤积（当大量泥土淤积时可以造成泥沙或土壤液化）、库岸冲刷、淋滤（由于地下水位升高）、氧化以及由干湿交替变化、水下斜坡失稳以及考古环境的生化条件改变引起的其他变化。

水坝的蓄水和分流作用所造成的对自然界的改变，比其他人类文明所建造的建筑物都大。从地质考古学的角度来看，任何时期土坝和石坝的建造都需要具有适当的强度和变形特性的材料，坚固耐用的岩石或泥土，还需要通过建造大坝的地基或材料来降低渗漏的风险。水坝可能是存在历史很长，但被人们认识最少的人类文明建筑。埃及公元前3000年的一座用于将尼罗河水分流到运河的砌石坝的废墟仍然存在，在罗马时期仍在使用。公元前2000年建造了横跨底格里斯河的马尔杜克水坝来控制洪水，这座水坝在公元1400年倒塌。在希腊的梯林斯河上建造了一座水坝来将河水分流到另一个河流系统中，这在当时被用来治理洪水[2]。

最后，淡水泛滥对考古遗迹极其有害。美国《1960年水库抢救法案》（Reservoir Salvage Act of 1960）（1974年修订）要求，任何从事水坝建设和水库蓄水的联邦机构都必须向内

① 梯林斯是希腊迈锡尼文明的一个重要遗址，位于今天的希腊阿尔戈利斯州，距离爱琴海不远。这座在荷马史诗中极负盛名，但一度被认为只是传说虚构的城市，是由德国传奇的考古学家海因里希·施里曼在19世纪时重新挖掘出来才得以重见天日。在希腊神话传说中，梯林斯是赫拉克勒斯出发完成他著名的十二项伟绩的地方。——译者

政部长发出书面通知，由内政部长下达要求进行建筑的区域考古调查。如果调查中有重要的发现，需要开展抢救性发掘或者做保护性填埋。后者是一个重要的地质考古学问题，将会在这一章继续讨论。

运河

在过去 3000 年里，人们通过开凿运河扩展或者连接内陆的水系，打穿狭窄的地峡沟通海洋。在建设没有水闸的运河时，主要的问题是河床和河岸必须是不透水的，以达到一致的水位，河岸也必须稳固。如果有水闸，它们需要固定在坚实的基础上。区域的地质情况是整个过程中重要的基础。

连接尼罗河和红海的运河在公元前 14 世纪开始开凿，直到托勒密二世（在位时间为公元前 285～246 年）时期完成。在公元前 7 世纪到公元 2 世纪期间，这一运河四次重修，公元 7 世纪又进行了一次重修。在斯特拉博（Strabo）时代，它以拥有可移动的门闸而自豪。现存的遗迹表明它长 97 km、宽 46 km、深达 5 m。很大程度上其深度是由尼罗河泛滥和低水位的变化而决定。位于开罗的运河终点，一直受到淤泥问题的困扰。在美索不达米亚也出现了运河，罗马人使用运河联通河流。公元前 1 世纪罗马人建造了一条运河横跨罗马附近的彭甸沼泽[①]，与亚壁古道[②]平行，全长 26 km。当道路被洪水冲毁时，这条运河帮助运输乘客。

在中国，大型的航运运河在公元前 1 千纪开始被开凿。从西部山区到大海的路上，河流平行（东西向）穿过华北大平原。因此，需要建立南北向的运输通道。公元前 219 年，最古老的运河（灵渠）在广西开凿。隋朝时（公元 581～617 年），通过重建和扩展早期的运河，中国开凿了世界上最大的一条内陆水路，这条水路开端于杭州附近，向北穿越长江和黄河，最终到达北京附近。

主要服务于农业生产的灌溉渠也已经有上千年的历史了。灌溉渠的发展可能源于洪泛。修建灌溉渠所需的专业技术和地质知识要求并不高。随着时间的推移，人口的增长，需要越来越强的地质、地理知识来确保提供足够的水源保证农业供水。例如，在公元 14 世纪的墨西哥盆地，因为对食物的需求，盆地边缘的土地也被开垦，几乎所有的地质水源都被开发了。灌溉渠开凿类型从在当地多孔泥土中劣质和低效的运河，到用石头或灰泥砌成的运河。

尽管大部分古代的灌溉渠只是开凿于地表土壤中，但也有极少数开凿到了基岩。由于古代灌溉是靠重力控制水流方向的，因此判断出灌溉渠的方向如同建立起一个三维的地貌指标。开凿于洪积扇的灌溉渠需要定期维护。运河的壁和底部的侵蚀以及沉淀会改变未得到良好维护运河的轮廓。例如第 4 章提到的运河和水池，在考古调查中使用地球物理方法很容易被识别。

墨西哥已知的最早遗迹可能是 Olmec 灌溉渠，这条水渠的年代被测定为公元前 1400 年。在公元前 1000 年前的某个时期，由未切割的石块和泥土砌块组成的水闸被建造在渠道中，一条由未完成的石板衬砌的运河从水坝引向农田。Olmec 还使用了类似导管的由 U

---

① 彭甸沼泽（Pontine Marshes）是意大利中部拉齐奥（Lazio）地区一个之前为沼泽地的近似四边形区域。——译者

② 亚壁古道（Appian Way）是古罗马时期一条把罗马及意大利东南部阿普利亚的港口布林迪西连接起来的古道。——译者

形玄武岩槽构成的渠道来形成水渠。在公元前 1 千纪初期的某个时候，在该地区使用了抛石[①]（将岩石放置在路堤上以防止侵蚀并提高稳定性），以防止曲流河的横向侵蚀。在墨西哥各处都能获得石板。相反，另一个灌溉发达的区域——美索不达米亚平原很缺乏石板。

史前时期在墨西哥瓦哈卡也出现了有趣的运河现象[3]。渠道系统中春季灌溉用水的碳酸钙含量很高，以至于钙华会在渠道中积聚，从而使钙化过程持续了几个世纪。瓦哈卡和墨西哥峡谷的水渠技术的发展序列分为以下几个阶段（年代为估算值）：公元前 1400 年的河流迁移，公元前 800 年临时流的预先重定位，公元前 400 年的岩石分水坝，公元 200 年山谷底部的利用，公元 350 年永久性泉流的利用，公元 550 年带闸门的砌体储水坝，公元 750 年的土坝。

美国南亚利桑那的霍霍坎文化[②]的农业人口（图 5.5），相较于同样干旱环境中的其他人口，因较长时间地居住在这一地区而闻名。河流灌溉一般与长时间使用的单个遗址共存[4]。菲尼克斯（Phoenix）地区常年河流沿岸是美国面积最大、人口最密集、灌溉面积最大的地区。古代社会也建造水渠用于控制洪水，来保证多余的水不冲垮田地和居住遗址以及道路。人们也开凿水渠用来在洪水到来的时候加速排水。对沉积物成分、结构和地层的仔细调查可以解释这些古代建筑物的遗迹。

英国拥有历史悠久的运河。也许最早的运河可以追溯到罗马时代，但是 17 世纪的通航才导致大规模的运河网络的建立。这一网络对景观、河流和陆生水文以及当地生态和微气候产生了重大影响。这一工程的影响在池塘和湖泊的沉积物中留下了记录。

美国伊利（Erie）运河是历史时期运河的一个例子，建造目的是将哈德孙河上的纽约和奥尔巴尼（Albany）通过莫霍克（Mohawk）河谷连接到伊利湖上的布法罗（Buffalo）。1817 年开始建造，这条运河在去往布法罗的路上抬升了 198 m。那里有充足的水，当地的淤泥被称为“草地上的蓝泥”，作为衬里防止渗漏。在纽约梅迪纳（Medina）附近有一种高质量的石灰岩，为建造闸门和其他建筑提供了很好的材料。特殊的石灰石为水下水泥提供了原材料。因为缺乏文字记录，未来地质考古学家为了了解运河的建设，不但需要研究运河的挖掘过程，也需要明确整个过程使用的材料。

田地和梯田

田地是建筑性地貌景观的重要组成部分。理想的情形下，田地应该有边界，但是除非呈现几何形且由可识别标记界定，否则很难在地质考古研究的过程中被识别出来。有灌溉渠的田地上会留下清晰的烙印利于识别，同样高地农田和古代阶地农田也容易被识别。有许多种田地类型：耕地、花园、牧场等。如果长期作为单一用途的田地使用（特别是灌溉田），在其下生长的土壤会带有其印记，工具的分布也可以提供确定田地的线索。

在南美安第斯高地地区，密集的人工改造将阶地的边缘也开发成了农田。一种方法是开发梯田，形成大型地面平台，以防止水涝和洪水泛滥，增加土壤肥力，保持水分，确保

① 抛石（riprap）指的是为防止河岸或构造物受水流冲刷而抛填较大石块的防护措施。用于经常浸水且水深较大的路基边坡或坡脚以及挡土墙、护坡的基础防护，一般多用于抢修工程。——译者

② 霍霍坎文化是公元前 300 年至公元 1400 年间的北美印第安人文化，主要位于今美国亚利桑那州中部和南部地区。根据发展先后，分为开创期、拓殖期、定居期和古典期 4 个阶段。开创期霍霍坎人居住区的村落由许多分散的个体建筑组成，建筑物由树木、柴枝、胶泥等构成，其下均有地窖，地窖甚浅。——译者

养分生产和循环利用以及改善农田小气候[5]。这些平台是利用周边地区开凿水渠时挖出的沉积物堆积而成的。但是，也有与梯田相关的负面环境因素，包括一些长期影响，例如自然水文学的破坏和动物群落的大规模改变。过度的开发经常引起山坡顶部土壤的侵蚀。

道路

在研究陆路交通网时需要考虑三个地质学方面的问题：①地貌（地面起伏情况）；②表层地质情况，需要能够承载预期交通并具有合理的永久稳定性的路基；③道路建设需要的地质材料。罗马的道路建设具有突破性的意义。罗马的工程人员尽量地使他们的道路笔直（也许是因为他们的车子不善于拐弯）。这样的建筑方式需要一定的工程地质学的知识。在罗马鼎盛时期，工程人员铺就了 75 000 km 高质量的道路。直到今天考古学家依然可以追寻到它们大多数的踪迹。

在他们的主干道上，罗马人向下挖出 45～60 cm 的基槽，并且在路两侧立以垂直的石头。当有些区域的土壤不够坚硬时，会在顶部铺设一层夹有细沙或土壤的砾石，还经常与石灰混合达到硬化效果。路面最后铺上石板，有时候这些石板是长距离运输来的。罗马人用来铺设路面的石板是粗面岩[6]。这些火成岩结实、耐磨，且表面耐风化。这些粗面岩来自欧加内丘陵（Euganean Hills），从公元前 6 世纪就开始被开采，在意大利中部和北部广泛使用。

考古记录中最古老的道路在安纳托利亚连接 Van 与 Elâzig 两地，现在依然有 100 km 可以通过步行追踪的遗迹。这条路早于波斯帝国，可能是乌拉尔人在公元前 9 世纪末或公元前 8 世纪初修建的，它的宽度超过 5 m，甚至还使用小桥来跨过河流。在南美洲，我们发现了克服地质条件的修路技术，可能是目前已知最高超的。印加人修筑了 6000 多千米的山路，从厄瓜多尔的基多（Quito）延伸到阿根廷的土库曼（Tucuman），道路宽度超过 7 m，有些部分甚至铺设了沥青。它穿过无路的山脉，越过河流和深谷，爬过悬崖，利用了凿入岩石的阶梯。深谷里填满了坚固的石料来搭建桥梁。路面大多数情况是石板构成的。另一条印加人的道路，沿着海岸沿线延伸了 3000 km，与主路平行。这条路的地质和地形情况使其使用了不同的铺设方式。大部分路线通过沙地，有时需要高架的人行道，有时则使用打桩的方法。然而，凭借简单的工具和对工程地质的良好感知，印加人得以在这片仅能萌生小型飞地①的土地上建立了帝国。

挖掘遗迹（矿山和采石场）

除了建造水坝等，古代社会主要的挖掘性活动体现在采石和开矿。在某些情况下，例如为了开采煤炭，露天开采基本上是采石作业。反过来，一些采石作业是在地下的坑道中进行的，所以在一些情况下开矿和采石是重叠的。在古埃及，采石和石材加工始于公元前 3 千纪。在建造第一批大型金字塔时（左塞尔阶梯金字塔）时，需要超过 100 万 t 的石灰岩。吉萨大金字塔每一个都由 70 万块石灰岩块构成，每块大约 2.5 t，还有约 20 万 m^2 的

---

① 飞地是一种特殊的人文地理现象，指隶属于某一行政区管辖但不与本区毗连的土地。如果某一行政主体拥有一块飞地，那么它无法取道自己的行政区域到达该地，只能“飞”过其他行政主体的属地，才能到达自己的飞地。飞地的概念产生于中世纪，术语第一次出现于 1526 年签订的马德里条约的文件上。——译者

用作套管石的图拉石灰岩。图拉石灰岩来自位于尼罗河东岸的莫卡塔姆（Mokattam）丘陵地下采石场。

如在第7章中讨论的，许多文献记载了希腊、罗马和埃及的古典时期学者们对他们的建筑和纪念碑所使用的岩石的命名。尽管有这些资料，我们对古代采石技术的了解才刚刚开始。除非后来的采石场掩盖了古代采石场，否则后者可能仍体现在地形特征上。然而，现代开采、海岸风化、持续的岩石风化甚至清除了地表大型采石场的遗迹。

纪念碑石雏形的成型（经常在原地进行）是古代采石场众所周知的特征。在阿斯旺采石场，法老时期的埃及人在采石场打造巨型的方尖碑（长度达75 m），之后他们将完整的方尖碑运走。因此，地质考古学家可以将加工雏形产生的碎石（下脚料）作为判断古代采石场的线索。断裂损坏的开采工具也是判断古代采石场的重要线索（标志物）[7]。

罗马的地下墓穴绵延850多千米，同时成为采石场。巴黎的地下墓穴需要挖掘1600多万立方米的岩石。处理这么多泥土/碎石可能比挖掘本身更具挑战性。

自然埋藏和遗址形成

形成遗址埋藏有两个条件：河流、风沙或滑坡过程产生的沉积物的输入，以及未受侵蚀。上游侵蚀产生的沉积物有很多来源：耕地、草木林地、栖息地、山谷和沟壑以及河道。沉积物的堆积量不仅与上游的物源有关，也与河流的搬运能力和地形是否有利于沉积有关。影响沉积物搬运与沉积的重要因素是流域规模、土地利用、地形、基岩和地表地质、土壤和植被覆盖率以及降水量等。侵蚀、搬运和沉积是复杂的过程，而参与遗址研究工作的地质考古学家需要了解各种因素，并解释这些因素在遗址被使用和被废弃埋藏整个过程中所起的作用和相互影响的情况（见第2章和第3章）。

风成堆积在每个区域间有较大的差异。沙漠中会发现两种极端化的现象（堆积和侵蚀）。在沙漠中，如撒哈拉，风的搬运过程使表面颗粒物保持近乎恒定的运动，而有些岩石沙漠没有足够细的颗粒被风吹走。尽管没有完全可靠的标准可用来识别古代风积沉积，但黏土或砾石的占比极低或根本不存在，细-粒状砂占优势，有厚厚的交叉层以及通气孔都是风成沉积的判断标准。风沙丘沙粒的尺寸分布是单峰的，平均尺寸很少小于0.20 mm，很少大于0.45 mm。

当岩石碎屑在重力的作用下滚落而非被水流搬运时，将会形成块体坡移堆积。它们是常见的陆地沉积物，但很明显，在平坦的平原上很少见。块体坡移堆积的搬运方式包括掉落、滑动、流动、滚动或沉降等。沉积物的特征，例如结构、粒度和分选情况可以反映搬运的类型。季节性蠕变产生一种独特的沉积，其层序逐渐尖灭，直至变成碎屑的痕迹（图9.1）。地质考古学家可以利用这一特性来获取由块体坡移堆积驱动形成的地貌变化，以帮助确定埋藏的遗址和重建古地貌。

发生在庞贝的火山喷发形成的火山流和火山灰覆盖，是一种较为少见的遗址被埋藏的地质过程，但这一案例现在众所周知。大多数火山灰堆积是拉长堆积的，长轴沿着下风方向。火山灰在水平方向上的搬运取决于火山灰柱在大气圈中的最大高度、风的方向和速度、火山灰颗粒粒度分布，以及火山灰柱的路径上有无降雨。

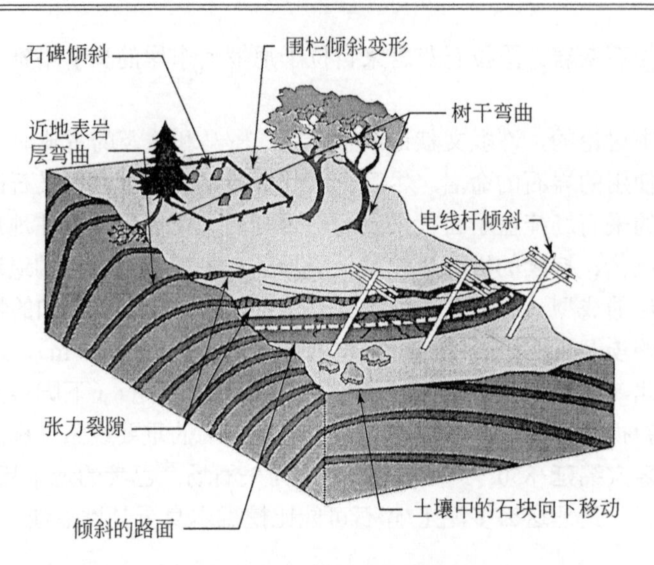

图 9.1　典型下坡蠕变影响的合成图

在重力的影响下，地球表面物质的缓慢运动（蠕变）是恒定的。刚性建筑倾斜；生长中的树木通过向天空弯曲来克服这种倾斜。这种缓慢的蠕变可以与迅速发生的滑坡形成对比

最后，除了沉积营力，还需要缺乏侵蚀营力，即某处具有稳定的陆地景观，才能导致埋藏。侵蚀是景观发育的常态，随着时间与空间变化，水和风的侵蚀发生变化。耕种区可能处于侵蚀阶段，而相邻的牧场或林地则不是。土壤或地表沉积物以某种特定地形和土地利用为特征，因此有其自身侵蚀机制，并随着时间而演变。坡度的稳定性和地表覆盖（植被）的有效性是理解当地远离曲流河和海浪冲刷海岸的侵蚀过程的关键。考古学家应该至少查明某地现在与过去侵蚀的一般形式或强度。

岩石性质和风化

崩解

地质考古学家需要熟悉影响岩石是否可以作为建筑石材的性质。这些性质中最重要的是抗压强度、剪切强度、抗拉强度、孔隙度、渗透率、含水率和耐久性。大多数沉积岩和变质岩都呈层理状，每一层与相邻一层的组分、结构和质地都不一样。大理岩和一些石英岩除外。组分和结构的不一致以及节理和裂缝的存在导致结构脆弱。在一些情况下，外形也很重要。为了有效，护堤的抛石需要拥有能够彼此契合的外形，并保证暴露在外时的耐久性。对于抛石，还需要在干湿条件转变的情况下保持抗力。岩石风化主要有物理崩解和化学分解两类（见第 2 章）。分解的过程主要有氧化、还原、水合、水解、碳化和溶解。岩石的风化会引起岩石的机械性质和耐久性平缓地和阶段性地转变。

石制品和石碑的变质源于化学侵蚀和溶解，孔隙和裂缝中的水冻结引起的机械崩解，风力驱动颗粒的磨损，快速加热和冷却造成的剥落，微生物活动引起的解体，表面结晶，以及由于保护或重新修复程序不当而造成的损坏。

风化

所有的材料在其存在的环境中都达到了稳定状态。环境的显著变化可能会迫使材料进入到新的状态。水、冰和蒸汽是 H_2O 在不同温度和压力下的稳定状态。在高温无水情况下形成的岩石，在潮湿的地表环境下会迅速风化。长石的化学分解提供了风化过程很好的例子。长石是一系列的钠、钙、钾和铝硅酸盐。长石占了地壳的近 60%。因为其易溶解性，钠大部分进入了海洋。大部分钾留在土壤中形成了伊利石等矿物，一些进入了生长的植物之中。钙两种情况都存在：一些进入了海洋，一些残留在地下水系统中，在形成碳酸盐和硫酸盐矿物的陆源过程中沉淀。钙是淡水中最常见的阳离子，碳酸钙在碎屑上沉淀是常见的。

在大气环境下火成岩和变质岩的耐久性取决于它们的矿物组成。高温和无水条件下形成的矿物在大气环境下不稳定。下面的图表[1]表明了火成岩在地表的稳定序列：

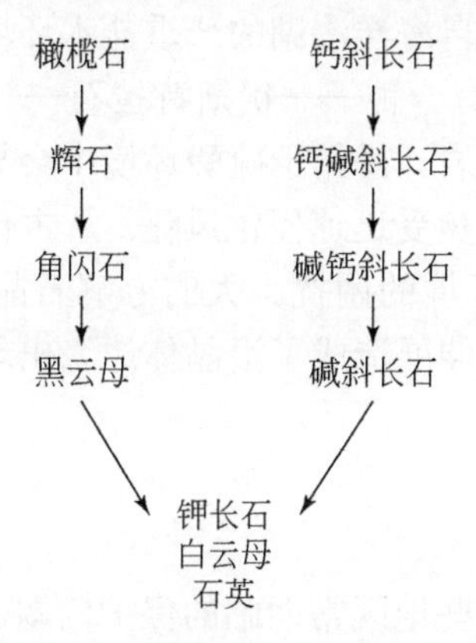

图表中最下层的矿物在大气条件下最稳定。镁铁质火成岩（辉长岩、玄武岩）由图表顶部附近的矿物成分组成，因此它们在暴露于大气时会分解。长石质火成岩（例如花岗岩）由靠近图表底部的更稳定的矿物组成，这些岩石分解的速度较慢。

在被埋藏后，物体就进入了一个新的环境中，它需要最终达到平衡状态。当它被发掘出来后，又进入了另一个物理、化学和生物条件都不同的环境中，可能使其迅速地发生改变以达到新的平衡——这个过程可能导致物体的变质损坏。这个过程将带来多大程度的改变其一取决于材料的结构和成分，其二取决于新、旧环境之间的对比。骨头在中性和碱性土壤基质中较为稳定，而在酸性土壤中则容易被损坏。氧化电位、酸度（pH）、湿度和可溶性盐含量都是影响物体稳定性的环境参数。

由于钙、镁和钠的氯化物、硫酸盐和硝酸盐的存在，砖石遭受了严重的破坏，因为这些盐通过反复溶解、结晶和水化产生足够的压力以引起碎裂和剥落。尽管这些盐类通常在所有气候条件下都以建筑物上的盐霜的形式出现，但它们在干旱地区的危害要大得多，因为干旱地区缺少降水，导致了它们的积累。干旱地区夜间石头表面上产生凝结，随后在日出时蒸发，留下少量但相当有害的盐类，这些盐类会在蒸发过程中结晶。

在潮湿的条件下，低温烧制的陶器会逐渐吸收水分重新化成黏土而后崩解。这种情况

---

① 即鲍文反应序列。——译者

尤其会发生在质地较粗且多孔的陶器上。酸性环境中方解石和其他碳酸盐的流失会加速陶器崩解。高温陶瓷器在大多数埋藏环境下都相对稳定，但是高温烧制的陶瓷在碱性条件下可能会由于玻璃相的溶解而变软。在埋藏的陶瓷器中会沉积可溶和不可溶的盐类。多孔陶容易被污染，特别是被氧化铁污染。如果陶器中的碳酸钙使得局部 pH 值高，则可能形成氧化铁结壳。

氯化物、硫化物和碳酸钙等盐类在地下水中很普遍，同时可以被地下各种有孔器物吸收。在发掘出土以后，器物中的水分蒸发，而盐类则结晶析出。埃及底比斯以南王后谷的尼斐尔泰丽墓中的壁画就是这样一个例子，充分体现了这一地质考古保护难题。墓穴深 12 m，开凿于质量较差并伴有裂隙的黏土质石灰岩中。墓壁经过多层涂抹。精美的壁画就绘制在这经过涂抹的墓壁上。盐，特别是石膏和岩盐，在涂抹的灰泥层后结晶，向外推动涂层。这些溶解的盐被地下水和降雨时渗入的地表水带入遗址。遗址保护项目的重要一部分就是控制这些进入墓地的细小水流[8]。

在威尼斯，建筑石材受到来自海洋潟湖的严重盐水环境的影响（并被现代空气污染加剧）。用于城市建设的石材中只有一种——伊斯特拉石——成功抵御了快速的侵蚀。伊斯特拉石是密实的微晶不透水石灰岩。暴露于硫酸环境中会导致其表面形成白色石膏粉，但它的低孔隙度和低渗透率保护它免受迅速侵蚀风化。从古代时期就在地中海东部广泛使用的卡拉拉大理石尤其受到腐蚀环境的困扰。大的方解石晶体之间的热膨胀和收缩差异很大，它们在大理石中沿多个方向伸展造成了沿晶体边缘出现的微裂纹，而这些裂纹使得污染物可以渗透到岩石内。

污染

车辆尾气排放和除冰盐是一些地区常面临的保护问题。锶和铅的同位素被用来研究污染对挪威奥斯陆一个有 4500 年历史的石刻的影响[9]。硫化物和氮化物的有害排放在全球都很严重。除冰盐的污染主要是加速了有孔隙石材的风化崩解。不幸的是目前缺乏地质考古学方面的补救措施。很多有害的污染都是新近出现的，但也有一些已经持续了很长时间。例如铅污染，可以至少追溯到约 3000 年前铅冶炼的初始阶段。当地河流沉积物的地球化学检测表明英国的约克郡从罗马时期到中世纪一直遭受铅污染[10]。来自这一地区遗址的河流堆积大部分都含有天然或人工化学残留物。即使在缺乏宏观工业证据的情况下，地球化学分析也可以重建一个地区开矿和冶炼、制造的历史。

任何材料都会随着温度的变化发生膨胀或收缩。在三维空间上这些变化本身无害。当具有不同膨胀和收缩系数的两种不同的材料结合在一起时，就会产生机械崩解。例如，石灰砂浆的线性热膨胀系数比砖高约 50%。在制作陶瓷器时，任何一种添加剂，如羼和料，都应该与黏土基质有相近的膨胀系数。

多孔岩石吸收水蒸气的量取决于岩石的相对湿度和孔隙率。岩石的崩解破坏多发生在干燥过程中，而不是在吸收过程中。多孔隙岩石中的水分导致矿物盐的溶解和重结晶，最终会导致结构的破坏，往往也伴有颜色的改变。因为反复地冻融，霜冻作用对于建筑石材的破坏较为常见。对于干燥的石材破坏较小，但是对于潮湿的就比较大：因为水在结冰后体积增大约 10%。当在狭窄或有限的空间中发生水冻结时，封闭材料上的压力非常大。与致密的石材相比，具有高孔隙率的建筑石材更容易受到风化影响。

在干燥过程中发生的相关过程是可溶盐类的结晶析出。蒸发过程中会产生结晶，结果类似于霜冻作用。盐也可以析出在材料表面形成硬壳。最常见的出现在墙体上的结晶是石膏（$CaSO_4 \cdot 2H_2O$）和 Na_2SO_4 的不同水合状态。干燥的 $CaSO_4$ 沉积很难清除。硫化物因为具有不同的水合状态而具有破坏性。在不同的湿度下，一种水合状态会转变为另一种。在转变成更多水合状态时导致对墙体石材内空隙的扩展和压力。

砂岩建材的抗破坏力主要受化学组分的影响。那些含有碳酸盐作为天然胶结剂的材料容易受到酸雨的侵蚀。仅损失少量碳酸盐就会使砂粒失去附着力，导致这些颗粒松散并被移除。与其他类型的岩石一样，水分是主要的破坏剂，也是盐分传输的一种中介。粗粒多孔的砂岩通常在结冰和霜冻过程中比细粒的更结实，因为前者更容易使水分溢出。

埃及法老时期的历史建筑都采用当地的砂岩建成。伊德富（Edfu）的荷鲁斯神庙完全是用当地的砂岩建造的，而阿布辛贝神庙则直接雕刻在当地的砂岩上。这些砂岩主要由铁质、硅质、碳质和黏土胶结物胶结的石英颗粒组成。气温和湿度的昼夜和季节性变化是建筑物的主要威胁。这些湿度和气温的改变会导致岩盐和石膏结晶，这将导致石材出现裂缝和结构崩解。

当方尖碑被运离埃及后，其所处的环境发生了剧烈的变化。雕刻于公元前 2 千纪中期的这些石碑已经在埃及矗立了 3000 多年了，表面的破坏很小。之后有三座被出口，第一座在 1840 年左右运到巴黎，第二座在 1870 年左右运到了伦敦，之后又有一座在 1890 年左右运到了纽约。在更潮湿和污染的城市中，这三座方尖碑受到了严重的表面破坏。空气中的硫和氮造成了主要的破坏。最近开罗日益增多的车辆带来的尾气排放，也给留在埃及的方尖碑带来了威胁。

凿石而建的建筑是现今建筑中重要的一部分，这些石材也慢慢地被风化。较低的降水量降低了建成埃及金字塔的石灰岩的风化，但最近不断增加的酸雨会使金字塔的预期寿命从 10 万年减少到大约 1 万年。与金字塔伴生的建筑物——狮身人面像受到了更多的威胁。最近几年狮身人面像出现了迅速的风化。使用吉萨平原自然界中的石灰岩雕刻而成的狮身人面像由抗风化性不同的岩石组成。构成底座的是来自岩脉的较硬石材（图 9.2），底座并

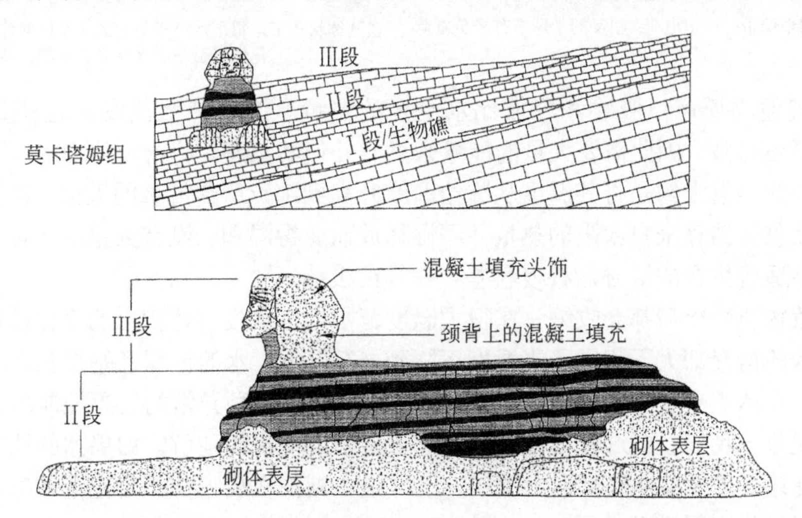

图 9.2　狮身人面像的地质组成材料（据 Hawass 和 Lehner，1994）

未发生明显的风化。狮身人面像的身体部分是由岩脉以上较软的 II 段石材雕刻，而头部是用 III 段石材雕刻，比 II 段要坚实。若不加强保护，狮身人面像将在 100 年内倒塌。风化和侵蚀结合加速了狮身人面像的破坏[11]。其中雨水扮演了主要的角色。狮身人面像面朝东方，大部分雨水径流会向西流过暴露在外的部分，从而侵蚀裸露的石灰石。

水

水是最具腐蚀性的风化介质，它是大多数化学风化过程的载体。水在风化中起关键作用的特性源于其分子结构：两个氢原子不是在它们相连的氧的两边，而是在一边（图 9.3）。这种原子排列使水分子成为偶极子，并使水能溶解许多天然物质。水分子可以利用其电性质楔入矿物中的表面离子之间，并使离子“漂浮”起来。

水分子本身聚合成一个结构。实际上，水分子具有四个从核延伸的带电“臂”。两个从带正电的氢原子延伸出来，两个从带两个负电荷的氧原子延伸出来（以平衡氢上的正电荷）。当 H_2O 分子堆积在一起时（例如在水中），每个负臂吸引相邻分子中的正（氢）臂。然后，氢原子将分子结合在非常坚固的氢键中（图 9.4）。

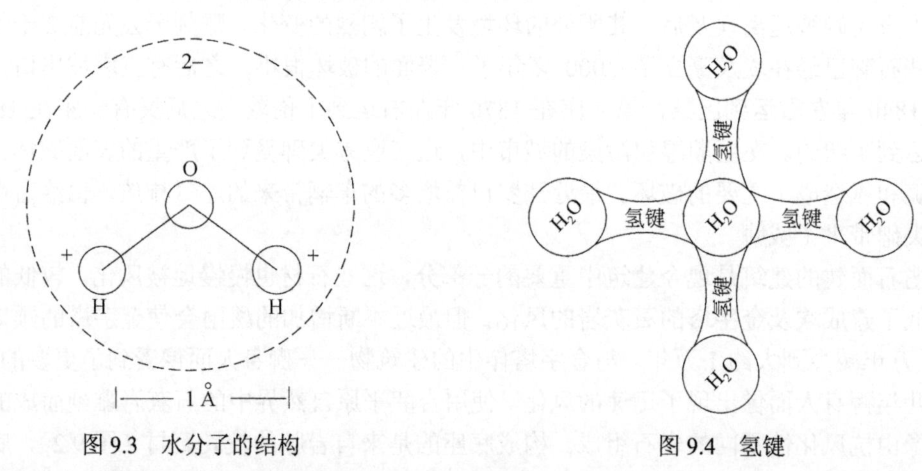

图 9.3　水分子的结构

具有两个氢的半球带有净正电荷；相反的半球带有净负电荷

图 9.4　氢键

在液体状态下，每个水分子与它的四个近邻建立氢键。这些化学键赋予了水许多独特的性质

没有其他物质可以吸收和释放比水更多的热量。为了使水蒸发，这些紧密结合的“键”需要被打破。因此需要大量的能量来煮开并使其蒸发。将给定体积的水从液体转变为蒸气所需的热量大约是将其温度从冻结温度升高到沸点所需能量的五倍。世界的气候因为水能够吸收并储存来自太阳的热量并缓慢释放而变得温和。没有大量的水体，地球表面将是一个不适合生存的地方，昼夜温差会变得很极端。

大多数物质受冷后都会收缩。在很大温度范围内，水没有体积上的变化。但是，接近冰点时，水的情况却大不相同。当温度下降到 4℃以下，水的体积开始扩张。在向冰转化的过程中，在冰点会发生快速的膨胀，体积增大 9%。这种异常的后果控制着地球表面的许多地质现象。我们看到过岩石由于受到冻融的影响而机械崩解。如果冰的比重大于或者等于水，高纬度的湖将从底部向上冻结，这样很多湖泊在夏天都不会完全解冻。而气候温和地区的气候将变得严酷。

地下水的氧化与还原反应是决定地下埋藏文物保护情况的重要地化因素。在许多反应中都有微生物的参与。是否存在游离氧从根本上决定了氧化还是还原环境。大气、地表和地下水中的溶解氧是强大的风化剂。在温暖的环境下氧化的速率比在寒冷环境下快，而在潮湿环境下比在干燥环境下快。在过去的几百年里，人类对大气、地表环境和地下水的污染给地下埋藏文物带来了严重的影响。即使是简单的农耕也会刺激土壤中微生物的活动，造成二氧化碳浓度的增加，最终导致形成更多的碳酸。

水可以在土壤和沉积物中自由地流淌是因为重力流和毛细作用，在一些情况下，还有渗透压。地下水的化学性质是溶解、成岩作用以及骨中铀的吸收等变化的首要中介。溶解和沉淀主要由氢离子浓度（pH）和氧化还原电位控制（Eh）。骨头在一些地下环境中可以保存10万年甚至更久，而在中性环境（pH=7）中只能保存1万年，在地下土壤的pH为5时保存时间仅有100年或更短。

考古发掘应该在足够干燥的情况下进行，一方面可以保持探方壁的稳定，另一方面对于保护出土遗物和遗迹很重要。偶尔，地下水位以上流动的水使沉积物和土壤饱和。这种情况会影响考古学材料并导致不稳定。在多数情况下，水流是季节性的，使得发掘工作延期。如果沉积物或土壤是可渗透的，则抽水可能并没有帮助。许多埋藏遗址位于地下水位以下。在一些发掘中，如果周围土壤、沉积物是低度或者中度透水的，足够的排水渠可能有效解决渗水问题。必须钻至低于预计挖掘的最低水平面以下，且从每一个孔都抽水。抽水必须一直持续到发掘结束。

当酸性水流动时，碳酸盐的溶解将加速。在佛罗里达银泉，每秒钟15 m^3的径流量携带着274 ppm溶解了的固体物质。这意味着每天有400 t岩石被溶解。这种类型的溶解最终导致了洞穴和灰岩坑的形成。洞穴在人类进化过程中扮演着重要的角色（见第3章）。法国北部塞纳河沿岸的洞穴被人类使用了数千年。诺曼首领中最伟大的一位在一系列洞穴中居住，其中一个洞穴的房间长超过100 m。罗马人在Pommeroy Park的大型洞穴中进行石材的开采。如今，这些洞穴被用于存放香槟。

考古学中的侵蚀和沉降

侵蚀

在过去的40亿年里，山脉出现又消失。山脉很大程度上是由构造力量塑造的。今天，除了古老山脉的核心之外，所有的山脉都被风化和侵蚀的强大力量摧毁了。在第四纪，陆地和山川冰川的出没戏剧性地影响了侵蚀、风化和气候。河流蜿蜒而过，通过了大片的冲积平原，堆积-侵蚀时刻发生着，而在总体上切割和侵蚀占主导。因此他们虽然为居住遗址的形成和发展提供了资源，但是随后也会通过侵蚀摧毁和吞食这些遗址（见第3章）。

地面沉降

地面沉降不属于主流的地球运动，地面沉降（沿着断层）可能伴随地震发生。地震引起沉降的可能性取决于表层岩石和土壤的地质状况。冰川、三角洲沉积和海侵作用使地球发生上地壳的加载和卸载，从而导致地壳的沉降和抬升。在石灰岩地貌区，灰岩坑的出现会导致剧烈的地面沉降。这些现象与人类行为并不直接相关，但是地质考古学家需要了解

图 9.5　倾斜的比萨塔

也许最有名的地基出现问题的例子就是比萨斜塔。1174年开始建造，到 1350 年仍未完工。从那时起，它一直在倾斜，总高度为 55 m，位移了 5 m。地基由 4 m 厚的黏土砂层和 6 m 厚的砂层组成。过去的 200 年里不断地尝试阻止其继续倾斜都是徒劳，很多，甚至大部分尝试反而加速了其倾斜。必须对基础地质和土壤力学原理有全面的了解，才能纠正这一问题（由 Elaine Nissen 绘制）

这些现象，因为可能在考古问题的评估和解决中遇到这些情况。

在过去的 150 年里，由于地下水资源和石油资源的开发以及地下矿井的挖掘，出现了严重的地面沉降问题。由于对地下水资源的抽取，旧金山圣克拉拉谷地区的地面已经沉降了约 2 m。历史考古学应该注意到波士顿、旧金山和密尔沃基（Milwaukee）的建筑物木桩的腐烂也与地下水位的下降有关。另外，当黏土、土壤和沙等的湿度发生变化时，它们的承载能力也会发生改变。伦敦圣保罗教堂遇到的问题就与附近从 1831 年开始挖掘的一个很深的下水道有关。伦敦塔随着泰晤士河的潮汐而升降。美国加利福尼亚州长堤市因为油井已经发生了 3 m 多的沉降。人们很早就认识到沉陷是在软土地上开采的结果。

大多数城市地区的沉降是因为地质条件不足以承载建筑物的重量。墨西哥市地下 50 m 的地层是夹有砂层的砂质黏土，这种地质条件在地震时非常危险，同时也很难承载沉重的建筑物。1934 年竣工的艺术宫也已经沉降了 3 m 多。这样的沉降问题也困扰了很多著名的遗址。威尼斯城已经下沉了几个世纪。著名的比萨斜塔也因为不平衡的沉降造成的倾斜越来越危险而对游客关闭了（图 9.5）。

地质考古学分析指明了忽视与沿海地区有关的保护措施所导致的后果[12]。两座在 2000 多年前兴旺的希腊城市坐落在尼罗河三角洲靠近海岸的低地，但没有任何抵御洪水、地震、海啸和地面沉降的措施。这两座城市最近在地中海近岸地区 5～7 m 深的水中被发现。建筑物都是由固结不良，容易发生地质灾害的沉积物建成。逐渐下沉的部分原因是海平面的上升和泥沙的压实，但也是因为城市建立在水饱和材料的基底上，在洪水和地震期间发生横向的沉积物位移。这些城市的建造者和后来者建造并维护他们建造于不稳定湿地沉积物上的纪念性建筑。现在的威尼斯，也被讨论面临着类似的威胁。

地质灾害与人类的过去

地震和地震干扰

古地震学受限于 20 世纪之前缺乏仪器记录的地震数据。一个地区长时间的地震历史从历史文献记录（往往不准确）和地质数据（在时间和空间上都非常简略）来解读都仅能提供关于地震影响的粗略信息。在全球很多地方进行的密集研究获得了较好的关于地震震级的认识，但是了解地震的烈度（影响人类的程度）对于考古学有更重要的意义。不幸的是地震烈度的研究远远落后于震级的研究。历史记录记载了对人类社会造成悲剧性后果的地震，同时在地质和考古地层中也记录了灾难性的地震干扰[13]。

考古学家根据地层和文化的间断来划分考古水平层。地层的间断有时会被定义为“破坏层”，可能伴随着陶器或者其他文化遗物类型的改变。例如地中海东岸地震频发地区的地层经常出现地震破坏特征。在克里特岛克诺索斯遗址的发掘中，J. 埃文斯使用了类似“地震灾难”、“地震堆积”以及“新鲜的地震冲击”等副标题[14]。尽管他的观察显示出与地震破坏一致的特点，但是确认其与地震的相关性需要一系列的判定标准来衡量。有必要进行多个假设的检验。

在一个多世纪的时间里，考古学家都在讨论地震在地中海东岸青铜时代晚期毁坏中所起的作用。来自构造学、地球物理学、考古学的证据和文献记录都提出了“地震风暴”或者系列地震发生在这一时期的爱琴海和地中海地区[15]。另一个关于一系列地震事件的记录来自土耳其的北安纳托利亚断裂[16]。

从地球物理的角度来说，很难将建筑物破坏直接归因于地震。比如，建筑物建造在下伏层为页岩和松散堆积的斜坡上，或者建筑物地面下的填充物易受到暴雨影响产生滑坡，这些情况都可能导致坍塌。在做出地震事件的解释之前，必须对考古学地层进行认真的地质与地球物理学分析。

地震的规模使用了两种不同的方式来定义。由于地震释放的能量是最精确的度量，地震学家采用了一种相关的度量，即里氏震级。大的地震的震级在 5.5～8.9，幅度每增加 1 单位，地震波的振幅增加 10 倍，能量大约增加 30 倍。

第二种定义地震规模的依据是地震烈度，是通过观察破坏程度而定义的。最常用的强度量表是修订的麦卡利烈度表（Modified Mercalli Scale）①。表 9.1 展示的就是修订的麦卡利烈度表的描述。这一描述标准对于解释考古学遗址中所记录的地震的破坏程度极为有用。地震在地球表面的影响不仅体现在地震波强度的差别，也体现了当地基岩和上覆沉积物的差别。含水冲积层会像果冻一样摇晃，在距地震很远的地方造成破坏。表 9.1 中显示 10 级烈度的地震会造成大面积的滑坡。然而，滑坡在非地震区也常出现。最差的支撑地面是松散的土，尤其是新近的堆填。很多遗址坐落在这种松散的堆积物上。

表 9.1　修订的麦卡利地震烈度等级及与里氏震级的对照表

烈度	特征震感	对应里氏震级
I	只有仪器能监测到	2.2～2.5
II	悬挂的物体轻微摆动	2.5～3.1

① 麦卡利地震烈度表（Mercalli intensity scale）是一个用来量度地震烈度的单位，也就是说用来量化地震对某一特定地点所产生的影响。由地震时地面建筑物受破坏的程度、地形地貌改变、人的感觉等宏观现象来判定。地震烈度源自和应用于十度的罗西–福雷尔地震烈度表，由意大利火山学家朱塞佩·麦卡利在 1883 年及 1902 年修订。后来多次被多位地理学家、地震学家和物理学家修订，成为今天的修订的麦卡利地震烈度表。麦卡利地震烈度从感觉不到至全部损毁分为 1 至 12 度。5 度或以上才会造成破坏，烈度会因观测地点的不同而异。——译者

续表

烈度	特征震感	对应里氏震级
Ⅲ	静止的汽车可能会轻微摇摆，悬挂的物体摆动，震动得像是轻型卡车驶过，持续时间可以估计	3.1～3.7
Ⅳ	震动得像是重型卡车驶过或重物撞击建筑物，墙和门窗吱吱作响，悬挂的物体摆动，静止的汽车明显晃动	3.7～4.3
Ⅴ	有些窗子破碎，涂墙泥裂缝，不稳定物体倾倒，液体会溅出，门摇摆，画移动。可观察到高的物体动，摆钟可能停止或改变速度	4.3～4.9
Ⅵ	人走路不稳，物体从架子上跌落，画从墙上掉下，窗子和玻璃器皿破裂，重家具移位，有涂墙泥跌落和烟囱破坏，总体上破坏轻微	4.9～5.5
Ⅶ	难以站立，家具破坏，不良建筑物损坏，弱烟囱在屋顶线处断裂，池塘中形成浪，砂砾滩塌陷，建筑质量好的建筑轻微损伤	5.5～6.1
Ⅷ	驾驶困难，对普通的坚固建筑物造成损坏，不良建筑物损坏严重，有些砌体墙倒塌，烟囱、工厂堆栈、古迹和塔等倒塌，重家具倾倒，树枝脱落，井水水位变化，湿地和陡坡出现裂缝	6.1～6.6
Ⅸ	弱的砌体墙倒塌，好的硼体墙损坏严重，大部分基础设施受损，建筑物从地基移位，水库受损严重，明显的地裂缝，松散沉积物、沙子、泥堆积区涌水，地下水管破裂	6.6～7.1
Ⅹ	大部分砌体墙和框架结构损坏，基础设施和桥梁损坏，发生大坝、堤防和路堤大规模滑坡，水从河流、湖泊和运河外泄，平坦的泥沙区域水平移动	7.1～7.6
Ⅺ	只有极少的砌体建造保存，桥梁损坏，广泛的地裂缝，斜坡处大量滑坡，地下水管完全损坏	7.6～8.1
Ⅻ	人造建筑基本上全部损坏，地表产生起伏，大型岩块移位，视线扭曲，地貌改变，物体被抛入空中	8.1 以上

建筑物包括了很多不同的部分（墙体、顶、柱桩）。这些不同的部分往往由抗震性不同的材料构成。泥砖与切割好的石块具有很不同的抗震性。在7级烈度的地震中，石构地基之上的泥土砖墙会坍塌，而石构地基只受到轻微损坏。未用灰浆或泥浆黏合（砌）的砖或石墙在地震中最为脆弱。泥砖和土坯房屋通常会在八级烈度地震中被破坏。木制结构会在强烈的地震压力下弯曲。低矮的刚性砖石结构与地面作为一个整体移动。

地球表面最常见的就是松散沉积物和土壤。建筑物就建造在这些地表堆积物上：古代社会并没有在基岩之上建造房屋。未固结的沉积物承受载荷，保持坡度并传递应力的能力随矿物成分、粒度分布、水含量、密度和压实度变化很大。这些沉积物中的黏土矿物由于化学组成和结构的不同而具有不同性质，这些性质决定了它们对于地震的响应情况。例如，蒙脱石黏土易吸水而膨胀，这会影响沉积物的润滑性，并且湿润的沉积物（尤其是饱和水的沉积物）比干燥的沉积物受地震现象的影响更大。基岩地质情况、表层沉积物和土壤性质都会影响摇晃的强度以及由此造成的破坏。布鲁斯·博尔特（Bruce Bolt）指出了1906年旧金山地震中岩石类型与地震烈度之间的紧密关系[17]。地面下为坚硬岩石的区域比地面下为松散堆积的区域所遭受破坏要小。不幸的是，标准的地质图并不会告诉我们地表的松散沉积物的厚度。需要厚度、层理、容重、黏结性、孔隙度、结构和含水量方面的数据。

较大的地震会在地表地质记录中留下清晰的痕迹。1964 年阿拉斯加受难日（Good Friday）地震在铜河三角洲的沉积物内留下了不可磨灭的标志[18]。沉积物中形成了相对致密的地质构造格局，包括砂堤、砂管、滑坡、断层和节理。这些结构有时会终止于不整合。地震形成的假潮（海涌）可以高出潮坪（滩）2 m，这会导致蛤蜊的栖息地瞬间遭到破坏，从而形成蛤蜊壳沉积。除非被侵蚀掉，这样的地质记录将保留下来。地质考古学家需要做的是在区域内进行足够的交叉剖面观察，之后建立起地层记录的详细地质事件序列。

最近的构造运动通常可以从岩心数据分析中得以了解。区域的沉降或抬升和小的断层所引起的地层位移都可以在岩心中体现出来。在发生区域隆升的地方很可能存在地貌指示。在海岸地区，上升的海滩岩石和潟湖或海洋沉积物可以指示垂直位移。

J. 西姆斯（J. Sims）指出，人工湖的地震历史可以与湖泊沉积物中的变形构造相关联[19]。他的文章很好地展示了地震形成的沉积构造。R. 多伊格（R. Doig）将富含有机物的湖泊沉积物中的泥沙层解释为代表加拿大东部 1638 年至 1925 年的五次历史地震[20]。泥沙层可能是由支流上的滑坡和之后的泥沙悬浮带来的。

考古发掘和文献记录了以色列和约旦之间的死海断裂带地区的长达 2000 多年的连续地震历史。T. 尼米（T. Niemi）和 Z. 本-阿夫拉姆（Z. Ben-Avraham）在死海中的约旦河三角洲的滑塌沉积物中找到了杰里科（Jericho）地震的证据[21]。他们使用地震反射数据来说明沉积物记录了杰里科地区长期以来的地震历史。地质考古学家在重建一个遗址或一个地区的地震历史的过程中，必须经常去识别类似的异地沉积记录。

美国历史上最强烈的地震发生在密苏里州新马德里附近。在 1811～1812 年冬天，发生了连续四次面波震级超过 8 级的地震。震中地区的修订的麦卡利烈度达到了 10～12 级，意味着建筑基本完全摧毁[22]。由于地震波在美国中部的衰减较小，面积达 500 万 km^2 的地方感受到了这些地震。大约 5 万 km^2 受到地面破坏的影响，包括裂缝、沙尘(sandblows)、滑坡和沉降。地下砂土液化，通过裂缝喷出了沙子、水和其他物质，其中一些裂缝的长度为数千米，宽度为数十米。密西西比河沿岸的大规模河岸崩塌使大片土地流入河道。尽管河流迅速侵蚀并搬运走了这些柔软的沉积物，但地震事件在当地地质上留下了巨大的烙印。

罗杰•索希尔（Roger Saucier）详细描述了新马德里地震带的史前地震的地质考古证据[23]。在陶萨吉国家历史遗址的考古发掘中揭露出一个公元 400～1500 年的村庄，该村庄建在了全新世晚期天然堤脊上（密西西比河废弃河道内侧的砂坝沉积物）。遗址位于地震引起的冲击和裂缝的东北边缘。发掘显示尽管部分遗址还在被使用，但一条 18 cm 宽的地震裂缝清晰可见，并穿过了一个“灰坑”（垃圾堆）。通过沙堆中灰坑的发现，可以推断地震后遗址继续被使用。基于陶萨吉国家历史遗址的证据，并结合放射性碳测年结果，能够判断足以产生震动液化形变的地震事件发生在公元 539 年之前不到一百年。

欧洲历史上最大的地震是发生在 1755 年 9 月，摧毁了里斯本的一场大地震。约 8.5 里氏震级的地震发生在里斯本西南大西洋的构造板块边界上。根据现有资料绘制的强度图显示了诸如井、泉和河流的变化、地表裂缝和液态化的山体滑坡[24]。地面效应并不总是能够可靠地衡量振动的严重程度。这些研究支持以下命题，地震烈度作为衡量地震破坏程度的指标，对于具有不同频率响应的建筑物是不一样的。这场地震在里斯本、西班牙西南部和摩洛哥杀死了成千上万人。这场地震也为伏尔泰的小说《老实人》提供了素材。

全新世的考古堆积往往可以比地质堆积提供更多适合测年的材料（放射性测年或类型学）。非洲西部地区全新世的构造运动是采用考古学方法进行测年的[25]。一条本地断层在过去 3000 年里发生了 10 m 以上的垂直位移。在 10 m 深的硬石英岩上发现了一段刻字，帮助确定了明显位移的时间（使用考古学记录来推论构造和地震过程是考古地质学的一个例子）。

大地震的影响之一是泉水地下水系统的破坏和改变。W. 霍夫（W. Hough）记录了美国西南部的部落迁徙，该迁徙是对丧失旧泉水和产生新泉水的响应[26]。造成人口流失的最大环境灾难莫过于丧失水源。

在那些地震破坏至少每一百年影响一次的区域，考古学家在解释遗址历史时需要将地震的影响考虑在内。在一些缺乏历史地震记录的地区，也许不需要考虑地震以及海啸的影响。当地质考古学家调查一个遗址的地质框架时，需要找寻所有关于有重要影响的地震的文献资料和地质证据。在历史上，有三个地震广泛频发的时期，即 13 世纪、15 世纪和 1750～1850 年间，这三个时期频发的地震对人类的居住区产生了巨大的影响[27]。在 15 世纪，人们放弃了海边的居址搬到了内陆地区。地震及地震引起的海啸导致居址从有庇护的沿海海湾搬到裸露的突岬。

1601 年 9 月，一场强地震（里氏 6.2 级）袭击了瑞士卢塞恩湖（Lake Lucerre）地区。阿尔卑斯地区在几百万年来都是主要构造区。历史记录中这一区域并没有很长的地震活动记录。为了了解这一区域的地震活动历史，M. Schnellmann 和他的同事利用地震反射剖面和来自卢塞恩湖的岩心揭示了千年内严重的地震干扰，包括严重的湖啸[28]。

大力神神殿建于公元前 4 世纪，位于意大利亚平宁山脉南部，由于马尔济斯断层（Matese fault）的历史活动而遭受破坏。P. Galli 和 F. Galadini 使用考古地震和古地质分析，揭示出神庙墙体和地基在公元前 3 世纪的地震中发生的位移（历史文献中并没有记录）和公元 1456 年以及 1805 年的灾难性地震[29]。

N. Ambraseys 和 C. Melville 的研究工作是将历史研究与野外观察很好地结合的例子[30]。他们认为滑坡、崩塌、土壤破坏和断层在评估地震烈度的过程中价值有限。在没有地震作用的情况下，地面变形往往也会造成斜坡上村庄的破坏。他们指出，没有地震的帮助，每年依然都有许多土坯房和公共建筑倒塌。他们也记录了 1894 年 2 月 26 日发生在伊朗设拉子（Shiraz）的地震并没有造成什么破坏，而之后的暴雨却摧毁了 2000 多栋房屋。

地质和考古的证据以及当地的口述史都指出在晚全新世至少有六次 8 级地震发生在太平洋沿岸的华盛顿和英属哥伦比亚，其中一些导致了整个村庄被遗弃。在几个考古遗址都有海啸带来的沉积物形成的地层[31]。据推测，缺乏史前人类占领华盛顿南部太平洋海岸的证据，部分原因可能可以从地质证据解读：史前地震期间海岸被淹没[32]。公元 1700 年左右的地震活动以及随之而来的海啸和洪水泛滥埋藏了低洼沿海地区。

再往南，沿着俄勒冈州的北太平洋海岸，有迅速被掩埋的沿海沼泽[33]。钻心显示在全新世晚期有沼泽被周期性地多次淹没。研究了河口的考古遗址的数据，河口迅速反映出微环境的变化，尤其反映在考古地层中可能保存下来的软体动物和鱼类种群中。来自河口的考古数据显示了地面沉降。有两个遗址，在这些灾难性的沿海地震引发的事件期间，人类的占领一直持续。

评估地震对考古地层的破坏是很困难的。古代地震活动的现场证据表明，个别特征很难与因建筑质量差和不利的岩土效应而造成的破坏特征区分开来。墙壁的倾斜和其他的严重变形常常被考古学家认为是古代地震造成的破坏。但是这样的破坏也可能是墙体下垫面状况造成的，包括墙体构造所产生的地面应力或者与地震无关的地球运动所产生的地面活动，数个研究提供了评价考古遗址中地震影响的标准[34]。

考古地震学是一个很好的例子，在研究过程中必须结合多学科的复杂的证据来解释遗址的破坏。基础的考古学证据必须辅以地球科学（地震学和构造学）、土木工程学、建筑学和历史学的应用。其中每一个学科都有自己的语言体系和有用的方法。就像现在逐渐成熟的“地质考古”需要将考古学和地质学结合来研究遗址和它们的环境背景，考古地震现在看来是一门发展中的学科，实践者需要将不同学科的数据融合。因此地震数据可以被用来了解人类社会的过去（地质考古学）或者是严格的地质过程（考古地质学）。

关于地震破坏的许多推测可能是正确的。但是要考虑这种猜想，必须有更坚实的证据基础。其中大部分可以来自研究现代震颤对当地结构性建筑的影响。当地的地质和地貌会影响强度，因此在适当的地方还应制作专门的地质图。

洪水和洪水传说

泛滥平原是世界上最好的农业土地，在那里聚集了大量的人口。泛滥平原通常发育在大的河流系统的下游地区，因为河流蜿蜒摆动，不时地泛滥冲到岸上，将富含有机质的沉积物带到下游形成肥沃的土地。这些泛滥平原开阔而延展，使得洪水每次都可以淹没很大的范围。每当洪水冲垮堤岸，河水流速在边缘就会降低，从而使粗粒的沉积物沉积在那里（见第3章）。随着时间的推移，形成了天然的堤坝。堤坝以外形成了倾斜的地面。当河流也在河道中沉积沉积物，增加河道的海拔时①，可能带来灾难性的后果。当大的洪水发生时，海拔高度大于周边的河流就会冲毁堤坝，然后淹没周边的土地。当洪水消退时，新的河道会在其他位置形成。

中国的黄河流经易被侵蚀的黄土高原，将大量的泥沙携带到华北平原。它的河道比周边的海拔高度高出15 m以上，且每年以5 cm的速度在增长。在历史文献记录中，这条大河几乎每200年就有一次大的灾难性的洪水发生，导致数百万的人口死亡和成千的村落被淹没。每次大洪水后都会产生新的河道。

有时候黄河会向东北汇入渤海，其他时候都是向东南汇入南海②。它最南侧与最北侧的入海口相距500 km。中国华北的考古主要与黄河的沉积和破坏直接相关。

世界上所有神话中，没有一个比诺亚的洪水所吸引的关注更多了[35]。19世纪早期地质学的发展在补充我们对这个传说所缺乏的历史性认识中扮演了关键角色。到19世纪末，学者翻译了在尼尼微出土的楔形文字泥板。这块泥板上写着比圣经记载要早得多的洪水记载。这场洪水发生在美索不达米亚而非古代巴勒斯坦。甚至简单地看一下地形就能发现，美索不达米亚是由两个大的河流系统发育的平坦大平原——更倾向于发生大洪水，而巴勒斯坦是山区，需要更大量的水才能形成圣经所记载的那样的大洪水。

史前时期的大洪水在地质记录中是比较容易识别的，在大多数考古沉积中也应该很清晰。然而，正如伦纳德·伍利（Leonard Woolley）一样，考古学家也被引入歧途。在美索不达米亚乌尔城的考古发掘报告中，伍利声称遗址中有关于“创世纪的洪水故事”的考古证据[36]。当时的考古队员之一是马洛温（Mallowan），后来他在一篇文章中称，“诺亚洪水事件”需要被重新考虑，他摆脱了伍利的理论，并为了解考古序列中的美索不达米亚的

---

① 最终可能形成地上河。——译者

② 可能是指黄海。——译者

洪水提供了有价值的时间表[37]。

火山

火山在人类苦难史中扮演的角色要远远大过我们通常所认识的。火山所具有的毁灭能力可以在 1883 年印度尼西亚喀拉喀托（Karakatoa）火山岛的火山喷发中得以体现。这次喷发是在火山休眠了 200 多年后发生的。1883 年 8 月 27 日，三分之二的岛屿消失不见，形成一个深达 250 m 的破火山口并造成了三次高度超过 30 m 的巨型海啸。一艘荷兰军舰被冲到陆上 1 km 以外，停在海拔高度为 10 m 的地方。这次灾难摧毁了 165 座海岸村庄，并造成了 36 000 人死亡，大部分是被淹死的。厚厚的浮石筏有一些漂浮过了印度洋，另一些漂浮到了马来西亚，甚至在两年后很多依然漂浮着。在 4500 km 以外就可以听到喷发的爆炸声，巨量的火山灰覆盖了方圆 450 km——“白天突然变成了黑夜”[38]。火山灰环绕着地球，使全球气温在火山喷发后的一年内下降了 0.5℃。直到 1888 年气温才恢复了正常。

梅扎马火山的大喷发（早于距今 6500 年）导致了火山口湖（Crater Lake）的形成。周边区域被 40 km^3 的火山灰所覆盖。当时生活在那里的人们所穿的鞋和其他的物品被火山灰覆盖。来自梅扎马火山的火山灰是华盛顿、俄勒冈州、爱达荷州和蒙大拿州以及加拿大西南部的全新世地层的出色时间标定物。

在公元前 2 千纪中叶，爱琴海上的锡拉岛经历了更大的灾难性火山喷发。产生的火山口面积为 83 km^2，深度为 350 m，大约是喀拉喀托的五倍。覆盖在岛屿废墟上的火山灰厚度超过 30 m。浮石漂浮在整个爱琴海和东地中海。灰尘落到了克里特岛和爱琴海岸的土耳其。地质考古学家一直在寻找与其相关的地震和海啸事件的破坏性证据，但一直没有成功。F. 麦科伊（F. McCoy）和 H. 海肯（G. Heiken）总结了当地青铜时代晚期圣托里尼喷发造成的影响[39]。

早期，居住在火山地区的人将火山的破坏性喷发归因于邪恶神灵。阿兹特克人和玛雅人向火山献祭人牲。夏威夷火山女神 Pele 在西方传说中非常有名。Pele 的传说表明夏威夷人了解火山的地质影响，但火山活动从西北到东南逐渐减弱。

17 世纪的开端伴随着一声巨响。在 1600 年 2 月 19 日，南美洲历史上最大规模的火山喷发发生了，在 300 000 km^2 的范围内降下了 19 km^3 的火山灰，影响了秘鲁中-西部、玻利维亚西部和智利北部的人们。火山西边 20 km 以内的人们遭受了灭顶之灾。大量细粒的火山灰漂浮在大气层中，使 1601 年的夏天成为自 1400 年以来北半球最冷的一个夏天。S. 德 · 席尔瓦（S. de Silva）和他的同事研究了火山喷发对该区域的社会经济的影响[40]。他们报道了农田、庄稼、牲畜和水源的损失。直到 1750 年，水果和谷物的生产再次繁荣，而葡萄酒产业从未完全恢复。

图 9.6 展示了火山高发地带。其中很多火山带也是现代人口密集和历史上人口聚集的区域。人类在东非火山频发的阶段进化，火山灰层不但保存了人类遗迹，还为上新世和第四纪的地层序列提供了可测年的材料。因为人类社会一直在适应和面对环境波动，佩森 · 希茨和 B. 麦基（B. McKee）以及其他人都利用火山破坏带来的自然灾害为探索人类社会与不断变化的环境之间的动态关系提供框架[41]。

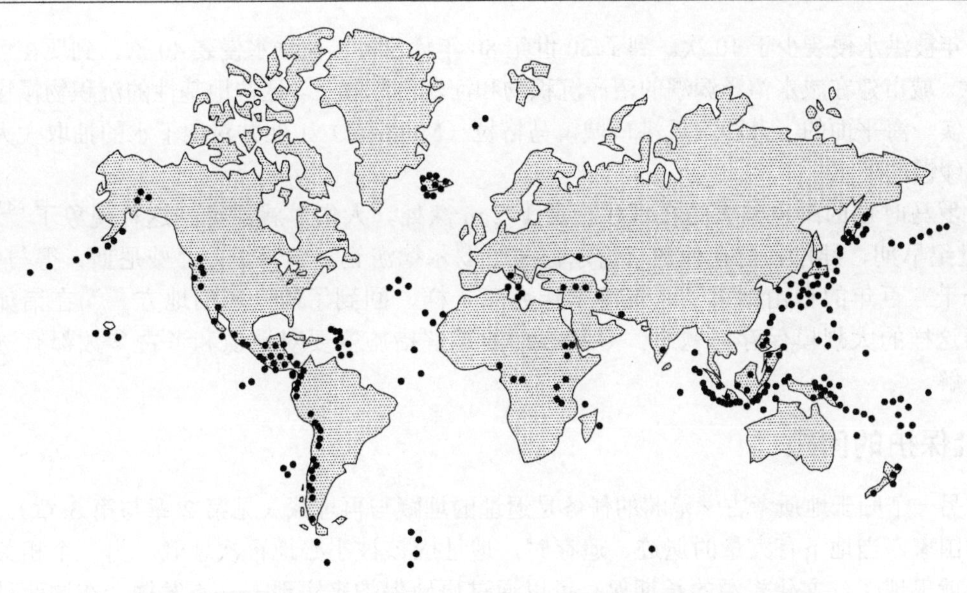

图 9.6　世界主要的火山带（由史密森学会短暂现象研究中心提供）

得益于一系列的地质事件，东非裂谷带是早期人类化石和人工制品最丰富的地区。火山和构造活动形成了裂谷带及其中的沉积物，并使其成为保存生活和死亡后遗存的理想地带。火山沉积带来的快速掩埋有助于保护遗址。地层序列中的火山灰又提供了放射性测年的材料（见第 5 章）。

遗址保护

无论何时何地，只要涉及考古学和地球科学，地质考古学都可以发挥作用。其中就包括了考古学中遗址保护的部分。遗址保护的三个主要方面是地质学的、岩土工程学的（与材料科学相关的）和建筑学的。地质考古学家主要解决第一个方面，另外对第二方面也应注意。遗址保护中的地质学问题包括：①侵蚀，包括波浪、河流、海平面上升、风和冰等的作用；②水坝建设引起的淡水泛滥；③矿物开采、取水、石油开采造成的地面沉降；④滑坡、大量浇水和土壤蠕变；⑤沉积物和土壤压实；⑥地震、海啸和沿断层错动；⑦成岩作用、生物扰动和冻融作用；⑧火山危害。

可以缓解这些问题岩土工程措施包括：①排水；②防水；③化学加固；④结构加固；⑤引导；⑥放置抛石；⑦减轻生物作用。（对于火山危害没有相应的岩土工程措施。）地质考古学家在应用岩土工程的方法时首先应该遵循他们的“希波克拉底誓词”[①]：“首先，不要伤害。”在历史上很多尝试保护古建筑和纪念碑的行为伤害大于益处——不幸的是这些饱含好意的保护几乎不含地质学知识。

一个使用地质考古来保护遗址的清晰的例子就是对意大利威尼斯的保护。威尼斯不断地沉降，使得潮水更频繁地淹没这些珍贵的建筑。在 20 世纪的前 10 年，威尼斯圣马可广

① 俗称医师誓词，是西方医生传统上行医前的誓言，希波克拉底乃古希腊医者，被誉为西方“医学之父”。在希波克拉底所立的这份誓词中，列出了一些特定的伦理上的规范。——译者

场每年被洪水侵袭少于 10 次。到了 20 世纪 80 年代，每年被洪水侵袭 40 次，到现在可达 60 次。城市建在咸水沼泽潟湖的沼泽沉积物和河流沉积物上，这些地基性的沉积物慢慢地被压实。海平面的上升和附近港口城镇马格拉（Maghera）工业井对地下水的抽取大大加剧了缓慢的下沉。

罗马时期的维也纳大约在现代街道下 2 m 深处。人们早就注意到这种现象了[42]。19 世纪早期，拜伦勋爵在他的《恰尔德·哈罗尔德游记》中写道："威尼斯，得与失，她一千三百年的自由结束了，沉沦了像海草一样，回到了她升起的地方。"在诸如威尼斯这样的大规模保存问题中，寻找成功的缓解措施需要对地质和考古参数都有透彻的了解。

遗址保护的问题

另一个归于地质考古学范畴的任务是遗址的埋藏与再埋藏（见第 2 章与第 3 章）。在许多国家，当地下有大量的遗迹、遗存时，遗址应该被小心地再次埋藏。另一个相关的情形就出现了，文化资源的长期保存可以通过原地保护来实现——不发掘。在这两种情况下，通常都必须允许先前或预期的土地使用继续进行（例如农业用地和高速路的修建）。取决于所保护的遗址类型的差别，需要不同类型的地质资料，如当地土壤和沉积物状况和整体水文状况。虽然越来越多的法规可能要求使用相对惰性的石英砂，但通常可以使用当地的地质材料。任何一种被使用的岩石材料必须不含有害量的氯化物、碳酸盐、可溶的铁化合物。

在沉船保护中，特别需要了解保护工作的环境背景。在水下环境中，地质的、化学的和生物的降解过程差异很大，沉船被越来越多地作为遗址来管理。大多数沉船已经与其环境达到降解平衡，任何人为的改变都可能是有害的。在评估沉船保护计划时，自然沉降率、洋流、波浪作用和水深是重要因素。填充沉积物中黏土含量高，则可能提供低渗透性，有助于保存木质物体。地球化学环境也应该被考虑。含氧量高的水会导致铁元素的快速氧化。盐度、pH 值和温度也会影响人工制品的变质。

河流、湖泊、水库和海洋的侵蚀一直威胁着考古遗址。19 世纪，格罗夫·卡尔·吉尔伯特（Grove Karl Gilbert）的经典研究主题是河岸侵蚀及其成因[43]。这位开创性的地貌学家解释了湖岸地貌的形成形式与过程。吉尔伯特所研究的地貌已被人类破坏，尽管人们尝试过努力保护。

通过了解腐蚀过程的动力学原理（见第 2 章和第 3 章），地质考古学家可以帮助在面对自然界时保护遗址。尽管过程已被熟知，但是每个遗址的侵蚀速率各不相同，因为它们在时间和地形景观等参数上存在巨大的差距。当一个地区的地质情况被了解以后，可以使用各种技术来建立侵蚀率的基线。历史上，序列性的航拍照片可以提供最重要的一种记录（见第 4 章）。航拍照片在美国和其他一些发达国家提供了相当长一段时间的记录。这些照片大多提供立体图像。美国地质调查局有一个系统的、可重复的航空制图程序。美国陆军工程兵团拥有使用校准相机拍摄的大型公制航拍照片，以对其项目区域进行工程制图——这些项目经常影响对遗址潜在的侵蚀。

任何一个考古的保护项目都需要有一定的地质学视角。尤其是对于河流泛滥平原，每次洪水都可能造成河流改道，而在沿海地区，一场风暴造成的海滩衰退可能比 100 年的正常侵蚀更严重。每个考古遗址都呈现出一系列特殊情况，这些情况取决于以下因素：遗址是被迅速放弃还是人类活动缓慢地减少（一个更复杂的情形），埋藏的深度和速率，遗址的年代等。自然的地貌和气候的改变会给遗址的保护带来压力。当一个遗址被放弃以后，地质过程成为主导遗址破坏与埋藏的因素（见第 2 章）。这些地质过程既包括物理的（压实和冻融作用）也包括化学的（如风化和大量的溶解现象）。直到 20 世纪 80 年代，几乎没有研究关注埋藏和成岩作用的影响。对于位于土壤带的遗址，复杂的土壤活动将对考古资源产生影响。尽管埋藏可以减轻风化和沥滤，但是埋藏在活动土壤带以下的遗址依然受到以下因素的影响：酸碱度和酸碱度的变化，物质的物理运动，压缩，干湿冻融现象，湿喜氧和厌氧反应，其他的成岩变化和生物体。

在埃及的底比斯可以看到一个特殊地质条件的例子。新法老王朝在尼罗河西岸的岩石陡壁上建立墓地。图 9.7 展示了典型墓葬坐落地的地质剖面和岩性。地区露头有三个海洋沉积岩层：Theban 石灰岩，Esna 页岩和 Dakhla 白垩岩。大部分帝王墓地都切入 Theban 石灰岩的斜坡上。那些深入到 Esna 页岩层的墓穴（见图 9.7）遇到了地质“定时炸弹”。Esna 页岩中的高蒙脱土含量使其在湿润时具有很高的膨胀性。这种膨胀对石柱和坟墓中的隔板施加了巨大的压力。保护工作必须集中在保持墓穴干燥上。

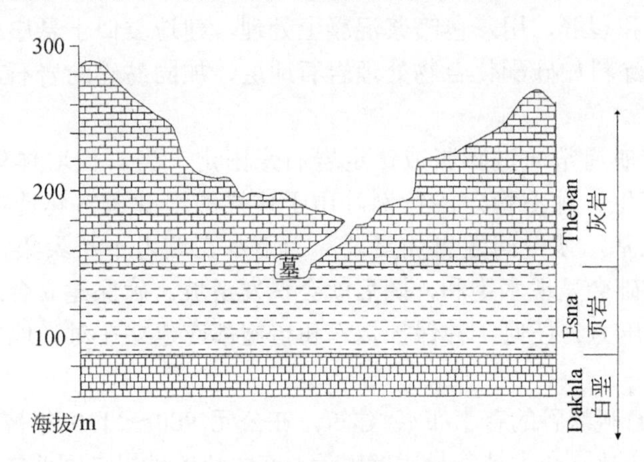

图 9.7　埃及帝王谷的剖面图

水库

当新的水库被注水时，工程师们经常必须面对平坦的阶地处的河岸条件，以及被水冲刷的由胶结较差的淤泥、沙子或砾石组成的陡峭河岸。当这些水库被注水时，侵蚀力将直接作用于之前没有被影响的新岸线。直到达到平衡，库岸受到了严重的快速侵蚀。在全球范围内，河岸的阶地在史前时期都是受人类青睐的居住地、垂钓地和其他相关活动开展的区域。至少有 34 个过程会影响水库库岸的侵蚀速率[44]。研究者分析了美国北部的 10 个水库在 20～30 年间的库岸侵蚀情况。即使在一个很小的区域内，库岸侵蚀都可能有很大差别。沿着两三个横断面测量的侵蚀后退可能不能完全代表研究区域的情况。估算密苏里河中游地区水库的侵蚀后退速度为每年 0～12 m。

从地貌学的角度看，不只需要考虑自身的侵蚀，周边区域的地貌景观也需要成为研究工作的一部分。在立体航空照片覆盖下，裸露的侵蚀岸及其直接相关联的地貌环境通常是明显可见的。然而，为了建立完善的遗址保护方案，对岸边沉积物类型和植被覆盖情况的野外实地观察也是十分有必要的。影响库岸侵蚀的因素在不同的时间尺度上起作用。水位线几乎每隔几天都会发生改变，而洪水可以剧烈地改变水位线。气候参数，如干旱，在年际尺度上起作用。沉积物沿着水库和大型湖泊的延伸岸线侵蚀的趋势各不相同。新的水库处于一种“新湖泊环境”的不平衡状态中。水库达到平衡环境所需的时间各不相同，密苏里河中游地区的一些水库在30多年的时间里仍未达到平衡状态。

山顶或斜坡

从青铜时代到中世纪，通常是出于防守的原因，地中海地区的居住遗址和军事堡垒都建在四面都是陡峭悬崖的平顶山丘上。这也使得岩石小山丘极易受到侵蚀。在不稳定的悬崖或陡坡上进行加固的举措可以回溯到文艺复兴时期的意大利。

明显凸出的山坡对于风和水的侵蚀特别敏感。由于黏土、沙子、碳酸盐或火成岩层的不同抗侵蚀力，被侵蚀的轮廓可能显示出不规则的形状。风会侵蚀胶结不良的沉积物形成的陡峭斜坡或悬崖。风速会随着高度的增加而增加，被风夹带的沙粒可能具有磨蚀性。可用于抑制侵蚀的岩土工程保护技术包括：在悬臂岩石下面用混凝土填充空隙，用水泥浆填充开口的缝隙和裂缝，用彩色喷浆混凝土处理，建造类似于悬崖或斜坡的岩石保护墙，用耐久的防水涂料如硅酮化合物处理岩石地层，加固易碎的岩石，以及用硅酸盐浸渍多孔岩石。

大型岩块的岩崩通常通过膨胀或锚定岩石来固定。当古代墙体建造在陡坡的边缘或者斜坡上时会产生一种不稳定的特例。由于这样的墙壁通常建造在充填物上——这是一种非常差的地基，使得问题更加复杂。当雨水在墙内不断聚集，且没有排水系统的时候，墙体的基础会呈现水饱和，随后就会诱发滑坡。确保建立合适的排水系统有利于缓解雨水带来的压力。任何一种保护技术和措施都应建立在对当地岩性和地层充分了解的基础上。

新墨西哥西北查科峡谷的普韦布洛[①]建筑，在公元900～1130年被建造和使用。早期的居民将他们的村庄建立在大峡谷悬崖壁附近，在大块的砂岩之间或之上。他们可能没有意识到这些倒下的石块的重要性。后来的居民意识到附近悬崖的不稳定性，在普韦布洛三期（公元1050～1060年）的时候开始用嵌在碎石中的木桩支撑悬崖，并用砖石来保护。整个建筑由大量的土坯和瓦砾支撑。古代的这些缓解措施有效地抑制了砂岩峭壁的坍塌，让普韦布洛建筑一直支撑到1941年1月。

地震

地震带来的问题在地质考古学中远远不止评估地震对考古遗址的破坏程度，也自然地扩展到古迹的保护问题上。需要确定高风险地区的最大地震危险。历史地震地图是评估未来地震载荷的起点，但是地震的破坏程度评估源于对断裂带的断层活动的定量描述。如果

① 普韦布洛指美国西南部普韦布洛印第安人社区（村落）。拥有永久性多层居住址，系仿照其祖先的悬崖住所建成，始建于1300年前。这种房屋用晒干的黏土泥砖筑成，泥砖通常为20 cm×40 cm，厚10～15 cm。房高5层。环绕中心庭院构筑，逐层依次缩进，使整幢建筑类似一座锯齿形金字塔，下层房顶即成上层平台。上下层间用木梯经由天花板上的洞口出入。——译者

要保护受地震威胁的古迹，则另外需要该地区可能的地面加速度的信息。

地震风险分析在日本和美国是一门先进的科学。因此，用来评估考古遗址保护的古地震活动和地震危害的数据已经比较充分。这些数据结合了很多地震高发地区的工程地质的调查，有助于建立遗址保护的地质考古学框架。工程地质的研究一般会重建地下地貌很多个世纪或千纪的改变。地质时间范围通常比考古学时间范围长得多。

遗址加固（保护）

尽管考古遗址易受自然老化过程的影响，但侵蚀和相关的物质运移可以被预测和缓解。与相对较近的考古学兴趣相比，遗址加固（保护）工作的历史要长得多。因此，适用于遗址加固保护的地质工程科学已经比较成熟。地貌学、工程地质学、水文学、土壤力学和其他相关的学科都服务于解决遗址保护的问题。然而考古遗址的保护经常有一系列与埋藏遗迹保护有关的独特问题。尽管抛石可以保护地表的遗址，但是如果把相同的材料应用在埋藏于软的沉积物中的遗址，反而会破坏所要保护的遗址的空间结构。每一个关于遗址保护的地质考古学项目都应该考虑测试保护加固技术。遗址保护的目标是达到系统发掘数据和文物以及长期原地保护文化资源之间的平衡。

填埋（保护）

虽然把考古遗址埋在表土下经常被用来保护遗址，但很少有研究评估这一措施的长期影响。这里有些基本的地质学考量，包括以下几点：

填充物应该是无菌的，并且其成分不会抑制植被；

沙子作为填充物可能不稳定且易被侵蚀，细砂和粉砂可能会发生紧缩；

较重的石块（抛石）尽管坚固耐侵蚀，但可能对遗址产生超出预期的压实；

需要对遗址中的沉积物和土壤进行土壤力学和水文性质分析，同样，也需要了解要保护的遗迹和遗物的性质；

填充材料必须与遗址基质、人工制品和生物样品在化学上相容。所谓“化学上相容”是指遗址的酸性环境、充填物的 pH 和遗址土壤背景的 pH 应当相近。骨头会在酸性环境下迅速分解，若填充物中有溶解的盐，在盐类结晶时会使骨头发生崩解破坏；

深埋会带来超过预期的压实和其他相伴生的影响；

较粗的沙或者小砾石可以是填充于含人工制品的层位之间的合适的标记物；

当岩石护堤适合于裸露的溪流、湖泊和水库的岸时，在确定地面准备和方便的坡度角时，必须考虑遗址的背景、遗物和遗迹。如果水位下降到护堤底部以下，则岩石护堤的底部可能会遭受侵蚀和灾难性破坏；

当土壤被引进时，土壤的性质如有机质、酸碱性、氮含量和可溶性盐将达到新的平衡。实验室分析有助于了解遗址的土壤和基质的性质；

浅钻可以用来了解遗址沉积物和土壤，并评估地层的连续性和延展性。

填埋可以控制遗址的侵蚀、风化和生物破坏，但是提高了的载荷、湿度和不相容的化学成分又限制了这种方法的使用。这种方法最成功的使用案例是那些化学性质保持不变的遗址和那些减少或消除了冻融和干湿循环的有害影响的遗址。填埋遗址中相对重要的衰变影响因子是：

最严重的	干湿/冻融
	潮湿有氧条件
	压缩
	微生物
	冰冻
	潮湿厌氧条件
	低 pH 条件
	移动
	高 pH 条件
最轻微的	融化

考古/文化资源的管理

资源管理

许多地质考古学家，正在或者将要加入到考古和文化资源管理（Cultural Resource Management，CRM）的工作中。如今，在美国的文化资源管理体系中，地球科学成了必要的一部分。在明尼苏达州和艾奥瓦州，地貌是考古调查和发掘中必不可少的一部分。对于文化资源管理调查有效的以地质学为基础的技术包括钻探、沉积物（土壤）分析和地球物理探测。在文化资源管理的框架下工作，地质考古学家需要遵循考古学工作的规程。

美国联邦政府对公共土地上考古资源的保护是根据 1906 年的《古物法》发起的。1966 年联邦颁布的《国家历史保护法》是现在美国考古学工作遵从的基本法规。已经颁布了扩大或澄清法律的修正案。这部法律体现了对保护历史的强烈支持。《国家历史保护法》一项基本的工具就是国家历史名胜古迹登记册。国家登记册是一个包含了全国范围内重要历史和史前遗址的名字和地点的清单，列入其中的遗址受到一些法定的保护。联邦政府和州政府的资金不能资助对遗址的改变和破坏。同时，在各自的司法管辖区，联邦政府和州政府都有义务保护这些遗址。

现在和未来可能出现更多应用于国家公园、森林和部落领地等的法律。然而，文化资源的立法也影响了其他财产。任何联邦或州政府资助的项目或者需要政府颁发执照的项目都需要遵守法规。这些项目包括高速公路、桥梁、水坝的修建和联邦建设项目。这些项目通常包括地质的部分。

1935 年的《古迹法》促成了跨部门的合作计划，实施了河流盆地考古和古生物遗存的调查计划，这个项目开始着手处理遗址的破坏问题，授权对文化资源进行鉴定，并呼吁减轻对这些资源的不利影响。1960 年的《水库抢救性发掘法案》和 1966 年的《国家历史保护法》继续开展这项工作。这些法案为保护历史和考古遗址提供了有效的工具。

如果使用联邦政府的资助进行改造，私人土地也会被保护。例如，任何个人用政府的贷款进行修缮或建设时都需要遵循联邦政府关于考古资源的法规。这包括发布环境影响研究或环境评估。在一些类型的项目中，无论其属于私人、公共还是政府都需要环境研究报告。

这些关于文化资源管理的简要介绍旨在向在美国 CRM 工作的地质考古学家表明他们在文化资源管理中负有职责。大多数国家现在都有关于考古和地质考古项目的基本立法。将考古、地质地球物理、地质考古、古生态和文化资源管理的调查结合在一起的做法现在在全球范围内广为流行[45]。地质考古学对地貌单元的分析往往是考古学调查和文化资源管理方案指定的核心。我们坚信两种地质考古的方法，即钻探和地球物理调查，必须成为几乎所有文化资源管理调查的组成部分。

历史时期文物的保护与大多数史前文化遗存（被埋藏）的保护在地质方面有较大的差别。尽管后期的河流改道、海岸侵蚀和相关的自然破坏作用对于历史和史前遗址都有类似的影响，但是有些自然过程像大洪水和酸雨对有建筑物的历史时期遗址影响更大。地下水位的上升会通过改变干湿条件来保护地下埋藏的遗址，而这很可能会破坏历史建筑。

一般来说，对于历史遗址的保护所要考虑的地质考古因素要比史前遗址保护要少一些。许多历史遗迹保护问题的主要地质方面的问题都围绕着石头建筑在不利的大气条件下的风化。在其他遗址，护堤、填埋和抛石护岸等岩土工程方法可以缓解问题。

保护

材料保护

保护的第一条戒律是“进行任何保护或修复处理之前都必须对衰退过程进行详尽的研究。”补救措施通常包括以下步骤：诊断、清洁、整合。诊断需要地质学知识，因为不了解材料的性质无法进行接下来的步骤。对于土质材料，这意味着材料的矿物和地球化学性质以及之前和当下的环境背景。例如，灰岩和大理岩在酸性环境中极易立刻被瓦解，但是新鲜花岗岩风化较慢（也是会发生风化的）。标准的碳酸在大气中会溶解方解石（灰岩和大理岩的主要成分），但是大气中的硫酸会将表层的碳酸钙转变为硫酸钙，因此导致材料的崩解。玛莉石灰岩（Marly limestone，意大利常见的建筑石材）也遭受其异质性的困扰。酸性溶液沿黏土层的渗透进一步加快了碳酸盐组分溶解的物理过程。

在由石英（一种高抗矿物）碎屑颗粒组成的砂岩中，胶结物很可能是易受侵蚀的成分。方解石水泥与石灰石和大理石有着相同的化学问题。胶结物的胶结强度较弱，风中颗粒磨损可产生快速的机械解体。与依靠气动锤振动（会导致微裂纹）的现代方法相比，古老的手工采石方法所造成的机械损伤较小。所有的工作表面都更容易黏附的碳质颗粒，是将大气中的二氧化硫水合为硫酸，促进溶解的良好催化剂。

彼得拉福尔特（Pietraforte）砂岩是在佛罗伦萨广泛使用的建筑石料，人们曾一度试图量化其成形过程与建筑石料物理特性之间的关系。该砂岩的碎屑颗粒来自变质岩和沉积岩。这种岩石是硅酸盐和碳酸盐成分大致相等的混合物。这种材料的崩解主要是由于孔隙与间隙吸收水分，然后受气温突变的影响。孔隙率似乎受加工过程的影响，特别是当加工表面平行或垂直于岩石中的分层时。

矿物学（包括 X 射线）和岩相学分析（见第 7 章），以及化学分析对于确定岩石性质和了解岩石风化是必要的。岩相学分析可以用来确定孔隙率和渗透率这两个判断岩石对化学风化敏感性的重要参数。

对于正在使用的建筑石材和修复石材的化学处理的内容远远超出一本地质考古学书可以介绍的内容[46]。地质学家对于材料保护所能做的就是提供在不同环境下岩石和其他建材的稳定性和不稳定性。一个世纪以来，石雕、纪念碑和建筑物的保护处理工作屡遭失败，这在很大程度上是对特定化学环境中的材料了解不足所致。

腐蚀

腐蚀现象是造成金属变质和老化的根本原因。大多数金属在地球表面普遍存在的条件下都是不稳定的。腐蚀的结果有两个重要而又矛盾的方面：它会导致变质和外形损毁，但根据金属或合金的不同，腐蚀的薄层可能会在表面形成保护膜，从而抑制进一步的变质。

铜和含铜较高的合金氧化后会在表面形成一层铜绿。铜绿由氢氧化铜的硫酸盐、碳酸盐或氯化物盐，以及铅和锡的盐类组成，这些都是合金元素。应该强调的是，已经发现了十几种矿物是青铜的腐蚀产物。腐蚀的速率取决于一些环境因素，尤其是来自土壤和大气中的硫酸和碳酸中所含的酸。从潮湿的地方（包括海底，那里的氧相对稀缺）挖掘出的铜或铜合金通常几乎不受腐蚀。在还原环境中，蓝黑色硫化铜可能来自物体表面。溶液中的铜对海洋生物是有毒的，所以海洋生物的存在可能表明该金属没有活性腐蚀。

古代的铁并不是纯铁而是含有约 0.1%碳的合金，被称为熟铁。之后发展出的另一种合金被称为铸铁，碳的含量约为 2%。钢也是铁和碳的合金，但钢是很不相同的材料。铁容易腐蚀成多孔且不均匀的氧化铁锈。高度腐蚀的铁很脆弱，需要特定的保护技术。它们应该被储存在尽量干燥的环境中。

从潮湿的有空气进入的遗址中所挖掘出的铁通常看起来像是一种无形的红棕色物质。这些物质的形状通常与原始物体的形状不相似。这些物质由铁的氧化物、氢氧化物和碳酸盐组成。出自潮湿厌氧环境的铁器呈现黑色，这是通过硫还原细菌的作用形成的硫化亚铁。

海洋遗址中，腐蚀的铁周围会形成由铁氧化物和氢氧化物、碳酸钙和碎屑组成的亚铁凝结物。当这些凝结物形成时，他们开始在遗址中扩散，困住周围的一切。在氧气相对稀少的地方，可能存在纤铁矿、磁铁矿和黄铁矿。

作为一种贵金属，金不受地球表面或其附近常见化学过程的影响。而在自然和人造的金银合金中，银更容易被腐蚀。在金和铜合金中，尤其是在中美洲和南美洲被称为图恩巴加（tumbaga）①的合金中，铜合金会被腐蚀形成一层绿色的铜锈，金合金也会出现断裂——这一现象不发生在纯金上。

到罗马时期，铅在欧洲非常常见。新鲜的铅有明亮的金属光泽。腐蚀先是让其失去金属光泽，之后在表面呈灰色，最后呈灰白色。大多数发掘出土的铅器表面都呈灰白色。灰白色物质是白铅（$PbCO_3$）和/或水合白铅（$2PbCO_3 \cdot Pb(OH)_2$）。这些腐蚀产物存在于潮湿钙质土壤以及海中的铅上。在两种情况下，它们都可以保护金属免受更大的腐蚀。因为铅是软的，所以腐蚀产物的摩氏硬度高于下层金属。发掘出土时，锡铅合金将具有类似的钝化和灰白色腐蚀表面。

① 图恩巴加是由西班牙征服者命名的非特定比例的金和铜合金名称。——译者

第10章 结 语

从这些例子里读者可能获得一个印象，即所有的陈述都是在强调地质学家的野外工作对解决考古学问题的重要性，同时也是想让考古学家获得更多的地质学的思想……我们只能希望正在从事发掘的考古学家……能够意识到地质学……对于考古学的价值。

——赫尔穆特·德·特拉（Helmut de Terra）1934

未来

地质考古学和其他更广泛地将地球科学应用于人文和历史领域的科学研究，近年来似乎又进入了扩张的时代。古代传说一直是经典人文研究的核心方向。地质学家现在对这些传说的地质方面的证据开始感兴趣。在第 9 章中我们列举了地质学在研究大洪水传说中的贡献。我们也请您关注一本书《地球传奇：其地质起源》（*Legends of the Earth*: *their Geologic Origins*）[1]，在这本书中有很多类似的研究案例。

最近一篇论文重新开启了关于“德尔斐神谕是否吸入了来自阿波罗神庙下裂隙的麻醉气体”这一问题的讨论[2]。这篇文章的作者指出，裂隙（由断层引起）穿过浅层的沥青石灰岩。在地震发生期间和之后，来自该地层的烃类气体可能已经逸出，此类气体会诱发轻度麻醉。

在另一个例子中，经典文献的内容与公元前 5 世纪发生在希腊的地震的时间和地点不吻合[3]。该地区的考古证据同样模棱两可。作者指出考古和文献证据通常存在不确定性，同时强调了地质学证据的重要性。随着越来越多的地质考古学家参与到人文和历史科学更广泛的研究中，原本地质考古学的视角（新旧大陆人类的遗物）也在不断地拓宽。

考古学范畴中地质考古学的未来

考古学不只是发掘和利用人类学和经典著作来讲述人类过往的似是而非的故事。为了尽可能全面地了解古人的生活方式，有必要从实质上研究与人类发生互动的所有事物：植物、动物、岩石和矿物，以及地貌景观（包括水体）等等。这远远超出了单个学者的能力，正因为如此现代考古学工作是一项“团队工作”。不幸的是只有少量的古代人类生存环境保留到了今天。地质学家可以对相对稳定的石质材料进行研究，也可以对地貌景观进行研究。尽管地貌景观随着时间的推移不断发生变化，但会在地层中留下可以辨识的记录。文化在很大程度上是由其物质产品的范围来定义的，大部分是地质性质的。

考古学的理论往往比地质学的更具争议性，也许是因为考古学理论不完全基于“铁证”。考古学理论随着考古学领域的成熟而发展。我们这本书的第一版出版后，一份书评指出我们没有考虑到考古学理论与方法的发展和变化。我们认为地质考古学是基于自然科学的，而不是主流的人类学考古学。如果地质考古学家依据不可检验的方式来推断早期人类社会行为，那他们就不再是从事自然科学研究了。

地质考古学是关注“是什么”“怎么样”以及“何时”的自然科学，考古学同时还探寻“为什么”。即使认识到问题的重要性，我们对“为什么”这一问题的答案总是存疑的。举一个近代史的例子，虽然巨额的经费花在研究影像资料上，同时还有大量的目击者和采访资料，但是肯尼迪总统遇刺“为什么”会发生至今依然是个问题。更何况去推测人类社会千年、万年甚至更久以前的“为什么”问题呢?民族考古学可能提供解答，但这些假设又如何去验证呢?

英国史前考古学家 C. 霍克斯（C. Hawkes）①在他关于考古学理论与方法的开创性论文里提到，根据人类物质文化进行推论的难度有四个层次：物质技术容易推论，维持生计的经济相对容易，推断组织形式较艰辛，推断精神生活最艰难[4]。霍克斯进一步指出一旦超出了生计经济的讨论，考古学回馈会急剧下滑。

讨论考古学框架下的地质考古学时一个辅助性的议题是人类学框架下的考古学。美国考古学家在过去 50 多年里都在讨论考古学是否是人类学，尤其是在过去的 20 多年里，他们讨论考古学是应该置于人类学系还是作为一个独立的学科设置院系[5]。在世界其他地区，尤其是在英国，有科技考古或是考古科学等院系，考古学作为一个独立的部门由地质考古学家、冶金考古学家和其他的考古科学领域的科研人员组成。我们简单而坚定地认为不是所有的考古学都属于人类学，在今天的学科发展情形中，考古学应该作为一个具有广泛基础的独立学科存在。

为什么考古学家需要学习地质考古学？答案很简单，因为人类的社会框架及其自然环境随着时间的推移而共同发展。对文化和文化变迁的全面解读离不开对环境背景的理解。考古学家通过精心策划的具有破坏性的发掘程序来获取数据。由于很多原因，如成本，21 世纪似乎更倾向于原地保护遗址的整个文化和自然景观。

地质学家和地质考古学家通常着眼于比遗址和遗址群更大的区域，因而使用的方法与考古学家也大不相同。这种较为广阔的着眼点也为他们的研究和保存策略增色不少。最近的考古学调查工作倾向于记录“遗址”的同时记录其他“非遗址点”的信息。人类在自然景观中穿梭和劳动，对连续景观产生了影响。地质考古学家必须处理这些连续的时空景观中的记录。考古学工作一直集中在对“遗址”的研究以确保对重点区域的重视，但是在将来的工作中要更多地关注连续的时空关系而非单个的遗址。在 21 世纪的考古工作中，应不断加强密集的多学科的调查研究。调查方法上需要更深入地应用卫星地图和不断发展的 GIS 技术。为了更好地了解文化景观，需要关注自然景观的变化。

年代学研究同样如此。考古学家往往只关注存在文化遗物或遗迹的特定地层，他们认为这些地层沉积之间的时间间隔为停滞时间，对应的沉积物为“间歇层”，这在很大程度上超出了考古工作的范围。地质考古学家需要注意到时间的连续性。不管地层中有无记录，生命终会延续。地貌、气候、人类活动、土壤发育和植被覆盖的变化都是地表环境中具有时间连续性的特征。古生态学家通过他们细致的环境重建工作为考古学家提供了更多的细

---

① 克里斯托弗·霍克斯（Christopher Hawkes，1905—1992）是一位专攻欧洲史前史的英国考古学家。1946～1972 年，他是牛津大学欧洲考古学教授。他曾在牛津大学温切斯特学院和新学院接受教育，并在那里获得了一流的经典荣誉。他在大英博物馆开始考古工作，1946 年被任命为牛津大学欧洲考古学教授。——译者

节。通常可获得的古生态和地貌数据的精度达不到从事单个遗址研究的考古学家的要求。这可以并且正在通过在特定区域进行的多学科的、以考古学为中心的项目来补救。区域的地貌和地质考古学工作可以在将来很好地解决这些需求。

考古学家对“景观（landscape）”的使用不同于我们在这本书中的使用。考古学的使用中考虑了地貌景观，但是只是与特定文化有关的部分[6]。

因为考古遗址的保护很大程度上是在第二次世界大战之后涌现的，也因为几乎没有后续的关于保护措施有效性的研究，因此遗址保护是未来研究的沃土。对文化资源的短期保护是权宜之计，对长期保护没有意义。直到我们能够评估长期保护的效应时，我们才能够做出合适的文化资源管理计划。随着更多地接受考古学的培训，地质考古学家在文化资源保护、管理和评估中可以扮演重要角色。

我们前面就提到过，这里我们再次说明：考古学和地质考古学都会随着技术的突破而发展，例如分子生物学、地球物理学和材料学。

最后我们用孔夫子的一句永不过时的评论作为结束：

告诸往而知来者。

注　释

第 1 章　理论与历史

1. Konigsson 1989
2. Ferring 1994
3. Gladfelter 1981; Butzer 1982
4. French 2003
5. De Terra 1934
6. 这里指 Butzer, 1982 年关于情境和背景的论述，请勿与 Willey 和 Sabloff 的 *History of American Archaeology*, 306 或是 Trigger, 1990, 348 及 Mandel ed., 2000 中所描述的后过程主义考古学中的“情境考古”相混淆
7. Graubau 1960
8. West 1982
9. Waters 1999
10. Thorson 1990
11. 例如 Binford 1989
12. Leach 1992
13. Renfrew 1976; Davidson and Shackley 1976; Glad-felter 1977; Butzer 1982; Schoenwetter 1981; Rapp and Gifford 1982; Rapp 1987a, 1987b; Goldberg et al. 2001
14. Butzer 1982; 亦见于 Butzer 1964, 1975, 1978, 1985
15. Wheeler 1954
16. Gladfelter 1977; Waters 1992
17. Cremeens and Hart 2003
18. Hassan 1995
19. Daniel 1976; Butzer 1964, 1982; Rapp and Gifford 1982; Gifford and Rapp 1985a, 1985b; Rapp 1987b; Grayson 1986a, 1986b, 1990; Meltzer 1983; Stein and Farrand 1985; Stein 1987; Daniel and Renfrew 1988
20. Schiffer 1976; Stein and Farrand 1985
21. Gifford and Rapp 1985a; Rapp 1987a, 1987b 对地质学和考古学的互相影响做了简明综述
22. Daniel 1976
23. Harris 1989
24. Frere 1800
25. C. Lyell 1863; Breuil 1945
26. Prestwich 1860
27. K. Lyell 1881
28. Prestwich 1860; Gruber 1965
29. Lyell 1863
30. Cohen 1998
31. Van Riper 1993
32. Lyell 1863; Lubbock 1865; Geikie 1877
33. Daniel 1976
34. Squier and Davis 1848
35. Trigger 1990
36. Meltzer 1983
37. Foster and Whitney 1850; Whittlesey 1852
38. Meltzer 1983; Gifford and Rapp 1985a
39. Worster 2001
40. Holmes 关于石器和陶瓷的主要研究工作可以在 Meltzer and Dunnell, 1992 中查阅.
41. Holmes 1892
42. Powell 1890
43. Abbott 1892
44. Haynes 1893
45. Salisbury 1893
46. Wright 1892
47. Meltzer 1983
48. Pumpelly et al. 1905; Pumpelly 1908
49. Daniel 1976
50. Stein and Farrand 1985
51. Zeuner 1946; Zeuner 1959
52. Daniel and Renfrew 1988
53. De Morgan 1924
54. De Terra 1934
55. 巨石阵的航拍照片请参看 Capper, Archaeologia 60, plates 69, 70; Beazeley 1920; Crawford 1923, 1929; Judd 1930
56. Atkinson 1963; 另见南美, Shippee 1932 和 Shippee-Johnson 秘鲁探险的其他研究

57. 关于周口店发掘和“北京猿人”更多的细节请查阅 Jia and Huang 1990
58. 如 Piggott 1965
59. Gifford and Rapp 1985a; Meltzer 1985
60. Kidder 1915; Meltzer 1985; O'Brien and Lyman 1999; Broman and Givens 1996
61. R. E. Adams 1960
62. Spier 1931
63. Nelson 1916; Spier 1931
64. Gifford and Rapp 1985a. 了解更完整的这个时期的历史请参阅 Albanese 2000; Artz 2000; Broman and Givens 1996; Ferring 2000; Mandel 2000; May 2000; Holliday 2001
65. Holliday 1997, 2000a, 2000b; Mandel, ed., 2000; Bettis 2000
66. Howard 1935
67. Antevs 1935, 1937, 1948, 1955a
68. Holliday 1986
69. Haynes 1990
70. Gifford and Rapp 1995a; 在北美大平原，地球科学与考古学的宽泛交融最近得到了很好的总结：Albanese 2000; Artz 2000; Broman and Givens 1996; Ferring 2000; Mandel 2000; May 2000; Holliday 2001; Wendorf et al. 1955; Judson 1957
71. MacCurdy ed. 1937
72. Stein and Farrand 1985
73. Movius 1949; Movius 1957; Braidwood 1957; Wright 1957; Cornwall 1958; Clark 1960
74. Pewe 1954
75. Taylor 1957
76. Butzer 1982
77. Pyddoke 1961
78. Butzer 1964
79. Haynes 1964; 综述参看 Holliday, 2000c
80. Binford 1964
81. Isaac 1967
82. Acher 1968
83. McDonald and Rapp 1972
84. Wendorf 1969
85. Caldwell 1959
86. Binford 1964, 1977, 1981, 1983; Schiffer 1972, 1976, 1983, 1987
87. Binford 1983, 1981
88. Raab and Goodyear 1984
89. Hassan 1978, 1979
90. Butzer 1982; Gladfelter 1981; Waters 1992
91. Fedele 1976
92. Fryxell 1977
93. Stein and Farrand 1985; Schick 1986; Dincauze 1987; Potts 1988; Kolb, Lasca, and Goldstein 1990; Johnson and Logan 1990; Thorson 1990; Waters 1991, 1992
94. Stein 1986
95. 关于地质考古学的历史背景和地位的完整综述请参看 Huckleberry 2000
96. Van der Leeuw and Redman 2002
97. Clarke 1979
98. Dunnell 1971; Leroi-Gourhan 1968
99. North 1938

第 2 章　沉积物、土壤及其环境解释

1. Reinek 1975; Soil Survey Staff 1975; Stein 2001
2. Boggs 1995
3. Bettis 1992: 119. Bettis 写道：“考古遗物被堆积过程遵循影响其他非文化遗物的保存与分布的自然堆积、风化和侵蚀过程。”
4. Hill 2001a
5. Davidson 1980
6. Shlemon and Budinger 1990
7. Gleeson and Grosso 1976
8. Stockton 1973
9. Stein 1983
10. Gladfelter 1985
11. Sherwood 2001
12. 例如 Haynes 1973
13. Waters et al. 1999
14. Peacock 1991
15. Meltzer et al. 1994
16. Fladmark 1982
17. Rapp 1975
18. Hill 1993c
19. Vandiver et al. 1989
20. Eidt 1985
21. Dincauze 1976
22. Clark 1954
23. 如 Coles and Coles 1989 的第 7 章
24. Clark 2001
25. Thiem 1997

26. Holliday, ed., 1992
27. Collins 1995; Mandel and Bettis 2001; Pavich and Chadwick 2003
28. Rapp 1975; Pavich 2003
29. 见 French 2003; Cremeens 2003; Reuter 2000; Nettleton et al. 2000; Nettleton et al. 1998; Dahms and Holliday 1998; Cremeens and Hart 1995 很好地总结了土壤层剖面
30. Ferring 1992
31. Kapp 1969
32. Eidt 1985
33. Birkeland 1984
34. U.S. Department of Agriculture 1987
35. Kraus and Brown 1986
36. Mack and James 1992; Mack et al. 1993
37. Alexander 1969
38. Schulze et al. 1993
39. Cruz-Uribe et al. 2003
40. Huckleberry et al. 2003
41. Gifford et al. 1989
42. Wendorf 1969; Hill 1989
43. Schick 1992
44. Allen 1989
45. Shackley 1974
46. McBrearty et al. 1998
47. Schick 1986
48. Hill 1993c
49. 一本 1989 年出版的书(Courty et al.)和最近一本书里(Courty 2001)的一个章节广泛地介绍了微形态研究。发表于 1998 年(Carter and Davidson; Macphail)的两篇文章讨论了相反的观点，他们一方面给地质考古学家提供了技术层面的指导，另一方面批判性地分析了微型态分析在古代农业研究中的应用。土壤学家进行了微型态的分析，发现其在很多方面还是有应用价值的。Davidson and Simpson 2001; Goldberg and Whitbread 1993; Macphail and Cruise 2001
50. Weiss et al. 1993
51. Woodward and Goldberg 2001
52. Goldberg and Arpin 1999
53. Goldberg and Whitbread 1993
54. French 2003

第 3 章　初始环境与遗址形成

1. 如 Behrensmeyer and Hill 1980; Hoch 1983; Lyman 1994; Nicholson 2001
2. Todd and Frison 1986
3. Schiffer 1972
4. Fanning and Holdaway 2001
5. Mayer 2002
6. Wendorf et al. 1993
7. Hill 2001a
8. Frederick 2001
9. Bridgland 2000; Ferring 2001
10. Buvit et al. 2003
11. Kolb and Van Lopik 1966
12. Coleman 1968; Stanley and Warne 1993
13. Mandel 1995
14. Huckleberry et al. 2003
15. Stein et al. 2003; Ferring 1986
16. Davis and Greiser 1992
17. Bridgland 2000
18. Gibbard 1994
19. Wendorf and Schild 1989
20. Petraglia and Potts 1994
21. Joyce and Mueller 1992
22. Freeman 2000
23. Farizy 1994; Hill 1993a, b, 2001b; Koetje 1994
24. Kempe 1988
25. Goldberg and Arpin 1999
26. Lyell 1863
27. Butzer 1981
28. Brady and Veni 1992
29. See Liu 1988
30. Straus 1990
31. Donahue and Adavasio 1990
32. Dort and Miller 1977
33. 不熟悉洞穴或者岩厦发掘和沉积物分析的地质考古学家应该参阅 Farrand's 2001 的综述文章来了解基本的原理和实践
34. Phillipson 1994
35. Barton and Clark 1993. 亦见于 Macphail and Goldberg 2000
36. Moss 1978
37. Sutcliff et al. 1976
38. Karkanas et al. 1999
39. Farrand 1993

40. Lyell 1863
41. Wymer 1985
42. Ashton et al. 1992; Roe 1981, 1993
43. D.-J. Stanley 1995 提供了确定全球海平面上升曲线的可能性
44. Reinhardt 1992
45. Jing and Rapp 2003; Besonen et al. 2003
46. Kraft et al. 1987
47. Kraft et al. 2003
48. Kraft et al. 2000
49. Barra et al. 1999
50. Davis 1998
51. Julig et al. 1990; Larsen 1985; Farrand 1960; Farrand and Dexler 1985; Phillips and Hill 2004
52. Leigh 2001
53. 详细的关于贝丘遗址解读过程中遇到问题的解决方案参见 Stein ed. 1992
54. Wood and Johnson 1978 的总结经常被引用.
55. Rick 1976; Culling 1963; Young 1960; Moeyerson 1978; Taber 1930; Wasburn 1980; Johnson and Hansen 1972; Johnson et al. 1977; Reid 1984; Schweger 1985; Thorson 1990; Thorson and Hamilton 1977
56. Johnson 1952
57. Thorson and Hamilton 1977
58. Corte 1962, 1963; Inglis 1965; Jackson and Uhlmann 1966; Schweger 1985; Bowers et al. 1983
59. Canti 2003
60. Balek 2002
61. Johnson 2002

第 4 章 调查方法与空间分析

1. Miller and Westerback 1989; Upton 1970
2. Hammond 1964
3. Wagstaff 1987
4. Cherry 1983
5. Wilkinson 2003
6. Ucko and Layton 1999
7. Harrell and Brown 1992a, b
8. Huckleberry and Billman 2003
9. Stafford and Creasman 2002
10. Bennett et al. 2000
11. Bettis and Hajic 1995
12. Kraft et al. 1987
13. Harley and Woodward 1987
14. Bergman et al. 2003
15. Donoghue 2001; Gupta 2003
16. Kvamme 2001; Nishimura 2001
17. Oldfield et al. 1983
18. Aspinall 1992; Aitken and Milligan 1992; Bevan 1991; Clark 1992; Scollar et al. 1990; Tite and Mullins 1971; Vaughn 1986; Wynn 1986; Schmidt 2001; Conyers and Goodman 1997; Garrison 2003
19. Roosevelt 1991; Dalan 1993
20. Bevan and Roosevelt 2003
21. Rapp and Henrickson 1972
22. Dalan and Bevan 2002
23. 使用地球物理探测的实践指导参见 Schmidt 2001
24. Kvamme 2003
25. Chávez et al. 2001
26. Kvamme 2003
27. Black and Johnston 1962
28. Carr 1982
29. Bevan 2000
30. Thacker and Ellwood 2002
31. Conyers and Goodman 1997 为考古学家写了一本 GPR 指导手册
32. Leucci 2002
33. Conyers and Cameron 1998
34. Jones et al. 2000
35. Mullins and Halfman 2001
36. Quinn et al. 1997, 1998
37. Van Andel and Lianos 1984
38. Van Andel and Sutton 1987
39. Dalan and Banerjee 1998 很好地总结和解释了地质考古学家进行土壤磁性的调查的技术
40. Dalan 2001
41. Marmet et al. 1999
42. Linford and Canti 2001
43. Peters et al. 2001
44. Wilson 2000 出版了一本关于航空摄影在考古学中应用的手册
45. Crowley 2002
46. Custer et al. 1986
47. McCauley et al. 1982
48. Van Leusen 1998

49. Gaffney et al. 1991
50. Heron 2001
51. Eidt 1985; Walker 1992
52. Terry et al. 2000
53. Parnell et al. 2002
54. Kerr 1995
55. Schuldenrein 1995
56. Eidt 1984
57. Abbott and Wolfe 2003
58. Crowther 1997
59. Bull et al. 2001
60. Lambert 1997
61. Bethell and Máté 1989
62. Dean 1974
63. Willerslev et al. 2003
64. 关于钻探考古在北美的历史及技术和程序的介绍在 Stein 1986 中有介绍，也可参阅 Stein 1991 和 Schuldenrein 1991
65. Jing et al. 1995
66. Bridgland 1994; Gibbard 1994
67. Rapp and Kraft 1994
68. Jing et al. 1995, 1997
69. Dolan et al. 2003
70. Haynes 1995
71. Pescatore et al. 2001
72. Haynes et al. 1999
73. Nir 1997
74. Deocampo et al. 2002
75. Sheehan 1994; Chapman 2001
76. Kvamme 1999 提供了 GIS 技术在考古学中应用的总结，包括综合参考书目
77. 关于 GIS 技术在考古学中应用的扩展阅读请参考 Lock and Stancic 1995
78. Kvamme 1999
79. Hudak et al. 2002
80. Harrower et al. 2002
81. Stein 1993
82. Stein and Linze 1993

第 5 章 年代测定

1. Zachos et al. 2001
2. Lowe 2001; Lambeck 2002
3. Walsh 2001; Easton et al. 2003; Harris 1989
4. Stein 2000
5. Boggs 1995
6. De Geer 1937; de Geer 1940
7. Antevs 1925, 1954, 1955b
8. Bradbury et al. 1993 提供了完美的解释
9. 关于北美，参看 Feng et al. 1994；关于欧洲，参看 Rousseau and Puisseguir 1990；关于中国，参看 Kukla 1987 和 Kukla and An 1989
10. Johnson and Logan 1990
11. Hill 2001 and 2003
12. Mandel 1992; Bettis 1992; Hajic 1990; Mandel and Bettis 2001
13. 例如 Foit 1993
14. 例如 Mehringer and Foit 1990; Davis and Greiser 1992; Davis 1984
15. Douglass 1919; Douglass 1935; Nash 2000; Nash, ed., 2000; Nash and Dean 2000
16. Kuniholm 2001; Nash 2000; Nash, ed., 2000
17. Bonde and Christensen 1993
18. Hall and York 1984
19. Evernden and Curtis 1965
20. Walter et al. 1991
21. Clark et al. 2003
22. Latham 2001
23. Schwarcz 1980; Schwarcz and Gascoyne 1984; Schwarcz 1984; Schwarcz and Morawska 1993; Stearns 1984; Hennig et al. 1983
24. Bischoff et al. 1992
25. Libby 1955; Terasmae 1984; Hester 1987
26. Beck et al. 2001; Conard and Bolus 2003; Laj et al. 2002; Richards and Beck 2001; Voelker et al. 2000
27. Siani et al. 2001
28. Bondevik et al. 1999
29. Spennemann and Head 1998
30. Yoneda et al. 2002
31. Ulm 2002
32. Geyh et al. 1999
33. Bard et al. 2004; Hughen et al. 2004; Fairbanks et al. 2005
34. Bard et al. 1990. 与此相关的问题在 Tushingham and Peltier 1993; Naeser 1984 中有具体介绍
35. Gleadow 1980
36. Morwood et al. 1998; O'Sullivan et al. 2001; Sternberg 2001
37. 见 Eighmy and Sternberg 1991

38. Eighmy and Howard 1991
39. Barmore 1985
40. Gabunia et al. 2000; Zhu et al. 2001; Thackeray et al. 2002
41. Urabe et al. 2001
42. Ningawa et al. 1988
43. Feathers 1997; Grun 2001
44. 关于 TL 技术的系统综述，参见 Berger 1988; Aitken 1985; Lamothe et al. 1984; Wintle and Aitken 1977; Balescu et al. 1991; Balescu et al. 1988; Wintle et al. 1984; Ningawa et al. 1988
45. Mercier et al. 1995
46. Rendell and Dennell 1987
47. 如 Wintle et al. 1984
48. Lang and Wagner 1996
49. Feathers 1997
50. Smith et al. 1997
51. 关于光释光测年在考古学中应用的详细回参见 Roberts 1997
52. Colls et al. 2001; Hill 2001; Schwarcz and Rink 2001; Turney et al. 2001; Wallinga 2002
53. Feathers 1997a; Hill 2001b; Feathers and Hill 2003
54. Hill 2001b; Ambrose 2001
55. Brooks et al. 1990; Miller 1993
56. 关于黑曜石水合法应用的问题仍在讨论。这一方法的讨论见 Anovitz 1999。进一步的信息参见 Ambrose 2001 和 Beck and Jones 2000
57. Clark and McFadyen Clark 1993
58. Michels 1969
59. Michels 1983
60. Hammond 1989
61. Wendorf et al. 1955
62. Dawson 1913; Spencer 1990; Thompson 1991
63. Whitley and Dorn 1993
64. Stuart 2001
65. 相关技术的综述参见 Wintle 1996

第 6 章　古环境重建：景观和人类历史

1. Fagan 2000
2. Bryson 1989; 亦见于 Bryson and Goodman 1980; Gunn 1992
3. Gifford 1981
4. 介绍考古工作中微化石提取的手册见 Coil et al. 2003
5. Betancourt et al. 1990; Moore et al. 1996
6. Faegri et al. 1989; Reinhardt and Bryant 1992
7. 见 Wright 1976; Roberts and Wright 1993
8. Solecki 1963; Solecki 1975
9. Rowley-Conwy 1993
10. Dimbleby 1985
11. Shay 1971; Bradbury et al. 1993
12. Aikens 1983; Stoltman and Baerreis 1983
13. Finlayson et al. 1973; Byrne and McAndrews 1975
14. Hebda and Mathewes 1984; Piperno and Pearsall 1993
15. Rapp and Mulholland 1992; Albert 2003
16. Elbaum et al. 2003
17. Pearsall et al. 1994
18. Rovner and Russ 1992; Russ and Rovner 1989
19. Rovner 1994
20. Fox et al. 1994
21. Butterbee 1998
22. Hohn and Hellerman 1961
23. Blinn et al. 1994
24. Bradbury 1975
25. Wendorf et al. 1984, 1989
26. LaMarche 1974; Fritts 1976; Fritts et al. 1979; Pilcher and Hughes 1982
27. Schwengruber 1988
28. Palacios-Fest 1994
29. Megard 1967
30. Preece 2001
31. Evans 1972
32. Jones and Fisher 1990
33. Robinson 2001
34. Elias 1994
35. Buckland and Kenward 1973
36. Elias 1990
37. Yalden 2001
38. Steadman and Miller 1987
39. Pregill 1986
40. Casteel 1974,1976
41. Van Neer 1993
42. Wells and Jorgensen 1964
43. Wang et al. 1997; Nordt 2001
44. Shackleton 1982
45. 关于海洋同位素记录年代测定，见 Martinson et al. 1987
46. Ortloff and Kolata 1993
47. Wang et al. 1997

48. Stanley et al. 2003
49. Bell 1992; Richter 1980; Goudie 2000; Wells 2001
50. Childe 1928
51. Willey and Phillips 1955; Wright 1993
52. Holliday 2001
53. Clark 1953
54. Dalfes et al. 1997
55. Langbein and Schumm 1958
56. Brauer et al. 1999
57. Binford et al. 1997
58. Haug et al. 2003
59. Holliday 2000
60. McCoy and Heiken 2000b; 亦见于 De Boer and Sanders 2002; Rampino and Ambrose 2000; Wolde-Gabriel et al., 2000
61. Dincauze 2000
62. Wyckoff 2002. 引自 p. 15
63. Richerson et al. 2001. 引自 p. 403
64. Srivastava et al. 1998
65. Bettis, ed., 1995. 包含以下文章：J. P. Albanese and G. C. Frison, "Cultural and Landscape Change during the Middle Holocene, Rocky Mountain Area, Wyoming and Montana"; C. R. Ferring, "Middle Holocene Environments, Geology, and Archaeology in the Southern Plains"; R. D. Mandel, "Geomorphic Controls of the Archaic Record in the Central Plains of the United States"; J. A. Artz, "Geological Contexts of the Early and Middle Holocene Archaeological Record in North Dakota and Adjoining Areas of the Northern Plains"; E. A. Bettis III and E. R. Hajic, "Landscape Development and the Location of Evidence of Archaic Cultures in the Upper Midwest"; C. Chapdelaine and P. LaSalle, "Physical Environments and Cultural Systems in the Saint Lawrence Valley, 8,000 to 3,000 B.P."; and M. J. Stright, "Archaic Period Sites on the Continental Shelf of North America."
66. Maloney et al. 1989. 关于这一区域全新世火产生炭屑的综述，见 Maxwell 2004

第7章　原料及资源

获取这一章所讨论问题更完整的讨论，见 Rapp 2002。Rapp 在石制原料及其来源方面已经做了三十五年的研究工作。他对希腊、土耳其、塞浦路斯、以色列、约旦、埃及、突尼斯、中国和北美等地区多达 100 多处遗址的石料的岩性做过记录。读者如果发现本章中有些讨论没有引用文献，那是因为它们来自作者三十五年的工作实践和长达十八年的矿物学教学经验形成的系统知识体系。

1. 关于矿物相关术语的定义读者可参考 Roberts et al. 1974, 1990; de Fourestier 1999; Blackburn and Dennen 1997。Jackson 1997 可能是学习岩石名称和基础地质术语的比较好的指导书。也有大量的关于矿物的教科书
2. 古埃及在矿物和岩石使用方面比较详细的介绍，见 Lucas 1962
3. Black and Wilson 1999
4. Luedtke 1992
5. Biswas 1996; Cottrell 1985
6. Paulissen and Vermeersch 1987
7. Butler and May 1984
8. Gramly 1992; Butler and May 1984
9. Cackler et al. 1999
10. Wright and Chadbourne 1970
11. 关于紫水晶的早期应用的总结，见普林尼的 *Natural History*
12. Lucas 1962
13. Wen and Jing 1992
14. Harlow 1991
15. Gendron et al. 2002
16. Desautels 1986
17. Mathieu 2001
18. Francis 1988; Mustoe 1985
19. Ferguson 1974
20. Moulton 2003
21. McKillop 2002
22. Abbott and Wolfe 2003
23. Louis 1994
24. Bunker 1993 总结了黄金在古代中国的使用情况
25. Wagner and Gentner 1979
26. Hosler and Macfarlane 1996
27. Rapp et al. 2000
28. Hosler and Macfarlane 1996
29. Pendergast 1982
30. Aufderheide et al. 1992
31. Walthall 1981
32. Stafford et al. 2003
33. Bjorkman 1973 总结了近东地区陨石器物，La Paz 1969 介绍了从旧石器时代到现今对陨石的利用情况
34. 中美洲黑曜岩资源的介绍，见 Sheets et al. 1990
35. Davis et al. 1992

36. Hill 2001a
37. Porter 1961
38. Chang 1980
39. Bishop and Lange 1991; Matson 1966
40. Claridge 1984
41. Rapp 2002
42. Wreschner 1985
43. Faulkner 1962
44. Gettens and Stout 1966
45. Tagle et al. 1990
46. Sanger et al. 2001
47. Dittert 1968
48. Ball 1941
49. Heizer and Treganza 1944

第8章　溯源（产地分析）

1. Rapp et al. 2000
2. Thomas 1923
3. Thorpe et al. 1991
4. 对物源分析的第二和第三阶段感兴趣的应当参阅 *Archaeometry* 期刊的相关文章，这个期刊从1960年代开始发表了大量优秀的关于分析和统计的文章
5. Rapp et al. 2000
6. Rapp et al. 2000
7. Harbottle 1990
8. Heizer et al. 1973
9. Williams-Thorpe 1995，这篇综述文章涵盖了地中海和近东地区黑曜岩研究，可以作为近来新发现的参考。文章包括了匈牙利东北喀尔巴阡山脉和斯洛伐克东部的数据，也包括了的意大利、爱琴海、安纳托利亚和阿美尼亚的广为知晓的黑曜岩堆积。文章也提供了扩展性的文献
10. Shackley 1995
11. Burton and Krinsley 1987; 亦见于 Kayani and McDonnell 1995
12. Greenough et al. 2001
13. Bakewell 1996.
14. Pretola 2001
15. Julig et al. 1991
16. Kinnunen et al. 1985
17. Herz 1985
18. Attanasio et al. 2000
19. Blackman 1981 提供了黏土受热后化学成分变化的定量图表
20. Stoltman 2001
21. Shepard 1939
22. Steponaitis 1984
23. Dye and Dickinson 1996
24. Knapp and Cherry 1994
25. Harrell and Lewan 2002
26. 石器原料来源的仪器分析综述，见 Herz 2001
27. Warashina et al. 1978; Togashi and Matsumoto 1991
28. Truncer et al. 1998
29. 石器原料来源的仪器分析综述，见 Herz 2001
30. Rapp et al. 1990b; 亦见于 Rapp et al. 1990a
31. Rapp et al. 2000
32. Hancock et al. 1991
33. Wilson et al. 1997
34. Rapp 1988; Rapp 1989
35. Rothenberg 1978
36. 锡在古代的利用历史，见 Penhallurick 1986
37. Rapp et al. 1999
38. Farquhar et al. 1995
39. Farquhar and Fletcher 1984
40. Williams-Thorpe et al. 2000
41. Hoard et al. 1992; Church 1992; Hoard et al. 1995
42. Tobey 1986
43. Curran et al. 2001
44. Müller et al. 2003
45. Arndt et al. 2003
46. Mooney et al. 2003
47. Bossière and Frère 2001
48. Dorais and Shriner 2002
49. Stoltman 2001; Whitbread 2001
50. Shepard 1965
51. Mason and Golombek 2003
52. Vaughn 1990
53. Stoltman 1991
54. 关于陶器岩相分析应用于产地分析的综述，见 Stoltman 2001 和 Whitbread 2001
55. Dickinson 2001
56. Mandal 1997
57. Ferring and Pertulla 1987
58. Zaykov et al. 1999

第 9 章　工程建筑、破坏、考古资源的保护

1. Zangger 1994
2. Zangger 1991
3. Doolittle 1990
4. Fish and Fish 1992
5. Erickson 1992
6. Capedri et al. 2003
7. 在 *Ancient Mining* 中, Shepherd 详细介绍了旧大陆古代开采的情况（1993）
8. *Wall Paintings of the Tomb of Nefertari: Scientific Studies for Their Conservation* 1987
9. Aberg et al. 1999
10. Hudson-Edwards et al. 1999
11. Reader 2001
12. Stanley et al. 2004
13. Stiros and Jones 1996 编写的书中提供了很多东地中海区域遗址受地震影响的情况。Noller 2001 更广泛地介绍了地震考古学并提供了案例。亦见于 Galli 2003
14. Evans 1964
15. Nur and Cline 2000
16. Stein et al. 1997
17. Bolt 1978
18. Reimnitz and Marshall 1965
19. Sims 1973; Sims 1979
20. Doig 1990
21. Niemi and Ben-Avraham 1994
22. Street and Nuttli 1984
23. Saucier 1977; Saucier 1989; Saucier 1991
24. Martinez Solarez et al. 1979
25. Thompson 1970
26. Hough 1906
27. Goff and McFadgen 2003
28. Schnellmann et al. 2004
29. Galli and Galadini 2003
30. Ambraseys and Melville 1982
31. Hutchinson and McMillan 1997
32. Cole et al. 1996
33. Woodward et al. 1990
34. Karcz and Kafri 1978; Rapp 1987; Stiros 1988, 1996
35. Dundes 1988 提供了关于大洪水之谜的详细介绍，其中包含了对来自不同领域专家的观点的注释和解释
36. Woolley 1929
37. Mallowan 1964
38. 引自 Simkin and Fiske 1983
39. McCoy and Heiken 2000a
40. De Silva et al. 2000
41. Sheets and McKee 1994
42. 威尼斯考古综述，见 Ammerman and McClennen 2001
43. Gilbert 1884
44. Gatto and Doe 1983
45. Passmore et al. 2002
46. 请读者参考 Amoroso and Fassina 1983

第 10 章　结语

1. Vitaliano 1973
2. De Boer and Hale 2000
3. Buck and Stewart 2000
4. Hawkes 1954
5. Wiseman 1980, 2001, 2002; Dunnel 1982; Gillespie et al. 2003. 21 世纪北美考古学教学的观念，见 Bender and Smith 2000
6. Ucko and Layton 1999

参考文献

Abbott, C. 1892. "Paleolithic Man: The Last Word." *Science* 20: 344–45.

Abbott, M., and A. Wolfe. 2003. "Intensive Pre-Incan Metallurgy Recorded by Lake Sediments from the Bolivian Andes." *Science* 301: 1893–95.

Aberg, G., H. Stray, and E. Dahlin. 1999. "Impact of Pollution at a Stone Age Rock Art Site in Oslo, Norway, Studied Using Lead and Strontium Isotopes." *Journal of Archaeological Science* 26: 1483–88.

Acher, R. 1968. "Time's Arrow and the Archaeology of Contemporary Community." In *Settlement Archaeology*, ed. K. Chang, 43–53. Palo Alto, Calif.: National Press Books.

Adams, R. 1960. "Manuel Gamio and Stratigraphic Excavation." *American Antiquity* 26: 99.

Aikens, C. 1983. "Environmental Archaeology in the Western United States." In *Late-Quaternary Environments of the United States*, vol. 2: *The Holocene*, ed. H. E. Wright, Jr., 239–51. London: Longman.

Aitken, M. 1985. *Thermoluminescence Dating*. New York: Academic Press.

Aitken, M., and R. Milligan. 1992. "Ground-Probing Radar in Archaeology: Practicalities and Problems." *Field Archaeologist* 16: 288–91.

Albanese, J. 2000. "Resume of Geoarchaeological Research on the Northwestern Plains." In *Geoarchaeology in the Great Plains*, ed. R. Mandel, 199–249. Norman: University of Oklahoma Press.

Albert, R. 2003. "Detection of Burning of Plant Materials in the Archaeological Record by Changes in the Refractive Indices of Siliceous Phytoliths." *Journal of Archaeological Science* 30: 217–26.

Alexander, J. 1969. "A Color Chart for Organic Matter." *Crop Soils* 21: 15–17.

Allen, J. 1989. "A Quantitative Technique for Assessing the Roundness of Pottery Shards in Water Currents." *Geoarchaeology* 4(2): 143–55.

Ambraseys, N., and C. Melville. 1982. *A History of Persian Earthquakes*. Cambridge: Cambridge University Press.

Ambrose, W. 2001. "Obsidian Hydration Dating." In *Handbook of Archaeological Sciences*, ed. D. Brothwell and A. Pollard, 81–92. New York: John Wiley and Sons.

Ammerman, A., and C. McClennen. 2001. *Venice before San Marco: Recent Studies on the Origins of the City*. Hamilton, N.Y.: Colgate University.

Amoroso, G., and V. Fassina. 1983. *Stone Decay and Conservation: Atmospheric Pollution, Cleaning, Consolidation and Protection*. Materials Science Monographs 11. New York: Elsevier.

Anovitz, L. 1999. "The Failure of Obsidian Hydration Dating: Sources, Implications, and New Directions." *Journal of Archaeological Science* 26: 735–52.

Antevs, E. 1925. *Retreat of the Last Ice Sheet in Eastern Canada*. Canada Department of Geological Survey Memoir 146. Ottawa: F. A. Acland.

———. 1935. "The Occurrence of Flints and Extinct Animals in Pluvial Deposits near Clovis, New Mexico." Part 2: "Age of Clovis Lake Beds." *Proceedings of the Philadelphia Academy of Natural Science* 87 (1935): 304–11.

———. 1937. "Climate and Early Man in the Southwest." In *Early Man*, ed. G. MacCurdy, 125–32. Philadelphia: Lippincott.

———. 1948. "The Great Basin, with Emphasis on Glacial and Postglacial Times." *University of Utah Bulletin* 38: 20.

———. 1954. "Telerrelation of Varves, Radiocarbon Chronology, and Geology." *Journal of Geology* 62: 516–21.

———. 1955a. "Geologic Climate Dating in the West." *American Antiquity* 20: 317–35.

———. 1955b. "Varve and Radiocarbon Chronologies Appraised by Pollen Data." *Journal of Geology* 63: 495–99.

Arndt, A., W. Van Neer, B. Hellemans, J. Robben,

F. Volckaert, and M. Waelkens. 2003. "Roman Trade Relationships at Sagalassos (Turkey) Elucidated by Ancient DNA of Fish Remains." *Journal of Archaeological Science* 30: 1095–105.

Artz, J. 2000. "Archaeology and the Earth Sciences on the Northern Plains." In *Geoarchaeology in the Great Plains*, ed. R. Mandel, 250–85. Norman: University of Oklahoma Press.

Aschenbrenner, S., and S. Cooke. 1978. "Screening and Gravity Concentration; Recovery of Small-Scale Remains." In *Excavations at Nichoria in Southwest Greece. Vol. 1: Site, Environs, and Techniques*, ed. G. Rapp and S. Aschenbrenner, 156–65. Minneapolis: University of Minnesota Press.

Ashton, N., J. Cook, S. Lewis, and J. Rose, eds. 1992. *High Lodge: Excavations by G. De G. Sieveking, 1962–68, and J. Cook, 1988*. London: British Museum Press.

Aspinall, A. 1992. "New Developments in Geophysical Prospection." In *New Developments in Archaeological Science*, ed. A. Pollard, 233–44. *Proceedings of the British Academy* 77.

Atkinson, R. 1963. "Resistivity Surveying and Archaeology." In *The Scientist and Archaeology*, ed. E. Pyddoke, 1–30. London: Phoenix House.

Attanasio, D., G. Armiento, M. Brilli, M. Emanuele, R. Plantiania, and B. Turi. 2000. "Multi-Method Marble Provenance Determinations: The Carrara Marbles as a Case Study for the Combined Use for Isotopic, Electron Spin Resonance and Petrographic Data." *Archaeometry* 42: 257–72.

Aufderheide, A., G. Rapp, L. Wittmers, J. Wallgren, R. Macchiarelli, G. Fornciari, F. Mallegni, and R. Corruccini. 1992. "Lead Exposure in Italy: 800 B.C.–700 A.D." *International Journal of Anthropology* 7: 9–15.

Bakewell, E. 1996. "Petrographic and Geochemical Source-Modeling of Volcanic Lithics from Archaeological Contexts: A Case Study from British Camp, San Juan Island, Washington." *Geoarchaeology* 11(2): 119–40.

Balek, C. 2002. "Buried Artifacts in Stable Upland Sites and the Role of Bioturbation: A Review." *Geoarchaeology* 17: 41–51.

Balescu, S., Ch. Dupuis, and Y. Quinlif. 1988. "TL Stratigraphy of Pre-Weichselian Loess from NW Europe Using Feldspar Grains." *Quaternary Science Reviews* 7: 309–13.

Balescu S., S. Pacman, and A. Wintle. 1991. "Chronological Separation of Interglacial Raised Beaches from Northwestern Europe Using Thermoluminescence." *Quaternary Research* 35: 91–102.

Ball, S. 1941. "The Mining of Gems and Ornamental Stones by American Indians." Anthropological Papers 13. *Bureau of American Ethnology Bulletin* 128: 1–77.

Bard, E., B. Hamelin, R. G. Fairbanks, and A. Zindler. 1990. "Calibration of the ^{14}C Timescale over the Past Thirty Thousand Years Using Mass Spectrometric U/Th Ages from Barbados Corals." *Nature* 345: 405–10.

Bard, E., F. Rostek, and G. Ménot-Combes. 2004. "A Better Radioactive Clock." *Science* 303: 178–79.

Barmore, F. 1985. "Turkish Mosque Orientation and the Secular Variation of the Magnetic Declination." *Journal of Near Eastern Studies* 44(2): 81–98.

Barra, D., G. Calderont, M. Cipriani, J. De La Genière, L. Fiorillo, G. Greco, M. Lippi, M. Secci, T. Pescatore, B. Russo, M. Senatore, G. Sciarelli, and J. Thorez. 1999. "Depositional History and Palaeogeographic Reconstruction of Sele Coastal Plain during Magna Grecia Settlement of Hera Argiva (Southern Italy)." *Geologica Romana* 35: 151–66.

Barton, C., and G. Clark. 1993. "Cultural and Natural Formation Processes in Late Quaternary Cave and Rockshelters of Western Europe and the Near East." In *Formation Processes in Archaeological Context*, ed. P. Goldberg, D. Nash, and M. Petraglia, 33–52. Monographs in World Archaeology 17. Madison, Wisc.: Prehistory Press.

Battarbee, R. 1988. "The Use of Diatom Analysis in Archaeology: A Review." *Journal of Archaeological Science* 15: 621–44.

Beazeley, A. 1920. "Surveys in Mesopotamia during the War." *Geographical Journal* 55(2): 109–12.

Beck, C., and G. Jones. 2000. "Obsidian Hydration Dating, Past and Present." In *It's About Time: A History of Archaeological Dating in North America*, ed. S. Nash, 124–51. Salt Lake City: University of Utah Press.

Beck, J., D. Richards, R. Edwards, B. Silverman, P. Smart, D. Donahue, S. Herra-Osterheld, G. Burr, L. Calsoyas, A. Jull, and D. Biddulph. 2001. "Extremely Large Variations of Atmospheric ^{14}C Concentration during the Last Glacial Period." *Science* 292: 2453–58.

Behrensmeyer, A., and A. Hill. 1980. *Fossils in the Making: Vertebrate Taphonomy and Paleoecology*. Chicago: University of Chicago Press.

Bell, M., and M. Walker. 1992. *Late Quaternary Environmental Change: Physical and Human Perspectives*. New York: John Wiley and Sons.

Bender, S., and G. Smith, eds. 2000. *Teaching Archaeology in the Twenty-First Century*. Washington, D.C.: Society for American Archaeology.

Bennett, M., D. Huddart, and T. McCormick. 2000. "An Integrated Approach to the Study of Glacio-lacustrine Landforms and Sediments: A Case Study from Hagavatn, Iceland." *Quaternary Science Reviews* 19: 633–65.

Berger, G. 1988. *Dating Quaternary Events by Luminescence.* Special Paper 227. Boulder, Colo.: Geological Society of America.

Bergman, I., T. Påsse, A. Olofsson, O. Zackrisson, G. Hörnberg, E. Hellberg, and E. Bohlin. 2003. "Isostatic Land Uplift and Mesolithic Landscapes: Lake-tilting, a Key to the Discovery of Mesolithic sites in the Interior of Northern Sweden." *Journal of Archaeological Science* 30: 1451–58.

Besonen, M., G. Rapp, and Z. Jing. 2003. "The Lower Acheron River Valley: Ancient Accounts and the Changing Landscape." *Landscape Archaeology in Southern Epirus, Greece 1*, ed. J. Wiseman and K. Zachos, 199–268. Athens: American School of Classical Studies at Athens.

Betancourt, J., T. Van Devender, and P. Martin. 1990. *Packrat Middens: The Last Forty Thousand Years of Biotic Change.* Tucson: University of Arizona Press.

Bethell, P., and I. Máté. 1989. "The Use of Phosphate Analysis in Archaeology: A Critique." In *Scientific Analysis in Archaeology*, ed. J. Henderson, 1–29. Monograph 19. Oxford: Oxford University Press.

Bettis, E. 1992. "Soil Morphologic Properties and Weathering Zone Characteristics as Age Indicators in Holocene Alluvium in the Upper Midwest." In *Soils in Archaeology: Landscape Evolution and Human Occupation*, ed. V. Holliday, 119–44. Washington, D.C.: Smithsonian Institution Press.

———. 2000. "A Brief History of Geoarchaeology in the Eastern Plains and Prairies." In *Gearchaeology in the Great Plains*, ed. R. Mandel, 137–65. Norman: University of Oklahoma Press.

———, ed. 1995. *Archaeological Geology of the Archaic Period in North America.* Special Paper 297. Boulder, Colo.: Geological Society of America.

Bettis, E., and E. Hajic. 1995. "Landscape Development and the Location of Evidence of Archaic Cultures in the Upper Midwest." In *Archaeological Geology of the Archaic Period in North America*, ed. E. Bettis, 87–113. Special Paper 297. Boulder, Colo.: Geological Society of America.

Bevan, B. 1991. "The Search for Graves." *Geophysics* 56(9): 1310–19.

———. 2000. "An Early Geophysical Survey at Williamsburg, U.S.A." *Archaeological Prospection* 7: 51–58.

Bevan, B., and A. C. Roosevelt. 2003. "Geophysical Exploration of Guajará, a Prehistoric Earth Mound in Brazil." *Geoarchaeology* 18: 287–331.

Binford, L. 1964. "A Consideration of Archaeological Research Design." *American Antiquity* 29(4): 425–41.

———. 1977. *Theory Building in Archaeology.* New York: Academic Press, 1977.

———. 1981. *Bones: Ancient Men and Modern Myths.* New York: Academic Press, 1981.

———. 1983. *In Pursuit of the Past: Decoding the Archaeological Record.* New York: Thames and Hudson.

———. 1989. *Debating Archaeology.* New York: Academic Press.

Binford, M., A. Kolata, M. Brenner, J. Janusek, M. Seddon, M. Abbott, and J. Curtis. 1997. "Climate Variation and the Rise and Fall of an Andean Civilization." *Quaternary Research* 47: 235–48.

Birkeland, P. 1984. *Soils and Geomorphology.* New York: Oxford University Press.

Bischoff, J., J. Garcia, and L. Straus. 1992. "Uranium-Series Isochron Dating at El Castillo Cave (Cantabria, Spain): The 'Acheulian'/'Mousterian' Question." *Journal of Archaeological Science* 19: 49–62.

Bishop, R., and F. Lange. 1991. *The Ceramic Legacy of Anna C. Shepard.* Boulder: University Press of Colorado.

Biswas, A. 1996. *Minerals and Metals in Ancient India.* Vol. 1: *Archaeological Evidence.* New Delhi: DK Printworld.

Bjorkman, J. 1973. *Meteors and Meteorites in the Ancient Near East.* Center for Meteorite Studies 12. Tempe: Arizona State University.

Black, D., and L. Wilson. 1999. "The Washademoak Lake Chert Source, Queens County, New Brunswick, Canada." *Archaeology of Eastern North America* 27: 81–108.

Black, G., and R. Johnston. 1962. "A Test of Magnetometry as an Aid to Archaeology." *American Antiquity* 28: 199–205.

Blackburn, W., and W. Dennen. 1997. *Encyclopedia of Mineral Names.* Canadian Mineralogist Special Publication 1.

Blackman, M. 1981. "The Mineralogical and Chemical Analysis of Banesh Period Ceramics from Tal-E-Malyan, Iran." In *Scientific Studies in Ancient Ceramics*, ed. M. Hughes, 7–20. British Museum Occasional Paper 19. London: British Museum.

Blinn, D., R. Hevly, and O. Davis. 1994. "Continuous Holocene Record of Diatom Stratigraphy, Paleohydrology, and Anthropogenic Activity in a Spring-Mound in the Southwestern United States." *Quaternary Research* 42: 197–205.

Boggs, S. 1995. *Principles of Sedimentology and Stratigraphy*. 2nd ed. Englewood Cliffs, N.J.: Prentice Hall.

Bolt, B. 1978. *Earthquakes: A Primer.* San Francisco: Freeman.

Bonde, N., and A. Christensen. 1993. "Dendrochronological Dating of the Viking Age Ship Burials in Oseberg, Gokstad, and Tune, Norway." *Antiquity* 67: 575–84.

Bondevik, S., H. Birks, S. Gulliksen, and J. Mangerud. 1999. "Late Weichselian Marine ^{14}C Reservoir Ages at the Western Coast of Norway." *Quaternary Research* 52: 104–14.

Bossière, G., and D. Frère. 2001. "Petrological EDS Chemical Study in Thin Section of Some Etrusco-Corinthian Ceramics: A Contribution to Their Archaeological Knowledge." In *Archaeology and Clays*, ed. I. Druc, 39–53. British Archaeological Reports, International Series 942. Oxford: John and Erica Hedges.

Bowers, P., R. Bonnichsen, and D. Hoch. 1983. "Flake Dispersal Experiments: Noncultural Transformation of the Archaeologic Record." *American Antiquity* 48: 553–72.

Bradbury, J. 1975. "Diatom Stratigraphy and Human Settlement." *Geological Society of America Special Paper* 171: 1–74.

Bradbury, J., J. Platt, and W. Dean, eds. 1993. *Elk Lake, Minnesota: Evidence for Rapid Climate Change in the North-Central United States.* Special Paper 276. Boulder, Colo.: Geological Society of America.

Brady, J., and G. Veni. 1992. "Man-Made and Pseudo-Karst Caves: The Implications of Subsurface Features within Maya Centers." *Geoarchaeology* 7(2): 149–67.

Braidwood, R. 1957. "Means towards an Understanding of Human Behavior before the Present," and "The Old World: Post Paleolithic." In *The Identification of Non-Artifactual Archaeological Materials*, ed. W. Taylor, 14–15, 26–27. National Academy of Sciences Publication 565. Washington, D.C.: National Academy of Sciences National Research Council.

Brauer, A., C. Endres, C. Günter, T. Litt, M. Stebich, and J. Negendank. 1999. "High Resolution Sediment and Vegetation Responses to Younger Dryas Climate Change in Varved Lake Sediments from Meerfleder Maar, Germany." *Quaternary Science* 18: 321–29.

Breuil, H. 1945. "The Discovery of the Antiquity of Man Some Evidence." *Journal of the Royal Anthropological Institute of Great Britain and Ireland* 75(1/2): 21–31.

Bridgland, D. 1994. *Quaternary of the Thames.* London: Chapman and Hall.

———. 2000. "River Terrace Systems in North-west Europe: An Archive of Environmental Change, Uplift and Early Human Occupation." *Quaternary Science Reviews* 19: 1293–303.

Broman, D., and D. Givens. 1996. "Stratigraphic Excavation: The First "New Archaeology." *American Anthropologist* 98(1): 80–95.

Brooks, A. S., P. E. Hare, J. E. Kokos, G. H. Miller, R. D. Ernst, and F. Wendorf. 1990. "Dating Pleistocene Archaeological Sites by Protein Diagenesis in Ostrich Eggshell." *Science* 247: 60–64.

Brothwell, D., and A. Pollard, eds. 2001. *Handbook of Archaeological Sciences.* New York: John Wiley and Sons.

Bryson, R. 1989. "Late Quaternary Modulation of Milankovitch Climate Forcing." *Theoretical and Applied Climatology* 39: 115–25.

Bryson, R. A., and B. M. Goodman. 1980. "Volcanic Activity and Climatic Changes." *Science* 27: 1041–44.

Buck, V., and I. Stewart. 2000. "A Critical Reappraisal of the Classical Texts and Archaeological Evidence for Earthquakes in the Atalanti Region, Central Mainland Greece." In *The Archaeology of Geological Catastrophes*, ed. W. McGuire, D. Griffiths, P. Hancock, and I. Stewart, 33–44. Special Publication 171. London: Geological Society, 2000.

Buckland, P., and H. Kenward. 1973. "Thorne Moor: A Paleo-Ecological Study of a Bronze Age Site." *Nature* 241: 405–6.

Bull, I., P. Betancourt, and R. Evershed. 2001. "An Organic Geochemical Investigation of the Practice of Manuring at a Minoan Site on Pseira Island, Crete." *Geoarchaeology* 16: 223–42.

Bunker, E. 1993. "Gold in the Ancient Chinese World: A Cultural Puzzle." *Artibus Asiaw* 53: 27–50.

Burton, J., and D. Krinsley. 1987. "Obsidian Provenance Determination by Back-Scattered Electron Imaging." *Nature* 326: 585–87.

Butler, B., and E. May. 1984. *Prehistoric Chert Exploitation: Studies from the Midcontinent.* Carbondale, Ill.: Center for Archaeological Investigations.

Butzer, K. 1964. *Environment and Archaeology: An Introduction to Pleistocene Geography.* Chicago: Aldine.

———. 1975. "The Ecological Approach to Archaeology: Are We Really Trying?" *American Antiquity* 40: 106–11.

———. 1978. "Toward an Integrated Contextual Approach in Archaeology: A Personal View." *Journal of Archaeological Science* 5: 191–93.

———. 1980. "Holocene Alluvial Sequences: Problems of Dating and Correlation." In *Timescales in Geomorphology*, ed. J. Lewin, D. Davidson, and R. Cullingford, 131–41. New York: John Wiley and Sons.

———. 1981. "Cave Sediments, Upper Pleistocene Stratigraphy and Mousterian Facies in Cantabrian Spain." *Journal of Archaeological Science* 8: 133–83.

———. 1982. *Archaeology as Human Ecology*. New York: Cambridge University Press.

———. 1985. "Response to Presentation of the Archaeological Geology Division Award." *Bulletin of the Geological Society of America* 97: 1397–98.

Buvit, I., M. Waters, M. Konstantinov, and A. Konstantinov. 2003. "Geoarchaeological Investigations at Studenoe, and Upper Paleolithic Site in the Transbaikal Region, Russia." *Geoarchaeology* 18: 649–73.

Byrne, R., and J. McAndrews. 1975. "Precolumbian Purslane (*Portulaca oleracea* L.) in the New World." *Nature* 253: 726–27.

Cackler, P., M. Glascock, H. Neff, H. Iceland, K. Pyburn, D. Hudler, T. Hester, and B. Chiarulli. 1999. "Chipped Stone Artifacts, Source Areas, and Provenance Studies of the Northern Belize Chert-Bearing Zone." *Journal of Archaeological Science* 26: 389–97.

Caldwell, J. 1959. "The New American Archaeology." *Science* 129: 303–7.

Canti, M. 2003. "Earthworm Activity and Archaeological Stratigraphy: A Review of Products and Processes." *Journal of Archaeological Science* 30: 135–48.

Capedri, S., R. Grandi, and G. Venturelli. 2003. "Trachytes Used for Paving Roman Roads in the Po Plain: Characterization by Petrographic and Chemical Parameters and Provenance of Flagstones." *Journal of Archaeological Science* 30: 491–509.

Capper, J. 1907. *Archaeologia* 60: photographic pls. 69, 70.

Carr, C. 1982. *Handbook on Soil Resistivity Surveying.* Evanston, Ill.: Center for American Archaeology Press.

Carter, S., and D. Davidson. 1998. "An Evaluation of the Contribution of Soil Micromorphology to the Study of Ancient Arable Agriculture." *Geoarchaeology* 13: 535–37.

Casteel, R. 1974. "On the Remains of Fish Scales from Archaeological Sites." *American Antiquity* 39: 557–59.

———. 1976. *Fish Remains in Archaeology and Paleoenvironmental Studies.* London: Academic Press, 1976.

Caton-Thompson, G. 1934. "Geological Introduction." In *The Desert Fayum*, ed. G. Caton-Thompson and E. W. Gardner, 12–18. Gloucester, U.K.: John Bellows-Royal Anthropological Institute.

Chang, K. 1980. *Shang Civilization.* 3rd ed., rev. New Haven and London: Yale University Press.

Chapman, H., and R. Van de Noort. 2001. "High-Resolution Wetland Prospection, Using GPS and GIS: Landscape Studies at Sutton Common (South Yorkshire and Meare Village East) Somerset." *Journal of Archaeological Science* 28: 365–75.

Chávez, R., M. Cámara, A. Tejero, L. Barba, and L. Manzanilla. 2001. "Site Characterization by Geophysical Methods in the Archaeological Zone of Teotihuacan, Mexico." *Journal of Archaeological Science* 28: 1265–76.

Cherry, J. 1983. "Frogs Round the Pond: Perspectives on Current Archaeological Survey Projects in the Mediterranean Area." In *Archaeological Survey in the Mediterranean Area*, ed. D. Keller and D. Rupp, 375–416. BAR International Series 155.

Childe, V. 1928. *The Most Ancient Near East: The Oriental Prelude to European Prehistory.* London: Kegan Paul.

Church, T. 1995. "Comment on 'Neutron Activation Analysis of Stone from the Chadron Formation and a Clovis Site on the Great Plains,' by Hoard et al. (1992)." *Journal of Archaeological Science* 22: 1–5.

Claridge, G. 1984. "Pottery and the Pacific: The Clay Factor." *New Zealand Journal of Archaeology* 6: 37–46.

Clark, A. 1992. "Archaeogeophysical Prospecting on Alluvium." In *Alluvial Archaeology in Britain*, ed. S. Needham and M. Macklin, 43–49. Oxbow Monographs 27. Oxford: Oxbow.

Clark, D., and A. McFadyen Clark. 1993. *Batza Tena, Trail to Obsidian: Archaeology at an Alaskan Obsidian Source.* Archaeological Survey of Canada, Mercury Series Paper 147. Hull, Quebec: Canadian Museum of Civilization.

Clark, G. 1954. *Excavations at Starr Carr.* [1952.] Rpt. Cambridge: Cambridge University Press.

Clark, J. 1960. "Human Ecology during the Pleistocene and Later Times in Africa South of the Sahara." *Current Anthropology* 1: 307–24.

———. 2001. *Kalambo Falls Prehistoric Site: The Earlier Cultures: Middle and Earlier Stone Age.* Vol. 3. Cambridge: Cambridge University Press.

Clark, J. D., Y. Beyene, G. WoldeGabriel, W. K. Hart, P. R. Renne, G. Gilbert, A. DeFleur, G. Suwa, S. Katoch, K. R. Ludwig, J.-R. Boisserie, B. Asfaw, and T. D. White. 2003. "Stratigraphic, Chronological and Behavioral Contexts of Pleistocene *Homo sapiens* from Middle Awash, Ethiopia." *Nature* 423: 747–52.

Clarke, D. 1979. *Analytical Archaeology.* New York: Academic Press.

Cohen, C. 1998. "Charles Lyell and the Evidences of the Antiquity of Man." In *Lyell: The Past Is the Key to the Present*, ed. D. Blundell and A. Scott, 83–93. Special Publication 143. London: Geological Society.

Coil, J., M. Korstanje, S. Archer, and C. Hastorf. 2003. "Laboratory Goals and Considerations for Multiple

Microfossil Extraction in Archaeology." *Journal of Archaeological Science* 30: 991–1008.

Cole, S., B. Atwater, P. McCutcheon, J. Stein, and E. Hemphill-Haley. 1996. "Earthquake-Induced Burial of Archaeological Sites along the Southern Washington Coast about A.D. 1700." *Geoarchaeology* 11: 165–97.

Coleman, J. "Deltaic Evolution." 1968. In *Encyclopedia of Geomorphology*, ed. R. W. Fairbridge, 255–60. New York: Reinhold.

Coles, B., and J. Coles. 1989. *People of the Wetlands.* New York: Thames and Hudson.

Collins, M., B. Carter, B. Gladfelter, and R. Southard, eds. 1995. *Pedological Perspectives in Archaeological Research.* Special Publication 44. Madison, Wisc.: Soil Science of America.

Colls, A., S. Stokes, M. Blum, and E. Straffin. 2001. "Age Limits on the Late Quaternary Evolution of the Upper Loire River." *Quaternary Science Reviews* 20: 743–50.

Conard, N. J., and M. Bolus. 2003. "Radiocarbon Dating the Appearance of Modern Humans and Timing of Cultural Innovations in Europe: New Results and New Challenges." *Journal of Human Evolution* 44: 331–71.

Conyers, L., and C. Cameron. 1998. "Ground-Penetrating Radar Techniques and Three-Dimensional Computer Mapping in the American Southwest." *Journal of Field Archaeology* 25: 417–30.

Conyers, L., and D. Goodman. 1997. *Ground-Penetrating Radar: An Introduction for Archaeologists.* Walnut Creek, Calif.: Altameria Press.

Cornwall, I. 1958. *Soils for the Archaeologist.* London: Phoenix House.

Corte, A. 1962. "Vertical Migration of Particles in Front of a Freezing Plane." *Journal of Geophysical Research* 67: 1085–90.

———. 1963. "Particle Sorting by Repeated Freezing and Thawing." *Science* 142: 499–501.

Cottrell, M. 1985. "Tomato Springs: The Identification of a Jasper Trade and Production Center in Southern California." *American Antiquity* 50: 833–49.

Courty, M.-A. 2001. "Microfacies Analysis Assisting Archaeological Stratigraphy." In *Earth Sciences and Archaeology*, ed. P. Goldberg, V. Holliday, and C. R. Ferring, 205–39. New York: Kluwer Academic/Plenum.

Courty, M.-A., P. Goldberg, and R. Macphail. 1989. *Soils and Micromorphology in Archaeology.* New York: Cambridge University Press.

Crawford, O. 1923 "Air Survey and Archaeology." *Geographical Journal* 58: 324–66.

———. 1929. *Air-Photography for Archaeologists.* London: Ordnance Survey Professional Papers, n.s.

Cremeens, D. 2003. "Geoarchaeology of Soils on Stable Geomorphic Surfaces: Mature Soil Model for the Glaciated Northeast." In *Geoarchaeology of Landscapes in the Glaciated Northeast*, ed. D. L. Cremeens and J. P. Hart, 49–60. New York State Museum Bulletin 497. Albany, N.Y.

Cremeens, D., and J. Hart. 1995. "On Chronostratigraphy, Pedostratigraphy, and Archaeological Context." In *Pedological Perspectives in Archaeological Research*, ed. M. E. Collins, B. J. Carter, B. G. Gladfelter, and R. J. Southard, 15–33. Special Publication 44. Madison, Wisc.: Soil Science of America.

———, eds. 2003. *Geoarchaeology of Landscapes in the Glaciated Northeast.* New York State Museum Bulletin 497. Albany, N.Y.

Crowley, D. 2002. "A Case Study in the Analysis of patterns of Aerial Reconnaissance in a Lowland Area of Southwest Scotland." *Archaeological Prospection* 9: 255–65.

Crowther, J. 1997. "Soil Phosphate Surveys Critical Approaches to Sampling, Analysis, and Interpretation." *Archaeological Prospection* 4: 93–102.

Cruz-Uribe, K., R. Klein, G. Avery, M. Avery, D. Halkett, T. Hart, R. Milo, C. Sampson, and T. Volman. 2003. "Excavation of Buried Late Acheulian (Mid-Quaternary) Land Surfaces at Duinefontein 2, Western Cape Province, South Africa." *Journal of Archaeological Science* 30: 559–75.

Culling, W. 1963. "Soil Creep and the Development of Hillside Slopes." *Journal of Geology* 71: 127–62.

Curran, J., I. Meighan, D. Simpson, G. Rogers, and A. Fallick. 2001. "$^{87}Sr/^{86}Sr$: A New Discriminant for Provenancing Neolithic Porcellanite Artifacts from Ireland." *Journal of Archaeological Science* 28: 713–20.

Custer, J., T. Eveleigh, V. Klemas, and I. Wells. 1986. "Application of Landsat Data and Synoptic Remote Sensing to Predictive Models for Prehistoric Archaeological Sites: An Example from the Delaware Coastal Plain." *American Antiquity* 51(3): 572–88.

Dahms, D., and V. Holliday. 1998. "Soil Taxonomy and Paleoenvironmental Reconstruction: A Critical Commentary." *Quaternary International* 51/52: 109–14.

Dalan, R. 1993. "Landscape Modification at the Cahokia Mounds Site: Geophysical Evidence of Culture Change." Ph.D. diss., University of Minnesota.

———. 2001. "A Magnetic Susceptibility Logger for Archaeological Application." *Geoarchaeology* 16: 263–73.

Dalan, R., and S. Banerjee. 1998. "Solving Archaeological Problems Using Techniques of Soil Magnetism." *Geoarchaeology* 13: 3-36.

Dalan, R., and B. Bevan. 2002. "Geophysical Indicators of Culturally Emplaced Soils and Sediments." *Geoarchaeology* 17: 779-810.

Dalfes, H., G. Kukla, and H.Weiss, eds. 1997. *Third Millennium BC Climate and Old World Collapse*. Berlin: Springer.

Daniel, G. 1976. *A Hundred and Fifty Years of Archaeology*. 2nd ed. Cambridge: Harvard University Press.

Daniel, G., and C. Renfrew. 1988. *The Idea of Prehistory*. 2nd ed. Edinburgh: Edinburgh University Press.

Darwin, Charles. 1989. "The Formation of Vegetable Mould through the Action of Worms, with Observations on Their Habits." [1881.] In *The Works of Charles Darwin*, vol. 28. Washington Square: New York University Press.

Davidson, D. 1980. "Erosion in Greece during the First and Second Millennia B.C." In *Timescales in Geomorphology*, ed. J. Lewin, D. A. Davidson, and R. Cullingford, 148-58. New York: John Wiley and Sons.

Davidson, D., and M. Shackley, eds. 1976. *Geoarchaeology*. Boulder Colo.: Westview Press.

Davidson, D., and I. Simpson. 2001. "Archaeology and Soil Micromorphology." In *Handbook of Archaeological Sciences*, ed. D. Brothwell and A. Pollard, 167-77. New York: John Wiley and Sons.

Davis, J. 1998. *From Homer's Sandy Pylos to the Battle of Navarino: An Archaeological Survey*. Austin: University of Texas Press.

Davis, L. 1984. "Late Pleistocene to Mid-Holocene Adaptations at Indian Creek, West-Central Montana Rockies." *Current Research in the Pleistocene* 1: 9-10.

Davis, L., and S. Greiser. 1992. "Indian Creek Paleoindians: Early Occupation of the Elkhorn Mountains' Southeast Flank, West-Central Montana." In *Ice Age Hunters of the Rockies*, ed. D. J. Stanford and J. S. Day, 225-83. Denver: Denver Museum of Natural History and the University Press of Colorado.

Davis, L., S. Aaberg, and A. Johnson. 1992. "Archaeological Fieldwork at Yellowstone's Obsidian Cliff." *Park Service Resource Management Bulletin* 12: 26-27.

Dawson, C. 1913. "The Piltdown Skull." *Hastings and East Sussex Naturalist* 2: 73-82.

Dean, W. 1974. "Determination of Carbonate and Organic Matter in Calcareous Sediments and Sedimentary Rocks by Loss-on-Ignition: Comparison with Other Methods." *Journal of Sedimentary Petrology* 44: 242-48.

De Boer, J., and J. Hale. 2000. "The Geologic Origins of the Oracle at Delphi, Greece." In *The Archaeology of Geological Catastrophes*, ed. W. McGuire, D. Griffiths, P. Hancock, and I. Stewart, 399-412. Special Publication 171. London: Geological Society.

De Boer, J., and D. Sanders. 2002. *Volcanoes in Human History: The Far-Reaching Effects of Major Eruptions*. Princeton, N.J.: Princeton University Press.

De Fourestier, J. 1999. *Glossary of Mineral Synonyms*. Canadian Mineralogist Special Publication 2. Ottawa: Mineralogical Association of Canada.

De Geer, G. 1937. "Early Man and Geochronology." In *Early Man*, ed. G. MacCurdy, 323-26. Philadelphia: Lippincott.

———. 1940. *Geochronology Suecica Principles*. Stockholm: Almqvist and Wiksells.

De Morgan, J. 1924. *Prehistoric Man: A General Outline of Prehistory*. New York: Knopf.

de Silva, S., and J. Alzueta. 2000. "The Socioeconomic Consequences of the A.D. 1600 Eruption of Huaynaputina, Southern Peru." In *Volcanic Hazards and Disasters in Human Antiquity*, ed. F. W. McCoy and G. Heiken, 15-24. Special Paper 345. Boulder, Colo.: Geological Society of America.

De Terra, H. 1934. "Geology and Archaeology as Border Sciences." *Science* 80: 447-49.

Deocampo, D. M., R. J. Blumenschine, and G. M. Ashley. 2002. "Wetland Diagenesis and Traces of Early Hominids, Olduvai Gorge, Tanzania." *Quaternary Research* 57(2): 271-81.

Desautels, P. 1986. *The Jade Kingdom*. New York: Van Nostrand Reinhold.

Dickinson, W. 2001. "Petrography and Geologic Provenance of Sand Tempers in Prehistoric Potsherds from Fiji and Vanuatu, South Pacific." *Geoarchaeology* 16: 275-322.

Dimbleby, G. 1985. *The Palynology of Archaeological Sites*. London: Academic Press.

Dincauze, D. 1976. *The Neville Site: Eight Thousand Years at Amoskeag*. Peabody Museum Monographs 4. Cambridge: Harvard University Press.

———. 1987. "Strategies for Paleoenvironmental Reconstruction in Archaeology." In *Advances in Archaeological Method and Theory*, ed. M. Schiffer, 11:255-336. New York: Academic Press.

———. 2000. *Environmental Archaeology: Principles and Practice*. Cambridge: University Press.

Dittert, A. 1968. "Minerals and Rocks at Archaeological Sites: Some Interpretations from Central Western New Mexico." *Arizona Archaeologist* 3: 1-16.

Doig, R. 1990. "2,300-Year History of Seismicity from Silting Events in Lake Tadoussac, Charlevoix, Quebec." *Geology* 18: 820-23.

Dolan, J., S. Christofferson, and J. Shaw. 2003. "Recognition of Paleoearthquakes on the Puente Hills Blind Thrust Fault, California." *Science* 300: 115–18.

Donahue, J., and J. M. Adavasio. 1990. "Evolution of Sandstone Rockshelters in Eastern North America: A Geoarchaeological Perspective." In *Archaeological Geology of North America*, ed. N. P. Lasca and J. Donahue, 231–51. Boulder, Colo.: Geological Society of America.

Donoghue, D. 2001. "Remote Sensing." In *Handbook of Archaeological Sciences*, ed. D. Brothwell and A. Pollard, 555–63. New York: John Wiley and Sons.

Doolittle, W. 1990. *Canal Irrigation in Prehistoric Mexico: The Sequence of Technological Change*. Austin: University of Texas Press.

Dorais, M., and C. Shriner. 2002. "A Comparative Electron Microprobe Study of 'Aeginetan' Wares with Potential Raw Material Sources from Aegina, Methana, and Poros, Greece." *Geoarchaeology* 17: 555–77.

Dort, W., Jr., and S. Miller. 1977. *Archaeological Geology of Birch Creek Valley and the Eastern Snake River Plain, Idaho. First Annual Field Trip*. Idaho Falls, ID: Robco Printing, Division of Archaeological Geology, Geological Society of America.

Douglass, A. 1919. *Climate Cycles and Tree Growth*. Washington, D.C.: Carnegie Institution of Washington.

———. 1935. *Dating Pueblo Bonito and Other Ruins in the Southwest*. Contributed Technical Papers, Pueblo B Ser. 1. Washington, D.C.: National Geographic Society.

Dundes, A. 1988. *The Flood Myth*. Berkeley: University of California Press.

Dunnell, R. 1971. *Systematics in Prehistory*. New York: Free Press.

———. 1982. "Science, Social Science, and Common Sense: The Agonizing Dilemma of Modern Archaeology." *Journal of Anthropological Research* 38: 1–25.

Dye, T., and W. Dickinson. 1996. "Sources of Sand Tempers in Prehistoric Tongan Pottery." *Geoarchaeology* 11(2): 141–64.

Easton, R., L. Edwards, and B. Wardlaw. 2003. "Discussion and Reply: Notes on Geochronologic and Chronostratigraphic Units." *Geological Society of America Bulletin* 115: 1016–19.

Eidt, R. 1984. *Advances in Abandoned Settlement Analysis: Application to Prehistoric Anthrosols in Columbia, South America*. Milwaukee: Center for Latin America, University of Wisconsin.

———. 1985. "Theoretical and Practical Considerations in the Analysis of Anthrosols." In *Archaeological Geology*, ed. G. Rapp and J. Gifford, 155–90. New Haven and London: Yale University Press.

Eighmy, J. 2000. "Thirty Years of Archaeomagnetic Dating." In *It's About Time: A History of Archaeological Dating in North America*, ed. S. Nash, 105–23. Salt Lake City: University of Utah Press.

Eighmy, J., and J. Howard. 1991. "Direct Dating of Prehistoric Canal Sediments Using Archaeomagnetism." *American Antiquity* 56(1): 88–102.

Eighmy, J., and R. Sternberg. 1991. *Archaeomagnetic Dating*. Tucson: University of Arizona Press.

Elbaum, R., S. Weiner, R. Albert, and M. Elbaum. 2003. "Detection of Burning of Plant Materials in the Archaeological Record by Changes in the Refraction Index of Siliceous Phytoliths." *Journal of Archaeological Science* 30: 217–26.

Elias, S. 1990. "The Timing and Intensity of Environmental Changes during the Paleoindian Period in Western North America: Evidence from the Insect Fossil Record." In *Megafauna and Man*, ed. L. Agenbroad, J. Mead, and L. Nelson, 11–14. Scientific Papers, Vol. 1. Hot Springs: Mammoth Site of Hot Springs, South Dakota.

———. 1994. *Insects and Their Environments*. Washington, D.C.: Smithsonian Institution Press.

Erickson, C. 1992. "Prehistoric Landscape Management in the Andean Highlands: Raised Field Agriculture and Its Environmental Impact." *Population and Environment* 13: 285–300.

Evans, A. 1964. *The Palace of Minos at Knossos*. Vol. 4, pt. 2. New York: Biblio and Tannen.

Evans, J. 1972. *Land Snails in Archaeology*. London: Seminar Press.

Evernden, J. F., and G. H. Curtis. 1965. "The Potassium-Argon Dating of Late Cenozoic Rocks in East Africa and Italy." *Current Anthropology* 6:343–385.

Faegri, K., P. Kaland, and K. Krzywinski. 1989. *Textbook of Pollen Analysis*. 4th ed. Chichester, U.K.: John Wiley and Sons.

Fagan, B. 2000. *The Little Ice Age: How Climate Made History*. New York: Basic Books.

Fairbanks, R., R. Mortlock, T.-C. Chiu, L. Cao, A. Kaplan, T. Guilderson, T. Fairbanks, A. Bloom, P. Grootes, M.J-J. Nadeau. 2005. "Radiocarbon Calibration Curve Spanning 0 to 50,000 Years BP Based on Paired $^{230}Th/^{234}U/^{238}U$ and ^{14}C Dates on Pristine Corals." *Quaternary Science Reviews* 24: 1781–1796.

Fanning, P., and S. Holdaway. 2001. "Stone Artifact Scatters in Western NSW, Australia: Geomorphic Controls on Artifact Size and Distribution." *Geoarchaeology* 16: 667–86.

Farizy, C. 1994. "Spatial Patterning of Middle Paleolithic Sites." *Journal of Anthropological Archaeology* 13: 153–60.

Farrand, W. 1960. "Former Shorelines in Western and Northern Lake Superior Basin." Ph.D. diss., University of Michigan. Ann Arbor: University Microfilm.

———. 1993. "Discontinuity in the Stratigraphic Record: Snapshots from Franchthi Cave." In *Formation Processes in Archaeological Context*, ed. Goldberg, P., D. Nash, and M. Petraglia, 85-96. Madison, Wisc.: Prehistory Press.

———. 2001. "Sediments and Stratigraphy in Rockshelters and Caves: A Personal Perspective on Principles and Pragmatics." *Geoarchaeology* 16: 537-57.

Farrand, W. and C. Dexler. 1985. "Late Wisconsin Man and Holocene History of the Lake Superior Basin." In *Quaternary Evolution of the Great Lakes*, ed. P. Karrow and P. Calkin, 17-32. Geological Association of Canada Special Paper 30. Saint John's, NL: GAC Publications.

Farquhar, R., and I. Fletcher. 1984. "The Provenience of Galena from Archaic/Woodland Sites in Northeastern North America: Lead Isotope Evidence." *American Antiquity* 49: 774-85.

Farquhar, R., J. Walthall, and R. Hancock. 1995. "Eighteenth-Century Lead Smelting in Central North America: Evidence from Lead Isotope and INAA Measurements." *Journal of Archaeological Science* 22: 639-48.

Faulkner, C. 1962. "The Significance of Some Red Ochre-like Artifacts from Lake County, Indiana." *Wisconsin Archaeologist* 41: 1-8.

Feathers, J. 1997a. "Luminescence Dating of Early Mounds in Northeast Louisiana." *Quaternary Science* 16: 333-40.

———. 1997b. "The Application of Luminescence Dating in American Archaeology." *Journal of Archaeological Method and Theory* 4: 1-66.

———. 2000. "Luminescence Dating and Why It Deserves Wider Application." In *It's About Time: A History of Archaeological Dating in North America*, ed. S. Nash, 152-66. Salt Lake City: University of Utah Press.

Feathers, J., and C. Hill. 2003. "Luminescence Dating of Glacial Lake Great Falls, Montana, U.S.A." *XVI INQUA Congress Programs with Abstracts*, 299. Reno, Nev.: Desert Research Institute.

Fedele, F. 1976. "Sediments as Paleo-Land Segments: The Excavation Side of Study." In *Geoarchaeology*, ed. D. Davidson and M. L. Shackley, 23-48. Boulder, Colo.: Westview Press.

Feng, Z., W. Johnson, D. Sprowl, and Y. Lu. 1994. "Loess Accumulation and Soil Formation in Central Kansas, United States, during the Past Four Hundred Thousand Years." *Earth Surface Processes and Landforms* 19: 55-67.

Ferguson, L. 1974. "Prehistoric Mica Mines in the Southern Appalachians." *South Carolina Antiquities* 6: 1-9.

Ferring, C. R. 1986. "Rates of Fluvial Sedimentation: Implications for Archaeological Variability." *Geoarchaeology* 1: 259-74.

———. 1992."Alluvial Pedology and Geoarchaeological Research." In *Soils in Archaeology*, ed. V. Holliday, 1-39. Washington, D.C.: Smithsonian Institution Press.

———. 1994. Review of *Principles of Geoarchaeology: A North American Perspective*, by Michael R. Waters. *American Anthropologist* 96(1): 218-19.

———. 2000. "Geoarchaeology in the Southern Osage Plains." In *Geoarchaeology in the Great Plains*, ed. R. Mandel, 44-78. Norman: University of Oklahoma Press.

———. 2001. "Geoarchaeology in Alluvial Landscapes." In *Earth Sciences and Archaeology*, ed. P. Goldberg, V. Holliday, and C. R. Ferring, 77-106. New York: Kluwer Academic/Plenum Publishers.

Ferring, C. R., and T. Pertula. 1987. "Defining the Provenance of Red Slipped Pottery from Texas and Oklahoma by Petrographic Methods." *Journal of Archaeological Science* 14: 437-56.

Finlayson, W. Byrne, and J. McAndrews. 1973. "Iroquoian Settlement and Subsistence Patterns near Crawford Lake, Ontario." *Canadian Archaeological Association Bulletin* 5: 134-36.

Fish, S., and P. Fish. 1992. "Prehistoric Landscapes of the Sonoran Desert Hohokam." *Population and Environment* 13: 269-83.

Fladmark, K. 1982. "Microdebitage Analysis: Initial Considerations." *Journal of Archaeological Science* 9: 205-20.

Foit, F., P. Mehringer, and J. Sheppard. 1993. "Age, Distribution, and Stratigraphy of Glacier Peak Tephra in Eastern Washington and Western Montana, United States." *Canadian Journal of Earth Sciences* 30: 535-52.

Foster, J., and J. Whitney. 1850. *Report on the Geology and Topography of a Portion of the Lake Superior Land District in the State of Michigan.* No. 69, pt. 1: *Copper Lands.* Washington, D.C.: House Executive Documents.

Fox, C., A. Perez-Perez, and J. Juan. 1994. "Dietary Information through the Examination of Plant Phytoliths on the Enamel Surface of Human Dentition." *Journal of Archaeological Science* 21: 29-34.

Francis, P. 1988. "Simojovel, Mexico: Village of Amber." *Lapidary Journal* 42(8): 55-62.

Frederick, C. 2001. "Evaluating Causality of Landscape Change: Examples from Alluviation." In *Earth Sciences and Archaeology*, ed. P. Goldberg, V. Holliday, and C. R. Ferring, 55–76. New York: Kluwer Academic/Plenum Publishers.

Freeman, A. K. L. 2000. "Application of High-Resolution Alluvial Stratigraphy in Assessing the Hunter-Gatherer/Agricultural Transition in Santa Cruz River Valley, Southeastern Arizona." *Geoarchaeology* 15(6): 559–89.

French, C. 2003. *Geoarchaeology in Action: Studies in Soil Micromorphology and Landscape Evolution*. New York: Routledge.

Frere, J. 1800. "Account of Flint Weapons Discovered at Hoxne in Suffolk." *Archaeologia* 13: 204–5.

Fritts, H. 1976. *Tree-Rings and Climate*. London: Academic Press.

Fritts, H., G. Lofgren, and G. A. Gordon. 1979. "Variations in Climate since 1602 as Reconstructed from Tree-Rings." *Quaternary Research* 12: 18–46.

Fryxell, R. 1977. *The Interdisciplinary Dilemma: A Case for Flexibility in Academic Thought*. Augustana College Library Occasional Paper 13. Davenport, Iowa: Augustana College.

Gabunia, L, V. Abesalom, D. Lordkipanidze, C. Swisher III, C. R. Ferring, A. Justus, M. Nioradze, M. Tvalchrelidze, S. C. Anton, G. Bosinski, O. Joris, M.-A. de-Limley, G. Majsuradze, and A. Mouskhelishvili. 2000. "Earliest Pleistocene Hominid Cranial Remains from Manisi, Republic of Georgia: Taxonomy, Geologic Setting, and Age." *Science* 288: 1019–25.

Gaffney, C., J. Gater, and S. Ovenden. 1991. *The Use of Geophysical Techniques in Archaeological Evaluations*. IFA Technical Paper 9. Birmingham, U.K.: Institute of Field Archaeologists.

Galli, P., and F. Galadini. 2003. "Disruptive Earthquakes Revealed by Faulted Archaeological Relics in Samnium (Molise, Southern Italy)." *Geophysical Research Letters* 30: 1266ff.

Gamio, M. 1913. "Arqueologia de Atzcapotzalco, D.F., Mexico." In *Proceedings, Eighteenth International Conference of Americanists*, 180–87. London.

Gardner, E. W. 1934. "Geological Introduction." In G. Caton-Thompson and E. W. Gardner, *The Desert Fayum*, 12–18. Gloucester, U.K.: John Bellows-Royal Anthropological Institute.

Garrison, E. G. 2003. *Techniques in Archaeological Geology*. Heidelberg: Springer-Verlag.

Gatto, L., and W. Doe III. 1983. *Historical Bank Recession at Selected Sites along Corps of Engineers Reservoirs*. Special Report 83-30. Hanover, N.H.: U.S. Army Cold Regions Research and Engineering Laboratory.

Geikie, J. 1877. *The Great Ice Age and Its Relation to the Antiquity of Man*. 2nd ed. London: Daldy, Isbista.

Gendron, F., D. Smith, and A. Gendron-Badou. 2002. "Discovery of Jadeite-Jade in Guatemala. Confirmed by Non-Destructive Raman Microscopy." *Journal of Archaeological Science*. 29: 837–51.

Gettens, R., and G. Stout. 1966. *Painting Materials: A Short Encyclopedia*. New York: Dover.

Geyh, M., M. Grosjean, L. Núñez, and U. Schotterer. 1999. "Radiocarbon Reservoir Effect and the Timing of the Late-Glacial/Early Holocene Humid Phase in the Atacama Desert (Northern Chile)." *Quaternary Research* 52: 143–53.

Gibbard, P. 1994. *Pleistocene History of the Lower Thames Valley*. Cambridge: Cambridge University Press.

Gifford, D. 1981. "Taphonomy and Paleoecology: A Critical Review of Archaeology's Sister Disciplines." In *Advances in Archaeological Method and Theory*, ed. M. Schiffer, 4: 365–438. New York: Academic Press.

Gifford, J., and G. Rapp. 1985a. "The Early Development of Archaeological Geology in North America." In *Geologists and Their Ideas: A History of North American Geology*, ed. E. Drake and W. Jordon, 409–21. Boulder, Colo.: Geological Society of America,.

Gifford, J., and G. Rapp. 1985b. "History, Philosophy, and Perspectives." In *Archaeological Geology*, ed. G. Rapp and J. Gifford, 1–23. New Haven and London: Yale University Press.

Gifford, J., G. Rapp, and C. Hill. 1989. "Site Geology." In *Excavations at Tel Michal, Israel*, ed. Z. Herzog, G. Rapp, and O. Negbi, 209–18. Minneapolis: University Minnesota Press.

Gilbert, G. 1884. "The Topographic Features of Lake Shores." *Report of the Director of the U.S. Geological Survey* 5: 75–123.

Gillespie, S., and D. Nichols, eds. 2003. *Archaeology Is Anthropology*. Archaeological Papers of the American Anthropological Association 13. Arlington, Va.: American Anthropological Association.

Gillings, M. 2001. "Spatial Information and Archaeology." In *Handbook of Archaeological Sciences*, ed. D. Brothwell and A. Pollard, 671–83. New York: John Wiley and Sons, 2001.

Gladfelter, B. 1977. "Geoarchaeology: The Geomorphologist and Archaeology." *American Antiquity* 42 (4): 519–38.

———. 1981. "Developments and Directions in Geoarchaeology." In *Advances in Archaeological Method and Theory*, ed. M. Schiffer, 4: 343–64. New York: Academic Press.

———. 1985. "On the Interpretation of Archaeologic Sites in Alluvial Settings." In *Archaeological Sediments in Context*, ed. J. Stein and W. Farrand, 41–52. Orono: University of Maine, Center for the Study of Early Man.

Gleadow, A. 1980. "Fission Track Age of the KBS Tuff and Associated Hominids in Northern Kenya." *Nature* 284: 225–30.

Gleeson, P., and G. Grosso. 1976. "The Ozette Site." In *Excavation of Water-Saturated Archaeological Sites (Wet Sites) on the Northwest Coast of North America*, ed. D. R. Croes, 13–44. National Museum of Man Mercury Series, Archaeological Survey of Canada Paper 50. Ottawa: National Museums of Canada.

Goff, J., and B. McFadgen. 2003. "Large Earthquakes and the Abandonment of Prehistoric Coastal Settlements in Fifteenth-Century New Zealand." *Geoarchaeology* 18: 609–23.

Goldberg, P., and I. Whitbread. 1993. "Micromorphological Study of a Bedouin Tent Floor." In *Formation Processes in Archaeological Context*, ed. P. Goldberg, D. Nash, and M. Petraglia, 165–88. Madison, Wisc.: Prehistory Press.

Goldberg, P. and T. Arpin. 1999. "Micromorphological Analysis of Sediments from Meadowcroft Rockshelter, Pennsylvania: Implications for Radiocarbon Dating." *Journal of Field Archaeology* 26: 325–42.

Goldberg, P., V. Holliday, and C. R. Ferring. 2001. *Earth Sciences and Archaeology*. New York: Kluwer Academic/Plenum Publishers.

Goudie, A. 2000. *The Human Impact on the Natural Environment*. Cambridge, Mass.: MIT Press.

Gramly, R. 1992. *Prehistoric Lithic Industry at Dover, Tennessee*. Buffalo, N.Y.: Persimmon Press.

Graubau, A. 1960. *Principles of Stratigraphy*. [1924.] Rpt. New York: Dover.

Grayson, D. 1986a. "Eoliths, Archaeological Ambiguity and the Generation of 'Middle-Range' Research." In *American Archaeology, Past and Future*, ed. D. J. Meltzer, D. D. Fowler, and J. A. Sabloff. Washington, D.C.: Smithsonian Institution Press.

———. 1986b. *The Establishment of Human Antiquity*. New York: Academic Press.

———. 1990. "The Provision of Time Depth for Paleoanthropology." In *Establishment of a Geologic Framework for Paleoanthropology*, ed. L. F. Laporte, 1–13. Special Paper 242. Boulder, Colo.: Geological Society of America.

Greenough, J., M. Gorton, and L. Mallory-Greenough. 2001. "The Major-and Trace-Element Whole-Rock Fingerprints of Egyptian Basalts and the Provenance of Egyptian Artifacts." *Geoarchaeology* 16: 763–84.

Griffiths, D. 2000. "Uses of Volcanic Products in Antiquity." In *The Archaeology of Geological Catastrophes*, ed. W. McGuire, D. Griffiths, P. Hancock, and I. Stewart, 15–23. Special Publications 171. London: Geological Society.

Gruber, J. 1965. "Brixham Cave and the Antiquity of Man." In *Context and Meaning in Cultural Anthropology*, ed. M. Spiro, 373–402. New York: Free Press.

Grun, R. 2001. "Trapped Charge Dating (ESR, TL, OSL)." In *Handbook of Archaeological Sciences*, ed. D. Brothwell and A. Pollard, 47–62. New York: John Wiley and Sons.

Gunn, J. 1992. "Regional Climatic Mechanisms of the Clovis-Phase on the Southern High Plains." In *Proboscidean and Paleoindian Interactions*, ed. J. W. Fox, C. B. Smith, and K. T. Wilkins, 171–89. Waco, Tex.: Baylor University Press.

Gupta, R. 2003. *Remote Sensing Geology*. 2nd ed. Berlin: Springer-Verlag.

Hajic, E. 1990. *Koster Site Archaeology I: Stratigraphy and Landscape Evolution*. Research Series Vol. 8. Kampsville, Ill.: Center for American Archaeology.

Hall, C., and D. York. 1984. "The Applicability of $^{40}Ar/^{39}Ar$ Dating to Younger Volcanics." In *Quaternary Dating Methods*, ed. W. Mahaney, 67–74. Amsterdam: Elsevier.

Hammond, E. 1964. "Analysis of Properties in Landform Geography." *Annals of the Association of American Geographers* 54: 11–19.

Hammond, N. 1989. "Obsidian Hydration Dating of Tecep Phase Occupation at Nohmul, Belize." *American Antiquity* 54(3): 513–21.

Hancock, R., L. Pavlish, R. Farquhar, R. Salloum, W. Fox, and G. Wilson. 1991. "Distinguishing European Trade Copper and Eastern North American Native Copper." *Archaeometry* 33: 69–86.

Harbottle, G. 1990. "Neutron Activation Analysis in Archaeological Chemistry." In *Chemical Applications of Nuclear Probes*, ed. K. Yoshihara, 58–91. Berlin: Springer-Verlag.

Harley, J., and D. Woodward, eds. 1987. *The History of Cartography*. Vol. 1: *Cartography in Prehistoric, Ancient, and Medieval Europe and the Mediterranean*. Chicago: University of Chicago Press.

Harlow, G. 1991. "The Maya Rediscovered Hard Rock." *Natural History* 100(8): 4–10.

Harrell, J., and V. Brown. 1992a. "The Oldest Surviving Topographical Map from Ancient Egypt: (Turin Papyri 1879, 1899, and 1969)." *Journal of the American Research Center in Egypt* 29: 81–105.

———. 1992b. "The World's Oldest Surviving Geological Map: The 1150 B.C. Turin Papyrus from Egypt." *Journal of Geology* 100: 3–18.

Harrell, J., and M. Lewan. 2002. "Sources of Mummy

Bitumen in Ancient Egypt and Palestine." *Archaeometry* 44: 285–93.
Harris, E. 1989. *Principles of Archaeological Stratigraphy*. 2nd ed. London: Academic Press.
Harrower, M., J. McCorriston, and E. Oches. 2002. "Mapping the Roots of Agriculture in Southern Arabia: The Application of Satellite Remote Sensing, Global Positioning System and Geographic Information System Technologies." *Archaeological Prospection* 9: 35–42.
Hassan, F. 1978. "Sediments in Archaeology: Methods and Implications for Paleoenvironmental and Cultural Analysis." *Journal of Field Archaeology* 5(2): 197–213.
———. 1979. "Geoarchaeology: The Geologist and Archaeology." *American Antiquity* 44: 267–70.
———. 1995. Review of "Formation Processes in Archaeologic Context," ed. P. Goldberg, D. Nash, and M. Petraglia. *American Antiquity* 60(3): 558–59.
Haug, G., D. Günther, L. Peterson, D. Sigman, K. Hughen, and B. Aeschlimann. 2003. "Climate and the Collapse of Maya Civilization." *Science* 299: 1731–35.
Hawass, Z., and M. Lehner. 1994. "The Sphinx: Who Built It, and Why?" *Archaeology* 47(5): 30–42.
Hawkes, C. 1954. "Archaeological Theory and Method: Some Suggestions from the Old World." *American Anthropologist* 56: 155–68.
Haynes, C. V. 1964. "The Geologist's Role in Pleistocene Paleoecology and Archaeology." In *The Reconstruction of Past Environments*, assembled by J. Hester and J. Schoenwetter, 61–66. Taos, N.M.: Fort Burgwin Research Center.
———. 1973. "The Calico Site: Artifacts or Geofacts?" *Science* 181: 305–10.
———. 1990. "The Antevs-Bryan Years and the Legacy for Paleoindian Geochronology." In *Establishment of a Geologic Framework for Paleoanthropology*, ed. L. Laporte, 55–66. Special Paper 242. Boulder, Colo.: Geological Society of America.
———. 1995. "Geochronology of Paleoenvironmental Change, Clovis Type Site, Blackwater Draw, New Mexico." *Geoarchaeology* 10: 317–88.
Haynes, C. V., D. Stanford, M. Jodry, J. Dickenson, J. Montgomery, P. Shelley, I. Rovner, and G. Agogino. 1999. "A Clovis Well at the Type Site 11,500 B.C.: The Oldest Prehistoric Well in America." *Geoarchaeology* 14: 455–70.
Haynes, H. 1893. *Man and the Glacial Period*. New York: Appleton.
Hebda, R., and R. Mathewes. 1984. "Holocene History of Cedar and Native Indians of the North American Pacific Coast." *Science* 225: 711–13.
Heizer, R., and A. Treganza. 1944. "Mines and Quarries of the Indians of California." *California Journal of Mines and Geology* 40: 291–93.
Heizer, R. F., F. Stross, T. R. Hester, A. Albee, I. Perlman, F. Asaro, and H. Bowman. 1973. "The Colossi of Memnon Revisited." *Science* 182: 1219–25.
Hennig, G., R. Grun, and K. Brunnacker. 1983. "Speleothems, Travertines and Paleoclimates." *Quaternary Research* 20: 1–29.
Heron, C. 2001. "Geochemical Prospecting." In *Handbook of Archaeological Sciences*, ed. D. Brothwell and A. Pollard, 565–73. New York: John Wiley and Sons.
Herz, N. 1985. "Isotopic Analysis of Marble." In *Archaeological Geology*, ed. G. Rapp and J. Gifford, 331–51. New Haven and London: Yale University Press.
———. 2001. "Sourcing Lithic Artifacts by Instrumental Analysis." In *Earth Sciences and Archaeology*, ed. P. Goldberg, V. Holliday, and C. R. Ferring, 449–69. New York: Kluwer Academic/Plenum Publishers.
Hester, J. 1987. "The Significance of Accelerator Dating in Archaeological Method and Theory." *Journal of Field Archaeology* 14: 445–51.
Hill, C. 1989. "Petrography of Quaternary Sediments in the Nile Valley of Upper Egypt." In *The Prehistory of Wadi Kubbaniya.*, Vol. 2: *Stratigraphy, Paleoeconomy, and Environment*, ed. A. Close, 101–13. Dallas, Tex.: Southern Methodist University Press.
———. 1993a. "E-87-2: A Site in Lake-Margin Deposits of the Green Phase." In F. Wendorf, R. Schild, A. Close, et al., *Egypt during the Last Interglacial: The Middle Paleolithic of Bir Tarfawi and Bir Sahara East*, ed., 443–58. New York: Plenum Press.
———. 1993b. "E-87-3: A Small, Dry-Season Occupation at the Onset of the Green Phase." In F. Wendorf, R. Schild, A. Close, et al., *Egypt during the Last Interglacial: The Middle Paleolithic of Bir Tarfawi and Bir Sahara East*, 459–70. New York: Plenum Press.
———. 1993c. "Sedimentology of Pleistocene Deposits Associated with Middle Paleolithic Sites in Bir Tarfawi and Bir Sahara East." In F. Wendorf, R. Schild, A. Close, et al., *Egypt during the Last Interglacial: The Middle Paleolithic of Bir Tarfawi and Bir Sahara East*, 66–105. New York: Plenum Press.
———. 2001a. "Geologic Context of the Acheulian (Middle Pleistocene) in the Eastern Sahara." *Geoarchaeology* 16: 65–94.
———. 2001b. "Pleistocene Mammals of Montana and Their Geologic Context." In *Mesozoic and Cenozoic Paleontology in the Western Plains and Rocky Mountains*,

ed. C. Hill, 127-44. Museum of the Rockies Occasional Paper 3. Bozeman: Montana State University.

———. 2001c. "Pleistocene Stratigraphy, Chronology, and Taphonomy of a Typical Mousterian (Middle Paleolithic) Site in Saharan North Africa." *Abstracts with Programs, vol. 33, Geological Society of America*, A-294. Boulder, Colo.: Geological Society of America.

———. 2003. "Pleistocene Stratigraphy and Chronology of the Lower Yellowstone Basin, North America." In *XVI INQUA Congress Programs and Abstracts*, 228. Reno, Nev.: Desert Research Institute.

———. 2006. "Stratigraphic and Geochronologic Contexts of Mammoth (Mammuthus) and other Pleistocene Fauna, Upper Missouri Basin (Northern Great Plains and Rocky Mountains), U.S.A." *Quaternary International*. 142-143: 87-106.

Hoard, R., S. Holen, M. Glascock, H. Neff, and J. M. Elam. 1992. "Neutron Activation Analysis of Stone from the Chadron Formation and a Clovis Site on the Great Plains." *Journal of Archaeological Science* 19: 655-65.

Hoard, R., S. Holen, M. Glascock, and H. Neff. 1995. "Additional Comments on Neutron Activation Analysis of Stone from the Great Plains: Reply to Church." *Journal of Archaeological Science* 22: 7-10.

Hoch, D. 1983. "Flake Dispersal Experiments: Noncultural Transformation of the Archaeologic Record." *American Antiquity* 48: 553-72.

Hohn, M., and J. Hellerman. 1961. "The Diatoms." In F. Wendorf, *Paleoecology of the Llano Estacado*. Publication of the Fort Burgwin Research Center, no. 1, 98-104. Taos: Museum of New Mexico Press.

Holliday, V. 1986. *Guidebook to the Archaeological Geology of Classic Paleoindian Sites of the Southern High Plains, Texas and New Mexico*. College Station: Texas A and M University, Department of Geography.

———. 1997. *Paleoindian Geoarchaeology of the Southern High Plains*. Austin: University of Texas Press.

———. 2000a. "Folsom Drought and Episodic Drying on the Southern High Plains from 10,900-10,200 ^{14}C yr B.P." *Quaternary Science* 53: 1-12.

———. 2000b. "Historical Perspective on the Geoarchaeology of the Southern High Plains." In *Geoarchaeology in the Great Plains*, ed. R. Mandel, 10-43. Norman: University of Oklahoma Press.

———. 2000c. "Vance Haynes and Paleoindian Geoarchaeology and Geochronology of the Great Plains." *Geoarchaeology* 15: 511-22.

———. 2001. "Quaternary Geosciences in Archaeology." In *Earth Sciences and Archaeology*, ed. P. Goldberg, V. Holliday, and C. R. Ferring, 3-35. New York: Kluwer Academic/Plenum.

———, ed. 1992. *Soils in Archaeology*. Washington, D.C.: Smithsonian Institution Press.

Holmes, W. 1892. "Modern Quarry Refuse and the Paleolithic Theory." *Science* 20: 295-97.

Hosler, D., and A. McFarlane. 1996. "Copper Sources, Metal Production, and Metals Trade in Post-Classic Mesoamerica." *Science* 273: 1819-24.

Hough, W. 1906. "Earthquakes and Tribal Movements in the Southwest." *American Anthropologist* 8: 436.

Howard, E. 1935. "Evidence of Early Man in North America." *University of Pennsylvania Museum Journal* 24(2-3): 61-71.

Huber, J. K., and C. L. Hill. 1987. "A Pollen Sequence Associated with Paleoindian Presence in Northeastern Minnesota." *Current Research in the Pleistocene* 4: 89-91.

Huckleberry, G. 2000. "Interdisciplinary and Specialized Geoarchaeology: A Post-Cold War Perspective." *Geoarchaeology* 15: 523-36.

Huckleberry, G., and B. Billman. 2003. "Geoarchaeological Insights Gained from Surficial Geologic Mapping, Middle Moche Valley, Peru." *Geoarchaeology* 18: 505-21.

Huckleberry, G., J. Stein, and P. Goldberg. 2003. "Determining the Provenience of Kennewick Man Skeletal Remains through Sedimentological Analysis." *Journal of Archaeological Science* 30: 651-65.

Hudak, G. J., E. Hobbs, A. Brooks, C. Sersland, and C. Phillips, eds. 2002. *A Predictive Model of Precontact Archaeological Site Location for the State of Minnesota*. Mn/DOT Agreement no. 73217. SHPO Reference no. 95-4098. Saint Paul: Minnesota Department of Transportation.

Hudson-Edwards, K., M. Macklin, R. Finlayson, and D. Passmore. 1999. "Mediaeval Lead Pollution in the River Ouse at York, England." *Journal of Archaeological Science* 26: 809-19.

Huford, A., and P. Green. 1982. "A User's Guide to Fission Track Dating Calibration." *Earth and Planetary Science Letters* 59: 343-54.

Hughen, K., S. Lehman, J. Southon, J. Overpeck, O. Marchal, C. Herring, and J. Turnbull. 2004. "^{14}C Activity and Global Carbon Cycle Changes over the Past 50,000 Years." *Science* 303: 202-7.

Hutchinson, I., and A. McMillan. 1997. "Archaeological Evidence for Village Abandonment Associated with Late Holocene Earthquakes at the Northern Cascadia Subduction Zone." *Quaternary Research* 48: 79-87.

Isaac, G. 1967. "Towards the Interpretation of Occupation Debris: Some Experiments and Observations." *Kroeber Anthropological Society Papers* 5(37): 31–57.

Inglis, D. 1965. "Particle Sorting and Stone Migration by Freezing and Thawing." *Science* 148: 1616–17.

Jackson, J. A., ed. 1997. *Glossary of Geology*, 4th ed. Washington, D.C.: American Geological Institute.

Jackson, K., and D. Uhlmann. 1966. "Particle Sorting and Stone Migration Due to Frost Heave." *Science* 152: 545–46.

Jia, L., and W. Huang. 1990. *The Story of Peking Man: From Archaeology to Mystery*. Beijing: Foreign Languages Press, and Hong Kong: Oxford University Press.

Jing, Z., and G. Rapp. 2003. "The Coastal Evolution of the Ambracian Embayment and Its Relationship to Archaeological Settings." In *Landscape Archaeology in Southern Epirus, Greece 1*, ed. J. Wiseman and K. Zachos, 157–98. Athens: American School of Classical Studies at Athens.

Jing, Z., G. Rapp, and T. Gao. 1997. "Holocene Landscape Evolution and Its Impact on the Neolithic and Bronze Age Sites in the Shangqiu Area, Northern China." *Geoarchaeology* 10(6): 481–513.

Johnson, A. 1952. *Frost Action in Roads and Airfields*. Special Report 1. Washington, D.C.: National Research Council, Highway Research Board.

Johnson, D. 2002. "Darwin Would Be Proud: Bioturbation, Dynamic Denudation, and the Power of Theory in Science." *Geoarchaeology* 17: 7–39.

Johnson, D., and K. Hansen. 1972. "The Effects of Frost-Heaving on Objects in Soils." *Plains Anthropologist* 19(64): 81–98.

Johnson, D., D. Muhs, and M. Barnhardt. 1977. "The Effects of Frost-Heaving on Objects in Soils, II: Laboratory Experiments." *Plains Anthropologist* 22 (76), pt. 1: 133–47.

Johnson, W. C., and B. Logan. 1990. "Geoarchaeology of the Kansas River Basin, Central Great Plains." In *Archaeological Geology of North America*, ed. N. Lasca and J. Donohue, 267–300. Centennial Special Vol. 4. Boulder, Colo.: Geological Society of America.

Jones, J., and J. Fisher. 1990. "Environmental Factors Affecting Prehistoric Shellfish Utilization, Grape Island, Boston Harbor, Massachusetts." In *Archaeological Geology of North America*, ed. N. Lasca and J. Donohue, 137–47. Centennial Special Vol. 4. Boulder, Colo.: Geological Society of America.

Jones, R., B. Isserlin, V. Karastathis, S. Paramarinopoulos, G. Syrides, J. Uren, I. Balatsas, C. Kapopoulos, Y. Maniatis, and G. Facorellis. 2000. "Exploration of the Canal of Xerxes, Northern Greece: The Role of Geophysical and Other Techniques." *Archaeological Prospection* 7: 147–70.

Joyce, A., and R. Mueller. 1992. "The Social Impact of Anthropogenic Landscape Modification in the Rio Verde Drainage Basin, Oaxaca, Mexico." *Geoarchaeology* 7(6): 503–26.

Judd, N. 1930. *Arizona's Prehistoric Canals from the Air.* Washington, D.C.: Smithsonian Institution Press.

Judson, S. 1957. "Geology." In *The Identification of Non-Artifactual Archaeological Materials*, ed. W. Taylor, 48–49. National Academy of Sciences Publication 565. Washington, D.C.: National Academy of Sciences National Research Council.

Julig, P., J. McAndrews, and W. Mahaney. 1990. "Geoarchaeology of the Cummins Site on the Beach of Proglacial Lake Minong, Lake Superior Basin, Canada." In *Archaeological Geology of North America*, ed. N. Lasca and J. Donohue, 21–51. Centennial Special Vol. 4. Boulder, Colo.: Geological Society of America.

Julig, P., L. Pavlish, and R. Hancock. 1991. "INAA Provenance Studies of Lithic Materials from the Western Great Lakes Region of North America." In *Archaeometry '90*, ed. E. Pernicka and G. Wagner. Basel: Birkhäuser Verlag.

Kamilli, D., and A. Steinberg. 1985. "New Approaches to Mineral Analysis of Ancient Ceramics." In *Archaeological Geology*, ed. G. Rapp and J. Gifford, 313–30. New Haven and London: Yale University Press.

Kapp, R. 1969. "Background." In Kapp, *How to Know Pollen and Spores*, 1–20. Dubuque, Iowa: William C. Brown.

Karcz, I., and U. Kafri. 1978. "Evaluation of Supposed Archaeoseismic Damage in Israel." *Journal of Archaeological Science* 5: 237–53.

Karkanas, P., N. Kyparissi-Apsotilika, O. Bar-Yosef, and S. Weiner. 1999. "Mineral Assemblages in Theopetra, Greece: A Framework for Understanding Diagenesis in a Prehistoric Cave." *Journal of Archaeological Science* 26: 1171–80.

Kayani, P., and G. McDonnell. 1995. "The Potential of Scanning Electron Microscope Techniques for Non-Destructive Obsidian Characterization and Hydration-Rim Research." In *Archaeological Sciences 1995: Proceedings of a Conference on the Application of Scientific Techniques to Archaeology*, Liverpool, June.

Kempe, D. 1988. *Living Underground: A History of Cave and Cliff Dwelling*. London: Herbert.

Kerr, J. 1995. "Phosphate Imprinting within Mound A at the Huntsville Site." In *Pedological Perspectives in Archaeological Research*, ed. M. Collins, B. Carter, B. Gladfelter, and R. Southard, 133–49. Soil Science

Society of America Special Publication 44. Madison, Wisc.: Soil Science Society of America.

Kidder, A. 1915. "Pottery of the Pajarito Plateau and Some Adjacent Regions in New Mexico." *Memoirs of the American Anthropological Association* 2(6): 407–62.

———. 1924. *An Introduction to the Study of Southwestern Archaeology, with a Preliminary Account of the Excavations at Pecos.* New Haven, Yale University Press.

Kinnunen, K., R. Tynni, K. Hokkanen, and J.-P. Taavitsainen. 1985. *Flint Raw Materials of Prehistoric Finland: Rock Types, Surface Textures and Microfossils."* Espoo: Geological Survey of Finland Bulletin 334.

Knapp, A., and J. Cherry. 1994. *Provenience Studies and Bronze Age Cyprus: Production, Exchange and Politico-Economic Change.* Monographs in World Archaeology 21. Madison, Wisc.: Prehistory Press.

Koetje, T. 1994. "Intrasite Spatial Structure in the European Upper Paleolithic: Evidence and Patterning from the SW of France." *Journal of Anthropological Archaeology* 13: 161–69.

Kolb, C., and J. Van Lopik. 1966. "Depositional Environments of the Mississippi River Deltaic Plain, Southeastern Louisiana." In *Deltas in Their Geologic Framework*, ed. M. Shirley, 17–61. Houston: Houston Geological Society.

Kolb, M. F., N. Lasca, and L. Goldstein. 1990. "A Soil-Geomorphic Analysis of the Midden Deposits at Aztalan Site, Wisconsin." In *Archaeological Geology of North America*, ed. N. Lasca and J. Donahue, 199–218. Centennial Special Vol. 4. Boulder, Colo.: Geological Society of America.

Konigsson, L. 1989. "Pollen Analysis in Archaeogeology and Geoarchaeology." In *Geology and Paleoecology for Archaeologists*, ed. T. Hackens and U. Miller, 81–104. Revello, Italy: European University Centre for Cultural Heritage.

Kraft, J., G. Rapp, G. Szemler, C. Tziavos, and E. Kase. 1987. "The Pass at Thermopylae, Greece." *Journal of Field Archaeology* 14: 181–98.

Kraft, J., I. Kayan, and G. Rapp. 2000. "A Geologic Analysis of Ancient Landscapes and the Harbors of Ephesus and the Artemsion in Anatolia." *Jahreshefte des Osterreichischen Archaologischen Institutes in Wien* 69: 175–233.

Kraft, J., G. Rapp, I. Kayan, and J. Luce. 2003. "Harbor Areas at Ancient Troy: Sedimentology and Geomorphology Complement Homer's *Iliad*." *Geology* 31: 163–66.

Kraus, M., and T. Brown. 1986. *Pedofacies Analysis: A New Approach to Reconstructing Ancient Fluvial Sequences.* Special Paper 216. Boulder, Colo.: Geological Society of America.

Kukla, J. 1987. "Loess Stratigraphy in Central China." *Quaternary Science Reviews* 6: 191–219.

Kukla, J., and Z. An. 1989. "Loess Stratigraphy in Central China." *Paleogeography, Paleoclimatology, Paleoecology* 72: 203–25.

Kuniholm, P. 2001. "Dendrochronology and Other Applications of Tree-Ring Studies in Archaeology." In *Handbook of Archaeological Sciences*, ed. D. Brothwell and A. Pollard, 35–46. New York: John Wiley and Sons.

Kvamme, K. 1999. "Recent Directions and Developments in Geographical Information Systems." *Journal of Archaeological Research* 7: 153–201.

———. 2001. "Current Practices in Archaeogeophysics: Magnetics, Resistivity, Conductivity, and Ground-Penetrating Radar." In *Earth Sciences and Archaeology*, ed. P. Goldberg, V. Holliday, and C. R. Ferring, 353–84. New York: Kluwer Academic/Plenum Publishers.

———. 2003. "Geophysical Surveys as Landscape Archaeology." *American Antiquity* 68: 435–57.

La Paz, L. 1969. *Topics in Meteoritics—Hunting Meteorites: Their Recovery, Use, and Abuse from Paleolithic to Present.* Albuquerque: University of New Mexico.

Laj, C., C. Kissel, A. Mazaud, E. Michel, R. Muscheler, and J. Beer. 2002. "Geomagnetic Field Intensity, North Atlantic Deep Water Circulation and Atmospheric Delta ^{14}C during the Last Fifty KYR." *Earth and Planetary Science Letters* 200: 177–90.

LaMarche, V. 1974. "Paleoclimatic Inferences from Long Tree-Ring Records." *Science* 183 (1974): 1043–48.

Lambeck, K., T. M. Esat, and E.-K. Potter. 2002. "Links between Climate and Sea Levels for the Past Three Million Years." *Nature* 419: 199–206.

Lambert, J. 1997. *Traces of the Past: Unraveling the Secrets of Archaeology through Chemistry.* Reading, Mass.: Addison-Wesley.

Lamothe, M., A. Driemanis, M. Morency, and A. Raukas. 1984. "Thermoluminescence Dating of Quaternary Sediments." In *Quaternary Dating Methods*, ed. W. Mahaney, 153–71. Amsterdam: Elsevier.

Lang, A., and G. Wagner. 1996. "Infrared Stimulated Luminescence Dating of Archaeosediments." *Archaeometry* 38: 129–41.

Langbein, W., and S. Schumm. 1958. "Yield of Sediment in Relation to Mean Annual Precipitation." *Transactions of the American Geophysical Union* 39: 1076–84.

Larsen, C. 1985. "Geoarchaeological Interpretation of Great Lakes Coastal Environments." In *Archaeological Sediments in Context*, ed. J. Stein and W. Farrand, 91–110. Orono: University of Maine, Center for the Study of Early Man.

Latham, A. 2001. "Uranium-Series Dating." In *Handbook of Archaeological Sciences,* ed. D. Brothwell and A. Pollard, 63-72. New York: John Wiley and Sons.
Leach, E. 1992. "On the Definition of Geoarchaeology." *Geoarchaeology* 7(5): 405-17.
Leigh, D. 2001. "Buried Artifacts in Sandy Soils: Techniques for Evaluating Pedoturbation versus Sedimentation." In *Earth Sciences and Archaeology,* ed. P. Goldberg, V. Holliday, and C. R. Ferring, 269-93. New York: Kluwer Academic/Plenum Publishers.
Leroi-Gourhan, A. 1968. *The Art of Prehistoric Man in Western Europe.* London: Thames and Hudson.
Leucci, G. 2002. "Ground-Penetrating Radar Survey to Map the Location of Buried Structures under Two Churches." *Archaeological Prospection* 9: 217-28.
Libby, W. 1955. *Radiocarbon Dating.* Chicago: University of Chicago Press.
Liu, Z. 1988. "Paleoclimatic Changes as Indicated by the Quaternary Karstic Cave Deposits in China." *Geoarchaeology* 3(2): 103-15.
Linford, N., and M. Canti. 2001. "Geophysical Evidence for Fires in Antiquity: Preliminary Results from an Experimental Study." *Archaeological Prospection* 8: 211-25.
Lock, G., and Z. Stancic. 1995. *Archaeology and Geographical Information Systems: A European Perspective.* London: Taylor and Francis.
Louis, F. 1994. "Gold and Silver in Ancient China." *Arts of Asia* 24: 88-96.
Lowe, J. 2001. "Quaternary Geochronological Frameworks." In *Handbook of Archaeological Sciences,* ed. D. Brothwell and A. Pollard, 9-21. New York: John Wiley and Sons.
Lubbock, J. 1865. *Pre-Historic Times.* London: Williams and Norgate.
Lucas, A. 1962. *Ancient Egyptian Materials and Industries,* rev. J. R. Harris. London: E. Arnold. Rpt. London: Histories and Mysteries of Man, 1989.
Luedtke, B. 1992. *An Archaeologist's Guide to Chert and Flint.* Vol. 7. Los Angeles: Archaeological Research Tools.
Lyell, C. 1863. *Geological Evidences of the Antiquity of Man.* London: Murray.
Lyell, K. 1881. *Life, Letters and Journals of Sir Charles Lyell.* London: Murray.
Lyman, R. 1994. *Vertebrate Taphonomy.* Cambridge: Cambridge University Press.
MacCurdy, G., ed. 1937. *Early Man.* London: Lippincott.
Mack, G., and W. James. 1992. *Paleosols for Sedimentologists.* Boulder, Colo.: Geological Society of America.
Mack, G., W. James, and H. Monger. 1993. "Classification of Paleosols." *Geological Society of America Bulletin* 105: 129-36.
Macphail, R. 1998. A Reply to Carter and Davidson's "An Evaluation of the Contribution of Soil Micromorphology to the Study of Ancient Agriculture." *Geoarchaeology* 13(6): 549-64.
Macphail, R., and J. Cruise. 2001. "The Soil Micromorphologist as Team Player: A Multianalytical Approach to the Study of European Microstratigraphy." In *Earth Sciences and Archaeology,* ed. P. Goldberg, V. Holliday, and C. R. Ferring, 241-67. New York: Kluwer Academic/Plenum.
Macphail, R. I., and P. Goldberg. 2000. "Geoarchaeological Investigations of Sediments from Gorham's and Vanguard Caves, Gibralter: Microstratigraphical (Soil Micromorphological and Chemical) Signatures. In *Neanderthals on the Edge,* ed. C. B. Stringer, R. N. E. Barton, and C. Finlayson, 183-200. Oxford: Oxbow.
Mallowan, M. 1964. *Early Mesopotamia and Iran.* London: Thames and Hudson.
Maloney, B., C. Higham, R. Bannanurag. 1989. "Early Rice Cultivation in Southeast Asia: Archaeological and Palynological Evidence from the Bang Pakong Valley, Thailand." *Antiquity* 63: 363-370.
Mandal, S. 1997. "Striking the Balance: The Roles of Petrography and Geochemistry in Stone Axe Studies in Ireland." *Archaeometry* 39: 289-308.
Mandel, R. 1992. "Soils and Holocene Landscape Evolution on Central and Southwestern Kansas: Implications for Archaeological Research." In *Soils in Archaeology: Landscape Evolution and Human Occupation,* ed. V. Holliday, 41-100. Washington, D.C.: Smithsonian Institution Press.
———. 1995. "Geomorphic Controls of the Archaic Record in the Central Plains of the United States." In *Archaeological Geology of the Archaic Period in North America,* ed. E. Bettis, 37-66. Special Paper 297. Boulder, Colo.: Geological Society of America.
———. 2000. "The History of Geoarchaeological Research in Kansas and Northern Oklahoma." In *Geoarchaeology in the Great Plains,* ed. R. Mandel, 79-136. Norman: University of Oklahoma Press.
———, ed. 2000. *Geoarchaeology in the Great Plains.* Norman: University of Oklahoma Press.
Mandel, R., and E. Bettis. 2001. "Use and Analysis of Soils by Archaeologists and Geoscientists: A North American Perspective." In *Earth Sciences and Archaeology,* ed. P. Goldberg, V. Holliday, and C. R. Ferring, 173-204. New York: Kluwer Academic/Plenum Publishers.
Marmet, E., M. Bina, N. Fedoroff, and A. Tabbagh.

1999. "Relationships between Human Activity and the Magnetic Properties of Soils: A Case Study in the Medieval Site of Roissy-en-France." *Archaeological Prospection* 6: 161–70.

Martinez Solarez, J., A. Lopez Arroyo, and J. Mezcua. 1979. "Isoseismal Map of the 1755 Lisbon Earthquake Obtained from Spanish Data." *Tectonophysics* 53: 301–13.

Martinson, D. G., N. G. Pisias, J. D. Hays, J. Imbrie, T. C. Moore, and N. J. Shackleton. 1987. "Age Dating and the Orbital Theory of the Ice Ages: Development of a High Resolution 0- to 300,000-Year Chronostratigraphy." *Quaternary Research* 27: 1–29.

Mason, R., and L. Golombek. 2003. "The Petrography of Iranian Safavid Ceramics." *Journal of Archaeological Science* 30: 251–61.

Mathieu, F. 2001. "The Organization of Turquoise Production and Consumption by Prehistoric Chacoans." *American Antiquity* 66: 103–18.

Matson, F. 1966. *Ceramics and Man*. Viking Fund Publications in Anthropology 41. London: Methuen.

Maxwell, A. L. 2004. "Fire Regimes in North-Eastern Cambodian Monsoonal Forests, with a 9300-year Sediment Charcoal Record." *Journal of Biogeography* 31: 225–39.

May, D. 2000. "Geoarchaeological Research in Nebraska: A Historical Perspective." In *Geoarchaeology in the Great Plains*, ed. R. Mandel, 166–98. Norman: University of Oklahoma Press.

Mayer, J. 2002. "Evaluating Natural Site Formation Processes in Eolian Dune Sands: A Case Study from the Krmpotich Folsom Site, Killpecker Dunes, Wyoming." *Journal of Archaeological Science* 29: 1199–211.

McBrearty, M., M. Bishop, T. Plummer, R. Dewar, and N. Conard. 1998. "Tools Underfoot: Human Trampling as an Agent of Lithic Artifact Edge Modification." *American Antiquity* 63: 108–29.

McCauley, J., G. Schaber, C. Breed, M. Grolier, C. V. Haynes, B. Issawi, C. Elachi, and R. Blom. 1982. "Subsurface Valleys and Geoarchaeology of the Eastern Sahara Revealed by Shuttle Radar." *Science* 218: 1004–20.

McCoy, F., and G. Heiken. 2000a. "The Late-Bronze Age Explosive Eruption of Thera (Santorini), Greece: Regional and Local Effects." In *Volcanic Hazards and Disasters in Human Antiquity*, ed. F. McCoy, and G. Heiken, 43–70. Special Paper 345. Boulder, Colo.: Geological Society of America.

McCoy, F., and G. Heiken, eds. 2000b. *Volcanic Hazards and Disasters in Human Antiquity*. Special Paper 345. Boulder, Colo.: Geological Society of America.

McDonald, W., and G. Rapp. 1972. *The Minnesota Messenia Expedition: Reconstructing a Regional Bronze Age Environment*. Minneapolis: University of Minnesota Press.

McKillop, H. 2002. *White Gold of the Ancient Maya*. Gainesville: University Press of Florida.

Mehringer, P., and F. Foit. 1990. "Volcanic Ash Dating of the Clovis Cache at East Wenatchee, Washington." *National Geographic Research* 6(4): 495–503.

Meltzer, D. 1983. "The Antiquity of Man and the Development of American Archaeology." In *Advances in Archaeological Method and Theory*, ed. M. Schiffer, 6:1–51. New York: Academic Press, 1983.

———. 1985. "North American Archaeology and Archaeologists, 1879–1934." *American Antiquity* 50(2): 249–60.

Meltzer, D., and R. Dunnell, eds. 1992. *The Archaeology of William Henry Holmes*. Washington, D.C.: Smithsonian Institution Press.

Meltzer, D., J. Adovasio, and T. Dillehay. 1994. "On a Pleistocene Human Occupation at Pedra Furada, Brazil." *Antiquity* 262(68): 695–714.

Mercier, N., H. Valladas, G. Valladas, and J.-L. Reyss. 1995. "TL Dates of Burnt Flints from Jelinek's Excavations at Tabun and Their Implications." *Journal of Archaeological Science* 22: 495–509.

Megard, R. 1967. "Late Quaternary Cladocera of Lake Zeribar, Western Iran." *Ecology* 48: 179–89.

Michels, J. 1969. "Testing Stratigraphy and Artifact Reuse through Obsidian Hydration Dating." *American Antiquity* 34(1): 15–22.

———. 1983. "Obsidian Dating and East African Archaeology." *Science* 219: 361–66.

Miller, G. 1993. "Chronology of Hominid Occupation at Bir Tarfawi and Bir Sahara East, Based on the Epimerization of Isoleucine in Ostrich Eggshells." In F. Wendorf, R. Schild, A. Close, et al., *Egypt during the Last Interglacial:* The Middle Paleolithic of Bir Tarfawi and Bir Sahara East, 241–51. New York: Plenum Press.

Miller, V., and M. Westerback. 1989. *Interpretation of Topographic Maps*. Columbus, Ohio: Merrill.

Mizoguchi, K. 2002. *An Archaeological History of Japan: 30,000 B.C. to A.D. 700*. Philadelphia: University of Pennsylvania Press.

Moeyerson, J. 1978. "The Behavior of Stones and Stone Implements Buried in Consolidating and Creeping Kalahari Sands." *Earth Surface Processes* 3: 115–28.

Mooney, S., C. Geiss, and M. Smith. 2003. "The Use of Mineral Magnetic Parameters to Characterize Archaeological Ochres." *Journal of Archaeological Science* 30: 511–23.

Moore, P., J. Webb, and M. Collinson. 1991. *Pollen Analysis.* 2nd ed. Oxford: Basil Blackwell, 1991.

Morwood, M., P. O'Sullivan, F. Aziz, and A. Raza. 1998. "Fission Track Age of Stone Tools and Fossils on the East Indonesian Island of Flores." *Nature* 392: 173–76.

Moss, J. 1978. "The Geology of Mummy Cave." In *The Mummy Cave Project in Northwestern Wyoming*, ed. H. McCracken et al., 35–40. Cody, Wyo.: Buffalo Bill Historical Center.

Moulton, G. E., ed. 2003. *The Lewis and Clark Journals: An American Epic of Discovery; The Abridgment of the Definitive Nebraska Edition.* Lincoln: University of Nebraska Press.

Movius, H. 1949. "Old-World Paleolithic Archaeology." *Bulletin of the Geological Society of America* 60: 1443–56.

———. 1957. "The Old World Paleolithic." In *Identification of Non-Artifactual Archaeological Materials*, ed. W. Taylor, 26–27. National Academy of Sciences Publication 565. Washington, D.C.: National Academy of Sciences National Research Council.

Mullins, H., and J. Halfman. 2001. "High-Resolution Seismic Reflection Evidence for Middle Holocene Environmental Change, Owasco Lake, New York." *Quaternary Research* 55: 322–31.

Müller, W., H. Fricke, A. Halliday, M. McCulloch, and J. Wartho. 2003. "Origin and Emigration of the Alpine Iceman." *Science* 302: 862–66.

Mustoe, G. E. 1985. "Eocene Amber from the Pacific Coast of North America." *Geological Society of America Bulletin* 96(12): 1530–36.

Naeser, C. 1984. "Fission-Track Dating." In *Quaternary Dating Methods*, ed. C. Mahaney, 87–100. Amsterdam: Elsevier.

Nash, S. 2000. "Seven Decades of Archaeological Tree-Ring Dating." In *It's About Time: A History of Archaeological Dating in North America*, ed. S. Nash, 60–82. Salt Lake City: University of Utah Press.

———, ed. 2000. *It's About Time: A History of Archaeological Dating in North America.* Salt Lake City: University of Utah Press, 2000b.

Nash, S., and J. Dean. 2000. "The Surprisingly Deficient History of Archaeochronology." In *It's About Time: A History of Archaeological Dating in North America*, ed. S. Nash, 2–11. Salt Lake City: University of Utah Press.

Nelson, C. 1916. "Chronology of the Tano Ruins, New Mexico. *American Anthropologist* 18: 159–80.

Nettleton, W., B. Brasher, E. Benham, and R. Ahrens. 1998. "A Classification System for Buried Paleosols." *Quaternary International* 51/52: 175–83.

Nettleton, W., C. Olson, and D. Wyosocki. 2000. "Paleosol Classification: Problems and Solutions." *Catena* 41: 61–92.

Nicholson, R. 2001 "Taphonomic Investigations." In *Handbook of Archaeological Sciences*, ed. D. Brothwell and A. Pollard, 179–90. New York: John Wiley and Sons.

Niemi, T., and Z. Ben-Avraham. 1994. "Evidence for Jericho Earthquakes from Slumped Sediments of the Jordan River Delta in the Dead Sea." *Geology* 22: 395–98.

Nilsson, T. 1983. *The Pleistocene: Geology and Life in the Quaternary Ice Age.* Dordrecht: Reidel Publishing.

Nir, Y. 1997. "Middle and Late Holocene Sea-Levels along the Israel Mediterranean Coast—Evidence from Ancient Water Wells." *Journal of Quaternary Science* 12: 143–51.

Nishimura, Y. 2001. "Geophysical Prospection in Archaeology." In *Handbook of Archaeological Sciences*, ed. D. Brothwell and A. Pollard, 543–53. New York: John Wiley and Sons.

Noller, J. 2001. "Archaeoseismology: Shaking Out the History of Humans and Earthquakes." In *Earth Sciences and Archaeology*, ed. P. Goldberg, V. Holliday, and C. R. Ferring, 143–70. New York: Kluwer Academic/Plenum Publishers.

Nordt, L. 2001. "Stable Carbon and Oxygen Isotopes in Soils: Applications for Archaeological Research." In *Earth Sciences and Archaeology*, ed. P. Goldberg, V. Holliday, and C. R. Ferring, 419–48. New York: Kluwer Academic/Plenum Publishers.

North, F. 1938. "Geology for Archaeologists." *Archaeological Journal* 94: 73–115.

Nur, A., and E. Cline. 2000. "Poseidon's Horses: Plate Tectonics and Earthquake Storms in the Late Bronze Age Aegean and Eastern Mediterranean." *Journal of Archaeological Science* 27: 43–63.

O'Brien, M., and R. Lyman. 1999. *Seriation, Stratigraphy, and Index Fossils: The Backbone of Archaeological Dating.* New York: Kluwer Academic/Plenum Publishers.

Ortloff, C., and A. Kolata. 1993. "Climate and Collapse: Agro-Ecological Perspectives on the Decline of the Tiwanaku State." *Journal of Archaeological Science* 20: 195–221.

O'Sullivan P., M. Morwood, D. Hobbs, F. Aziz, M. Situmorang, A. Raza, and R. Maas. 2001. "Archaeological Implications of the Geology and Chronology of the Soa Basin, Flores, Indonesia." *Geology* 29: 607–10.

Palacios-Fest, M. 1994. "Nonmarine Ostracod Shell Chemistry from Ancient Hohokam Irrigation Canals in Central Arizona: A Paleohydrologic Tool for the Interpretation of Prehistoric Human Occupation in the North American Southwest." *Geoarchaeology* 9(1): 1-29.

Parnell, J., R. Terry, and Z. Nelson. 2002. "Soil Chemical Analysis Applied as an Interpretive Tool for Ancient Human Activities in Piedras Negras, Guatemala." *Journal of Archaeological Science* 29: 379-404.

Passmore, D., C. Waddington, and S. Houghton. 2002. "Geoarchaeology of the Milfield Basin, Northern England: Towards an Integrated Archaeological Prospection, Research and Management Framework." *Archaeological Prospection* 9: 71-91.

Paulissen, E., and P. M. Vermeersch. 1987. "Earth, Man and Climate in the Egyptian Nile Valley during the Pleistocene." In *Prehistory of Arid North Africa: Essays in Honor of Fred Wendorf*, ed. A. E. Close, 29-67. Dallas, Tex.: Southern Methodist University Press.

Pavich, M. J., and O. A. Chadwick. 2003, "Soils and the Quaternary Climate System." In *The Quaternary Period in the United States*, ed. A. R. Gillespie, S. C. Porter, and B. F. Atwater, 311-29. Amsterdam: Elsevier.

Peacock, E. 1991. "Distinguishing Between Artifacts and Geofacts: A Test Case from Eastern England." *Journal of Field Archaeology* 18: 345-61.

Pearsall, D., B. Gilbert, and L. Martin. 1994. "Late Pleistocene Fossils of Natural Trap Cave, Wyoming, and the Climate Model of Extinction." In *Quaternary Extinction*, ed. P. S. Martin and R. G. Klein, 138-47. Tucson: University of Arizona Press.

Pendergast, D. M. 1982. "Ancient Maya Mercury." *Science* 217: 533-35.

Penhallurick, R. 1986. *Tin in Antiquity.* London: Institute of Metals.

Pescatore, T., M. Senatore, G. Captretto, and G. Lerro. 2001. "Holocene Coastal Environments near Pompeii before the A.D. 79 Eruption of Mount Vesuvius, Italy." *Quaternary Research* 55: 77-85.

Peters, C., M. Church, and C. Mitchell. 2001. "Investigation of Fire Ash Residues Using Mineral Magnetism." *Archaeological Prospection* 8: 227-37.

Petraglia, M., and R. Potts. 1994. "Water Flow and the Formation of Early Pleistocene Artifact Sites in Olduvai Gorge, Tanzania." *Journal of Anthropological Archaeology* 13: 228-54.

Pewe, T. 1954. "The Geological Approach to Dating Archaeological Sites." *American Antiquity* 19: 51-61.

Phillips, B., and C. Hill. 2004. "Deglaciation History and Geomorphological Character of the Region between the Agassiz and Superior Basins, Associated with the 'Interlakes Composite' of Minnesota and Ontario." In *The Late Palaeo-Indian Great lakes: Geological and Archaeological Investigations of Late Pleistocene and Early Holocene Environments*, eds. L. J. Jackson and A. Hinshelwood, 275-301. Mercury Series Archaeology Paper 165. Quebec: Canadian Museum of Civilization.

Phillipson, D. 1994. *African Archaeology.* Cambridge: Cambridge University Press, 1994.

Pierce, K. L., and I. Friedman. 2000. "Obsidian Hydration Dating of Quaternary Events." In *Quaternary Geochronology: Methods and Applications*, ed. J. S. Noller, J. M. Sowers, and W. E. Lettis, 223-40. Washington, D.C.: American Geophysical Union.

Piggott, S. 1965. *Ancient Europe from the Beginnings of Agriculture to Classical Antiquity: A Survey.* Chicago: Aldine.

Pilcher, J., and M. Hughes. 1982. "The Potential of Dendrochronology for the Study of Climate Change." In *Climatic Change in Later Prehistory*, ed. A. Harding, 75-84. Edinburgh: Edinburgh University Press.

Piperno, D., and D. Pearsall. 1993. *Current Research in Phytolith Analysis: Applications in Archaeology and Paleoecology.* Philadelphia: MASCA, University Museum of Archaeology and Anthropology, University of Pennsylvania.

Porter, J. 1961. "Hixton Silicified Sandstone: A Unique Lithic Material Used by Prehistoric Cultures." *Wisconsin Archaeologist* 42: 78-85.

Potts, R. 1988. *Early Hominid Activities at Olduvai.* New York: A. de Gruyter.

Powell, J. 1890. "Prehistoric Man in America." *Forum* 8: 489-503.

Preece, R. 2001. "Non-Marine Mollusca and Archaeology." In *Handbook of Archaeological Sciences*, ed. D. Brothwell and A. Pollard, 135-45. New York: John Wiley and Sons.

Pregill, G. 1986. "Body Size of Insular Lizards: A Pattern of Holocene Dwarfism." *Evolution* 40: 997-1008.

Prestwich, J. 1860. "On the Occurrence of Flint Implements, Associated with the Remains of Extinct Mammalia, in Undisturbed Beds of a Late Geological Period." *Proceedings of the Royal Society of London* 10: 50-59.

Pretola, J. 2001. "A Feasibility Study Using Silica Polymorph Ratios for Sourcing Chert and Chalcedony Lithic Materials." *Journal of Archaeological Science* 28: 721-39.

Pumpelly, R. 1908. *Explorations in Turkestan: Expedition of 1904: Prehistoric Civilizations of Anau: Origins, Growth and Influence of Environment.* Washington, D.C.: Carnegie Institution of Washington Publication 73.

Pumpelly, R., W. Davis, and E. Huntington. 1905. *Ex-*

plorations in Turkestan: Expedition of 1903. Washington, D.C.: Carnegie Institution of Washington.

Pyddoke, E. 1961. *Stratification for the Archaeologist*. London: Phoenix House.

Quinn, R., J. Adams, J. Dix, and J. Bull. 1998. "The *Invincible* (1758) Site—An Integrated Geophysical Assessment." *International Journal of Nautical Archaeology* 27: 126–38.

Quinn, R., J. Bull, and J. Dix. 1997. "Imaging Wooden Artifacts Using Chirp Sources." *Archaeological Prospection* 4: 25–35.

Raab, L., and A. Goodyear. 1984. "Middle Range Theory in Archaeology: A Critical Review of Origins and Applications." *American Antiquity* 49: 255–68.

Rampino, M., and S. Ambrose. 2000. "Volcanic Winter in the Garden of Eden: The Toba Supereruption and the Late Pleistocene Human Population Crash." In *Volcanic Hazards and Disasters in Human Antiquity*, ed. F. McCoy and G. Heiken, 71–82. Special Paper 345. Boulder, Colo.: Geological Society of America.

Rapp, G. 1975. "The Archaeological Field Staff: The Geologist." *Journal of Field Archaeology* 2: 232–37.

———. 1987a. "Archaeological Geology." In *Encyclopedia of Physical Science and Technology*, 1:688–98. New York: Academic Press.

———. 1987b. "Geoarchaeology." *Annual Review of Earth and Planetary Sciences* 15: 97–113.

———. 1988. "On the Origins of Copper and Bronze Alloying." In *The Beginning of the Use of Metals and Alloys*, ed. R. Maddin, 21–27. Cambridge, Mass.: MIT Press.

———. 1989. "Determining the Origins of Sulfide Smelting." *Der Anschnitt* 107–10.

———. 2002. *Archaeomineralogy*. Heidelberg: Springer-Verlag, 2002.

Rapp, G., and S. Aschenbrenner, eds. 1978. *Excavations at Nichoria in Southwest Greece*. Vol. 1: *Site, Environs, and Techniques*. Minneapolis: University of Minnesota Press.

Rapp, G., and J. Gifford. 1982. "Archaeological Geology." *American Scientist* 70: 45–53.

Rapp, G., and E. Henrickson. 1972. "Geophysical Exploration." In *The Minnesota Messenia Expedition: Reconstructing a Bronze Age Regional Environment*, ed. W. McDonald and G. Rapp, 234–39. Minneapolis: University of Minnesota Press.

Rapp, G., and J. Kraft. 1994. "Holocene Coastal change in Greece and Aegean Turkey." In *Beyond the Site: Regional Studies in the Aegean Area*, ed. P. N. Kardulias, 69–90. Lanham, Md.: University Press of America.

Rapp, G., and S. Mulholland. 1992. *Phytolith Systematics: Emerging Issues*. New York: Plenum Press.

Rapp, G., J. Allert, and G. Peters. 1990a. "The Origins of Copper in Three Northern Minnesota Sites: Pauly, River Point, and Big Rice." In *The Woodland Tradition in the Western Great Lakes*, ed. G. Gibbon, 233–38. Publications in Anthropology 4. Minneapolis: University of Minnesota Press.

Rapp, G., E. Henrickson, and J. Allert. 1990b. "Native Copper Sources of Artifact Copper in Pre-Columbian North America." In *Archaeological Geology of North America*, ed. N. Lasca and J. Donohue, 479–98. Boulder, Colo.: Geological Society of America.

Rapp, G., R. Rothe, and Z. Jing. 1999. "Using Neutron Activation Analyses to Source Ancient Tin (Cassiterite)." In *Metals in Antiquity*, ed. S. Young, A. Pollard, P. Budd, and R. Ixer, 153–62. Oxford: Archaeopress.

Rapp, G., J. Allert, V. Vitali, Z. Jing, and E. Hinrickson. 2000. *Determining Geologic Sources of Artifact Copper: Source Characterization Using Trace Element Patterns*. Lanham, Md.: University Press of America.

Reader, C. D. 2001. "A Geomorphological Study of the Giza Necropolis with Implications for the Development of the Site." *Archaeometry* 43(1): 149–65.

Reid, K. 1984. "Fire and Ice: New Evidence for the Production and Preservation of Late Archaic Fiber-Tempered Pottery in the Middle-Latitude Lowlands." *American Antiquity* 49: 55–76.

Reimnitz, E., and N. Marshall. 1965. "Effects of the Alaska Earthquake and Tsunami on Recent Deltaic Sediments." *Journal of Geophysical Research* 70: 2363–76.

Reineck, H., and I. Singh. 1975. *Depositional Sedimentary Environments*. Ithaca, N.Y.: Springer.

Reinhard, K. J., and U. M. Bryant. 1992. "Coprolite Analysis: A Biologic Perspective on Archaeology." In *Archaeological Method and Theory*, ed. M. B. Schiffer, 4:245–88. Tucson: University of Arizona Press.

Reinhardt, G. 1993. "Hydrologic Artifact Dispersals at Pingasagruk, North Coast, Alaska." *Geoarchaeology* 8(6): 493–513.

Rendell, H., and R. Dennell. 1987. "Thermoluminescence Dating of an Upper Pleistocene Site, Northern Pakistan." *Geoarchaeology* 2(1): 63–67.

Renfrew, C. 1976. "Archaeology and the Earth Sciences." In *Geoarchaeology*, ed. D. Davidson and M. L. Shackley, 1–5. Boulder, Colo.: Westview Press.

Reuter, G. 2000. "A Logical System of Paleopedological Terms." *Catena* 41: 93–109.

Richards, D., and J. Beck. 2001. "Dramatic Shifts in Atmospheric Radiocarbon during the Last Glacial Period." *Antiquity* 75: 482–85.

Richerson, P., R. Boyd, and R. Bettinger. 2001. "Was Agriculture Impossible during the Pleistocene but

Mandatory during the Holocene? A Climate Change Hypothesis." *American Antiquity* 66: 387–411.

Richter, G. 1980. "On the Soil Erosion Problem in the Temperate Humid Area of Central Europe." *Geojournal* 4: 279–87.

Rick, R. 1976. "Downslope Movement and Archaeologic Intrasite Spatial Analysis." *American Antiquity* 41: 133–44.

Rink, W. 2001. "Beyond ^{14}C Dating: A User's Guide to Long-Range Dating Methods in Archaeology." In *Earth Sciences and Archaeology*, ed. P. Goldberg, V. Holliday, and C. R. Ferring, 385–417. New York: Kluwer Academic/Plenum Publishers.

Rivka, E., S. Weiner, R. Albert, and M. Elbaum. 2003. "Detection of Burning of Plant Materials in the Archaeological Record by Changes in the Refractive Indices of Siliceous Phytoliths." *Journal of Archaeological Science* 30: 217–26.

Roberts, N., and H. Wright. 1993. "Vegetational, Lake-Level, and Climatic History of the Near East and Southwest Asia." In *Global Climates since the Last Glacial Maximum*, ed. H. Wright, J. Kutzbach, T. Webb, W. Ruddiman, F. Street-Perrot, and P. Bartlein, 194–220. Minneapolis: University of Minnesota Press.

Roberts, R. 1987. "Luminescence Dating in Archaeology: From Origins to Optical." *Radiation Measurements* 27: 819–92.

Roberts, W., G. Rapp, and J. Weber. 1974. *Encyclopedia of Minerals*. New York: Van Nostrand Reinhold.

Roberts, W., T. Campbell, and G. Rapp. 1990. *Encyclopedia of Minerals*. 2nd ed. New York: Van Nostrand Reinhold.

Robinson, M. 2001. "Insects as Palaeoenvironmental Indicators." In *Handbook of Archaeological Sciences*, ed. D. Brothwell and A. Pollard, 121–33. New York: John Wiley and Sons.

Roe, D. 1981. *The Lower and Middle Paleolithic Periods in Britain*. London: R. and K. Paul,.

———. 1993. "Landmark Sites of the British Paleolithic." *Review of Archaeology* 14(2): 1–9.

Roosevelt, A. 1991. *Mound Builders of the Amazon*. New York: Academic Press.

Rothenberg, B. 1978. "Calcolithic Copper Smelting: Excavations at Timna Site 39." In *Archaeo-Metallurgy* 1, ed. B. Rothenberg, 1–51. London: Institute for Archaeo-Metallurgical Studies.

Rousseau, D.-D., and J.-H. Puisseguir. 1990. "A 350,000-Year Climatic Record from the Loess Sequence of Achenheim, Alsace, France." *Boreas* 19: 203–16.

Rovner, I. 1994. "Floral History by the Back Door: A Test of Phytolith Analysis in Residential Yards at Harpers Ferry." *Historical Archaeology* 28(4): 37–48.

Rovner, I., and J. Russ. 1992. "Darwin and Design in Phytolith Systematics: Morphometric Methods for Mitigating Redundancy." In *Phytolith Systematics: Emerging Issues*, ed. G. Rapp and S. Mulholland, 253–76. New York: Plenum Press.

Rowley-Conwy, P. 1993. "Was There a Neanderthal Religion?" In *The First Humans: Human Origins and History to 10,000 B.C.*, ed. G. Burenhult, 70. New York: Harper Collins.

Russ, J., and I. Rovner. 1989. "Stereological Identification of Opal Phytolith Populations from Wild and Cultivated Zea." *American Antiquity* 54: 784–92.

Salisbury, R. 1893. "Man and the Glacial Period." *American Geologist* 11: 13–20.

Sanger, D., A. Kelley, and H. Berry. 2001. "Geoarchaeology at Gilman Falls: An Archaic Quarry and Manufacturing Site in Central Maine, U.S.A." *Geoarchaeology* 16: 633–65.

Saucier, R. 1977. *Effects of the New Madrid Earthquake Series in the Mississippi Alluvial Valley*. U.S. Army Engineer Waterways Experiment Station Miscellaneous Paper S-77-5. Vicksburg, Ms.: U.S. Army Engineer Waterways Experiment Station.

———. 1989. "Evidence for Episodic Sand-Blow Activity during the 1811–1812 New Madrid (Missouri) Earthquake Series." *Geology* 17: 103–6.

———. 1991. "Geoarchaeological Evidence of Strong Prehistoric Earthquakes in the New Madrid (Missouri) Seismic Zone." *Geology* 19: 296–98.

Schick, K. 1986. *Stone Age Sites in the Making: Experiments in the Formation of Archaeological Occurrences*. British Archaeological Reports International Series 319. Oxford: British Archaeological Reports.

———. 1992. "Geoarchaeological Analysis of an Acheulian Site at Kalambo Falls, Zambia." *Geoarchaeology* 7(1): 1–26.

Schiffer, M. 1972. "Archaeological Context and Systemic Context." *American Antiquity* 37: 156–65.

———. 1976. *Behavioral Archaeology*. New York: Academic Press.

———. 1983. "Towards the Identification of Formation Processes." *American Antiquity* 48: 675–706.

———. 1987. *Formation Processes of the Archaeological Record*. Albuquerque: University of New Mexico Press.

Schmidt, A. 2001. *Geophysical Data in Archaeology: A Guide to Good Practice*. Oxford: Oxbow Books.

Schnellmann, M., F. Anselmetti, D. Giardini, J. McKenzie, and S. Ward. 2004. "Ancient Earthquakes at Lake Lucerne." *American Scientist* 92: 46–53.

Schoenwetter, J. 1981. "Prologue to a Contextual Archaeology." *Journal of Archaeological Science* 8: 367–79.
Schuldenrein, J. 1991. "Coring and the Identity of Cultural-Resource Environments: A Comment on Stein." *American Antiquity* 56: 131–37.
———. 1995. "Geochemistry, Phosphate Fractionation, and the Detection of Activity Areas at Prehistoric North American Sites." In *Pedological Perspectives in Archaeological Research*, ed. M. Collins, B. Carter, B. Gladfelter, and R. Southard, 107–32. Soil Science Society of America Special Publication 44. Madison, Wisc.: Soil Science Society of America.
———. 2001. "Stratigraphy, Sedimentology, and Site Formation at Konispol Cave, Southwest Albania." *Geoarchaeology* 16: 559–602.
Schulze, D. G., J. L. Nagel, G. E. Van Soyoc, T. L. Henderson, M. F. Marion, and D. E. Scott. 1993. "Significance of Organic Matter in Determining Soil Colors." In *Soil Color*, ed. J. Bigham and E. Ciolkosz, 71–90. SSSA Special Publication 31. Madison, Wisc.: Soil Science Society of America.
Schwarcz, H. 1980. "Absolute Age Determination of Archaeological Sites by Uranium Series Dating of Travertines." *Archaeometry* 22: 3–24.
———. 1984. "The Site of Vertesszollos, Hungary." *Journal of Archaeological Science* 11: 327–36.
Schwarcz, H., and M. Gascoyne. 1984. "Uranium-Series Dating of Quaternary Sediments." In *Quaternary Dating Methods*, ed. W. Mahaney, 33–41. Amsterdam: Elsevier.
Schwarcz, H., and L. Morawska. 1993. "Uranium Series Dating of Carbonates from Bir Tarfawi and Bir Sahara East." In F. Wendorf, R. Schild, A. Close, et al., *Egypt during the Last Interglacial:* The Middle Paleolithic of Bir Tarfawi and Bir Sahara East, 205–17. New York: Plenum Press.
Schwarcz, H., and W. Rink. 2001. "Dating Methods for Sediments of Caves and Rockshelters." *Geoarchaeology* 16: 355–71.
Schweger, C. 1985. "Geoarchaeology of Northern Regions: Lessons from Cryoturbation at Onion Portage, Alaska." In *Archaeological Sediments in Context*, ed. J. Stein and W. Farrand, 127–41. Orono: University of Maine, Center for the Study of Early Man.
Schwengruber, F. 1988. *Tree Rings: Basics and Applications of Dendrochronology*. Dordrecht, Holland: Reidel.
Scollar, I., A. Tabbaugh, A. Hesse, and I. Herzog, eds. 1990. *Archaeological Prospecting and Remote Sensing*. Cambridge: Cambridge University Press.
Shackleton, N. 1982. "Stratigraphy and Chronology of the KRM Deposits: Oxygen Isotope Evidence." In *The Middle Stone Age at Klasies River Mouth in South Africa*, ed. R. Singer and J. Wymer, 194–99. Chicago: University of Chicago Press.
Shackley, M. L. 1974. "Stream Abrasion of Flint Implements." *Nature* 248: 501–2.
Shackley, M. S. 1995. "Sources of Archaeological Obsidian in the Greater American Southwest: An Update and Quantitative Analysis." *American Antiquity* 60(3): 531–51.
———. 1998. "Current Issues and Future Directions in Archaeological Volcanic Glass Studies: An Introduction." In *Archaeological Obsidian Studies: Method and Theory*, ed. Shackley, 1–14. New York: Plenum Press.
Shay, C. T. 1971. *The Itasca Bison Kill Site: An Ecological Analysis*. Saint Paul: Minnesota Historical Society.
Sheehan, M. 1994. "Cultural Responses to the Altithermal: The Role of Aquifer-Related Water Resources." *Geoarchaeology* 9:113–37.
Sheets, P., and B. McKee, eds. 1994. *Archaeology, Volcanism, and Remote Sensing in the Arenal Region, Costa Rica*. Austin: University of Texas Press.
Sheets, P., K. Hirth, F. Lage, F. Strops, F. Asaro, and H. Michel. 1990. "Obsidian Sources and Elemental Analyses of Artifacts in Southern Mesoamerica and the Northern Intermediate Area." *American Antiquity* 55: 144–59.
Shepard, A. 1939. "Appendix A—Technology of La Plata Pottery." *Archaeological Studies of the La Plata District*, ed. E. Morris, 249–87. Carnegie Institution of Washington Publication 519. Washington, D.C.: Carnegie Institution of Washington.
———. 1965. *Ceramics for the Archaeologist*. Carnegie Institution of Washington Publication 609. Washington, D.C.: Carnegie Institution of Washington.
Shepherd, R. 1993. *Ancient Mining*. London: Elsevier.
Sherwood, S. 2001. "Microartifacts." In *Earth Sciences and Archaeology*, ed. P. Goldberg, V. Holliday, and C. R. Ferring, 327–51. New York: Kluwer Academic/Plenum Publishers.
Shippee, R. 1932. "The Great Wall of Peru." *Geographical Review* 22(1): 1–29.
Shlemon, R., and F. Budinger. 1990. "The Archaeological Geology of the Calico Site, Mojave Desert, California." In *Archaeological Geology of North America*, ed. N. Lasca and J. Donahue, 301–13. Centennial Special Vol. 4. Boulder, Colo.: Geological Society of America.
Siani, G., M. Paterne, E. Michel, R. Sulpizio, A. Sbrana, M. Arnold, and G. Haddad. 2001. "Mediterranean Sea Surface Radiocarbon Reservoir Age Changes since the Last Glacial Maximum." *Science* 294: 1917–20.
Simkin, T., and R. Fiske. 1983. *Krakatau 1883: The*

Volcanic Eruption and Its Effects. Washington, D.C.: Smithsonian Institution Press, 1983.

Sims, J. 1973. "Earthquake-Induced Structures in Sediments of Van Normsan Lake, San Fernando, California." *Science* 182: 161-63.

———. 1979. "Records of Prehistoric Earthquakes in Sedimentary Deposits in Lakes." U.S. Geological Survey *Earthquake Information Bulletin* 11: 228-33.

Smith, M., J. Prescott, and M. Head. 1997. "Comparison of ^{14}C and Luminescence Chronologies at Puritjarra Rock Shelter, Central Australia." *Quaternary Science* 16: 299-320.

Soil Survey Staff. 1975. *Soil Taxonomy: A Basic System of Soil Classification for Making and Interpreting Soil Surveys.* Agricultural Handbook 436. Washington, D.C.: U.S. Department of Agriculture, Soil Conservation Service.

Solecki, R. 1963. "Prehistory in the Shanidar Valley, Northern Iraq." *Science* 139: 179-93.

———. 1975. "Shanidar IV: A Neanderthal Flower Burial in Northern Iraq." *Science* 190: 880-81.

Spencer, F. 1990. *Piltdown: A Scientific Forgery.* New York: Oxford University Press.

Spennemann, D., and J. Head. 1998. "Tongan Pottery Chronology, ^{14}C Dates and the Hardwater Effect." *Quaternary Geochronology* 17: 1047-56.

Spier, L. 1931. "N. C. Nelson's Stratigraphic Technique in the Reconstruction of Prehistoric Sequences in Southwestern America." In *Methods in the Social Sciences*, ed. S. Rice, 275-83. Chicago: University of Chicago Press.

Squier, E., and E. Davis. 1848. *Ancient Monuments of the Mississippi Valley.* Smithsonian Contributions to Knowledge 1. Washington, D.C.: Smithsonian Institution Press.

Srivastava, P., and B. Parkash. 1998. "Clay Minerals in Soils as Evidence of Holocene Climatic Change, Central Indo-Gangetic Plains, North-Central India. *Quaternary Research* 50: 230-39.

Stafford, C., and S. Creasman. 2002. "The Hidden Record: Late Holocene Landscapes and Settlement Archaeology in the Lower Ohio River Valley." *Geoarchaeology* 17: 117-40.

Stafford, M., G. Frison, D. Stanford, and G. Zeimans. 2003. "Digging for the Color of Life: Paleoindian Red Ochre Mining at the Powars II Site, Platte County, Wyoming, U.S.A." *Geoarchaeology* 18: 71-90.

Stanley, D.-J. 1995. "A Global Sea-Level Curve for the Late Quaternary: The Impossible Dream?" *Marine Geology* 125: 1-6.

Stanley, D.-J., and A. Warne. 1993. "Nile Delta: Recent Geologic Evolution and Human Impact." *Science* 260: 628-34.

Stanley, D.-J., M. Krom, R. Cliff, and J. Woodward. 2003. "Short Contribution: Nile Failure at the End of the Old Kingdom, Egypt: Strontium Isotopic and Petrologic Evidence." *Geoarchaeology* 18: 223-42.

Stanley, D.-J., F. Goddio, T. Jorstad, and G. Schnepp. 2004. "Submergence of Ancient Greek Cities off Egypt's Nile Delta: A Cautionary Tale." *GSA Today* 14: 4-10.

Steadman, D., and N. Miller. 1987. "California Condor Associated with Spruce-Pine Woodland in the Late Pleistocene in New York." *Quaternary Research* 28(3): 415-26.

Stearns, C. 1984. "Uranium-Series Dating and the History of Sea Level." In *Quaternary Dating Methods*, ed. W. Mahaney, 53-65. Amsterdam: Elsevier.

Stein, J. 1983. "Earthworm Activity: A Source of Potential Disturbance of Archaeological Sediments." *American Antiquity* 48(2): 277-89.

———. 1986. "Coring Archaeological Sites." *American Antiquity* 51: 505-27.

———. 1987. "Deposits for Archaeologists." In *Advances in Archaeological Method and Theory*, ed. M. Schiffer, 11: 337-95. New York: Academic Press.

———. 1991. "Coring in CRM and Archaeology: A Reminder." *American Antiquity* 56: 138-42.

———. 1993. "Scale in Archaeology, Geosciences, and Geoarchaeology." In *Effects of Scale on Archaeological and Geoscientific Perspectives*, ed. J. Stein and A. Linse, 1-9. Special Paper 283. Boulder, Colo.: Geological Society of America.

———. 2000. "Stratigraphy and Archaeological Dating." In *It's About Time: A History of Archaeological Dating in North America*, ed. S. Nash, p. 14-40. Salt Lake City: The University of Utah Press, 2000.

———. 2001. "A Review of Site Formation Processes and Their Relevance to Geoarchaeology." In *Earth Sciences and Archaeology*, ed. P. Goldberg, V. Holliday, and C. R. Ferring, 37-51. New York: Kluwer Academic/Plenum Publishers.

———, ed. 1992. *Deciphering a Shell Midden.* San Diego: Academic Press.

Stein, J., and W. Farrand. 1985. "Context and Geoarchaeology: An Introduction." In *Archaeological Sediments in Context*, ed. J. Stein and W. Farrand, 1-4. Orono: University of Maine, Center for the Study of Early Man.

Stein, J., and A. Linse, eds. 1993. *Effects of Scale on Archaeological and Geoscientific Perspectives.* Special Paper 28. Boulder, Colo.: Geological Society of America.

Stein, J., J. Deo, and L. Phillips. 2003. "Big Sites—Short

Time: Accumulation Rates in Archaeological Sites." *Journal of Archaeological Science* 30: 297–316.

Stein, R., A. Barka, and J. Dietrich. 1997. "Progressive Failure on the North Anatolian Fault since 1939 by Earthquake Stress Triggering." *Geophysical Journal International* 128: 594–604.

Steponaitis, V. 1984. "Technological Studies in Prehistoric Pottery from Alabama: Physical Properties and Vessel Function." In *The Many Dimensions of Pottery*, ed. S. Van der Leeuw and A. Pritchard, 79–122. Amsterdam: University of Amsterdam.

Sternberg, R. 2001. "Magnetic Properties and Archaeomagnetism." In *Handbook of Archaeological Sciences*, ed. D. Brothwell and A. Pollard, 73–79. New York: John Wiley and Sons.

Stiros, S. 1988. "Earthquake Effects on Ancient Constructions." In *New Aspects of Archaeological Science in Greece*, ed. Jones and Catling, 1–6. British School at Athens, Occasional Paper 3. Athens: Fitch Laboratory.

———. 1996. "Identification of Earthquakes from Archaeological Data: Methodology, Criteria, and Limitations." In *Archaeoseismology*, ed. S. Stiros and R. Jones, 129–52. Institute of Geology and Mineral Exploration, and British School at Athens, Occasional Paper 7. Athens: Fitch Laboratory.

Stiros, S., and R. Jones, eds. 1996. *Archaeoseismology*. Institute of Geology and Mineral Exploration, and British School at Athens, Occasional Paper 7. Athens: Fitch Laboratory.

Stockton, E. 1973. "Shaw's Creek Shelter: Human Displacement of Artifacts and Its Significance." *Mankind* 9: 112–17.

Stoltman, J. 1991. "Ceramic Petrography as a Technique for Documenting Cultural Interaction: An Example from the Upper Mississippi Valley." *American Antiquity* 56: 103–20.

———. 2001. "The Role of Petrography in the Study of Archaeological Ceramics." In *Earth Sciences and Archaeology*, ed. P. Goldberg, V. Holliday, and C. R. Ferring, 297–326. New York: Kluwer Academic/Plenum Publishers.

Stoltman, J., and D. A. Baerreis. 1983. "Evolution of Human Ecosystems in the Eastern United States." In *Late-Quaternary Environments of the United States*. Vol. 2: *The Holocene*, ed. H. E. Wright, Jr., 252–68. London: Longman.

Straus, L. 1990. "Underground Archaeology: Perspectives on Caves and Rockshelters." *Archaeological Method and Theory*, ed. M. B. Schiffer, 2: 255–304.

Street, R., and O. Nuttli. 1984. "The Central Mississippi Earthquakes of 1811–1812." In *Proceedings, Symposium on the New Madrid Earthquakes*, ed. P. L. Gori and W. W. Hays, 33–63. United States Geological Service Open-File Report 84-770.

Stuart, F. 2001. "*In Situ* Cosmogenic Isotopes: Principles and Potential for Archaeology." In *Handbook of Archaeological Sciences*, ed. D. Brothwell and A. Pollard, 92–100. New York: John Wiley and Sons.

Sutcliffe, A. J., et al. 1976. "Cave Paleontology and Archaeology." In *The Science of Speleology*, ed. T. Ford and C. Cullingford, 495–549. London: Academic Press.

Taber, S. 1930. "The Mechanics of Frost Heaving." *Journal of Geology* 38: 303–17.

Tagle, A., R. Paschenger, and G. Infante. 1990. "Maya Blue: Its Presence in Cuban Colonial Wall Paintings." *Studies in Conservation* 35: 156–59.

Taylor, R. E. 2001. "Radiocarbon Dating." In *Handbook of Archaeological Sciences*, ed. D. Brothwell and A. Pollard, 24–34. New York: John Wiley and Sons.

Taylor, W., ed. 1957. *The Identification of Non-Artifactual Archaeological Materials*. National Academy of Sciences Publication 565. Washington, D.C.: National Academy of Sciences National Research Council.

Terasmae, J. 1984. "Radiocarbon Dating: Some Problems and Potential Developments." In *Quaternary Dating Methods*, ed. W. Mahaney, 1–14. Amsterdam: Elsevier.

Terry, R., P. Hardin, S. Houston, S. Nelson, M. Jackson, J. Carr, and J. Parnell. 2000. "Quantitative Phosphorus Measurement: A Field Test Procedure for Archaeological Site Analysis at Piedras Negras, Guatemala." *Geoarchaeology* 15: 151–66.

Thacker, P., and B. Ellwood. 2002. "Detecting Palaeolithic Activity Areas through Electrical Resistivity Survey: An Assessment from Vale De Óbidos, Portugal." *Journal of Archaeological Science* 29 (2002): 563–70.

Thackeray, J., J. Kirschvink, and T. Raub. 2002. "Paleomagnetic Analyses of Calcified Deposits from the Plio-Pleistocene Hominid Site of Kromdraai, South Africa." *South African Journal of Science* 98: 537–40.

Thiem, D. 1997. "Lower Paleolithic Hunting Spears from Germany." *Nature* 385: 807–10.

Thomas, H. 1923. "The Source of the Stones of Stonehenge." *Antiquaries Journal* 3: 239–60.

Thompson, K. 1991. "Piltdown Man: The Great English Mystery Story." *American Scientist* 79: 194–201.

Thompson, T. 1970. "Holocene Tectonic Activity in West Africa Dated by Archaeological Methods." *Geological Society of America Bulletin* 81: 3759–64.

Thorpe, R., O. Williams-Thorpe, D. Jenkins, and J. Watson. 1991. "The Geological Sources and Transport of the Bluestones of Stonehenge, Wiltshire, UK." *Proceedings of the Prehistoric Society* 57: 103–57.

Thorson, R. 1990a. "Archaeological Geology." *Geotimes* (February): 32–33.

———. 1990b. "Geologic Contexts of Archaeologic Sites in Beringia." In *Archaeologic Geology of North America*, ed. N. Lasca and J. Donahue, 399–420. Centennial Special Vol. 4. Boulder, Colo.: Geological Society of America.

Thorson, R., and T. Hamilton.1977. "Geology of the Dry Creek Site, a Stratified Early Man Site in Interior Alaska." *Quaternary Research* 7: 149–76.

Tite, M., and C. Mullins. 1971. "Enhancement of the Magnetic Susceptibility of Soils on Archaeological Sites." *Archaeometry* 13: 209–19.

Tobey, M. 1986. *Trace Element Investigations of Maya Chert from Belize.* Vol. 1. Papers of the Colha Project. San Antonio: Center for Archaeological Research, University of Texas at San Antonio.

Todd, L., and G. Frison. 1986. "Taphonomic Study of the Colby Site Mammoth Bones." In Frison and Todd, *The Colby Mammoth Site: Taphonomy and Archaeology of a Clovis Kill in Northern Wyoming*, 27–99. Albuquerque: University of New Mexico Press.

Togashi, T., and M. Matsumoto. 1991. "Presumption of the Sources of Stone Implements from Sites in Yamaguchi Prefecture." *Quaternary Research* 30: 251–63 (in Japanese with English Abstract).

Trigger, B. 1990. *A History of Archaeological Thought.* Cambridge: Cambridge University Press, 1990.

Truncer, J., M. Glascock, and H. Neff. 1998. "Steatite Source Characterization in Eastern North America: New Results Using Instrumental Neutron Activation Analysis." *Archaeometry* 40: 23–44.

Turney, C., M. Bird, L. Fifield, R. Roberts, M. Smith, C. Dortch, R. Grun, E. Lawson, L. Ayliffe, G. Miller, J. Dortch, and R. Cresswell. 2001. "Early Human Occupation at Devil's Lair, Southwestern Australia Fifty Thousand Years Ago." *Quaternary Research* 55: 3–13.

Tushingham, A., and W. Peltier. 1993. "Implications of the Radiocarbon Timescale for Ice-Sheet Chronology and Sea-Level Change." *Quaternary Research* 39: 125–29.

Ucko, P., and R. Layton, eds. 1999. *The Archaeology and Anthropology of Landscape: Shaping Your Landscape.* London: Routledge.

Ulm, S. 2002. "Marine and Estuarine Reservoir Effects in Central Queensland, Australia: Determination of Delta R Values." *Geoarchaeology* 17: 319–48.

Upton, W. 1970. *Landforms and Topographic Maps.* New York: John Wiley and Sons, 1970.

Urabe, A., H. Nakaya, T. Muto, S. Katoh, M. Hyodo, and X. Shunrong. 2001. "Lithostratigraphy and Depositional History of the Late Cenozoic Hominid-Bearing Successions in the Yuanmou Basin, Southwest China." *Quaternary Science* 20: 1671–81.

U.S. Department of Agriculture. 1987. *Keys to Soil Taxonomy.* Technical Monograph 6. Ithaca, N.Y.: Department of Agronomy, Cornell University; Agency for International Development, U.S. Department of Agriculture, Soil Management Support Sources.

Van Andel, T., and N. Lianos. 1984. "High-Resolution Seismic Reflection Profiles for the Reconstruction of Postglacial Transgressive Shorelines: An Example from Greece." *Quaternary Research* 22: 31–45.

Van Andel, T., and S. Sutton. 1987. *Landscape and People of the Franchthi Region.* Bloomington: Indiana University Press.

Van der Leeuw, S., and C. Redman. 2002. "Placing Archaeology at the Center of Socio-Natural Studies." *American Antiquity* 67: 597–605.

Van Leusen, M. 1998. "Dowsing and Archaeology." *Archaeological Prospection* 5: 123–38.

Van Neer, W. 1993. "Fish Remains from the Last Interglacial at Bir Tarfawi (Eastern Sahara, Egypt)." In F. Wendorf, R. Schild, A. E. Close, et al., *Egypt during the Last Interglacial:* The Middle Paleolithic of Bir Tarfawi and Bir Sahara East, 144–54. New York: Plenum Press.

Van Riper, A. B. 1993. *Men among the Mammoths: Victorian Science and the Discovery of Human Prehistory.* Chicago: University of Chicago Press.

Vandiver, P., O. Soffer, B. Klima, and J. Svoboda. 1989. "The Origins of Ceramic Technology at Dolni Vestonice, Czechoslovakia." *Science* 246: 1002–8.

Vaughn, C. 1986. "Ground-Penetrating Radar Surveys Used in Archaeological Investigations." *Geophysics* 51(3): 595–604.

Vaughn, S. 1990. "Petrographic Analysis of the Early Cycladic Wares from Akrotiri, Thera." In *Thera and the Aegean World III.* Vol. 1: *Archaeology*, ed. D. Hardy, 470–87. London: Thera Foundation.

Vermeersch, P., and E. Paulissen. 1989. "The Oldest Quarries Known: Stone Age Miners in Egypt." *Episodes* 12(1):35–36.

Vitaliano, D. 1973. *Legends of the Earth: Their Geologic Origins. Bloomington:* Indiana University Press.

Voelker, A., P. Grootes, M.-J. Nadeau, and M. Sarnthein. 2000. "Radiocarbon Levels in the Iceland Sea from 25–53 KYR and Their Link to the Earth's Magnetic Field Intensity." *Radiocarbon* 42: 437–52.

Wagner, G., and W. Gentner. 1979. "Evidence in Third

Millennium Lead-Silver Mining on Siphnos Island." *Naturwissenshaften* 66: 157–58.

Wagstaff, J., ed. 1987. *Landscape and Culture: Geographical and Archaeological Perspectives.* Oxford: Basil Blackwell.

Walker, R. 1992. "Phosphate Survey: Method and Meaning." In *Geoprospection in the Archaeological Landscape*, ed. P. Spoerry, 61–73. Oxbow Monographs 18. Oxford: Oxbow.

Wall Paintings of the Tomb of Nefertari: Scientific Studies for Their Conservation. 1987. Malibu, Calif.: Getty Conservation Institute.

Wallinga, J. 2002. "Optically Stimulated Luminescence Dating of Fluvial Deposits: A Review." *Boreas* 31: 303–22.

Walsh, S. 2001. "Notes on Geochronologic and Chronostratigraphic Units." *Geological Society of America Bulletin* 113: 704–13.

Walter, R. C., P. C. Manega, R. L. Hay, R. E. Drake, and G. H. Curtis. 1991. "Laser-Fusion $^{40}Ar/^{39}Ar$ Dating of Bed I, Olduvai Gorge, Tanzania." *Nature* 354: 145–49.

Walthall, J. 1981. *Galena and Aboriginal Trade in Eastern North America.* Illinois State Museum Scientific Papers, Vol. 17. Springfield: Illinois State Museum.

Wang, H., S. Ambrose, C. Liu, and L. R. Follmer. 1997. "Paleosol Stable Isotope Evidence for Early Hominid Occupation of East Asian Temperate Environments." *Quaternary Research* 48: 228–38.

Warashina, T., U. Kamaki, and T. Higashimura. 1978. "Sourcing of Sanukite Implements by X-Ray Fluorescence Analysis II." *Journal of Archaeological Science* 5: 283–91.

Wasburn, A. 1980. *Geocryology: A Survey of Periglacial Processes and Environments.* 2nd ed. New York: John Wiley and Sons.

Waters, M. 1991. "The Geoarchaeology of Gullies and Arroyos in Southern Arizona." *Journal of Field Archaeology* 18: 141–59.

———. 1992. *Principles of Geoarchaeology: A North American Perspective.* Tucson: University of Arizona Press.

———. 1999. "Book Review." *Geoarchaeology* 14(4): 365–73.

Waters, M., S. Forman, and J. Pierson. 1999. "Late Quaternary Geology and Geochronology of Diring Yuriakh, an Early Paleolithic Site in Central Siberia." *Quaternary Research* 51: 195–211.

Weiss, H., M.-A. Courty, W. Wetterstrom, F. Guichard, L. Senior, R. Meadow, and A. Curnow. 1993. "The Genesis and Collapse of Third Millennium North Mesopotamian Civilization." *Science* 261: 995–1004.

Wells, L. 2001. "A Geomorphological Approach to Reconstructing Archaeological Settlement Patterns Based on Surficial Artifact Distribution: Replacing Humans on the Landscape." In *Earth Sciences and Archaeology*, ed. P. Goldberg, V. Holliday, and C. R. Ferring, 107–41. New York: Kluwer Academic/Plenum Publishers.

Wells, P., and C. Jorgensen. 1964. "Pleistocene Wood Rat Middens and Climate Change in Mojave Desert: A Record of Juniper Woodlands." *Science* 143: 1171–74.

Wen, G., and Z. Jing. 1992. "Chinese Neolithic Jade: A Preliminary Geoarchaeological Study." *Geoarchaeology* 7: 251–75.

Wendorf, F., ed. 1969. *The Prehistory of Nubia.* Dallas: Southern Methodist University Press and Fort Burgwin Research Center.

Wendorf, F., and R. Schild, assemblers. 1989. *The Prehistory of Wadi Kubbaniya.* Vol. 2: *Stratigraphy, Paleoeconomy, and Environment*, ed. A. Close. Dallas, Tex.: Southern Methodist University Press.

Wendorf, F., A. Krieger, C. Albritton, and T. Stewart. 1955. *The Midland Discovery.* Austin: University of Texas Press.

Wendorf, F., R. Schild, A. Close, et al. 1993. *Egypt during the Last Interglacial:* The Middle Paleolithic of Bir Tarfawi and Bir Sahara East. New York: Plenum Press.

Wendorf, F., R. Schild, and A. Close, eds. 1989. *The Prehistory of Wadi Kubbaniya.* Dallas, Tex.: Southern Methodist University Press.

Wendorf, F., R. Schild, A. E. Close, D. J. Donahue, A. Jull, T. Zabel, H. Wieckowska, M. Kobusiewicz, B. Issawi, and N. El Hadidi. 1984. "New Radiocarbon Dates on the Cereals from Wadi Kubbaniya." *Science* 225: 645–46.

West, F. 1982. "Archaeological Geology, Wave of the Future or Salute to the Past?" *Quarterly Review of Archaeology* 3(1): 9–11.

Weymouth, J., and R. Huggins. 1985. "Geophysical Surveying of Archaeological Sites." In *Archaeological Geology*, ed. G. Rapp and J. Gifford, 191–235. New Haven and London: Yale University Press.

Wheeler, M. 1954. *Archaeology from the Earth.* Oxford: Clarendon.

Whitbread, I. 2001. "Ceramic Petrology, Clay Geochemistry, and Ceramic Production: From Technology to the Mind of the Potter." In *Handbook of Archaeological Sciences*, ed. D. Brothwell and A. Pollard, 449–57. New York: John Wiley and Sons.

Whitley, D., and R. Dorn. 1993. "New Perspectives on

the Clovis vs. Pre-Clovis Controversy." *American Antiquity* 58(4): 626–47.

Whittlesey, C. 1852. *The Ancient Miners of Lake Superior.* Cleveland: Academy of Natural Sciences Annals of Science.

Wilkinson, T. 2001. "Surface Collection Techniques in Field Archaeology: Theory and Practice." In *Handbook of Archaeological Sciences*, ed. D. Brothwell and A. Pollard, 529–41. New York: John Wiley and Sons.

———. 2003. *Archaeological Landscapes of the Near East.* Tucson: University of Arizona Press.

Willerslev, E., A. Hansen, J. Binladen, T. Brand, T. Gilbert, B. Shapiro, M. Bunce, C. Wiuf, D. Gilichinsky, and A. Cooper. 2003. "Diverse Plant and Animal Genetic Records from Holocene and Pleistocene Sediments." *Science* 300: 791–95.

Willey, G., and P. Phillips. 1955. *Method and Theory in American Archaeology.* Chicago: University of Chicago Press.

Willey, G., and J. Sabloff. 1993. *A History of American Archaeology.* New York: W. H. Freeman.

Williams-Thorpe, O. 1995. "Obsidian in the Mediterranean and the Near East: A Provenancing Success Story." *Archaeometry* 37(2): 217–48.

Williams-Thorpe, O., P. Webb, and R. Thorpe. 2000. "Non-Destructive Portable Gamma Ray Spectrometry in Provenancing Roman Granitoid Columns from Leptis Magna, North Africa." *Archaeometry* 42: 77–99.

Wilson, D. 2000. *Air Photo Interpretation for Archaeologists.* 2nd ed. Gloucestershire, U.K.: Stroud.

Wilson, G., L. Pavlish, G.-J. Ding, and R. Farquhar. 1997. "Textual an in Situ Analytical Constraints on the Provenance of Smelted and Native Archaeological Copper in the Great Lakes Region of Eastern North America." *Nuclear Instruments and Methods in Physics Research Bulletin* 123: 498–503.

Wintle, A. 1996. "Archaeologically Relevant Dating Techniques for the Next Century." *Journal of Archaeological Sciences* 23: 123–38.

Wintle, A., and M. Aitken. 1977. "Thermoluminescence Dating of Burnt Flint: Application to the Lower Paleolithic Site, Terra Amata." *Archaeometry* 19(2): 111–30.

Wintle, A., N. Shackleton, and J. Lautridou. 1984. "Thermoluminescence Dating of Periods of Loess Deposition and Soil Formation in Normandy." *Nature* 310: 491–93.

Wiseman, J. 1980. "Archaeology as Archaeology." *Journal of Field Archaeology* 7: 149–51.

———. 2001. "Declaration of Independence." *Archaeology* 54: 10–12.

———. 2002. "Point: Archaeology as an Academic Discipline." *SAA Archaeological Record* 2: 8–10.

WoldeGabriel, G., G. Heiken, T. D. White, B. Asfaw, W. K. Hart, and P. R. Renne. 2000. "Volcanism, Tectonism, Sedimentation, and the Paleoanthropological Record in the Ethiopian Rift System." In *Volcanic Hazards and Disasters in Human Antiquity*, ed. F. McCoy and G. Heiken, 83–99. Special Paper 345. Boulder, Colo.: Geological Society of America, 2000.

Wood, W., and D. Johnson. 1978. "A Survey of Disturbance Processes in Archaeological Site Formation." In *Advances in Archaeological Method and Theory*, ed. M. Schiffer, 1: 315–81. New York: Academic Press.

Woodward, J., and P. Goldberg. 2001. "The Sedimentary Records in Mediterranean Rockshelters and Caves: Archives of Environmental Change." *Geoarchaeology* 16: 327–54.

Woodward, J., J. White, and R. Cummings. 1990. "Paleoseismicity and the Archaeological Record: Areas of Investigation on the Northern Oregon Coast." *Oregon Geology* 52: 57–65.

Woolley, L. 1929. "Excavations at Ur, 1928–29." *Antiquaries Journal* 9: 305–39.

Worster, D. 2001. *A River Running West: The Life of John Wesley Powell.* Oxford: Oxford University Press.

Wreschner, E. 1985. "Evidence and Interpretation of Red Ochre in the Early Prehistoric Sequences." In *Hominid Evolution: Past, Present, and Future*, ed. P. Tobias, 387–94. New York: Alan R. Liss.

Wright, G. 1892. *Man and the Glacial Period.* New York: Appleton.

Wright, H. E. 1957. "Geology." In *The Identification of Non-Artifactual Archaeological Materials*, ed. W. Taylor, 48–49. National Academy of Sciences Publication 565. Washington, D.C.: National Academy of Sciences National Research Council.

———. 1976. "Environmental Setting for Plant Domestication in the Near East." *Science* 194: 385–89.

———. 1993. "Environmental Determinism in Near Eastern Prehistory." *Current Anthropology* 34(4): 458–69.

Wright, R. V., and R. Chadbourne. 1970. *Gems and Minerals of the Bible.* New Cannon: Deats Publishing.

Wyckoff, D. 2002. "From Peds to Pedology: A History of Geoarchaeology on the Plains." *Review of Archaeology* 23: 12–16.

Wymer, J. 1985. *Paleolithic Sites of East Anglia.* Norwich, U.K.: Geo.

Wynn, J. 1986. "Archaeological Prospection: An Introduction to the Special Issue." *Geophysics: Geophysics in Archaeology* 51(3): 533.

Yalden, D. 2001. "Mammals as Climatic Indicators." In

Handbook of Archaeological Sciences, ed. D. Brothwell and A. Pollard, 147–54. New York: John Wiley and Sons.

Yoneda, M., A. Tanaka, Y. Shibata, M. Morita, K. Uzawa, M. Hirota, and M. Uchida. 2002. "Radiocarbon Marine Reservoir Effect in Human Remains from the Kitakogane Site, Hokkaido, Japan." *Journal of Archaeological Science* 29: 529–36.

Young, A. 1960. "Soil Movement by Denudational Processes on Slopes." *Nature* 188: 120–22.

Zachos, J., M. Pagani, L. Sloan, E. Thomas, and K. Billups. 2001. "Trends, Rhythms, Aberrations in Global Climate 65 Ma to Present. *Science* 292: 686–69.

Zangger, E. 1991. "Prehistoric Coastal Environments in Greece: The Vanished Landscapes of Dimini Bay and Lake Lerna." *Journal of Field Archaeology* 18: 1–17.

———. 1994. "Landscape Changes around Tiryns during the Bronze Age." *American Journal of Archaeology* 98: 189–212.

Zaykov, V., A. Bushmakin, A. Yuminov, E. Zaykova, G. Zdanovich, A. Tairov, and R. Herrington. 1999. "Geoarchaeological Research into the Historical Relics of the South Urals: Problems, Results, Prospects." In *Geoarchaeology: Exploration, Environments, Resources*, ed. A. M. Pollard, 165–76. Geological Society of London Special Publications 165. London: Geological Society.

Zeuner, F. 1946. *Dating the Past: An Introduction to Geochronology*. London: Methuen.

———. 1959. *The Pleistocene Period: Its Climate, Chronology, and Faunal Successions*. 2nd ed. London: Hutchinson.

Zhu, R., K. Hoffman, R. Potts, C. Deng, Y. Pan, B. Guo, C. Shi, Z. Guo, B. Yuan, Y. Hou, and W. Huang. 2001. "Earliest Presence of Humans in Northeast Asia." *Nature* 413: 413–17.

译后记

译作缘起——考古学研究与地球科学理论及方法

在结尾处，我代表两位合作者对翻译工作过程做简单介绍。

我大学期间就读于考古学专业，在学习过程中意识到理解一些考古现象，必须具备一定的地球科学知识，于是课余时间经常到地球科学学院去听课，受益颇多。在中国科学院古脊椎动物与古人类研究所读研期间，有幸得到了更多从事地学研究的老师们的指导，更加意识到地球科学理论与方法在考古学研究中的重要性。之后到中国科学院地质与地球物理研究所做博士后，也促使我将地球科学应用于史前考古研究作为主攻的课题。德国马普人类历史科学研究所的访学经历，让我更深入了解到国外地球科学等自然科学与考古学交叉融合的研究现状，并希望国内更多的从业人员能够了解相关的研究。《地质考古学》系统介绍了考古学与地球科学交叉融合的发展历史、理论方法，并给出了大量的研究案例，是一本了解地质考古学研究现状的经典教材。

2018 年深秋，李小强研究员和赵克良副研究员访问马普人类历史科学研究所。他们都是自本科起就接受地球科学专业培养的学者，相较于我有着更深厚和扎实的地学功底，主要从事第四纪地质学及环境考古方面的研究工作。我将《地质考古学》的英文原著拿给他们，并提及可以将该书翻译到国内，为相关研究人员提供参考，两位合作者立刻积极回应，商定将《地质考古学》一书翻译引进，也希望借这本书向国内推广地质考古学专业。

地球科学理论与方法对于考古学研究具有重要的意义。尽管很多其他自然科学方法近年来也被应用于考古学，但地球科学与史前考古学有着悠远而不可分割的关系。相信大家在阅读《地质考古学》的过程中会已经有深刻的体会。目前国内两个学科间的深度合作也在不断发展，有力地推动我们引进这样一本基础而全面的教科书介绍两者之间的关系。国内大多数高校的考古学科设置于历史学、社会学、人类学学院等人文社科院系，在专业教育过程中地球科学课程设置相对缺乏；而以地球科学为专业背景的学生也很少有机会了解考古学，并思考地球科学方法在考古学中可能的应用。让处于文理两大教育背景下的学生能够及早地接触交叉学科，培养多学科的思维方式是我们翻译这本书的初衷。

关于时间和价值

我在德国访学期间完成了大部分的翻译工作，德国的同事得知我白天在所里上班，晚上要翻译书，调侃道：“你会把译著写进你的简历吗？为什么浪费时间在没有价值的事情上？”是的，我们三位译者都从事考古学与地球科学领域相关工作，承担着科研项目和实验室建设等工作，把大量的时间花在译作上看上去并不划算，因为考核标准更倾向于发表科研论文和完成项目。

关于时间和价值，我们都深信所有付出都值得，希望能在纷杂的时代里，做一件安静的事，为研究生教育和学科发展贡献绵薄之力。我们被社会贴上“知识分子”的标签，那么就应该怀着对知识和教育的“初心”花些时间和精力做些我们认为有价值的事情。

随着英语教育的普及，很多人质疑翻译书籍的必要性。但我们的第一认知语言和授课语言都是中文，学生的理解和认知的基础依然是我们的母语。通过母语阅读能够更快、更深入地形成基本的认识。三位译者分别有不同的教育和工作经历，能够尽量完整地翻译和表达原著内容。在两年里，我们先后完成翻译初稿、两次初步校对和四次排版校对。尽管译者和责任编辑都努力提高译作的质量，但依然可能存在遗漏和不足之处，敬请读者见谅和指正。

杨石霞负责第 1、2、3、4、7、8、9、10 章的翻译，并校对全书；赵克良负责第 5、6 章的翻译，并参与核校全书；李小强参与第 5、6 章的翻译，并参与核校全书。

我们诚挚地感谢责任编辑孟美岑博士不辞辛苦地与作者们校对全书每一个细节，细心完成各项出版准备工作。感谢中国科学院地质与地球物理研究所邓成龙研究员、张健平副研究员，中国科学院大学杨益民教授、张玉修副教授，黑龙江省考古研究所李有骞研究员，安徽大学岳健平博士，复旦大学张萌博士、武汉大学李涛副教授、中国科学院古脊椎动物与古人类研究所葛俊逸副研究员、郑妍博士、周新郢副研究员等师友在翻译、校对、试读等工作上对我们的鼓励和帮助。

感谢自然科学基金基础科学中心项目“大陆演化与季风系统演变”（No. 41888101）和中国科学院青年促进会的资助（No. 2020074 和 2018100）。

杨石霞

2020 年 11 月 15 日